Herausgegeben von
Günter Lange und
Michael Pohl

Systematische Beurteilung technischer Schadensfälle

Beachten Sie bitte auch weitere interessante Titel zu diesem Thema

Biermann, H., Krüger, L. (Hrsg.)

Moderne Methoden der Werkstoffprüfung

2014
978-3-527-33413-1

Fischer, K., Günther, W.

Technische Mechanik
Zweite Auflage

2013
978-3-527-33381-3

Callister, W. D., Rethwisch, D. G.

Materialwissenschaften und Werkstofftechnik
Eine Einführung

2012
978-3-527-33007-2

Worch, H., Pompe, W., Schatt, W. (Hrsg.)

Werkstoffwissenschaft
Zehnte Auflage

2011
978-3-527-32323-4

Oettel, H., Schumann, H. (Hrsg.)

Metallografie
Mit einer Einführung in die Keramografie
15. Auflage

2011
978-3-527-32257-2

Krzyzanowski, M., Beynon, J.H., Farrugia, D.C.

Oxide Scale Behavior in High Temperature Metal Processing

2010
978-3-527-32518-4

Christ, H.-J.

Ermüdungsverhalten metallischer Werkstoffe
Zweite Auflage

2009
978-3-527-31340-2

Krenkel, W. (Hrsg.)

Verbundwerkstoffe
17. Symposium Verbundwerkstoffe und Werkstoffverbunde

2009
978-3-527-32615-0

Herausgegeben von

Günter Lange und
Michael Pohl

Systematische Beurteilung technischer Schadensfälle

Sechste Auflage

WILEY-VCH
Verlag GmbH & Co. KGaA

Autor
Prof. Günter Lange†
38106 Braunschweig

Prof. Michael Pohl
Ruhr-Universität Bochum
Inst.Werkstoffe, Geb. IA 1/152
Universitätsstr. 150
44801 Bochum

6. Auflage 2014

Bibliografische Information der Deutschen Nationalbibliothek
Die Deutsche Nationalbibliothek verzeichnet diese Publikation in der Deutschen Nationalbibliografie; detaillierte bibliografische Daten sind im Internet über <http://dnb.d-nb.de> abrufbar.

Satz Reemers Publishing Services GmbH, Krefeld
Druck und Bindung CPI Group (UK) Ltd, Croydon, CR0 4YY
Umschlaggestaltung Formgeber

Print ISBN: 978-3-527-32530-6
oBook ISBN: 978-3-527-68316-1
ePDF ISBN: 978-3-527-68322-2
ePub ISBN: 978-3-527-68321-5
mobi ISBN: 978-3-527-68320-8

Gedruckt auf säurefreiem Papier.

C9783527325306_251124

Inhaltsverzeichnis

Vorwort zur 6. Auflage

Der technische Fortschritt, aber auch die Weiterentwicklung der Schadensanalyse bieten Anreize für Neuauflagen dieses Buches.

Meinem Freund Günter Lange, mit dem ich rd. 100 Schadensanalyse-Seminare in Europa sowie in Brasilien, USA, China und Korea abgehalten habe, war es ein großes Anliegen, das Buch stets aktuell zu halten. Leider hat er die Fertigstellung dieser vollständig überarbeiteten Auflage, an der er bis zuletzt gearbeitet hat, nicht mehr erleben können. Er verstarb am 1. Dezember 2012 in Braunschweig.

Für die 6. Auflage wurden die Beiträge analog zu der Weiterentwicklung des gleichnamigen Seminars in unterschiedlichem Maße überarbeitet und erweitert, wofür z. T. nun andere Autoren verantwortlich zeichnen. Bewährtes bleibt erhalten, Neues wurde hinzugefügt.

Möge dieses Buch seinen Nutzern eine hilfreiche Informationsquelle sein. Dem Neueinsteiger diene es als Leitfaden durch den Dschungel der Schadensanalyse und dem Etablierten als gern benutztes Nachschlagewerk. Mancher Besitzer der 1. bis 5. Auflage könnte sich veranlasst sehen, sein geschätztes Buch zu aktualisieren.

Bochum, Januar 2014 Michael Pohl

Systematische Beurteilung technischer Schadensfälle, 6. Auflage 2014. Editiert durch G. Lange und M. Pohl

Vorwort zur 1. Auflage

Verstöße gegen grundlegende Regeln für den Einsatz metallischer Werkstoffe verursachen einen erheblichen Teil der technischen Schadensfälle. Seltener versagen Bauteile infolge eines komplexen Zusammenwirkens unvorhersehbarer Einflüsse. Auch Werkstofffehler führen – entgegen einer weitverbreiteten Ansicht – nur vereinzelt zur Funktionsunfähigkeit von Maschinen, Anlagen oder Konstruktionselementen.

Um die Grenzen bei der Verwendung von Metallen und Legierungen zu verstehen und ggf. modifizieren zu können, müssen die werkstoffkundlichen Vorgänge bekannt sein, die bei Überbeanspruchung und Zerstörung eines Materials ablaufen. Diese Kenntnisse über den Werkstoff sind gleichermaßen für den Konstrukteur wie für den Bearbeiter von Schadensfällen wichtig. Einerseits kann dadurch die Zahl der auftretenden Schäden von vornherein begrenzt werden, andererseits schließen die umfassende Aufklärung und die gezielte Rückwirkung auf Konstruktion, Werkstoffwahl, Fertigung, Prüfung und Beanspruchungsbedingungen weitere Fälle ähnlicher Art weitgehend aus.

Das Schwergewicht dieses Buches liegt auf der Erläuterung werkstoffkundlicher Zusammenhänge. Nach einer Einführung in die Methodik der Schadensanalyse und in die verschiedenen Untersuchungsverfahren werden die Bildungsmechanismen der einzelnen Brucharten sowie die Zerstörungsvorgänge bei Korrosion und Verschleiß in Abhängigkeit von Werkstoff- und vom Beanspruchungszustand dargestellt. Die makroskopischen und die mikroskopischen Erkennungsmerkmale werden aus den Mechanismen abgeleitet. Spezielle Kapitel sind der Bruchmechanik, den Schäden an Schweißnähten und dem Wasserstoff gewidmet. Beispiele sollen die Materie veranschaulichen und den direkten Bezug zur Praxis herstellen.

Braunschweig, Januar 1983 *G. Lange*

Systematische Beurteilung technischer Schadensfälle, 6. Auflage 2014. Editiert durch G. Lange und M. Pohl

1
Vorgehensweise bei der Bearbeitung eines Schadensfalles

Günter Lange

1.1
Aufgaben und Ziele der Schadensanalyse

Die Schadensanalyse soll in erster Linie die Ursachen für das Versagen eines Bauteils klären und die dabei ablaufenden Mechanismen aufdecken. Sie dient darüber hinaus der Verhütung weiterer Schäden durch ihre Rückwirkung auf Konstruktion, Werkstoffwahl, Fertigungsprozesse, Prüfverfahren und Betriebsbedingungen sowie durch Inspektion und ggf. Austausch gefährdeter Bauteile im Betrieb befindlicher Maschinen, Apparate, Geräte und Anlagen. Unerwartetes Materialverhalten kann gelegentlich Forschungsaktivitäten anregen (Abb. 1.1).

Aufgrund der außerordentlichen Vielfalt der Schadensursachen und -erscheinungsformen können im vorliegenden Rahmen nur grundsätzliche Bearbeitungsrichtlinien und Beurteilungskriterien behandelt werden. Sinngemäß für das jeweilige Einzelereignis modifiziert, dürften sie sich für die größte Zahl der Schadensfälle erfolgversprechend anwenden lassen.

Aufgaben und Ziele

Aufklärung eines bestimmten Falles (post-mortem)

Schadensverhütung (ante mortem)

⇒ Konstruktion, Werkstoffwahl, Fertigung, Prüfung, Betriebsbedingungen

⇒ Inspektion, Austausch

Anregungen für **Forschungsaktivitäten**

Abb. 1.1 Aufgaben und Ziele der Schadensanalyse.

Systematische Beurteilung technischer Schadensfälle, 6. Auflage 2014. Editiert durch G. Lange und M. Pohl

1.2
Vorgehensweise

Die Vorgehensweise gleicht der in der Medizin: Anamnese, Diagnose, Therapie (Tab. 1.1). Wird ein detaillierter Leitfaden gewünscht, so empfiehlt sich die VDI-Richtlinie 3822 [1]. Sie führt in logischen Schritten von Schadensbeschreibung und Bestandsaufnahme über Schadenshypothese(n), Instrumentelle Analysen und Untersuchungsergebnisse zu Schadensursache(n), Abhilfe und Bericht mit abschließendem Wissensmanagement. Unabhängig davon hat der Verfasser in den nachfolgenden Abbildungen 1.2 bis 1.4 sowie Tabelle 1.1 eine Reihe von Punkten zusammengestellt, die sich im Rahmen seiner 50-jährigen Gutachtertätigkeit als maßgeblich erwiesen haben.

1.3
Schadensaufnahme und Beweissicherung

Als erster Schritt sollten die Spuren des Schadensfalles gesichert werden (Abb. 1.2). Nicht nur bei Flugzeugabstürzen, Explosionen usw. sollte man möglichst sämtliche Bruchstücke bergen. Auch beim üblichen „2-Teile-Schaden" empfiehlt es sich, beide Bruchflächen einzubeziehen, vertretbarer Aufwand für deren Ausbau vorausgesetzt. Eine der Bruchflächen (Datenträger!) enthält nicht selten Topografie- oder Gefügehinweise, die auf der Gegenfläche fehlen (Ausscheidungen, Lunker u. a. m.). Weitaus gravierende Differenzen beider Seiten resultieren aus nachträglichen mechanischen Beschädigungen oder unterschiedlichen Korrosionszuständen.

Frische Bruchflächen sind reaktionsfreudig und müssen vor (weiterer) Korrosion geschützt werden: Exsikkator, zumindest trockene Raumluft, Sprühlack (sofern später keine Korrosionsprodukte zu analysieren sind). Bruchflächen niemals berühren! Rostbeläge lassen sich zwar mit Desoxidationsmitteln (Wardox, warme

Tabelle 1.1 Vorgehen bei der Schadensfallbearbeitung.

VORGEHENSWEISE *)

Anamnese	**Diagnose**	**Therapie**
Beweissicherungs-verfahren (Artefakte)	Bestimmung der Bruchart (SEP 1100, VDI 3822) + ggf. metallografische mechanische chemische zerstörungsfreie Prüfverfahren	Abhilfe-empfehlungen

* bauteilunabhängig, auftraggeberunabhängig

Zitronensäure u. a. m.) ablösen, die Original-Topografie wird jedoch infolge des lokal unterschiedlichen Korrosionsangriffes bestenfalls näherungsweise reproduziert.

Fotografische Aufnahmen („Schadensteil in Anlieferungszustand") sind fast immer erforderlich (Maßstab, charakteristische Bauteilabmessungen festhalten). Sie dienen nicht nur der Dokumentation (Untersuchungsbericht); nicht selten werden im Verlauf der Untersuchung nach Zerschneiden des Bauteils Erkenntnisse gewonnen, die eine erneute Beurteilung des Original-Schadenszustandes nahelegen. Ein zusätzlicher Ausdruck erweist sich häufig als nützlich, um die Entnahmepositionen von Proben oder Schnittstellen einzuzeichnen.

Wird der Schaden unmittelbar am Entstehungsort inspiziert – im Gegensatz zu einem eingereichten Schadensteil –, so ist das makroskopische Erscheinungsbild des augenblicklichen Bruchzustandes zu bewerten. Gesamteindruck und Begleitumstände des Schadens sowie Zeugenaussagen sind festzuhalten. Kann der Gutachter das Schadensteil bzw. den betroffenen Abschnitt nicht mitnehmen, sind detaillierte Anweisungen für den Ausbau oder das Herausarbeiten von Teilen für die Untersuchung erforderlich, um nachträgliche Veränderungen zu vermeiden (z. B. Schnitte mit Schneidbrenner oder Trennscheibe nur in genügendem Abstand von der Bruchfläche, evtl. Kühlung ohne Benetzung der Bruchflächen). Die Kennzeichnung herauszutrennender Bauteilabschnitte mit dem Schlagstempel schützt gegen Vertauschen der Teile; bei Bedarf sollte der Entnahmebereich in Skizze oder Zeichnung festgehalten werden.

1.4 Informationen über den Schadensfall

Ausführliche, zuverlässige Informationen vereinfachen die Schadensuntersuchung erheblich und verhindern häufig Fehlbeurteilungen. Die Richtigkeit einer garantierten Eigenschaft lässt sich zudem meist leicht überprüfen; nach-

Beweissicherung

- Beide (sämtliche) Bruchflächen sicherstellen
- Korrosionsanfällige Bruchflächen schützen
  → Exsikkator, Sprühlack
  (Vorsicht bei Korrosionsprodukten)

⇒ Bruchflächen nie berühren !

- Fotografische Aufnahmen anfertigen, notfalls Skizzen. Maßstab !
- Makroskopische Beurteilung der Brüche
- Gesamteindruck, Begleitumstände, Zeugenaussagen
- Genaue Anweisungen zum Ausbau von Teilen oder zur Entnahme von Proben → keine Veränderungen !
- Kennzeichnung zu entnehmender Teile

Abb. 1.2 Beweissicherung.

Information über den Schadensfall

- Werkstoffart
- Wärmebehandlung
- Herstellung, Fertigung, Abnahme
- Konstruktion, Arbeitsweise, Belastung, Dimensionierung, Änderungen, ...
- Funktion und Position des Bauteils im Gesamtsystem → „Fernwirkung" beachten
- Betrieblicher Lebenslauf: Alter, Betriebsdauer, Vorschäden, Reparaturen, Inspektionen, Änderungen, Stillstand, ...
- Umgebungsbedingungen
- Betriebsbedingungen bei Schadenseintritt
- Unfallablauf
- Folgeereignisse: Folgeschäden, Lagerung, Voruntersuchung

Abb. 1.3 Informationen über den Schadensfall.

trägliche Bestimmungen unbekannter Größen sind dagegen aufwendig (und werden gelegentlich angezweifelt).

Als nützlich haben sich die in Abbildung 1.3 zusammengestellten Angaben erwiesen (fehlerhafte Auskünfte einkalkulieren). Erfahrungsgemäß steht dem Gutachter meist nur ein bescheidener Teil dieser Angaben zur Verfügung. Häufig sind daher verschiedene dieser Punkte Gegenstand der Untersuchung. (Zwei bezeichnende Fälle werden am Schluss dieses Kapitels erläutert.)

1.5
Durchführung

Vorgehensweise und Umfang sollten mit dem Antragsteller abgestimmt werden (Abb. 1.4). Vielfach wird vom Gutachter ein rasch und kostengünstig erarbeiteter Abhilfevorschlag erwartet, jedoch keine fundamentale Klärung aller Schadensumstände. Auf die Grenzen der Verfahren ist hinzuweisen, besonders bei Wünschen nach speziellen Untersuchungsmethoden. Rückfragen ergeben im Übrigen häufig, dass sich die geforderte Prüfung zur Klärung des vorliegenden Schadensfalles in keiner Weise eignet. Einzeluntersuchungen, die ohne Erläuterung des Gesamtzusammenhangs verlangt werden, erweisen sich gewöhnlich als nutzlos (beantragt wird eine chemische Analyse, tatsächlich gesucht werden die Ursachen eines Schwingbruches).

Das Untersuchungsprogramm ist – unter Beachtung des gesamten Umfeldes – sorgfältig zu planen, so dass keine Indizien zerstört werden, die man zu einem späteren Zeitpunkt noch benötigen könnte. Das Verfahren muss sich auch dann noch fortsetzen lassen, wenn ein Test die aktuelle Arbeitshypothese nicht bestätigt und neue Möglichkeiten in Betracht gezogen werden müssen. (Aus dem Kopf

Durchführung

Abstimmung mit dem Auftraggeber

Strategie (Fließbilder, Programme, ...)

⇒ **konservative (indizienschonende) Vorgehensweise**

⇒ **negative Teilresultate einkalkulieren (Iterationsprozess)**

⇒ **keine Veränderung durch Untersuchung (Probenahme !)**

⇒ **gesamtes Umfeld beachten (Fernwirkung)**

Abb. 1.4 Durchführung der Schadensanalyse.

einer herausgearbeiteten Zugprobe lässt sich ein metallografischer Schliff anfertigen, aus einem Schliff kein Zugstab.) Fließbilder und Programme in der Literatur ignorieren häufig die begrenzte Masse des Schadensteiles.

Die Entnahme von Proben erfordert besondere Sorgfalt. Die Probe muss repräsentativ für die zu untersuchende Eigenschaft sein und darf diese beim Heraustrennen nicht verändern (Gefügeänderung durch Erwärmen, Verlust von Graphit beim Herausarbeiten von Analysespänen aus Gusseisen usw.). Mehrere Proben müssen wegen latenter Verwechselungsgefahr deutlich gekennzeichnet und penibel verwaltet werden (z. B. einzeln in beschrifteten Klarsichttüten; niemals zwei Proben gleichzeitig aus ihren Tüten entnehmen). Bei moderater Probenzahl vereinfachen unterschiedliche geometrische Formen und Abmessungen die Zuordnung. Die Entnahmestellen sollten auf der Zeichnung oder auf Fotos markiert werden.

Besonders fehlinterpretationsgefährdet sind Proben für rastermikroskopische Untersuchungen; so kann z. B. energiedispersiv auf der Bruchfläche nachgewiesener Schwefel aus der Sparbeize vom Reinigen stammen, Titan oder Barium aus Farbresten (Markierungsstifte) und Kupfer von der Elektrode bei funkenerosiv herausgetrennten Abschnitten. Wegen der Gefahr des Überbeizens (Lochfraßteppich!) entrostet man sinnvoller Weise nicht gleichzeitig beide Bruchflächen; erhöhte Vorsicht erfordern verzinkte Stahlteile.

Bevor man sich mit dem Schadensteil im Einzelnen auseinandersetzt, sollte man sein Zusammenwirken mit anderen Bauteilen überprüfen. Mitunter werden einwandfreie Komponenten durch andere Teile eines Systems geschädigt, vgl. z. B. das Flugturbinenlaufrad in Abschnitt 7.5.3, „Schwingbrüche an ausgewählten Bauteilen“.

Die *Bestimmung der Bruchart* bildet in den meisten Fällen das Kernstück der Untersuchungen. Nicht selten reicht sie zur Klärung des Schadens aus. Art und individuelle Ausbildung des Bruches geben Hinweise auf den Beanspruchungszustand – teilweise auch auf den Werkstoffzustand – und damit auf die Ursachen des Versagens. Vielfach erlaubt die Bruchart darüber hinaus, zwischen primärem Bruch und Folgeschäden zu unterscheiden.

In jedem Fall sollte man den Bruch zunächst *makroskopisch* beurteilen (Betrachtung mit bloßem Auge, Lupe oder mäßig vergrößerndem Stereomikroskop). Oftmals gestatten deutlich ausgeprägte makroskopische Merkmale, die Bruchart zweifelsfrei zu identifizieren (vgl. Kapitel 2, Abb. 2.7). Auch bei einer großen Zahl zerstörter Teile (z. B. Flugzeugabsturz, Explosion) können die möglicherweise unfallauslösenden Brüche nur durch eine makroskopische Betrachtung eingegrenzt werden. Abbildung 1.5 zeigt ein derartiges Beispiel, Abbildung 1.6 gibt die potenziell schadensverursachenden Teile mit mehr als 70 Bruchstellen wieder.

Erlaubt das makroskopische Bild keine oder nur eine unsichere Bestimmung der Versagensart, so schließt sich eine *mikroskopische Bruchbeurteilung* – normalerweise im Rasterelektronenmikroskop (REM) – an. Das trifft insbesondere zu für Teile mit kleinem Querschnitt oder dünnen Wandungen sowie für nachträglich

Abb. 1.5 Trümmer eines Hubschraubers. Im Hintergrund gleiches Modell im flugfähigen Zustand.

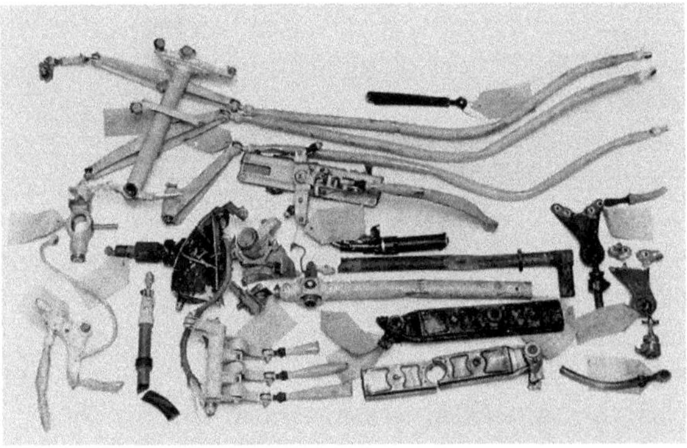

Abb. 1.6 Teile des Steuerungssystems, deren Versagen einen Absturz bewirkt haben könnte.

zerstörte Bruchflächen. Gelegentlich wünscht der Kunde entsprechende Aufnahmen. Über die Bestimmung der Bruchart hinaus liefert das Rasterelektronenmikroskop häufig wertvolle Zusatzinformationen, beispielsweise über Besonderheiten am Bruchausgangspunkt, den Ausbreitungsverlauf von Rissen oder über den Gefügezustand. (Eine statistische Auswertung von ca. 400 Schadensuntersuchungen an Luftfahrzeugen ergab z. B. folgende Verteilung: bei 28 % aller Fragmente ließ sich die Bruchart anhand makroskopischer Merkmale eindeutig ermitteln, bei 41 % der Fälle wurde eine bestimmte Bruchart aufgrund des makroskopischen Bildes vermutet und durch die rastermikroskopische Untersuchung abgesichert, bei 30 % der Schäden erlaubte die makroskopische Betrachtung nur eine unsichere Aussage, so dass der Bruchtyp im Rastermikroskop bestimmt werden musste. Zusätzliche Erkenntnisse wurden in 39 % aller Fälle gewonnen.)

Im Idealfall bestätigt das Ergebnis der mikroskopischen Untersuchungen den makroskopischen Befund. Befriedigen die Resultate nicht, so können *Simulationsversuche* weiterhelfen. Man entnimmt dem Schadensteil (notfalls mit angemessenem Vorbehalt einem Ersatzteil) Proben, zerstört sie unter betriebsähnlichen Bedingungen und vergleicht die Bruchmerkmale im REM mit dem Original. Gleichzeitig gewinnt man charakteristische Topografien für den vorliegenden Werkstoff im aktuellen Wärmebehandlungszustand. Bei unbekannten Betriebsbedingungen erzeugt man an mehreren Proben die in Betracht kommenden Brucharten.

Je nach Art des Schadensfalles können verschiedene *Werkstoffuntersuchungen* erforderlich sein (Tab. 1.1). Sie geben Auskunft über Art und Zustand des Werkstoffes, insbesondere über Fehler und Abweichungen von garantierten Werten. Die wichtigsten Verfahren sind die *metallografische* Untersuchung, die *mechanische* Prüfung, die *chemische* Untersuchung und die *zerstörungsfreie* Prüfung. Fehlen Angaben über den vorschriftsmäßigen bzw. über den angestrebten Zustand, so empfehlen sich parallele Untersuchungen an gleichartigen Teilen anderer Anlagen bzw. an Ersatzteilen. Man entkräftet auf diese Weise das Argument, der Werkstoff sei zugegebenermaßen minderer, jedoch für den vorliegenden Anwendungsfall ausreichender Qualität (s. Beispiel „Gewehr" am Schluss dieses Kapitels).

Die routinemäßige Eingangskontrolle der chemischen Zusammensetzung hält der Verfasser für nicht erforderlich. Die Analyse ist meist korrekt und nur in Ausnahmefällen für den Schaden verantwortlich. Eventuelle Verdachtsmomente kristallisieren sich im Verlauf der Untersuchung heraus; im Rastermikroskop überprüft man parallel zur Bruchbetrachtung ohnehin das energiedispersive Verteilungsdiagramm.

Vorgehensweise, Untersuchungsergebnisse und Schlussfolgerungen werden üblicherweise in einem *Schadensbericht* zusammengefasst. Der Bericht sollte (vorsichtig formulierte!) Empfehlungen für *Abhilfemaßnahmen* enthalten.

Zwei Beispiele sollen die schadensauslösende Wirkung nebensächlich erscheinender Einflüsse verdeutlichen. Die Axialverdichterräder langjährig bewährter Hubschrauberturbinen wurden scheinbar unwesentlich konstruktiv verändert: Am Rand der Scheibe wurde ein umlaufender Wulst angedreht, um beim Auswuchten auf einfache Weise Material abarbeiten zu können (Abb. 1.7 und 1.8).

Abb. 1.7 Axialverdichterrad, gefertigt aus einem Stück. Außendurchmesser 180 mm.

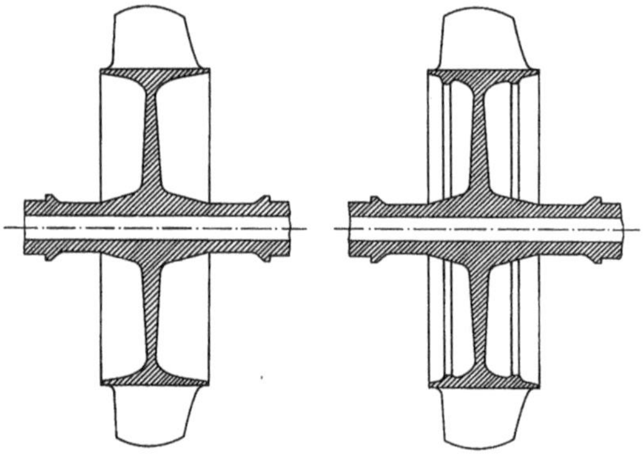

Abb. 1.8 Älteres, bewährtes Verdichterrad (links); nach Andrehen zweier Wuchtringe anfälliges Verdichterrad (rechts).

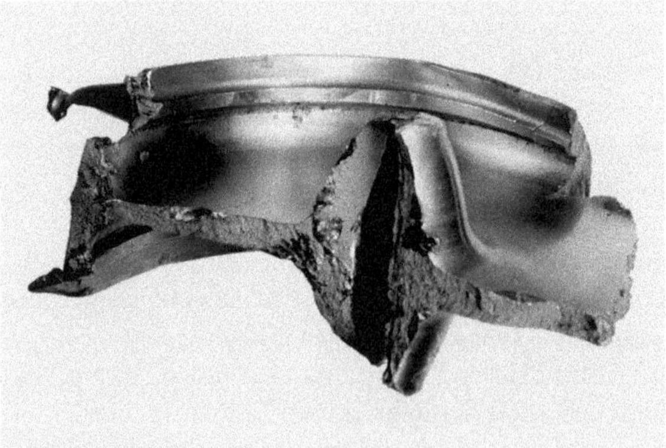

Abb. 1.9 Größeres Bruchstück eines Axialverdichterrades. Korrosionsspuren auf der Innenseite des Wuchtringes. Scheibendurchmesser 130 mm.

Abb. 1.10 Detail aus der Bruchfläche eines Verdichterrades. Dunkle Linse der interkristallinen (Spannungsriss-)Korrosion, ausgehend von der Senke neben dem Wuchtring.

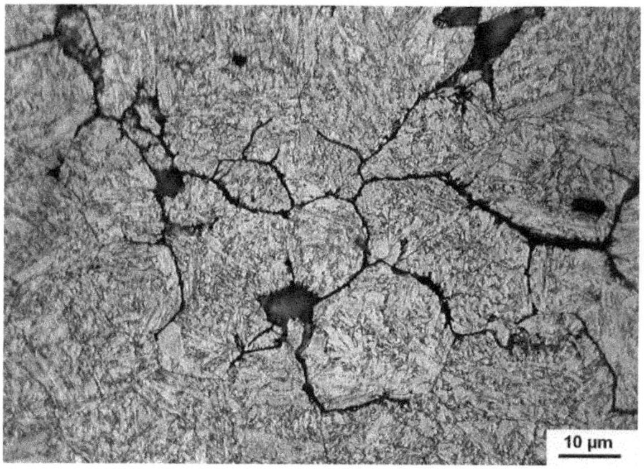

Abb. 1.11 Metallografischer Schliff, dicht neben der Bruchfläche. Interkristalline (Spannungsriss-) Korrosion. Vilella.

Nach ca. 1000 Betriebsstunden brachen in zwei Triebwerken diese mit 44 000 U/min umlaufenden Räder infolge interkristalliner Spannungsrisskorrosion (Abb. 1.9 bis 1.11); die übrigen geänderten Räder zeigten starke Angriffserscheinungen und wurden ausgetauscht. Der verwendete Stahl X15Cr13 war nicht normgerecht auf 700–750 °C, sondern zugunsten erhöhter Festigkeit nur auf 540 °C angelassen worden. Bei dieser relativ niedrigen Anlasstemperatur scheiden derartige ferritische Stähle Chromkarbide aus, die entlang der Korngrenzen zu zusammenhängenden chromverarmten Zonen führen. Der Stahl geht in einen extrem korrosionsanfälligen Zustand über (Sensibilisierung). Die aus der anströmenden Luft niedergeschlagene Feuchtigkeit wurde nach dem Andrehen des Wuchtringes nicht mehr abgeschleudert. Sie staute sich auf der Innenseite des Wulstes und zerstörte den sensibilisierten Stahl in diesem Bereich; vgl. [2]. Ein ähnlicher Schaden wird in [3] und [4] beschrieben.

Beim Schießen mit einer Repetierbüchse brachen mehrere Teile des Schlosses (Abb. 1.12 und 1.13), wodurch der Schütze schwer verletzt wurde. Aus dem Gewehr waren bereits etwa 50 Schüsse abgegeben worden, darunter mindestens einer mit ca. 30 % Überlast beim Hersteller. Der für die Beteiligten unverständliche Unfall konnte wie folgt aufgeklärt werden: Alle Schlossteile waren durch Spaltbrüche zerstört worden; der Werkstoff befand sich aufgrund fehlerhafter Wärmebehandlung in einem extrem spaltbruchanfälligen Zustand (Abb. 1.14). Die Waffe war im Juni erworben worden, der Unfall ereignete sich im November desselben Jahres bei einer Temperatur von +1 °C. Der Temperaturrückgang hatte die ohnehin geringe Duktilität des Werkstoffes nochmals erheblich vermindert (Steilabfall der Kerbschlagzähigkeit) und damit die Voraussetzungen für die verformungslosen Brüche geschaffen. Das Untersuchungsergebnis wurde durch metallografische Schliffe sowie durch Kerbschlagbiegeversuche bei 20 °C und bei 1 °C an den Schadensteilen und an Vergleichsstücken aus einem anderen Gewehr gleichen Typs abgesichert (Abb. 1.15); vgl. [5]. Die Aufklärung war durch eine unsachgemäße Voruntersuchung – Abschroten eines gehärteten Bolzenstückes nach Aufheizen mit dem Schweißbrenner zwecks chemischer Analyse (Abb. 1.13, rechts) – extrem erschwert worden.

Abb. 1.12 Nachbau einer historischen Unterhebel-Repetierbüchse (Winchester).

Abb. 1.13 Verformungslos gebrochene Schlossteile einer Unterhebel-Repetierbüchse. Abgeschroteter Bolzen (rechts).

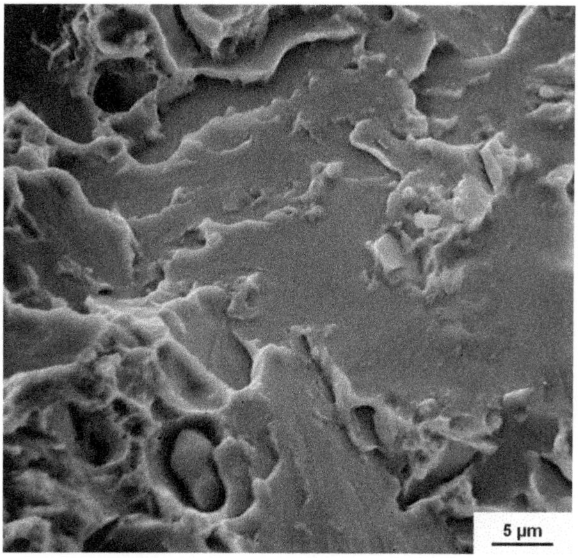

Abb. 1.14 Spaltbruch, repräsentativ für sämtliche Brüche in Abbildung 1.13.

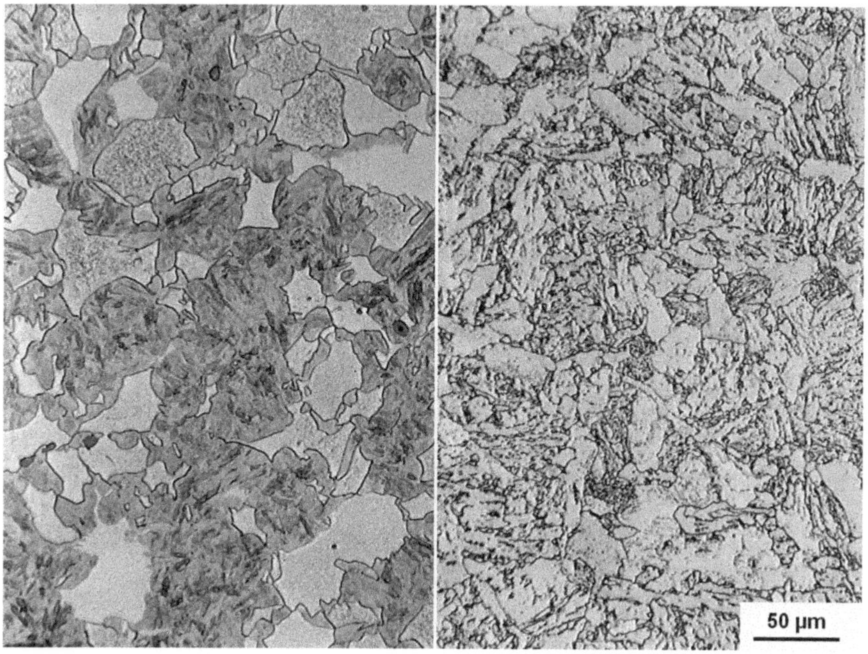

Abb. 1.15 Mangelhaftes (links) und korrektes (rechts) Vergütungsgefüge der Schlossstücke des Schadensteiles und eines Vergleichsgewehres.

Literatur

1 VDI-Richtlinien 3822: Schadensanalyse, Beuth-Verlag, Berlin.

2 Lange, G. (1974) Zerstörung von Hubschrauberturbinen durch Einsatz eines Stahles in korrosionsanfälligem Zustand bei gleichzeitig nicht werkstoffgerechter Konstruktion. *Z. f. Werkstofftechnik* **5**, 9–13.

3 Lange, G. (1984) Probleme der Schadensanalyse – dargestellt am Beispiel eines zerstörten Axialverdichters. *Z. Metallkde,* **75** 401–406.

4 Lange, G. (1984) Schaden an einer Hubschrauberturbine infolge kritischer Wärmebehandlung, in G. Petzow (Hrsg.), Sonderbände der Praktischen Metallographie, Bd. 15, S. 527–536, Riederer-Verlag, Stuttgart.

5 Lange, G. (1982) Bruch eines Gewehrgeschosses infolge fehlerhafter Wärmebehandlung. *Härterei-Techn. Mitt.*, **37**, 284–285.

2
Einteilung, Ursachen und Kennzeichen der Brüche

Günter Lange

2.1
Brucharten

Aufgrund ihrer Bildungsmechanismen und ihrer vielfältigen Erscheinungsformen weisen die Brüche eine Reihe spezifischer Merkmale auf, die alternativ zu ihrer Bezeichnung herangezogen werden. Hierzu zählen u. a.:

- Höhe der Beanspruchung: Niederspannungsbruch, Fließspannungsbruch
- Grad der makroskopischen plastischen Verformung: Sprödbruch, Zähbruch
- Verlauf der Trennung durch das Gefüge: transkristalliner, interkristalliner Bruch
- Erscheinungsbild der Bruchfläche: Orientierung gegenüber dem Bauteil (Normalspannungsbruch, Schubspannungsbruch), Reflexionsvermögen (kristalliner Bruch, Mattbruch), Topografie (Fräserbruch, Holzfaserbruch)
- Belastungsart (Kräfte, Momente): Zug-, Biege-, Torsionsbruch
- Beanspruchungsart: mechanisch, thermisch, korrosiv

Um die verwirrende Vielfalt paralleler Bezeichnungen desselben Bruches zu reduzieren, hat ein gemeinsamer VDEh-DVM-Ausschuss unter Mitwirkung der Herausgeber Empfehlungen erarbeitet [1], die in das Stahl-Eisen-Prüfblatt 1100 [2] und in die VDI-Schadensrichtlinien 3822 [3] übernommen worden sind. Danach teilt man die Brüche entsprechend der dominierenden Beanspruchung in mechanisch, thermisch oder korrosiv bedingte ein (Abb. 2.1). Die Untergruppen des Gewaltbruches orientieren sich am mikroskopischen Werkstoffverhalten. Die Begriffe Sprödbruch (verformungsloser Bruch) und Zähbruch (Verformungsbruch) charakterisieren dagegen ausschließlich die makroskopische Deformation, die mit der mikroskopischen nicht übereinstimmen muss (vgl. z. B. Abb. 2.2 und 2.3). Weitere, in dieser Zusammenstellung nicht aufgeführte Bruchbezeichnungen werden in den zugehörigen Kapiteln erläutert.

Die VDI-Richtlinie 3822 behandelt neben den drei Hauptgruppen in Abbildung 2.1 (Blätter 1.2, 1.3 und 1.4) Schäden durch tribologische Beanspruchung (Blatt 1.5) sowie durch flüssigmetallinduzierte Rissbildung (Blatt 1.6); vorbereitet wird Blatt 1.7 „Schäden an geschweißten Bauteilen".

Systematische Beurteilung technischer Schadensfälle, 6. Auflage 2014. Editiert durch G. Lange und M. Pohl

1. Mechanisch bedingte Risse und Brüche

Gewaltbruch *)

- Gleitbruch (Wabenbruch)
  - transkristalliner Gleitbruch
  - interkristalliner Gleitbruch
- Spaltbruch
  - transkristalliner Spaltbruch
  - interkristalliner Spaltbruch (Korngrenzenbruch)
- Mischbruch

Schwingbruch

2. Korrosionsbedingte Risse und Brüche

Interkristalline Korrosion

Interkristalline Spannungsrisskorrosion

Anodische Spannungsrisskorrosion

Wasserstoffinduzierte Risse und Brüche

(Verzögerter Bruch, Fischaugen, Flocken, Beizblasen, HICs)

Wasserstoffinduzierte Spannungsrisskorrosion

Schwingungsrisskorrosion

Lötbruch / Flüssigmetallinduzierte Rissbildung

3. Thermisch bedingte Risse und Brüche

Kriechbrüche

Schweißrisse

Heißrisse

Härterisse

Schleifrisse

Wärmeschockrisse

*) Die Unterteilung Zähbruch - Sprödbruch kennzeichnet ausschließlich den makroskopischen Verformungsgrad.

Abb. 2.1 Einteilung der Brüche.

2.2 Definitionen der Brucharten

Ungeachtet der ausführlichen Beschreibung der einzelnen Brucharten in den jeweiligen Abschnitten dieses Buches sind die Definitionen der in Abbildung 2.1 verwendeten Begriffe nachfolgend zusammengestellt.

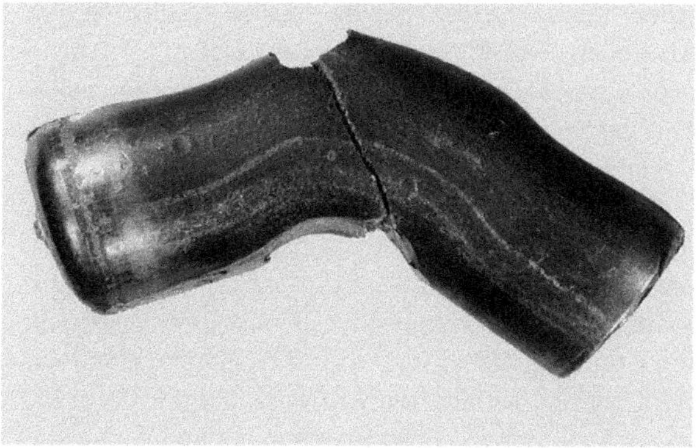

Abb. 2.2 Spaltbruch eines gekerbten Bolzens aus unlegiertem Stahl nach erheblicher makroskopischer Verformung.

Brüche durch mechanische Beanspruchung Gewaltbrüche entstehen durch einsinnige, mechanische Überlastung unter mäßig rascher bis schlagartiger Beanspruchung. Der Gleit- oder Wabenbruch bildet sich unter plastischer Verformung durch Abgleiten entlang der Ebenen maximaler Schubspannungen, der Spaltbruch erfolgt mikroskopisch nahezu verformungslos senkrecht zur größten Zugspannung durch Überwindung der den Werkstoff zusammenhaltenden Kohäsionskräfte. Zäher Werkstoffzustand, einachsiger Spannungszustand, niedrige Belastungsgeschwindigkeit und höhere Temperatur begünstigen den Gleitbruch. Die jeweils entgegengesetzten Bedingungen fördern die Neigung zum (transkristallinen) Spaltbruch, sofern das Metall dem raumzentrierten oder dem hexagonalen Gittertyp angehört. Nach ihrem Verlauf durch das Gefüge unterscheidet man weiter zwischen trans- und interkris-

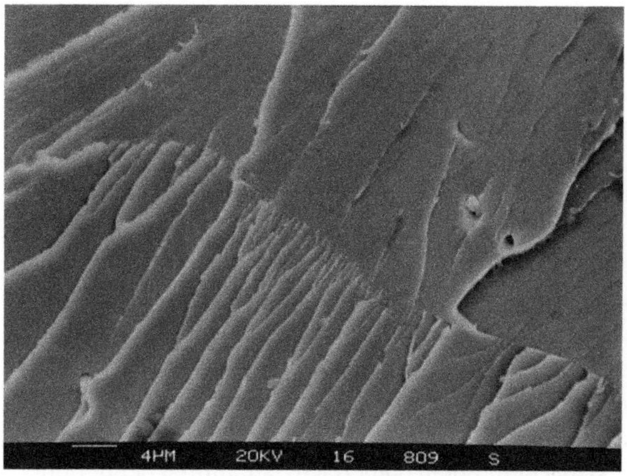

Abb. 2.3 Charakteristische Spaltflächen auf der gesamten Bruchfläche des deformierten Bolzens aus Abb. 2.1. Auffächerung beim Passieren einer Korngrenze (Drehgrenze).

tallinen Waben- bzw. Spaltbrüchen. Kombinationen der Brucharten bezeichnet man als Mischbrüche. Der früher verwendete Begriff „Trennbruch" ist durch Spaltbruch – jetzt als Oberbegriff für trans- und interkristalline mikroskopisch verformungslose Trennung – ersetzt worden. Die Bezeichnung „Normalspannungsbruch" lehnt der Verfasser ab, da sie sich verwirrenderweise auf die Orientierung der Bruchfläche, nicht auf die bruchauslösende Spannung bezieht: Der Boden des Trichterbruches (vgl. Kapitel 5 über den duktilen Gewaltbruch) würde danach fälschlicher Weise als Normalspannungsbruch eingestuft.

Schwingbrüche entwickeln sich unter mechanischen Beanspruchungen, die nach Betrag und/oder Richtung wechseln. Dabei wächst (mindestens) ein Schwingungsriss, ausgehend von einem oder von mehreren Anrissen, allmählich in das Bauteil hinein, bis der noch tragende Restquerschnitt infolge der ständig angestiegenen Spannung durch Gewaltbruch versagt (Restbruch). Im Allgemeinen geht der Ausbreitung eine lokale plastische Verformung an der Rissspitze voraus; es entwickelt sich ein verformungsreicher Schwingbruch. Bei spröden Werkstoffen kann diese Verformung weitgehend fehlen; es entsteht ein verformungsarmer Schwingbruch. Makroskopisch ist gewöhnlich in beiden Fällen keine plastische Deformation zu erkennen.

Eine Sonderform des Schwingbruches ist die Grübchenbildung (Pittingbildung), die an kräftegebundenen Bauteilen (Wälzlagern, Zahnrädern usw.) auftreten kann. Übermäßige Hertzsche Pressung, ggf. unterstützt durch Tangentialkräfte, führt unterhalb der Oberfläche zu plastischer Verformung und – insbesondere an nichtmetallischen Einschlüssen – zur Bildung von Mikrorissen, deren Wachstum den Werkstoffausbruch als charakteristische Schadensform bewirkt.

Korrosionsbedingte Risse und Brüche Voraussetzung für die Interkristalline Korrosion (Kornzerfall) ist eine verminderte Korrosionsbeständigkeit des Werkstoffes im Bereich seiner Korngrenzen. Verursacht wird dieser Zustand durch Verarmung an gelösten korrosionsverhindernden Legierungselementen (zumeist gehen sie Verbindungen ein und werden unwirksam, beispielsweise $Cr_{23}C_6$ in austenitischen Chrom-Nickel-Stählen), Anreicherung korrosionsfördernder Begleitelemente oder durch Ausscheidung (zusammenhängender) korrosionsanfälliger Gefügebestandteile (z. B. Al_8Mg_5 in Aluminium-Magnesium-Legierungen) entlang der Korngrenzen. Zugspannungen sind nicht erforderlich; wirken sie mit, so spricht man von Interkristalliner Spannungsrisskorrosion. Die beiden Korrosionsarten lassen sich nicht scharf gegeneinander abgrenzen.

Als Anodische Spannungsrisskorrosion bezeichnet man die trans- oder die interkristalline Rissbildung in zugbeanspruchten- oder zugeigenspannungsbehafteten Werkstoffen unter Einwirkung eines meist spezifischen Mediums. An der Rissspitze fördert ein anodisch kontrollierter Auflösungsprozess die Rissausbreitung, so dass mit zunehmend positivem Potenzial die Gefährdung wächst. Anfällig sind spezifische Systeme Werkstoff/Medium, beispielsweise Messing/Ammoniak oder Quecksilber, in einem kritischen Potenzialbereich bei hinreichend hoher Zugspannung oder kritischer Dehngeschwindigkeit.

Wasserstoffinduzierte Risse und Brüche können entstehen, wenn der Werkstoff eine hinreichende Menge dieses Gases aufgenommen hat, beispielsweise beim Erschmelzen, beim Schweißen, aus der Gasatmosphäre (Druckwasserstoff, Aufkohlungsgase, Schutzgase) oder aus einem Elektrolyten (Beizen, Galvanik). Da sich der Wasserstoff sowohl atomar im Gitter löst oder in Fallen (traps) fängt, als auch molekular in inneren Hohlräumen ausscheidet, kommt es in Verbindung mit seiner hohen Diffusionsgeschwindigkeit zu den verschiedenartigsten Schadensformen (Verzögerter Bruch, Fischaugen, Flocken, Beizblasen usw.). Voraussetzung für eine Rissbildung ist meist die kritische Kombination von Zug- oder Zugeigenspannungen (bzw. dadurch bedingter lokaler elastischer Gitteraufweitung) und örtlicher Wasserstoffkonzentration. Die Schäden haben Spaltbruchcharakter mit aufgesplittertem trans- oder mit interkristallinem Rissverlauf. Bei höheren Temperaturen (200–500 °C) kann sich der Wasserstoff mit Eisenkardid zu Methan umsetzen und unlegierte Stähle auftreiben.

In der Erdölbranche verwendet man den Begriff des wasserstoffinduzierten Risses – Übersetzung von Hydrogen Induced Cracks (HICs) – zur Beschreibung eines Korrosionsschadens, bei dem atomar angebotener Wasserstoff in die Wandungen z. B. sauergas- oder erdölführender Rohre eindiffundiert, an Einschlüssen rekombiniert und den Stahl aufreißt. Wie die Beizblasen können sich die „HICs“ auch ohne Zugspannung bilden.

Wasserstoffinduzierte Spannungsrisskorrosion tritt auf, wenn bei der kathodischen Teilreaktion der Korrosion atomarer Wasserstoff entsteht und Rekombinationsgifte dessen Molekülbildung verhindern. Der Wasserstoff diffundiert in den Werkstoff ein, reichert sich in elastisch aufgeweiteten Gitterbereichen an, vermindert die Kohäsionskräfte und löst im Inneren des Bauteils die charakteristischen trans- oder interkristallinen Risse aus. Betroffen sind fast ausschließlich höherfeste ferritische, vergütete und martensitische Stähle, deren Gefährdung mit ansteigender Festigkeit und zunehmend negativem Potenzial wächst. Man beachte, dass die kritische Gitteraufweitung von etwa 0,5 % örtlich auch von Stählen weit unter 1000 N/mm² Nenn-Zugfestigkeit (R_m) durch mehrachsige Zugspannungszustände, Kaltverfestigung oder Aufhärtung erreicht werden kann; nach Erfahrungen des Verfassers ab etwa 600 N/mm² (R_m). Der Schadensmechanismus gleicht dem des Verzögerten Bruches; der Unterschied besteht in der Herkunft des Wasserstoffs (zuvor H-verseuchtes Bauteil gegenüber aktuell korrosiv erzeugten H-Atomen).

Unter Schwingungsrisskorrosion versteht man Schäden, die durch das Zusammenwirken wechselnder mechanischer Beanspruchung und korrosiver Medien hervorgerufen werden. Ein spezifisches Angriffsmittel ist nicht erforderlich. Gefährdet sind nahezu alle metallischen Werkstoffe im aktiven und im passiven Zustand. Rissgeschwindigkeit und Schadensbild hängen von Frequenz und Amplitude ab; bei hohen Werten dominiert der mechanische, bei niedrigen der korrosive Einfluss.

Flüssigmetallinduzierte Rissbildung, früher als Lötbruch bezeichnet, ist die interkristalline Trennung zugbeanspruchter oder zugeigenspannungsbehafteter Werkstoffe durch eindiffundierende flüssige Metalle oder Legierungen. Die

Schmelze muss das Bauteil benetzen, ihr wirksamer Bestandteil muss sich im festen Werkstoff lösen. Der Schaden tritt insbesondere beim Stückverzinken auf.

Thermisch bedingte Risse und Brüche Kriechbrüche entwickeln sich während langzeitiger mechanischer Beanspruchung bei Temperaturen ab etwa 0,3 bis 0,4 T_s (K). Diffusionsvorgänge führen zunächst zur Bildung von Poren, vorzugsweise entlang der Korngrenzen. Bei hohen Spannungen und relativ niedrigen Temperaturen entstehen durch Versetzungsaufstau und Korngrenzengleiten Keilporen, bei geringen Spannungen und hohen Temperaturen durch Leerstellenkondensation Kavernenporen. Das auf diese Weise zeitstandgeschädigte Bauteil versagt schließlich durch duktilen Restwarmbruch.

Der Begriff des Schweißrisses umfasst die verschiedenen Risstypen, die in Verbindung mit dem Schweißprozess auftreten. Man unterteilt nach dem Zeitpunkt des Entstehens in Heiß-, Kalt- und Relaxationsrisse sowie nach der Lage in Unternaht-, Nebennaht-, Quer-, Längsrisse usw. Verursacht werden Schweißrisse u. a. durch fehlerhafte Prozessführung, insbesondere zu hohe Abkühlgeschwindigkeit, durch ungeeignete Zusammensetzung des Grund- oder des Zusatzwerkstoffes, ungünstige Konstruktion oder Nahtgeometrie sowie durch Aufnahme von Gasen.

Die interkristallin verlaufenden Heißrisse können sich nicht nur während des Schweißens, sondern auch beim Gießen oder beim Warmumformen im Bereich der Solidustemperatur in Form von Erstarrungs- oder von Aufschmelzungsrissen bilden. Örtliche Dehnungen führen zum Aufreißen erstarrender Restschmelzen oder niedrigschmelzender Korngrenzenbereiche.

Härterisse werden durch innere Spannungen hervorgerufen, die durch das rasche Abkühlen und durch Gefügeumwandlungen beim Härten entstehen. Die Ursachen für die entlang der ehemaligen Austenitkorngrenzen verlaufenden Risse können in ungeeigneter Geometrie des Bauteils, inhomogenem, grobkörnigem oder anderweitig ungünstigem Gefüge sowie in fehlerhafter Verfahrensführung liegen.

Schleifrisse entstehen infolge mechanischer Oberflächenbearbeitung, deren Wärmeentwicklung festigkeitsüberschreitende Zugeigenspannungen in oberflächennahen Werkstückbereichen erzeugt. Die häufig netzförmig angeordneten, interkristallinen Trennungen setzen im Allgemeinen einen höherfesten, beispielsweise einen gehärteten oder vergüteten Werkstoff voraus.

Wärmeschockrisse werden durch schroffe Temperaturwechsel ausgelöst, die unterschiedliche Volumenänderungsgeschwindigkeiten im Kern- und im Randbereich bewirken. Die meist netzförmig angeordneten, zundergefüllten Risse wachsen mit zunehmender Zahl der Temperaturwechsel von der Oberfläche aus senkrecht in das Bauteil hinein.

2.3 Bruchursachen

Ein Bruch wird durch das Zusammenwirken mehrerer Faktoren ausgelöst, die seinen Ablauf und sein Aussehen bestimmen. Die entscheidenden Größen für die

WERKSTOFFZUSTAND (duktil - spröd)	BEANSPRUCHUNGSZUSTAND
Gittertyp	Spannungszustand
Chemische Zusammensetzung	→ statisch/dynamisch
Wärmebehandlung	→ $+\sigma$, $-\sigma$, τ, σ_V
Gefüge (Korngröße, Ausscheidungen, ...)	(Geometrie d. Bauteils)
Kaltverformung	Beanspruchungs-geschwindigkeit
Alterung	Temperatur
Gelöste Gase (H, O, ...)	Umgebung (Korrosion)
Eigenspannungen	
Textur	
Neutronenbestrahlung	
⋮	

Abb. 2.4 Gegenüberstellung von Werkstoff- und Beanspruchungszuständen.

Art der einsetzenden Bruchmechanismen und damit für den im Einzelfall auftretenden Bruchtyp sind Art und Zustand des Werkstoffes sowie die Beanspruchungsbedingungen.

In Abbildung 2.4 sind die vom Bauteil über seinen Werkstoff „mitgebrachten" Eigenschaften den von außen angreifenden Faktoren gegenüber gestellt. Generell zeigen Werkstoffe ein eher duktiles oder eher sprödes Verhalten. Der Gittertyp hat insofern Bedeutung, als flächenzentrierte Metalle nicht spalten oder sich chemisch anders verhalten können als raumzentrierte oder hexagonale. Wärmebehandlung und Gefüge sind eng miteinander verbunden. Gefügeseitig beeinflussen neben der Korngröße auch Menge, Größe, Form und Verteilung von Ausscheidungen und Einschlüssen die Bruchart und den Rissverlauf. Gelöste Gase können Festigkeits- und Verformungseigenschaften verändern sowie eine charakteristische Bruchflächentopografie verursachen; sofern möglich, empfiehlt sich eine Restgasbestimmung am Schadensteil. Der Nachweis von Eigenspannungen beschränkt sich wegen des hohen Rechenbedarfs oder aufwändiger Vergleichsuntersuchungen meist auf kostspielige Großkomponenten.

Aufseiten der Beanspruchung sind in Abbildung 2.4 Gestalt und Abmessungen des Bauteils bereits mit den angreifenden Kräften und Momenten zum Spannungszustand zusammengefasst. Er ist der Vergleichspartner des jeweils korrespondierenden Werkstoffwiderstandes. Da diese Kenngrößen (Streckgrenze, Zugfestigkeit, Dauerschwingfestigkeit, Zeitdehngrenzen usw.) einachsig ermittelt sind, muss bei Beanspruchung durch einen mehrachsigen Spannungszustand eine einachsige, repräsentative Vergleichsspannung (σ_v) berechnet werden (Tresca, v. Mises, ...).

Die Änderung einer Einzelgröße kann sich stetig oder sprungartig auf die Tendenz zu einer bestimmten Bruchart auswirken; auch innerhalb einer Bruchart können dadurch verschiedene Bruchformen auftreten (vgl. z. B. Kapitel 5). Die Abbildungen 2.5 und 2.6 zeigen zwei Zugproben aus völlig gleichartigem Stahl C45: Den Umschlag vom Gleit- zum Spaltbruch hat ein umlaufender Spitzkerb ausgelöst (mehrachsiger Spannungszustand).

Abb. 2.5 Zugproben aus identischem Stahl C45. Umschlag vom Gleit- zum Spaltbruch durch Eindrehen eines umlaufenden Spitzkerbs. Ursprünglicher Probendurchmesser 20 mm.

Abb. 2.6 Bruchflächen der Zugproben aus Abb. 2.5. Matter Gleitbruch (Trichter-Kegel-Bruch), glitzernder Spaltbruch.

2.4
Allgemeine Kennzeichen für Bruch- und Beanspruchungsart

Jede Bruchart ist durch eine Reihe von Merkmalen gekennzeichnet. Vielfach erlauben sie darüber hinaus Rückschlüsse auf einzelne Beanspruchungsbedingungen sowie auf den Werkstoffzustand. Im Bedarfsfall gestatten sie, zwischen dem Primärschaden und Folgebrüchen zu unterscheiden. Die wichtigsten makroskopischen und rastermikroskopischen Identifikationsmerkmale sind in Abbildung 2.7 zusammengestellt. Die Abbildungen 2.8a–d geben Beispiele für die Mikrotopografie einiger Schadensarten. In der Praxis ist sie jedoch häufig weitaus weniger deutlich ausgeprägt.

Bestimmung der Bruchart:

Beanspruchungszustand, Werkstoffzustand, Ursache ↔ Folge

Makroskopische Merkmale

- → **Ausgangspunkt des Bruches**
- → **Orientierung der Bruchfläche (⊥, 45°, schraubenwendelförmig)**
- → **Grad der plastischen Deformation**
- → **Topografie der Bruchfläche (glatt, rau; glitzernd, matt, verfärbt, Linien, Stufen, Belag; einheitlich oder bereichsweise unterteilt)**

Mikroskopische Merkmale

REM: Waben, Spaltflächen, Schwingstreifen, Kriechporen, Korngrenzen, Ausscheidungen, ...

Achtung: Merkmale teilweise mehrdeutig oder nicht zwingend erforderlich

Abb. 2.7 Makroinformationen zur Bestimmung der Bruchart.

Man beachte, dass ein bestimmtes Merkmal bei mehreren Brucharten auftreten kann (z. B. fehlende makroskopische Deformation bei Spalt-, Schwing- und Korrosionsbrüchen). Andererseits schließt das Fehlen eines normalerweise charakteristischen Kennzeichens den zugehörigen Bruchtyp nicht unbedingt aus (z. B. Schwingbrüche ohne Rast- oder ohne Schwingungslinien

Häufige Brucharten und Versagensursachen Entgegen einer weit verbreiteten Ansicht werden die meisten Schäden nicht durch „Materialversagen", sondern durch gravierende Verstöße gegen grundlegende, langjährig bekannte Regeln ausgelöst. Die maßgeblichen Ursachen sind in Abbildung 2.9 aufgelistet.

Duktile Gewaltbrüche (Gleitbrüche) treten meist in Gegenwart von Zeugen auf und werden anschließend kaum noch untersucht. Gelegentlich sind sie das Resultat einer vergeblichen Suche nach Vorschädigungen (z. B. nach einem Schwingungsanriss).

Auch Spaltbrüche findet man relativ selten. Offensichtlich hat das Schicksal der sich selbst versenkenden Liberty-Schiffe Generationen Auszubildender nachhaltig beeindruckt. Auslöser ist heute zumeist ein Temperatursturz im Betrieb schlagartig beanspruchter, ungünstiger Konstruktionen aus spröden (grobkörnigen) Stählen. Mitunter wird eine trügerische Sicherheit vorgetäuscht, indem man die versuchsspezifische Übergangstemperatur des Kerbschlag-Biegeversuches direkt auf das Bauteil überträgt.

Schwingbrüche verursachen die meisten Schadensfälle, nach Erfahrung des Verfassers über 60 %. Konstruktive Steifigkeitssprünge sowie fertigungs- oder betriebsbedingte Kerben erzeugen die rissstartenden örtlichen Spannungsspitzen. Kombinationen sind besonders gefährlich (z. B. grobe Drehriefen in einem engen Übergangsradius). Da Beschädigungen im Betrieb nach einer beliebigen Anzahl

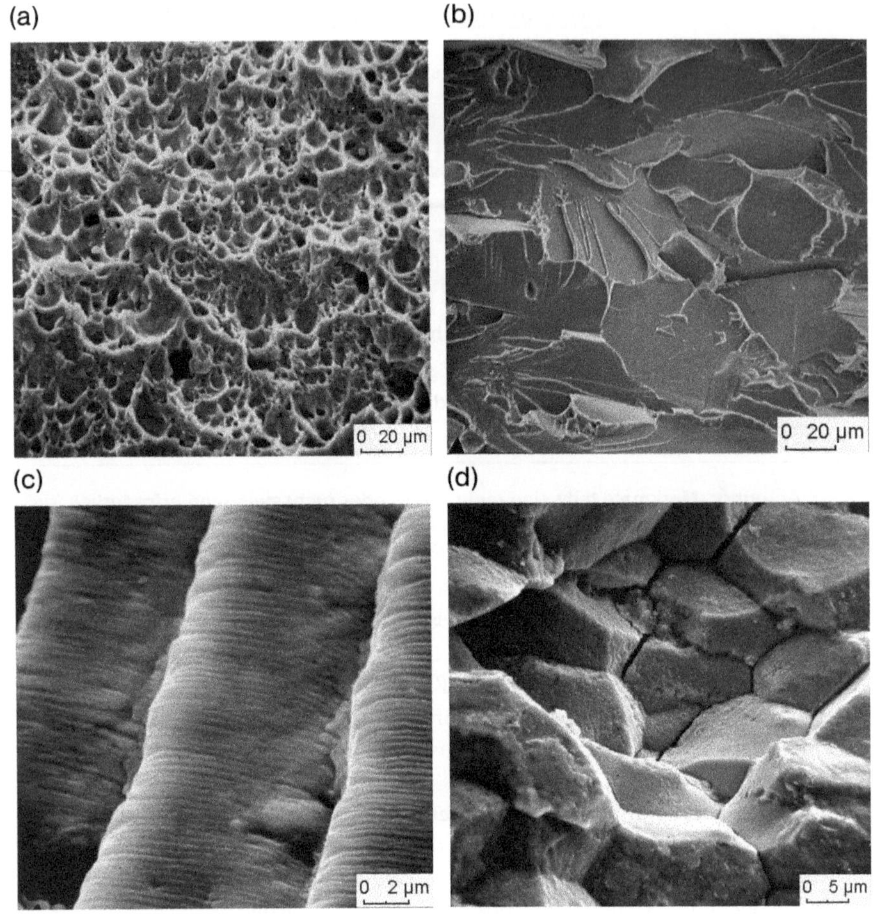

Abb. 2.8 Beispiele für charakteristische rasterelektronenmikroskopische Bilder von Bruchflächen. a) Waben (Dimples). Transkristalliner Gleitbruch. b) Spaltflächen. Transkristalliner Spaltbruch. c) Schwingstreifen, Bruchbahnen. Transkristalliner, duktiler Schwingbruch. d) Korngrenzflächen. Interkristalline Spannungsrisskorrosion.

ertragener Lastspiele auftreten können (beispielsweise Korrosionsnarben), erreicht ein Bauteil niemals einen sicheren Lebensabschnitt, weder nach zwei Millionen Zyklen noch bei dauerfester Dimensionierung. Die oftmals missverstandene Dauerfestigkeit ist der Werkstoffwiderstand gegen mechanische Schwingungen, die bis zur angegebenen Höhe beliebig oft ertragen werden. Diese Materialkenngröße wird an (glatten) Proben unter Ausschluss sämtlicher anderen schädigenden Einflüsse im Labor ermittelt, Bedingungen, die am Bauteil meist nicht erfüllt sind. Nach einem Schwingbruch werden die Teile häufig aus „teurerem" (= höherfestem) Werkstoff unverändert neu gefertigt, anstatt Konstruktion und Oberflächengüte zu verbessern. Der Schaden tritt dann erneut auf, allerdings nach kürzerer Betriebsdauer.

Standardfehler

Spaltbruch:

Gefährliche Kombination:
$+\sigma_V$ $T\downarrow$ $\dot{\varepsilon}\uparrow$

Fehlinterpretation
A_K-T-Kurve

Schwingbruch:

Mangelhafte Gestaltung und Oberflächenqualität
(Steifigkeitssprünge, Radien, „Kerb im Kerb")

Kerben
Fertigung und Betrieb

Fehlinterpretation
Wöhlerkurve
Sonderfall „Dauerfestigkeit"

Hochfeste Werkstoffe

Korrosion:

„VA" – kritikloser Einsatz
Lochfraß,
IK, SpRk, ...

Wasserstoff:

Verzögerter Bruch
H-ind. SCC

$\varepsilon \geq 0{,}5\%$
R_m >(600)...800...1000 N/mm²
$H \geq 1$ Ncm³/100g Fe

Generelle Fehler:

Storchschnabelprinzip Kostendruck „Moderne" Werkstoffe

Abb. 2.9 Brucharten und typische Versagensursachen.

Korrosion glauben viele Ingenieure durch den Einsatz von „VA" dauerhaft ausschließen zu können. Diese ursprüngliche Bezeichnung der Firma Krupp umfasst gegenwärtig mehr als 200 Stahlsorten unterschiedlichster Eigenschaften: Wer VA bestellt, erhält 1.4301 (X5CrNi18-10). Dieser nichtrostende Austenit ist jedoch bereits bei moderat ungünstigen Bedingungen (Chloride, Sauerstoffmangel) anfällig für Lochfraß, Interkristalline Korrosion und Spannungsrisskorrosion. – Der aktuelle Trend zum Leichtbau bedingt die Verwendung höher- und hochfester Stähle. Sie sind durch Verzögerten Bruch und durch Wasserstoffinduzierte Spannungsrisskorrosion gefährdet (s. Abschnitt 2.2).

Das Storchschnabelprinzip kennzeichnet die lineare Vergrößerung bewährter Konstruktionen bei erhöhten Forderungen an Leistung, Drehzahl, Durchsatz oder Volumen. Da Spannungen, Massen und Deformationen nach unterschiedlichen Gesetzen anwachsen, wird das Bauteil alsbald überbeansprucht. – „Moderne" Werkstoffe liefert der internationale Materialtourismus. Längst ausgerottete Mängel treten erneut auf (Butterflies in Kugellagerstählen), zulässige Mengen an Schwefel werden konzentriert als Mangansulfidfolie in Stahlbleche eingelegt, ohne im Zugversuch aufzufallen.

Literatur

1 N.N. (2008) Erscheinungsformen von Rissen und Brüchen metallischer Werkstoffe, Verlag Stahleisen mbH, Düsseldorf.

2 Verein Deutscher Eisenhüttenleute (1992) Stahl-Eisen-Prüfblatt 1100, Verlag Stahleisen mbH, Düsseldorf.

3 VDI-Richtlinie 3822, Schadensanalyse, Beuth Verlag, Berlin.

3
Werkstoffuntersuchungen

Hermann Müller

Voraussetzung für eine erfolgreiche Schadensanalyse ist die Deutung des makroskopischen Schadensbildes. Dabei können über die Art des Bruches (verformungsarmer Gewaltbruch, Schwingungsbruch, Spannungsriss usw.), Mitwirkung von Korrosion vor, während oder nach der Bruchentstehung, Art der Korrosion (Lochfraß, Spaltkorrosion, Spannungsrisskorrosion, usw.) oder die Erscheinungsform eines Verschleißschadens wichtige Anhaltspunkte gewonnen werden. Nur selten führt die makroskopische Deutung des Schadensbildes jedoch bereits zur vollständigen Klärung der Schadensursache, denn gleiche Schadensbilder können sehr unterschiedliche Ursachen haben. Deshalb sind gezielte weiterführende

Tabelle 3.1 Einige Prüfverfahren zur Ermittlung von Werkstoffwiderstandskenngrößen (schematisch).

Prüfverfahren	Kenngrößen des Werkstoff-widerstandes
Härteprüfversuch 	HB, HV, HRC, HRB
Zug- bzw. Druck-versuch 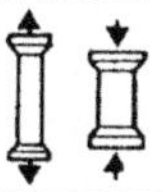	$R_{eS}(R_{eL},R_{eH}),R_{p0,2}R_m$ A, Z
Biegeversuch 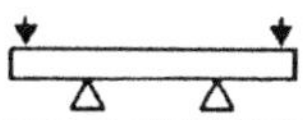	$R_{eS},R^{*}_{0,2}(R^{*}_m)$
Torsionversuch 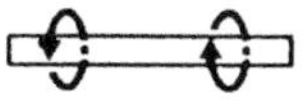	$R_{\tau S},R^{*}_{\tau 0,2}(R^{*}_{\tau m})$

Prüfverfahren	Kenngrößen des Werkstoff-widerstandes
Kerbschlagbiege-versuch 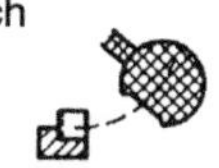	a_K, W_K
Risszähigkeits-versuch 	$K_{I,C}$, K_C, δ_C
Kriechversuch 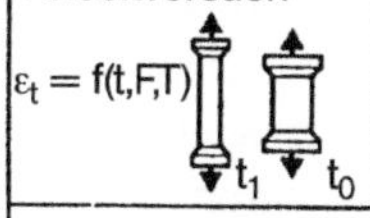	$R_{p0,2/10^4/T}$ $K_{p/Zeit/Temperatur}$ $R_{m/10^4/T}$
Knickversuch 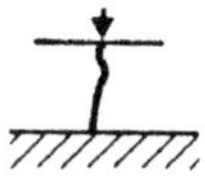	$R^{(J)}_{Knick}$

Systematische Beurteilung technischer Schadensfälle, 6. Auflage 2014. Editiert durch G. Lange und M. Pohl

Werkstoffuntersuchungen des schadhaften Bauteils erforderlich. Nach der Erfassung aller Details des Schadens und der Deutung des makroskopischen Schadensbildes muss festgelegt werden, welche Werkstoffuntersuchungen zur Ermittlung der Schadensursache nützlich sind. Neben der klassischen mechanischen Werkstoffprüfung und metallografischen Untersuchungen werden moderne physikalische und chemische Untersuchungsmethoden zur Bewertung des Werkstoff- und Bauteilverhaltens unter unterschiedlichen Beanspruchungsbedingungen eingesetzt.

3.1 Mechanische Werkstoffprüfung

Beim Versagen eines Bauteiles durch Bruch oder durch Risse muss für die Durchführung einer Versagensbetrachtung (quantitativer Vergleich der Beanspruchung mit dem entsprechenden Werkstoffwiderstand) die entscheidende Werkstoffwiderstandskenngröße durch mechanische Werkstoffprüfungen ermittelt werden. In Tabelle 3.1 sind beispielhaft einige Prüfverfahren und die damit ermittelten Kenngrößen der jeweiligen Werkstoffwiderstände zusammengestellt [1–4].

Der Zugversuch (DIN EN ISO 6892-1) hat große Bedeutung, da die im Zugversuch ermittelten Werkstoffwiderstandskenngrößen (Streckgrenze R_{eS} als Werkstoffwiderstand gegen einsetzende plastische Deformation; 0,2 %-Dehngrenze $R_{p0,2}$ als Werkstoffwiderstand gegenüber einer plastischen Dehnung von 0,2 %; Zugfestigkeit R_m als Werkstoffwiderstand gegenüber dem einsetzenden Bruchvorgang) die Grundlage für die Dimensionierung statisch beanspruchter Bauteile darstellen. Als Maß für die Zähigkeit des Werkstoffes dienen Bruchdehnung, Brucheinschnürung und die Brucharbeit. Zusätzliche Informationen können aus dem makroskopischen und rasterelektronenmikroskopischen Bruchbild gewonnen werden. Die im Zugversuch ermittelten Kraft-Verlängerungs-Diagramme werden in Nennspannungs-Totaldehnungs-Diagramme (Verfestigungskurven) umgerechnet. Die Nennspannung σ_n ist die auf den Ausgangsquerschnitt S_0 der Probe bezogene Zugkraft F ($\sigma_n = F/S_0$). Die totale Dehnung ε_t setzt sich aus einem elastischen Dehnungsanteil ε_e und einem plastischen Dehnungsanteil ε_p zusammen. Der elastische Dehnungsanteil ist durch das Hooksche Gesetz $\varepsilon_e = \sigma/E$ bestimmt, wobei E der Elastizitätsmodul des Werkstoffes ist. Abbildung 3.1 zeigt schematisch Beispiele von Verfestigungskurven, wie sie bei verschiedenen Werkstoffen bzw. Werkstoffzuständen auftreten können. Typ (a) wird bei Aluminiumlegierungen, austenitischen Stählen und vergüteten Stählen, Typ (b) (ausgeprägte Streckgrenze; gekennzeichnet durch einen Lüdersbereich sowie eine untere und eine obere Streckgrenze R_{eL} und R_{eH}) bei Kohlenstoffstählen mit geringen Kohlenstoffgehalten beobachtet. Typ (c) ist typisch für spröde, z. B. martensitische Werkstoffzustände. Typ (d) gilt für das abstrahierte, elastisch/ideal plastische Verformungsverhalten hochtemperaturbeanspruchter metallischer Werkstoffe. In Abbildung 3.1a ist die Abhängigkeit der tatsächlichen Spannungen

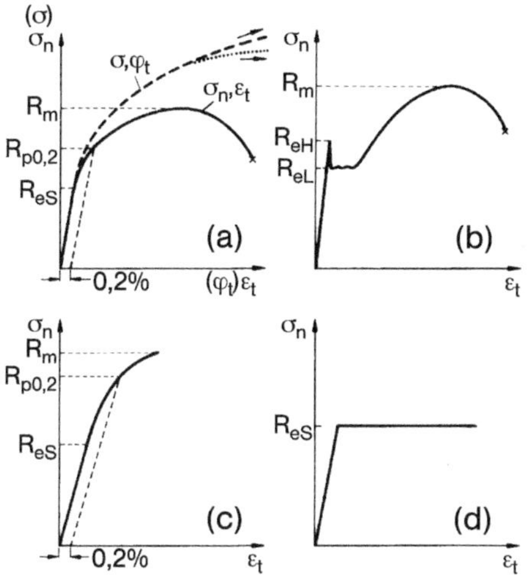

Abb. 3.1 Typen von Verfestigungskurven (schematisch).

$\sigma = F/S$ von der logarithmischen Formänderung $\phi_t = \ln(S_0/S)$ mit eingezeichnet. Diese Fließkurven sind wichtig zur Beurteilung des Umformungsverhaltens der Werkstoffe.

Zur Beurteilung kerbbehafteter Bauteile ist es vielfach nützlich, Zugversuche an gekerbten Proben durchzuführen. Wird ein gekerbter Zylinderstab zügig beansprucht, so bildet sich im Kerbgrund ein zweiachsiger und im Probeninneren ein dreiachsiger Spannungszustand aus (vgl. Abb. 3.2). Die drei Hauptnormalspannungen $\sigma_1 > \sigma_2 > \sigma_3$ sind inhomogen über den Probenquerschnitt verteilt. Die in Beanspruchungsrichtung wirkende Spannung σ_1 besitzt ihren Größtwert $\sigma_{1,\max}$ im Kerbgrund. Das Verhältnis $\alpha_k = \sigma_{1,\max}/\sigma_n$ ist die Formzahl der Kerbe. Wenn man die Nennspannung im Kerbquerschnitt über der mit Dehnungsmessstreifen im Kerbgrund registrierten Kerbgrunddehnung aufträgt, so erhält man Kerbverfestigungskurven, aus denen man Werkstoffwiderstände, wie Kerbstreckgrenzen, Kerbdehngrenzen und Kerbzugfestigkeiten, entnehmen kann. In Abbildung 3.2 sind für einen Werkstoffzustand des Stahles 32NiCrMo14-5 die Kerbstreckgrenze $R_{k,eS}$, verschiedene Kerbdehngrenzen $R_{k,px}$ und die Kerbzugfestigkeit $R_{k,m}$ als Funktion der Formzahl α_k wiedergegeben. Der Anstieg der Kerbzugfestigkeit mit wachsender Formzahl α_k setzt ein hinreichend duktiles Werkstoffverhalten voraus. In Abbildung 3.2 ist außerdem für verschiedene Werkstoffe bzw. Werkstoffzustände das Verhältnis der Kerbzugfestigkeit zur Zugfestigkeit in Abhängigkeit von der Formzahl der Kerbe aufgetragen. Man sieht, dass mit zunehmender Härte sich die Kurven der Funktion $R_{k,m}/R_m = 1/\alpha_k$ nähern. Entscheidend für das Bauteilversagen ist dann die maximale Hauptnormalspannung. Die Spannungsüberhöhung an der Kerbe wirkt sich voll aus. Es erfolgt ein Versagen durch Spaltbruch, der normalspannungskontrolliert abläuft. Man sieht, dass der versagensfördernde Einfluss von Kerben bei quasistatischer Bauteilbeanspruchung nur bei verminderter Duktilität des Werkstoffes von Bedeutung ist.

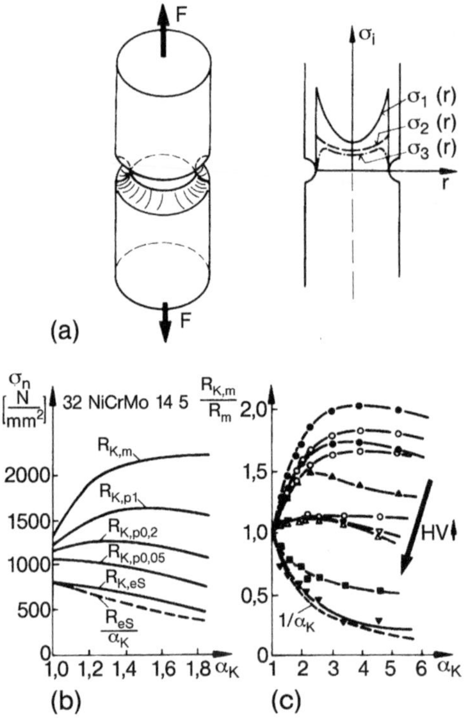

Abb. 3.2 a) Spannungsverteilung über den Kerbgrundquerschnitt eines gekerbten Rundstabes; b) Kerbzugfestigkeit, Kerbstreckgrenze und Kerbdehngrenzen in Abhängigkeit von der Formzahl α_k für den Stahl 32NiCrMo14-5; c) Kerbzugfestigkeit $R_{K,m}$ zu Zugfestigkeit R_m in Abhängigkeit von der Formzahl α_k für Werkstoffe unterschiedlicher Härte HV.

Zur Beurteilung von Schäden an rissbehafteten Bauteilen ist die Kenntnis des Werkstoffwiderstandes gegenüber instabiler Rissausbreitung (Risszähigkeit K_{Ic}) notwendig, der sich aus dem Konzept der linear-elastischen Bruchmechanik ergibt (vgl. Kapitel 15, „Bruchmechanik in der Schadensanalyse"). Sicherheit gegen Versagen besteht nach diesem Konzept, wenn der Spannungsintensitätsfaktor an der Rissspitze in einer Konstruktion immer kleiner bleibt als der im Risszähigkeitsversuch ermittelte K_{Ic}-Wert. Liegen rissbehaftete Werkstoffzustände vor (z. B. Mikrorisse infolge von Schweiß- oder Wärmebehandlungsprozessen), so muss die Versagensbetrachtung durch einen Vergleich der maximalen Spannungsintensität K_{max} mit der Risszähigkeit K_{Ic} bzw. durch den Vergleich der maximalen Risslänge a_{max} mit einer kritischen Risslänge a_{Ic} erfolgen. Es gilt:

$$K_{max} \leq K_{zul} = \frac{K_{Ic}}{S} \text{ bzw. } \sigma_{max} \leq \sigma_{zul} = \frac{K_{Ic}}{(S \cdot \sqrt{\pi a})} \text{ bzw.}$$

$$a_{max} \leq a_{zul} = \frac{a_{Ic}}{S} = \left(\frac{K_{Ic}}{\sigma_n}\right)^2 \cdot \left(\frac{1}{S}\right)$$

Wichtig für die Beurteilung von Schadensfällen ist, dass die Risszähigkeit für die meisten Werkstoffgruppen mit zunehmender Streckgrenze abfällt, so dass hochfeste Werkstoffe bzw. Werkstoffzustände vielfach nur einen geringen Widerstand gegen instabile Rissausbreitung besitzen. Ein Beispiel soll verdeutlichen, dass bei rissbehafteten Bauteilen die Wahl des höherfesten Werkstoffes oder Werkstoffzustandes keinesfalls die höhere Sicherheit bietet. In Abbildung 3.3 ist der Zusammenhang von Belastbarkeit und Rissgröße für zwei Werkstoffe bzw. zwei Werkstoffzustände unterschiedlicher Festigkeit aufgezeichnet. Man sieht, dass der Werkstoff mit der geringeren 0,2 %-Dehngrenze, aber der höheren Risszähigkeit bei gleicher Beanspruchung eine deutlich höhere kritische Risslänge besitzt.

Zur Bewertung sehr harter Werkstoffzustände (Härte 55 HRC) haben sich statische Biege- und Verdrehversuche als brauchbar erwiesen.

Zur Überprüfung der Spaltbruchneigung eines Werkstoffes oder Werkstoffzustandes wird bei Schadensfalluntersuchungen sehr häufig der Kerbschlagbiegeversuch (DIN EN ISO 148-1) benutzt und der Kerbschlagzähigkeits-Temperatur-Zusammenhang ermittelt. Die Kerbschlagzähigkeit kann nicht als Werkstoffkenngröße für quantitative Versagensbetrachtung benutzt werden. Sie reagiert aber empfindlicher als der Zugversuch auf unbeabsichtigte Veränderungen von Werkstoffzuständen, wie z. B. wärmebehandlungsbedingte Gefügeinhomogenitäten. Bei Stählen erlaubt der Versuch, die Neigung zum Spaltbruch und die Anfälligkeit für

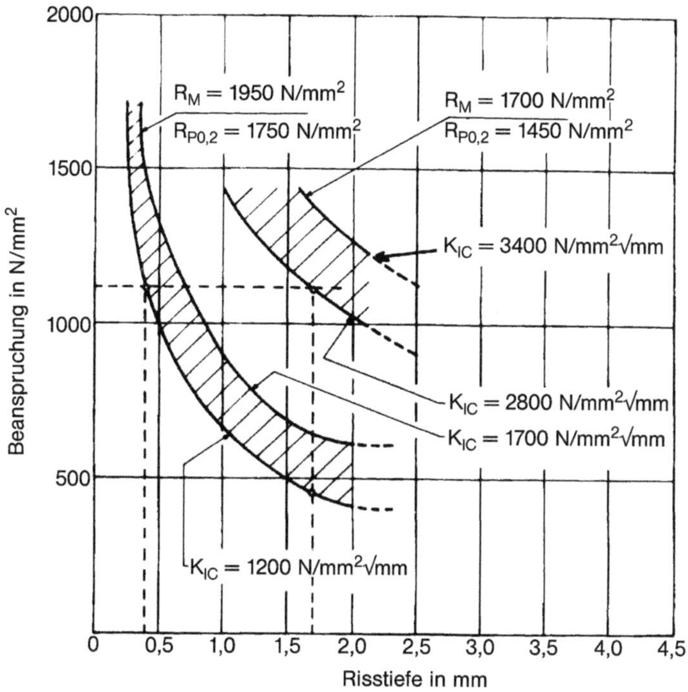

Abb. 3.3 Zusammenhang zwischen Beanspruchung und kritischer Risslänge bei Werkstoffen unterschiedlicher Risszähigkeit.

Alterung oder Anlassversprödung zu erkennen. Zur quantitativen Bewertung des Spaltbruchverhaltens sind Rissauffangversuche von Bedeutung. Sie basieren auf der Überlegung, dass die Bauteilsicherheit größer ist, wenn ein laufender Riss wieder aufgefangen werden kann. Häufig wird der Fallgewichtsversuch nach Pellini (vgl. Abb. 3.4) benutzt. Bei dieser Prüfung wird auf die zu prüfende Blechplatte oder Schweißverbindung eine spröde Schweißraupe aufgebracht, die mit einem Sägekerb versehen wird. Durch die schlagartige Beanspruchung mit dem Fallgewicht entsteht in der Schweißraupe ein Riss. Ermittelt wird die Temperatur, bei der der Riss im zu prüfenden Werkstoff nicht mehr aufgefangen wird. Sie wird als NDT-Temperatur (notch ductility transition temperature) bezeichnet.

Führen bei Betriebstemperaturen oberhalb 0,4 T_S (T_S = Schmelztemperatur in K) quasistatische Beanspruchungen zum Versagen der Bauteile (z. B. bei Heißdampfleitungen), so kann für Neukonstruktionen eine Überprüfung der Zeitstandfestigkeit (z. B. $R_{m/10^4/T}$ = Werkstoffwiderstand gegen Kriechbruch in 10^4 Stunden bei der Temperatur T) oder der Zeitdehngrenze ($R_{px/Zeit/Temperatur}$) der gewählten Werkstoffqualität im Zeitstandversuch (DIN EN ISO 204) erforderlich werden. Abbildung 3.5 zeigt schematisch die Beanspruchung einer Probe im Zeitstandversuch, eine Kriechkurve sowie das aus einer Schar von Kriechkurven ermittelte Zeitstanddiagramm. Für Schadensanalysen sind die verschiedenen Methoden der Restlebensdauerabschätzung von Bedeutung.

Da bei Schadensfalluntersuchungen nicht immer Teile in der Größe zur Verfügung stehen, die die Anwendung einer der oben angesprochenen Prüfmethoden ermöglichen, können zur Charakterisierung des vorliegenden Werkstoffzustandes vielfach nur Härtemessungen durchgeführt werden. In gewissen Grenzen ist eine Abschätzung anderer Werkstoffwiderstandskennwerte, z. B. der Zugfestigkeit, aus der Härte möglich (für Baustahl gilt: R_m [N/mm^2] ≈ 3,4 HB). Das anzuwendende Härteprüfverfahren richtet sich nach der Härte und den Abmessungen der zu

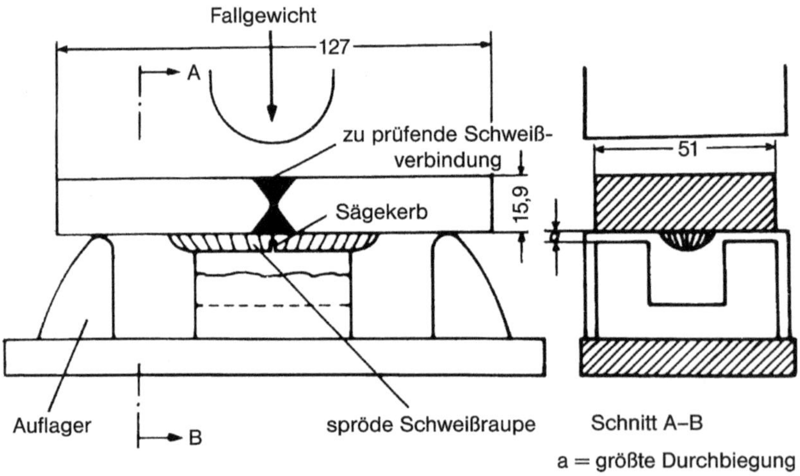

Abb. 3.4 Fallgewichtsversuch nach Pellini.

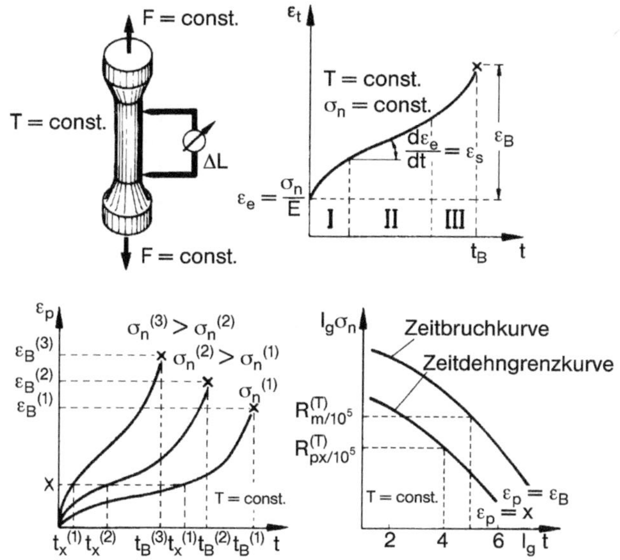

Abb. 3.5 Beanspruchung einer Probe im Zeitstandversuch, Kriechkurve sowie das aus einer Schar von Kriechkurven ermittelte Zeitstanddiagramm (schematisch).

prüfenden Bauteile und Bruchstücke (vgl. DIN EN ISO 6506-1 Härteprüfung nach Brinell, DIN EN ISO 6507-1 Härteprüfung nach Vickers, DIN EN ISO 6508-1 Härteprüfung nach Rockwell).

Als Kenngröße zur Beurteilung des Werkstoffwiderstandes bei schwingender Bauteilbeanspruchung werden in den meisten Fällen die bei den verschiedenen Beanspruchungsarten gemessenen, dauerfest ertragenen Spannungsamplituden benutzt (vgl. DIN 50 100). Führt man bei konstanter Mittelspannung σ_m mit verschiedenen Spannungsamplituden σ_a an hinreichend vielen Proben je Spannungshorizont Schwingversuche durch und registriert die dabei auftretenden Bruchlastspielzahlen N_B, so lässt sich ein σ_a-lg N_B-Zusammenhang angeben, der als Spannungs-Wöhlerkurve bezeichnet wird. Bei derartigen Einstufenversuchen (die Schwingbeanspruchung der Probe erfolgt mit einer konstanten Amplitude) werden, je nach Werkstoff, die in Abbildung 3.6 dargestellten zwei Wöhlerkurventypen beobachtet. Typ I ist dadurch gekennzeichnet, dass sich mit einer bestimmten Wahrscheinlichkeit ein Werkstoffwiderstand angeben lässt, der amplitudenmäßig überschritten werden muss, damit Schwingbruch einsetzt. Der Werkstoffwiderstand gegen einsetzenden Schwingbruch wird bei $\sigma_m = 0$ als Wechselfestigkeit R_W und bei $\sigma_m \neq 0$ als Dauerfestigkeit R_D bezeichnet. Nach den Bruchlastspielzahlen unterscheidet man das Wechsel- bzw. Dauerfestigkeitsgebiet mit $N_B > 10^6$, das Zeitfestigkeitsgebiet mit dem Lebensdauerbereich $10^3 < N_B < 10^6$ sowie das Kurzzeitfestigkeitsgebiet mit $N_B < 10^3$. Bei Wöhlerkurven vom Typ II, wie sie bei vielen Metallen und Legierungen mit kubisch flächenzentrierter Gitterstruktur (z. B. Aluminiumlegierungen, austenitischen Stähle) auftreten, ist keine wechsel- bzw. dauerfest ertragbare Spannungsamplitude angebbar. Als Wechsel- bzw. Dauerfes-

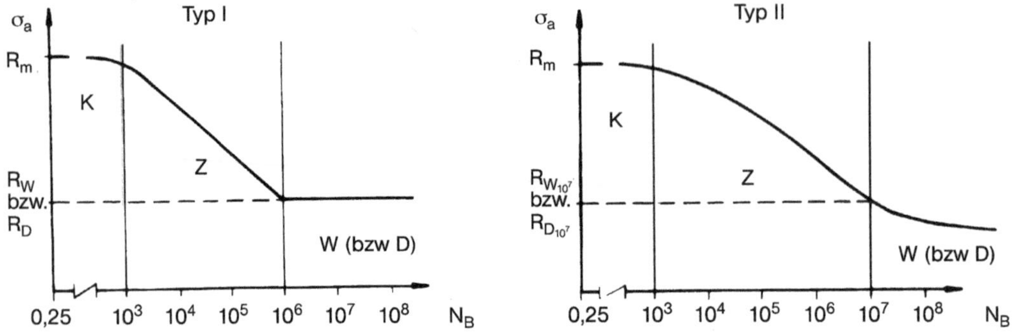

Abb. 3.6 Spannungs-Wöhlerkurven (schematisch).

tigkeit bezeichnet man dann die Spannungsamplitude, die zu einer Bruchlastspielzahl von 10^7 führt.

Die Wechselfestigkeit ist von der Beanspruchungsart abhängig. Grundsätzlich gilt:

$$R_{\text{W,Torsion}} < R_{\text{W,Zug-Druck}} < R_{\text{W,Wechselbiegung}} < R_{\text{W,Umlaufbiegung}}$$

Für die Beurteilung von Schadensfällen ist eine Abschätzung der Wechselfestigkeit aus der einfacher zu ermittelnden Zugfestigkeit von Bedeutung. Für Baustähle werden z. B. die folgenden Zusammenhänge zwischen Wechselfestigkeit und Zugfestigkeit benutzt:

$$0{,}20 < \frac{R_{\text{W,Torsion}}}{R_{\text{m}}} < 0{,}35$$

$$0{,}30 < \frac{R_{\text{W,Zug-Druck}}}{R_{\text{m}}} < 0{,}45$$

$$0{,}40 < \frac{R_{\text{W,Wechselbiegung}}}{R_{\text{m}}} < 0{,}55$$

$$0{,}46 < \frac{R_{\text{W,Umlaufbiegung}}}{R_{\text{m}}} < 0{,}63$$

Zur quantitativen Erfassung des Mittelspannungseinflusses auf die dauerfest ertragbaren Spannungsamplituden und damit für die Aufstellung von Dauerfestigkeitsschaubildern sind die Ansätze von

Goodmann $$R_{\text{D}} = R_{\text{W}}\left[1 - \left(\frac{\sigma_{\text{m}}}{R_{\text{m}}}\right)\right]$$

und

Gerber $$R_D = R_W \left[1 - \left(\frac{\sigma_m}{R_m}\right)^2\right]$$

von Bedeutung. Diese Beziehungen liegen den Dauerfestigkeitsschaubildern nach Smith und nach Haigh zugrunde, die vielfach die einzige Grundlage für die Bemessung schwingend beanspruchter Bauteile bilden. Abbildung 3.7 zeigt schematisch Dauerfestigkeitsschaubilder nach Smith und nach Haigh. In beiden Diagrammen werden Spannungsamplituden, die zu einer Überschreitung der Streckgrenzen führen würden, nicht zugelassen. In Abbildung 3.8 sind Smith-Diagramme für Zug-Druck-Beanspruchung von Chrom-Molybdän-Vergütungsstählen wiedergegeben.
Schwingbrüche gehen vielfach von äußeren oder inneren Kerben aus, die als lokale Spannungserhöhungen wirken. Deshalb sind Dauerschwingversuche an gekerbten Proben von Bedeutung. In Abbildung 3.9 sind schematisch die Spannungs-

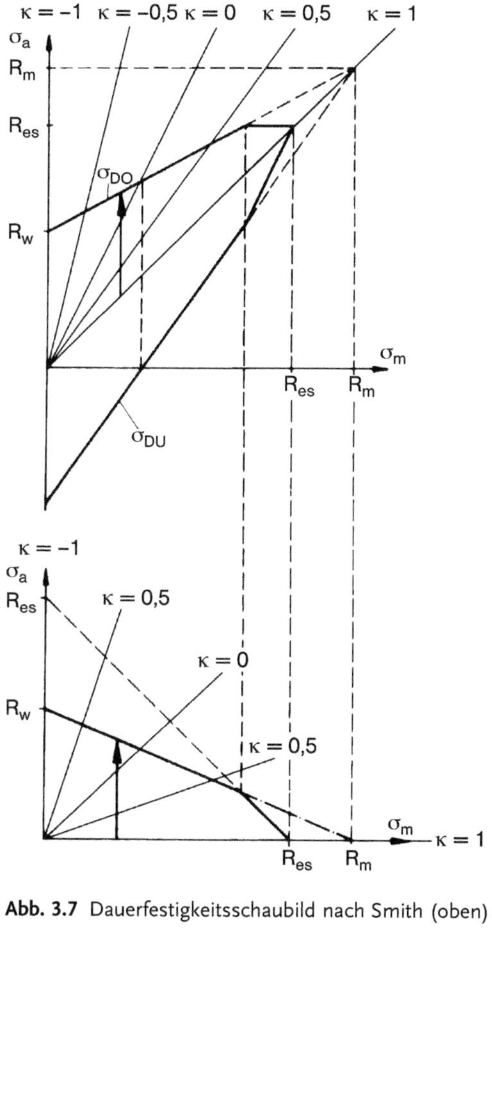

Abb. 3.7 Dauerfestigkeitsschaubild nach Smith (oben) und Haigh (unten) schematisch.

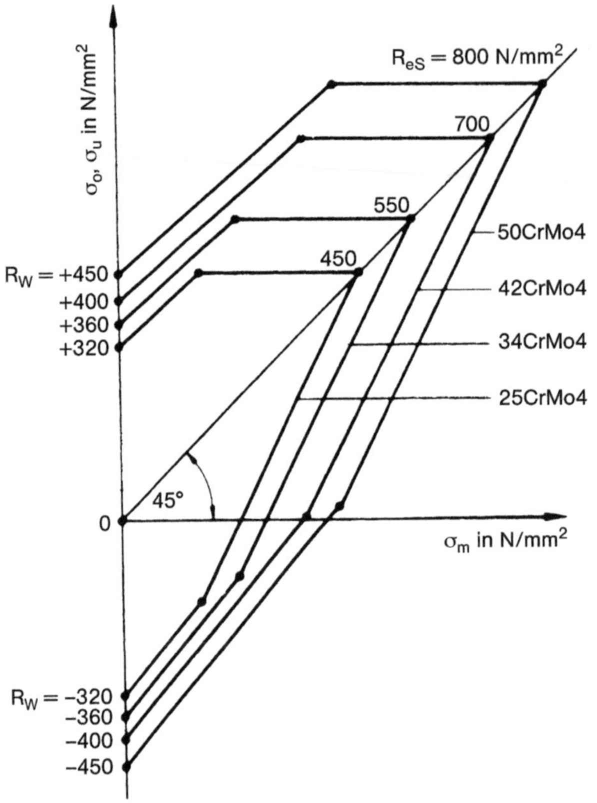

Abb. 3.8 Dauerfestigkeitsschaubilder nach Smith für Zug-Druck-Beanspruchung von Chrom-Molybdän-Vergütungsstählen.

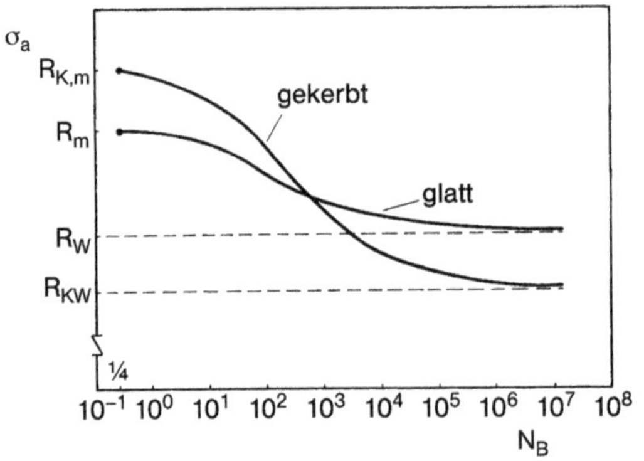

Abb. 3.9 Spannungs-Wöhlerkurven glatter und gekerbter Proben für einen duktilen Werkstoff (schematisch).

Wöhlerkurven für glatte und für gekerbte Proben aus einem duktilen Werkstoff bei Wechselbeanspruchung aufgezeichnet. Man sieht, dass im oberen Zeitfestigkeitsgebiet gekerbte Proben weniger Bruchlastspielzahlen ertragen als ungekerbte. Im Kurzzeitfestigkeitsgebiet ist es umgekehrt. Die Kerbwechselfestigkeit nimmt umso stärker mit der Formzahl α_k ab, je höher die Härte und damit die Zugfestigkeit des Werkstoffes ist. Im Allgemeinen hat die Kerbe einen geringeren Einfluss auf die Wechselfestigkeit als ihrer Formzahl α_k entspricht. Die Kerbwirkungszahl $\beta_k = R_W / R_{KW}$ ist dann größer als 1 aber kleiner als α_k.

3.2 Metallografische Werkstoffuntersuchungen

Metallografische Werkstoffuntersuchungen dienen zur Beurteilung des Makro- und des Mikrogefüges. Entscheidend sind Zahl und Anteil der Phasen sowie ihre Größe, Form und Verteilung im Gefüge. Je nach Vorgeschichte kann derselbe Werkstoff ein sehr unterschiedliches Gefüge aufweisen. Es sei hier an die vielfältigen Möglichkeiten der gezielten Erzeugung bestimmter Gefügezustände durch verschiedene Wärmebehandlungsverfahren erinnert.

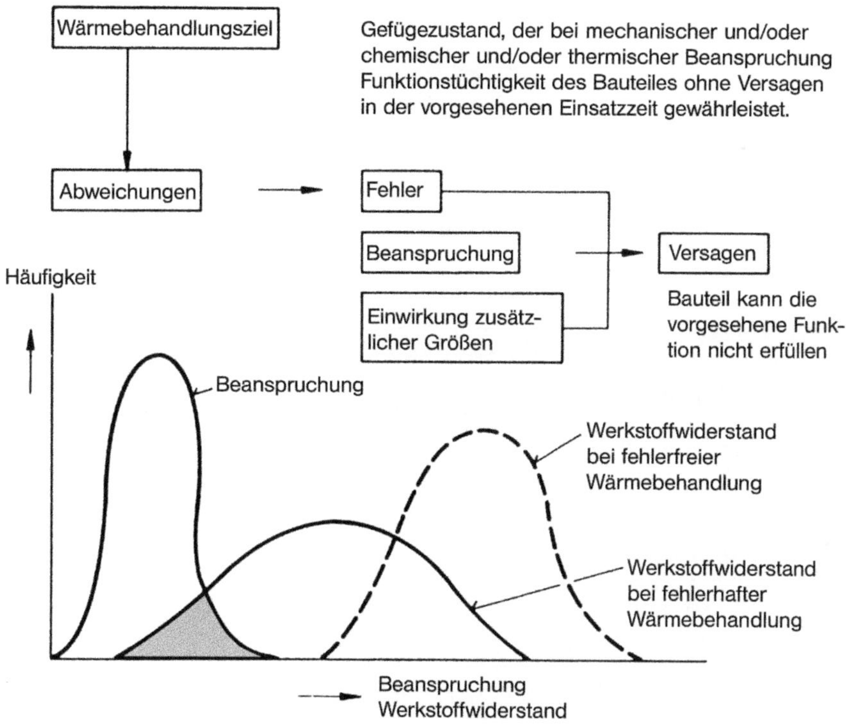

Abb. 3.10 Auswirkung fehlerhafter Wärmebehandlungen auf das Bauteilversagen (schematisch).

Die meisten Maschinenbauteile müssen zur Erzielung eines gegenüber vorgegebenen Beanspruchungsbedingungen ausreichenden Werkstoffwiderstandes einer Wärmebehandlung unterzogen werden. Durch gezielte Wärmebehandlungsprozesse wird in Bauteilen ein Gefügezustand angestrebt, der bei mechanischer und/oder chemischer und/oder thermischer Beanspruchung Funktionstüchtigkeit ohne Versagen in der vorgesehenen Betriebszeit gewährleistet. Alle Abweichungen von diesem Wärmebehandlungsergebnis müssen als Fehler angesehen werden, die je nach Höhe und Art der Beanspruchung allein oder im Zusammenwirken mit anderen Größen zum Versagen des Bauteiles führen können. Anzumerken ist, dass die Werkstoffwiderstände in verschiedenen gleichartigen Bauteilen nicht als determinierte Größen anzusehen sind, sondern genau wie die Bauteilbeanspruchung gewissen Schwankungen unterliegen. Die in Abbildung 3.10 schematisch angedeuteten Verteilungskurven der Bauteilbeanspruchung und des durch die wärmebehandlungsbedingte Gefügestruktur erzielten Werkstoffwiderstandes lassen erkennen, dass bei einer Verschlechterung des Wärmebehandlungsergebnisses in dem grau schraffierten Bereich, also unter bestimmten Beanspruchungsbedingungen, Versagen erfolgt.

Mit Hilfe der metallografischen Untersuchung von Schadensteilen ist es möglich, den Einfluss des Gefügezustandes auf das Versagensgeschehen zu erfassen

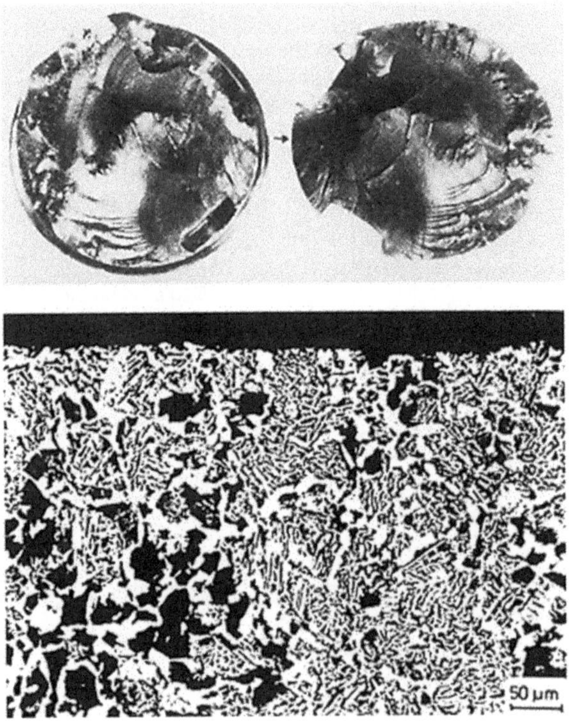

Abb. 3.11 Gebrochene Antriebswelle; Mikrogefüge im Bereich des Bruchausgangs.

und zu bewerten. Ein charakteristisches Beispiel für die Abweichung von dem im Bauteil erwarteten Gefügezustand zeigt die metallografische Untersuchung der gebrochenen Antriebswelle einer Fließpresse (vgl. Abb. 3.11). Die Welle wurde durch einen Schwingbruch zerstört. Der Wellenbruch führte infolge eines mehrwöchigen Betriebsausfalls der Presse zu hohen Folgeschäden. Die Welle war aus dem Vergütungsstahl 34CrMo4 gefertigt und sollte auf eine Zugfestigkeit von 750–850 N/mm^2 vergütet werden. Das Mikrogefüge weicht stark von dem erwarteten Vergütungsgefüge ab. Es besteht aus Korngrenzenferrit, Gefügeanteilen der oberen Bainitstufe und Perlit. Die Festigkeit dieses Gefüges ist geringer als die des angestrebten Vergütungsgefüges. Auch die Zähigkeit des Werkstoffes wird durch diese Gefügeausbildung vermindert. Der inhomogene Gefügezustand wirkt sich negativ auf das Dauerschwingverhalten aus. Rissbildung und Rissfortschritt werden begünstigt.

Im Folgenden soll am Beispiel des Schwingbruches der Achswelle eines Kraftfahrzeuges gezeigt werden, wie durch eine einfache metallografische Untersuchung die Schadensursache ermittelt werden kann. Die randschichtgehärtete Achswelle aus dem Vergütungsstahl 51CrV4 mit einem Durchmesser von 26 mm brach während des Fahrbetriebes. Durch gezielte werkstoffkundliche Untersuchungen sollte die Bruchursache ermittelt werden. Abbildung 3.12 zeigt das makroskopische Bruchbild der Welle. Es ist typisch für einen Schwingbruch. Ausgeprägte Rastlinien sind zu erkennen. Die Restbruchfläche (Bereich R in Abb. 3.12) ist relativ klein. Die mögliche Bruchausgangsstelle ist mit einem Pfeil gekennzeichnet. Die Wellenoberfläche weist in diesem Bereich eine Erhöhung auf. Zur Beurteilung des Werkstoffzustandes wurde ein metallografischer Schliff durch die vermutete Bruchausgangsstelle gelegt. Abbildung 3.13 ist eine Übersichtsaufnahme des mit 2 % alkoholischer Salpetersäure geätzten Schliffes. Man erkennt, dass unterschiedliche Gefügebereiche vorhanden sind. Mit „1" ist das Kerngefüge der Welle gekennzeichnet. Es handelt sich um ein Vergütungsgefüge. Bereich „2" ist die induktionsgehärtete Randschicht. Die Einhärtungstiefe beträgt etwa 1,5 mm. Die mit „3" gekennzeichnete punktförmige Erhöhung zeigt das typische Gefüge eines Schweißpunktes. Unterhalb dieses Schweißpunktes erfolgte in dessen Wärmeeinflusszone eine Neuhärtung der ursprünglichen induktionsgehärteten Randschicht. Der neugehärtete Bereich „4" ist scharf begrenzt und lässt einen

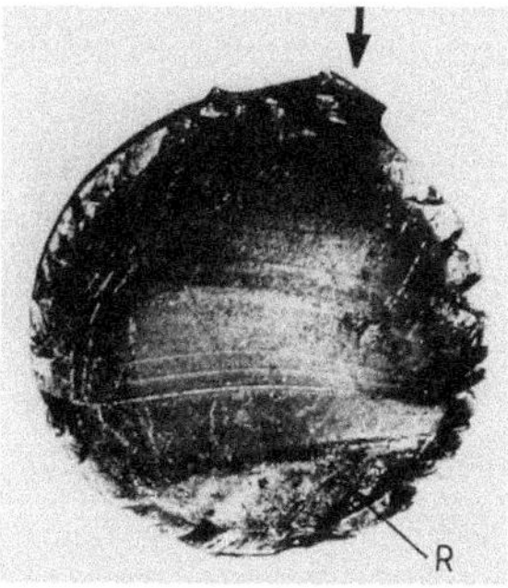

Abb. 3.12 Gebrochene Achswelle.

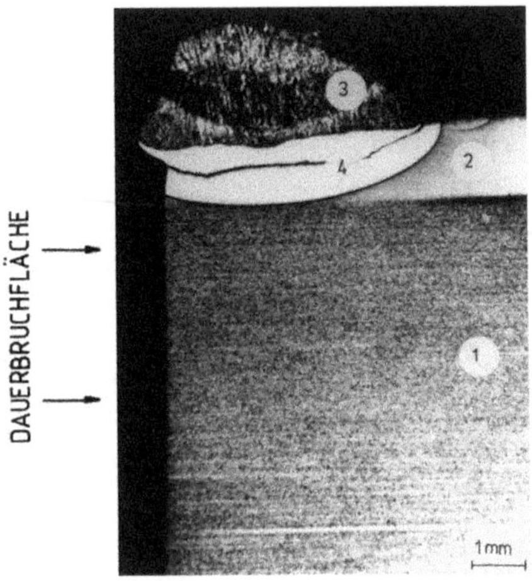

Abb. 3.13 Makrogefüge der Achswelle im Bereich des Bruchausgangs (Bedeutung der Zahlen s. Text).

ausgeprägten Härteriss erkennen. Aus diesen Untersuchungsergebnissen ist die Schadensursache leicht zu erkennen. Die Achswelle wurde zur Erzielung eines maximalen Werkstoffwiderstandes gegenüber der dynamischen Beanspruchung fehlerfrei vergütet und anschließend fehlerfrei randschichtgehärtet. Bei Schweißreparaturarbeiten an der Karosserie wurde aus Unachtsamkeit ein Schweißpunkt an der Oberfläche der Achswelle aufgebracht. Der Bereich der dadurch initiierten Neuhärtung und die dabei entstandenen Härterisse verursachten beim weiteren Fahrbetrieb infolge der Dauerschwingbeanspruchung der Achswelle die Entstehung und Ausbreitung eines Ermüdungsrisses. Nach Erreichen der kritischen Risslänge kam es schließlich zum Bruch der Achswelle.

Die Probennahme an signifikanten Stellen des Schadenteiles (z. B. im Bereich des Bruchausganges) muss ohne gefügeverändernde Erwärmung erfolgen. Bei harten Werkstoffen (z. B. bei gehärtetem und bei vergütetem Stahl) ist eine funkenerosive Entnahme der Probestücke zweckmäßig. Die Proben werden in Kunstharzmasse eingebettet oder in eine Halterung eingespannt, unter Variation der Schleifrichtung auf Schleifpapieren unterschiedlicher Körnung (von grob nach fein abgestuft) geschliffen und danach auf einer tuchbespannten, rotierenden Scheibe mit geschlämmter Tonerde, Magnesia Usta oder Diamantpaste unter ständigem Drehen der Probe poliert. Der so erzeugte Metallschliff kann nur dann lichtmikroskopisch beurteilt werden, wenn Gefügebestandteile unterschiedlicher Eigenfärbung oder unterschiedlichen Reflexionsvermögens vorliegen. Die Bestimmung der nichtmetallischen Verunreinigungen des Werkstoffes (Oxide, Silikate, Sulfide) erfolgt am ungeätzten Schliff. Das Mikrogefüge kann durch Anätzen des Schliffes entwickelt werden, da der chemische Angriff der Phasen des Gefüges von deren Orientierung und chemischen Zusammensetzung abhängt.

In den meisten Fällen genügt eine qualitative Beurteilung des Gefüges, da Werkstofffehler (Poren, Schlackeneinschlüsse, Seigerungen, Lunker, Walz- und Schmiedefehler, zu starke Gefügezeiligkeit, Mikrorisse) und Abweichungen vom angestrebten Gefügezustand (Randoxidation, Randentkohlung, Korngrenzenausscheidungen, inhomogene Gefügezustände, ungleichmäßige Karbidverteilungen, grobkörnige Gefüge, Gefügeentartungen etc.) bei hinreichender Erfahrung des Untersuchenden relativ leicht erkannt und hinsichtlich ihres schadensrelevanten Einflusses bewertet werden können.

Für grundsätzliche Untersuchungen zum Einfluss von Größe, Form und Verteilung verschiedener Phasen auf das Versagensgeschehen des Bauteiles ist eine quantitative Gefügeanalyse mit Hilfe moderner Bildanalysegeräte erforderlich. So ist es z. B. möglich, an Hand von Richtreihen die nichtmetallischen Verunreinigungen in Wälzlagerstählen hinsichtlich ihrer Größe, Form und Verteilung auf ein für das Versagen infolge Wälzermüdung unterkritisches Maß zu begrenzen.

Zur Identifizierung bestimmter Gefügebestandteile und zur Erfassung unzulässiger Gefügeveränderungen (z. B. Abkohlungen bei Federstäben) können Mikrohärtemessungen (z. B. HV 0,02, HV 0,05 oder HV 0,1) genutzt werden.

3.3
Chemische Werkstoffuntersuchungen

Zur Klärung von Werkstoffverwechslungen oder Werkstoffüberprüfungen sind chemische Analysen bzw. Spektralanalysen notwendig. Eine Reihe von Korrosionsprüfungen ermöglicht die Ermittlung und Überprüfung der Einsatzfähigkeit von Werkstoffen unter bestimmten korrosiven Bedingungen. Dabei wird zwischen rein chemischen Prüfungen mit den Messgrößen Korrosionsgeschwindigkeit, Angriffsart (gleichförmig und örtlich), Ruhepotenzial und elektrochemischen Prüfungen mit den Messgrößen der Potenzialabhängigkeit von Stromdichte, Korrosionsgeschwindigkeit und Angriffsart, Stromdichte-Potenzial- und Stromdichte-Zeit-Kurven unterschieden. Für die Prüfung der Neigung zur interkristallinen Korrosion und Spannungsrisskorrosion gelten Sonderverfahren. Beim Strauß-Test z. B. werden die Proben 15 h einer kochenden Kupfersulfat-Schwefelsäurelösung unter Zusatz von Kupferspänen ausgesetzt. Die Proben nehmen dabei ein Potenzial an, das im Bereich der größten Empfindlichkeit für interkristalline Korrosion liegt. Beim anschließenden Biegeversuch reißen interkristallin geschädigte Proben auf. Für die Spannungsrisskorrosionsprüfung sind außer einem spezifisch wirksamen Korrosionsmittel Zugspannungen erforderlich. Sie werden mit Hilfe geeigneter Probenformen und Vorrichtungen (Hebelprobe, Schlaufenprobe, durch Schrauben zu öffnende Rissproben usw.) erzeugt (vgl. hierzu die Kapitel 9 bis 12 über Korrosion).

3.4
Zerstörungsfreie Werkstoffuntersuchungen

Zerstörungsfreie Prüfungen (ZfP) von Bauteilen sollen eine ausreichende Qualitätssicherung von Neuanlagen und eine Überprüfung kritischer Anlagen- oder Maschinenteile in bestimmten Abständen des Betriebsablaufes ermöglichen. Beginnende

Schädigungen können dadurch rechtzeitig erkannt und der eigentliche Schadensfall mit oft katastrophalen Auswirkungen verhindert werden. Die zurzeit gebräuchlichsten ZfP-Verfahren sind einer ständigen Weiterentwicklung und Verbesserung hinsichtlich Messgenauigkeit, Messwerterfassung und Messwertauswertung unterworfen. Sie können im Rahmen dieses Beitrages nur sehr kurz angesprochen werden. Es wird deshalb auf [5] verwiesen, wo die physikalischen Grundlagen, Anwendungsmöglichkeiten und Grenzen der ZfP-Verfahren ausführlich beschrieben werden. Die wichtigsten klassischen zerstörungsfreien Prüfungen sind:

- Röntgengrobstrukturprüfungen
  Die Röntgengrobstrukturprüfung gehört zu den ältesten zerstörungsfreien Werkstoffprüfverfahren und ist am weitesten verbreitet. Sie kommt zur Qualitätskontrolle von Gussstücken aus Leichtmetalllegierungen und Eisenwerkstoffen zur Anwendung (Ermittlung von Gussfehlern wie Poren, Lunker, Gasblasen, Warmrisse, Einschlüsse). Zum Nachweis fehlerhafter Schweißnähte (Schlackeneinschlüsse, Gaseinschlüsse, Wurzelfehler) sind die Röntgengrobstrukturverfahren bestens geeignet. Abbildung 3.14 zeigt das Prinzip des röntgenografischen Fehlernachweises an Bauteilen. Die Röntgenstrahlen werden beim Durchgang durch das Bauteil geschwächt. Fallen auf einen homogenen Werkstoff der Dicke D Röntgenstrahlen der Intensität J_0 , so liegt hinter dem Bauteil noch die Intensität

  $$J_1 = J_0 \; e^{-\mu D}$$

  vor; μ ist der mittlere lineare Schwächungskoeffizient. Er ist von der Wellenlänge der Röntgenstrahlung und der Zusammensetzung des durchstrahlten Materials abhängig. Enthält das Bauteil einen Hohlraum (z. B. einen Lunker) der Dicke d, so wird an dieser Stelle des Bauteiles die Primärintensität J_0 nur auf

  $$J_2 = J_0 \; e^{-\mu(D-d)}$$

  abgeschwächt. Dadurch erhält man hinter dem Fehler eine stärkere Filmschwärzung als im Bereich des fehlerfreien Materials.

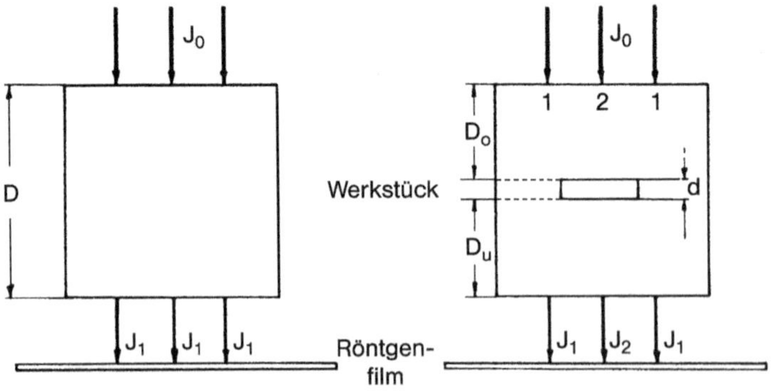

Abb. 3.14 Prinzip des röntgenografischen Fehlernachweises. Links fehlerfrei, rechts fehlerbehaftet.

Tabelle 3.2 Schweißfehler bei V-Nähten nach DIN EN ISO 6520-1.

Ordnungsnummer	Benennung	Röntgenaufnahme (schematisch)
100	Riss	
101	Längsriss	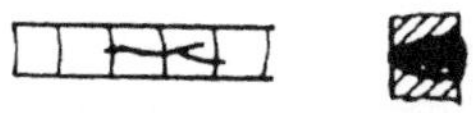
102	Querriss	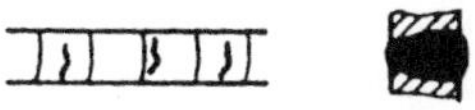
103	sternförmiger Riss	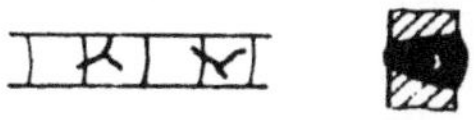
201	Gaseinschluss	
2012	Gasporenanhäufung	
2014	Porenzeile	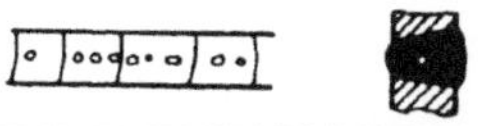
2015	Gaskanal	
300	Feststoffeinschluss	
301	nicht scharfkantiger Schlackeneinschluss	
3011	Schlackenzeile	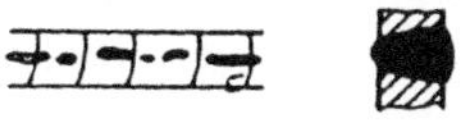
401	Bindefehler	
402	ungenügende Durchschweißung	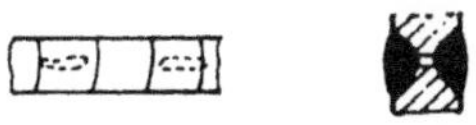
500	Formfehler	
5011	Einbrandkerben durchlaufend	
5015	Querkerben in der Decklage	
514	zu große Wurzelüberhöhung	
515	Wurzelrückfall	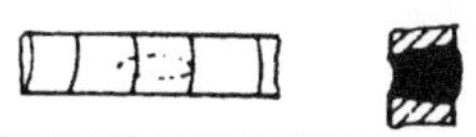

Tabelle 3.2 zeigt die Systematik einiger Schweißfehler bei Schmelzschweißverbindungen für V-Nähte, wie sie vom IIW (International Institute of Welding) und nach DIN EN ISO 6520-1 zusammengestellt wurden. Die Fehler sind in Fehlerhauptgruppen eingeteilt. Den Fehlerarten sind schematische Skizzen der Fehler und den von ihnen auf dem Röntgenfilm hervorgerufenen Schwärzungsverhältnissen zugeordnet.

- Grobstrukturprüfungen mit radioaktiven Isotopen
  Die Methoden des Fehlernachweises sind dieselben wie bei der Röntgengrobstrukturprüfung. Die meistangewendete Methode ist das fotografische Verfahren. Als Strahlungsquellen zum Nachweis innerer Materialfehler haben sich die Isotope Co-60, Ir-192 und Cs-137 bewährt.
- Ultraschallprüfungen
  Verfahren der Ultraschallprüfung (Reflexionsverfahren, Durchschallungsverfahren, Resonanzverfahren) ermöglichen die Ermittlung der Größe und Lage von Fehlern (Lunker, Risse, Schlackeneinschlüsse, Doppelungen in Blechen) in Bauteilen unterschiedlichster Form und Größe (Schmiedestücke, Turbinenwellen, Walzen, Rotoren, Zahnräder, Bleche). Abbildung 3.15 zeigt die Ultraschallimpuls-Laufzeitmessung an einem fehlerhaften Bauteil schematisch.
- Magnetische und elektrische Prüfungen
  Prüfungen im magnetischen Feld (z. B. das Magnetpulververfahren) ermöglichen den sicheren und schnellen Nachweis von Oberflächenfehlern (z. B. Schleifrisse, Härterisse) an ferromagnetischen Werkstoffen. Abbildung 3.16 zeigt die Möglichkeiten der Jochmagnetisierung, Spulenmagnetisierung und Durchflutungsmagnetisierung schematisch.
  Mit magnetinduktiven Verfahren ist eine Klassifizierung oder Sortierung ferromagnetischer Werkstücke hinsichtlich Werkstoff und Werkstoffzustand (Permeabilität und Koerzitivkraft sind vom Gefüge und von der Zusammensetzung des Werkstoffes abhängig) möglich, wenn Form und Größe dieser Bauteile

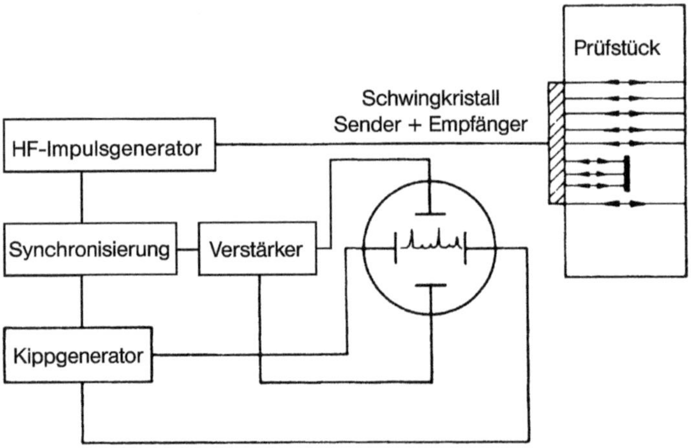

Abb. 3.15 Ultraschall-Impuls-Laufzeitmessung (schematisch).

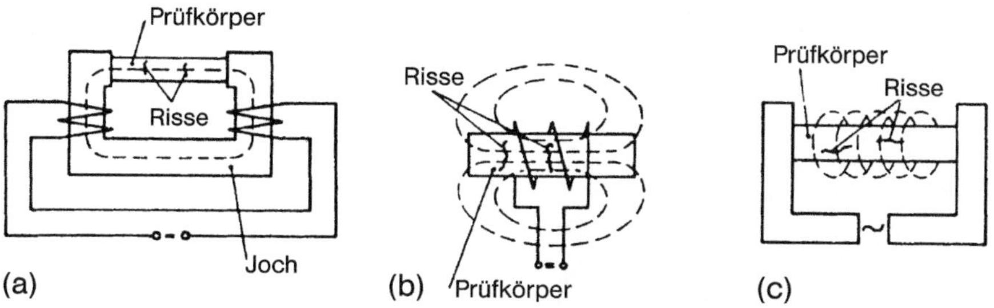

Abb. 3.16 Magnetpulververfahren (schematisch). a) Jochmagnetisierung, b) Spulenmagnetisierung, c) Durchflutungsmagnetisierung.

übereinstimmen. Zum Fehlernachweis werden besonders die durch hochfrequente Wechselströme in dem Prüfkörper induzierten Wirbelströme ausgenutzt. Dabei unterscheidet man das Durchlauf-, das Innen-, das Tast- und das Gabelspulen-Verfahren. Diese vier Verfahren sind in Abbildung 3.17 schematisch dargestellt. Die im Bauteil vorhandenen Einschlüsse, Risse, Poren und Lunker beeinflussen die lokale Wirbelstromausbildung, sodass das resultierende magnetische Wechselfeld gegenüber dem fehlerfreien Bauteilbereich eine Änderung erfährt.

- Eindringverfahren
  Durch das Eindringen von z. B. fluoreszierend wirkenden Flüssigkeiten in Oberflächenfehler (z. B. Schleifrisse) und anschließende Betrachtung der Bauteile unter UV-Licht können diese Fehler leicht sichtbar gemacht werden.

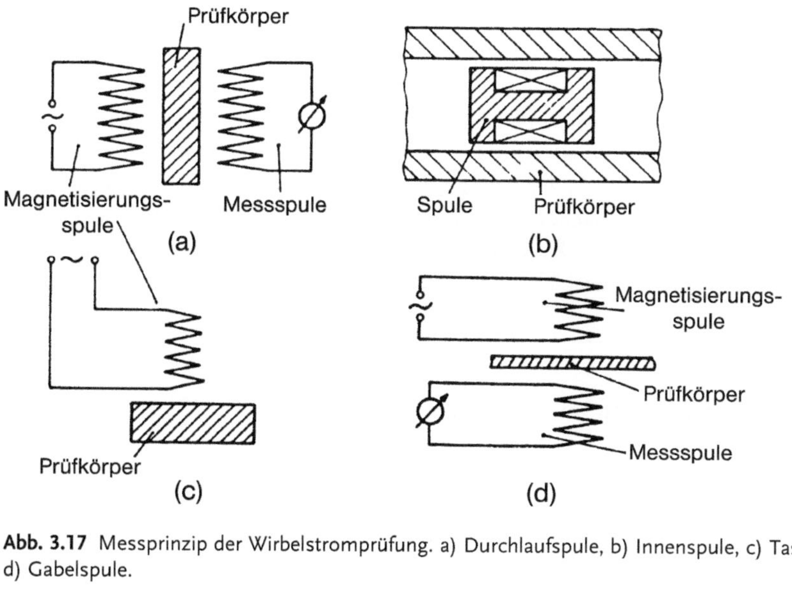

Abb. 3.17 Messprinzip der Wirbelstromprüfung. a) Durchlaufspule, b) Innenspule, c) Tastspule, d) Gabelspule.

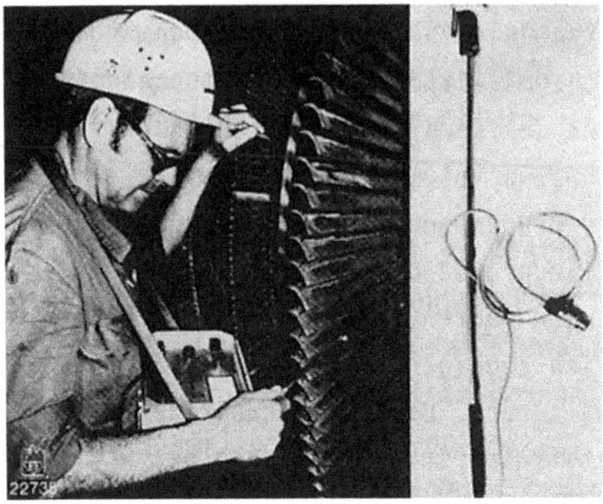

Abb. 3.18 Wirbelstromprüfung von Turbinenschaufeln.

Aufgrund der großen wirtschaftlichen Bedeutung der Qualitätssicherung und Schadensverhütung vor allem bei Großanlagen besteht die Notwendigkeit der ständigen Weiter- und Neuentwicklung zerstörungsfreier Prüfverfahren. Abbildung 3.18 zeigt z. B. die Prüfung der Beschaufelung einer Turbine auf Kantenrisse mit einer speziellen Wirbelstromsonde [6]. Zur Erfassung des Zeitpunktes der Rissentstehung in einem Bauteil oder zur Überwachung und Diagnose von Kraft- und Arbeitsmaschinen werden zunehmend Methoden der Schallanalyse eingesetzt. Man unterscheidet zwischen aktiver und passiver Schallanalyse. Mit Hilfe der aktiven Schallanalyse, der Schallemission, ist die Erkennung einsetzender plastischer Verformung, die Erkennung der Rissentstehung oder die Verfolgung des Risswachstums möglich. Mit Hilfe der passiven Schallanalyse, dem Körperschall, können durch Materie (Luft, Wasser oder Werkstoff) übertragene Schwingungen erfasst werden. Kritische Veränderungen während des Betriebes einer Maschine oder Anlage, z. B. die Lockerung einer Schraube an laufenden Turbinen, machen sich in einer Änderung des Schallspektrums bemerkbar. Die Maschine kann abgestellt und der Schaden behoben werden, ohne dass größere Folgeschäden entstehen.

3.5 Bewertung und Messungen von Eigenspannungen

Bei der Bewertung technischer Schadensfälle ist zu beachten, dass fast alle Bauteile eigenspannungsbehaftet sind. Eigenspannungen sind elastische Spannungen, die in einem Bauteil ohne Einwirkung äußerer Kräfte und Momente vorliegen. Sie sind mit inneren Kräften und Momenten verbunden, die sich im mechanischen Gleichgewicht befinden. Zweckmäßigerweise unterscheidet man Eigenspannungen I., II. und III. Art [7, 8] Eigenspannungen I. Art oder Makroeigenspannungen ändern in einem Bauteil über größere Werkstoffbereiche hinweg nicht ihren Betrag und ihre Richtung. Eigenspannungen II. und III. Art oder Mikroeigenspannungen sind dagegen in kleinen und kleinsten Werkstoffbereichen konstant. Für Schadensfallbewertungen sind vor allem die Makroeigenspannungen von Interesse. Durch Überlagerung von Last- und Eigenspannungen können die Eigenspannungen – je nach Vorzeichen – negativ oder positiv auf das Werkstoffverhalten wirken. So können Druckeigenspannungen, die z. B. durch Randschichthärten und/oder Kugelstrahlen und/oder Festwalzen in oberflächennahen Bauteilbereichen erzeugt werden, das Dauerschwingverhalten entscheidend verbessern. Umgekehrt können Oberflächenzugeigenspannungen die Entstehung von Schwingbrüchen bei niedriger Lastspannung begünstigen. Solche Oberflächenzugeigenspannungen können z. B. durch Schweiß-, Wärme-, und Zerspanungsprozesse entstehen. In Abbildung 3.19 wird die Eigenspannungsausbildung bei der Härtung randentkohlter Stahlbauteile (z. B. Federn) beschrieben. Im oberen Diagramm sind die ZTU-Schaubilder für Rand und Kern sowie deren Abküh-

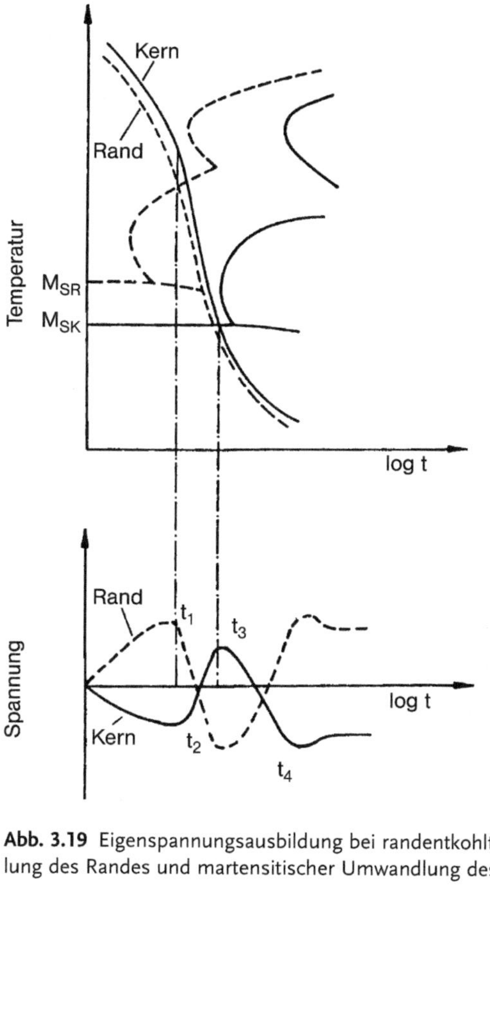

Abb. 3.19 Eigenspannungsausbildung bei randentkohlten Bauteilen bei bainitischer Umwandlung des Randes und martensitischer Umwandlung des Kernes.

lungskurven abgebildet. Man sieht, dass beim Härten zum Zeitpunkt t_1 zunächst der entkohlte Rand bainitisch umwandelt, dadurch werden die thermischen Zugspannungen im Rand herabgesetzt. Als Folge davon findet zum Zeitpunkt t_2 eine Spannungsumkehr statt. Zum Zeitpunkt t_3 unterschreitet der Kern seine Martensitstarttemperatur. Die mit der Martensitbildung verbundene Volumenzunahme bewirkt eine Abnahme der Zugspannungen im Kern und der Druckspannungen im Rand, bis zum Zeitpunkt t_4 erneut Spannungsumkehr stattfindet. Da die bei der Abkühlung lokal auftretenden Spannungen zu Plastizierungen führen, bleiben nach Erreichen der Raumtemperatur Eigenspannungen, nämlich Zugeigenspannungen im Bauteilrand und Druckeigenspannungen im Bauteilkern, zurück. Bei einem quantitativen Vergleich zwischen Beanspruchung und Werkstoffwiderstand (Versagensbetrachtung) muss korrekterweise im Falle eigenspannungsbehafteter Bauteile der Einfluss der Eigenspannungen berücksichtigt werden, indem z. B. die Abhängigkeit des jeweiligen Werkstoffwiderstandes R vom Eigenspannungszustand bzw. den lokalen Eigenspannungen σ^{ES} berücksichtigt wird. Es gilt dann

$$\sigma_{\mathrm{V,\,max}} \leq \sigma_{\mathrm{zul}} = \frac{R(\sigma^{\mathrm{ES}})}{S}\,.$$

Gegebenenfalls muss bei der Annahme eines negativen Einflusses der Eigenspannungen auf das Bauteilverhalten der Sicherheitsfaktor S erhöht oder die Eigenspannung durch Spannungsarmglühen bei $T \geq 0{,}5\ T_{\mathrm{S}}$ (K) (T_{S} = Schmelztemperatur in K) reduziert werden.

Mit Hilfe monochromatischer Röntgenstrahlen („Röntgenfeinstruktur“) ist es möglich, die durch innere Spannungen hervorgerufenen Änderungen der Atomabstände des Kristallgitters zu bestimmen (Ermittlung von Gitterdehnung). Die Ermittlung der Eigenspannungen erfolgt über eine Verknüpfung der gemessenen Gitterdehnungen mit den elastizitätstheoretischen Aussagen des vorliegenden Spannungszustandes. Üblicherweise wird heute das $\sin^2\psi$-Verfahren zur röntgenografischen Eigenspannungsbestimmung angewandt [9, 10]. Bei praktischen Gitterdehnungsmessungen werden entweder konventionelle Röntgenrückstrahlverfahren mit Filmregistrierung oder Röntgendiffraktometerverfahren mit Zähl-

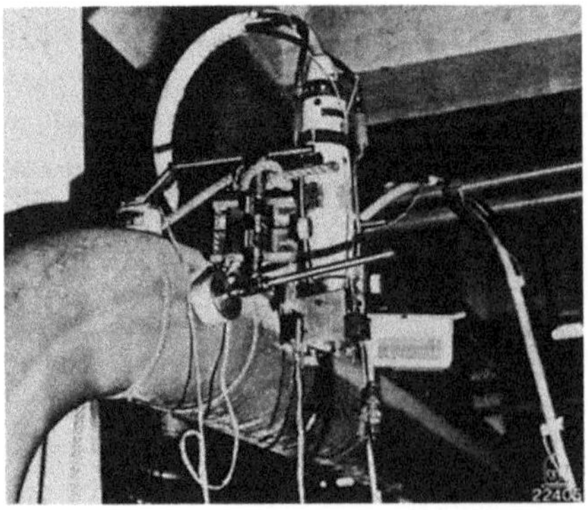

Abb. 3.20 Röntgenografische Spannungsmessung an einer Rohrleitung.

rohr- oder Szintillationszähler-Registrierung eingesetzt. Der große Vorteil der röntgenografischen Spannungsmessung besteht darin, dass sie die zerstörungsfreie Ermittlung von Einzelwerten oder von Verteilungen vorliegender Oberflächeneigenspannungen erlaubt. Durch die Entwicklung nicht ortsgebundener Diffraktometer ist auch eine ambulante röntgenografische Bestimmung elastischer Spannungen (z. B. an Schweißnähten von Rohrleitungssystemen) möglich. Abbildung 3.20 zeigt ein mobiles Goniometer des AZT (Allianz-Zentrum für Technik) zur Bestimmung der elastischen Spannungen an einer Kraftwerksleitung.

Literatur

1 Macherauch, E. (1992) Praktikum in Werkstoffkunde, Friedr. Vieweg & Sohn, Braunschweig/Wiesbaden.

2 Bartz, W.J. (Hrsg.) (1989) Mechanische Werkstoffprüfung, Expert Verlag, 71139 Ehningen.

3 DIN Taschenbuch 19, Materialprüfnormen für metallische Werkstoffe, Beuth-Vertrieb GmbH (2011).

4 Macherauch, E. (Hrsg.) (1987) Werkstoffverhalten und Bauteilbemessung, DGM Informationsgesellschaft Verlag.

5 Bartz, W.J. (Hrsg.) (1988) Zerstörungsfreie Werkstück- und Werkstoffprüfung, Expert Verlag, 71139 Ehningen.

6 Christian, H., Elfinger, F., Löbert, P., Raible, R. (1977) *Der Maschinenschaden*, **50**, S. 51–56.

7 Macherauch, E. (1977) Neue Untersuchungen zur Ausbildung und Auswirkung von Eigenspannungen in metallischen Werkstoffen. *Z. Werkstofftechn.*, **10** S. 97–111.

8 Macherauch, E., Wohlfahrt, H. (1984) Eigenspannungen und Ermüdung, in D. Munz Ermüdungsverhalten metallischer Werkstoffe, DGM-Informationsgesellschaft.

9 Titz, H.D. (1983) Grundlagen der Eigenspannungsmessungen, VEB Deutscher Verlag für Grundstoffind, Leipzig.

10 Scholtes, B. (1990) Eigenspannungen in mechanisch randschichtverformten Werkstoffzuständen, DGM-Informationsgesellschaft; Verlag.

4
Elektronenmikroskopie bei der Schadensanalyse

Michael Pohl

4.1
Systematik elektronenmikroskopischer Schadensanalyse

Die *Schadensanalyse* hat zur Aufgabe, mit allen geeigneten Methoden defekte technische Systeme zu untersuchen, um *Schadensbilder* zu erfassen und eine *Schadenshypothese* zu erstellen. Die Verknüpfung mehrerer Untersuchungsergebnisse führt in der Regel zum Nachweis der wirksamen *Schadensmechanismen*, aus denen sich die *Schadensursache* nachweisen lässt. Ist die Schadensursache ermittelt und sind die für den Schadensablauf verantwortlichen Mechanismen bekannt, so ist es in der Regel möglich, Maßnahmen zur *Schadensverhütung* zu ergreifen.

Die überragende Stellung, die der Werkstoffkunde in der Schadensanalyse zukommt, ist dadurch begründet, dass der Werkstoff des schadhaften Bauteils als Datenträger für die Einflüsse genutzt wird, die zu seinem Versagen geführt haben. Es sind stets Einwirkungen auf die Festigkeit oder das Verschleiß- bzw. Korrosionsverhalten des Bauteils, die zum Schaden geführt haben und die ihre Spuren an der Bauteiloberfläche oder im Werkstoffinneren hinterlassen haben.

Abbildung 4.1 zeigt, dass für den Ist/Soll-Vergleich neben den Makroverfahren, wie mechanisch-technologische oder chemisch-analytische Überprüfung, insbesondere die mikrostrukturellen und mikroanalytischen Untersuchungsverfahren zur Anwendung kommen. Die Disziplinen der Konstruktions-, Fertigungs-, Mess- und Regeltechnik liefern meist nur Daten, die als Rahmen für die Werkstoffuntersuchungen dienen, obwohl in der Konstruktion, wozu auch die Werkstoffauswahl gehört, in der Fertigung oder im Betrieb die Ausgangsgrößen für jeden Schadensfall liegen. Das Kerngebiet der Schadensanalyse wird in der VDI-Richtlinie 3822 „Schadensanalyse: Grundlagen, Begriffe, Definitionen" behandelt und mit dem in Abbildung 4.2 dargestellten Ablaufschema wiedergegeben.

Mit der Entwicklung der Verfahren und Verbreitung der Geräte kamen für die Mikrostrukturuntersuchungen und die Mikroanalyse Elektronenmikroskope neben der konventionellen Metallografie in zunehmendem Maße zum Einsatz.

Systematische Beurteilung technischer Schadensfälle, 6. Auflage 2014. Editiert durch G. Lange und M. Pohl

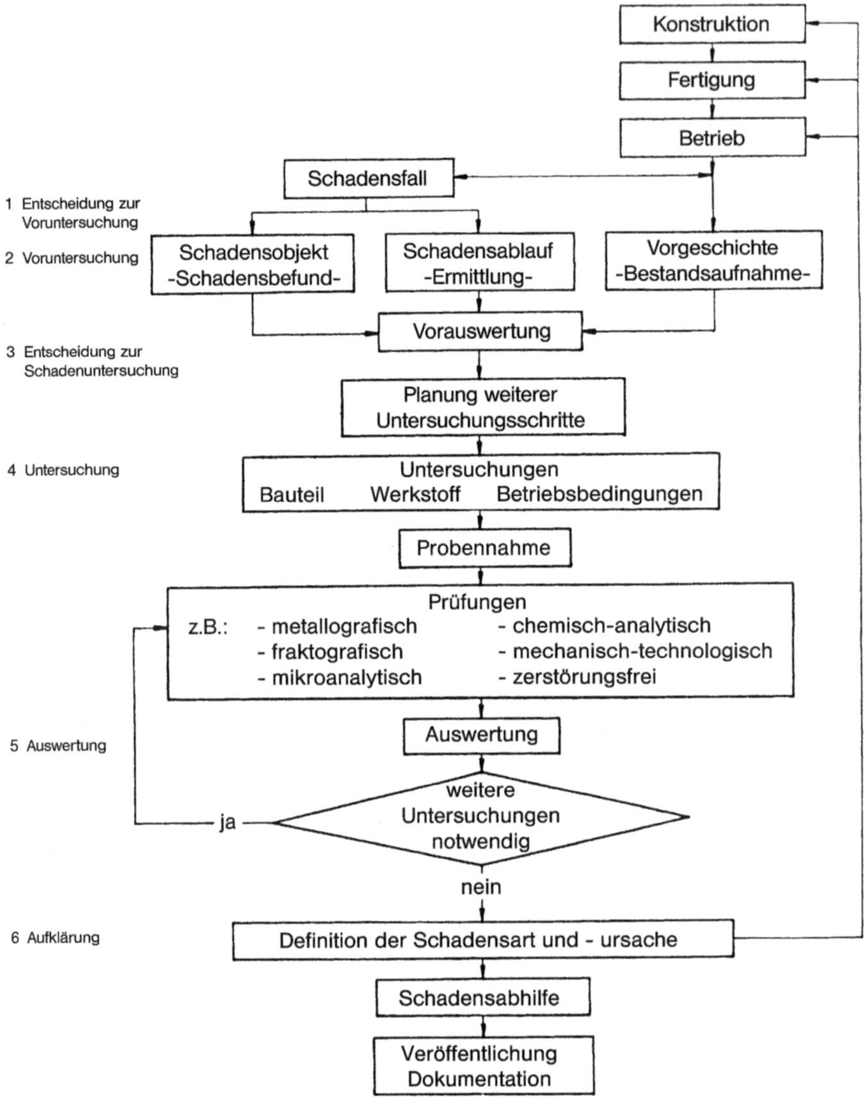

Abb. 4.1 Ablaufschema einer Schadensanalyse [1].

4.2
Grundlagen der Elektronenmikroskopie

Bei lichtmikroskopischen Untersuchungen von Mikrogefügen wird die erreichbare Auflösung durch die Wellenlänge des sichtbaren Lichtes (0,4 bis 0,8 μm) begrenzt. Elektronenmikroskope nutzen den Wellencharakter bewegter Elektronen, um die Auflösung der mikroskopischen Abbildung wesentlich zu verbessern. Bewegten

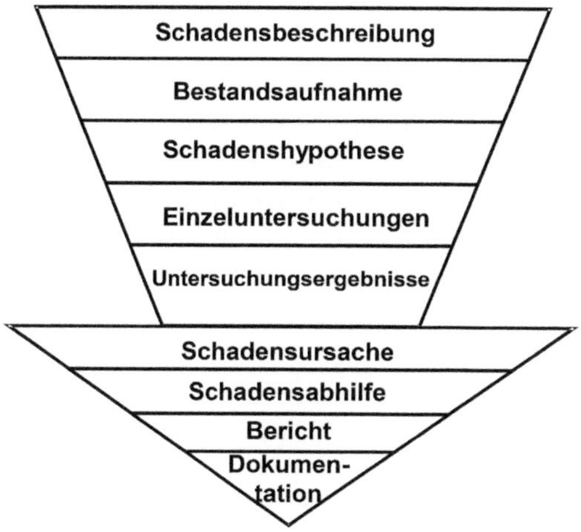

Abb. 4.2 Durchführung einer Schadensanalyse nach VDI-Richtlinie 3822.

Elektronen lassen sich Wellenlängen von einigen pm zuordnen. Die Abhängigkeit der Wellenlänge von der angelegten Beschleunigungsspannung ist in Abbildung 4.3 wiedergegeben. Das Auflösungsvermögen wird in der Praxis jedoch durch Linsenfehler der elektromagnetischen Linsen begrenzt und liegt heute bei Transmissionselektronenmikroskopen bei 0,2 nm.

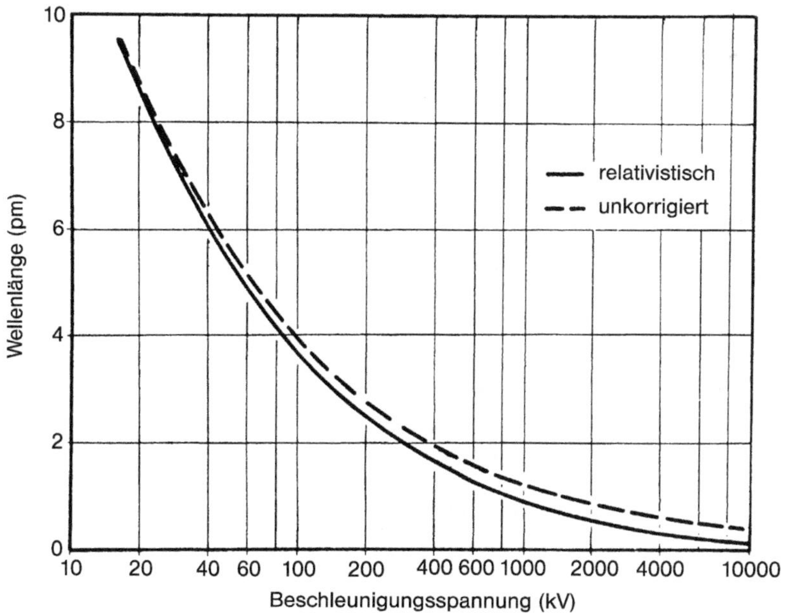

Abb. 4.3 Zusammenhang zwischen der Wellenlänge von Elektronen und der Beschleunigungsspannung eines Elektronenmikroskops.

4.3
Geräte

Die Abbildungs- und Analysengeräte, die mit Elektronenstrahlen arbeiten, können in Transmissionselektronenmikroskope (TEM) und Rasterelektronenmikroskope (REM) unterteilt werden. Die Wechselwirkung der Elektronen mit dem Präparat ermöglicht darüber hinaus die Registrierung von Signalen, die eine Aussage über die Kristallmodifikation und die Elementzusammensetzung mit hoher Ortsauflösung zulässt [2–6] (Abb. 4.4).

4.3.1
Transmissionselektronenmikroskop (TEM)

Durch den Nachweis von de Broglie (1924), dass jedem bewegten Teilchen, also auch einem Elektron, eine Wellenlänge zuzuordnen ist, und die Entdeckung von Busch (1925), dass ein rotationssymmetrisches Magnetfeld als Linse für Elektronenstrahlen genutzt werden kann, war die Grundlage für die Konstruktion von Elektronenmikroskopen gegeben. Abbildung 4.5 zeigt die enge Verwandtschaft des Lichtmikroskops mit dem TEM, bei dem schnelle Elektronen als „Licht" und elektrische oder magnetische Felder als „Linsen" benutzt werden.

Ausgereifte Seriengeräte stehen seit dem Anfang der 1950er-Jahre zur Verfügung. Beim TEM (Abb. 4.6) werden Elektronen von einer Kathode emittiert

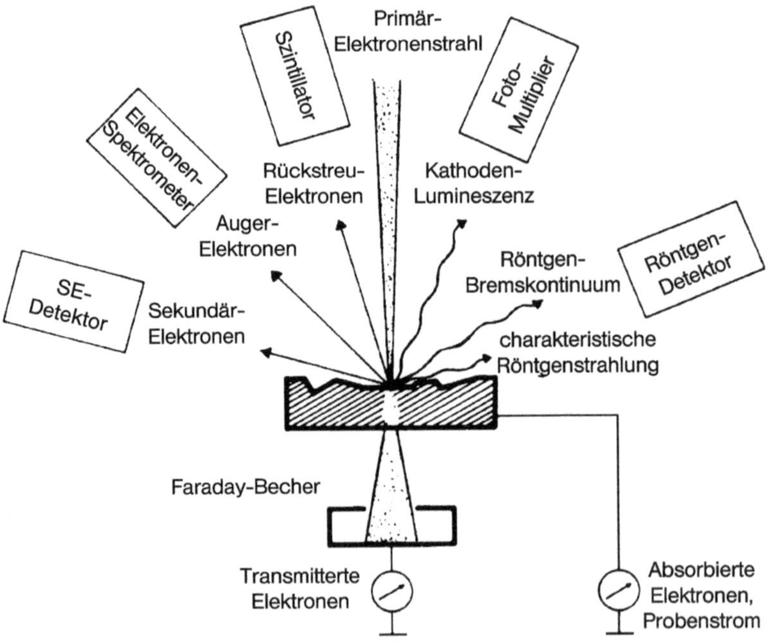

Abb. 4.4 Emissionen eines Festkörpers bei Beschuss mit Elektronen.

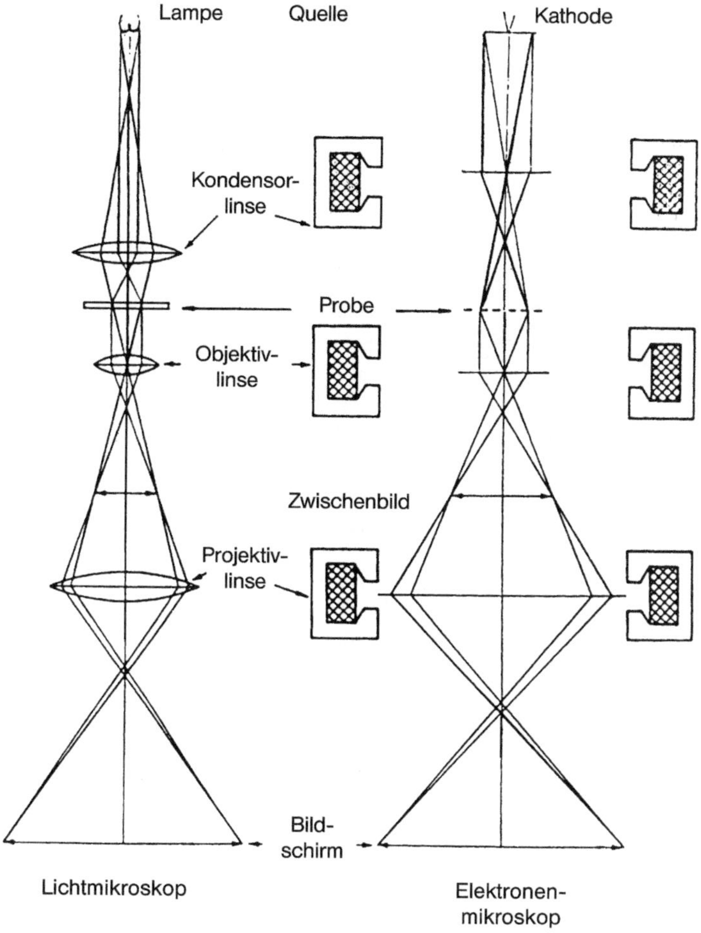

Abb. 4.5 Schematischer Vergleich des Strahlengangs zwischen Lichtmikroskop und Transmissionselektronenmikroskop.

und durch eine Ringanode beschleunigt, durchlaufen einen Kondensor und durchsetzen das Objekt. Dort werden je nach Dichte und Struktur des Objekts mehr oder weniger Elektronen gestreut, die dann nicht mehr zur Abbildung beitragen. Die transmittierten Elektronen werden von einer Objektivlinse wieder in einer Ebene vereinigt, wobei ein reelles Zwischenbild entsteht. Das Zwischenbild wird nach Durchlaufen einer Projektionslinse weiter vergrößert und auf einem Leuchtschirm abgebildet bzw. auf einem für Elektronen empfindlichen Filmmaterial registriert.

Die weitere Entwicklung beim TEM ging zur Kombination des konventionellen Transmissions- mit dem Elektronenstrahlrasterprinzip (STEM). Die sich daraus ergebenden Möglichkeiten zur Strukturbestimmung werden unter dem Begriff „Analytische Elektronenmikroskopie“ zusammengefasst [7].

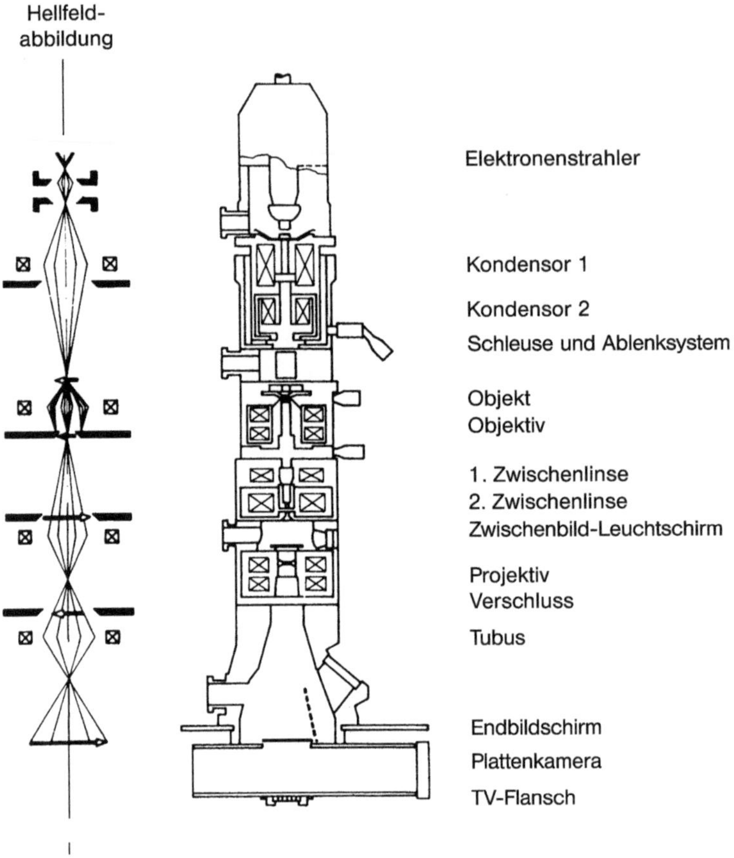

Abb. 4.6 Aufbau der elektronenmikroskopischen Säule eines TEM.

4.3.2
Rasterelektronenmikroskop (REM) und Mikrosonde (MS)

Die Funktionsweise der elektronenoptischen Säule ist bei REM und MS gleich (Abb. 4.7). Die Strahlenerzeugung erfolgt wie im TEM, die elektromagnetischen Linsen haben dann jedoch die Aufgabe, den Elektronenstrahl auf einen Durchmesser von 5 bis 20 nm zu fokussieren. Ein Ablenkgenerator sorgt in Verbindung mit den Rasterspulen für ein zeilenförmiges Abrastern der Probe durch den Strahl und eine synchrone Wiedergabe auf einer Bildröhre.

Die am jeweiligen Probenort emittierten Elektronen werden dabei von geeigneten Detektoren erfasst und dienen zur Helligkeitsmodulation der Bildröhre. Die Vergrößerung ergibt sich aus dem Verhältnis der kleinen Ablenkung des abtastenden Strahls auf der Probe zur größeren Ablenkung in der Bildröhre. Die Bereiche der aus der Oberfläche emittierten Signale sind in Abbildung 4.8 dargestellt.

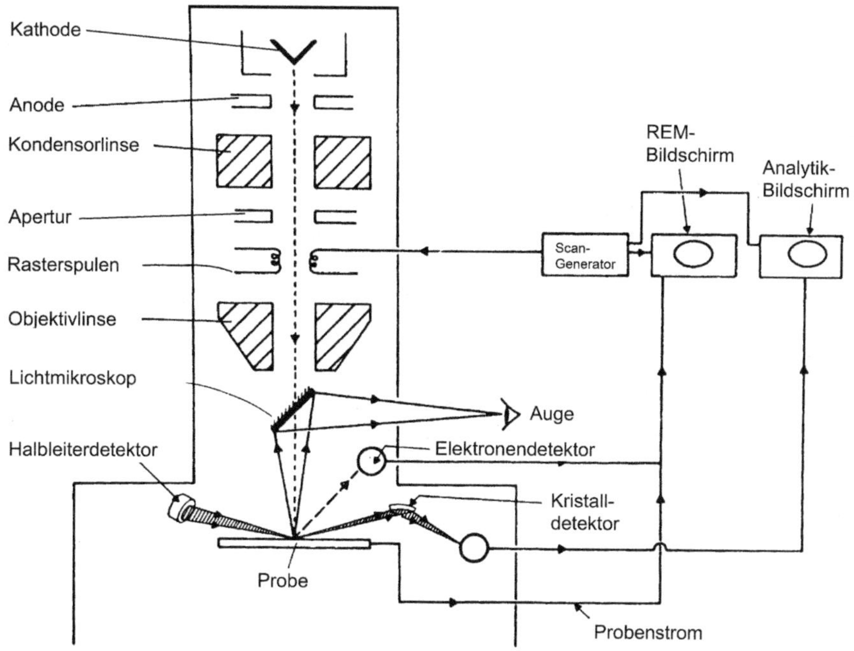

Abb. 4.7 Aufbau und Funktionsweise eines REM.

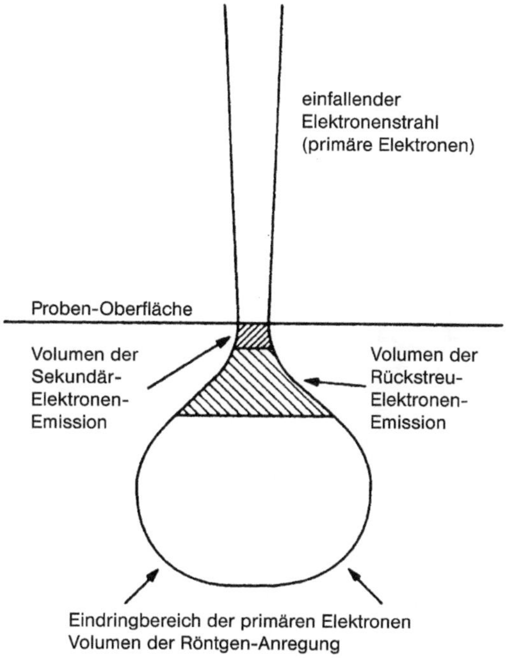

Abb. 4.8 Emissionsbereiche bei der Wechselwirkung des Elektronenstrahls mit einer Präparatoberfläche.

4.3.3 Elektronenstrahlmikroanalyse (ESMA)

Unter der Einwirkung des Elektronenstrahls entsteht im angeregten Bereich der Probenoberfläche durch Schalensprünge von Elektronen die charakteristische Röntgenstrahlung (Abb. 4.9).

Mosley erkannte 1913 die Abhängigkeit der Energie bzw. der Wellenlänge der Röntgenstrahlung von der Ordnungszahl der Elemente (Abb. 4.10).

Um die einzelnen Röntgenlinien nach ihrer Lage und Intensität vermessen zu können, werden wellenlängendispersiv (WDS) und energiedispersiv (EDS) arbeitende Spektrometer verwendet.

4.3.3.1 Wellenlängendispersive Spektrometer

Die von Castaing 1950 konzipierte Mikrosonde [8] arbeitet mit WDS. Bei der Beugung von Röntgenstrahlen am Kristallgitter des Analysatorkristalls tritt Reflexion an den Netzebenen nach der Bragg'schen Beziehung auf. Der nun monochromatische Röntgenstrahl wird von einem Zählrohr in elektrische Impulse umgesetzt, die in ihrer Intensität ein Maß für die Konzentration der Elemente am angeregten Probenort sind. Durch die gekoppelte Verschiebung des Kristalls und des Zählrohrs auf einer Kreisbahn, dem Rowland-Kreis (Abb. 4.11), können nacheinander die unterschiedlichen Wellenlängen für die einzelnen Elemente abgefragt werden.

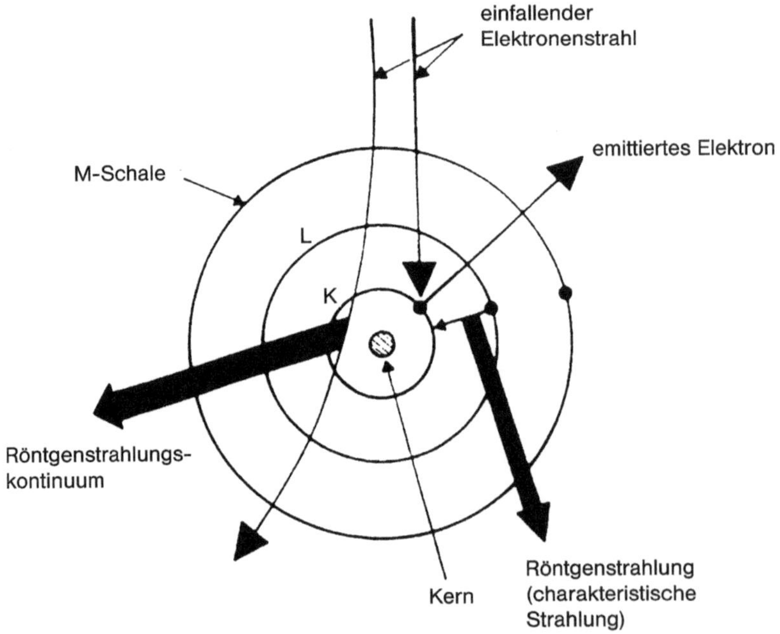

Abb. 4.9 Schematische Darstellung der Vorgänge bei der Erzeugung eines Röntgenspektrums.

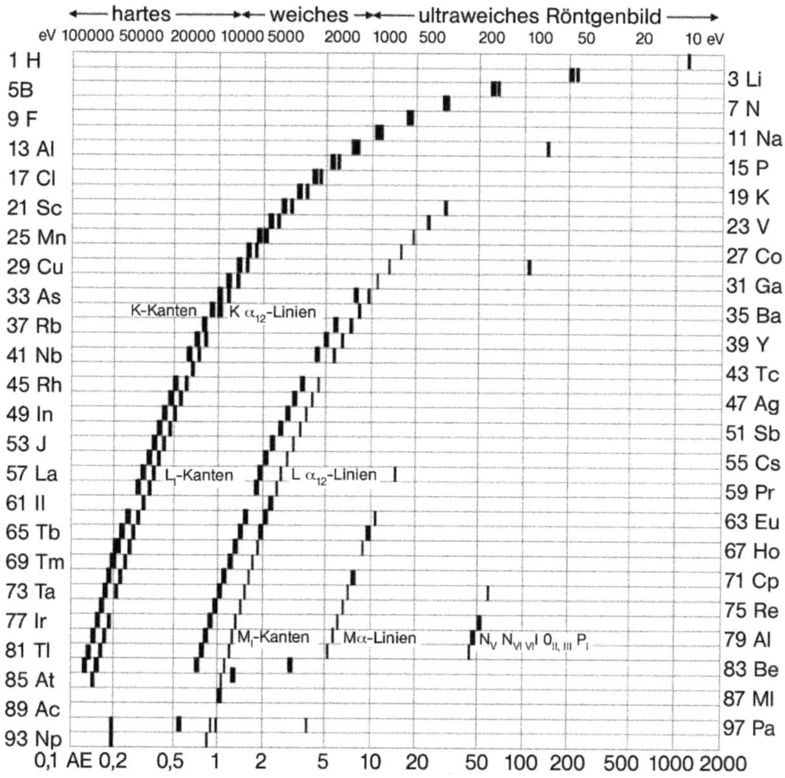

Abb. 4.10 Zusammenhang zwischen der Elementordnungszahl und der Wellenlänge bzw. Energie der signifikanten Röntgenstrahlung.

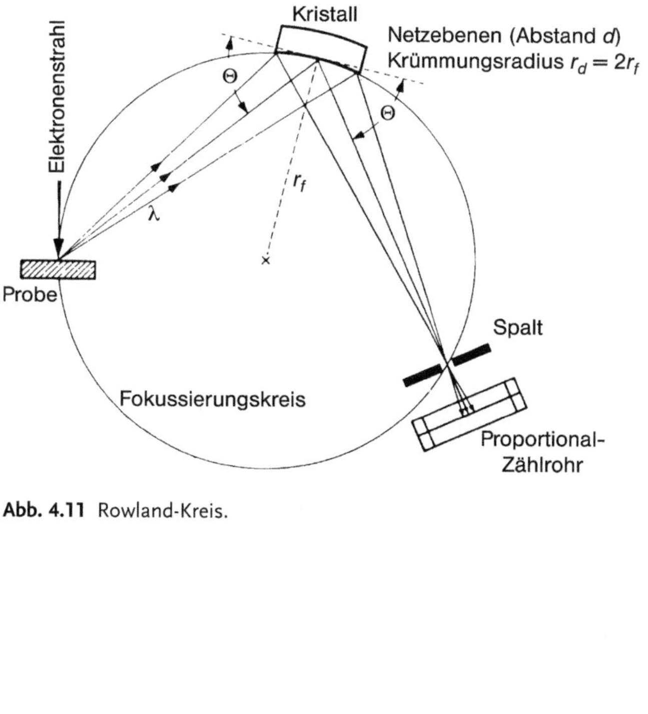

Abb. 4.11 Rowland-Kreis.

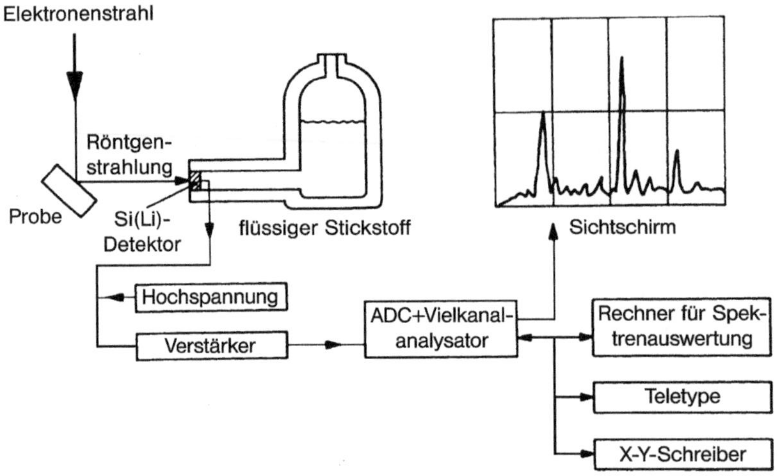

Abb. 4.12 Funktionsweise eines energiedispersiven Röntgenanalysesystems.

4.3.3.2 **Energiedispersive Spektrometer (EDS)**

Bei energiedispersiv arbeitenden Analysesystemen trifft die gesamte Röntgenstrahlung auf einen Si(Li)-Kristall. Dort ruft sie Ionisierung hervor, deren Niveau proportional zur Energie des einfallenden Röntgenquants und damit repräsentativ für die verschiedenen emittierenden Atome ist. Die entstandenen Ladungen werden in Spannungsimpulse umgesetzt, digitalisiert und in einem Vielkanalanalysator nach Energien getrennt und nach ihrer Intensität aufsummiert (Abb. 4.12). Die Intensität ist ein Maß für die Konzentration der jeweils emittierenden Atome im angeregten Volumen.

4.3.3.3 **Anwendung der ESMA**

In Tabelle 4.1 sind die für die Anwendung wesentlichen Unterschiede zwischen WDS und EDS zusammengefasst und es ist zu erkennen, dass das energiedispersive

Tabelle 4.1 Vergleich zwischen energiedispersivem und wellenlängendispersivem Messverfahren der Elektronenstrahlmikroanalyse.

	REM (EDS)		MS (WDS)	
Elementebereich	5^{B}-92^{U}	-	4^{Be}-92^{U}	+
Nachweisgrenze	> 0,1%	-	< 0,1%	+
Spektrale Auflösung	150 eV	-	10 eV	+
Signal-/Rausch-Verhältnis	niedrig	-	hoch	+
Probenstrom	10^{-10} A	+	10^{-7} A	-
Ortsauflösung	< 1 µm	+	> 1 µm	-
Probentopografie	möglich	+	nicht möglich	-
Probenlage	beliebig	+	horizontal	-
Erfasster Raumwinkel	groß	+	klein	-
Analysezeit	kurz	+	lang	-
Spektrendarstellung	simultan	+	sequenziell	-

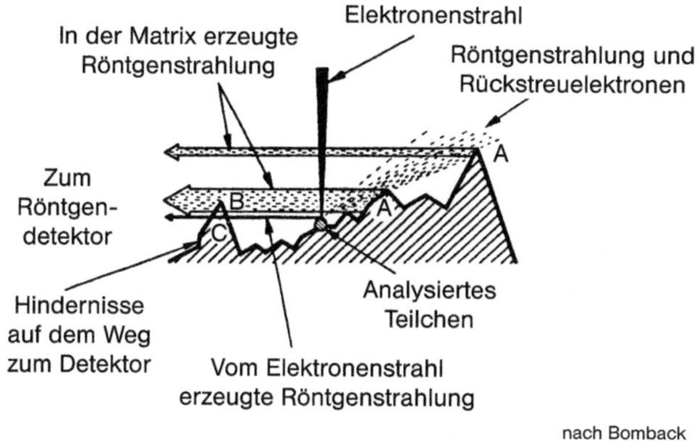

Abb. 4.13 Artefakte bei der quantitativen ESMA an Bruchflächen.

Verfahren Handhabungsvorteile aufweist, die wellendispersive Analyse aber hinsichtlich der Nachweisgrenze und der Elementetrennung wesentlich genauer ist.

Die Untersuchung von Schadensteilen erfordert häufig Elektronenstrahlmikroanalysen an topologisch stark strukturierten Oberflächen. Aus Abbildung 4.12 ergibt sich, dass dies zwar grundsätzlich mit EDS möglich ist, dabei können jedoch Elemente mit weicher Röntgenstrahlung unterdrückt werden, und es kann zur vollständigen Abschattung der signifikanten Röntgenstrahlung kommen. Darüber hinaus können „Artefakte" von der Anregung unspezifischer Oberflächenbereiche durch Rückstreuelektronen verursacht werden (Abb. 4.13).

Bezüglich der Lateral- und Tiefenauflösung besteht ein Größenunterschied von bis zu drei Zehnerpotenzen zwischen dem Durchmesser des Elektronenstrahls und dem zur Emission von Röntgenstrahlen angeregten Probenvolumen (Abb. 4.7 und 4.12). In Abbildung 4.14 sind die Emissionstiefen in Abhängigkeit von der Strahlspannung für Materialien unterschiedlicher Dichte dargestellt.

Eine Verbesserung der analytischen Auflösung ist durch spezielle Präparationsverfahren möglich. Wie beim analytischen STEM lässt sich auch im REM das angeregte Volumen durch Verwendung gedünnter Folien oder Extraktionsreplika herabsetzen (Abb. 4.15). Häufig kommen Abdruckverfahren zur Anwendung, wie sie bei der sogenannten „ambulanten Metallografie" verwendet werden.

4.3.4
Rückstreu-Elektronenbeugung (Electron Backscattered Diffraction, EBSD)

Bei der Wechselwirkung eines Elektronenstrahls der Wellenlänge λ mit einem kristallinen Material kommt es zur Elektronenbeugung auf den Gitterebenen *hkl* und zu konstruktiver Interferenz nach dem Bragg'schen Gesetz (Abb. 4.16).

Das Beugungsmuster, sog. „Kikuchi-Pattern", kann mit einem empfindlichen Phosphorschirm aufgenommen und rechnerisch ausgewertet werden. Da die Geometrie der Kikuchi-Pattern eine stereografische Projektion des Kristallgitters ist, können daraus hoch ortsaufgelöste Informationen über die Kristallstruktur und

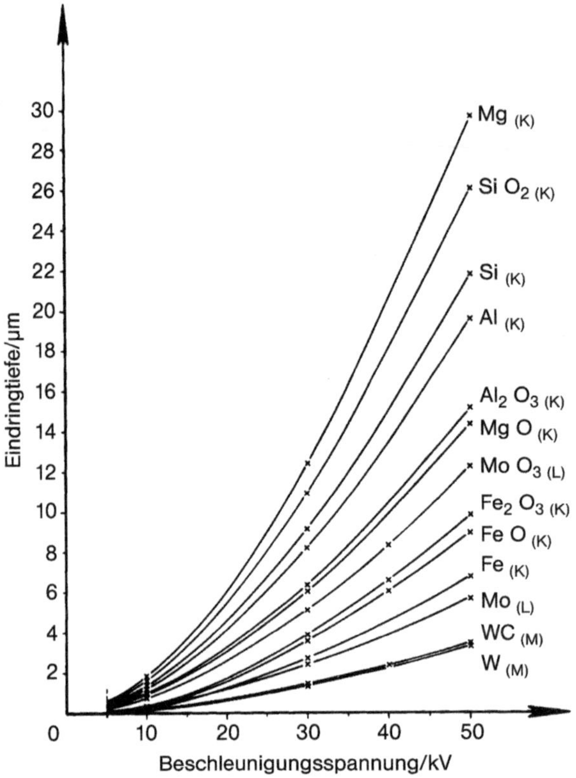

Abb. 4.14 Emissionstiefe der Röntgenstrahlung.

die Kristallorientierung gewonnen werden. Mit entsprechender Software werden auf diese Weise Struktur- und Phasenquantifizierungen, Ermittlung der Korngröße und Kornorientierung sowie Texturanalysen und weitere metallkundliche Auswertungen durchgeführt.

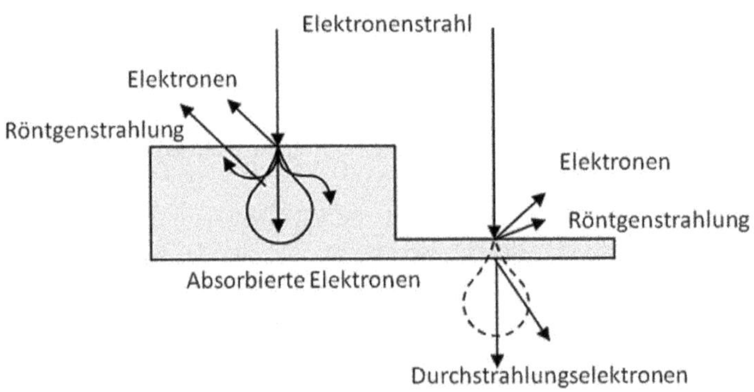

Abb. 4.15 Wechselwirkung des Elektronenstrahls mit der Probe.

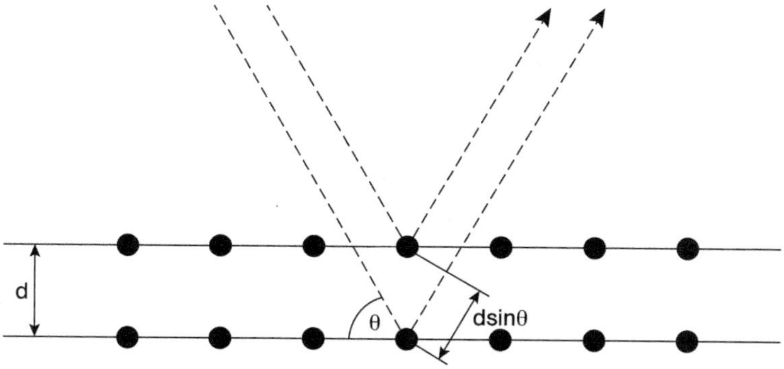

Abb. 4.16 Gebeugte Elektronen im Bragg'schen Reflexionsmodell.

Für die Messung wird die Probe üblicherweise auf 70° gekippt (Abb. 4.17). Da die Beugung in den obersten Lagen (20 nm tief) erfolgt, ist es erforderlich, die Probenoberfläche verformungsfrei zu präparieren. Am besten eignet sich hierzu das elektrolytische Polieren.

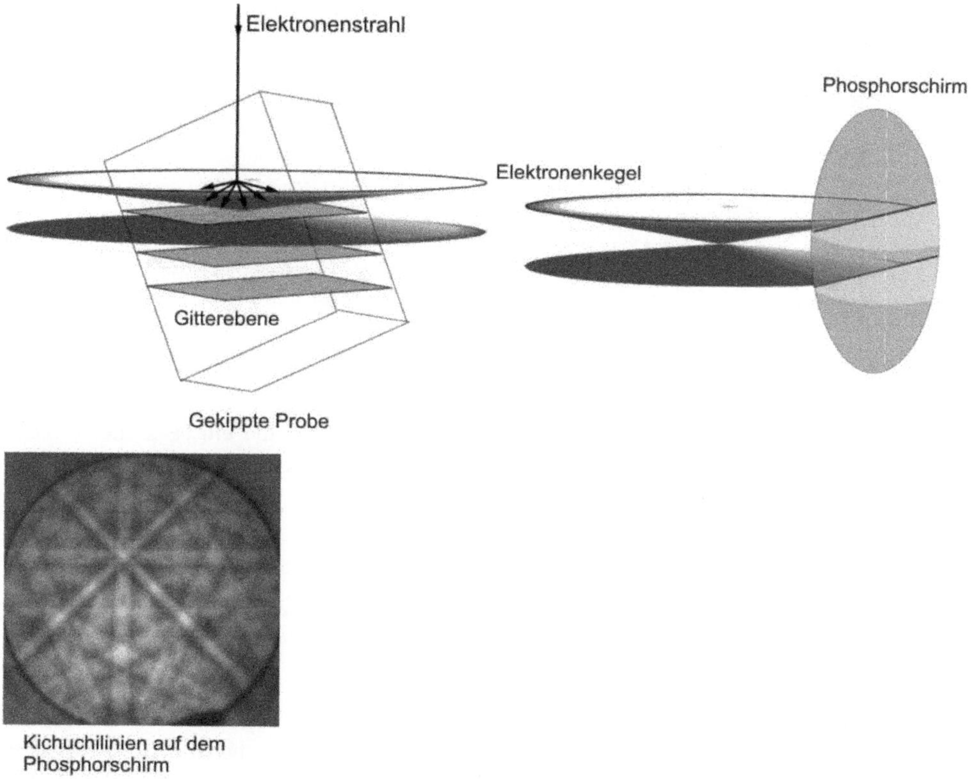

Abb. 4.17 Entstehung des Beugungsmusters bei der Wechselwirkung des Elektronenstrahls mit der Probe.

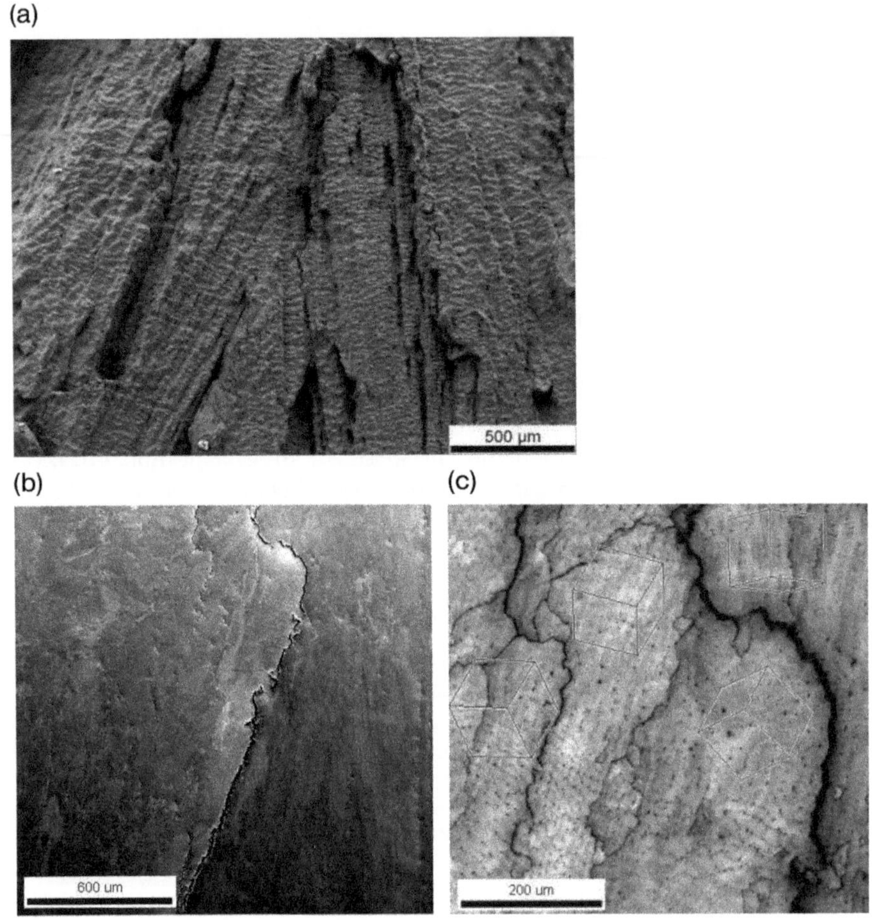

Abb. 4.18 Relaxationsrisse einer Schweißnaht: a) aufgebrochen, b): Schliff, c): EBSD-Mapping.

Relaxationsrisse in einer Schweißnaht Relaxationsrisse sind ein bekannter Kriechmechanismus, welcher bei Schweißnähten der austenitischen Güten im Temperaturintervall von 550–750 °C auftritt. Die Risse breiten sich interkristallin aus, was mit einer EBSD-Messung bestätigt wurde (Abb. 4.18).

4.3.5 Weitere Analyseverfahren

Neben den Geräten für die Röntgenmikroanalyse, die bisher die größte Verbreitung gefunden haben, wurde inzwischen eine große Zahl spezieller Messverfahren entwickelt. In Tabelle 4.2 sind einige dieser Verfahren benannt und mit den gebräuchlichen Abkürzungen versehen. Die Untersuchung der chemischen Zusammensetzung und der Struktur von oberflächennahen Schichten im Bereich

Tabelle 4.2 Begriffe und Abkürzungen elektronenmikroskopischer Verfahren.

Abkürzung	Begriff
AEM	Analytical Electron Microscope
AES	Auger Electron Spectroscopy
CL	Cathodoluminescence
CTEM	Conventional Transmission Electron Microscope
EDX	Energy Dispersive X-Ray Analysis
EBSD	Electron Energy Loss Spectroscopy
ECCI	Electron Channeling Contrast Imaging
EELS	Electron Energy Loss Spectroscopy
EPMA	Electron Probe Microanalyser
ESCA	Electron Spectroscopy for Chemical Analysis
FIB	Focussed Ion Beam
FIM	Feldionen-Mikroskop
HRTEM	High Resolution Transmission Electron Microscope
HVEM	High Voltage Electron Microscope
IMMA	Ion Microprobe Mass Analysis
ISS	Ion Scattering Spectrometry
LEED	Low Energy Electron Diffraction
REM	Rasterelektronenmikroskop
RFA	Röntgenfluoreszenzanalyse
SAM	Scanning Auger Microprobe
SEM	Scanning Electron Microscope
SIMS	Sekundärionen-Massenspektroskopie
SNMS	Sekundär-Neutral-Massenspektroskopie
STEM	Scanning Transmission Electron Microscope
TAP	Tomographic Atom Probe
TEM	Transmission Electron Microscope
WDX	Wave Dispersive X-Ray Analysis
XPS	X-Ray Photoelectron Spectroscopy

von wenigen Atomlagen wird allgemein mit dem Sammelnamen „Oberflächenanalyse" bezeichnet.

Einige dieser Verfahren (z. B. AES, SIMS, ESCA) wurden zu kommerziellen Geräten entwickelt. Zu den Vorteilen oberflächenanalytischer Verfahren gehört die Empfindlichkeit für den Nachweis leichter Elemente und dünner Schichten sowie die Möglichkeit, Aussagen zum Bindungszustand zu machen und das Erstellen von Tiefenprofilen, indem die Oberfläche durch Ionenätzung abgetragen wird. Damit eignen sich diese Verfahren in besonderem Maße für den Nachweis von Adsorptions-, Adhäsions-, Reaktions-, Passiv-, Schutz- und Haftschichten auf Werkstoffoberflächen. Darüber hinaus wurden spezielle Präparathalter entwickelt, die es ermöglichen, im Hochvakuum der Geräte „in situ" innere Grenzflächen freizulegen und ohne Atmosphäreneinfluss zu analysieren.

Die Anforderungen

- hohe Energieauflösungen zur Elementidentifizierung
- hohe Ortsauflösung auf der Probe (vertikal und lateral)
- „in situ"-Untersuchung
- quantitative Analysenauswertung

erfüllt keines der Geräte allein optimal, so dass für eine umfassende Lösung der anstehenden Probleme häufig kombinierte Untersuchungen notwendig sind.

Die Arbeitsweise der gebräuchlichsten Verfahren und ihre Anwendungsgebiete sind in Tabelle 4.3 dargestellt.

Tabelle 4.3 Vergleich der gebräuchlichsten elektronenmikroskopischen Analyseverfahren.

	ESMA (EPMA)	AES	ESCA	SIMS
Anregungsart	Elektronen	Elektronen	UV; Röntgenstrahlung	Ionen
Nachweis über	Röntgenstrahlung	Elektronen	Elektronen	Sekundärionen
Nachweis-möglichkeiten	alle Elemente mit Z > 4 Konzentrationsbilder U.-Pro-File, quantitative Analyse	alle Elemente mit Z > 3 Konzentrationsbilder U.-Profile, quantitative Analyse mit Einschränkungen	alle Elemente mit Z > 3 "Chemical shift" quantitative Analyse mit Einschränkungen	alle Elemente und viele Verbindungen Qualitativ; quantitative Analyse mit Einschränkungen
Nachweis-empfindlichkeit	0,01 Gew%	0,1 Gew%	0,1 Gew%	10^{-4}–10^{-8} Gew%
Tiefenauflösung	1 µm	wenige Atomlagen Erstellung von Tiefenprofilen durch Ionenätzung möglich	einige Atomlagen Erstellung von Tiefenprofilen durch Ionenätzung möglich	im Wesentlichen eine Atomlage Erstellung von Tiefenprofilen durch Ionenätzung möglich
Laterale Auflösung	1 µm	1 µm	1 µm	0,1 µm
Vorteile	wirtschaftliche Analyse dickerer Schichten im Hinblick auf elementare Zusammensetzung	Kombination mit REM möglich wirtschaftliche Analysen bei einfachen Oberflächenproblemen geringe Erfassungstiefe Tiefenprofile möglich	wirtschaftliche Analysen bei einfachen Oberflächenproblemen Informationen über chemische Bindungszustände geringe Erfassungstiefe Tiefenprofile möglich	Nachweis auch von Wasserstoff Nachweis auch von vielen Verbindungen quantitative Bestimmung des Oxidationsgrades von Oberflächen Tiefenprofile möglich
Nachteile	kein Nachweis für Elemente Z < 5 kein Nachweis für chemische Verbindungen	kein Nachweis für Elemente Z < 4 kein Nachweis für Verbindungen geringe Empfindlichkeit	kein Nachweis für Elemente Z > 3 kein direkter Nachweis für Verbindungen geringe Empfindlichkeit	aufwändige und komplizierte Auswertung schlechte Flächenauflösung

4.3.6
Abbildungsverfahren

Für die Abbildung in oberflächenabrasternden Geräten werden im Wesentlichen Rückstreu- und Sekundärelektronen (Abb. 4.4) verwendet. Die Funktionsweise und der Nutzen dieser Abbildungsarten soll daher kurz erläutert werden.

4.3.6.1 **Sekundärelektronenabbildung**
Die weitaus meisten REM-Abbildungen werden im Sekundärelektronenbetrieb gemacht. Der wesentliche Grund hierfür ist das geringe Emissionsvolumen

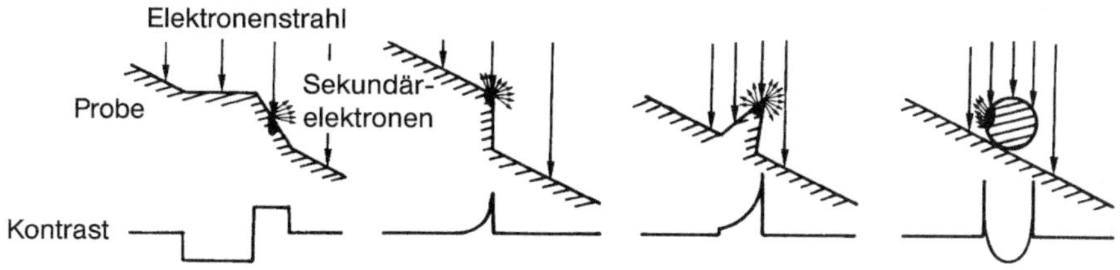

Abb. 4.19 Sekundärelektronenemission in Abhängigkeit von der Probentopografie.

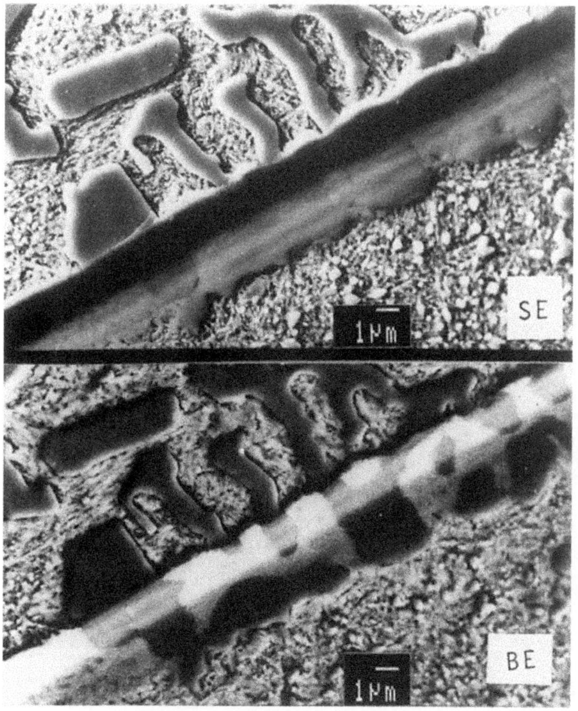

Abb. 4.20 Labor-Ritzspur an $Fe_{12}Cr_2C_{0,5}Mn$ zur Simulation von Verschleißvorgängen in Sekundär- (oben) und Rückstreuelektronenabbildung (unten).

(Abb. 4.8) und damit die gute Auflösung bei dieser Abbildungsart. Definitionsgemäß [9] ist ihre Emissionsenergie auf 50 eV begrenzt und erreicht das Maximum bei Metallen bereits bei 0,5 bis 2 eV. Dieses Energieniveau gestattet den Sekundärelektronen das Verlassen des Festkörpers nur aus sehr oberflächennahen Bereichen. Damit erklärt sich der ausgeprägte Kanteneffekt dieser Abbildungsart (Abb. 4.19).

In Abbildung 4.20 oben weisen dementsprechend die groben Karbide helle Kanten auf. Die kleinen Karbide bestehen sozusagen nur noch aus Kanten. In der Ritzspur sind die unterschiedlichen Phasen jedoch kaum zu erkennen.

4.3.6.2 **Rückstreuelektronenabbildung**

Die höhere Energie der Rückstreuelektronen, die bis zu dem Niveau der eingeschossenen Elektronen reicht, gestattet ihnen, den Festkörper aus größeren Tiefen zu verlassen (Abb. 4.8). Durch Wechselwirkung mit dem Kristallgitter ergibt sich eine größere Streuung, woraus eine Verschlechterung der Auflösung resultiert. Auf dem längeren Weg erfolgt eine starke Beeinflussung durch die örtliche Massendichte der beteiligten Phasen. Dieser Massenkontrast steigt monoton mit der Atomnummer an. Beispiele hierfür zeigen Abbildung 4.20 unten und Abbildung 4.21.

Bei entsprechender Detektoranordnung kommt es wegen der geraden Flugbahn der Rückstreuelektronen zu ausgeprägten Abschattungseffekten, die sich zum Nachweis verhältnismäßig sanfter Topografieeffekte nutzen lassen (Abb. 4.22 oben). Die Sekundärelektronenabbildung (Mitte) zeigt die Probentopografie nur sehr undeutlich, lässt sich aber durch Veränderung der SE-Ausbeute mit dem Neigungswinkel durch Probenkippung weitgehend ausgleichen (unten).

Der besondere Vorteil der Abbildung mit Rückstreuelektronen liegt also im Phasenkontrast. Für diese Abbildungsart wurden spezielle Detektoren entwickelt, die die Phasenunterscheidung bei rechnerischen Unterschieden in der Zusammensetzung von Bruchteilen einer Atomnummer gestatten. Zur Optimierung dieser Verfahren und der Topografieabschattung wurden spezielle Detektoranordnungen und -strategien entwickelt [8].

Gelegentlich ist es von Interesse, dünnste Oberflächenfilme oder Beläge nachzuweisen und ihre Struktur abzubilden. Dazu ist es notwendig, die Tiefeninfor-

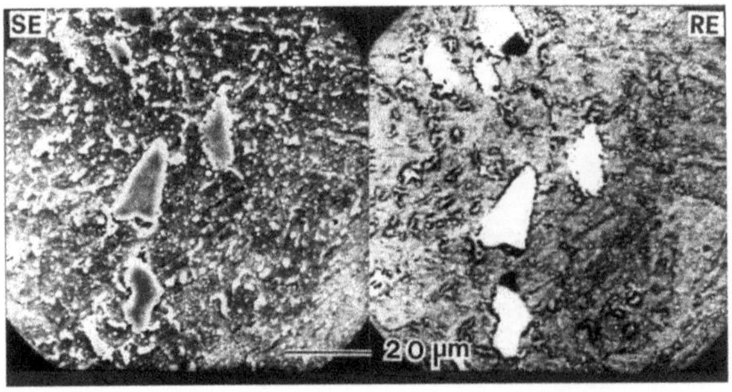

Abb. 4.21 Niobkarbide eines Vergütungsstahls in Sekundärelektronenabbildung (links) und im Phasenkontrast der Rückstreuelektronenabbildung (rechts).

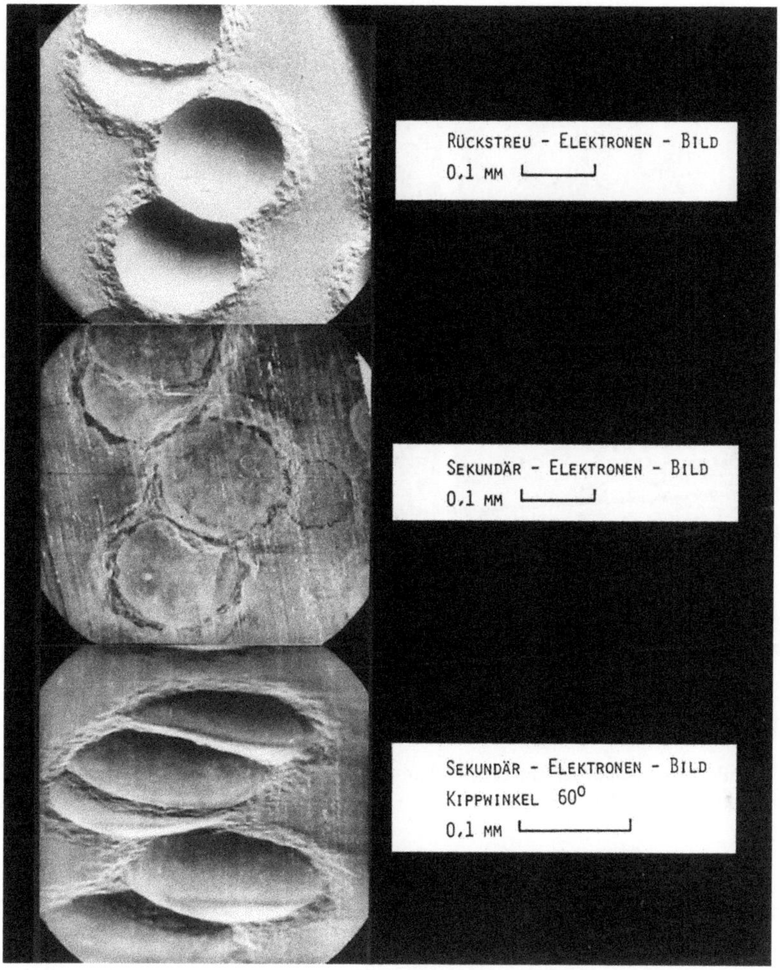

Abb. 4.22 Kugelgestrahltes Al-Blech in verschiedenen REM-Abbildungsarten.

mation durch Rückstreuelektronen, die unvermeidlich auf den SE-Detektor treffen, durch Optimierung der Saugspannung und damit maximaler Ausbeute oberflächennaher Sekundärelektronen zu unterdrücken. Ferner ist es notwendig, durch Minimierung der Beschleunigungsspannung des Elektronenstrahls die Anregungstiefe herabzusetzen. Dies ist am Beispiel von Abbildung 4.23 zu erkennen. An einem Präparat, wie es üblicherweise im TEM verwendet wird (goldbeschichtete Kollodiumfolie auf Kupfernetz), nimmt die Tiefeninformation mit steigender Strahlspannung zu, wobei die Information aus den dünnen Oberflächenschichten zunehmend unterdrückt wird. Will man dünnste Oberflächenschichten sichtbar machen, muss also die Beschleunigungsspannung auf ein Minimum von wenigen kV reduziert werden.

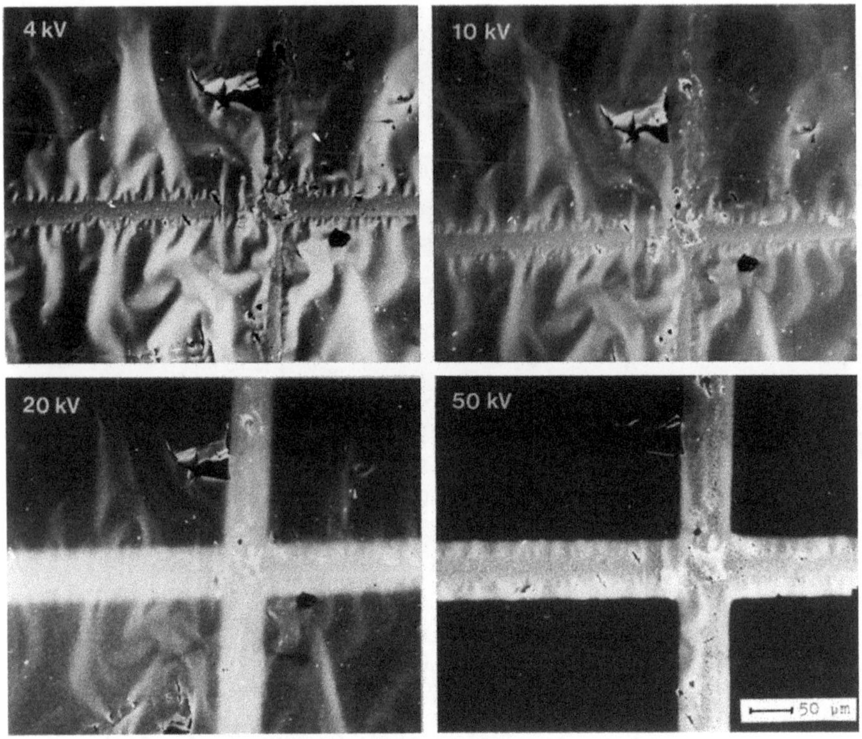

Abb. 4.23 TEM-Präparat (goldbeschichtete Kollodiumfolie auf Kupfernetz) in SE-Abbildung bei Strahlspannungen von 4 bis 50 kV.

4.4
Präparations- und Untersuchungsverfahren

Die Präparatvorbereitung für die elektronenmikroskopische Untersuchung erfordert häufig eine erhebliche Zahl von Präparationsschritten und damit einen starken Eingriff in das Werkstück. Es ist daher notwendig sicherzustellen, dass ein Einfluss auf das angestrebte Untersuchungsziel vermieden bzw. die Beeinflussung des Untersuchungsergebnisses erkannt wird.

Wie bei allen schadensanalytischen Untersuchungen sind bei der Entnahme des Probenmaterials Probenort und -lage durch Skizzen oder fotografisch festzuhalten (Probenplan). Wärmeeinbringen in den Werkstoff durch Schneiden und Trennen sollte vermieden werden. Beim Herausarbeiten der Proben und beim anschließenden Transport ist sicherzustellen, dass die interessierenden Probenflächen mechanisch nicht verletzt werden und sekundäre Korrosion verhindert wird. Auch im Hinblick auf später durchzuführende Oberflächenanalysen muss eine Verschmutzung durch Fremdsubstanzen (Kühlmittel, Markierungsstifte, Verpackungsmaterialien usw.) ausgeschlossen werden (Artefakte!).

4.4.1 Oberflächenuntersuchungen

Die Domäne des REM ist die Abbildung der Oberfläche kompakter Präparate bei hoher Vergrößerung und hoher Schärfentiefe mit der Möglichkeit, geringste Massen von Substanzen mit hoher Ortsauflösung nebeneinander zu analysieren.

Die Größe der einsetzbaren Proben ist bei den diversen Geräten unterschiedlich und liegt im Bereich von einigen cm^3. Die Probengeometrie weist hohe Freiheitsgrade auf, dabei muss jedoch eine Beeinträchtigung der Analysenergebnisse berücksichtigt werden. Es dürfen keine Stoffe verloren gehen, und es sollen keine Substanzen aufgebracht werden, die das Untersuchungsergebnis verfälschen können. Wegen des Vakuums in der elektronenoptischen Säule dürfen die Proben nicht gasen, z. B. müssen feuchte Proben zuvor getrocknet werden. Die Leitfähigkeit der Proben muss sicherstellen, dass die durch den Elektronenstrahl aufgebrachten Elektronen kontinuierlich abgeleitet werden. Nichtleitende Präparate (Kunststoff, Keramik, organische Deckschichten usw.) müssen mit leitfähigen Schichten versehen werden. Entsprechende Bedampfungs- und Sputteranlagen stehen in der Regel bei den Geräten zur Verfügung (Abb. 4.24). Die Schichten sollen die Leitfähigkeit herstellen, selbst jedoch unter der Abbildungsgrenze bleiben (Abb. 4.25) und die Elektronenstrahlmikroanalyse nicht beeinträchtigen. Low-Vac-Geräte sind nicht nur toleranter gegenüber Probenmaterialen, die das Vakuum stören, das Restgas ist durch seine Ionisierung auch in der Lage, Präparationsaufladungen zu vermeiden.

4.4.2 Untersuchungen des Werkstoffinneren

Für die Untersuchung des Werkstoffgefüges kommen die Präparationsverfahren zur Anwendung, die sich in der Metallografie für lichtmikroskopische Unter-

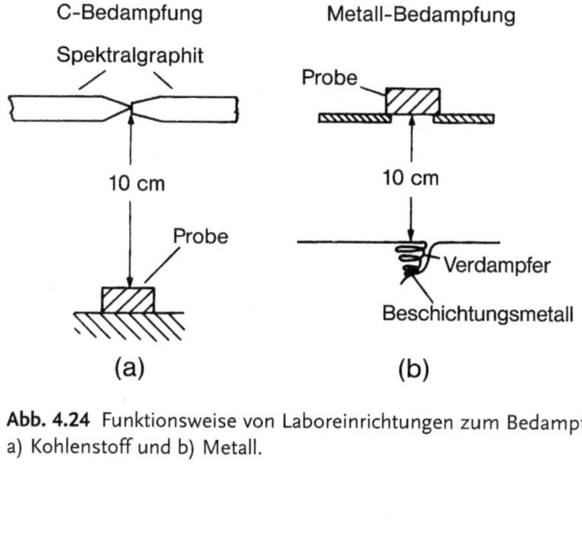

Abb. 4.24 Funktionsweise von Laboreinrichtungen zum Bedampfen von Präparaten mit a) Kohlenstoff und b) Metall.

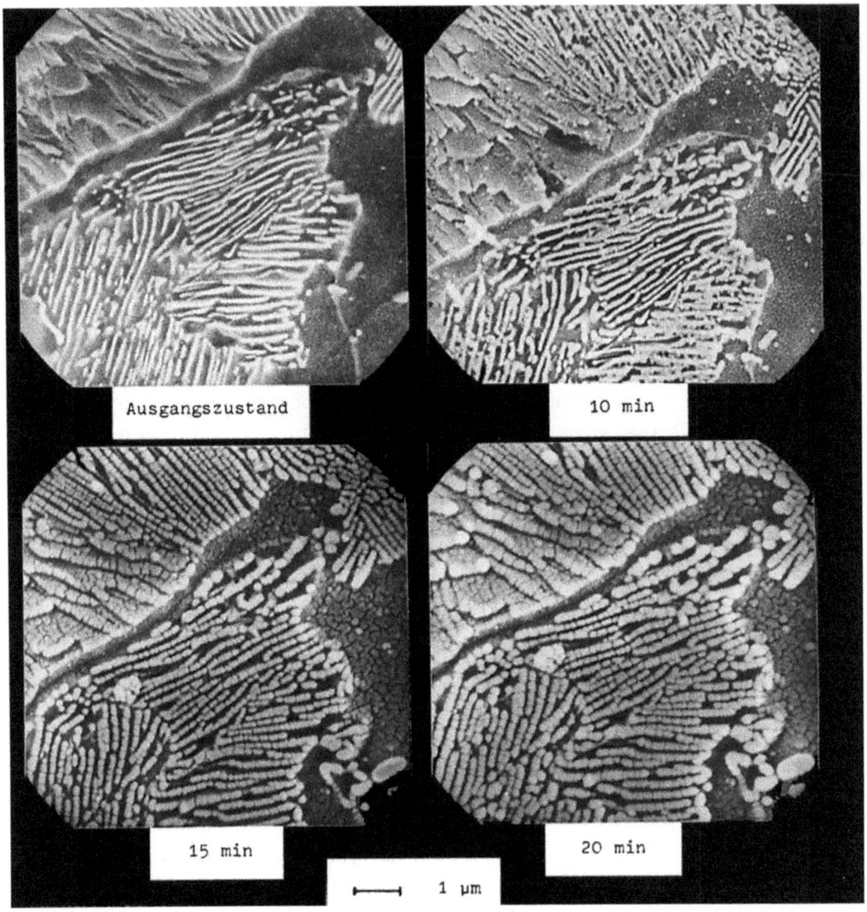

Abb. 4.25 Ferritisch-perlitischer Stahl (HNO_3-Ätzung) mit zunehmend dicken Gold-Sputterschichten (70 mbar/0,6 kV/10 mA).

suchungen bewährt haben. Wellenlängendispersive Elektronenstrahlmikroanalysen mit der Mikrosonde können wegen der Messanordnung, die durch den Rowland-Kreis (Abb. 4.11) gegeben ist, nur an vollständig ebenen Proben durchgeführt werden. Wegen der hohen Schärfentiefe beim REM können die Gefügedetails durch stärkeren Ätzangriff deutlicher herausgearbeitet werden, wofür der Begriff „Tiefätzung" eingeführt wurde. Abbildung 4.26 zeigt zwei vergleichbare nichtmetallische Einschlüsse, von denen einer durch Tiefätzpräparation [10] freigelegt wurde.

Neben den chemischen und elektrochemischen Präparationsverfahren zur Gefügeentwicklung hat sich inzwischen auch die physikalische Präparation durch Ionenätzung und Plasmacleaner bewährt [11]. Sie ist zum Säubern von Innen- und Oberflächen (Abb. 4.27) ebenso geeignet wie zum Freilegen von Gefügedetails und Rissen (Abb. 4.28).

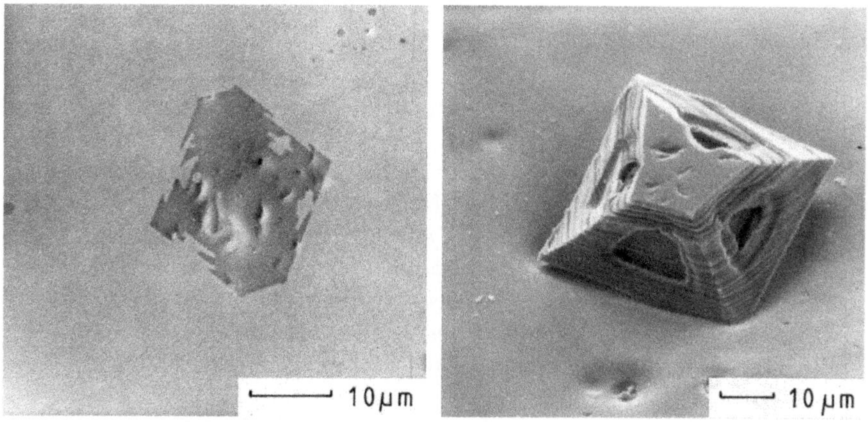

Abb. 4.26 Nichtmetallische Einschlüsse (Chrom-Mangan-Spinelle). Links: links: metallografischer Schliff; rechts: elektrolytische Tiefätzung in $HClO_4$.

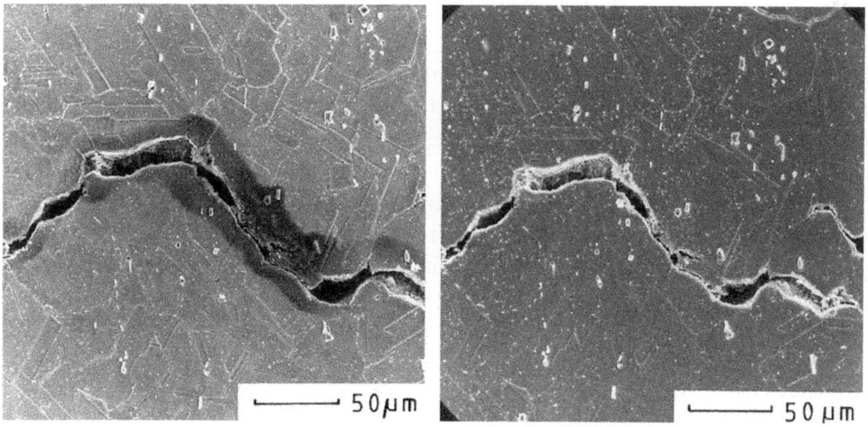

Abb. 4.27 Kriechpore im Stahl X6CrNiNb16-16. Links: metallografische Präparation in V2A-Beize rechts: zusätzliche Ar-Ionenätzung.

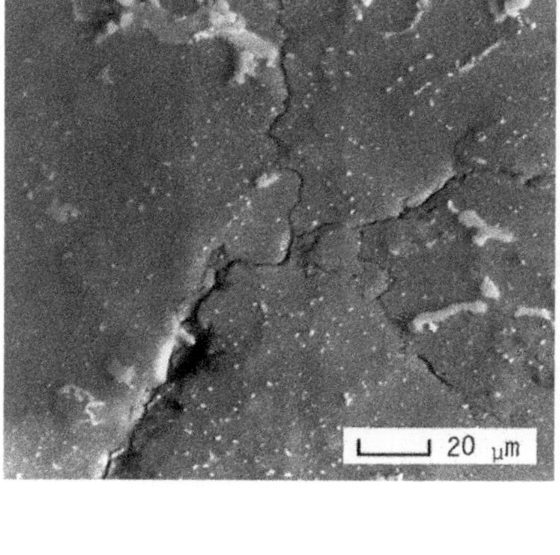

Abb. 4.28 Temperaturwechselrisse in einer Al-Si-Kolbenlegierung.

4.4.3
Fraktografische Untersuchungen

Die Kenntnis von Bruchvorgängen hat durch die mit der Einführung des REM verbundenen fraktografischen Untersuchungsmöglichkeiten außerordentliche Fortschritte gemacht [2]. Der Vergleich labormäßig erzeugter Bruchstrukturen mit Brüchen an Schadensteilen ermöglicht den Nachweis der Beanspruchungen, die zum Schaden geführt haben. Die Analyse werkstoffeigener und -fremder Stoffe gestattet die Zuordnung schadensverursachender Mechanismen bzw. eine Aussage über das Einwirken bruchauslösender korrosiver Medien.

Die Bruchuntersuchung an metallischen Werkstoffen kann bei entsprechender Probengröße in der Regel ohne weitere Vorbereitung erfolgen. Gelegentlich müssen Bruchflächen gereinigt werden. Das Entfernen lose anhaftender Partikel kann durch Abblasen oder durch eine Behandlung im Ultraschallbad erfolgen. Oxid- oder Korrosionsbeläge müssen möglichst schonend für die noch verbliebene Bruchstruktur abgelöst werden [12]. Nur selten, z. B. bei größeren Schlackeeinschlüssen, ist es erforderlich, Bruchflächen metallischer Proben leitfähig zu beschichten.

Für die Konservierung frischer Bruchflächen hat sich das Einsprühen mit Abdecklacken bewährt, die die Bruchfläche, z. B. beim Heraustrennen des Probenkörpers aus dem Bauteil, schützen und sich vor der Untersuchung rückstandsfrei entfernen lassen.

Innere Werkstofffehler lassen sich im Labor durch Gewaltbrüche freilegen (Abb. 4.29). Hierzu wird das Bauteil im interessierenden Bereich eingekerbt und ggf. zur Vermeidung von starker plastischer Verformung (bei Stählen) auf Spaltbruchtemperatur gekühlt. Die zu untersuchenden Innenfehler lassen sich im REM auf der Bruchfläche schnell auffinden.

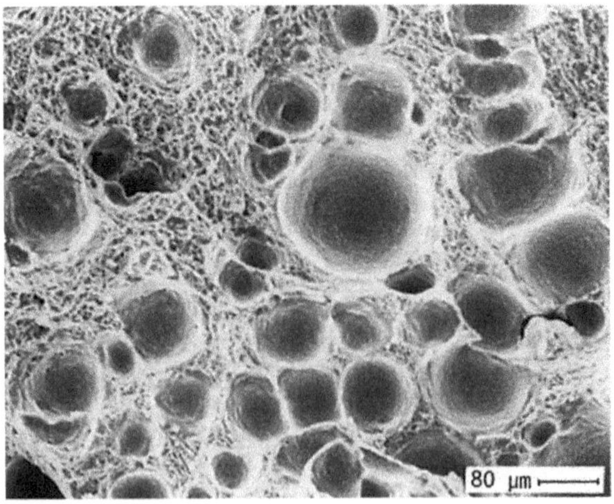

Abb. 4.29 Poren in Al-Schweißgut.

Abb. 4.30 Spezielle Labor-Biegeprobe aus GGG 100 [13].

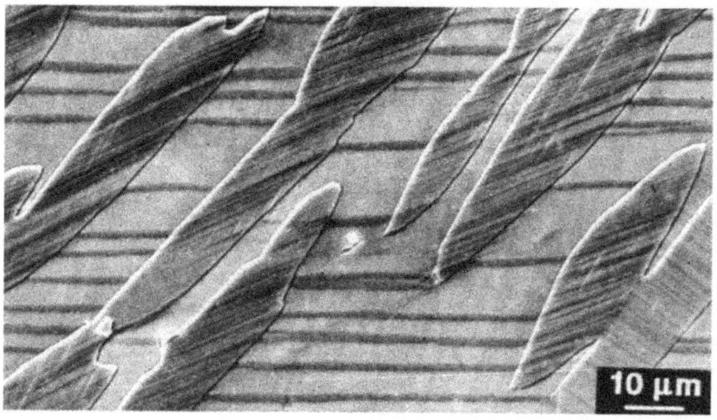

Abb. 4.31 Biegeproben an Duplex-Stahl mit α'-Ausscheidungen (475 °C-Versprödung).

Es hat sich aber auch bewährt, Untersuchungen an Labor-Biegeproben durchzuführen [13, 14] (Abb. 4.30 und 4.31).

Mit zuvor eingebrachten Reihen von Härteeindrücken kann die örtliche Verformung gemessen und in Relation zu den beobachteten Rissbildungen gebracht werden [15]. Derartige Untersuchungen können auch mit entsprechenden Biege- und Zieheinrichtungen im REM „in situ“ durchgeführt werden [16] (Abb. 4.32).

4.4.4
Focussed Ion Beam (FIB)

Für die hochpräzise Zielpräparation kommen Focussed Ion Beam (FIB)-Geräte zur Anwendung. Sie ermöglichen den Blick unter Beschichtungen (Abb. 4.33) ebenso, wie Kantenschnitte und die Entnahme von TEM-Präparate [18].

4.4.5
Untersuchung von Pulvern

Die elektronenmikroskopischen Untersuchungsmethoden eignen sich auch zur morphologischen Untersuchung von Stäuben, Pulvern und Substanzen aller Art. Wenige vom Bauteil abgekratzte Korrosionspartikel gestatten häufig schon die

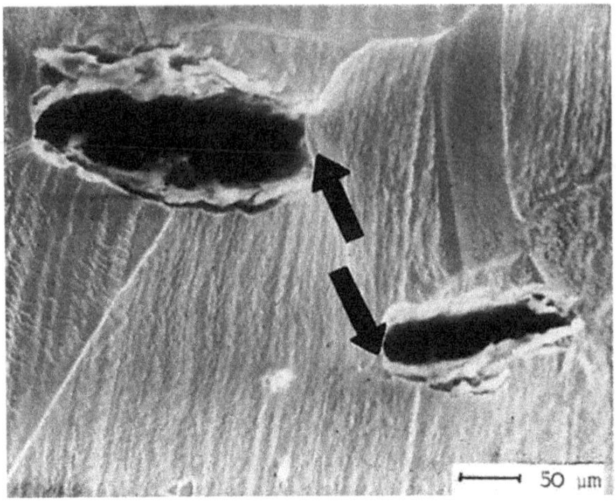

Abb. 4.32 REM-Aufnahme von einer „in situ"-Untersuchung zur Risseinleitung an nichtmetallischen Einschlüssen in einem Probentisch mit Dehn-Vorrichtung [16].

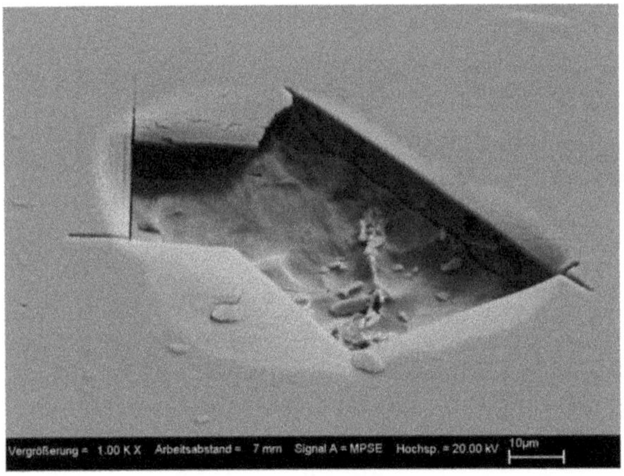

Abb. 4.33 Durch Korrosion unterhöhlte Schicht, die mittels FIB partiell entfernt wurde.

Klärung eines Korrosionsvorganges. Wischproben von einer tribologisch beanspruchten Maschine können ebenso einen Hinweis auf ein verschlissenes Bauteil geben wie die Untersuchung des Rückstandes aus einem Maschinenöl.

Werkstoffverwechslungen lassen sich häufig schon an einem abgemeißelten Span nachweisen. Diese Präparate können häufig direkt untersucht werden, indem man sie leitfähig auf einen Objektträger klebt.

4.4.6
TEM-Untersuchungen

TEM-Untersuchungen werden in der Schadensanalyse bevorzugt bei der Gefügeuntersuchung feinster Ausscheidungen und ihrer Wechselwirkung mit Versetzungen eingesetzt. Es kommen gedünnte Folien, Abdrücke, Extraktionen und Pulverpräparate zum Einsatz. Abbildung 4.34 zeigt Chromkarbide des Typs $M_{23}C_6$ in der gedünnten Folie eines Cr-Ni-Stahls, wie sie für die Anfälligkeit gegen Interkristalline Korrosion verantwortlich sind [17] (Abb. 4.35). Da hier aufwendige Präparationsverfahren durchgeführt werden müssen, sei auf die entsprechende Fachliteratur verwiesen.

Abb. 4.34 TEM-Aufnahme einer gedünnten Folie des Stahls X6CrNiMo17-13 nach 0,5 h Glühung bei 650 °C mit beginnender Ausscheidung von $M_{23}C_6$ auf den Korngrenzen.

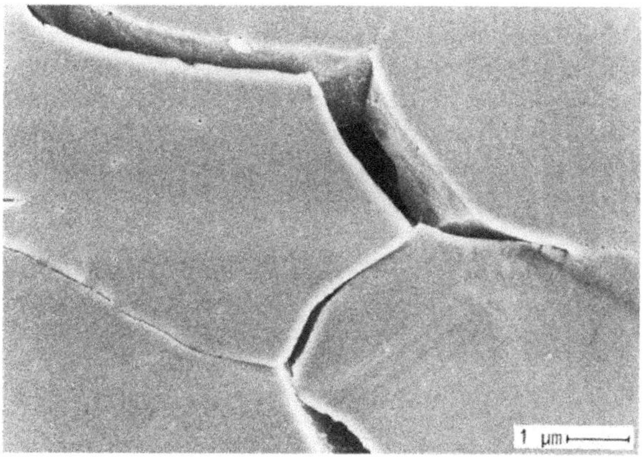

Abb. 4.35 Werkstoff wie in Abb. 4.34, jedoch nach Kupfersulfat-Schwefelsäure-Test. REM-Abbildung der polierten Probenoberfläche nach einem Biegeversuch.

4.4.7
Quantitative Bildanalyse

Für die quantitative Auswertung licht- und elektronenmikroskopischer Bilder steht heute eine große Zahl halb- und vollautomatischer Bildanalysesysteme zur Verfügung. Häufig ist das Ziel dieser quantitativen Bildanalyse die Digitalisierung und statistische Auswertung von Gefügeabbildungen zum exakten Vergleich unterschiedlicher Gefügezustände in Zuordnung zu den entsprechenden Ergebnissen der Werkstoffprüfung.

4.4.8
Quantitative Elektronenstrahlmikroanalyse

Die EDX- und WDX-Analysengeräte sind in der Regel mit Rechnerprogrammen ausgerüstet, die vollautomatisch eine ZAF-Korrektur des Messwertes vornehmen und zu sehr genauen Analysenergebnissen führen.

(a)

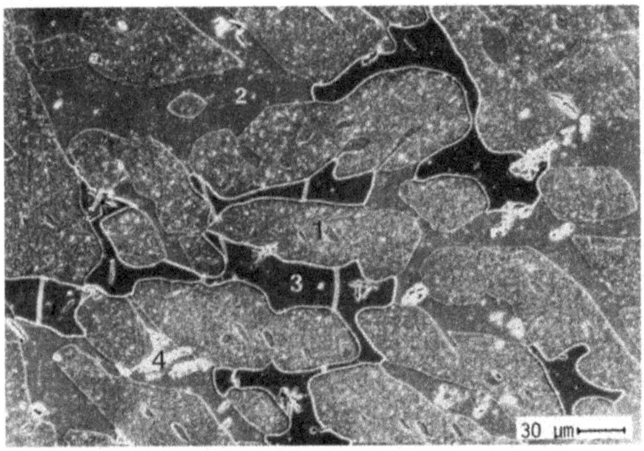

(b)

Phasenanalyse mit ESMA:				
	% Mo	% Cr	% Fe	% Ni
1 Austenit	0,74	19,2	72,0	8,1
2 Ferrit	1,4	27,6	67,3	3,8
3 Sigmaphase	3,2	35,4	57,9	3,6
4 Carbide	2,9	41,2	50,9	5,1
Werkstoff: G-X 8 CrNiMo 27 5 Wärmebehandlung: 1080 °C / 2 h Wasser + 850 °C / 2000 h				

Abb. 4.36 Quantitative Elektronenstrahlmikroanalyse zum Ausscheidungsverhalten eines Gesenkwerkstoffs.

Abbildung 4.36 zeigt dies für einen Duplex-Stahl, bei dem sich durch Langzeit-Hochtemperatur-Beanspruchung große Sigmaphasen-Partikel gebildet hatten, die zur Rissbildung führten.

4.5 Zusammenfassung

Elektronenmikroskopische Untersuchungen gehören zu den Routineverfahren bei der Werkstoffentwicklung und Qualitätskontrolle. In der Schadensanalyse haben sie sich als unentbehrliche Hilfsmittel bewährt.

Literatur

1 Pohl, M. (1982) Systematik elektronenmikroskopischer Schadensanalyse. *Beitr. elektronenmikroskop. Direktabb. Oberfl.*, **15**, 305–318.

2 N.N. (2008) Erscheinungsformen von Rissen und Brüchen metallischer Werkstoffe, Verlag Stahleisen.

3 Grasserbauer, M., Malissa, H., Zacherl, M. K. Mikrochimica Acta, Springer-Verlag, Wien/New York (1965, fortlaufend).

4 Pfefferkorn, G. Beiträge zur elektronenmikroskopischen Direktabbildung von Oberflächen, Verlag R.A. Remy, (1968, fortlaufend).

5 Vorträge der Sitzungen des Arbeitskreises Rastermikroskopie, Deutscher Verband für Materialprüfung, Berlin (1968, fortlaufend).

6 Reimer, L., Pfefferkorn, G. (1977) Rasterelektronenmikroskopie, Springer-Verlag, Berlin, Heidelberg, New York.

7 Hren, J.J., Goldstein, J.I., Joy, D.C. (1979) Introduction to Analytical Electron Microscopy, Plenum Press, New York – London.

8 Reimer, L. (1971) Elektronenmikroskopische Untersuchungs- und Präparationsverfahren, Springer-Verlag, Berlin.

9 Bethge, H., Heydenreich, J. (1982) Elektronenmikroskopie in der Festkörperphysik, Springer-Verlag.

10 Pohl, M., Merz, M., Burchard, W.-G. (1983) Investigation on the morphogenesis of nonmetallic inclusions in steels. *Scanning Electron Microscopy*, Chicago, 1563–1569.

11 Pohl, M., Burchard, W.-G. (1980) Ion Etching in Metallography. *Scanning*, **3**, 251–261.

12 Reick, W., Borst, K., Wallura, E. (1989) Rezeptursammlung von chemischen und physikalischen Methoden zur Entfernung von Korrosionsprodukten auf Cr-haltigen Stählen. *Prakt. Met. Sonderbd.*, **20**, 100–108.

13 Guesser, W.L., Guedes, L.C., Baumer, I., Pieske, A. (1990) Hydrogen Embrittlement of high ductility cast irons. *Prakt. Met. Sonderbd.*, **21**, 121–130.

14 Pohl, M., Ibach, A., Reick, W., Padilha, A. F. (1990) Gefügeoptimierung von ferritisch-austenitischen Duplex-Stählen mit erhöhtem Kohlenstoffgehalt. *Prakt. Met. Sonderbd.*, **21**, 155–168.

15 Pohl, M., Burchard, W.-G. (1975) Die Sigma-Phase in austenitischen Cr-Ni-Stählen, DVM-Tagungsband, Vorträge der 9. Sitzung des AK Rasterelektronenmikropie, S. 121–130.

16 Pohl, M., Borst, K. (1986) Untersuchungen zur BN-Ausscheidung in hochwarmfesten Chrom-Nickel-Stählen, DVM-Tagungsband, Vorträge der 12. Sitzung des Arbeitskreises Rastermikroskopie in der Materialprüfung, S. 195–203.

17 Pohl, M., Oppolzer, H., Schild, S. (1983) STEM-EDX measurements on grain boundary phenomena of sensitized chrome-nickel-steels, *Mikrochimica Acta (Wien)*, Suppl. 10, 281–295.

18 Giannuzzi, L.A. (2004) Introduction to Focused Ion Beams, Instrumentation, Theory, Techniques and Practice, Springer-Verlag.

5
Mikroskopische und makroskopische Erscheinungsformen des duktilen Gewaltbruches (Gleitbruch)

Günter Lange

5.1
Definition und Erscheinungsformen

Gewaltbrüche entstehen durch einsinnige, mechanische Überlastung unter mäßig rascher bis schlagartiger Beanspruchung. Der Bruch kann nach zwei verschiedenen Mechanismen ablaufen: Der *Gleitbruch* entsteht unter plastischer Verformung durch Abgleiten entlang der Ebenen maximaler Schubspannungen, der *Spaltbruch* erfolgt nahezu verformungslos durch Überwindung der den Werkstoff zusammenhaltenden Kohäsionskräfte. Zäher Werkstoff, einachsiger Spannungszustand (glatte Bauteiloberflächen), niedrige Belastungsgeschwindigkeit und höhere Temperatur begünstigen den Gleitbruch. (Umgekehrt fördern spröde Werkstoffbeschaffenheit, mehrachsige Zugspannungszustände und lokale Spannungsspit-

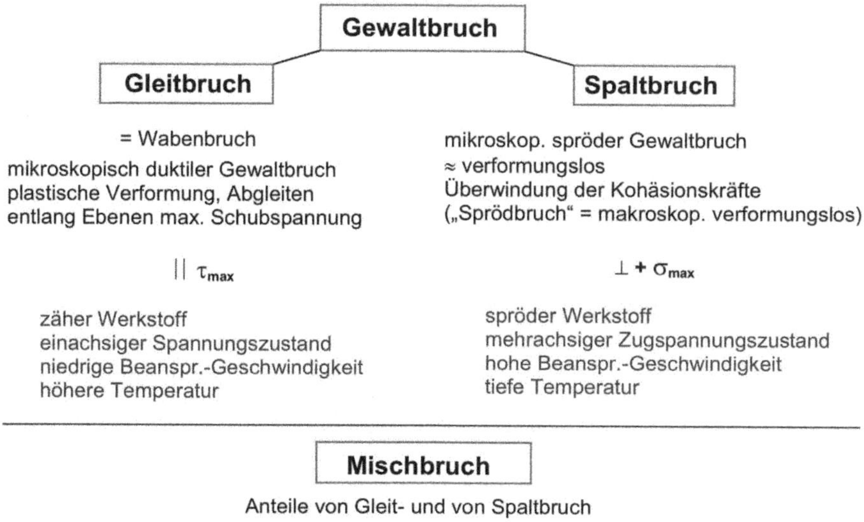

Abb. 5.1 Übersicht der Gewaltbruchtypen.

Systematische Beurteilung technischer Schadensfälle, 6. Auflage 2014. Editiert durch G. Lange und M. Pohl

Tabelle 5.1 Grundformen des Gewaltbruches (in Anlehnung an [1]).

Bruchformen

Belastungsart	Gleitbruch ($\parallel \tau_{max}$)	Spaltbruch ($\perp + \sigma_{max}$)
Zug		
Druck		nicht möglich
Biegung		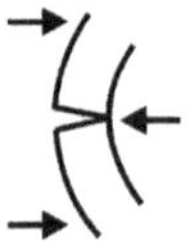
Torsion		

zen – meist hervorgerufen durch schroffe Querschnittsänderungen oder durch Kerben – sowie hohe Beanspruchungsgeschwindigkeit und tiefe Temperatur die Neigung zum transkristallinen Spaltbruch in kubisch raumzentrierten oder in hexagonalen Metallgittern, vgl. Abb. 5.1).

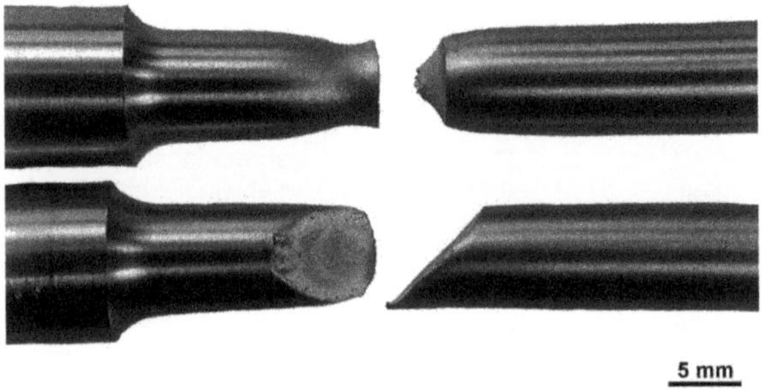

Abb. 5.2 Kompletter Trichter-Kegel-Bruch (oben), Scherbruch (unten). Aluminiumlegierung AlMg5.

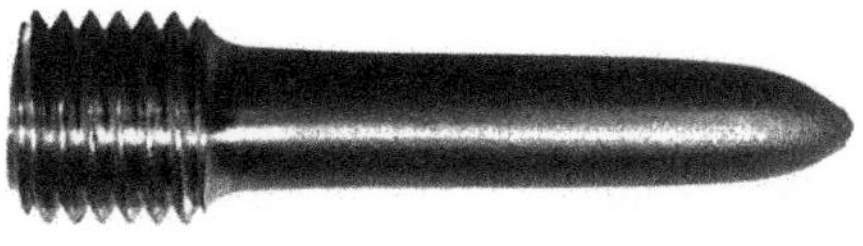

Abb. 5.3 Weitgehend ausgezogenes Aluminium technischer Reinheit.

Normalerweise ist der Gleitbruch nicht nur mit einer mikroskopischen, sondern auch mit einer deutlichen makroskopischen plastischen Formänderung verbunden. Sie kann fehlen, wenn die Bauteilgeometrie oder der Werkstoffzustand eine bleibende Verformung verhindern (Sprödbruch). In Ausnahmefällen versagen auch glatte Stäbe beim Gleitbruch ohne makroskopische Deformation. (Andererseits kann dem mikroskopisch definitionsgemäß spröden Spaltbruch eine plastische Bauteilverformung vorausgehen, vgl. Kapitel 2, „Einteilung, Ursachen und Kennzeichen der Brüche", Abb. 2.2 und 2.3).

Da der Gleitbruch durch die maximale Schubspannung, der Spaltbruch durch die größte Zugspannung hervorgerufen wird, ergeben sich die in Tabelle 5.1 zusammengestellten prinzipiellen Bruchformen. Darüber hinaus treten bauteil- und werkstoffbedingte Modifikationen auf. (Bildet sich eine Bruchfläche makroskopisch senkrecht zur größten Normalspannung (Hauptspannung) aus, so spricht man gelegentlich von einem Normalspannungsbruch. Handelt es sich dabei um einen Gleitbruch, so charakterisiert die Bezeichnung nur die Orientierung der Bruchfläche; die mikroskopische Werkstofftrennung erfolgt stets durch Schubspannungen. Der Spaltbruch dagegen ist hinsichtlich Ursache und Erscheinungsform ein Normalspannungsbruch. (Der Begriff führt zu Missverständnissen und sollte nach Ansicht des Verfassers vermieden werden.)

Bekannte werkstoffbedingte Modifikationen treten insbesondere beim Gleitbruch unter Zugkräften auf. Anstelle des theoretisch zu erwartenden (reinen) Scherbruches (Tab. 5.1 und Abb. 5.2, unten) entwickelt sich meist der Trichter-Kegel- oder Kegel-Tasse-Bruch (cup and cone fracture, Abb. 5.2, oben). Reine Metalle ziehen sich zu einer Spitze aus (Abb. 5.3), höherfeste zeilige Werkstoffe bilden gelegentlich fräserförmige Bruchflächen (Abb. 5.4). Betrachtet werden zunächst die Verhältnisse beim Trichter-Kegel-Bruch, vgl. auch [2, 3]. Die anderen Formen lassen sich daraus ableiten.

5.2 Trichter-Kegel-Bruch

Rundproben duktiler Werkstoffe beginnen sich im Zugversuch etwa bei Überschreiten des Lastmaximums einzuschnüren. Obwohl die Fließspannung (k_f) des Werkstoffes aufgrund der wachsenden Verformung (φ) weiterhin stetig zunimmt ($k_f \sim \varphi^n \cdot \dot{\varphi}^m$) vermag sie die lokale geometrische Entfestigung (Querschnittsabnahme) nicht mehr zu kompensieren, wie es im Bereich der Gleichmaßdehnung der Fall war. In der Einschnürungszone bildet sich ein dreiachsiger Zug-

Abb. 5.4 Fräserförmiger Bruch an vergütetem Stahl X22Cr17.

spannungszustand aus. Abbildung 5.5 gibt den von Siebel und Schwaigerer [4] ermittelten Verlauf von Längs-, Radial- und Umfangsspannung im engsten Querschnitt wieder, vgl. auch [5]. Die drei Hauptspannungen erreichen in Probenmitte jeweils ihren maximalen Wert. Radial- und Umfangsspannung stimmen hier exakt überein, während zum Rand hin kleinere Abweichungen auftreten. (Sie haben für die nachfolgenden Betrachtungen keine Bedeutung.) Radial- und Umfangsspannung unterscheiden sich dann von der Längsspannung überall um den Betrag der Fließspannung, da sich die Probe über dem gesamten Querschnitt plastisch

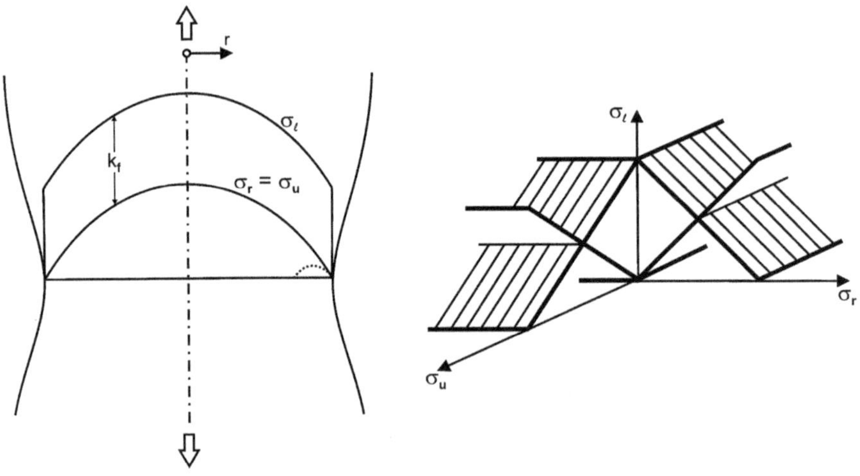

Abb. 5.5 Linkes Teilbild: Spannungs- und Rissverlauf in einer eingeschnürten Zugprobe. Radialspannung nach Bildung des Trichterbodens punktiert eingezeichnet. Rechtes Teilbild: Ebenen maximaler Schubspannung vor Beginn des Risses.

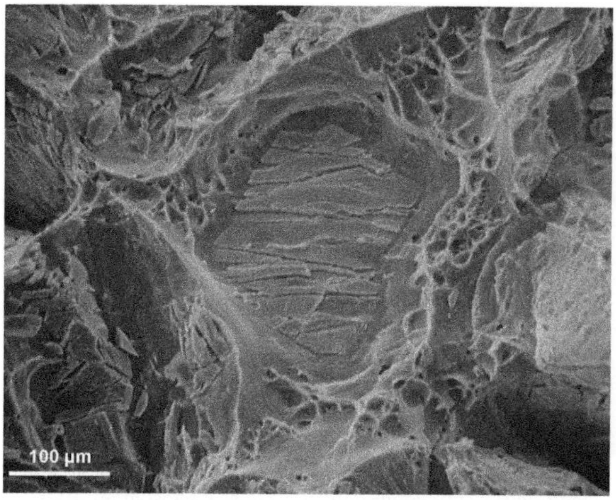

Abb. 5.6 Spaltbrüche in einem groben, spröden Einschluss. Aluminiumlegierung AlCu5. Rastermikroskopische Aufnahme.

verformt; das Trescasche Fließkriterium $k_f = \sigma_{max} - \sigma_{min}$ ist an jeder Stelle erfüllt. Die Verformung erfolgt durch Abgleiten auf Ebenen, die unter einem Winkel von 45 Grad zwischen der maximalen und der minimalen Hauptspannung verlaufen. Da mit Radial- und Umfangsspannung gleichzeitig zwei Minimalspannungen auftreten, stehen für eine rotationssymmetrische Einschnürung genügend Scherebenen zur Verfügung (Abb. 5.5).

Der Trichter-Kegel-Bruch beginnt im Inneren der Probe. Der Umstand, dass dort der größte hydrostatische Zugspannungszustand herrscht, fördert zweifellos die Rissbildung, bietet jedoch allein noch keine ausreichende Erklärung. Auch Zugstäbe, die sich zu einer Spitze ausziehen, durchlaufen zuvor das Einschnürungsstadium mit gleichartigen Spannungszuständen, ohne dabei aufzureißen. Mit maximalem Zug ließe sich zunächst nur ein Spaltbruch im Zentrum erklären. Die für den hier besprochenen Gleitbruch ausschlaggebenden Schubspannungen sind dagegen nach Abbildung 5.5 auf dem gesamten Querschnitt konstant.

Verantwortlich für den Rissbeginn im Probeninneren sind der *mikroskopische Bruchmechanismus* sowie der unterschiedliche Verformungsgrad in der Einschnürzone. Mikroskopisch gehen die ersten Anrisse von Einschlüssen, Ausscheidungen und anderen Gefügeinhomogenitäten aus, die in den meisten technischen Werkstoffen in hinreichender Menge enthalten sind. Diese keramischen Teilchen brechen entweder in sich selbst oder sie lösen sich von der umgebenden Matrix (Abb. 5.6 und 5.7).

Lokale Brüche in spröden Partikeln wurden bereits nach geringer plastischer Deformation, d. h. kurz nach Überschreiten der Streckgrenze gefunden. Als Spaltbrüche werden sie in erster Linie von der anliegenden Zugspannung ausgelöst. Da im Zentrum der Probe die höchsten Spannungen herrschen, ist es von dieser Art der Vorschädigung am stärksten betroffen. Um dagegen Teilchen von

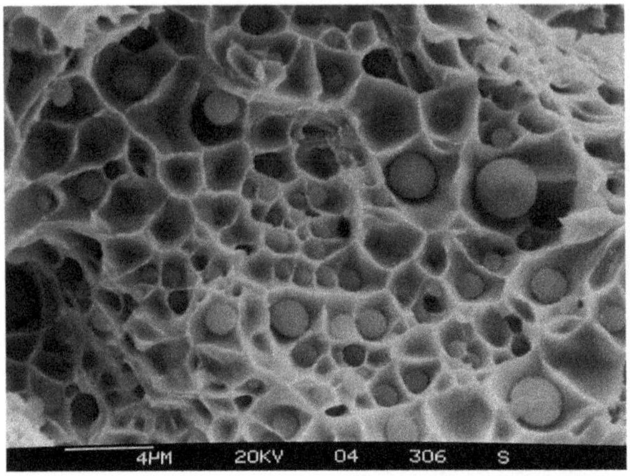

Abb. 5.7 Abgelöste Einschlüsse in einem ferritischen Stahl (eingeformte Mangansulfide). Rastermikroskopische Aufnahme.

der Matrix abzulösen, muss ein kritischer Verformungsgrad überschritten werden, so dass sich genügend Versetzungen vor dem Hindernis aufstauen. Die von Siebel ermittelte Spannungsverteilung bevorzugt das Probeninnere in dieser Hinsicht nicht. Genauere Rechnungen von Norris [6] zeigen jedoch, dass sich ein eingeschnürter Zugstab in Nähe der Achse wesentlich stärker plastisch verformt hat als in der Randzone (Abb. 5.8). Der Grad an lokaler Vorschädigung erreicht somit beim spaltbruch- als auch beim ablösungsinitiierten Gleitbruch sein größtes Ausmaß in Probenmitte. (Strenggenommen müsste jetzt Abbildung 5.5 korrigiert werden: infolge größerer Verformung erreicht die Fließspannung im Inneren höhere Werte als am Rand.) Darüber hinaus ist eine Konzentration, zumindest der Ablösungs-Risskeime, auf den am stärksten betätigten Gleitebenen zu erwarten.

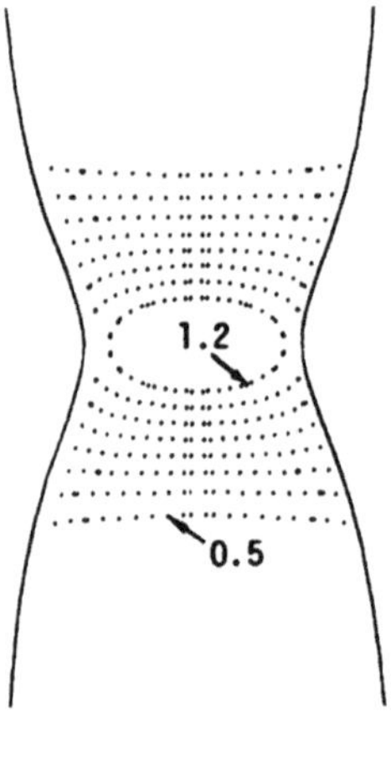

Abb. 5.8 Linien gleichen plastischen Verformungsgrades in der Einschnürungszone einer Zugprobe nach Norris [6].

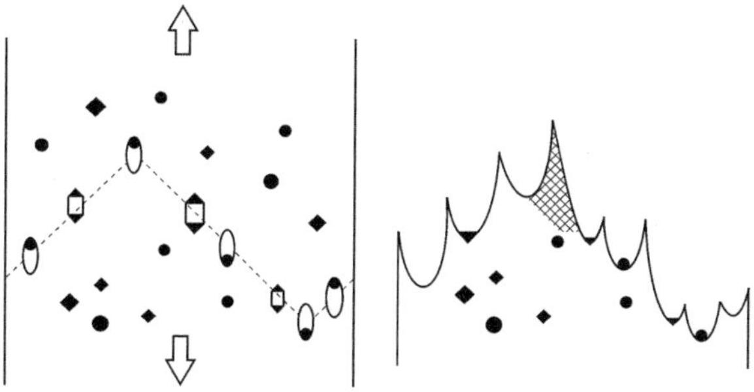

Abb. 5.9 Schematische Darstellung der Wabenbildung entlang der am stärksten vorgeschädigten 45-Grad-Scherflächen (links); zugehörige Bruchfläche (rechts). Die Schraffur in der mittleren Wabenwand deutet die Abgleitvorgänge beim Ausziehen der Wand an. Brechende Partikel eckig, ablösende Partikel rund.

Der im Inneren beginnende Riss folgt derartigen maximal vorgeschädigten 45-Grad-Scherflächen. Die örtlichen Trennungen in oder an den Partikeln haben sich inzwischen aufgrund der äußeren Spannungen – in der Endphase verstärkt durch das Spannungsfeld des Risses unmittelbar vor dessen Spitze – zu ellipsoidförmigen Hohlräumen aufgeweitet. Die zwischen ihnen verbliebenen Wände ziehen sich unter der anliegenden Zugkraft – wiederum durch Abgleiten auf Ebenen maximaler Schubspannung – zu gratartigen Umrandungen der Hohlraumhälften aus: Die für den duktilen Gewaltbruch charakteristische Wabe (Dimple, Grübchen) hat sich gebildet (Abb. 5.9). Auf ihrem Grund erkennt man häufig das brucheinleitende Teilchen bzw. Teilchenfragment (Abb. 5.6 und 5.7); auch die Gleitstufen vom Abscheren der Wandungen treten oftmals deutlich hervor (Abb. 5.10). Das Zerreißen der Zwischenwände gleicht dem Zugversuch an einem reinen Metall, das sich zu einer Spitze oder zu einer Schneide auszieht. Der Werkstoff zwischen den Hohlräumen braucht dafür allerdings nicht im chemischen Sinne

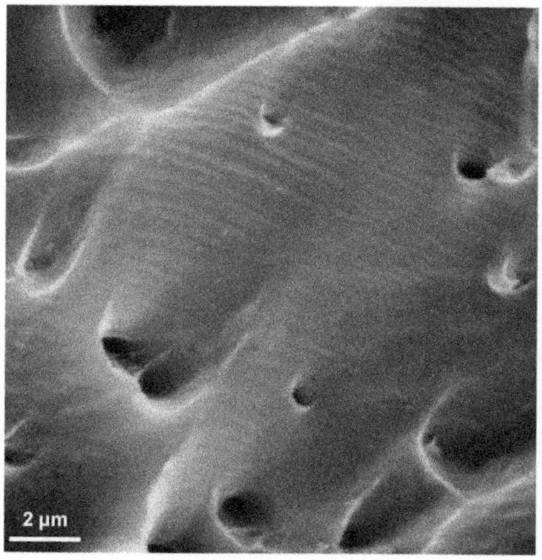

Abb. 5.10 Gleitstufen und „Unterwaben" auf der Wand einer großen Wabe.

rein zu sein. Der beschriebene Mechanismus bewirkt lediglich, dass diese Bereiche keine Teilchen mehr enthalten, die unter dem vorliegenden Beanspruchungszustand lokale Anrisse einleiten. Die insgesamt vorhandenen Einschlüsse und Ausscheidungen können die für die Wabenbildung aktivierungsfähigen zahlenmäßig weit übertreffen. Da die Fließspannung beim Ausziehen der Wabenwände örtlich noch ansteigt, werden teilweise weitere Partikel zur Bildung von „Unterwaben" angeregt (Abb. 5.10).

Theoretisch entsteht die Bruchfläche, indem sich der Riss mit dem jeweils vor seiner Spitze liegenden Hohlraum unter Bildung einer Wabe vereinigt. Tatsächlich entwickeln sich vielfach bereits vor der Rissfront zusammenhängende Wabenfelder, die dann komplett in die Bruchfläche eingebaut werden. Da sich die partikelinduzierten Vorschädigungen nicht exakt auf den engsten Querschnitt beschränken, sondern ein größeres Volumen erfassen, findet man oftmals zahlreiche, miteinander konkurrierende Risse (Abb. 5.11). Die Nebenrisse schließen sich jedoch weitgehend wieder, wenn der fortschreitende Hauptriss ihre Umgebung entlastet.

Die typische makroskopische Form des Trichter-Kegel-Bruches resultiert aus dem Spannungs- und dem Verformungszustand der Probe. Im Inneren stehen aufgrund der beiden betätigten Schubspannungssysteme – zwischen Längs- und Radialspannung sowie zwischen Längs- und Umfangsspannung – genügend vorgeschädigte Flächen für eine konzentrische Rissausbreitung zur Verfügung. Der Riss folgt einer einzelnen Scherebene meist nur über eine kurze Strecke, beispielsweise über eine Länge von einigen Dutzend Waben (Abb. 5.12). Je weiter er sich aus der Ebene des engsten Probenquerschnittes entfernt, desto geringer wird die Zugspannung vor seiner Spitze; der Vorschädigungsgrad nimmt ebenfalls ab. Der Riss wechselt daher seine Richtung und kehrt auf einer konjugierten Scherebene in den engsten Querschnitt zurück. Während der Ausbreitung ist die Rissspitze ständig gegabelt, ein Zeichen, dass die zweite Ebene latent zur Verfügung steht

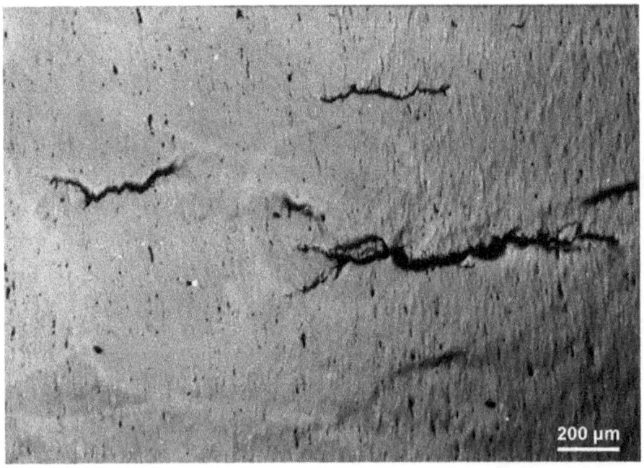

Abb. 5.11 Konkurrierende Anrisse im Zentrum einer eingeschnürten Zugprobe. Metallografischer Schliff unter Last.

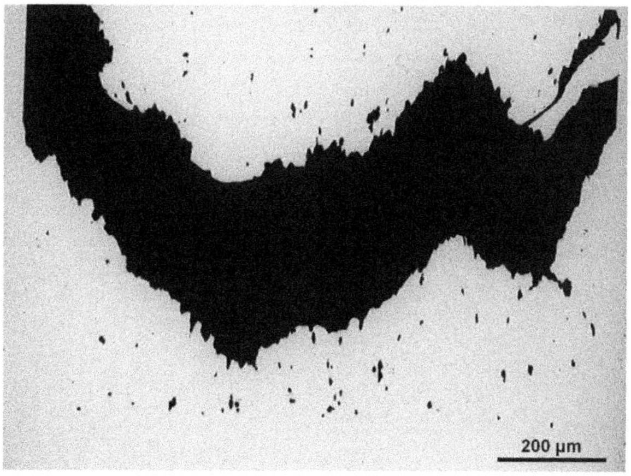

Abb. 5.12 Rissausbreitung im Inneren einer Zugprobe vorzugsweise auf 45-Grad-Scherebenen; zum Teil sind die einzelnen Waben erkennbar. Schliff unter Last.

(Abb. 5.13 und 5.14). Indem sich die unter 45 Grad geneigten, kurzen Abschnitte aneinanderreihen, entsteht makroskopisch eine annähernd ebene Fläche, der Trichterboden (Abb. 5.15). Die Waben sind in diesem Bereich treppenartig auf den geöffneten Scherflächen angeordnet, die Grate weisen in Richtung der Zugkraft (Abb. 5.9 und 5.12).

Mit wachsendem Riss ändern sich allmählich die Bedingungen. Der Grad an Vorschädigung geht zurück; der weitere Weg des Risses ist nicht mehr vorgezeichnet, sondern hängt von den jetzt einsetzenden Verformungsvorgängen und damit

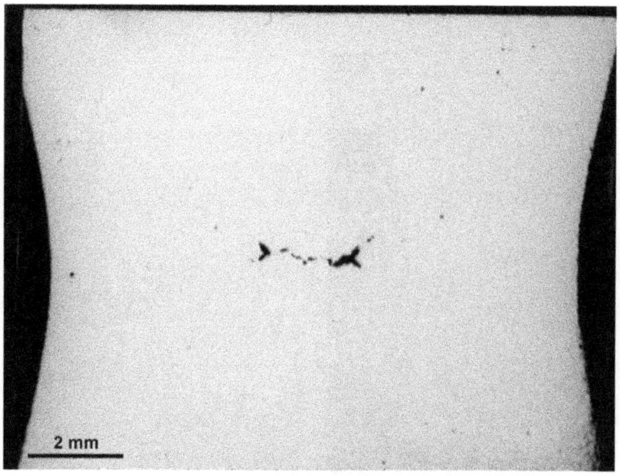

Abb. 5.13 Schnitt durch den Einschnürbereich einer Zugprobe in der Anfangsphase der Bruchausbreitung; gegabelte Rissspitze. Einschnürungskonturen der Probe am rechten und am linken Bildrand.

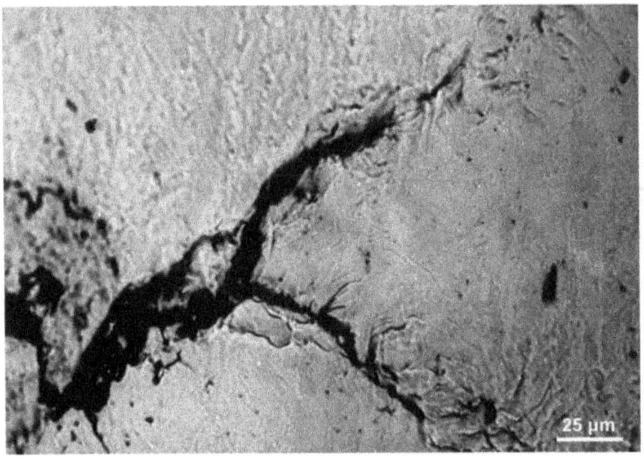

Abb. 5.14 Gegabelte Rissspitze. Metallografischer Schliff unter Last.

vom Spannungszustand ab. Die Radialspannung, an der Spitze des Innenrisses und an der Probenoberfläche gleich Null, kann innerhalb der verbliebenen Randschicht keine größeren Werte mehr annehmen und wird alleinige Minimalspannung. Ähnlich wie in einem Rohr herrscht näherungsweise ein zweiachsiger Spannungszustand. Für das weitere Fließen steht nur noch ein Ebenenpaar maximaler Schubspannung zur Verfügung. Andererseits kann der Werkstoff am Rand rein geometrisch über wesentlich größere Strecken abgleiten als im Inneren der Probe.

Unter diesen Voraussetzungen bildet sich der charakteristische kegelförmige Teil der Bruchfläche (Scher- oder Schubspannungslippe). Sobald der Riss am Ende des Trichterbodens in die spätere Trichterwand einschwenkt, zeichnet sich in Verlängerung dieser Ebene eine Gleitstufe auf der Probenoberfläche ab; die

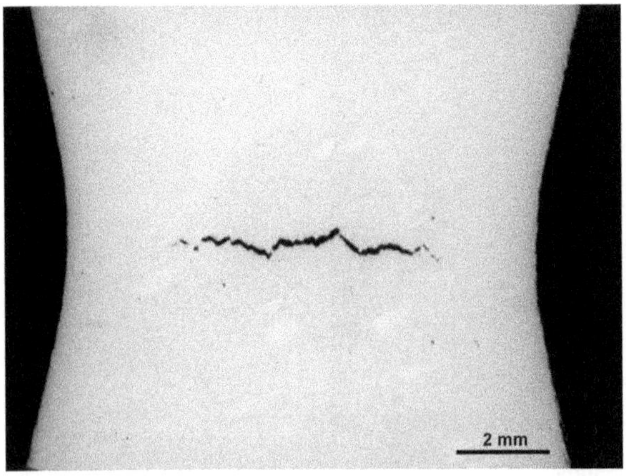

Abb. 5.15 Schnitt durch den Einschnürbereich einer Zugprobe nach Bildung des Tassenbodens. Probenkonturen am rechten und am linken Bildrand. Schliff unter Last.

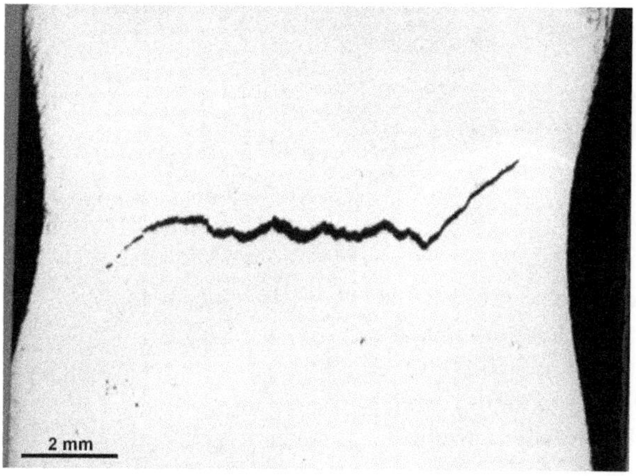

Abb. 5.16 Schnitt durch den Einschnürbereich einer Zugprobe in der Endphase der Bruchausbreitung. Probenkonturen am rechten und am linken Bildrand.

Abscherung erfasst folglich die gesamte Randzone. In den meisten Fällen kippt der Riss nicht auf dem ganzen Umfang in dieselbe 45-Grad Richtung ab (Abb. 5.16). Trichterwand- und Kegelstumpfanteile verteilen sich daher auf beide Bruchstücke der Zugprobe, (Abb. 5.17). Gelegentlich treten komplette Trichter und Kegelstümpfe auf (vgl. Abb. 5.2). Ein derartiger rotationssymmetrischer Abgleitvorgang unter 45 Grad ist möglich, weil sich die Probe in dieser Endphase nachweislich um den gleichen Betrag radial einschnürt, um den sie sich axial verlängert [3].

In die beschriebenen Mechanismen lassen sich auch die Bruchformen anderer durch Zugkräfte zerstörter Teile zwanglos einordnen. Dickwandige, unrunde Querschnitte zeigen gewöhnlich in ihrer Mitte einen größeren, senkrecht zur Zugrichtung orientierten Abschnitt und Scherlippen an den Rändern (Abb. 5.18). Der Riss kann hier auch von außen beginnen.

Dünnwandige Rohrproben ziehen sich entlang des gesamten Umfanges zu Scherlippen aus (Abb. 5.19). Der Vorgang entspricht der Bildung des konischen Randbereiches in der Endphase des Trichter-Kegel-Bruches.

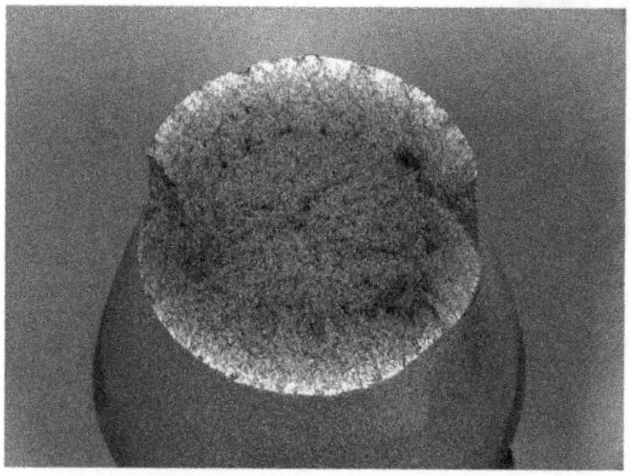

Abb. 5.17 Üblicher Trichter-Kegel-Bruch (Kegel-Tasse-Bruch).

Abb. 5.18 Gleitbruch durch Zug (eingeleitet durch Schwingungsanriss) in einem Beschlag. Scherlippen entlang beider Ränder. Bauteilbreite 35 mm. Martensitaushärtbarer Stahl 17-4 PH.

Das Abscheren einer Flachprobe lässt sich hier ebenfalls einordnen. Die Vermutung, in einem hinreichend dickwandigen Rohr müsse sich im Inneren der Wand ein ringförmiger Bruchflächenabschnitt orthogonal zur Zugrichtung entwickeln, konnte experimentell bestätigt werden [7] (Abb. 5.20).

Der in diesem Abschnitt beschriebene Bruchablauf setzt eine homogene Matrix und eine gleichmäßige Verteilung zahlreicher kleiner Partikel voraus. Durch den Einfluss des Gefüges, insbesondere durch Art, Menge, Konfiguration und Anordnung der Teilchen, können sich an einer Zugprobe auch andere Bruchformen ausbilden (s. u.).

5.3 Fräserförmiger Bruch

An hochfesten Vergütungsstählen mit ausgeprägtem Zeilengefüge beobachtet man gelegentlich den fräserförmigen Bruch (Abb. 5.4). Die Probe schnürt sich zunächst in der üblichen Weise ein. Infolge des insgesamt hohen Spannungsniveaus treten auch in Umfangsrichtung erhebliche Zugbelastungen auf. Ihnen steht eine relativ niedrige Festigkeit in dieser Richtung gegenüber. Die Probe reißt in radialer Richtung mehrfach auf; der dreiachsige Beanspruchungszustand bricht

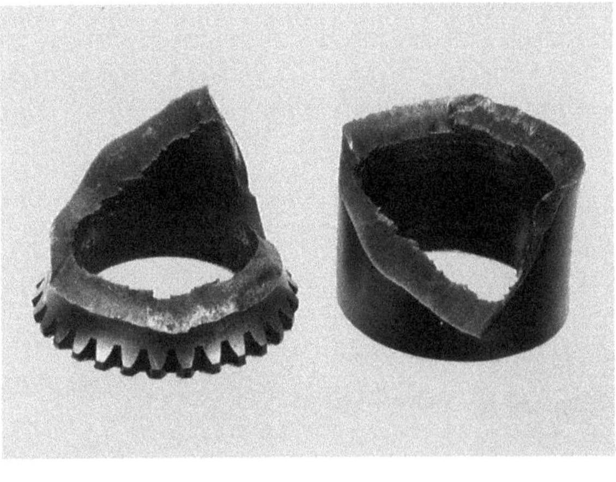

Abb. 5.19 Gleitbruch durch Zug in der Hohlwelle eines Triebwerkes. Außendurchmesser des zylindrischen Abschnittes 27 mm. Inconel X-750.

Abb. 5.20 Bruchfläche eines dickwandigen Rohres (Außendurchmesser vor dem Versuch 82 mm, Innendurchmesser 5 mm). Ringförmiger Anteil senkrecht zur Zugrichtung, Scherkegel innen und außen.

zusammen. Die entstandenen Einzelsegmente, näherungsweise Flachproben vergleichbar („Tortenstücke"), scheren dann jeweils unter etwa 45 Grad ab (Abb. 5.21 und 5.22). Ähnliche „Bruchaufreißungen" beobachtet man gelegentlich an Kerbschlagproben derartiger Stähle.

5.4 Scherbruch

Das Abgleiten eines Rundstabes entlang einer einzigen, unter 45 Grad zur Zugrichtung geneigten Scherebene (Abb. 5.2, unten) kann auf unterschiedlichen Ursachen beruhen. Ein trivialer Grund besteht in überlagerten Biegespannungen. So findet man beispielsweise bei Schäden an vieladrigen Drahtseilen oftmals Scherbrüche neben Trichter-Kegel-Brüchen. Eigene Versuche zeigten, dass die Einzeldrähte schräg abgleiten, solange sich der Zugkraft ein Biegemoment infolge

Abb. 5.21 Radial angeordnete Bruchebenen und Scherflächen im fräserförmigen Bruch von Abb. 5.4. Rastermikroskopische Aufnahme.

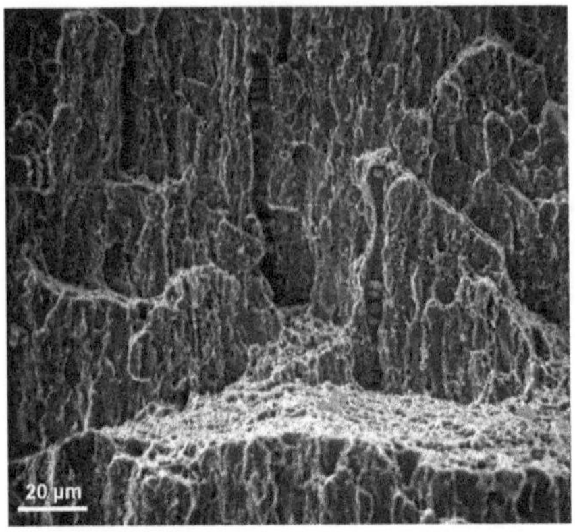

Abb. 5.22 Ausschnitt aus einer radialen Bruchebene von Abb. 5.21; ausgeprägtes Zeilengefüge.

der Drahtwindung überlagert. Mit fortschreitender Zerstörung werden die noch tragenden Drähte immer weniger von Nachbarn behindert. Die restlichen Drähte ziehen sich dann gerade und brechen unter der Wirkung reiner Zugkräfte trichterförmig (Abb. 5.23 bis 5.25).

Scherbrüche beobachtet man darüber hinaus vereinzelt an Vergütungsstählen, und zwar unter denselben Versuchsbedingungen, die normalerweise zu trichterförmigen Brüchen führen. Offensichtlich wirken sich hier Oberflächenfehler aus.

Abb. 5.23 Gebrochenes Rundlitzenseil 6 x 19, Pressklemme geöffnet. Klemmenaußendurchmesser ca. 45 mm.

Abb. 5.24 Scherbruch eines Einzeldrahtes (Durchmesser 1,3 mm) des Seiles von Abb. 5.23. Anfangsphase des Seilbruches. Rastermikroskopische Aufnahme.

Abb. 5.25 Trichter-Kegel-Bruch eines Einzeldrahtes (Durchmesser 1,3 mm) des Seiles von Abb. 5.23. Endphase des Seilbruches. Rastermikroskopische Aufnahme.

Auch Anrisse, die sich an hochfesten Stählen beim Zugversuch in Druckwasserstoff bilden, leiten häufig diesen Bruchtyp ein [8]. Scherbrüche bei Zugversuchen in der Nähe des absoluten Nullpunktes [9] beruhen auf einer Entfestigung der abgleitenden Werkstoffschicht infolge starken örtlichen Temperaturanstieges (spez. Wärme → 0 für $T \to 0$).

Eine derartige Materialentfestigung und die damit verbundene Konzentration des weiteren Fließens auf die einmal aktivierte Scherebene kann jedoch auch durch eine negative Dehngeschwindigkeitsempfindlichkeit einer Legierung bewirkt werden ($m < 0$, d. h. bei rascherer Verformung sinkt die Fließspannung). Werkstoffbedingte Scherbrüche dieser Art zeigen – beanspruchungsabhängig – einige Aluminiumlegierungen wie AlMg(!), AlCu, AlCuMgPb oder AlZnMg (Abb. 5.26). Das Verhalten basiert auf der Wechselwirkung zwischen Gleitversetzungen und Substitutions-Fremdatomen. Die durch Verankerungs- und Losreiß-

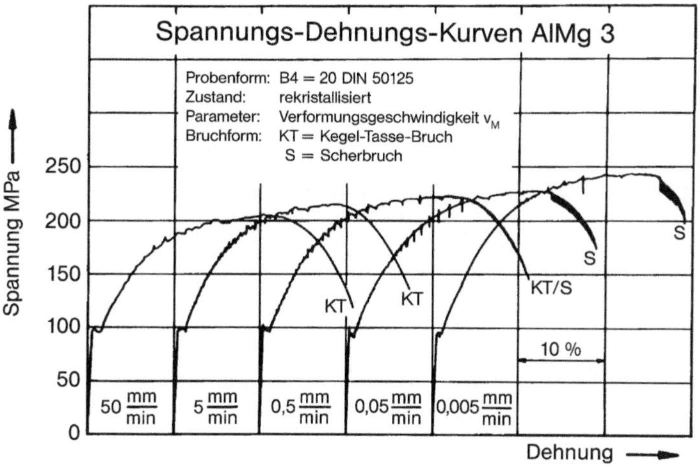

Abb. 5.26 Zugversuche an AlMg3. Anstieg der Fließkurven mit abnehmender Abzugsgeschwindigkeit ($m < 0$). Übergang vom Kegel-Tasse-Bruch (KT) zum Scherbruch (S). Ausgeprägte Instabilitäten nach Anstieg der Versetzungsdichte.

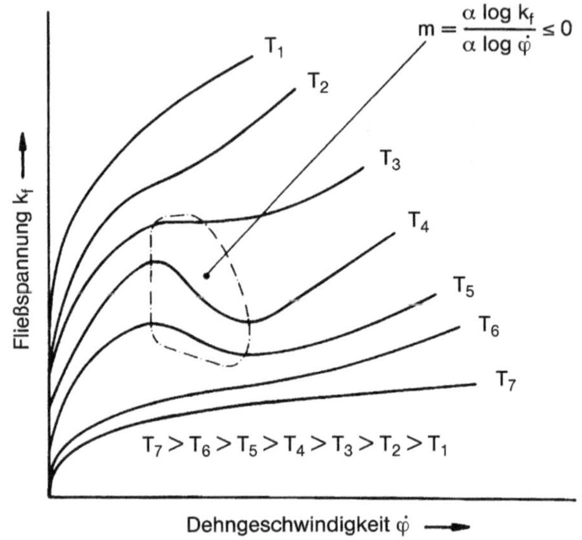

Abb. 5.27 Bereich negativer Dehngeschwindigkeitsempfindlichkeit ($m < 0$) in Abhängigkeit von Fließspannung, Dehngeschwindigkeit und Temperatur.

prozesse ausgelösten plastischen Instabilitäten bleiben wegen der erforderlichen Resonanz zwischen mittlerer Gleit- und Diffusionsgeschwindigkeit auf einen bestimmten Bereich von Prüftemperatur und Umformgeschwindigkeit begrenzt, $m < 0$ beispielsweise von ca. –60 bis +70 °C und von 10^{-7} bis $10^{-1}s^{-1}$ bei AlMg3 (Abb. 5.27). Der „echte" Scherbruch steht in engem Zusammenhang mit dem Portevin-LeChatelier-Effekt, auch als dynamische Reckalterung oder Sägezahnfließen bezeichnet. Umfangreiche eigene Untersuchungen [10] haben ergeben, dass der Scherbruch durch eine Reihe äußerst schmaler Scherzonen (10 bis 50 μm) eingeleitet wird, die – beginnend im Gebiet des Lastmaximums – mit extrem hoher Umformgeschwindigkeit ($\dot{\varphi} = 5$ bis $25s^{-1}$) exakt unter 45 Grad in die Probe

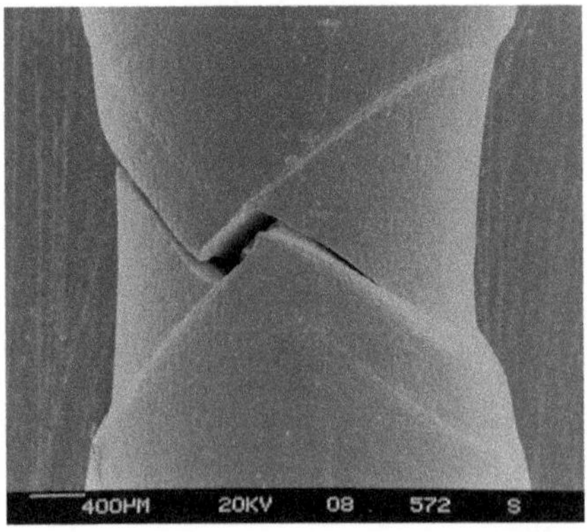

Abb. 5.28 Scherbruch auf mehreren Ebenen nach Einschnürung einer Rundprobe.

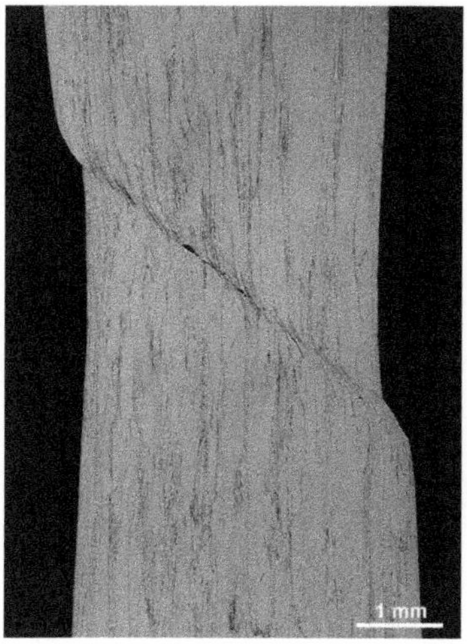

Abb. 5.29 Entlang einer Scherfläche im Probenzentrum einsetzende Rissbildung.

einschießen. Bei diesen hohen Geschwindigkeiten reagieren die Legierungen wieder mit einem positiven Exponenten ($m > 0$); andernfalls führte bereits das erste Band zum totalen Versagen. Mit zunehmender Einschnürung tritt der Scherbruch in Konkurrenz zum Trichter-Kegel-Bruch, in den er sich durch eine wachsende Abzugsgeschwindigkeit der Prüfmaschine mit beliebig vielen Zwischenformen (vgl. z. B. Abb. 5.28) überführen lässt. (Auch die beiden Brüche in Abbildung 5.2 wurden auf diese Weise erzeugt: Scherbruch mit 0,2 mm/min, Trichter-Kegel-Bruch mit 500 mm/min.) Die Trennung beginnt beim Scherbruch ebenfalls im Inneren der Probe (Abb. 5.29); die Bruchfläche ist – ähnlich einer Scherlippe – mit langgestreckten Dimples bedeckt. Einzelheiten zum Scherbruch vgl. [10].

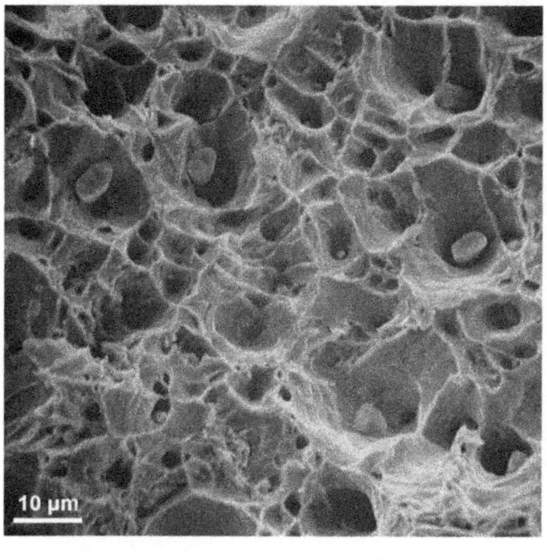

Abb. 5.30 Typische Wabenkonfiguration in ferritischem Stahl. Rastermikroskopische Aufnahme.

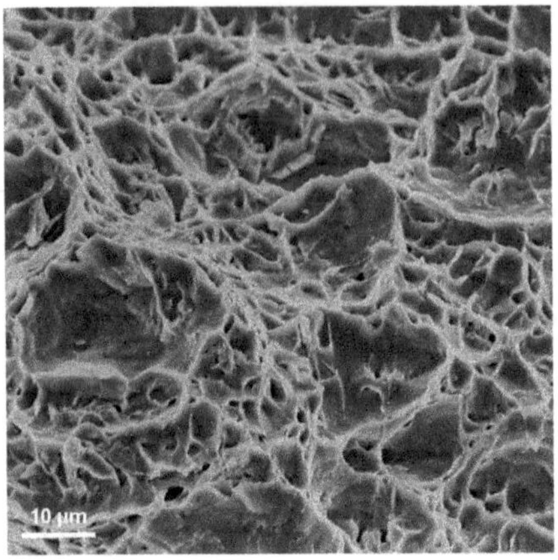

Abb. 5.31 Waben in Kupfer der Reinheit 99,99. Rastermikroskopische Aufnahme.

5.5
Ausziehen zur Spitze

Reine Metalle ziehen sich zur Spitze oder zur Schneide aus. Wie beim Trichter-Kegel-Bruch beschrieben, schnüren auch sie sich zunächst taillenförmig ein. Da Ausscheidungen oder Einschlüsse fehlen, unterbleibt die Werkstofftrennung im Inneren. Durch fortwährendes Abgleiten vermindert sich der Probenquerschnitt bis auf null. Metalle technischer Reinheit bilden im Zentrum meist noch eine kleine Bruchfläche (Abb. 5.3). Verhindert man die Einschnürung, beispielsweise durch einen umlaufenden Spitzkerb, so werden aufgrund des höheren Spannungszustandes Restverunreinigungen für die Wabenbildung aktiviert (vgl. auch Unterwaben beim gewöhnlichen duktilen Bruch). In hochreinen, polykristallinen Metallen können sich bei äußerer Verformungsbehinderung Waben erheblicher

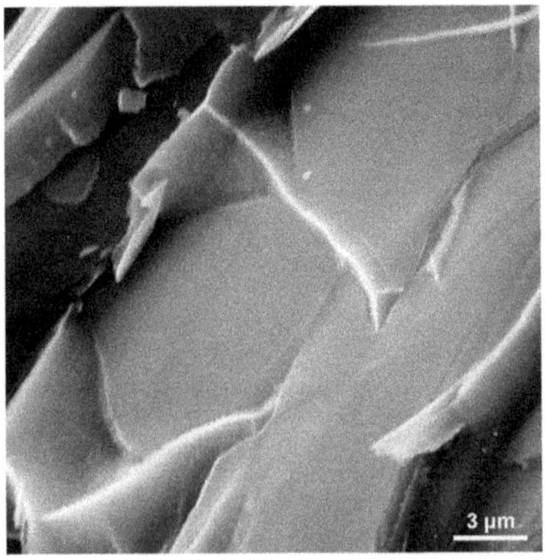

Abb. 5.32 Kämme duktiler Aluminiummatrix zwischen gespaltenen Siliziumeinschlüssen. Al-Si-Gusslegierung. Rastermikroskopische Aufnahme.

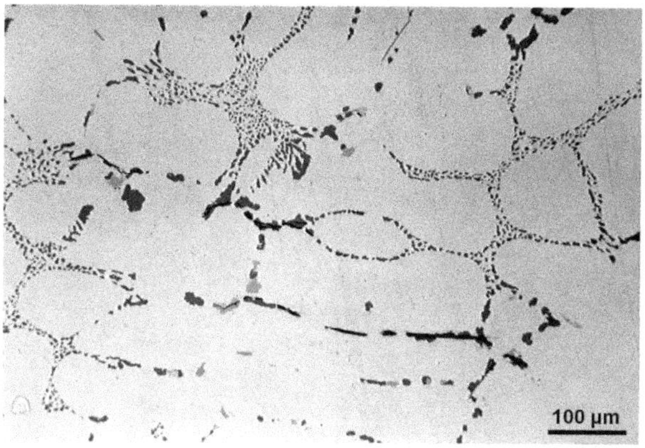

Abb. 5.33 Gefüge der Aluminium-Silizium-Gusslegierung in Abb. 5.32. Bruchbeginn (schwarze Linien) in den Siliziumeinschlüssen.

Größe an den Korngrenzen bilden; duktile Einkristalle beginnen sich bei extremer Fließbehinderung (Beschuss) an Zellwänden zu trennen [11].

5.6 Einfluss von Werkstoff und Beanspruchung auf die Wabenform

Größe und Anordnung der Waben (Entstehung s. Abschnitt 5.2) richten sich nach der Verteilung der aktivierungsfähigen Partikel. Es können sich daher sehr unterschiedliche Topografien entwickeln (Abb. 5.6, 5.7, 5.30 bis 5.42). Grobe Teilchen

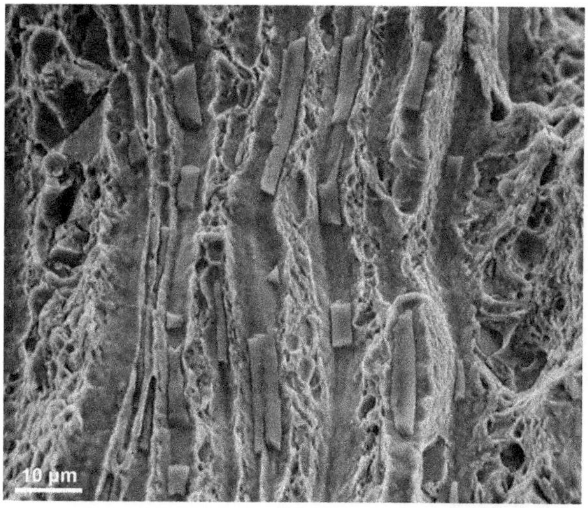

Abb. 5.34 Zeilige Mangansulfide in vergütetem Stahl 34CrMo4. Rastermikroskopische Aufnahme.

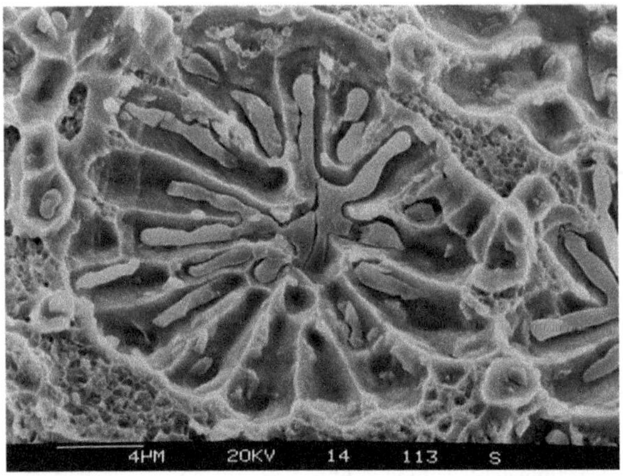

Abb. 5.35 Rosettenförmige Mangansulfide auf den Korngrenzen eines austenitischen Cr-Ni-Stahles, geschädigt durch Eindiffusion von Schwefel bei 1100 °C. Rastermikroskopische Aufnahme.

verhindern z. B. die Bildung der 45°-Scherflächen-Unterstruktur im Bereich des Trichterbodens und in entsprechenden Bauteilbruchflächen; stattdessen entsteht eine stark zerklüftete Bruchfläche. In Extremfällen dominiert der Partikelbruch: Die Waben sind zu schmalen Kämmen zwischen den Ausscheidungen entartet, so dass trotz duktiler (kubisch-flächenzentrierter) Matrix der Eindruck eines Spaltbruches hervorgerufen wird (Abb. 5.32 und 5.33).

Zeilen- oder nesterförmige Einschlüsse erzeugen in gleicher Weise angeordnete Waben (Abb. 5.34 und 5.35). Die Tiefe der Waben hängt in erster Linie von der Bruchdehnung der Matrix ab; beispielsweise bilden sich in kaltverfestigten Werkstoffen sehr flache Dimples aus (Abb. 5.36).

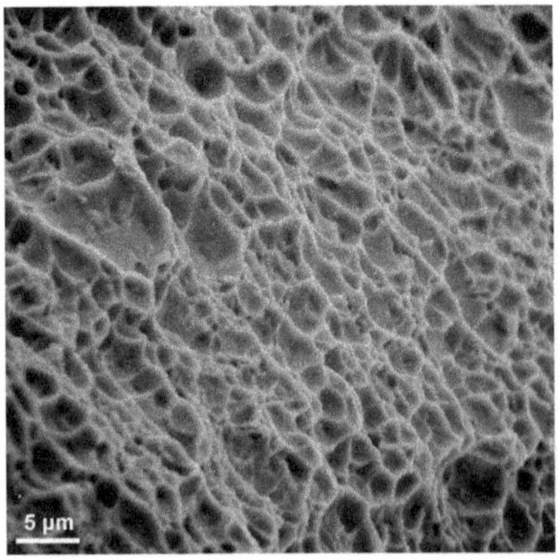

Abb. 5.36 Flache Zugwaben in einem martensitausgehärteten Stahl. Rastermikroskopische Aufnahme.

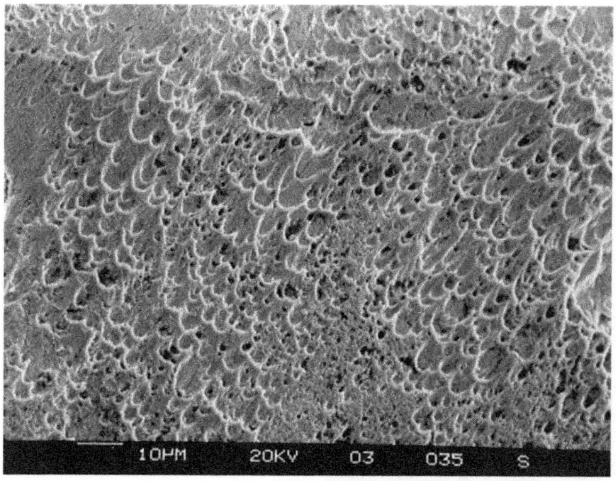

Abb. 5.37 Moderat ausgeprägte Scherwaben in einem ferritischen Stahl. Rastermikroskopische Aufnahmen.

Die von außen angreifenden Kräfte oder Momente bestimmen die Relativbewegung zwischen den sich bildenden Bruchflächen und damit die Ausrichtung der Wabenwände. Zugkräfte verursachen aufrechte, in Kraftrichtung orientierte Waben auf denjenigen Bruchflächen, die makroskopisch senkrecht zur Kraftwirkungslinie verlaufen (z. B. Trichterboden; Abb. 5.9 und 5.30). Derartige gerade Waben absorbieren einen großen Teil des einfallenden Lichtes und verleihen der Bruchfläche das charakteristische samtartig-matte Aussehen. Zugkraftinduzierte Scherflächen (z. B. Trichterwände, Scherlippen, Scherbrüche nach Abschnitt 5.4) weisen in Schubrichtung verzerrte Waben auf (Abb. 5.37 und 5.38). Die Bruchfläche wirkt glatter und glänzt leicht. Durch äußere Scherkräfte erzeugte Bruchflächen zeigen in Scherrichtung ausgezogene, häufig durch die abgleitende Gegenbruchfläche verquetschte Scherwaben (Abb. 5.39), so dass eine glatte, glänzende Bruchfläche entsteht. Bei Torsionsbrüchen ordnen sich die Scherwaben in Umfangsrichtung an, ihre Auszipfelung nimmt zum Zentrum hin ab (Abb. 5.40).

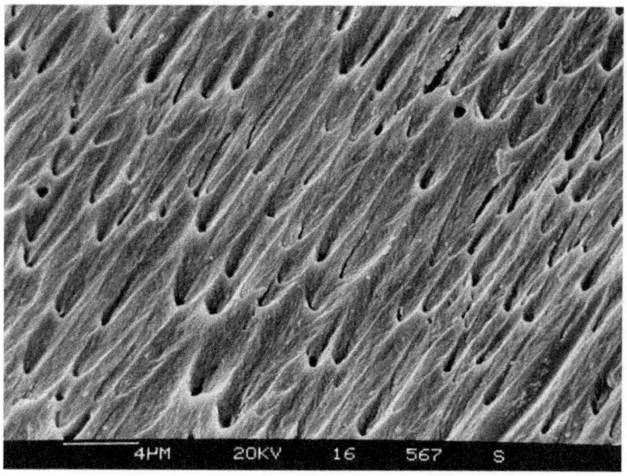

Abb. 5.38 Extrem ausgeprägte Scherwaben in einem Drahtseil aus austenitischem Cr-Ni-Stahl. Rastermikroskopische Aufnahme.

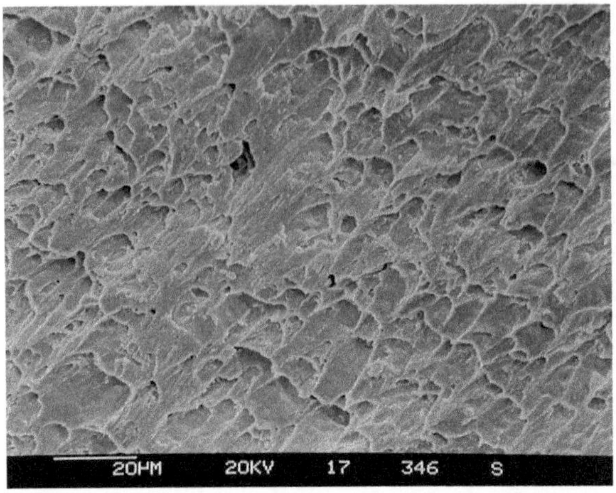

Abb. 5.39 Eingeebnete Waben nach Bruch durch Scherkräfte (Abscherbolzen). Ferritischer Stahl. Rastermikroskopische Aufnahme.

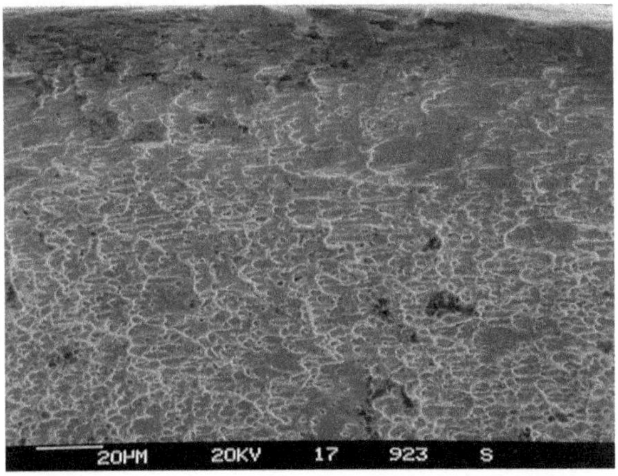

Abb. 5.40 Umlaufende Waben nach Torsionsbruch. Abnehmende Auszipfelung in Richtung Zentrum (unten).

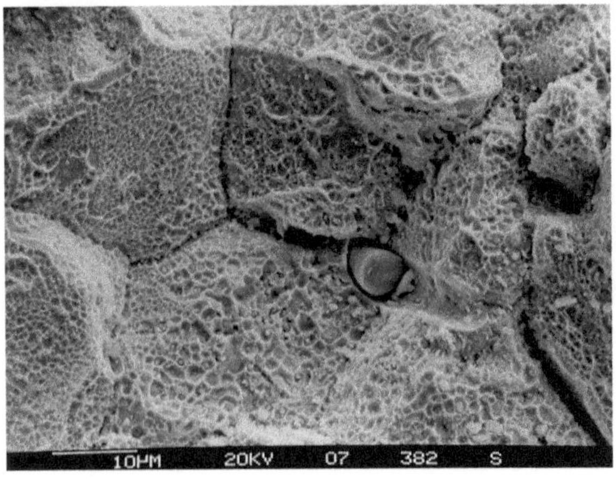

Abb. 5.41 Interkristalliner Wabenbruch in ferritischem Stahl. Rastermikroskopische Aufnahme.

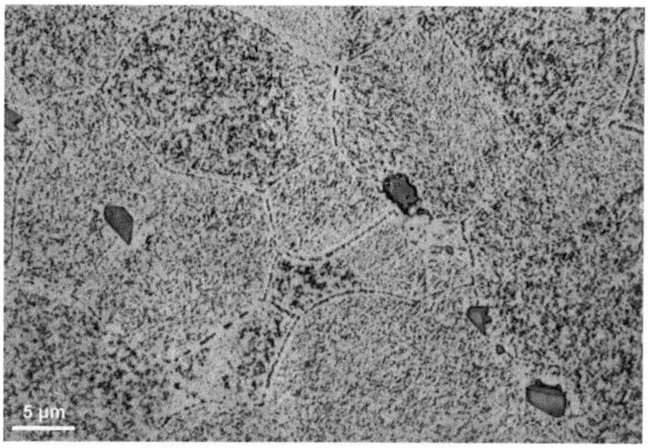

Abb. 5.42 Interkristalliner Wabenbruch in Inconel X-750 (vgl. Abb. 5.19). Zugehöriges Gefüge s. Abb. 5.43. Rastermikroskopische Aufnahme.

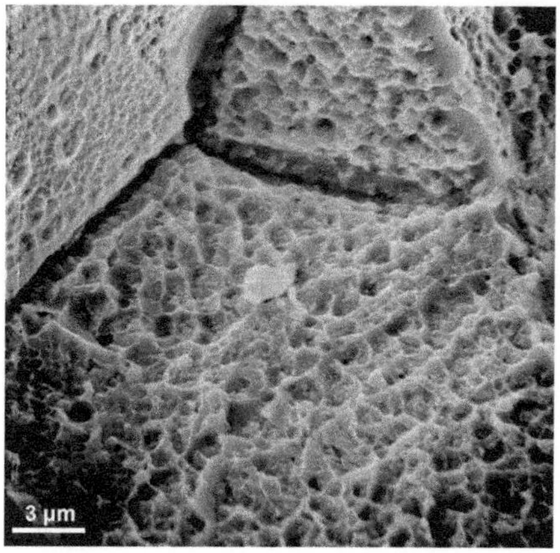

Abb. 5.43 Charakteristische Gefüge für interkristallinen Wabenbruch. Perlschnurartige Ausscheidungen auf Korngrenzen in ausscheidungsfreien Zonen.

Wabenbrüche verlaufen normalerweise transkristallin. Ausscheidungen auf den Korngrenzen, eingebettet in eine gegenüber dem Korninneren minderfeste, duktile Grenzschicht, können einen interkristallinen Wabenbruch hervorrufen (Abb. 5.41 bis 5.43).

Literatur

1 Pohl, E.J. (1956) Das Gesicht des Bruches metallischer Werkstoffe, Allianz.

2 Lange, G. (1981) Über den Bruch metallischer Werkstoffe, in Verformung und Bruch, H.P. Stüwe (Hrsg.), Verlag der Österreichischen Akademie der Wissenschaften, Wien, S. 127–140.

3 Lange, G. (1976) Der Ablauf des Bruches in duktilen, zugbeanspruchten Legierungen. *Z. Metallkde.* **67**, 372–379.

4 Siebel, E., Schwaigerer, S. (1948) Zur Mechanik des Zugversuchs. *Arch. Eisenhüttenwes.*, **19**, 145–152.

5 Dahl, W., Rees, H. (1976) Die Spannungs-Dehnungs-Kurve von Stahl, Verlag Stahleisen, Düsseldorf.

6 Norris Jr., D.M., Moran, B., Scudder, J.K., Quiniones, D.F. (1978) A Computer Simulation of the Tension Test. *J. Mech. Phys. Solids*, **26**, 1–18.

7 Lange, G. (1977) Bruchformen und Spannungszustände dickwandiger Rohre. *Z. Metallkde.*, **68**, 289–292.

8 Matthes, K.M. (1982) Stahl im Gleichgewicht mit Wasserstoff bei Raumtemperatur; Dissertation, TU Braunschweig.

9 Chin, G.Y., Hosford, W.F., Backofen, W.A. (1964) Ductile Fracture of Aluminium. *Trans. AIME 230*, 437.

10 Heiser, M., Lange, M. (1992) Scherbruch in Aluminium-Legierungen infolge lokaler plastischer Instabilität, *Z. Metallkde*, **83**, 115–122.

11 Lange, G. (1982) Der Einfluß des Gefüges auf das Bruchverhalten kubisch-flächenzentrierter Metalle. *Beitr. elektronenmikroskop. Direktabb. Oberfl.*, **15**, 271–275.

6
Makroskopische und mikroskopische Erscheinungsformen des Spaltbruches

Hermann Müller, Andreas Ibach

6.1
Einleitung

Metalle sind kristalline Werkstoffe. Ein Bruch der Kristalle kann durch Spalten oder Abgleiten erfolgen. Bei allen auftretenden Brucherscheinungen sind Spalten und/oder Gleiten wirksam.

Spalten erfolgt unter Wirkung einer Normalspannung (σ) entlang der Spaltebenen. Abgleiten erfolgt unter der Wirkung einer Schubspannung (τ) entlang der Gleitebenen. Spalt- und Gleitebenen sind in jedem der sieben Kristallsysteme definierte kristallografische Ebenen.

6.2
Phasen des Bruchvorganges

Der Bruch eines Bauteils erfolgt nicht durch plötzliche Trennung des gesamten Querschnittes, sondern nur nach und nach durch die an der Spitze eines sich mehr oder weniger rasch ausbreitenden Risses ablaufenden Spalt- oder Gleitvorgänge. Der Ablauf des Bruchvorganges ist durch die nachfolgend aufgeführten Teilschritte gekennzeichnet.

- *Rissbildung:*
  Entstehung einer bleibenden örtlichen Trennung an einer Stelle des Bauteils, an der zuvor eine atomare Bindung bestand.
- *Stabile (unterkritische) Rissausbreitung:*
  Die Abmessungen des Risses werden durch die Beanspruchung vergrößert. Das stabile Risswachstum kann durch Entlasten zum Stillstand gebracht werden.
- *Rissauslösung:*
  Übergang von stabiler zu instabiler Rissausbreitung bei Erreichen einer kritischen Risslänge oder kritischen Beanspruchung.

Systematische Beurteilung technischer Schadensfälle, 6. Auflage 2014. Editiert durch G. Lange und M. Pohl

- *Instabile (überkritische) Rissausbreitung:*
  Die pro Risslängenänderung freiwerdende Energie ist größer als die aufzuwendende. Der ausgelöste Riss breitet sich mit zunehmender Geschwindigkeit aus und trennt das beanspruchte Bauteil teilweise oder vollständig.
- *Rissauffang (Rissstopp, Rissarretierung):*
  Ein sich instabil ausbreitender Riss wird zum Stehen gebracht, z. B. durch Werkstoffbereiche höherer Zähigkeit oder Verringerung der Beanspruchung, bzw. durch den Übergang von einem Zugspannungs- in ein Druckspannungsgebiet.

6.3
Kennzeichnung von Spaltbrüchen

Der Spaltbruch ist die mikroskopisch spröde Modifikation des Gewaltbruches. Er kann transkristallin (Bruchverlauf durch die Körner hindurch ohne Rücksicht auf die Korngrenzen) oder interkristallin (Bruchverlauf entlang der Korngrenzen bzw. Korngrenzenbereiche) verlaufen. Spaltbrüche sind mikroskopisch verformungslose oder verformungsarme Brüche. Der für die Werkstofftrennung notwendige Energieverbrauch ist gering. Der deshalb gelegentlich benutzte Begriff „Sprödbruch" soll allerdings dem makroskopisch verformungslosen Versagen vorbehalten bleiben. Je nach Beanspruchungs- und Werkstoffzustand werden neben dem reinen Spaltbruch auch verschiedene Mischbrüche mit duktilen Bruchanteilen beobachtet. Makroskopisch orientiert sich die Bruchfläche senkrecht zur größten Hauptnormalspannung. Der Spaltbruch erfolgt normalflächig. Er ist ein Normalspannungsbruch.

6.4
Makroskopische Bruchmerkmale

Das Erscheinungsbild des Spaltbruches ist durch fehlende makroskopische, plastische Verformungen gekennzeichnet. Abbildung 6.1 verdeutlicht den Unterschied des makroskopischen Bruchbildes zwischen zähem (Gleitbruch) und sprödem (Spaltbruch) Verhalten eines Stahles bei zügiger Beanspruchung bis zum Probenbruch. Abbildung 6.2 zeigt das makroskopische Bruchbild eines durch Spaltbruch zerstörten Kessels. Die Bruchstücke lassen keine makroskopischen Verformungen erkennen. Oft sind auf den Bruchflächen Bruchlinien zu erkennen (Abb. 6.3), deren Verlauf auf den Bruchanfang hindeutet. Ein unterschiedlicher Glanz der Oberfläche und unterschiedliche Rauigkeiten lassen unterschiedliche Gefügestrukturen im Bauteil vermuten. Abbildung 6.4 zeigt z. B. den Bruch der Fahrmastschiene eines Gabelstaplers (Werkstoff: St60/E335). Man sieht, dass der Bruch in der Wärmeeinflusszone einer Schweißnaht seinen Ausgang genommen hat. Dort entstand infolge einer überkritischen Abkühlung beim Schweißen Martensit. Die aufgehärteten Gefügebereiche zeigen eine glattere Bruchfläche als der übrige, normalisierte Werkstoffbereich.

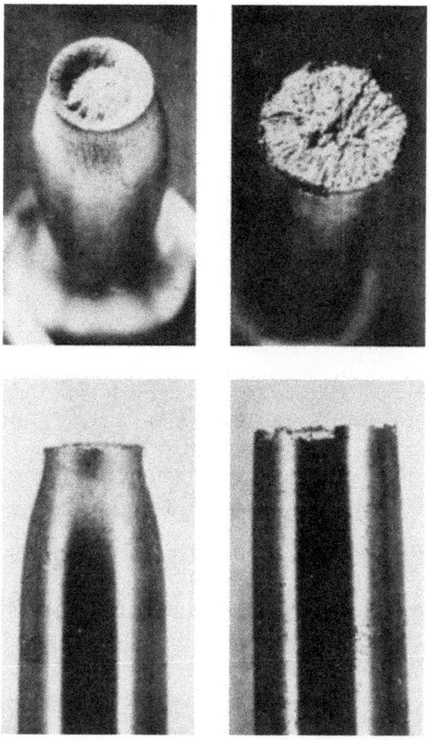

Abb. 6.1 Gleitbruch und Spaltbruch bei zügiger Beanspruchung.

Abb. 6.2 Spaltbruch eines Kessels.

Die wesentlichen makroskopischen Merkmale des Spaltbruches sind der Verlauf der Bruchebene etwa senkrecht zur größten Hauptnormalspannung, die mehr oder weniger glatte Bruchfläche sowie ein kristallines und glänzendes Aussehen der Bruchfläche. Die Bruchflächen eines Spaltbruches zeigen eine den gebrochenen Kristallebenen entsprechende facettenartige Struktur.

Abb. 6.3 Spaltbruch an einem Spannstahl.

Abb. 6.4 Trennbruch an der Fahrmastschiene eines Gabelstaplers.

6.5 Mikroskopische Bruchmerkmale

Die typischen mikroskopischen Bruchmerkmale von Spaltbrüchen lassen sich mit Hilfe des Rasterelektronenmikroskops (REM) erfassen und bewerten. Oft kann man auch aus der Morphologie der Bruch- oder Rissfläche zusätzliche Hinweise auf die abgelaufenen Schadensmechanismen erhalten (z. B. Einfluss von Korrosion, von Korngrenzenausscheidungen u. ä.).

Es soll an dieser Stelle aber darauf hingewiesen werden, dass es bei den meisten Schadensfällen als Folge von Spaltbrüchen auch notwendig ist, eine metallografische Gefügebeurteilung vorzunehmen.

6.5.1
Transkristalliner Spaltbruch

Beim Spaltbruch verläuft die Bruchfläche entlang definierter kristallografischer Ebenen, der sog. Spaltebenen. Der Spaltbruchmechanismus erfolgt bei metallischen Werkstoffen, die keine oder nur geringe Quergleitung erlauben. Er tritt bei kubisch-raumzentrierten oder hexagonal dichtest gepackten Metallen und zahlreichen intermetallischen Verbindungen auf.

In kubisch-flächenzentrierten metallischen Werkstoffen werden Spaltbrüche nur in Ausnahmefällen, wie bei zusätzlichen Korrosionseinflüssen, beobachtet. Ansonsten ist ein Spalten unter rein mechanischen Spannungen systemimmanent nicht möglich, da die maximale (kritische) Schubspannung stets vor der maximalen (kritischen) Normalspannung erreicht wird.

Spaltebenen sind grundsätzlich niedrigindizierte kristallografische Ebenen, beispielsweise beim α-Eisen die {100}-Würfelebenen.

Spaltbrüche entstehen an Stellen, an denen die kristallografische Gleitung behindert wird, z. B. an Korngrenzen, Subkorngrenzen, blockierten Zwillingen, blockierten Gleitebenen und Fremdteilchen (z. B. spröden Korngrenzenausscheidungen).

Abbildung 6.5 zeigt ein Modell für die Entstehung eines Spaltrisses in krz-Metallen nach Cottrell. Gleitversetzungen vom Typ a/2 <111> in zwei sich schneidenden Gleitebenen reagieren miteinander nach der Gleichung

a/2 [–1–11] + a/2 [111] → a [001].

Die a<001>-Versetzungen sind Stufenversetzungen, deren eingeschobene Halbebenen parallel zu {001}-Spaltebenen liegen und auf den Kristall wie ein Keil wirken. a<100>-Versetzungen sind im krz-Gitter zwar gleitfähig, bewegen sich

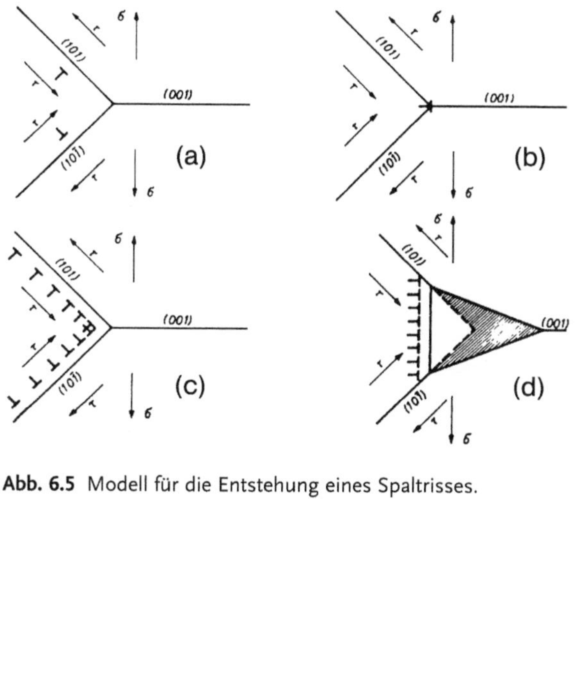

Abb. 6.5 Modell für die Entstehung eines Spaltrisses.

aber im skizzierten Modell nicht, weil keine Schubspannung auf sie wirkt. Die im Zugspannungsfeld der a[001]-Versetzung entstehende Gitterdehnung kann als Risskeim betrachtet werden, der durch Reaktion mit weiteren Gleitversetzungen unter Bildung von n a[001]-Versetzungen wachsen kann, wie es in Abbildung 6.5c und 6.5d skizziert ist. Auch an Korngrenzen kann es zur Aufstauung von Versetzungen kommen, die im benachbarten Korn einen Spaltriss entlang einer (001)-Ebene auslöst. Abbildung 6.6 zeigt ein entsprechendes Modell nach Cottrell.

Die Zwillingsgleitung (strukturell begrenzte Abgleitung) kann durch Korngrenzen, Phasengrenzen oder andere Zwillinge blockiert werden, wobei an dem Hindernis eine starke Spannungskonzentration entsteht. Wird ein Zwilling von 1 μm Dicke blockiert, so entspricht die dadurch bewirkte Spannungskonzentration einer Aufstauung von mehreren 1000 Versetzungen, während in einer Gleitebene höchstens einige hundert Versetzungen aufgestaut werden können. Danach dürften blockierte Zwillinge hinsichtlich ihrer Fähigkeit zur Spaltrissbildung wesentlich wirksamer sein als Versetzungsaufstauungen. Zu bemerken ist, dass die Zwillingsbildung ein Verformungsmechanismus ist, der bei den zum Spaltbruch neigenden Metallen bei niedrigen Temperaturen und hohen Verformungsgeschwindigkeiten auftritt, also gerade unter denjenigen Beanspruchungsbedingungen, die auch die Entstehung eines Spaltbruches begünstigen.

Durch Versetzungsaufstauungen oder blockierte Zwillinge können nicht nur im Grundwerkstoff, sondern auch in anderen Phasen Spaltrisse entstehen. Spröde Korngrenzenausscheidungen, wie z. B. Karbidfilme, neigen unter dem Einfluss eines Versetzungsaufstaus zum Reißen unter Bildung eines Anrisses mit der Länge der Filmdicke (Abb. 6.7). Kann der Grundwerkstoff die an der Rissspitze entstandene Spannungskonzentration durch plastische Verformung abbauen, kommt der Riss an der Phasengrenze zum Stehen. Ist das nicht möglich, so wächst der Spaltriss in den Grundwerkstoff. Der Spaltbruch verläuft dann transkristallin. Infolge der unterschiedlichen Orientierung der einzelnen Kristallite in

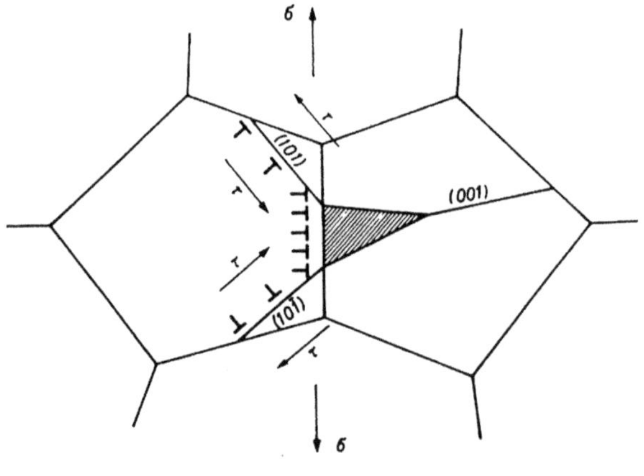

Abb. 6.6 Entstehung eines Spaltrisses an der Korngrenze (schematisch).

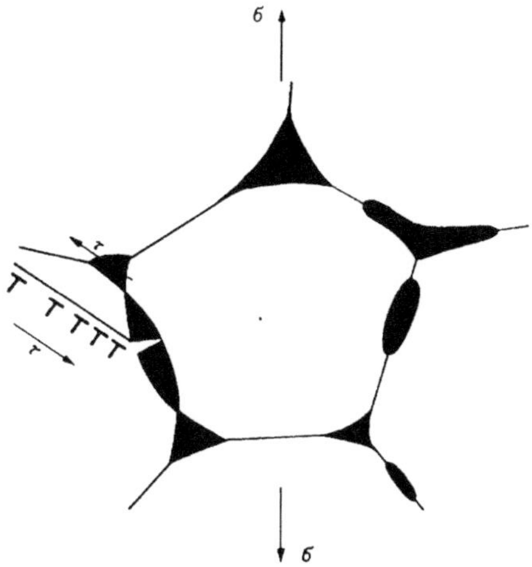

Abb. 6.7 Modell für die Entstehung eines Spaltrisses in einer Korngrenzenausscheidung.

polykristallinen Werkstoffen sind auch die freigelegten Spaltflächen unterschiedlich orientiert (Abb. 6.8).

Die im REM beobachteten Spaltflächen eines verformungslosen Bruches sind nicht ideal glatt. Sie weisen vielmehr linienförmige Strukturen auf, die als Spaltstufen oder Flussmuster (river pattern) bezeichnet werden. Abbildung 6.9 gibt ein Beispiel. Die Flussmuster entstehen einmal, wenn primäre und sekundäre Risse zusammenlaufen oder wenn der Riss eine Korngrenze mit geringer Orientierungsdifferenz zwischen den Körnern überschreitet; zum anderen entstehen Spaltstufen, wenn die Spaltebenen Schraubenversetzungen schneiden. Abbildung 6.10 zeigt die Entstehung von Spaltstufen schematisch. Schraubenversetzungen sind in jedem Fall vor der Beanspruchung im Werkstoff vorhanden und entstehen zusätzlich durch plastische Verformung vor der Rissspitze. Die einzelnen Spaltstufen vereinigen sich zu Stufen großer Höhe (Abb. 6.10b), und durch das weitere Zusammenlaufen dieser Stufen entsteht das typische Bild der Flussmuster (river pattern). Die Stufenbildung erhöht die Rissausbreitungsarbeit und damit den

Abb. 6.8 Bruchfläche eines Ck75/C45E; Prüftemperatur –196 °C.

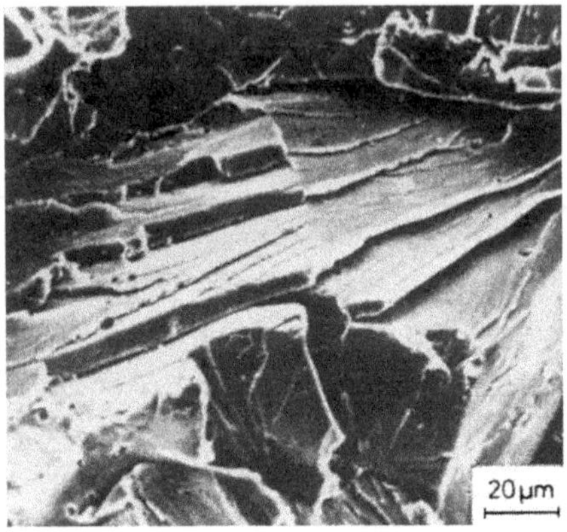

Abb. 6.9 Spaltstufen bei St37-3/S235J2G3; Prüftemperatur −196 °C.

Widerstand gegen die Ausbreitung von Spaltbrüchen. Die Rissbildung schreitet in vielen Teilbahnen fort. Aus der Charakteristik der Stufenverteilung an der Bruchfläche können Rückschlüsse auf durchlaufende oder diskontinuierliche Rissausbreitung gezogen werden. Eine parallele Orientierung an allen Spaltfacetten weist auf einen kontinuierlichen Verlauf der Spaltfront hin. Ist die Stufenorientierung an einzelnen Facetten unterschiedlich und stellenweise entgegengesetzt zum Hauptriss, so kann daraus geschlossen werden, dass sich vor der Rissfront lokale Risse gebildet und ausgebreitet haben. Geht der Spaltriss von einem Punkt aus, statt auf breiter Front voranzuschreiten, so entsteht ein sog. Spaltfächer (Abb. 6.11). Beim Überschreiten einer Großwinkelkorngrenze kann der Spaltbruch auf eine

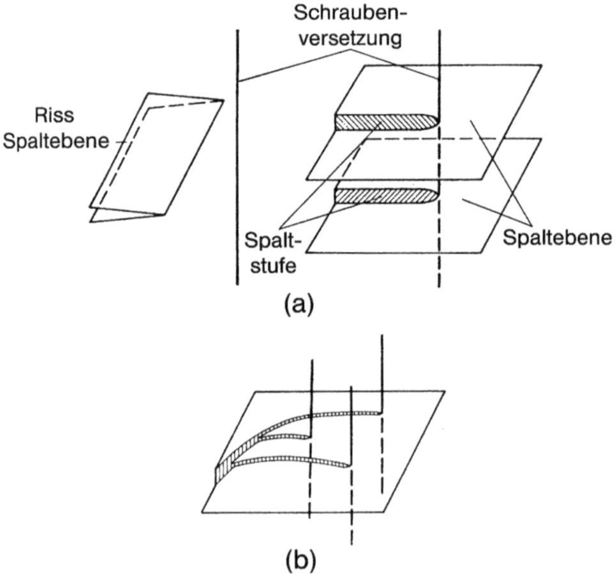

Abb. 6.10 Entstehung von Spaltstufen (schematisch).

Abb. 6.11 Spaltfläche innerhalb eines Kornes; Rissfortschritt von unten nach oben („Spaltfächer").

Kipp- oder eine Drehkorngrenze treffen. Bei einer Drehkorngrenze werden die Spaltflächen zwischen den benachbarten Körnern um einen gewissen Winkelbetrag gedreht (Abb. 6.12). Hierbei ändert sich die Rissausbreitungsebene. Die Spaltfläche fächert in zahlreiche Facetten auf. Überschreitet die Rissfront eine Kippkorngrenze, erkennbar an einem Knick im Verlauf der Spaltfacetten, so folgt der Bruch der Spaltebene, die die geringste Winkeldifferenz zur makroskopischen Bruchebene besitzt (Abb. 6.13). Ein gewöhnliches Korn enthält Kipp- und Drehkorngrenzen. Abbildung 6.14 zeigt eine Kippkorngrenze in der Bruchfläche eines Baustahles. Manchmal werden auf Bruchflächen von Stählen, die aus Ferrit und einem spröderen Gefügeanteil bestehen (Martensit, Bainit), sogenannte Ferritblöcke beobachtet (Abb. 6.15). Das Auftreten solcher Blöcke wird als Anzeichen

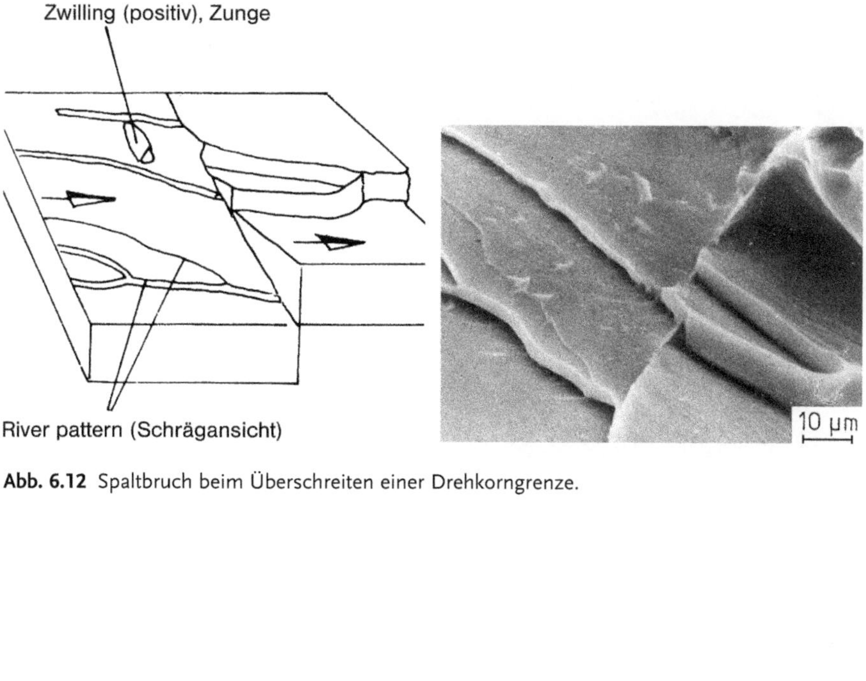

Abb. 6.12 Spaltbruch beim Überschreiten einer Drehkorngrenze.

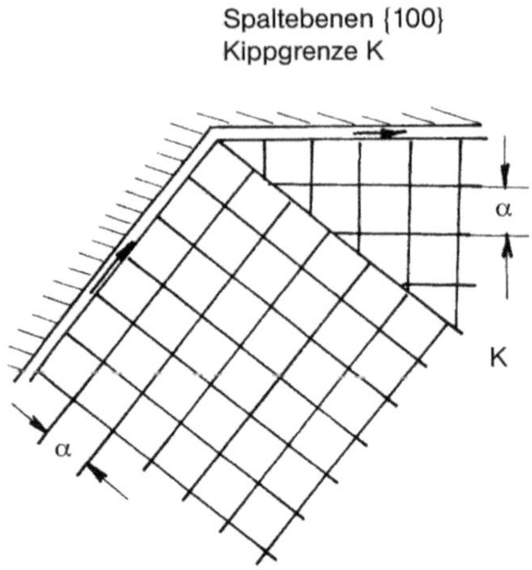

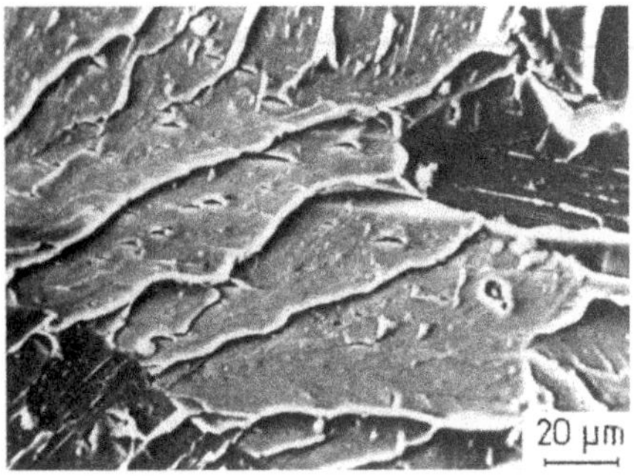

Abb. 6.13 Spaltbruch beim Überschreiten einer Kippkorngrenze.

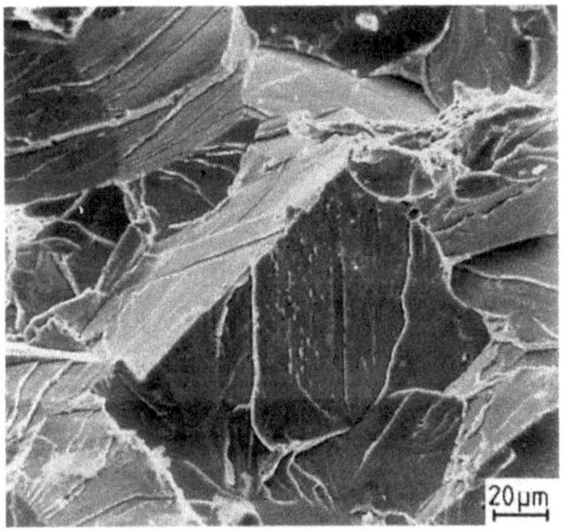

Abb. 6.14 Kippkorngrenzen in St37-2/S235JR; Prüftemperatur –196 °C.

Abb. 6.15 „Ferritblock" in 42CrMo4; Prüftemperatur –196 °C.

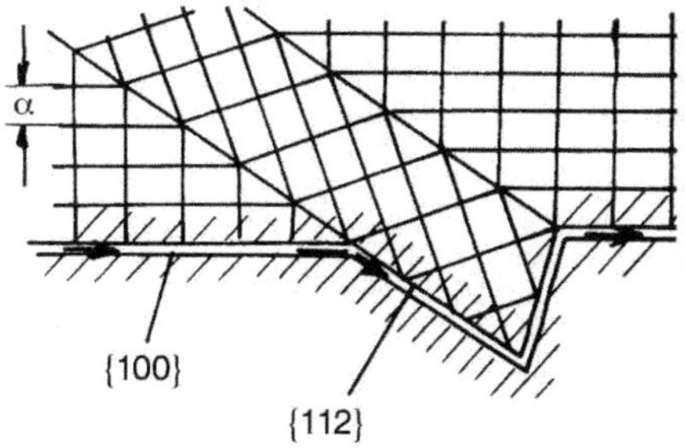

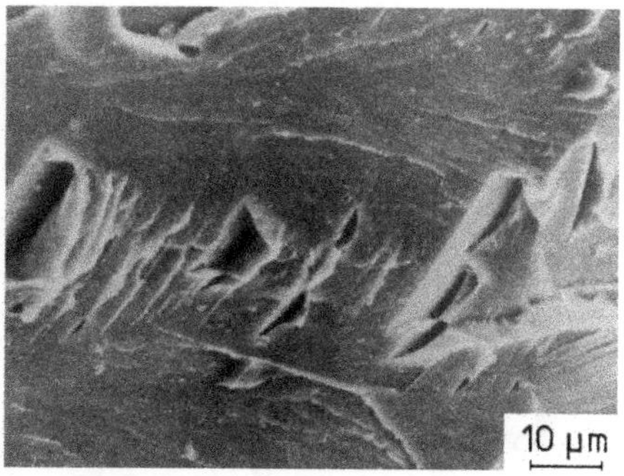

Abb. 6.16 Ablenkung des Spaltbruches durch einen Zwilling.

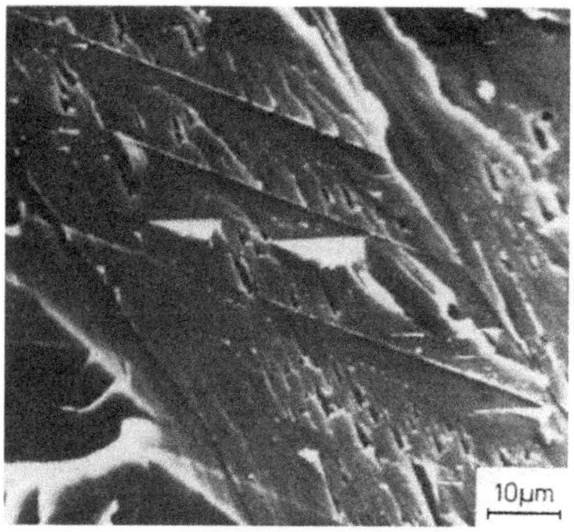

Abb. 6.17 Entstehung von Zungen auf Spaltflächen durch Überwindung von Zwillingen.

für dreiachsige Spannungszustände gewertet, da das Ferritkorn entlang drei seiner senkrecht zueinander liegenden {100}-Ebenen gespalten ist.

Ein weiteres mikroskopisches Bruchmerkmal der Spaltbrüche sind sog. Zungen (Abb. 6.16 und 6.17). Bei tiefen Temperaturen und/oder hohen Verformungsgeschwindigkeiten werden vor der Rissfront Verformungszwillinge gebildet. Trifft eine Spaltfläche auf einen Zwilling, so verlässt die Spaltfläche die {100}-Ebene und läuft entlang des Zwillings ein Stück auf der {112}-Zwillingsebene. Dadurch entstehen typische schiefe Ebenen, die längs einer Geraden von der Spaltfläche in die Tiefe oder nach oben führen.

6.5.2
Interkristalliner Spaltbruch

Interkristalliner Spaltbruch (Korngrenzenbruch) tritt dann ein, wenn die Korngrenzen durch Ausscheidungen oder Verunreinigungen versprödet sind. Entsteht in einer Korngrenzenausscheidung ein Spaltriss und ist die Grenzflächenenergie an der Phasengrenze wesentlich geringer als die Oberflächenenergie der Phase, so bilden sich Spaltrisse entlang der Korngrenzen und schließlich Korngrenzenbrü-

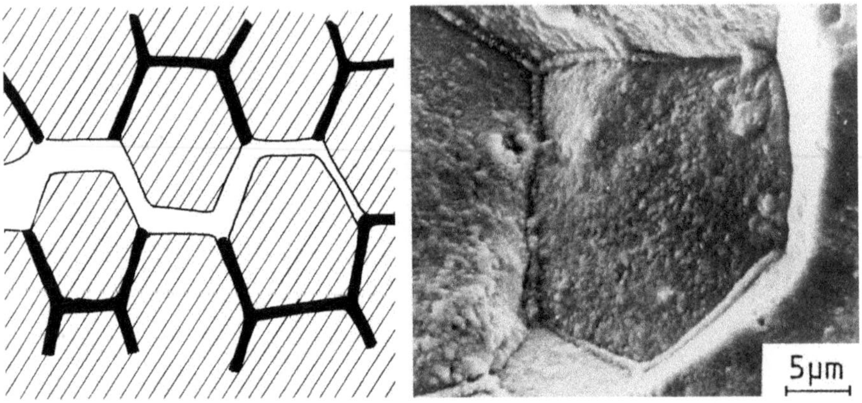

Abb. 6.18 Korngrenzenbruch infolge von σ-Phasen-Ausscheidungen an den Korngrenzen; Werkstoff: X5NiCrTi26-15.

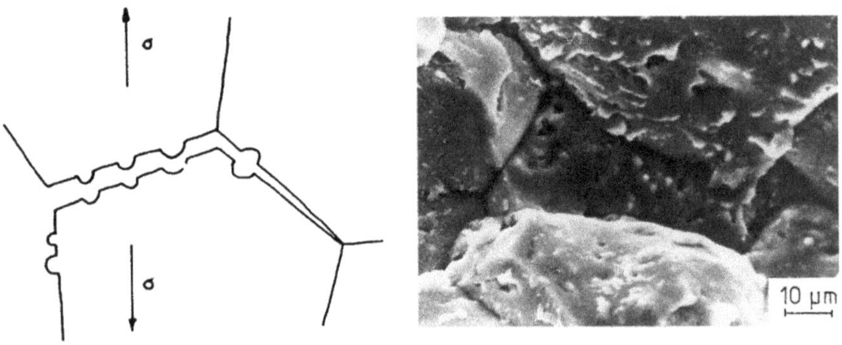

Abb. 6.19 Korngrenzenbruch infolge von Karbidausscheidungen; 100Cr6 überhitzt gehärtet.

che. Der Bruchverlauf ist interkristallin. Ein derartiges Aufreißen von Korngrenzenabschnitten senkrecht zur äußeren Spannung ist möglich, wenn die Korngrenzen durch Korngrenzenausscheidungen (z. B. Karbidausscheidungen bei Stählen), durch Seigerungen oder infolge durchgehender Korngrenzenbeläge geschwächt sind. Abbildung 6.18 zeigt einen spröden Zeitstandbruch an dem hochwarmfesten Stahl X5NiCrTi26-15. Infolge der Ausscheidung von σ-Phasen auf den Korngrenzen kam es zum interkristallinen Spaltbruch. Abbildung 6.19 zeigt einen Korngrenzenbruch an einem Wälzlagerstahl 100Cr6. Der Wälzlagerstahl wurde überhitzt gehärtet, so dass es während des Austenitisierens zu Karbidausscheidungen auf den Korngrenzen kam. In Abbildung 6.20 ist ein Korngrenzenbruch eines Vergütungsstahles C60 dargestellt. Interessant ist, dass in diesem Fall von den Korngrenzen scharenweise Spaltflächen in das Korninnere laufen.

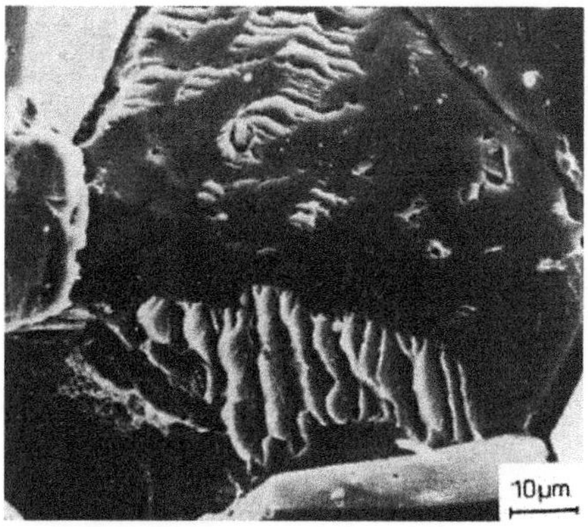

Abb. 6.20 Korngrenzenbruch; Werkstoff: C60V/C60 + QT.

6.5.3 Mischbrüche

Vielfach werden bei Trennbrüchen (z. B. an Baustählen) auch Mischbrüche aus transkristallinem und interkristallinem Spaltbruch oder aus Spalt- und Wabenbruch beobachtet. Abbildung 6.21 zeigt das makroskopische und mikroskopische Bruchbild einer Kerbzugprobe aus USt37-2/S235JRG1. Es ist typisch für einen Mischbruch.

6.5.4 Spaltbrüche in martensitischen Werkstoffzuständen

Martensitisch gehärtete Werkstoffe brechen energiearm und makroskopisch verformungslos. Rasterelektronenmikroskopisch werden an solchen Bruchflächen sowohl interkristalline als auch transkristalline Bruchbereiche beobachtet. Der Bruch verläuft bevorzugt entlang der ehemaligen Austenitkorngrenzen (Primär-

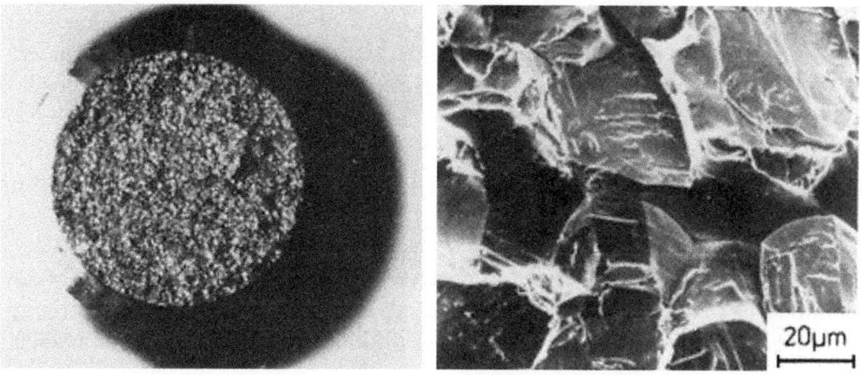

Abb. 6.21 Mischbruch aus transkristallinem und interkristallinem Spaltbruch.

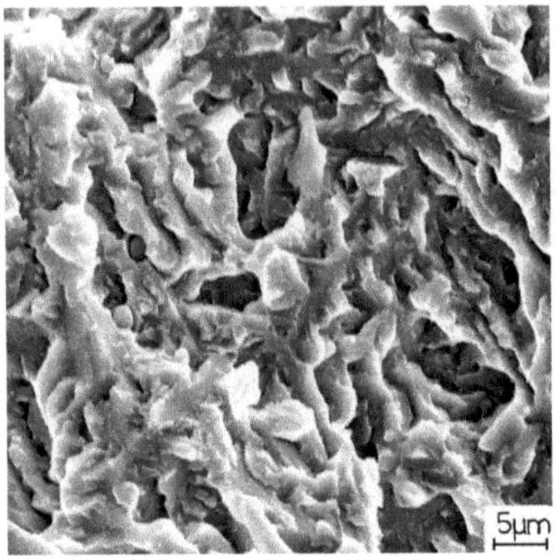

Abb. 6.22 Spaltbruch im Martensit; 42CrMo4 gehärtet; Prüftemperatur –196 °C.

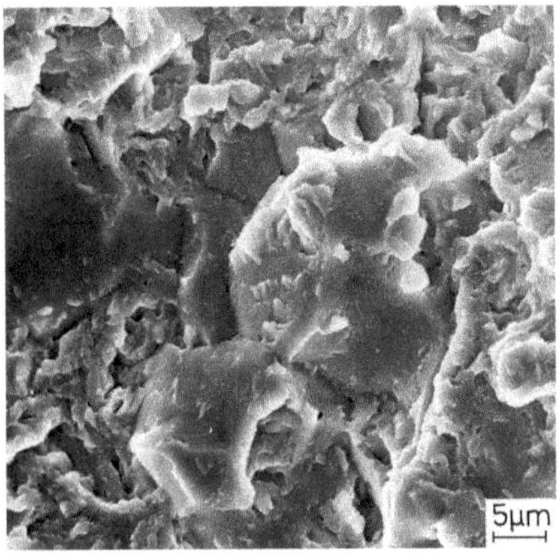

Abb. 6.23 Inter- und transkristallin verlaufender Spaltbruch im Martensit; C60 gehärtet; Prüftemperatur –196 °C.

korngrenzen). Interessant ist aber, dass beim transkristallinen Bruchfortschritt durch das ehemalige Austenitkorn zahlreiche abgerundete, spröde Facetten entstehen, deren Form der Morphologie des Martensits entspricht. Abbildung 6.22 gibt ein Beispiel. Eine Mischung aus interkristallin (entlang der ehemaligen Austenitkorngrenzen) und transkristallin verlaufendem Spaltbruch im martensitischen Gefüge zeigt Abbildung 6.23.

6.5.5
Verwechselungsmöglichkeiten

Diverse Schadensmechanismen sind durch die gleichen mikroskopischen Bruchmerkmale wie Spaltbrüche gekennzeichnet, so dass eine zweifelsfreie Zuordnung ohne Kenntnis der vollständigen Anamnese mitunter schwierig oder unmöglich ist.

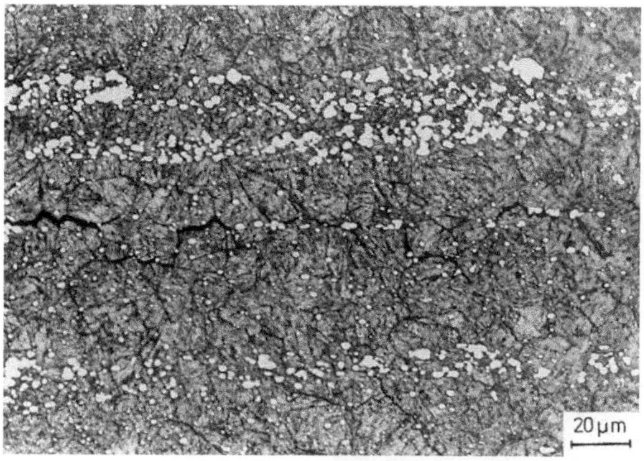

Abb. 6.24 Lichtmikroskopisches Erscheinungsbild von Härterissen.

So zeigen Härterisse und Schleifrisse („Schleifbrand") das mikrofraktografische Erscheinungsbild eines interkristallinen Spaltbruches. Derartige Risse folgen den ehemaligen Austenitkorngrenzen (Abb. 6.24 und 6.25).

Darüber hinaus sind interkristalline Spaltbrüche häufig nur schwer von Rissen zu unterscheiden, die durch interkristalline Spannungsrisskorrosion (SpRK) hervorgerufen oder durch Wasserstoff induziert worden sind (Abb. 6.26).

Transkristalline Spaltbrüche sind im mikrofraktografischen Erscheinungsbild nicht von kristallografisch orientierten Schwingbrüchen zu unterscheiden, sofern in den Bruchflächen keine Schwingstreifen gefunden werden (Abb. 6.27). Ferner können die bei lamellaren Gefügeausbildungen zu beobachtenden streifigen Strukturen der Spaltflächen ebenso wie Gleitlinien in Spaltflächen mit Schwingstreifen in Schwingbrüchen verwechselt werden.

Abb. 6.25 Aufgebrochener Härteriss; Werkstoff: C45.

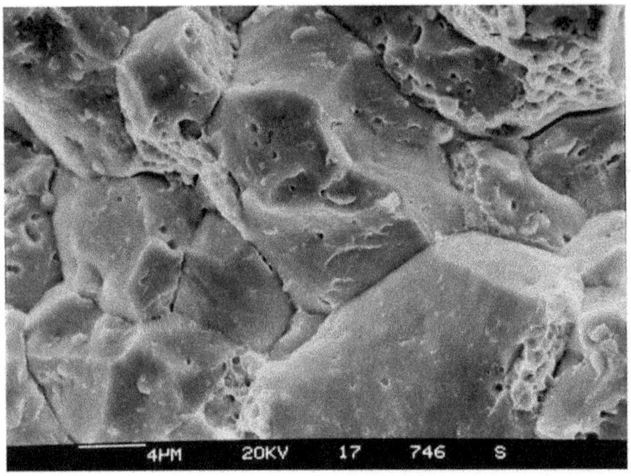

Abb. 6.26 Wasserstoffinduzierter Riss (synthetische Beladung, 3,9 ppm); Werkstoff: 100Cr6.

Abb. 6.27 Kristallografisch orientierter Schwingbruch; Werkstoff: G-CoCr28Mo (Gusslegierung).

Zudem sind transkristalline Spaltbrüche mit kleinen, schuppenförmig ausgebildeten Spaltflächen häufig nur schwer von Mischbrüchen aus transkristallinen Spaltbruch und transkristallinem Wabenbruch zu unterscheiden (siehe auch Abschnitt 6.5.3).

6.5.6 „Quasi-Spaltbruch"

Bei makroskopisch verformungslos gebrochenen, vergüteten Stahlbauteilen, deren Bruchebene senkrecht zur größten Hauptnormalspannung liegt, muss aufgrund der rasterelektronenmikroskopischen Betrachtung auf ein zumindest teilweise duktiles Bruchverhalten geschlossen werden, ohne dass ausgeprägte Wabenstruk-

Abb. 6.28 Bruchbild eines Bauteils aus dem Vergütungsstahl 50CrV4/51CrV4.

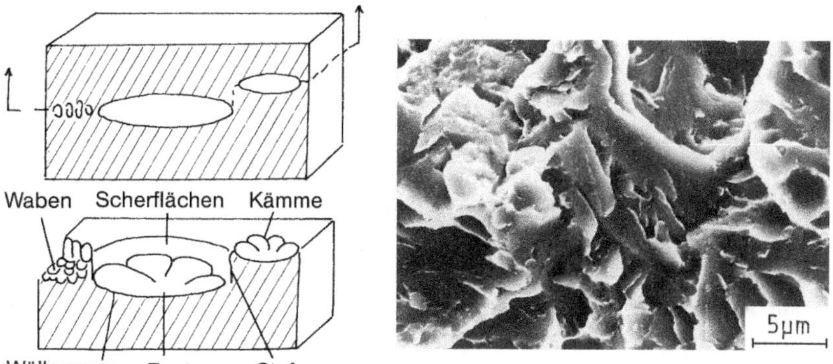

Abb. 6.29 „Quasi-Spaltbruch" an einer Kerbschlagbiegeprobe des Stahles 28NiCrMo8-5/28NiCrMoV8-5.

turen zu erkennen sind (Abb. 6.28). Solche Brüche werden oft als „Quasi-Spaltbrüche" bezeichnet.

Abbildung 6.29 zeigt diese Art der Bruchbildung schematisch. Unter Belastung reißen viele Hohlräume auf, die sich linsenförmig vereinigen. Bei der Vereinigung dieser Risse bleiben hochgezogene Grate stehen, die auch als Reißkämme bezeichnet werden. Man sieht, dass die Bruchentstehung von erheblicher örtlicher plastischer Verformung begleitet ist. Solche Brüche werden oft bei vergüteten Stählen im Bereich der Übergangstemperatur vom duktilen zum spröden Bruchverhalten beobachtet.

6.6
Bauteilversagen durch Spaltbruch

Im Allgemeinen werden im Maschinenbau sowie im Hoch- und Tiefbau Werkstoffe mit einer ausreichenden Zähigkeit eingesetzt. Ein Versagen durch Spaltbruch sollte ausgeschlossen sein. Entscheidend für alle schadenskundlichen Betrachtungen ist aber, dass ein Werkstoff, der im Allgemeinen noch als ausreichend zäh anzusehen ist, durch die äußeren Beanspruchungsverhältnisse (mehrachsige Spannungszustände, zu niedrige Betriebstemperaturen, erhöhte Beanspruchungsgeschwindigkeit, Überlagerung von quasi-statischer und chemischer Beanspruchung) oder durch die unbeabsichtigte Veränderung seines Werkstoffzustandes (Werkstofffehler, Wärmebehandlungsfehler, Schweißfehler) durch Spaltbruch versagen kann. Nachfolgend sollen kurz einige wichtige Einflussgrößen, die ein Versagen durch Spaltbruch begünstigen, angesprochen werden.

Mehrachsige inhomogene Beanspruchung einschließlich Eigenspannungen Bei dickwandigen Bauteilen, an Querschnittsübergängen oder an Kerben bilden sich während der Betriebsbeanspruchung im Bauteil mehrachsige, inhomogene Spannungszustände aus. Solche mehrachsigen Spannungszustände können fließbehindernd wirken, so dass ein an sich zäher Werkstoff durch Spaltbruch versagen kann. In Abbildung 6.30 ist der Spannungszustand bei einachsiger und bei dreiachsiger Zugbeanspruchung schematisch im Mohr'schen Spannungskreis dargestellt. Man sieht, dass die Größe der Hauptnormalspannungen σ_1, σ_2 und σ_3 bzw. ihr Verhältnis zueinander entscheidend ist, ob zuerst die kritische Schubspannung τ_{max} oder die Spaltfestigkeit σ_T erreicht wird. Es erfolgt Fließbehinderung (τ_{max} wird durch den einsinnigen, mehrachsigen Spannungszustand vermindert). Wird die größte Hauptnormalspannung σ_1 gleich der Spaltfestigkeit des Werkstoffes, erfolgt ein Versagen durch Spaltbruch. Im fiktiven Grenzfall $\sigma_1 = \sigma_2 = \sigma_3$ kann auch bei sehr zähen

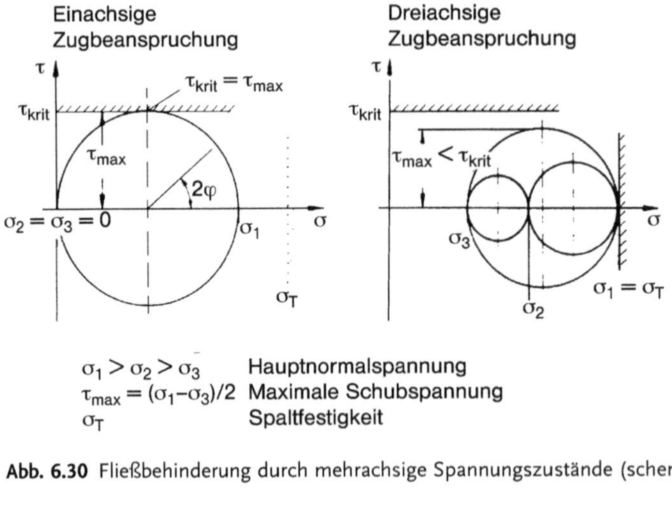

Abb. 6.30 Fließbehinderung durch mehrachsige Spannungszustände (schematisch).

Werkstoffen kein Fließen mehr stattfinden, da Schubspannungen nicht wirksam sind. Für das Versagensverhalten von Bauteilen besonders kritische Zustände können sich bei einer Überlagerung von Last- und Eigenspannungen einstellen, z. B. bei geschweißten Konstruktionen oder bei wärmebehandelten Bauteilen mit unterschiedlichen Wanddickenverhältnissen. Bei gekerbten Bauteilen aus spröden Werkstoffen bzw. Werkstoffzuständen kann die bruchauslösende Lastspannung geringer als die Streckgrenze des Werkstoffes sein, da allein die maximale Hauptnormalspannung im Kerbgrund den Bruch eines solchen Bauteiles bestimmt. Man spricht von Niederspannungsbrüchen, die zu unerwartetem Bauteilversagen führen können.

Steigende Beanspruchungsgeschwindigkeit, niedrige Betriebstemperaturen Mit zunehmender Beanspruchungsgeschwindigkeit und fallenden Beanspruchungstemperaturen wird die Bewegung der Versetzungen im kubisch-raumzentrierten Kristallgitter erschwert. Aufgrund der dadurch abnehmenden Verformungsfähigkeit wird die Spaltbruchneigung begünstigt. Abbildung 6.31 zeigt schematisch die Abhängigkeit der Streckgrenze R_{es} von der Temperatur für kubisch-raumzentrierte Werkstoffe. Man sieht, dass die Streckgrenze mit abnehmender Temperatur zunimmt und bei einer bestimmten Temperatur die Spaltfestigkeit erreicht, so dass ein Versagen durch Spaltbruch erfolgt. Der Einfluss einer steigenden Beanspruchungsgeschwindigkeit $d\varepsilon/dt$ ist mit eingezeichnet. Mit steigendem $d\varepsilon/dt$ wird auch die Streckgrenze größer, so dass der Übergang vom Gleitbruch- zum Spaltbruchmechanismus zu höheren Temperaturen verschoben wird. Für die Beurteilung der Spaltbruchneigung eines Werkstoffes wird in der Praxis häufig der Verlauf der Kerbschlagzähigkeit in Abhängigkeit von der Temperatur benutzt. Unter schlagartiger Beanspruchung können z. B. allgemeine Baustähle, die bei Raumtemperatur ein zähes Werkstoffverhalten zeigen, bei –10 °C durch Spaltbruch versagen. Die im Kerbschlagversuch ermittelte Übergangstemperatur vom zähen zum spröden Werkstoffverhalten ist ein werkstoffspezifischer Wert, der mit zunehmender Kerbschärfe zu höheren Temperaturen verschoben wird. In Abbildung 6.32 ist die Temperaturabhängigkeit des Verformungsvermögens eines St37-3/S235J2G3 sowohl im Kerbzugversuch als auch im Kerbschlagbiegeversuch dargestellt. Während im Kerbzugversuch die das Verformungsvermögen kennzeichnende Brucheinschnürung (ψ) erst bei etwa –150 °C plötzlich abnimmt, liegt im Kerbschlagbiegeversuch infolge

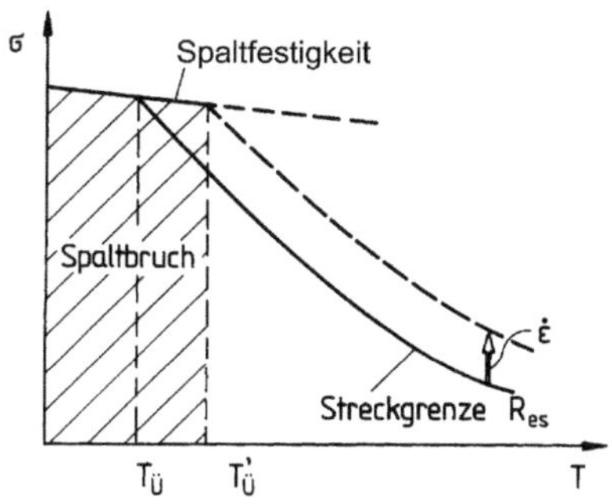

Abb. 6.31 Einfluss der Temperatur und der Beanspruchungsgeschwindigkeit auf das Bruchverhalten kubisch-raumzentrierter Werkstoffe (schematisch).

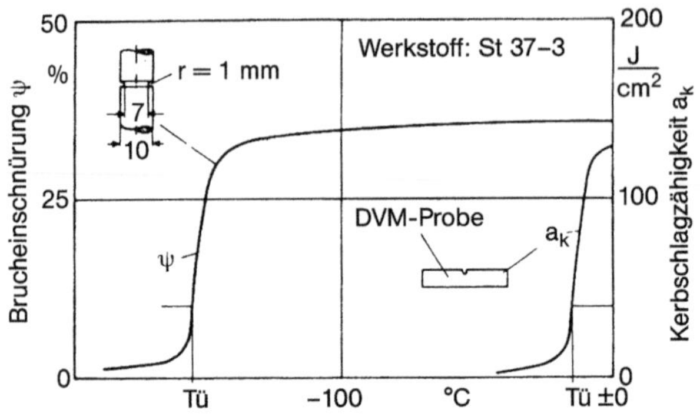

Abb. 6.32 Einfluss der Temperatur auf die Verformungsfähigkeit von St37-3/S235J2G3.

der stark erhöhten Beanspruchungsgeschwindigkeit die Übergangstemperatur bereits bei –20 °C. Das mikrofraktografische Bild (Abb. 6.33) einer Kerbschlagprobe aus Armcoeisen bei Raumtemperatur und bei –35 °C lässt erkennen, dass das Versagen bei Raumtemperatur durch Gleitbruch (gekennzeichnet durch Wabenbildung), bei –35 °C jedoch durch Spaltbruch (sowohl transkristalliner als auch interkristalliner Bruchverlauf) erfolgt.

Unerwünscht ablaufende Ausscheidungsvorgänge Bei nicht ausreichend mit Aluminium beruhigten unlegierten Baustählen befinden sich Stickstoffatome in übersättigter Lösung. Während längerer Betriebszeiten scheiden sich dann Nitride vom Typ Fe_4N nadelförmig im Gefüge aus, die versprödend wirken. Auf solche mit Alterung bezeichneten Vorgänge sind zahlreiche Schäden infolge Spaltbruches an Baustählen zurückzuführen. Abbildung 6.34 zeigt die Bruchfläche eines durch Spaltbruch zerstörten Bolzengelenkes. Schadensursächlich war die Verwendung eines nicht alterungsbeständigen Stahles.

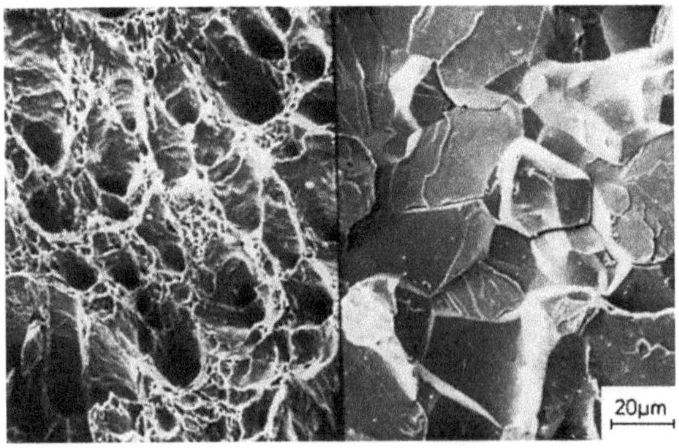

Abb. 6.33 Bruchflächen von Kerbschlagbiegeproben aus Armcoeisen; links: Raumtemperatur, rechts: –35 °C.

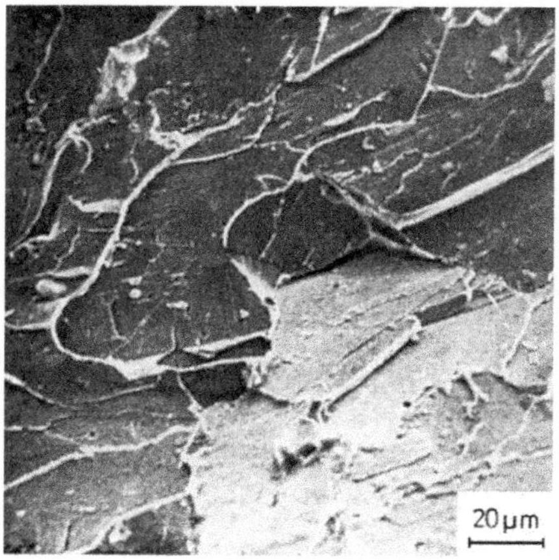

Abb. 6.34 Spaltbruch eines gebrochenen Bolzengelenkes.

Inhomogene Werkstoffzustände Bereits verschweißte und eingebaute Rohre aus einem Baustahl (Werkstoff: St52-3/S355J2G3) wurden in großer Zahl bei geringer schlagartiger Beanspruchung durch Spaltbruch zerstört. Abbildung 6.35a verdeutlicht das sehr inhomogene Gefüge der gebrochenen Rohre. Die Kerbschlagzähigkeit dieses Werkstoffzustandes beträgt nur 8 bis 14 J/cm^2. Durch ein nachträgliches Normalglühen dieses Werkstoffes, das bei den gebrochenen Rohren nicht durchgeführt wurde, wird eine Kerbschlagzähigkeit von 70 bis 75 J/cm^2 erreicht. Teilbild 6.35b zeigt das Gefüge des nachträglich normalisierten Rohrwerkstoffes.

Ausscheidungen oder Beläge auf den Austenitkorngrenzen Bei diversen Stahlqualitäten kann es bei langsamer Abkühlung von der Erstarrungs-, Diffusions- oder Warmformgebungstemperatur zwischen 1150 und 800 °C zur Ausscheidung von Karbiden, Nitriden, Sulfiden oder spröder σ-Phasen auf den Austenitkorngrenzen kommen, z. B. Aluminiumnitridausscheidungen bei Stahlgussstücken oder Chromkarbidausschei-

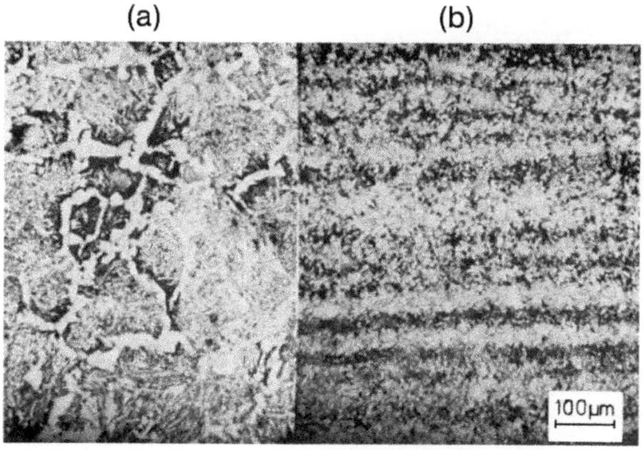

Abb. 6.35 Baustahl St52-3/S355J2G3: a) spaltbruchauslösender Gefügezustand, b) nachträglich normalisierter Gefügezustand.

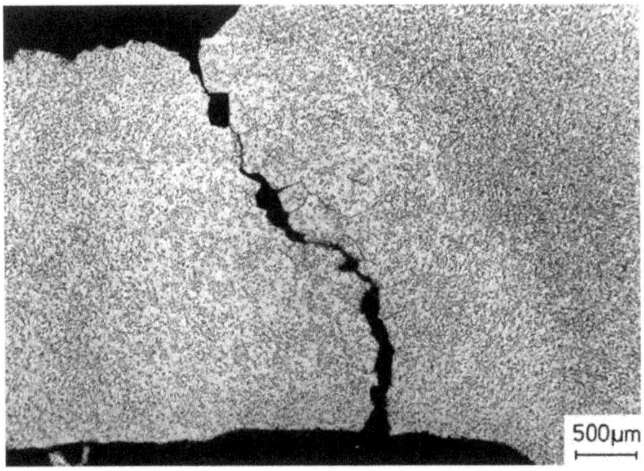

Abb. 6.36 Riss in der Wärmeeinflusszone einer Rohrschweißnaht; Werkstoff: St37/S235.

dungen bei hochlegierten Chromstählen (z. B. X35CrMo17/X39CrMo17-1). Diese Ausscheidungen begünstigen die Entstehung von Spaltbrüchen entlang der ehemaligen Austenitkorngrenzen. Solche Primärkorngrenzenbrüche werden aufgrund ihres Erscheinungsbildes auch als muschelige Brüche bezeichnet. Abbildung 6.36 zeigt einen Durchbruch einer Rohrleitung im Bereich der Wärmeeinflusszone der Schweißung. Bei höherer Vergrößerung der Rissuferbereiche (Abb. 6.37) erkennt man deutlich, dass der Bruch nicht entlang der Ferritkorngrenzen, sondern entlang der ehemaligen Austenitkorngrenzen verläuft. Unterhalb des Rissufers sind außerdem grau erscheinende Beläge auf den ehemaligen Austenitkorngrenzen vorhanden. Das rasterelektronenmikroskopische Bild der Rissuferoberflächen (Abb. 6.38 und 6.39) kann als typisch für einen muscheligen Bruch angesehen werden. Als Ursache für die Spaltbrüche der Rohrleitung in der Erscheinungsform des muscheligen Bruches sind die Eisenoxidbeläge (FeO) auf den ehemaligen Austenitkorngrenzen anzusehen

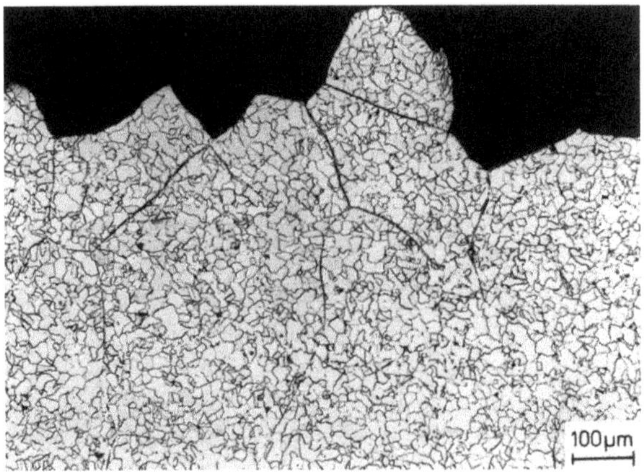

Abb. 6.37 Rissuferbereich des Risses aus Abb. 6.36.

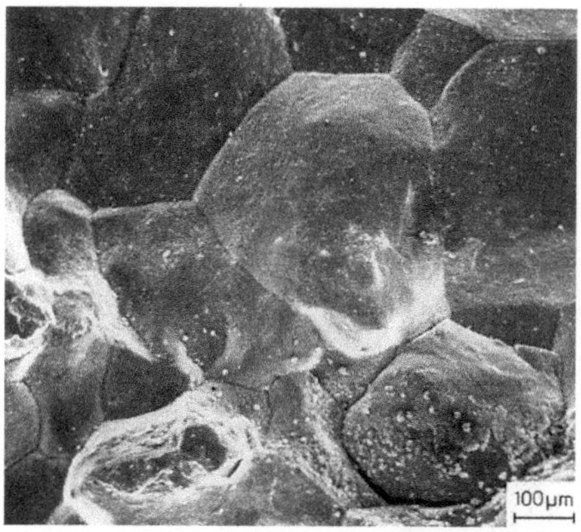

Abb. 6.38 Bruchbild der Rissuferoberfläche (muscheliger Bruch).

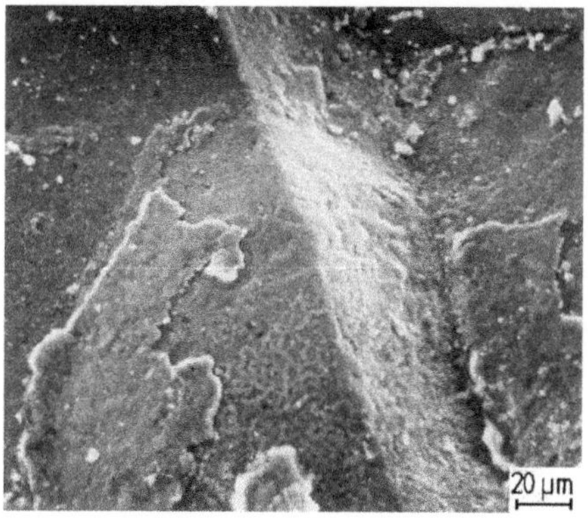

Abb. 6.39 Oxidische Beläge auf den ehemaligen Austenitkorngrenzen.

(Abb. 6.39). Sie sind durch Sauerstoffüberschuss während des nicht optimalen Gasschmelzschweißprozesses entstanden.

Martensitische Werkstoffzustände Spaltbrüche können an Schweißkonstruktionen auftreten, wenn es infolge mangelnder Schweißeignung des Stahles (z. B. zu hoher Kohlenstoffgehalt bzw. zu hohes Kohlenstoffäquivalent und/oder sehr große Austenitkörner) beim Abkühlen zu Aufhärtungen infolge Martensitbildung in der Wärmeeinflusszone kommt.

Ausscheidungsvorgänge infolge Relaxation Beim Spannungsarmglühen oder kurzzeitigen mechanisch-thermischen Beanspruchungen von Schweißkonstruktionen aus niedriglegierten Feinkornbaustählen im Bereich der Spannungsarmglühtemperatur können in der Wärmeeinflusszone kleinere interkristallin verlaufende Spaltrisse beobachtet werden. Man spricht von „stress relief cracks“. Das lichtmikroskopische Erscheinungsbild solcher Risse verdeutlicht Abbildung 6.40. Es wird vermutet, dass die für den Abbau der Eigenspannungen notwendigen Kriechvorgänge deh-

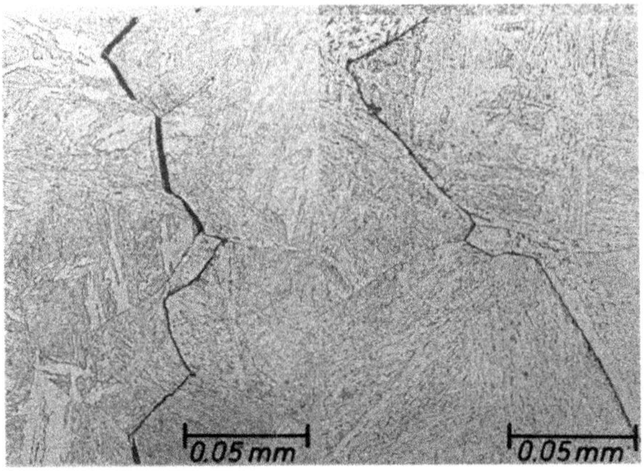

Abb. 6.40 „Stress relief cracks".

nungsinduzierte Karbidausscheidungen auf den Korngrenzen bewirken. Die Entstehungsursache von Unterplattierungsrissen an Reaktordruckbehältern wird z. B. auch auf Relaxationsversprödung zurückgeführt.

Weiterführende Literatur

Aurich, D. (1978) Bruchvorgänge in metallischen Werkstoffen, Werkstofftechn., Verlagsges. m.b.H., Karlsruhe.

VDI-Bericht 318 (1978) Sprödes Versagen von Bauteilen aus Stählen – Ursache und Vermeidung, VDI-Verlag, Düsseldorf.

Müller, H. (1991) Vorlesung Schadenskunde, Universität Karlsruhe.

Mitsche, R., Jeglitsch, F., Stanzl, S., Scheidl, H., Pfefferkorn, G. (1978) Anwendung des Rasterelektronenmikroskops bei Eisen- und Stahlwerkstoffen – Teil 4: Beispiele von rasterelektronenmikroskopischen Untersuchungen an ausgewählten Stählen. *Radex-Rundschau.*

VDEh (Hrsg.) (1996) Erscheinungsformen von Rissen und Brüchen metallischer Werkstoffe – The Appearance of Cracks and Fractures in Metallic Materials, Verlag Stahleisen, Düsseldorf.

VDI Richtlinie 3822 – Blatt 2, (2008) Schadensanalyse – Schäden durch mechanische Beanspruchungen, 2008-04, Beuth Verlag, Berlin.

SEP 1100 – Teil 1, (1992) Begriffe im Zusammenhang mit Rissen und Brüchen; Teil 1: Erscheinungsformen, 1992-09, Beuth Verlag, Berlin.

7
Makroskopisches und mikroskopisches Erscheinungsbild des Schwingbruches

Günter Lange

7.1
Definition und generelle Bemerkungen

Der Schwingbruch – auch als Dauer- oder als Ermüdungsbruch bezeichnet – verursacht auf vielen Gebieten des Maschinenbaus die meisten Schäden; nach eigener Erfahrung mehr als 60 %. Er entwickelt sich unter mechanischen Beanspruchungen, deren Betrag oder deren Richtung wechselt. (Gelegentlich sind die Lastspiele verdeckt, beispielsweise bei einem täglich mehrfach befüllten und entleerten Druckbehälter.) Nach einer Inkubationsphase – sie kann sich über den größten Teil der Lebensdauer erstrecken – breitet sich ein Schwingungsriss (teilweise mehrere Schwingungsrisse) allmählich, jedoch mit zunehmender Geschwindigkeit, über das Bauteil aus. Der verbliebene Querschnitt versagt schließlich infolge ständig angestiegener Spannung durch Gewaltbruch (Restbruch). Eine äußere Lastspitze ist für den Eintritt des Restbruches nicht erforderlich. Sie kann jedoch

- den Riss starten, der sich anschließend unter normalen Betriebsschwingungen ausbreitet (z. B. Durchfahren eines Schlagloches),
- durch Plastifizieren einer größeren Zone vor der Spitze des Risses dessen Ausbreitungsgeschwindigkeit zwischenzeitlich verzögern (nur während des Durchquerens dieser Zone, nicht dauerhaft!),
- den Restbruch vorzeitig auslösen.

Nicht selten wird ein Schwingbruch fälschlicherweise ausgeschlossen, wenn ein Bauteil „dauerfest“ konstruiert ist: Für Laien gilt es dann als „unkaputtbar“. Verursacht wird dieses Missverständnis durch eine Fehlinterpretation des Begriffes. Dauerfestigkeit ist der Werkstoffwiderstand gegen mechanische Schwingungen, die bis zur angegebenen Spannungshöhe beliebig oft ertragen werden. Der Wert (N/mm^2) wird an einer glatten Probe unter Ausschluss anderer schädigender Einflüsse ermittelt. Lediglich die Minderung durch trockene Laborluft (gegenüber Vakuum) wird aus praktischen Gründen einbezogen. Infolge von Mittelspannungen und unterschiedlichen Belastungen (Zug – Druck, Biegung, Torsion usw.) gibt

Systematische Beurteilung technischer Schadensfälle, 6. Auflage 2014. Editiert durch G. Lange und M. Pohl

es für einen Werkstoff zahlreiche Dauerfestigkeitswerte (vgl. Kapitel 3, „Werkstoffuntersuchungen").

Auf ein Bauteil im betrieblichen Einsatz wirken jedoch außer mechanischen Schwingungen zahlreiche weitere Schädigungsfaktoren ein. Korrosion, Reibung, Verschleiß, Beschädigungen, Lastspitzen, veränderte Beanspruchungen im Betrieb oder nach Inspektionen und Reparaturen u. a. m. können Schwingungsrisse nach beliebig vielen Zyklen starten (Bruch einer Kurbelwelle nach $318 \cdot 10^6$ Lastspielen, Versagen des ICE-Rades nach ca. $500 \cdot 10^6$, von Radsatzwellen nach etwa 10^9 Zyklen). Aus diesem Grund erreicht man auch nach $2 \cdot 10^6$ ertragenen Lastspielen (Knick in der Wöhlerkurve) keinen sicheren Zustand. Hinzu kommt, dass der waagerechte Ast der Wöhlerkurve – er beschränkt sich unter den Konstruktionswerkstoffen ohnehin auf ferritische Stähle – im Bereich um 10^8–10^9 Schwingspiele weiter abzufallen scheint bzw. von einer zweiten, tiefer liegenden Wöhlerkurve überlagert wird [1]. Die Risse starten bei derartigen Spätschäden bevorzugt an Einschlüssen im Inneren. Bauteile ertragen diesen Abfall meist durch ihre Sicherheitsbeiwerte.

7.2 Makroskopisches Erscheinungsbild

Der Schwingbruch lässt sich in vielen Fällen anhand seiner charakteristischen Bruchfläche erkennen (Abb. 7.1 bis 7.19).

7.2.1 Anriss

Der Anriss beginnt bei technischen Bauteilen normalerweise an einer Stelle lokaler Spannungskonzentration an der Oberfläche (bei Werkstoffinhomogenitäten oder Druckeigenspannungen in der Randzone gelegentlich auch im Inneren).

Abb. 7.1 Idealfall eines Schwingbruches. Zug-Schwell-Beanspruchung. Ausgeprägte Rastlinien [2].

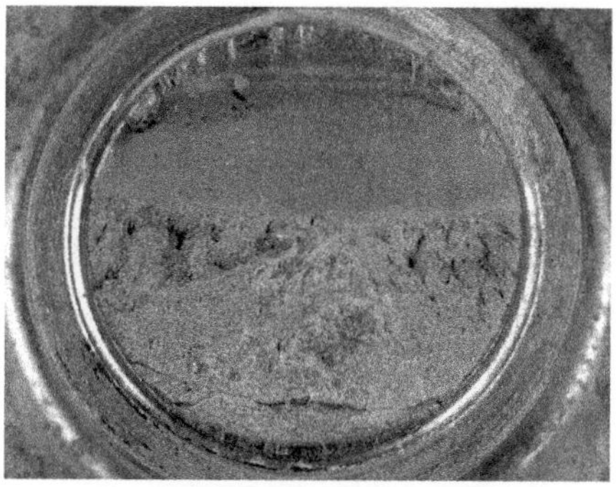

Abb. 7.2 Schwingbruch im Hubzapfen eines Gabelstaplers (40 mm ⌀). Vorwiegend einseitige Biegung; zweiter, kleinerer Anriss am unteren Rand.

Abb. 7.3 Schwingbruch durch doppelseitige Biegung. Glattgehämmerte Schwingbruchflächen. Zapfendurchmesser 70 mm.

Abb. 7.4 Schwingbruch an einer Steuerstange (40 mm ⌀). Doppelseitige Biegung. Start zahlreicher Einzelrisse entlang einer umlaufenden Schweißnaht. Schmaler Restbruchstreifen.

Abb. 7.5 Schwingbruch in einer Steuerstange (5 mm ⌀). Doppelseitige Biegung. Rastlinien, schmaler Restbruchstreifen.

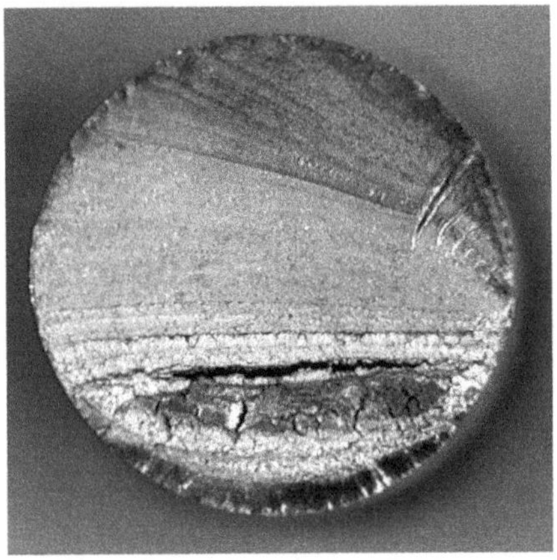

Abb. 7.6 Schwingbruch im Kupplungsbolzen (22 mm ⌀) eines Schleppers. Ungleiche doppelseitige Biegung. Rastlinien, kleine Restbruchfläche.

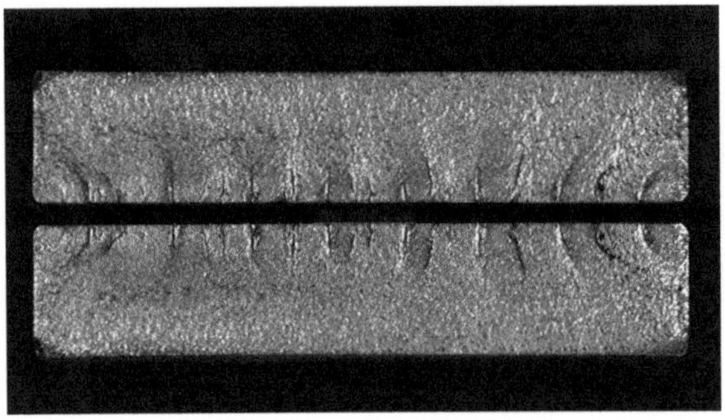

Abb. 7.7 Schwingprobe. Wechselnde Biegung. Zahlreiche Einzelrisse entlang einer Schweißnaht („Schießscharten“).

Abb. 7.8 Schwingbruch in einer Getriebewelle (90 mm ⌀). Rastlinien, große Restbruchfläche.

Abb. 7.9 Schwingbruch in einer Schneckenwelle (40 mm ⌀). Umlaufende Biegung. Zahlreiche Einzelrisse durch umlaufende Drehriefen („Schießscharten"). Kleine Restbruchfläche im Zentrum.

Abb. 7.10 Schwingbruch in einer Walze (Walzgerüst). Extrem kleiner Restbruch im Zentrum.

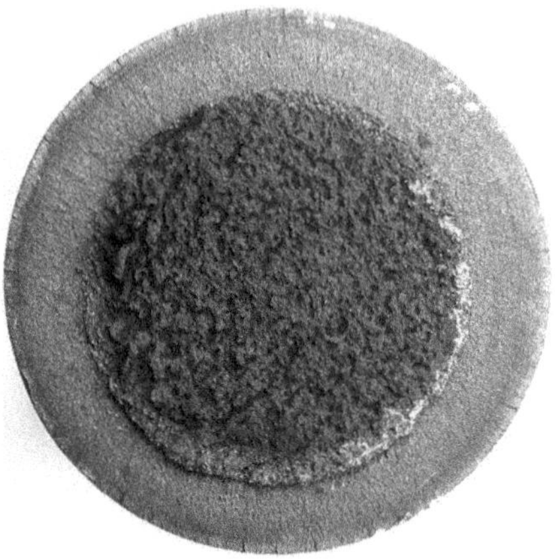

Abb. 7.11 Schwingbruch in einer Transportwagenachse (50 mm ⌀). Umlaufende Biegung. Große Restbruchfläche im Zentrum.

Abb. 7.12 Schwingbruch in der Radwelle eines Traktors. Mehrere Riss-Ausgangspunkte. Diagonale 52 mm.

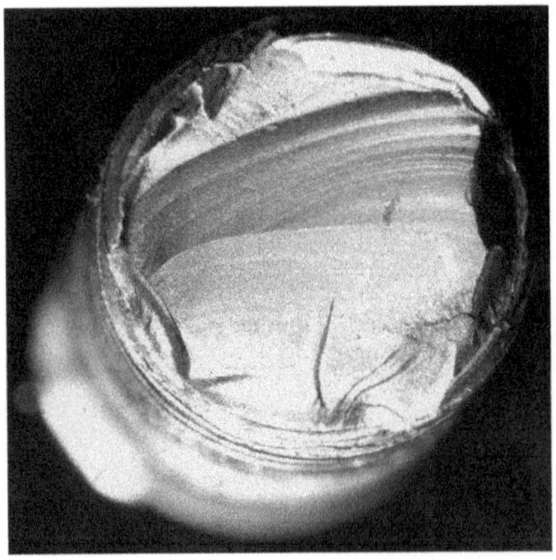

Abb. 7.13 Schwingbruch in der Schraube (M12) eines Flansches. Einseitige Biegung. Kein Restbruch.

Abb. 7.14 Schwingbruch in einer Pleuelschraube (M10). Ausgeprägte Rastlinien. REM-Aufnahme.

Abb. 7.15 Schwingbruch im Lagerzapfen (18 mm ø) eines Heckrotorjoches, ausgehend vom Innengewinde. Zug und regellose Biegung. Kleine Restbruchfläche (6-Uhr-Position).

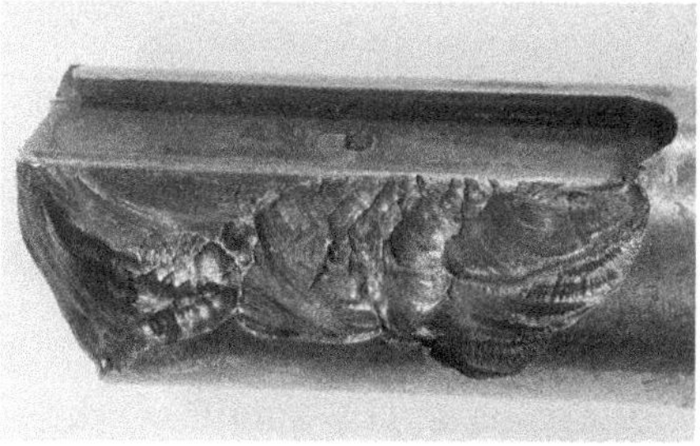

Abb. 7.16 Schwingbrüche in einer Antriebswelle (55 mm ø), ausgehend von der Passfeder.

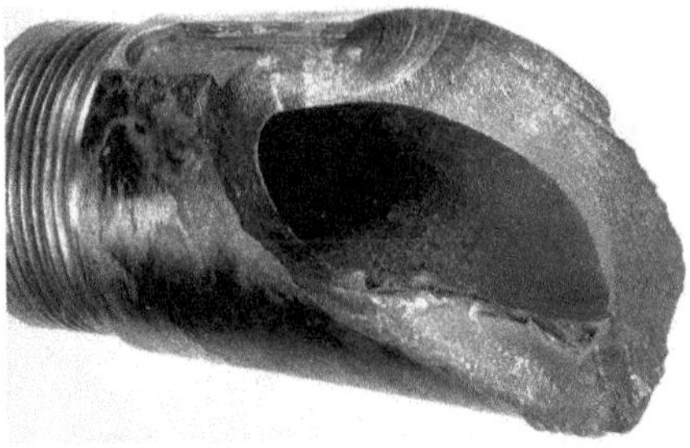

Abb. 7.17 Schwingbruch im Zapfen (ca. 45 mm ø) einer Kurbelwelle, ausgehend von der Passfeder, Torsion.

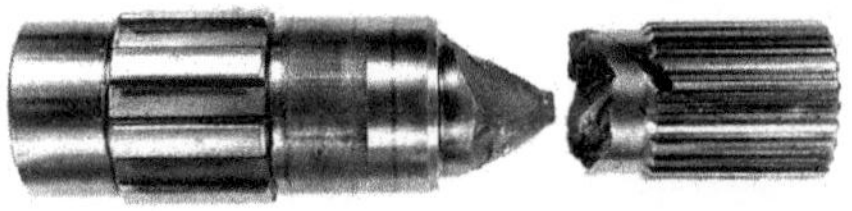

Abb. 7.18 Torsionsschwingbruch in einer Verbindungswelle Motor/Generator. Bruchflächendurchmesser 45 mm.

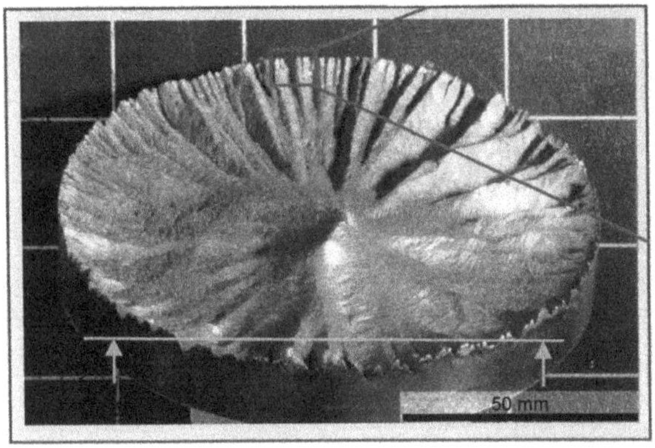

Abb. 7.19 Torsionsschwingbruch. Tauchrollenzapfen einer Bandverzinkung (100 mm ø). Keilförmige Einzelrisse, 45°-Flanken.

Zu den potenziellen Ausgangspunkten zählen in erster Linie Steifigkeitssprünge und Oberflächenfehler:

- *Steifigkeitssprünge* (meist schroffe Querschnittsänderungen, auch als „konstruktive Kerben" bezeichnet)
  - Wellenabsätze, Hohlkehlen, Bohrungen, Gewinde, Nuten, Einstiche, ...
- *Oberflächen(nahe)-Fehler und Beschädigungen* (Kerben aller Art bei Fertigung und im Betrieb) u. a.
  - Dreh- oder Schleifriefen; Schlagstellen
  - Markierungen und Beschriftungen (Schlagzahlen, Elektro- und Laserschreiber), Einbrandkerben
  - Überwalzungen, Überschmiedungen, Doppelungen (angeschnitten oder dicht unterhalb der Oberfläche)
  - Korrosionsnarben, Reibkorrosion

- Einpressungen anderer Bauteile, Druck- und Scheuerstellen von Sitzen
- eingedrückte Fremdkörper, z. B. Walz- oder Schmiedezunder
- Einschlüsse, Schlacken, grobe Ausscheidungen, Lunker (angeschnitten oder unterhalb der Oberfläche)
- Schweißnahtinhomogenitäten: Poren, Bindefehler, Nahtüberhöhungen, Einbrandkerben (z. B. vom Auftippen der Elektrode)
- Risse durch fehlerhaftes Kugelstrahlen
- Phasen geringerer Schwingfestigkeit, z. B. entkohlte Randzonen, δ-Ferrit, u. a. m.

Die spannungserhöhende Wirkung derartiger Kerben ist seit Langem bekannt (Abb. 7.20), wird aber ständig missachtet. Da sich das Werkstoffelement am Kerbgrund als „Einzelkämpfer" mit dieser Spannungsspitze auseinandersetzen muss, sinkt die Dauerfestigkeit gegenüber dem glatten Stab erheblich ab (in der linken Probe in Abbildung 7.20 auf etwa 30 %). An definiert durch Lochfraß vorgeschädigten, anschließend an Luft geprüften Proben aus Dampfturbinenschaufelstahl X20Cr13 hat Hickling [4] einen Rückgang der Dauerfestigkeit auf ein Drittel beobachtet (Abb. 7.21). Bei fortwährender Einwirkung des korrosiven Mediums fällt die Kurve erwartungsgemäß ständig ab (Schwingungsrisskorrosion). Reibkorrosion kann die Dauerfestigkeit auf 10 % absenken (Fretting fatigue).

Der in Abschnitt 7.4 beschriebene Rissbildungsmechanismus über Intrusionen und Extrusionen gilt in erster Linie für glatte Versuchsproben, für Bauteile nur in Ausnahmefällen.

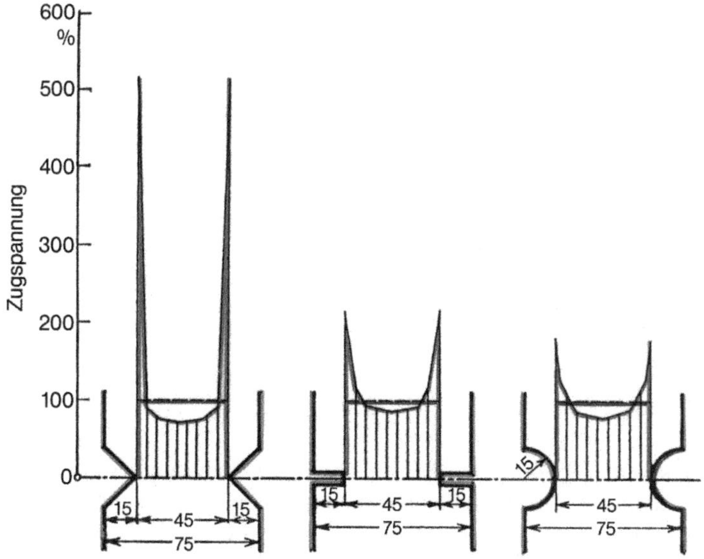

Abb. 7.20 Spannungsverteilungen in unterschiedlich gekerbten Rundstäben [3].

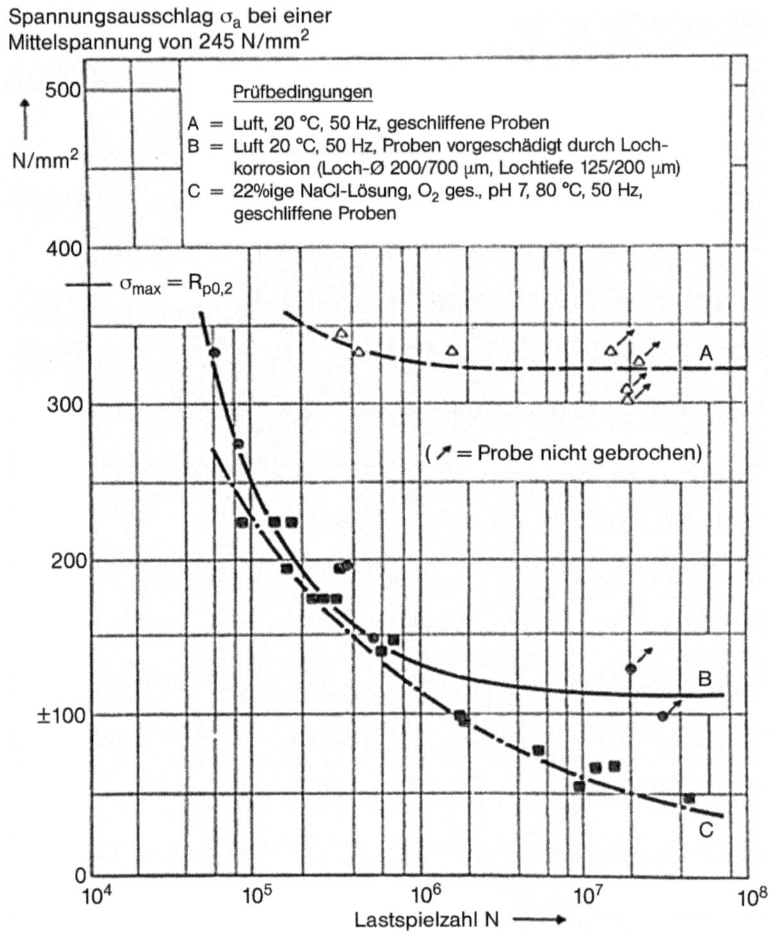

Abb. 7.21 Wöhlerkurven für Stahl X20Cr13. Glatte Proben an Luft (Kurve A). Lochfraß-vorgeschädigte Proben an Luft (Kurve B). Proben bei ständigem Korrosionsangriff (Kurve C). Nach [4].

7.2.2
Schwingungsriss

Der Schwingungsriss verläuft normalerweise senkrecht zur Richtung der größten Zugspannung und damit in einfachen Bauteilen und gängigen Belastungsfällen (schwellende oder wechselnde Zug-, Biege- oder Torsionskräfte) weitgehend senkrecht zur Bauteiloberfläche, zumindest in einem größeren Bereich um den Ausgangspunkt (Stadium II der Rissausbreitung). In dünnwandigen Teilen ist diese senkrechte Orientierung der Bruchfläche häufig der einzige makroskopisch erkennbare Hinweis auf einen Schwingbruch. Die vereinzelt vorhandene 45-Grad-

Neigung im Bereich der ersten getrennten Körner (Stadium I der Rissausbreitung) beeinträchtigt diesen Gesamteindruck kaum. In der Endphase seiner Ausbreitung, d. h. kurz vor Eintritt des Restbruches, kann der Schwingungsriss bei dünnwandigen Bauteilen ebenfalls in die 45-Grad-Lage einschwenken (vgl. Abb. 7.86).

Obwohl der Rissausbreitung bei den meisten Konstruktionswerkstoffen lokal eine erhebliche plastische Verformung an der Rissspitze vorausgeht, lässt sich makroskopisch kaum eine Deformation des Bauteiles erkennen. Der Schwingungsriss weist eine glatte, feinstrukturierte Oberfläche auf. Sie raut zwar mit wachsender Eindringtiefe infolge der zunehmenden Rissausbreitungsgeschwindigkeit (Rissverlängerung pro Zyklus) etwas auf, grenzt sich aber meist deutlich gegen die zerklüftete Restbruchfläche ab. Bei Wechselbeanspruchung (Nulldurchgang) wird die Originalstruktur der Rissfläche allerdings häufig verhämmert. (Zum Risswachstum vgl. da/dN-ΔK-Kurve in Kapitel 15, „Bruchmechanik in der Schadensanalyse").

Durch zeitweilige Unterbrechungen der Rissausbreitung infolge von Betriebspausen oder durch nennenswerte Änderungen der Spannungshöhe bzw. der Lastrichtung können sich auf der Schwingungsrissfläche *Rastlinien* ausprägen. Sie beruhen auf den Interferenzfarben unterschiedlich dicker Oxidschichten (bei Stillstand) oder auf Rauigkeitsänderungen (bei Amplitudenmodifikation). Die Krümmung der Linien erlaubt vielfach, den Ausgangspunkt (die Ausgangspunkte) des Risses (der Risse) zu lokalisieren; sie gibt außerdem Hinweise auf die Belastungsart. Bei gleichbleibenden Betriebsbedingungen nimmt der Rastlinienabstand wegen der ansteigenden Rissausbreitungsgeschwindigkeit in Richtung auf den Restbruch zu. Fehlende Rastlinien sind kein Kriterium, einen Schwingbruch auszuschließen (vgl. z. B. auf Prüfmaschinen erzeugte Schwingbrüche). Rastlinien dürfen nicht mit den nur im Elektronenmikroskop erkennbaren Schwingungslinien verwechselt werden.

Bei Aluminiumlegierungen haftet auf den Schwingungsrissen gelegentlich ein schwarzer Belag, der sich auch im Ultraschallbad nicht entfernen lässt. Es handelt sich um ein nichtstöchiometrisch zusammengesetztes Aluminiumoxid (etwa $Al_2O_{2,96}$), das sich beim Aufeinanderhämmern der Rissflanken bildet [5].

Häufig entwickeln sich gleichzeitig oder nacheinander Schwingungsanrisse an verschiedenen Stellen eines Bauteiles. Bei der Vereinigung benachbarter Risse, die sich zunächst auf (leicht) unterschiedlichen Ebenen ausbreiten, entstehen charakteristische, keilförmig auslaufende Stufen parallel zur Ausbreitungsrichtung („Schießscharten", z. B. Abb. 7.7 und 7.9).

7.2.3
Restbruch

Der Restbruch erfolgt bei den meisten Werkstoffen als Gleitbruch (mikroskopisch duktiler Gewaltbruch). In spröden, raumzentrierten Materialien (z. B. hartvergütetem Stahl, Gusseisen) können Misch- oder Spaltbrüche auftreten. Wie der Schwingungsriss läuft auch der Restbruch überwiegend ohne nennenswerte plastische Bauteildeformation ab: In dieser Endphase wirkt der gesamte Riss als extrem scharfer Kerb und setzt die Verformungsfähigkeit im Restquerschnitt entscheidend herab.

In Ausnahmefällen kann der Restbruch vollständig fehlen, beispielsweise, wenn sich das Bauteil durch die Ausbreitung seines Schwingungsrisses entlastet (parallel wirkende Schrauben in Flanschverbindungen, Abbildung 7.13; angerissene Hüftendoprothesen, die sich infolge zunehmender Durchbiegung wieder auf dem umgebenden Knochenzement oder auf der Corticalis abstützen).

7.2.4
Charakteristische Bruchflächen

Die beschriebene Grundform des Schwingbruches kann durch Änderungen der Belastungsart (Zug, einseitige, doppelseitige oder umlaufende Biegung, Torsion), der Kerbform (eng begrenzt, umlaufender Rund- oder Spitzkerb) oder der Höhe der Nennspannung in zahlreichen Varianten auftreten (Tab. 7.1). Umgekehrt gestatten Größe und Lage der Restbruchfläche sowie der Verlauf von Rastlinien Rückschlüsse auf die Beanspruchung. So deuten ein ausgedehnter, meist besonders glatter Schwingungsriss und eine kleine Restbruchfläche auf eine niedrige Nennspannung hin; zur Einleitung des Risses war dann eine hohe örtliche

Tabelle 7.1 Charakteristische Erscheinungsformen des Schwingbruches (in Anlehnung an (2)).

Schwingbruchflächen	Hohe Nennspannung			Niedrige Nennspannung		
	niedriger K_{IC}-Wert					
	Lokaler Kerb	umlauf. Rundkerb	umlauf. Spitzkerb	Lokaler Kerb	umlauf. Rundkerb	umlauf. Spitzkerb
Zug (Zug - Druck)						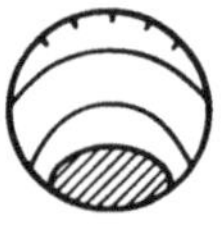
einseitige Biegung						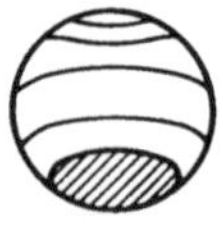
doppelseitige Biegung	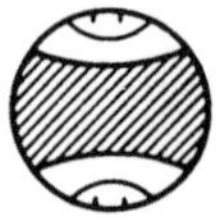	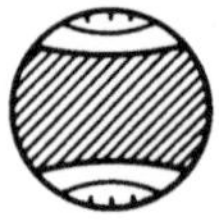				
umlaufende Biegung			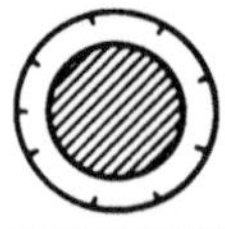			
Torsion	Grundform 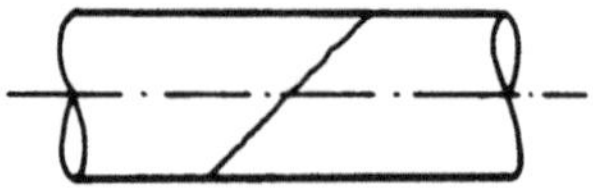					

Spannungsspitze erforderlich. Ein Bauteil unter hoher Nennspannung versagt dagegen bereits nach geringer Querschnittschwächung durch den Schwingungsriss, der außerdem eine rauere Oberfläche aufweist. Gleiches gilt für Werkstoffe mit geringer Risszähigkeit.

Zug und einseitige Biegung lassen sich in der Praxis kaum unterscheiden. Bei doppelseitiger Biegung können sich zwei Schwingungsrisse unterschiedlicher Ausdehnung entwickeln: Entweder wirken ungleiche Kräfte oder der Gegenriss startet zu einem späteren Zeitpunkt. Bei Torsionsschwingbrüchen erzwingt die Bauteilgeometrie gelegentlich Kegel oder fräserartige Bruchflächen mit beiderseits 45°-Schneiden anstelle des wendelförmigen Verlaufs (Abb. 7.17 bis 7.19).

Unter Berücksichtigung der genannten Einschränkungen können für den Schwingbruch folgende makroskopische Erkennungsmerkmale zusammengefasst werden:

- in feinstrukturierten Schwingungsriss (-risse) und rauen Restbruch gegliederte Bruchfläche,
- Rastlinien im Bereich des Schwingungsrisses (nicht immer vorhanden, s. o.),
- weitgehend senkrechter Verlauf der Bruchfläche (Stadium II) gegenüber der Bauteiloberfläche,
- fehlende makroskopische Deformation des Bauteils.

7.3
Abhilfemaßnahmen

Abhilfe gegen Schwingbrüche schafft man in erster Linie durch *konstruktive Maßnahmen* zum Abbau von Spannungsspitzen – z. B. größere Übergangsradien, Verlegung von Gewindebohrungen – und durch Verbesserung der *Oberflächenqualität.* Auch die Erzeugung von *Druckeigenspannungen,* beispielsweise durch Festwalzen, richtiges Kugelstrahlen oder Nitrieren, wirkt sich vorteilhaft aus. Zugeigenspannungen sind abzubauen (Spannungsarmglühen nach dem Schweißen oder Gießen). Ein konstruktionsbedingter Schwingbruch muss jedoch nicht zwangsläufig auf ein ungeeignetes Bauteil hinweisen; nicht selten sind bewährte, in anderen Anlagen einwandfrei arbeitende Elemente betroffen. Der Schaden zeigt jedoch einen Bereich hoher örtlicher Spannungskonzentration an, der bei Schwankungen der Betriebsbeanspruchung oder der Fertigungsqualität besonders gefährdet ist.

Der Schwingbruch wird normalerweise nicht durch einen unzulänglichen Werkstoff verursacht. Die häufig von Antragstellern gewünschte chemische Analyse liefert daher meist keine Hinweise auf die Schadensursache. Abzuraten ist von der vielfach praktizierten Methode, lediglich einen Werkstoff höherer Festigkeit einzusetzen. In diesem Fall versagt das Bauteil erneut, allerdings nach kürzerer Betriebsdauer. Bereits die an einem glatten Probestab ermittelte Schwingfestigkeit (z. B. R_w) nimmt in wesentlich schwächerem Maße zu als Streckgrenze und Zugfestigkeit (Abb. 7.22). Noch geringer – wenn überhaupt – erhöht sich die ausschlaggebende Gestaltfestigkeit des Bauteiles, bei der sich Querschnittsprünge

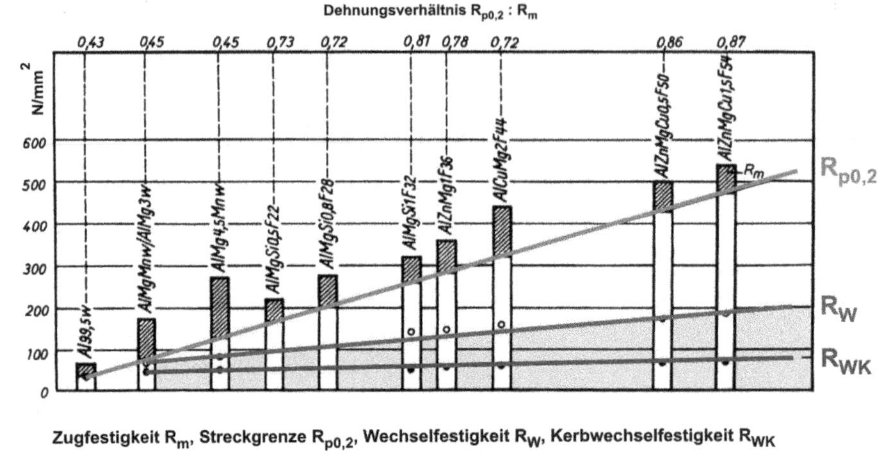

Abb. 7.22 Zusammenhang zwischen Zugfestigkeit, Streckgrenze, Wechselfestigkeit und Kerbwechselfestigkeit verschiedener Aluminiumlegierungen. In Anlehnung an [6].

und Kerben auswirken. Sie liegt unterhalb der Wechselfestigkeit der glatten Probe (R_w); bei unqualifizierter Konstruktion kann die Kennlinie (R_{wk}) abfallen. Der höherfeste Werkstoff reagiert in dieser Hinsicht empfindlich, da er infolge seiner hohen Streckgrenze scharfe Kerbspitzen nicht durch plastische Verformung ausrunden und damit die Spannungskonzentration mindern kann. Der Einsatz hochwertigen Materials – z. B. eines vergüteten Stahles – sollte stets mit adäquater Konstruktion und Oberflächengüte verbunden sein.

In Anlehnung an das belastungsinduzierte Wachstum in der Natur, beispielweise der Astanbindung an einen Baumstamm, hat Mattheck Computerprogramme und Konstruktionsrichtlinien zur Gestaltung spannungsspitzenfreier Übergänge und Konturen entwickelt [7]. Die Verfahren setzen entsprechend steuerbare Fertigungsmaschinen voraus und werden für Serienbauteile (Kfz-Achsschenkel, Knochenschrauben, ...) sowie hochwertige Einzelstücke erfolgreich angewendet. Gegen den alltäglichen Schwingbruch hilft jedoch meist der vergrößerte, (festgewalzte), glatte Radius, ggf. die günstigere Viertel-Ellipse.

7.4 Mikroskopische Mechanismen und Topografien

Bei Schwingbelastung werden bereits deutlich unterhalb der Streckgrenze einzelne Körner geeigneter Orientierung plastisch verformt. Ermüdungsgleitbänder schieben sich unter 45 Grad (Richtung der maximalen Schubspannung) aus der Oberfläche heraus. Sie oxidieren und können bei Lastumkehr nicht rückgleiten, so dass neue Gleitpakete aktiviert werden. Durch Wiederholung bilden sich schließlich Extrusionen und Intrusionen (Abb. 7.23). Der Prozess erstreckt sich über ein

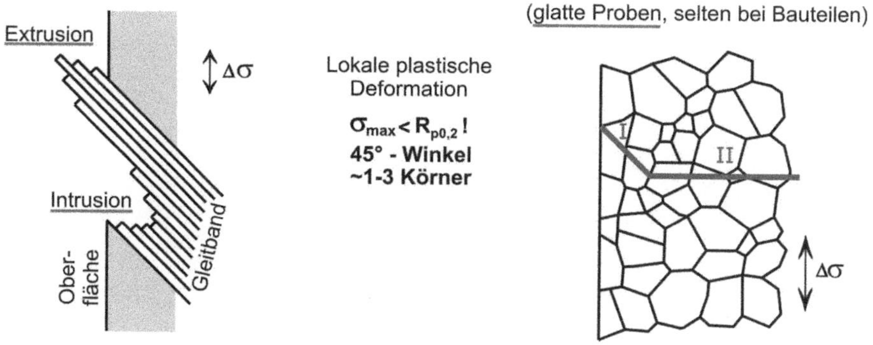

Abb. 7.23 Bildung von Schwingungsrissen an glatten Proben, Stadium I.

Abb. 7.24 Bildung zahlloser Extrusionen an elektropolierter Schwingprobe aus AlMg3.

bis drei Körner und wird als Stadium I (Mikrorissausbreitung) bezeichnet. Abbildung 7.24 zeigt den Effekt an einer elektropolierten Hohlzylinderprobe aus AlMg3 mit zahllosen, durch weißes Aluminiumoxid dekorierten Extrusionen (eigene Versuche). Auf dem unteren Spannkopf haben sich herausgeschobene Materialflitter angesammelt. Die Anrissbildung lässt sich anhand der Abbildungen 7.25a–d verfolgen; sie zeigen jeweils denselben Oberflächenausschnitt. Die relative geringe Schwingspielzahl – 4500 Zyklen bis zum Riss – resultiert aus einer kombinierten Zug/Druck-Torsions-Belastung mit hohen Amplituden. An 9 mm dicken Schwingproben aus AlCu5 wurde der Start des Risses durch extrem grobe Al2Cu-Partikel (100 µm) im Inneren provoziert (Abb. 7.26a und b). In unmittelbarer Umgebung des Einschlusses beobachtet man ausgeprägte Gleitspuren (Stadium I); im Abstand von ein bis zwei Körnern setzten die Schwingstreifen ein.

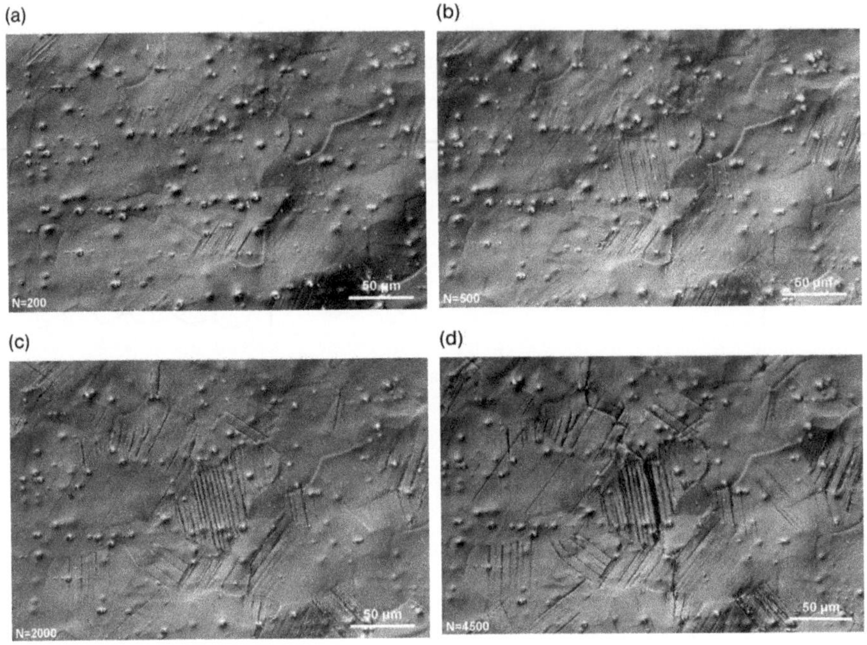

Abb. 7.25 Entwicklung eines Anrisses. Gleiche Stelle der Oberfläche nach zunehmender Zyklenzahl (Probe: Abb. 7.24).

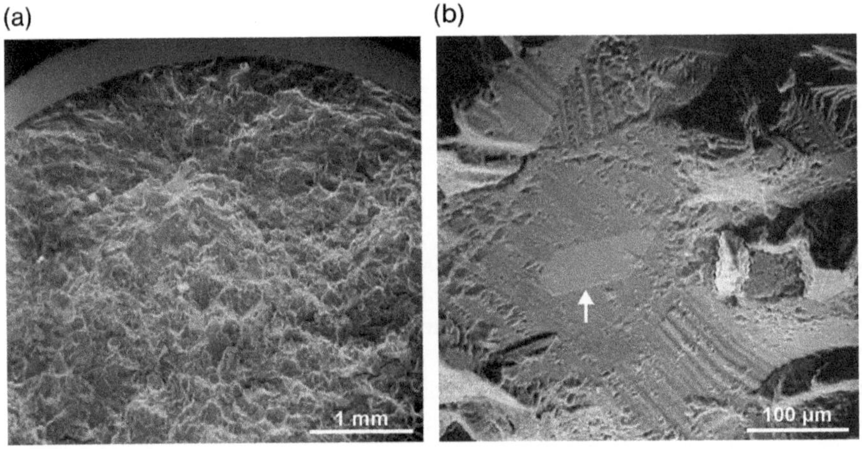

Abb. 7.26 Start eines Schwingungsrisses ca. 1 mm unterhalb der Oberfläche an grobem Al2Cu-Partikel. a) Übersicht und b) Detail. Probendurchmesser 9 mm.

Eines der seltenen realen Beispiele der Rissbildung über das Stadium I geben die Abbildungen 7.27 und 7.28 wieder: Die gestaltoptimierte Knochenschraube vermeidet jegliche lokale Spannungskonzentration. Häufig unterstützen jedoch auch

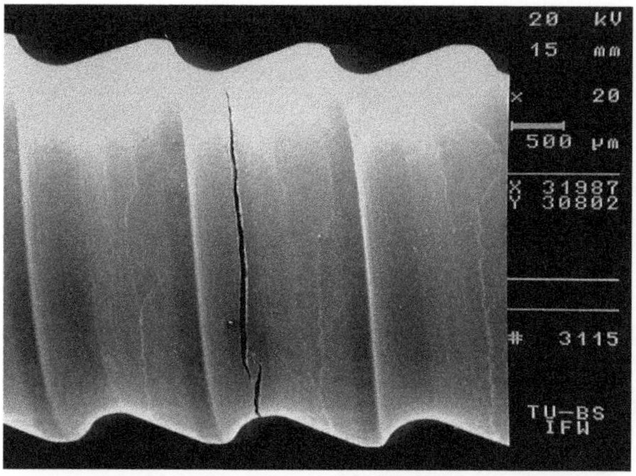

Abb. 7.27 Start eines Schwingungsrisses über In- und Extrusionen an einer glatten, gestaltoptimierten Knochenschraube.

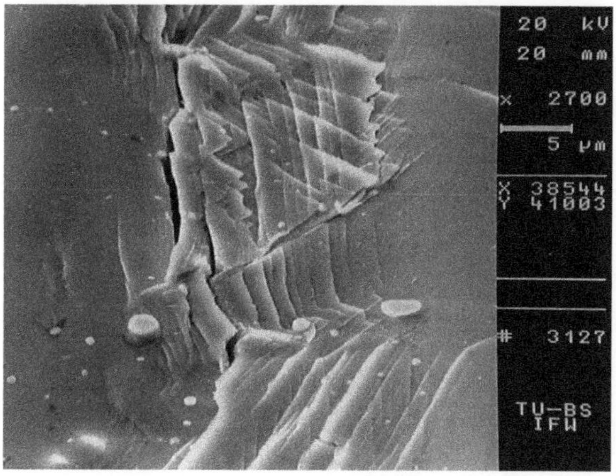

Abb. 7.28 Detail des Rissstarts in Abb. 7.27.

an glatten Bauteilen Inhomogenitäten wie Einschlüsse, Korn-, Zwillings- oder Dendritengrenzen usw. den Beginn der Schädigung (Abb. 7.29 bis 7.31). Stadium I kommt daher in der Schadensanalyse nur eine untergeordnete Bedeutung zu.

Im Stadium II wird der Riss von der größten Zugspannung – orthogonal zu ihrer Wirkrichtung – transkristallin vorangetrieben. In der Bruchebene (Rissflanke) formen sich bei hinreichend duktilem Werkstoff die charakteristischen Schwingstreifen oder Schwingungslinien (Striations). Ihren Bildungsmechanismus gibt Abbildung 7.32 in Anlehnung an ein Modell von Smith und Laird vereinfacht wieder: In der Zugphase weitet sich der Riss auf, schreitet voran und rundet seine Spitze ab; in der Druckphase bildet sich an der Spitze unter erheblicher lokaler plastischer Verformung eine Stauchfalte. Die Breite der Schwingstreifen bzw. der Abstand der Schwingungslinien beträgt am Rissstart etwa 0,1 µm und steigert sich auf rund 1–2 µm (3 µm) in der Endphase. (Bruchmechanische Rechnungen ergeben in der Anfangsphase häufig kleinere Rissgeschwindigkeiten als 0,1 µm/Zyklus, d. h. nicht jedes Lastspiel erzeugt einen Schwingstreifen.) Im Rastermi-

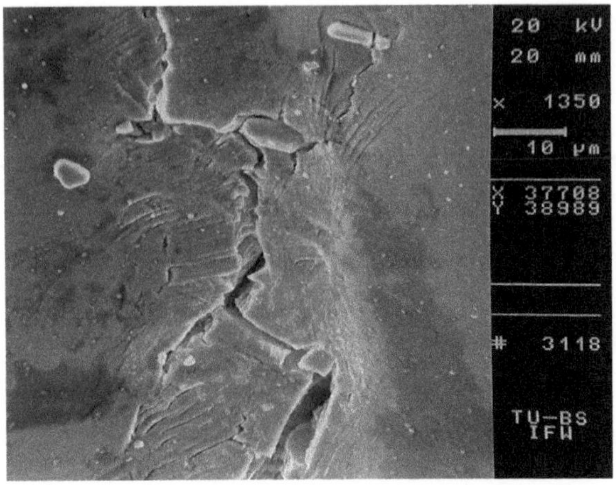

Abb. 7.29 Unterstützung des Rissstarts durch Partikel anderer Phasen.

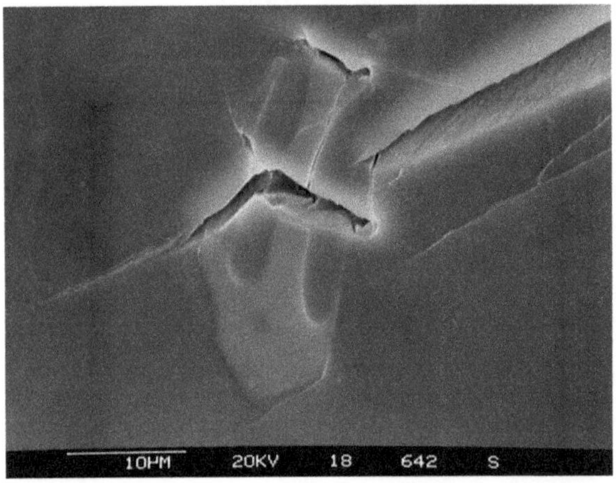

Abb. 7.30 Rissstart durch Bruch eines groben Partikels. Al2Cu in AlCu5-Legierung.

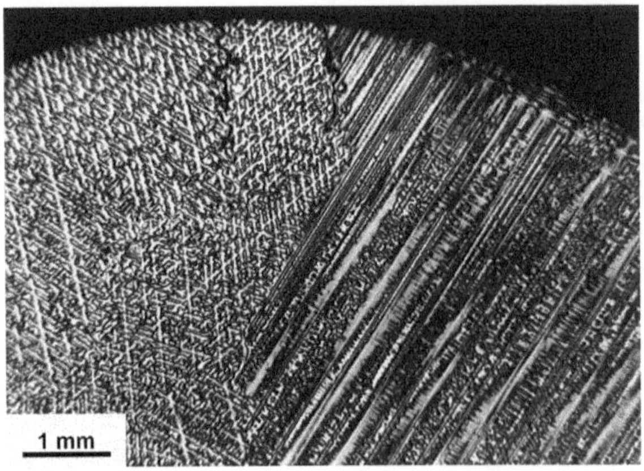

Abb. 7.31 Rissstart an Dendritengrenzen einer Hüftendoprothese. CoCrMo-Guss.

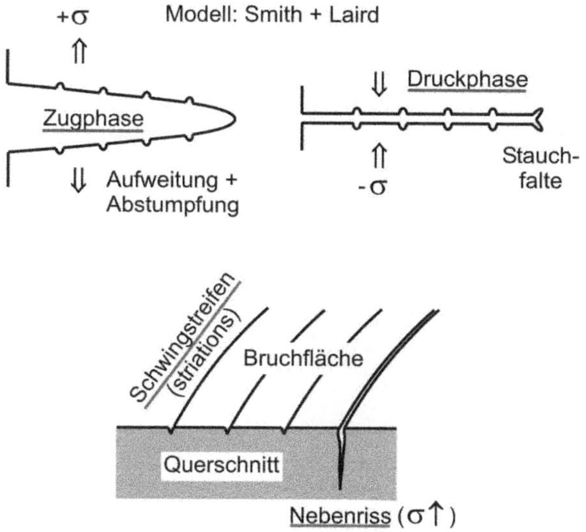

Abb. 7.32 Rissausbreitung im Stadium II (in Anlehnung an Smith und Laird).

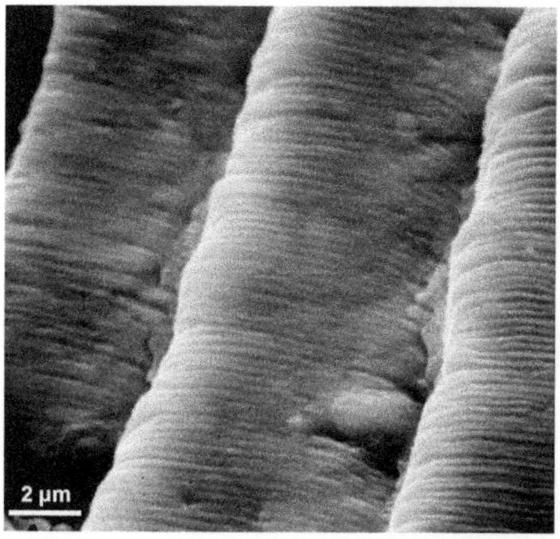

Abb. 7.33 Schwingstreifen, angeordnet in drei Bruchbahnen. Aluminiumlegierung.

kroskop zeigt sich die typische, dennoch extrem variantenreiche Topografie (Abb. 7.33 bis 7.39). Das Gefüge kann den Riss örtlich extrem ablenken (Abb. 7.40). Im fortgeschrittenen Stadium II, d. h. bei stark angestiegener Spannung, findet man oftmals Nebenrisse (Abb. 7.41). Diese gletscherspaltenartig aufklaffenden Streifen unterstützen die Identifikation der Bruchart, insbesondere bei schwach ausgeprägter Topografie der Rissfläche.

Das (kurze) Stadium III bildet den Übergang zum Restbruch. Hier mischen sich teilweise Schwingstreifen und Dimples (Abb. 7.60), gelegentlich sind Inseln von Streifen in Wabenfelder eingelagert (Abb. 7.42 und 7.43); vgl. da/dN-ΔK-Kurve in Kapitel 15, „Bruchmechanik in der Schadensanalyse".

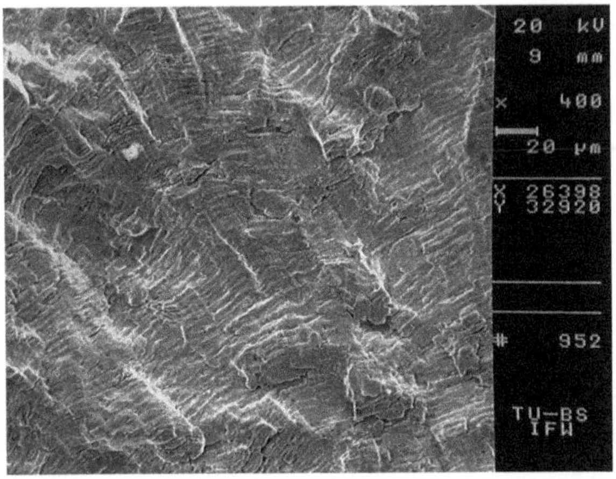

Abb. 7.34 Schwingstreifen, angeordnet in Bruchbahnen. Kupferlegierung.

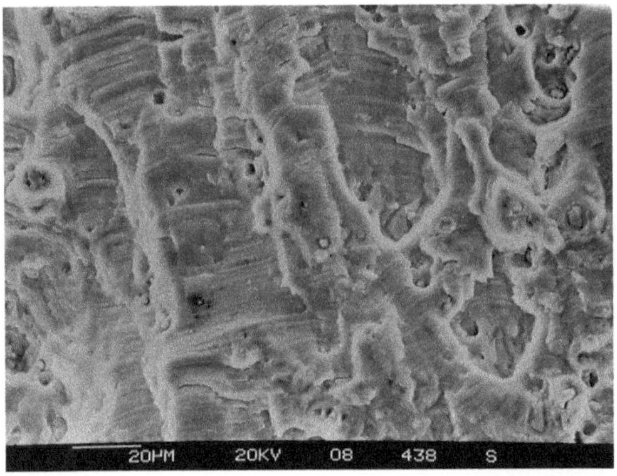

Abb. 7.35 Schwingstreifen in Aluminiumlegierung.

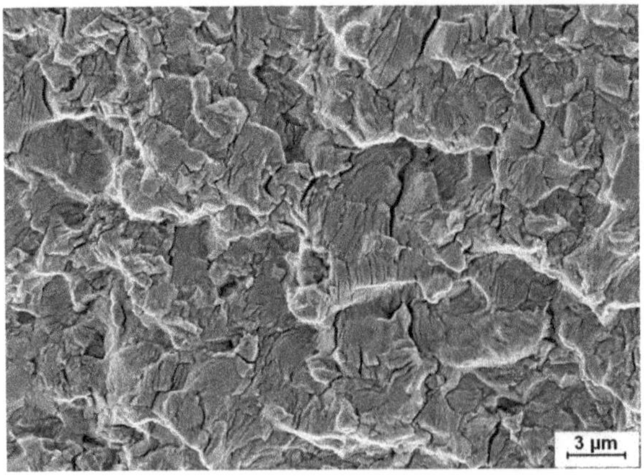

Abb. 7.36 Schwingstreifen in Titanlegierung. Ti6Al4V.

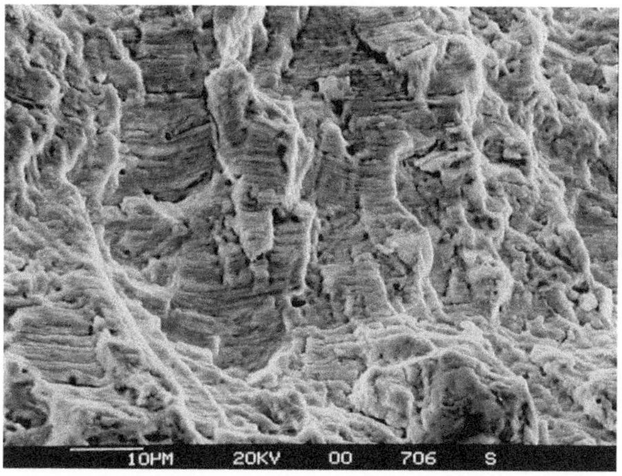

Abb. 7.37 Schwingstreifen in Messing.

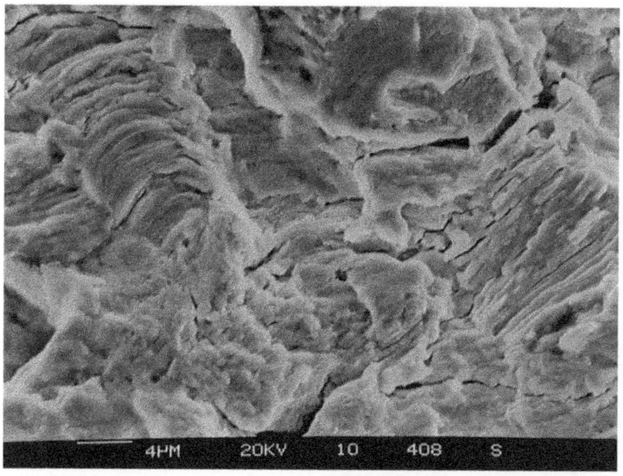

Abb. 7.38 Schwingstreifen in niederfestem ferritischen Stahl.

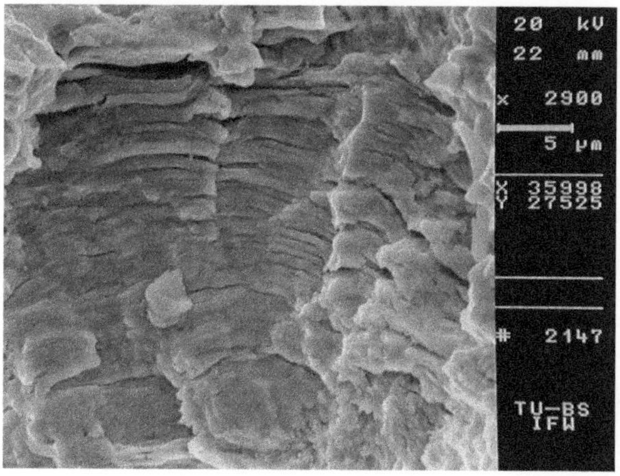

Abb. 7.39 Schwingstreifen und Nebenrisse in niederfestem ferritischen Stahl.

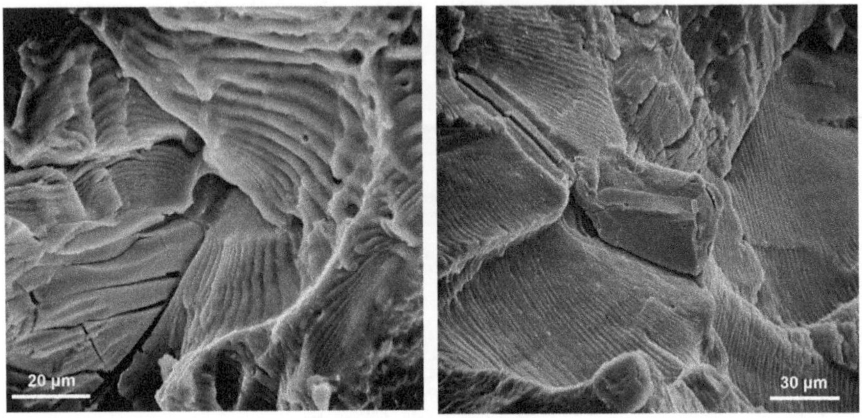

Abb. 7.40 Örtliche Ablenkung des Schwingungsrisses durch groben Al2Cu-Einschluss in AlCu5-Legierung.

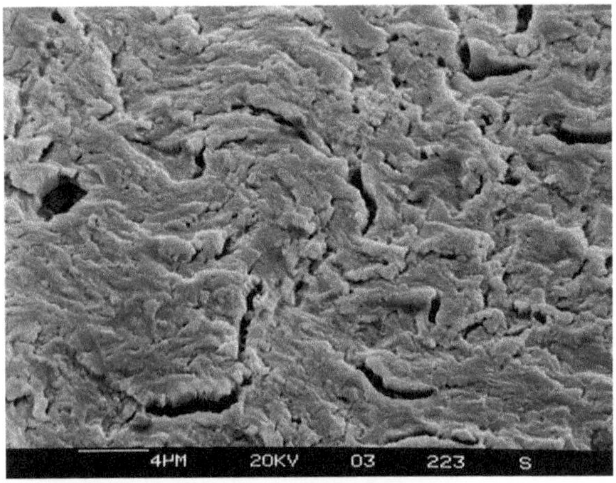

Abb. 7.41 Schwingstreifen und Nebenrisse in hochfestem Stahl (kaltgezogener Klaviersaitendraht).

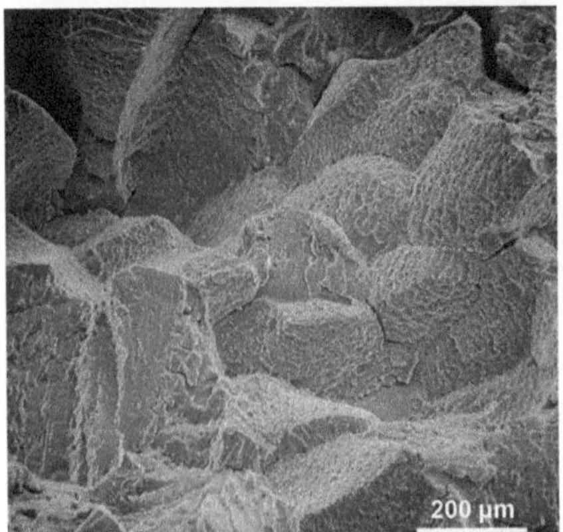

Abb. 7.42 Stadium III der Rissausbreitung. Areale von Schwingstreifen innerhalb interkristallinen duktilen Gewaltbruches.

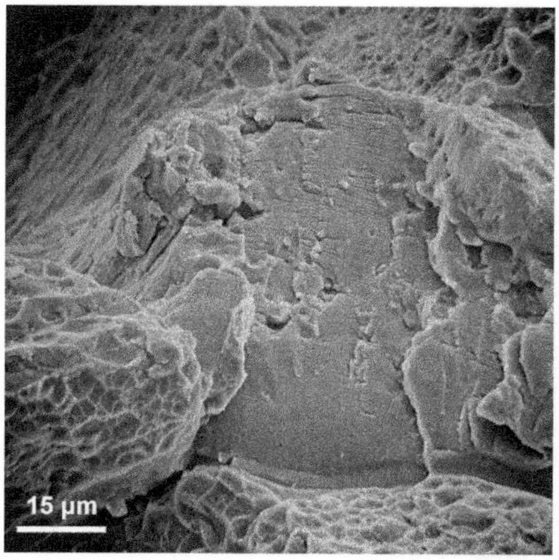

Abb. 7.43 Zentrales Detail aus Abb. 7.42.

Nach langen Diskussionen hat sich die Ansicht durchgesetzt, dass jeder Schwingstreifen von einem einzigen Schwingspiel erzeugt wird, nicht aber jeder Zyklus auch den Riss um eine Streifenbreite vorantreibt. Andernfalls müsste auch der Riss bei jedem Zyklus entlang seiner gesamten Front um einen Streifen voranschreiten. Die Anzahl der (ausgezählten) Schwingstreifen ist damit kleiner als die Zahl der aufgebrachten Lastspiele (im Grenzfall gleich). Unbekannt bleiben darüber hinaus die Schwingspiele während der Inkubationsphase.

Für eine grobe Abschätzung geht der Verfasser von durchschnittlich 3000 Streifen pro Millimeter Risslänge (Streifenbreite = 0,3 µm) aus. Die daraus ermittelte Gesamt-Streifenzahl (Mindest-Zyklenzahl) liefert u. a. Hinweise auf die Schwingungsquelle oder auf die Risserkennbarkeit bei früheren Inspektionen.

In der Praxis sind die Schwingungslinien häufig nur schwach oder undeutlich ausgeprägt. Insbesondere verblassen sie mit abnehmender Duktilität der Werkstoffe. Die Abbildungen 7.44, 7.45 und 7.41 veranschaulichen die rückläufige Ausbildung mit zunehmender Härte: zäh vergüteter Stahl, hart vergüteter Stahl

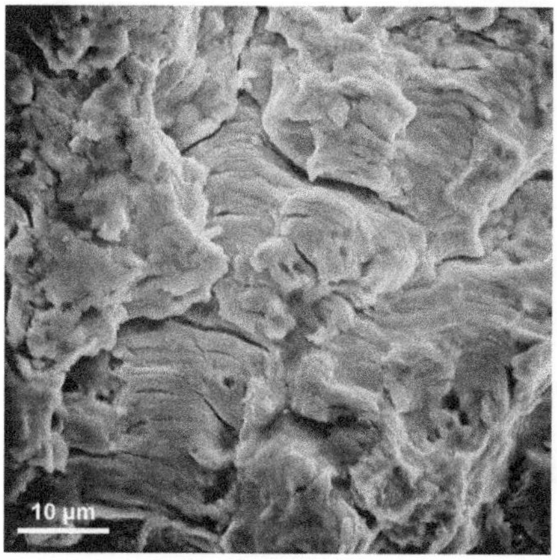

Abb. 7.44 Schwingstreifen und Nebenrisse in zäh vergütetem Stahl.

Abb. 7.45 Schwingstreifen und Nebenrisse in hart vergütetem Stahl.

(R_m = 1970 N/mm²), kalt gezogener Klaviersaitendraht (R_m = 2400 N/mm²). Zur Identifikation können dann Sekundärrisse, weitgehend glatte Bereiche und – indirekt – fehlende Waben in den Vordergrund treten. Die wirkungsvollste Entscheidungshilfe leisten selbsterzeugte Vergleichsbrüche. Oftmals liefert das Schadensteil selbst mit einem wabenbedeckten Restbruch ein entscheidendes Referenzbild.

Extrem schwach hatten sich die auswertbaren Merkmale in einer Kolbenstange aus martensitischem Chromstahl ausgeprägt, wobei ein Härteabfall von 650 auf 590 HV1 in der interessierenden Randschicht die Deutung zusätzlich erschwerte. Erst Simulationsversuche an Proben aus dem Schadensteil konnten einen Schwingbruch als Versagensursache absichern (Abb. 7.46 und 7.47). Schwingungsriss und Restbruch ließen sich allerdings nicht exakt gegeneinander abgrenzen; die Topografiemerkmale gingen nahezu kontinuierlich ineinander über.

Abb. 7.46 Schwingungsriss in martensitischem Chromstahl (Simulationsversuch).

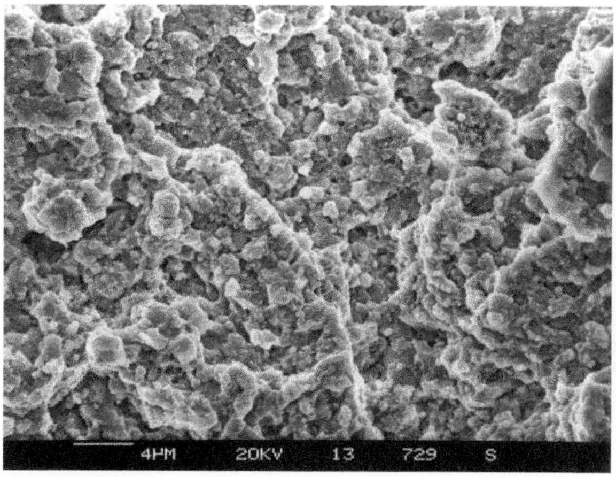

Abb. 7.47 Gewaltbruch in martensitischem Chromstahl (Simulationsversuch).

Abb. 7.48 Schwingungsriss in Al-Si-Gusslegierung (Simulationsversuch).

Bei Gussstücken aus Aluminium- oder aus Magnesiumlegierungen ermöglichen häufig auch selbsterzeugte Vergleichsbrüche kein sicheres Urteil. Neben der geringen Duktilität dieser Werkstoffe verändern die zahllosen spröden Einschlüsse das gewohnte Erscheinungsbild des Schwingungsrisses. Die Abbildungen 7.48 bis 7.51 stellen jeweils simulierte Schwing- und Gewaltbrüche an Proben aus demselben Bauteil gegenüber. In höherfesten Gusseisensorten findet man ebenfalls kaum Schwingstreifen. Ungewöhnlich deutlich hatten sie sich dagegen zwischen den Graphitlamellen eines Gussstückes aus GG 20 ausgeprägt (Abb. 7.52).

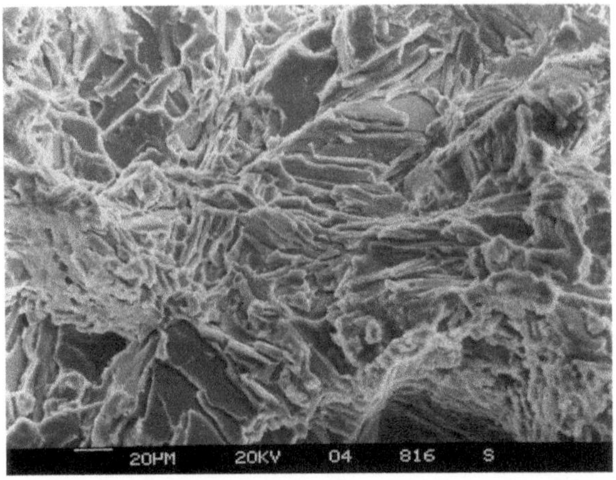

Abb. 7.49 Gewaltbruch in Al-Si-Gusslegierung (Simulationsversuch).

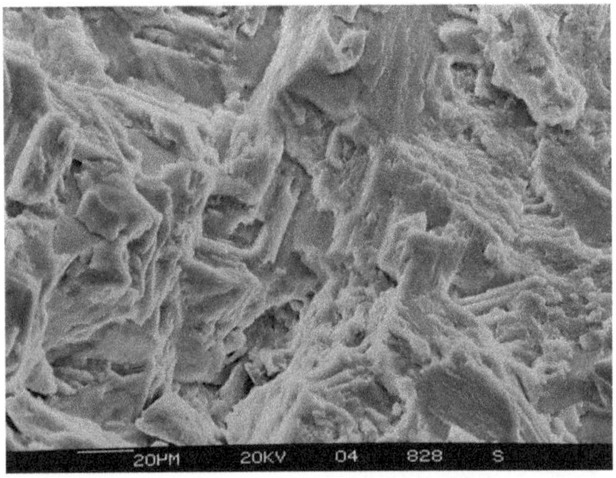

Abb. 7.50 Schwingungsriss in Mg-9Al-1Zn-Gusslegierung (Simulationsversuch).

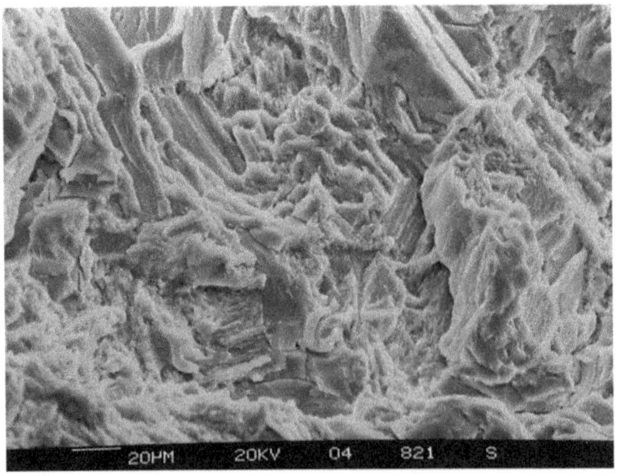

Abb. 7.51 Gewaltbruch in Mg-9Al-1Zn-Gusslegierung (Simulationsversuch).

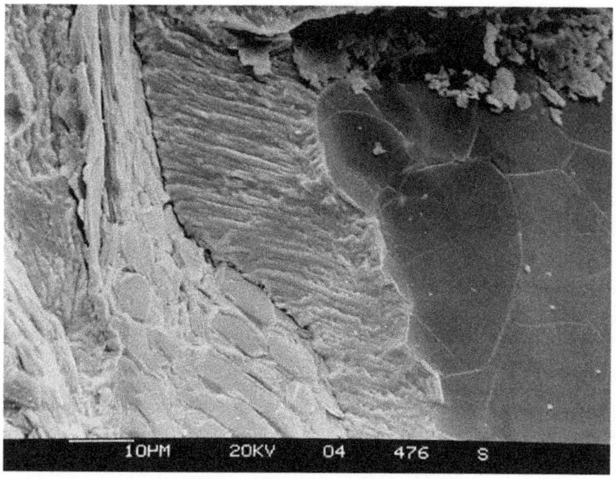

Abb. 7.52 Schwingstreifen zwischen Graphitlamellen in Grauguss GG 20.

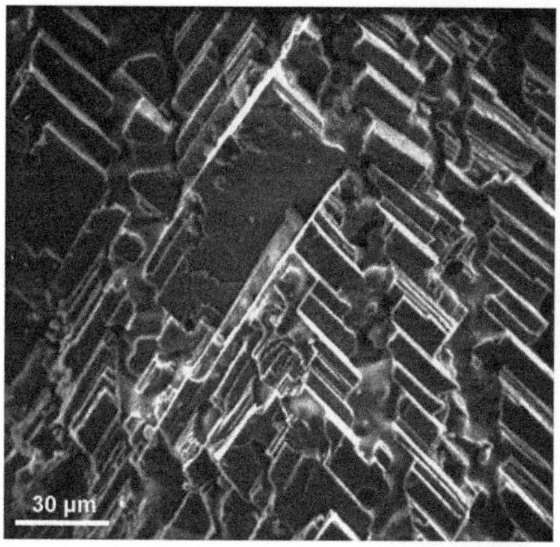

Abb. 7.53 Kristallografisch orientierte Schwingungsstrukturen in Co-Cr-Mo-Gusslegierung (für Hüftendoprothesen), zeilige Lunker.

Vorzugsweise in Kobalt- und Nickellegierungen, teilweise auch in Titan- und Aluminiumwerkstoffen kann sich der Schwingungsriss kristallografisch orientiert ausbreiten (Abb. 7.53 und 7.54). Die Korngrenzen treten durch Orientierungsdifferenzen oftmals deutlich hervor (Abb. 7.55), während man die interkristalline Rissausbreitung selbst – abgesehen von gleichzeitigem Korrosionsangriff – nur selten beobachtet (Abb. 7.56 und 7.57).

Die kristallografischen Strukturen resultieren nach Ansicht des Verfassers aus einer Folge begrenzter Spaltschritte. Eigene Versuche haben gezeigt, dass die Zahl der aufgebrachten Belastungszyklen die der Spaltstufen um ein Vielfaches übertrifft. Die Stufe kann sich damit entweder durch einen Sprung nach einer Reihe inaktiver Zyklen oder durch Aufsummieren inkrementeller Risszuwächse generieren.

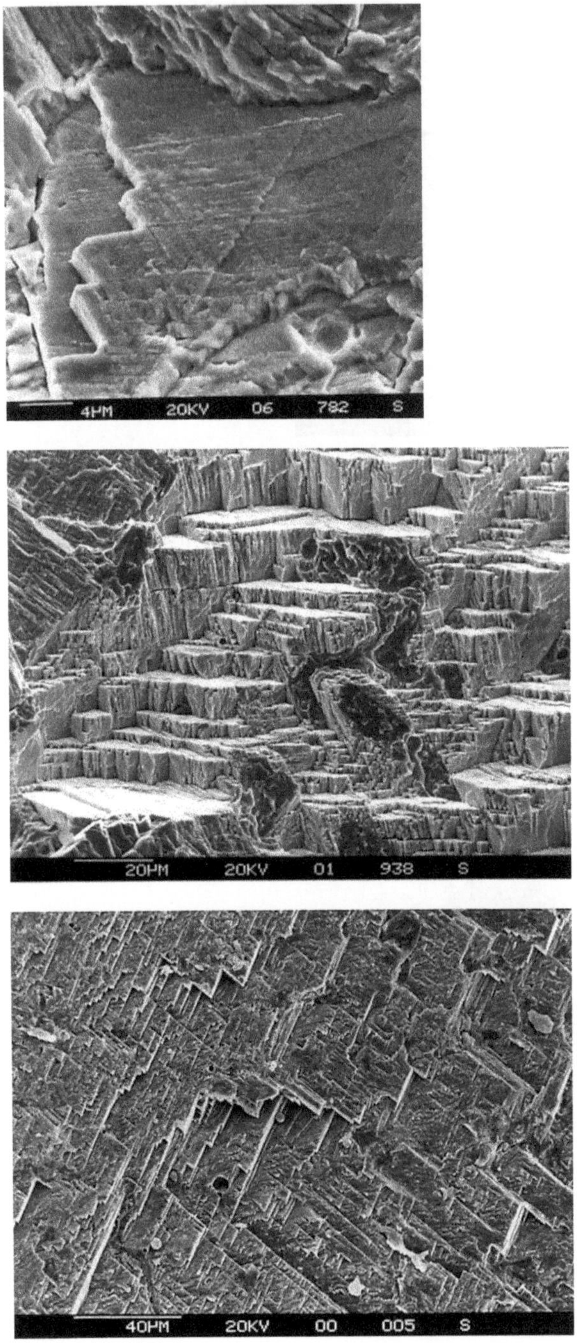

Abb. 7.54 Kristallografisch orientierte Schwingungsstrukturen in Co-Cr-Mo-Gusslegierungen.

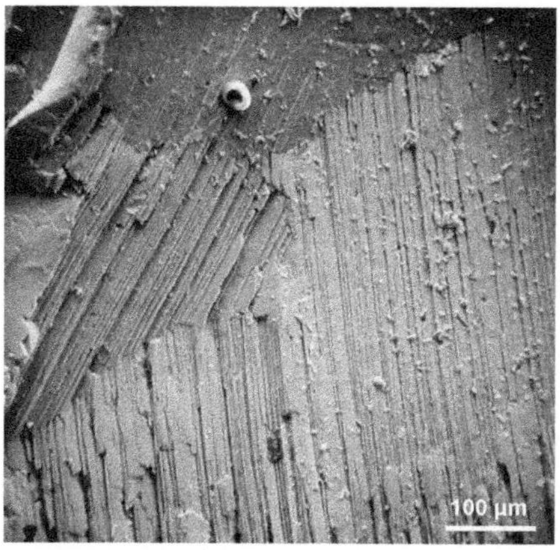

Abb. 7.55 Einfluss unterschiedlicher Kornorientierungen auf die Topografie des Schwingungsrisses in Co-Cr- Mo-Gusslegierungen.

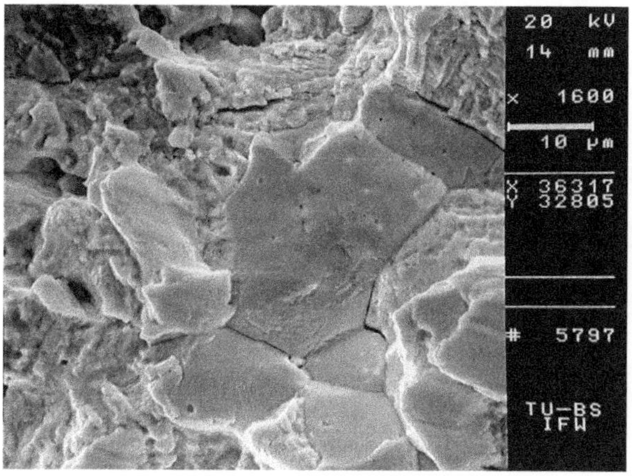

Abb. 7.56 Bereichsweise interkristalline Ausbreitung eines Schwingungsrisses in Baustahl.

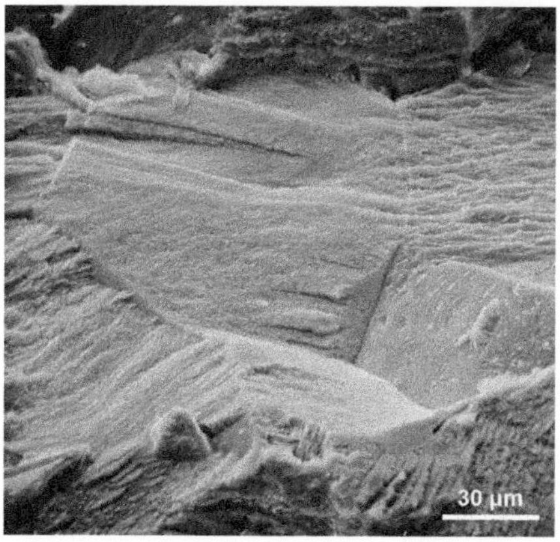

Abb. 7.57 Bereichsweise interkristalline Ausbreitung eines Schwingungsrisses in AlCu5.

Der kristallografisch orientierte Schwingungsriss ist ein typisches Merkmal der aus Kobalt-Chrom-Molybdän-Legierungen hergestellten medizinischen Dauerimplantate, beispielsweise von Hüftendoprothesen und anderen künstlichen Gelenken. Die Schäden werden häufig als Spaltbruch (mikroskopisch spröder Gewaltbruch) fehlinterpretiert, vgl. auch Abb. 7.198 bis 7.204.

Das kristallografische Risswachstum wird insbesondere bei geringer Ausbreitungsgeschwindigkeit (Anfangsphase) beobachtet. Offensichtlich tangiert man den Bereich der Schwingungsrisskorrosion. Mit zunehmender Geschwindigkeit wird die kristallografische Trennung allmählich von duktilen Schwingungslinien abgelöst. Auf der Bruchfläche eines künstlichen Fußgelenkes (Kunstglied) aus Ti-6Al-4V-Feinguss ließen sich die unterschiedlichen Topografien nacheinander verfolgen: kristallografisch orientierte Ausbreitung in der Anfangsphase (Abb. 7.58a–c), Übergang zu duktilen Schwingungslinien im fortgeschrittenen, rascheren Ausbreitungsstadium (Abb. 7.59) sowie Überlagerung von zähen Gewaltbruchanteilen (Abb. 7.60) unmittelbar vor Eintritt des Restbruches (Abb. 7.61).

(a) (b) (c)

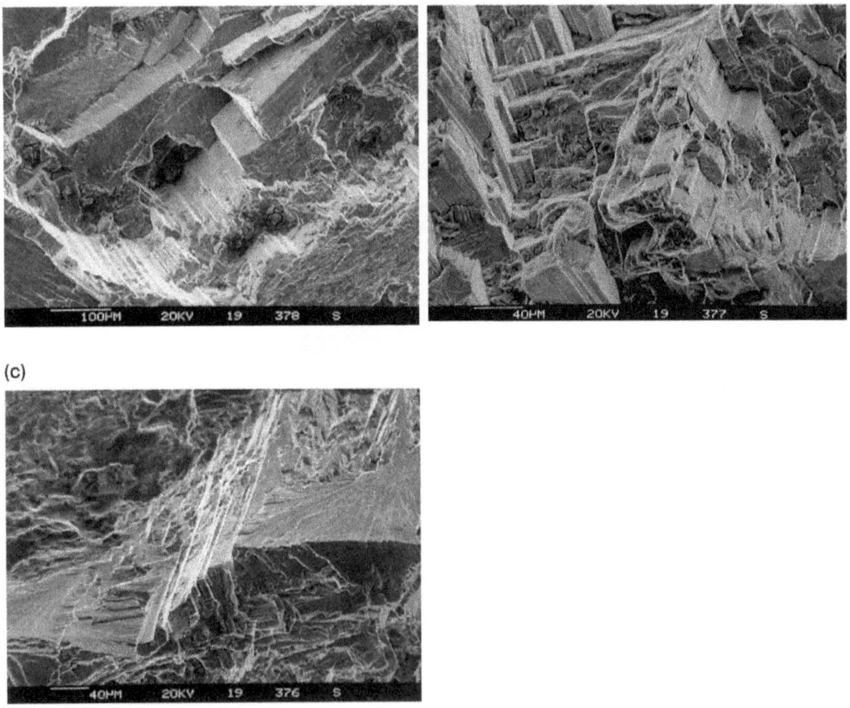

Abb. 7.58 Kristallografisch orientierte Topografie in der Anfangsphase des Schwingungsrisses. Ti-6Al-4V.

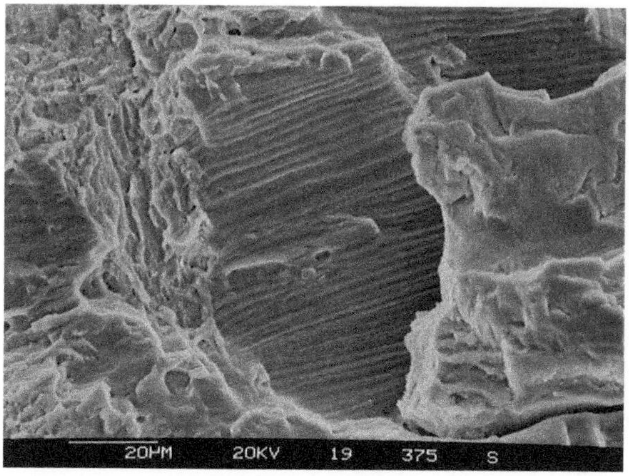

Abb. 7.59 Duktile Schwingstreifen im fortgeschrittenen Rissausbreitungsstadium. Ti-6Al-4V.

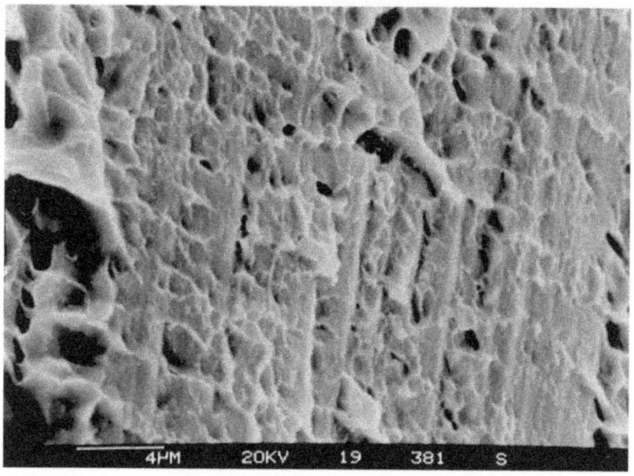

Abb. 7.60 Grobe Schwingstreifen mit Elementen des duktilen Gewaltbruches unmittelbar vor Eintritt des Restbruches. Ti-6Al-4V.

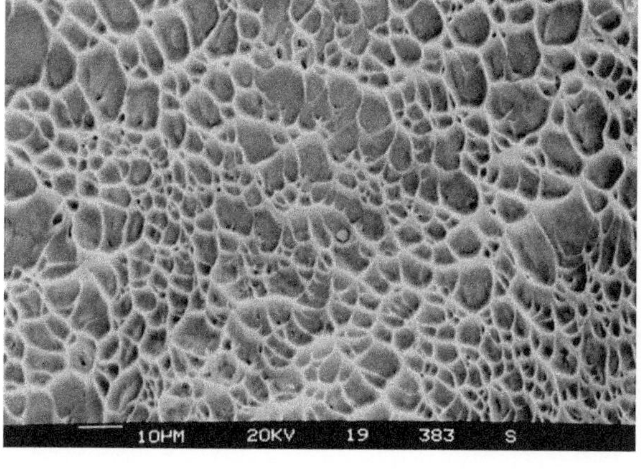

Abb. 7.61 Restbruch (duktiler Gewaltbruch). Ti-6Al-4V.

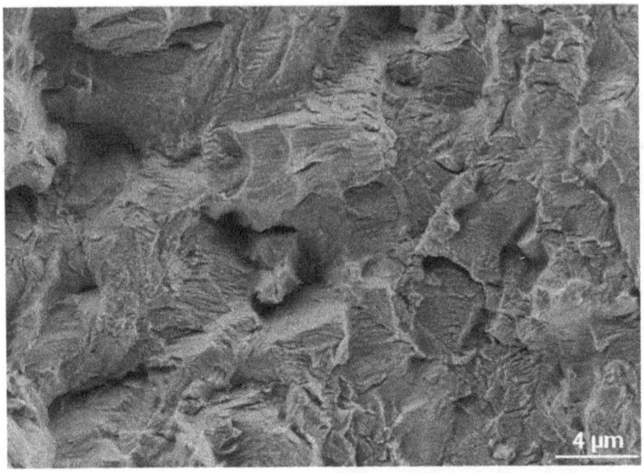

Abb. 7.62 Schwingungsriss in Ti-6Al-4V-Feinguss, gehippt und wärmebehandelt.

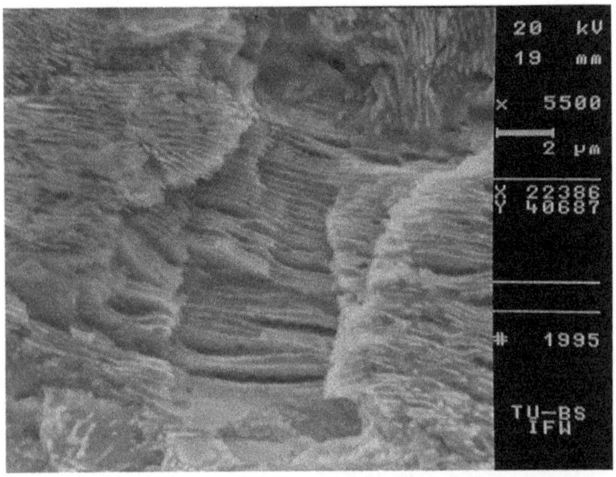

Abb. 7.63 Perlit (lamellare Anordnung von Ferrit und Eisenkarbid).

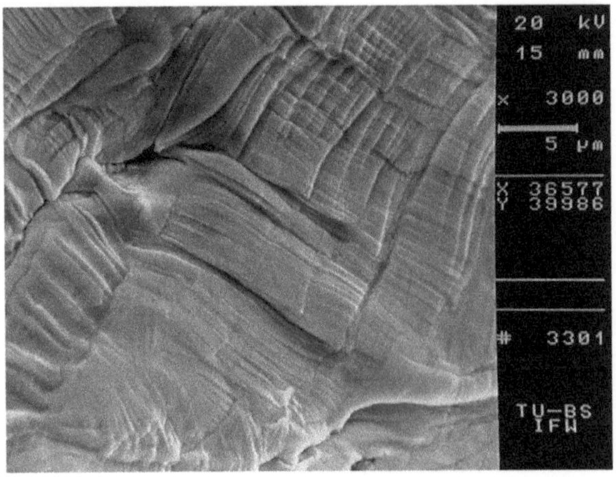

Abb. 7.64 Gleitspuren. Austenitischer Stahl.

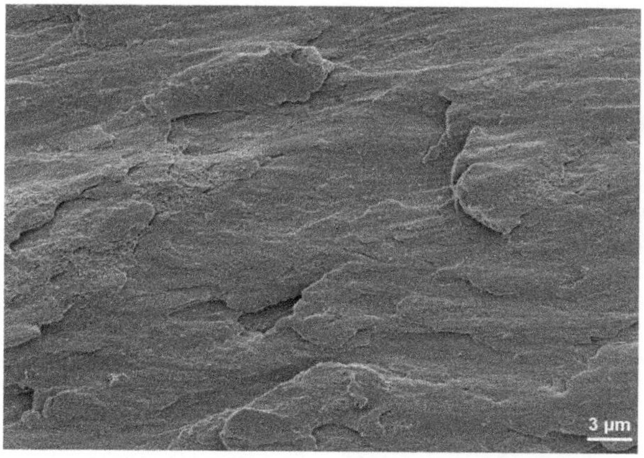

Abb. 7.65 Nachträglich auf einer Bruchfläche erzeugte Reibspuren.

Bei Hüftendoprothesen bleibt die Rissgeschwindigkeit wegen der Abstützung des Schaftes in der Markhöhle bis zum Schluss gering, sodass nahezu die gesamte Bruchfläche ein kristallografisches Bild ausweist. Gehippter und wärmebehandelter Ti-Al-V-Feinguss reagiert insgesamt duktiler (Abb. 7.62).

Verwechselt worden sind Schwingstreifen u. a. mit lamellarem Perlit (Abb. 7.63) und mit verformungsinduzierten Gleitpaketen (Abb. 7.64). Schwierig abgrenzen lassen sich gelegentlich Reibspuren, die der Bruchfläche bei nachträglicher mechanischer Beschädigung aufgeprägt worden sind (Abb. 7.65).

7.5 Beispiele

Eine Reihe von Beispielen soll die eingangs erläuterten Schwingbruchursachen veranschaulichen. In der ersten Gruppe dominieren Steifigkeitssprünge, in der zweiten Oberflächenbeschädigungen, wobei sich jedoch häufig beide Einflüsse überlagern. Abschnitt 7.5.3 umfasst schließlich Versagensfälle einiger charakteristischer Bauteile. Die Beispiele sind aus mehreren hundert Fällen ausgewählt. Gleichartige Ursachen findet man in vielen anderen Branchen.

7.5.1 Steifigkeitssprünge

Ein klassisches Exempel zeigt Abbildung 7.66: An der Welle eines Elektromotors wurde der Übergangsradius dem zufälligen Abnutzungsgrad des Drehmeißels überlassen.

Mehrere Pumpenwellen einer Serie aus nicht rostendem vergütetem Stahl X22Cr17 versagten ebenfalls am Wellenabsatz neben einem Lager infolge eines minimalen Übergangsradius und grober Drehriefen (Abb. 7.67). Eine geringe Restbruchfläche weist auf niedrige Nennspannung und hohe Kerbwirkung hin.

Abb. 7.66 Schwingbruch infolge krassen Steifigkeitssprunges; fehlender Übergangsradius. Welle eines Elektromotors (Durchmesser 30/20 mm).

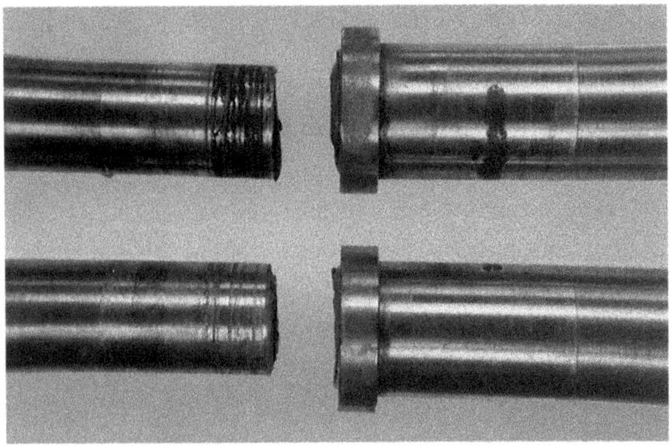

Abb. 7.67 Schwingbrüche in Pumpenwellen (Durchmesser des kleineren Bruchstückes 22 mm).

Abb. 7.68 Schwingbruch am umlaufenden Einstich (oben) einer Pkw-Lenksäule.

Abb. 7.69 Bruchfläche zu Abb. 7.68. Ungleiche doppelseitige Biegung. Durchmesser 18 mm.

Seine zufälligerweise geringe Geschwindigkeit bewahrte den Fahrer einer Luxuslimousine vor ernsthaftem Schaden, als ein Restbruch die Lenksäule endgültig durchtrennte. Ein umlaufender Spitzkerb hatte zwei Schwingungsrisse von insgesamt erheblicher Ausdehnung eingeleitet (Abb. 7.68 und 7.69).

Alle drei Führungsbahnen eines Gabelstückes (Aluminiumlegierung), in denen sich Kulissensteine bewegten, wurden im Endbereich durch Schwingbrüche zerstört (Abb. 7.70). Ausrundungsradien fehlten dem ohnehin ungünstig konstruierten Bauteil vollständig.

Ein Bugradachsbolzen (vergüteter Stahl) brach durch wechselnde Biegung am Querschnittsübergang (Abb. 7.71); grobe Drehriefen hatten die schwingbruchbegünstigende Wirkung des Steifigkeitssprunges weiter verstärkt. Gleichartige Ausfälle an anderen Flugzeugen desselben Baumusters bestätigen die Mängel in der konstruktiven Gestaltung (Abb. 7.72 und 7.73).

Ein ähnliches Schadensbild zeigt der Achsschenkel eines Gabelstapler-Rades (Abb. 7.74 und 7.75). Die rissauslösenden Spannungsspitzen wurden im rigorosen Überfahren von Bordsteinkanten auf dem Betriebsgelände vermutet.

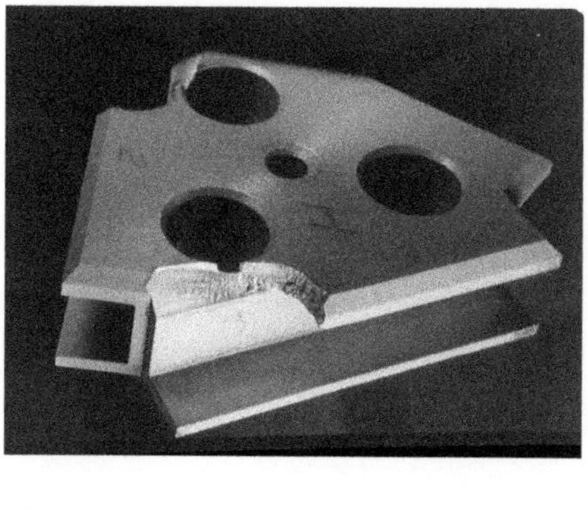

Abb. 7.70 Mehrere Schwingbrüche in einem Gabelstück (Länge der Führungsbahnen 100 mm).

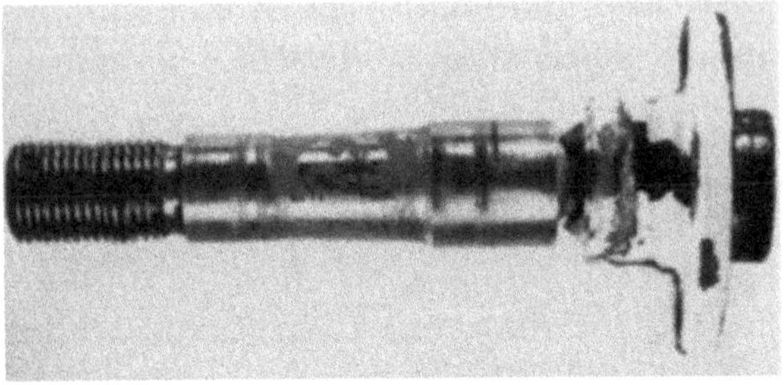

Abb. 7.71 Schwingbruch in einem Bugradachsbolzen (Gesamtlänge 110 mm).

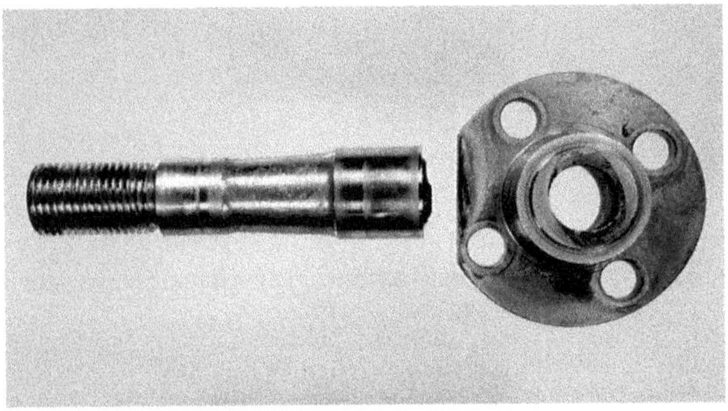

Abb. 7.72 Weiterer Schadensfall am gleichen Bauteil wie in Abb. 7.71.

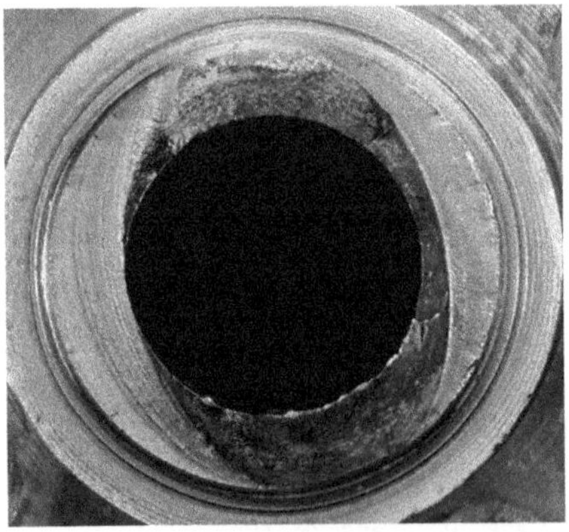

Abb. 7.73 Bruchfläche zu Abb. 7.72. Doppelseitige Biegung. Durchmesser 20 mm.

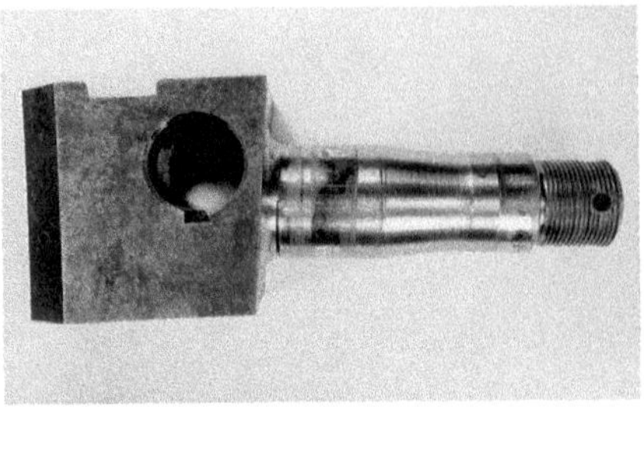

Abb. 7.74 Schwingbruch im Achsschenkel eines Gabelstapler-Rades.

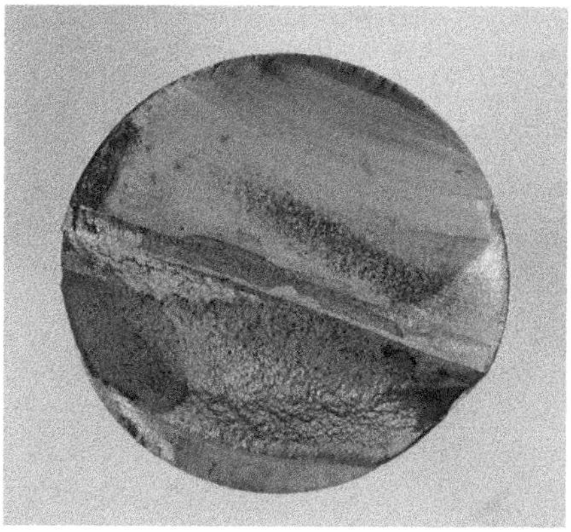

Abb. 7.75 Bruchfläche zu Abb. 7.74. Ungleiche doppelseitige Biegung. Durchmesser 40 mm.

Die Wendeachse eines Maschinenpfluges besteht aus einem schweren Gussstück, in dessen Bohrung der vergütete Achszapfen (80 mm Durchmesser) eingepresst und mit Loctite gesichert ist. Als Anschlag für das Kegelrollenlager dient eine scharfkantig orthogonal gegenüber der Bohrung angefräste Fläche am Gusskörper; auf den üblichen Wellenabsatz als Lagersitz war verzichtet worden. Im Zapfen hatten sich zwei parallele Schwingungsrisse entwickelt: der eine entlang der scharfen Bohrungskante des Gussstückes, der zweite längs des Überganges vom zylindrischen Teil des Wälzlager-Innenringes in dessen Radius (Abb. 7.76 bis 7.78). Die beiden Hauptrisse rekrutierten sich aus zahllosen kleinen Einzelanrissen als charakteristische Folge umlaufender Spitzkerben. Ein Materialfehler scheidet damit weitgehend aus, ebenso der vom Hersteller vermutete Härteriss (Befund rastermikroskopisch abgesichert). Abhilfe schafft ein eigener Lagersitz auf der Achse, abgekoppelt von einem Gusskörper mit abgerundetem Bohrungsauslauf.

Völlig unverständlich erscheint die Konstruktion einer Pressentraverse (Abb. 7.79). Das hochwertige Maschinenteil wies krasse Steifigkeitssprünge auf und versagte frühzeitig durch einen ausgedehnten Schwingungsriss.

Rohre und Hohlprofile werden gelegentlich an Krafteinleitungsstellen oder Schweißknoten durch Hülsen, Bleche u. ä. verstärkt. In einen Rohrholm aus vergütetem Stahl war nachträglich ein Querrohr eingeschweißt worden. Die mäßige

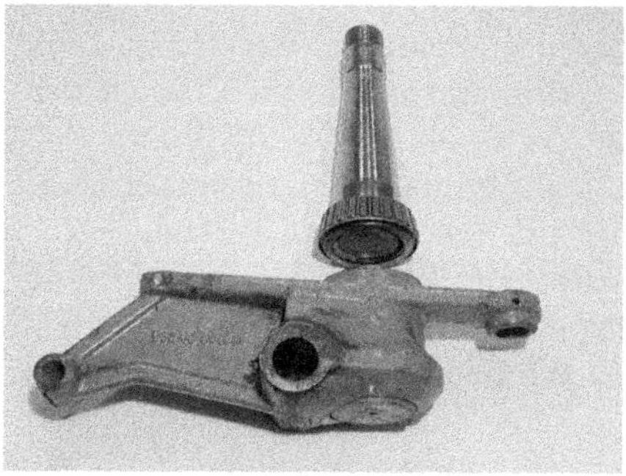

Abb. 7.76 Schwingbruch in der Wendeachse eines Maschinenpfluges. Breite des Gussteiles 550 mm.

Abb. 7.77 Zapfenseitige Bruchfläche zu Abb. 7.76. Wellendurchmesser 80 mm.

Abb. 7.78 Gusskörperseitige Bruchfläche zu Abb. 7.76. Zwei parallele Schwingungsrisse.

Abb. 7.79 Schwingbruch in einer Pressentraverse. Fehlende Übergangsradien (Bruchdurchmesser 110 mm).

Nahtqualität (Kerben) und die Entfestigung des vergüteten Werkstoffes beim Schweißen führten in Verbindung mit dem Steifigkeitssprung zum Schwingbruch (Abb. 7.80).

Schäden an einem Rohrknotenblech (Abb. 7.81) und an einer Steuerstange (Abb. 7.82) demonstrieren, dass der Schwingbruch in erster Linie die Endbereiche derartiger Verstärkungen befällt (Steifigkeitssprung). Im Falle der in Abbildung 7.83 wiedergegebenen Hauptfahrwerksstrebe konnte selbst das – an sich vorteilhafte – Schlitzen der Versteifungshülse den Schwingbruch nicht verhindern. In einem anderen, gleichartigen Bauteil war ein 5 mm dickes Anschlussblech in das relativ dünnwandige Rohr (1,5 mm) eingeschweißt worden (Abb. 7.84).

Abb. 7.80 Schwingbruch in einem Rohrholm (40 mm ø).

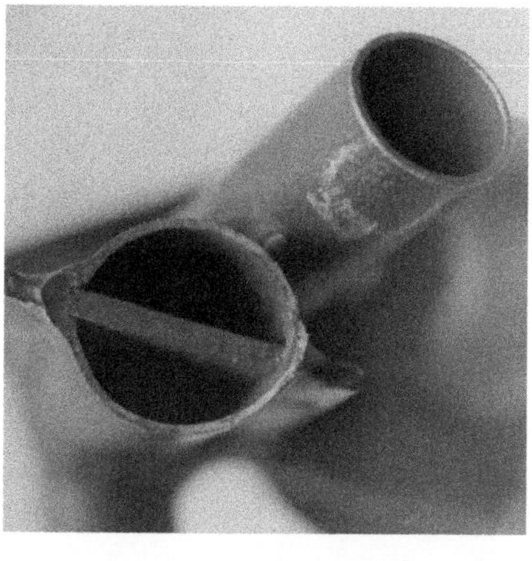

Abb. 7.81 Schwingbruch in einem Knotenblech (Rohrdurchmesser 19 mm).

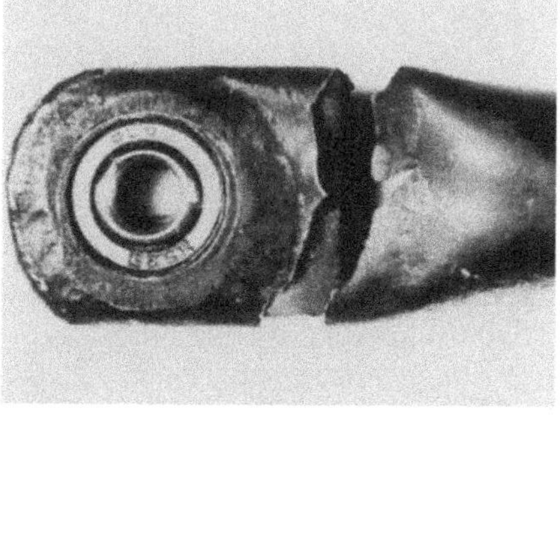

Abb. 7.82 Schwingbruch in einer Steuerstange (Rohrdurchmesser 20 mm).

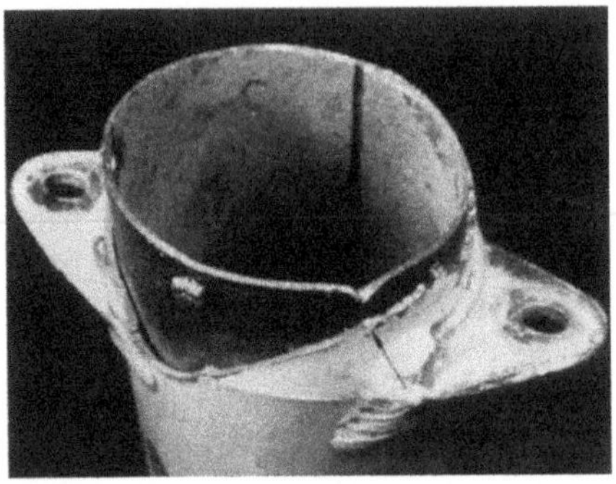

Abb. 7.83 Schwingbruch einer Hauptfahrwerksstrebe (Rohrdurchmesser 64 mm).

Abb. 7.84 Schwingbruch an einer weiteren Fahrwerksstrebe.

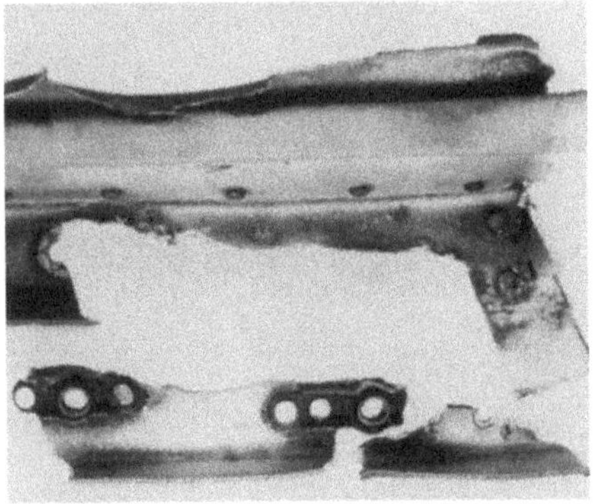

Abb. 7.85 Schwingungsrisse entlang von Mutternhalteblechen (Abstand der Muttern 70 mm).

An aufgenieteten Mutternhalteblechen (Lagerbockbefestigung) entlanglaufende Schwingungsrisse zerstörten das Tragblech einer Aluminiumkonstruktion (Abb. 7.85).

Am Hauptrotorblatt eines Hubschraubers begann der Schwingbruch im Nasenprofil an der Bohrung für die innerste (!) Befestigungsschraube des Schwunggewichtes (Abb. 7.86). Der Riss breitete sich über den größten Abschnitt des Nasenprofils (Aluminiumlegierung 2024 T3), über das Stegprofil und über einen Teil des Beplankungsbleches aus (Gesamtrisslänge ca. 250 mm), ehe das Blatt endgültig

Abb. 7.86 Schwingbruch in einem Hauptrotorblatt, ausgehend von der Bohrung für die Schwunggewichtsbefestigung (Breite des Nasenprofils 108 mm). Schwingbruch im oberen Teilbild zwischen den Pfeilen unter 45°.

versagte. Ähnlich anrissempfindlich erwies sich ein Hauptrotorblatt, bei dem der Schwingungsriss am Ende des Trimmkantenbleches an der Abströmseite gestartet war. Er wanderte zunächst quer zum Blatt durch die beiden 0,3 mm dicken Aluminium-Beplankungsbleche nebst Schaumstoffkern und folgte anschließend den Hinterkanten des Nasenprofils, wobei er eine Gesamtlänge von 440 mm auf der Blattober- und 590 mm auf der Blattunterseite erreichte (Abb. 7.87). Erst dann wies der scharf abknickende Restbruch auf die langfristig unterlassene Kontrolle hin. Mehr als die Hälfte beider Risslängen war dicht mit Korrosionsprodukten bedeckt – ein Indiz für das Alter der Vorschädigung. Die rastermikroskopische Aufnahme (Abb. 7.88) gibt den nahezu rechtwinkligen Umschlag vom Schwingungsriss zum Gewaltbruch und den Wechsel in der Mikrostruktur wieder (linke obere Rissecke in Abb. 7.87). Parallel zum gegabelten Hauptriss hatte sich ein weiterer Riss an einer Teilfuge des Trimmkantenbleches entwickelt (Abb. 7.89).

Mit einem Steifigkeitssprung besonderer Art hatten die Konstrukteure den Heckrotor-Ausleger eines Hubschraubers ausgestattet (Abb. 7.90 bis 7.93). Die beiden Haupttragstreben waren aus jeweils fünf abgewinkelten, miteinander verklebten und vernieteten Einzelblechen gefertigt worden (Abb. 7.92), wobei jedoch die beiden inneren Winkel aus nichtrostendem, ferritischen Stahl, die drei äuße-

Abb. 7.87 Ausgedehnter Schwingbruch in einem Hauptrotorblatt. Breite 350 mm.

Abb. 7.88 Umschlag Schwingungsriss (links) in duktilen Restbruch (rechts). Linke obere Ecke im zerstörten Beplankungsblech in Abb. 7.87 (seitenvertauscht).

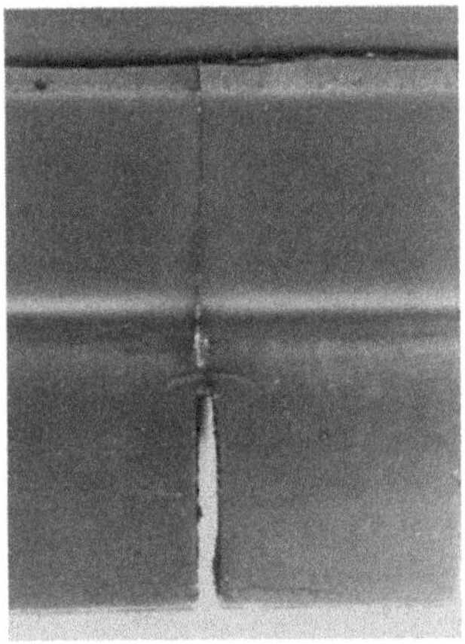

Abb. 7.89 Weiterer Anriss im Rotorblatt aus Abb. 7.87.

Abb. 7.90 Zerstörter Hubschrauber.

ren Bleche dagegen aus einer Aluminiumlegierung bestanden! Infolge gleicher erzwungener Deformation verursachte die äußere Belastung im Stahl – entsprechend dem Verhältnis der Elastizitätsmoduli – etwa dreimal so hohe Spannungen wie im Aluminium. Der provozierte Schwingbruch begann beiderseits einer Nietbohrung und durchtrennte ca. drei Viertel des Strebquerschnittes bevor der Restbruch erfolgte. Ein dicker schwarzer Belag auf der gesamten Bruchfläche

Abb. 7.91 Abgerissenes Endstück des Heckrotor-Auslegers des Hubschraubers aus Abb. 7.90.

Abb. 7.92 Ausgedehnte Schwingungsrisse in allen fünf Blechwinkeln (Dicke je 1 mm) des Hauptstrebs im Ausleger aus Abb. 7.91. Bruchflächen gesäubert.

Abb. 7.93 Schwing- und Gewaltbrüche in den Blechen des Auslegers aus Abb. 7.91.

(Abgasrückstände der Turbine) zeigt an, dass die angreifenden Kräfte nach dem Ausfall des Strebs für einen längeren Zeitraum von anderen Teilen der Blechkonstruktion übernommen worden sind. Ein weiterer, „frischer" Schwingbruch in diesem Bereich (Abb. 7.93) führte schließlich zum Totalverlust des Heckrotors.

Auch im Bereich des Heckrotorjoches selbst gefährdet der Schwingbruch die verschiedenartigsten Bauteile (Abb. 7.94). In mehreren Fällen brach der Jochkörper am Übergang in einen der Lagerzapfen, wobei der Bruch jeweils vom Innengewinde ausging (Abb. 7.15). Beim Blatthaltebolzen ist der Übergang vom Kopf in den Schaft gefährdet (Abb. 7.95).

Die Belastungsgeschichte eines Hubschraubers konnte am Bruchbild der Befestigungsbolzen seines Heckrotorgetriebes nachvollzogen werden. (Die Gegenüberstellung mit einem Neuteil offenbart die Schwachstelle, Abb. 7.96). Die ersten beiden Bolzen versagten infolge stark asymmetrischer Wechselbiegung, wobei aufgrund der Kraftumlagerung der Restbruch im ersten Bolzen völlig fehlte (Abb. 7.97) und im zweiten auf einen schmalen Streifen beschränkt blieb. Die dritte Schraube (Abb. 7.98) fiel durch einseitige Biegung nach raschem Rissfortschritt aus, die vierte und letzte zerstörte schließlich ein duktiler Gewaltbruch.

Über den zum Streuen von Kalk eingesetzten Hubschrauber lagen u. a. folgende Angaben vor: nach letzter Inspektion 14 Flugtage, 47 Anlassvorgänge des Triebwerks, 126 Landungen, Gesamtflugzeit 70:35 Std., Transport von 1996 Streukübeln à 650 kg Anfangsgewicht, Drehzahl des Heckrotors 3200 UPM. Abgeschätzt wurde zunächst für den ersten Bolzen die Gesamtzahl der – nur im Rastermikroskop erkennbaren – Schwingungslinien. Aus ihrem Abstand von ca. 0,2 µm in der

Abb. 7.94 Heckrotorjoch mit Anschlussteilen, Schwingbruch im linken Lagerzapfen, vgl. Abb. 7.15.

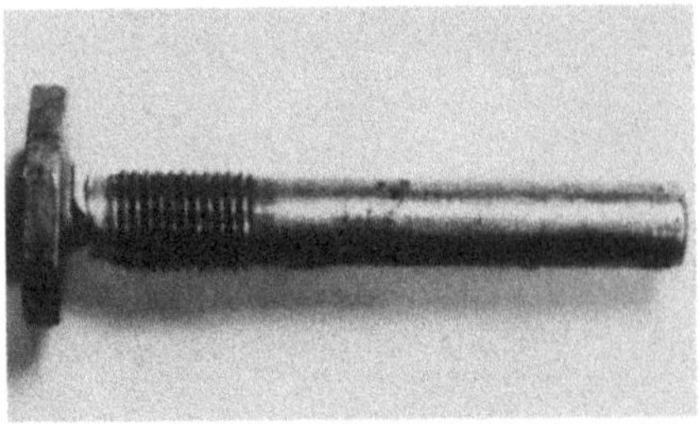

Abb. 7.95 Schwingbruch im Blatthaltebolzen (Länge 58 mm).

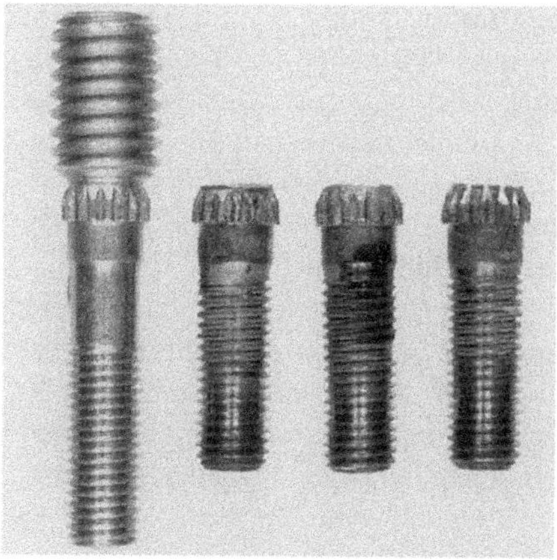

Abb. 7.96 Schwingbrüche im Kerbgrund von Befestigungsbolzen (links: vergleichbares Neuteil).

Abb. 7.97 Durchgehender Schwingungsriss im ersten gebrochenen Bolzen (kein Restbruch). Durchmesser 6 mm.

Abb. 7.98 Rascher fortgeschrittener Schwingungsriss im dritten gebrochenen Bolzen. Restbruch im oberen Drittel.

stärker zu wichtenden, langsameren Anfangs- und rund 0,8 µm in der rascheren Endphase ermittelt man eine *Mindestzahl* von 15 000 bis 20 000 Lastzyklen zur Trennung des 6 mm dicken Bolzens. (Jeder Schwingungsstreifen entsteht bei einem einzigen Lastspiel, jedoch nicht jedes Lastspiel muss einen Streifen erzeugen!) Diese Anzahl erreicht der Rotor nach fünf bis sechs Minuten: kein Widerspruch, aber auch keine weiterführende Information. Die zeitversetzten Brüche in den Bolzen 2 und 3 beeinflussen das prinzipielle Ergebnis nicht.

Mehr Aufschluss liefern dagegen die makroskopisch deutlich sichtbaren Rastlinien. Sie beruhen auf Rauigkeitsänderungen und schließen damit die Betriebsstillstände (14 Flugtage) als Ursache aus. Aufgrund ihrer Anzahl – bereits fast 50 im ersten Bolzen – entfallen auch die Anlassvorgänge, während die Landungen keine hinreichenden Beanspruchungsunterschiede bewirken. Gravierende Lastsprünge löst dagegen das Anhängen des 650 kg schweren Streukübels aus. Er erreicht damit über 80 % der Masse des bemannten Hubschraubers und belastet dessen Turbine bis zur Leistungsgrenze. Innerhalb der im Rastermikroskop zu schmalen Bändern aufgeweiteten Rastlinien bestätigen zahlreiche Sekundärrisse die extremen Spannungsamplituden (Abb. 7.99). Zwischen diesen „Rastlinien-Bändern" zählt man 200 bis 400 Schwingungslinien, denen bei einer mittleren Flugdauer von 2,12 min pro Streuvorgang 6784 Heckrotorumdrehungen als potenzielle Riss-Schrittmacher gegenüberstehen. Die geringe Zahl rissaktiver Zyklen (3÷6 %) resultiert aus dem bekannten Effekt, dass sich nach dem Übergang von einer höheren auf eine niedrigere Lastamplitude die Rissausbreitungsgeschwindigkeit infolge der vorangegangenen größeren plastischen Verformung im Gebiet der Rissspitze zwischenzeitlich vermindert. Geht man von 50 Flügen für die Zerstörung des Bolzens 1 und höchstens 50 weiteren für die zeitversetzte Trennung der beiden anderen Bolzen aus, so ergibt sich seit dem Start des ersten Anrisses eine Gesamtflugdauer von maximal 212 Minuten. Bei den 70 Flugstun-

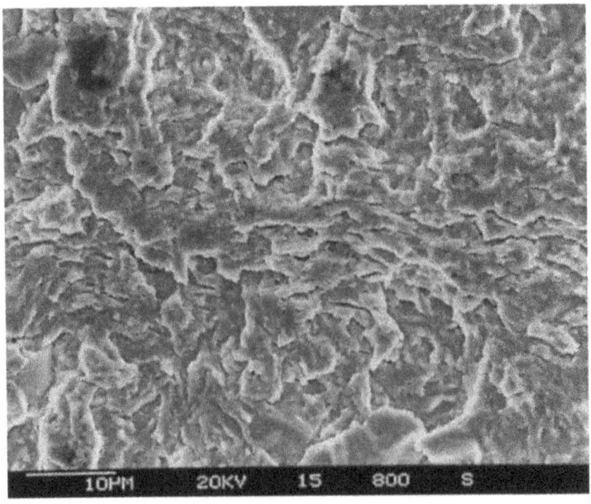

Abb. 7.99 Rauigkeits-Rastlinie aus Abb. 7.97, aufgelöst im Rastermikroskop (mittlerer Streifen mit Sekundärrissen).

den zurückliegenden Inspektion – Kernfrage bei derartigen Untersuchungen – dürfte somit kein erkennbarer Riss vorgelegen haben.

Ein ungewöhnliches Bruchbild bot sich an einem Sportflugzeug, dessen Federbeine gleichzeitig als Fahrgestell und als Federelement dienten. Schwierigkeiten bereitet die Befestigung derartiger Elemente an der Zelle, hier versucht durch eine Schraubverbindung. In dem hart vergüteten Bauteil entwickelte sich der Schwingungsriss erwartungsgemäß an der Austrittskante der Bohrung (Abb. 7.100 und 7.101). Die Bruchfläche zeigt einen mehrfachen Wechsel zwischen aufgefangenen Spaltbrüchen und Schwingungsrissabschnitten. Er lässt sich aus der Folge kurzzeitiger, harter Landestöße und Rollbewegungen auf Graspisten oder Landebahnen erklären.

Am Hecksporn eines Segelflugzeuges hatte sich die Kontermutter auf dem Gewindezapfen eines Kugelgelenkes gelockert (Abb. 7.102). Der Versagensablauf des dadurch überlasteten Zapfens lässt sich auf seiner Bruchfläche ablesen: Entwicklung zweier gegenläufiger Schwingungsrisse, Drehung des Kugelzapfens um etwa 45 Grad durch Landestoß, verbunden mit kurzem Gewaltbruch-Rissfortschritt, weiteres Wachstum beider Schwingungsrisse in der neuen Nord-Süd-Richtung, Restbruch im Zentrum (Abb. 7.103). Einpressungsringe auf der Kugel bestätigen die Drehbewegung.

Abb. 7.100 Schwingbruch in einem Blattfederelement, ausgehend von einer Bohrung, Breite 160 mm.

Abb. 7.101 Bruchfläche zu Abb. 7.100: Wechsel von Schwingungsriss- und Gewaltbruchanteilen. Wanddicke 18 mm.

Abb. 7.102 Bruch im Gewindezapfen eines Kugelgelenkes (M10). Erpressungen der Klemmbacke.

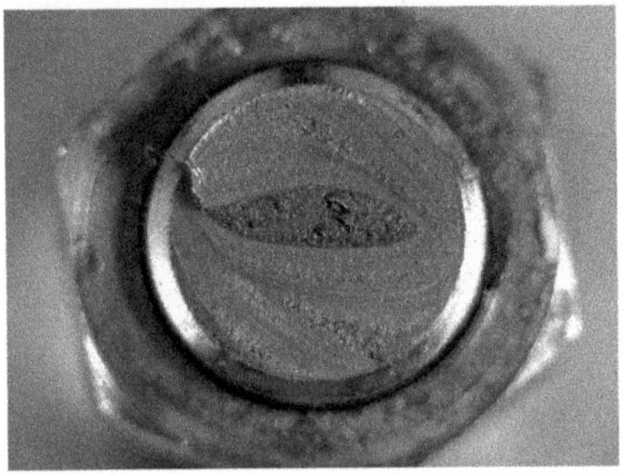

Abb. 7.103 Schwingbruch des Zapfens in Abb. 7.102. Wechselnde Biegung mit zwischenzeitlicher Drehung.

Verhältnismäßig selten begegnet man Schwingbrüchen durch wechselnde Torsion wie im Falle der Keilwellen eines Turmdrehkranes (Abb. 7.104 und 7.105). Die Zerstörung beginnt am Umfang an jedem einzelnen Segment des Vielnutprofils. Infolge des Bestrebens der Einzelrisse, sich möglichst unter 45 Grad gegenüber der Achse zu orientieren, entsteht ein Bruchbild ähnlich einer Hirth-Verzahnung (Plan-Kerbverzahnung). Die Mikrostruktur der Bruchfläche ist nahezu vollständig eingeebnet. Der Restbruch – hier als Sprödbruch – beschränkt sich auf ein kleines Gebiet im Zentrum der Wellen.

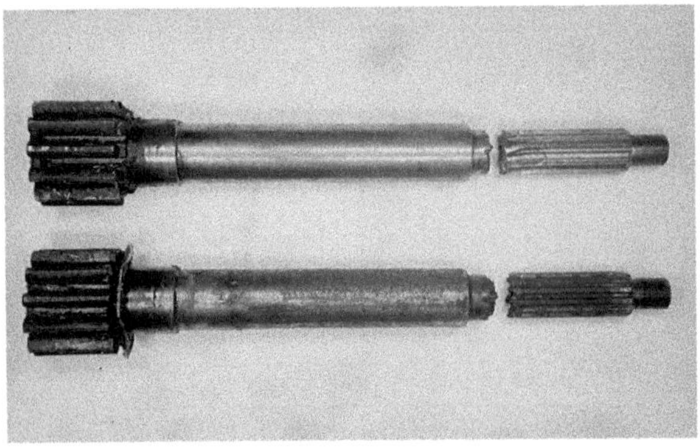

Abb. 7.104 Schwingbrüche in den Keilwellen eines Turmdrehkranes.

Abb. 7.105 Bruchfläche zu einer Welle aus Abb. 7.104. Wechselnde Torsion, kleine Restbruchfläche im Zentrum.

Am Turmdrehkran in Abbildung 7.106 waren bereits nach halbjährigem Einsatz zwei der vier Eckstreben gebrochen. Bei der Untersuchung wurden zahlreiche weitere Schwingungsrisse gefunden, die jeweils am Auslauf der Schweißnähte für die Querstreben gestartet waren (Abb. 7.107). Extrem mangelhafte Schweißungen hatten die konstruktiven Steifigkeitssprünge stellenweise unterstützt (Abb. 7.108). Zusätzlich hatte ein rauer Betrieb mit routinemäßiger Not-Aus-Betätigung zum raschen Abstoppen der Schwenkbewegung den Kran in kurzer Zeit ruiniert.

Abb. 7.106 Turmdrehkran. Bruch zweier Eckstreben des Gittermastes.

Abb. 7.107 Schwingungsriss, ausgehend von der Schweißnaht einer Querstrebe.

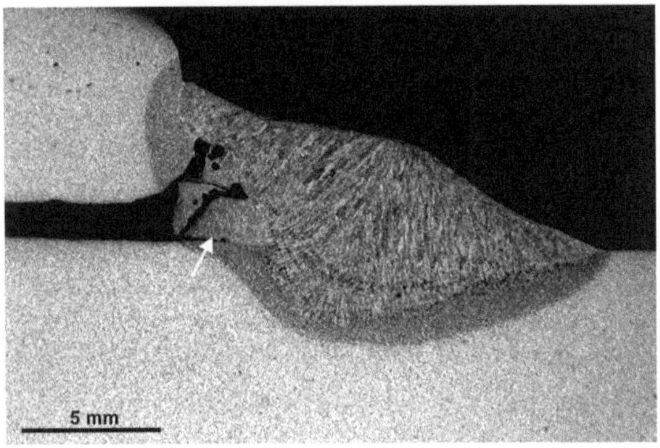

Abb. 7.108 Mangelhafte Schweißnaht zum Anschluss einer Querstrebe. Eingelegter Blechstreifen zur Spaltüberbrückung (Pfeil).

7.5.2
Oberflächenfehler

Die enorme Kerbwirkung eingeschlagener, eingepresster oder eingravierter Zahlen und Markierungen wird häufig unterschätzt. Die Folgen zeigen die Abbildungen 7.109 und 7.110 am Radreifen einer Güterzuglokomotive. Der große Restbruchanteil resultiert offensichtlich aus der geringen Risszähigkeit des Stahles.

Dauerschwingproben aus höherfestem Baustahl demonstrieren, dass sich Schlagzahlen nachteiliger auswirken als eine Querschnittsverminderung um 20 % oder als eine Bohrung (Abb. 7.111). Wie beim Radreifen beginnt einer der Risse unterhalb der Ziffer „1", an der bei etwa gleichen Schlagimpulsen die größte Flächenpressung auftritt, hinzu kommt die „perfekt" orthogonale Orientierung gegenüber der Zugspannung.

Um die Gestaltfestigkeit der gebohrten Proben zu steigern – sie repräsentieren die Siebtrommeln von Zuckerzentrifugen – war dem Hersteller ein Abrunden der Bohrungsausläufe empfohlen worden.

Abb. 7.109 Eingepresste Ziffern im Radreifen einer Güterzuglokomotive.

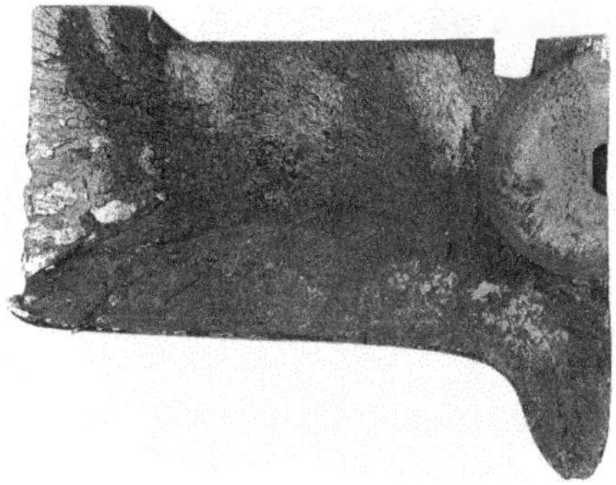

Abb. 7.110 Schwingungsriss, ausgehend von Ziffer „1“. Bruchfläche zu Abb. 7.109.

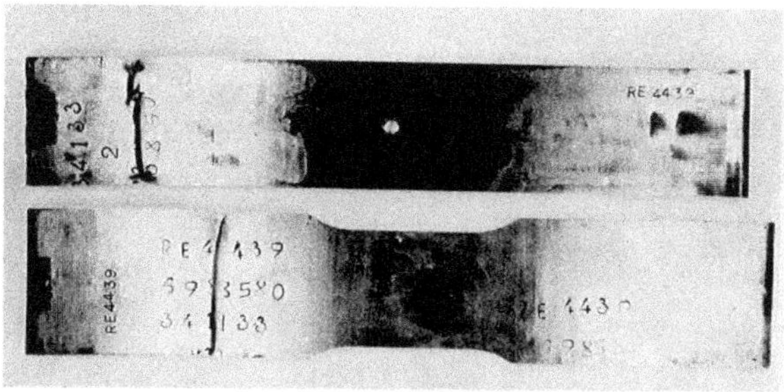

Abb. 7.111 Schwingbrüche durch Schlagzahlen in Probestäben (Stablänge 300 bzw. 310 mm).

Dabei misslang im ersten Fertigungsversuch der Übergang vom Radius in den zylindrischen Bohrungsbereich (Abb. 7.112); die Probe reagierte mit einer drastisch verkürzten Lebensdauer. Bei der üblichen Fertigung der Zentrifugentrommeln werden spätere Schwingungsrisse nicht selten durch Drehriefen (Späne!) in den Bohrungen programmiert (Abb. 7.113). Nach einigen Kampagnen haben sich die Einzelrisse entlang einer Bohrungsreihe vereinigt: Die Trommel reißt achsparallel auf.

Abb. 7.112 Schwingbruch, ausgehend von grober Bearbeitungsriefe in einer Bohrung.

Abb. 7.113 Schwingungsrisse, beidseitig ausgehend von der Bohrung einer Zentrifugentrommel. Wanddicke 18 mm.

Abb. 7.114 Schwingbruch in einem Kolben durch eingeschlagene Montage-Hilfsmarkierung (Pfeil). Übersicht und Detail. Kolbendurchmesser 80 mm.

Ähnlich einer Schlagzahl hatte der Monteur bei der Überholung eines Motors die Position der Kolben mit einem Pfeil markiert. Der provozierte Schwingbruch benötigte nur wenige Betriebsstunden (Abb. 7.114).

In Fahrrad-Tretkurbeln entwickeln sich Schwingungsrisse meist infolge mechanischer Beschädigungen der zugbeanspruchten Außenseite. Die Bruchfläche ist mit schwarzem Aluminium-Reiboxid und Rastlinien dekoriert (Abb. 7.115). Absolut unüberlegt hatte einer der Hersteller nicht nur seinen Namenszug in die hoch belastete Zone eingepresst, sondern ihn zusätzlich mit zwei Kerbrillen – senkrecht zur Zugspannungsrichtung – hervorgehoben (Abb. 7.116). Die Schwingungsrisse in beiden Rillen erkennt man im Stereomikroskop.

Grobe Drehriefen leiteten den Schwingbruch im Spannbolzen (Inconel 901) einer Gasturbine ein (Abb. 7.117). Wie bereits erwähnt, zeigt der Schwingungsriss in derartigen Nickelbasislegierungen – ebenso wie in einigen Kobaltbasislegierungen – ein atypisches Bruchbild, das nicht mit einem Spaltbruch verwechselt werden darf (Abb. 7.118).

Einpressungen von Spannelementen führen bei Blattfedern – häufig in Verbindung mit einer Randentkohlung – zu Schwingungsrissen (Abb. 7.119). Die hartvergüteten Federn brechen aufgrund ihrer niedrigen Risszähigkeit K_{IC} bereits nach einer kurzen Ausbreitung des Risses (Abb. 7.120, vgl. auch Abb. 7.100, 7.101).

Abb. 7.115 Schwingbruch in einer Fahrrad-Tretkurbel. Schwarzes Aluminium-Reiboxid.

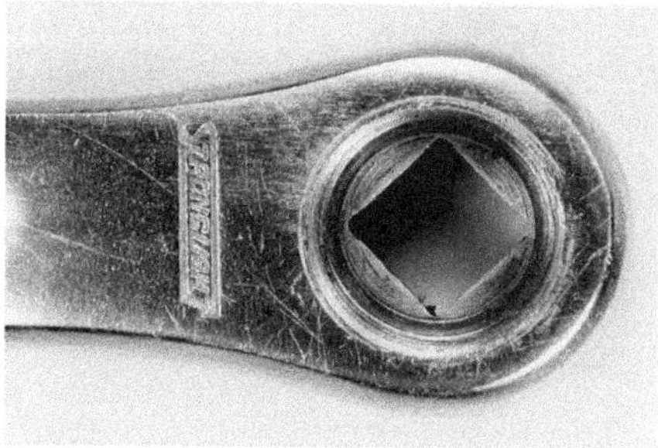

Abb. 7.116 Eingepresster Schriftzug in einer Fahrrad-Tretkurbel. Risse entlang beider Querrillen.

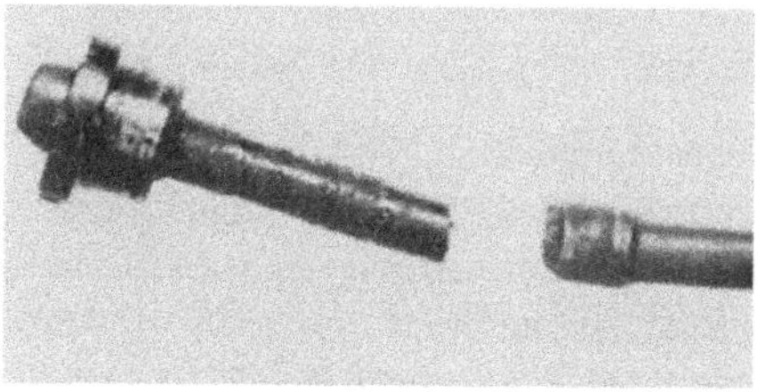

Abb. 7.117 Schwingbruch (links) in einem Spannbolzen (Schaftdurchmesser 5 mm). Ein 10 mm langer Schaftabschnitt fehlt.

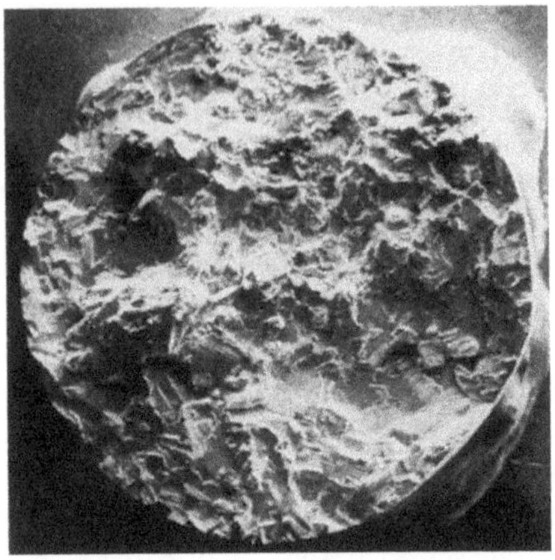

Abb. 7.118 Bruchfläche zu Abb. 7.117. Kristallografisch orientierte Ausbreitung des Schwingungsrisses in Nickellegierung.

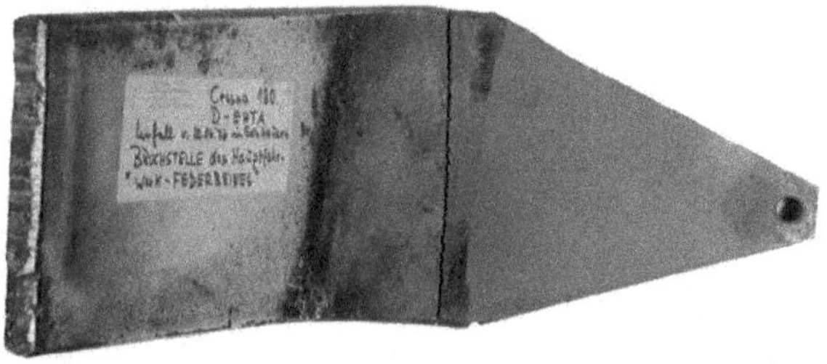

Abb. 7.119 Schwingbruch in einer Blattfeder (Breite 152 mm). Einpressung der Klemme.

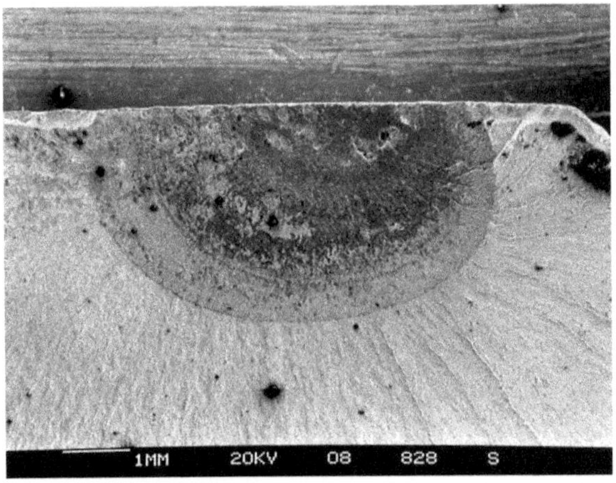

Abb. 7.120 Schwingungsriss unterhalb einer Reibstelle (Feder aus Abb. 7.119).

Blattfedern eines Bürostuhles waren an der Austrittsstelle aus der Kunststoff-Sitzschale mit der Schleifhexe von anhaftenden Plastikresten (Verbund-Spritzguss) gesäubert worden. Auf die gedankenlos produzierten Schleifriefen reagierte der kaum angelassene Stahl unverzüglich mit einem Schwingbruch (Abb. 7.121 und 7.122). In ähnlicher Weise gefährden Ziehriefen die auf weit über 2000 N/mm^2 kaltverfestigten, patentierten Klaviersaitendrähte (Abb. 7.123 und 7.124).

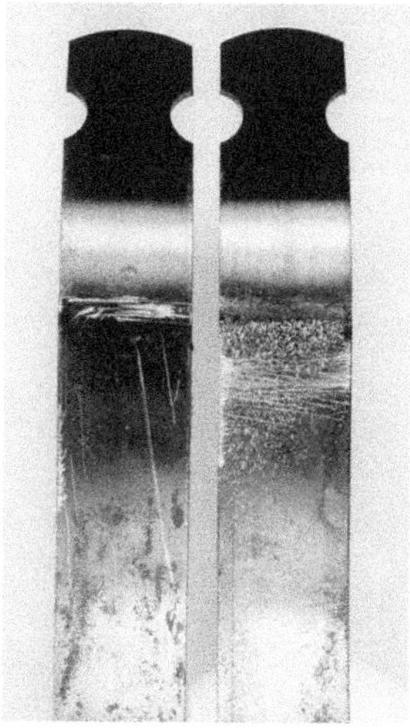

Abb. 7.121 Durch Schleifriefen schwingbruchgefährdete Blattfedern. Breite 20 mm.

Abb. 7.122 Von Schleifriefen ausgehende Schwingungsrisse. Blattfeder wie in Abb. 7.121.

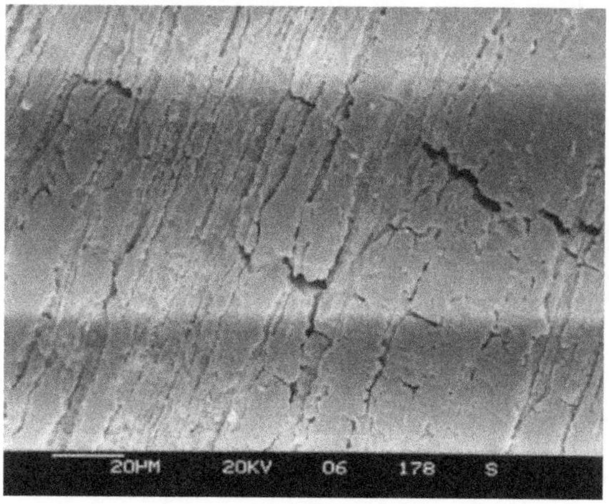

Abb. 7.123 Schwingungsrisse, ausgehend von Ziehriefen auf Klaviersaitendrähten.

Abb. 7.124 Schwingungsrisse (3x) in einem Klaviersaitendraht, vorgeschädigt durch Ziehriefen wie in Abb. 7.123.

Auf die Gewindeköpfe eines Spülbohrgestänges (Stahl 46Mn5) waren nachträglich ohne Vorwärmung Panzerstahl-Raupen aufgeschweißt worden, um das Abgleiten der Spannwerkzeuge zu verhindern. Durch das Schweißen härtete der Werkstoff auf; es entstanden Anrisse, die sich unter der dynamischen Beanspruchung ausbreiteten (Abb. 7.125 und 7.126). Dieser vom Bohrpersonal verursachte Ausfall überdeckte jedoch nur das bereits konstruktionsseitig programmierte Versagen des Gestänges. Anstatt den Kopf stumpf vor das Rohr zu schweißen, hatte man die beiden Teile durch ein konisches Gewinde verbunden und es mit einer umlaufenden Schweißnaht – nach korrektem Vorwärmen – gegen Aufdrehen gesichert. Nachträgliches Schweißen lockert jedoch generell eine Verschraubung, so dass im vorliegenden Fall das Bohrmoment von der Naht, nicht vom Gewinde übertragen worden war. Kräftig entwickelte Schwingungsrisse im Bereich dieser Sicherungsnaht waren allerdings ihren Konkurrenten aus der Auftragschweißung unterlegen.

Eine Getriebewelle (Durchmesser 170 mm) war in einem geraden Abschnitt unterhalb eines Wälzlagers gebrochen, obwohl sich in naher Umgebung Absätze und Einstiche zum Rissstart angeboten hatten (Abb. 7.127). Die Bruchflächen

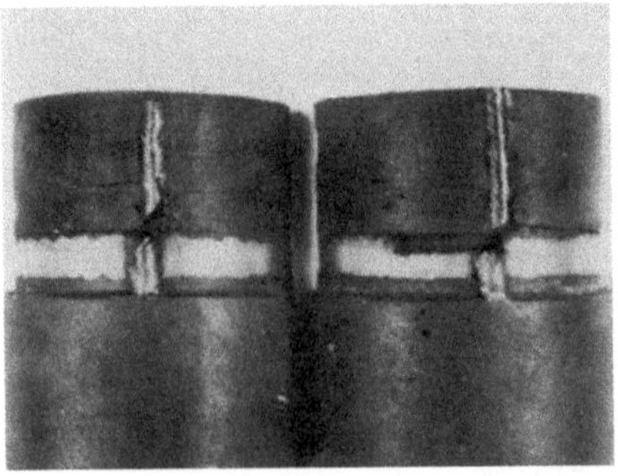

Abb. 7.125 Schwingungsrisse in einem Spülbohrgestänge, ausgehend von aufgeschweißten Raupen (Kopfdurchmesser 110 mm).

Abb. 7.126 Schnitt durch den Rohrkopf aus Abb. 7.125; ungünstige Kombination von Schraub- und Schweißverbindung.

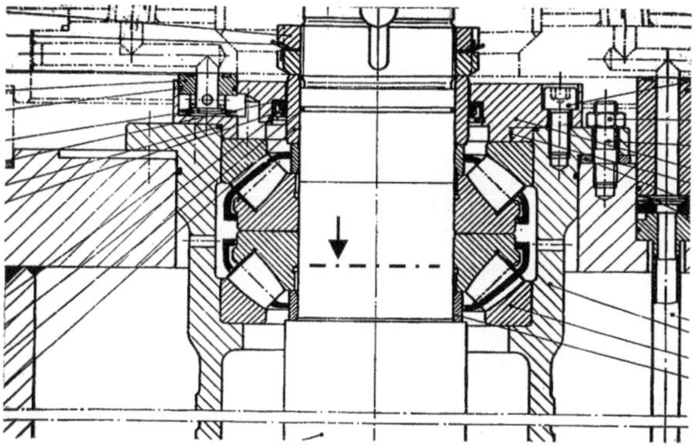

Abb. 7.127 Getriebewelle; spätere Bruchfläche markiert.

Abb. 7.128 Verriebene Schwingbruchfläche der Getriebewelle in Abb. 7.127 (Durchmesser 170 mm).

hatten sich gegenseitig weitgehend abgeschliffen (Abb. 7.128). Trotz der Beschädigungen konnten im Rastermikroskop auf einer der Bruchflächen Drehriefen (!) wenige Millimeter unterhalb des Randes nachgewiesen werden (Abb. 7.129). Ein metallografischer Schliff klärte den Befund: Eine Strecke der Welle war abgedreht und mit einer Auftragschweißung wieder aufgefüllt worden. Bindefehler an einer der Einstichflanken hatten den Schwingungsriss eingeleitet.

Das Kurbelgehäuse (Silumin) eines Motors wies zahlreiche Lunker auf; von einem dicht unter der Oberfläche liegenden entwickelte sich ein Schwingungsriss (Abb. 7.130 und 7.131).

Korrosionsnarben können nach langen beanstandungslosen Betriebszeiten Schwingbrüche einleiten. So war in den Blattgriff eines Hubschrauber-Heckrotorblattes infolge einer schadhaften Dichtung Regenwasser eingedrungen (Abb. 7.132). Zufälligerweise hatte man den hinteren Teil des Hohlraumes bei der Fertigung nicht vollständig mit Schutzlack überzogen; darüber hinaus wies die verwendete kupferhaltige Aluminiumlegierung 2014-T6 ungewöhnlich grobe Einschlüsse auf. Durch Auflösung des benachbarten Aluminiums wurden die chemisch edleren Einschlüsse herauskorrodiert (Abb. 7.133). An den entstandenen Kerben entwickelten sich zahllose Schwingungsrisse (Abb. 7.134).

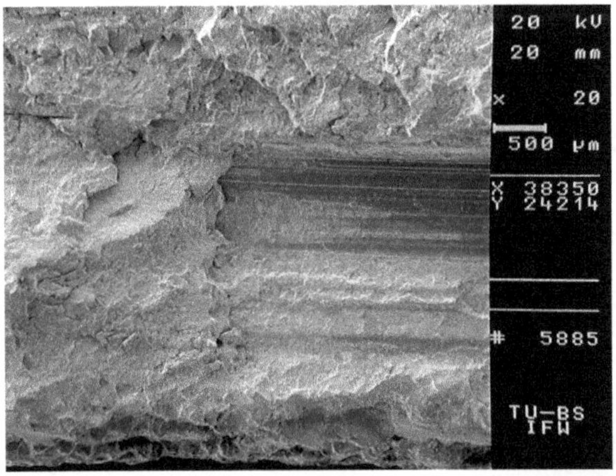

Abb. 7.129 Spuren von Drehriefen. Rastermikroskopischer Ausschnitt aus Abb. 7.128, Randbereich.

Abb. 7.130 Kurbelgehäuse eines Motors (Breite 350 mm). Riss im mittleren Lager.

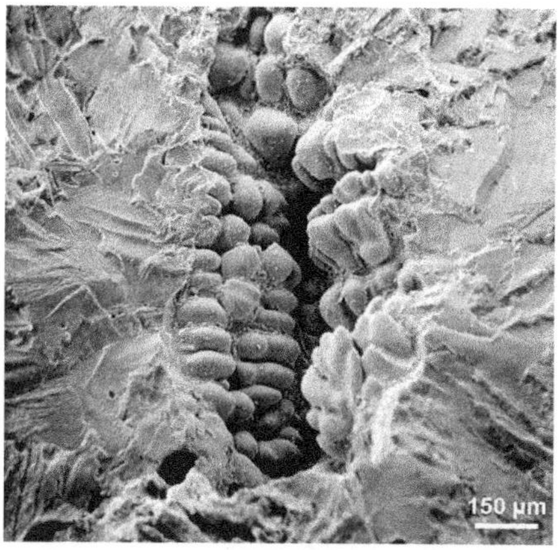

Abb. 7.131 Rissausgang von einem Erstarrungslunker (Länge 1,5 mm).

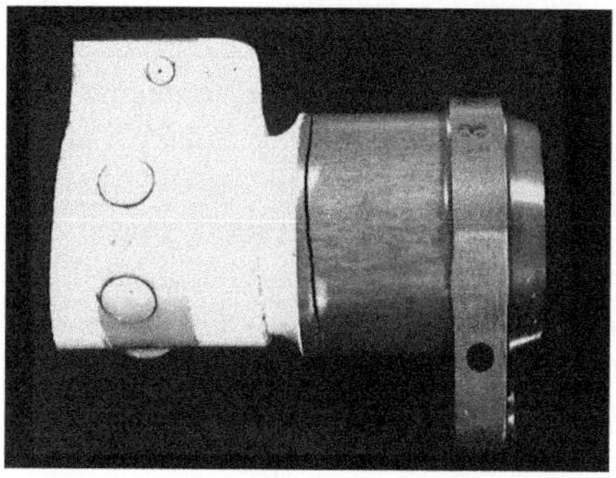

Abb. 7.132 Schwingbruch im Blattgriff (47 mm ø).

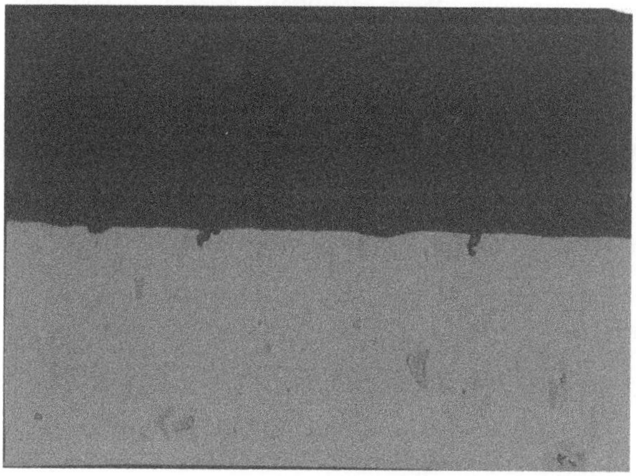

Abb. 7.133 An der Oberfläche herauskorrodierte grobe Einschlüsse (Bildbreite 0,15 mm). Schliff, ungeätzt.

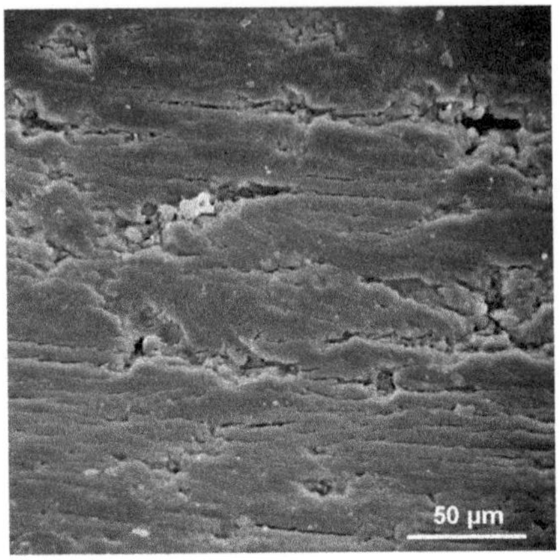

Abb. 7.134 Wandoberfläche, herauskorrodierte Einschlüsse, Anrisse.

Zur Fertigung einer Förderschnecke (Länge ca. 9 m, austenitischer Stahl 1.4301)) werden die Schaufeln auf ein Trägerrohr aufgeschweißt (Abb. 7.135). Schwingbrüche, sofern sie auftreten, beginnen am Fußpunkt der Anströmkante der Schaufeln. Völlig unerwartet war der Riss im vorliegenden Fall inmitten eines glatten Rohrbereiches gestartet; eine Reparaturschweißung hatte sein Wachstum nicht stoppen können. Auf der Rohrinnenwand erkennt man die Ursache des Primärschadens (Abb. 7.136). Die Ringe umgeben Wärmepunkte, die zum Richten der nach dem Schaufelschweißen verzogenen Schnecke gesetzt worden waren. Die Folgen sind bekannt: Ausscheidung von Chromkarbid innerhalb der über 500 °C erwärmten Kernzone, zusammenhängende Verarmung an gelöstem Chrom entlang der Korngrenzen, Interkristalline Korrosion mit Lochbildung im Zentrum der Wärmepunkte, Schwingungsriss.

Während des Landevorganges hatte sich an einem größeren Verkehrsflugzeug nach 1600 Metern Rollstrecke das rechte äußere Hauptfahrwerksrad gelöst: Das Zylinderteil des Hauptfahrwerksstrebs war beidseitig neben dem Flansch zur Befestigung des Bremsscheibengehäuses gebrochen (Abb. 7.137). Es handelt sich in beiden Fällen um Gewaltbrüche, wobei ein harter Landestoß die Achse innen weitgehend, außen vermutlich sogar vollständig durchtrennt hatte (Abb. 7.138).

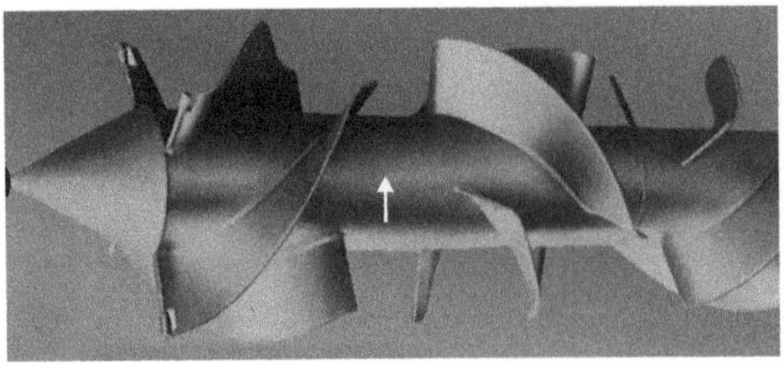

Abb. 7.135 Förderschnecke mit aufgeschweißten Schaufeln. Späterer Schwingungsriss markiert.

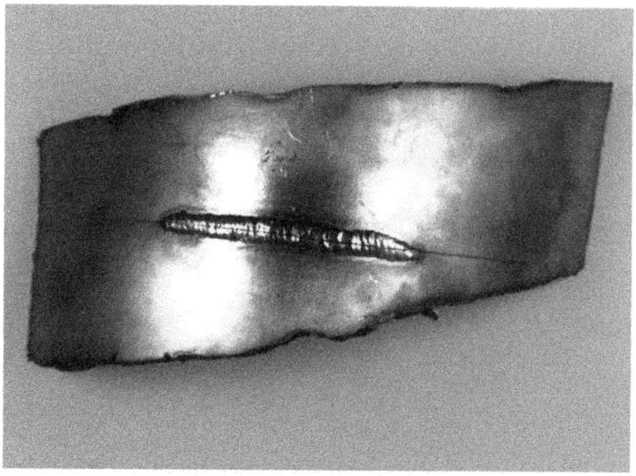

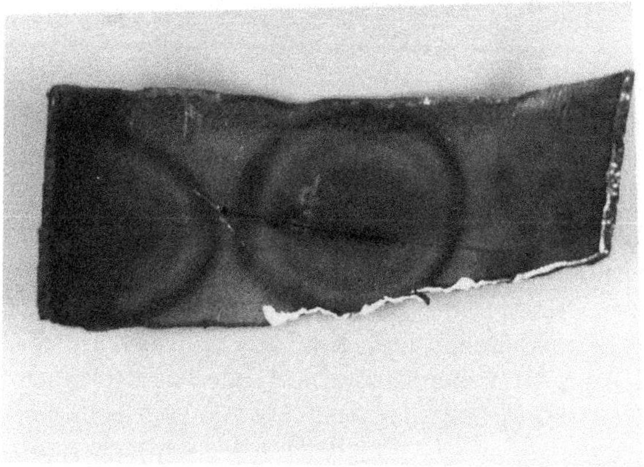

Abb. 7.136 Äußere Reparaturschweißung/Korrosionsloch im Zentrum des Wärmepunktes; Innenwand.

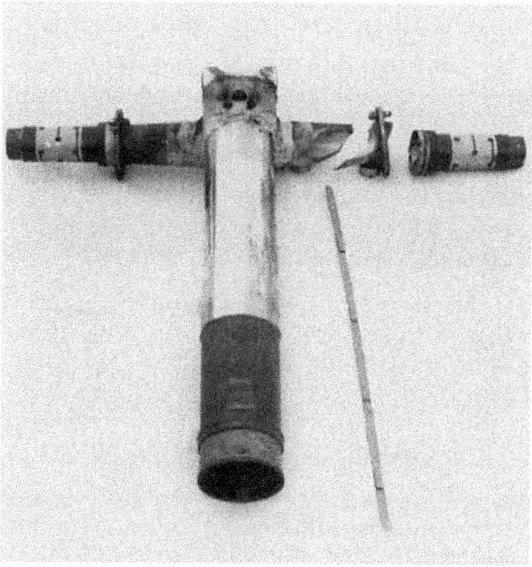

Abb. 7.137 Zerstörtes Teil eines Hauptfahrwerksstrebs. Zylinderlänge ca. 1 m.

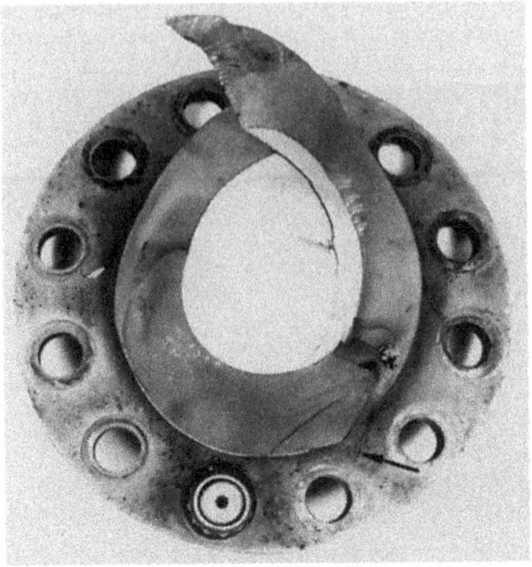

Abb. 7.138 Zylinderseitige Bruchfläche des Flanschteils. Außendurchmesser 164 mm.

Das Rad konnte jedoch auch dann noch abrollen, da es seine rotierenden Bremsscheiben formschlüssig zwischen den am Flansch befestigten stationären Bremsscheiben führten. Das bei Betätigung der Bremse eingeleitete Moment vollendete den Bruch zwischen Flansch und Zylinder.

Nur bei genauer Betrachtung erkennt man auf dem Flanschfragment einen Haarriss, der sich von den Bruchflächen bis in eine der Bohrungen für die Schrauben erstreckt. Nach seinem Öffnen zeigte sich, dass sich in dieser Bohrung, begünstigt durch eine Korrosionsnarbe, ein typischer, daumennagelförmiger Schwingungsriss gebildet hatte (Abb. 7.139 und 7.140). Der Landestoß löste einen frühzeitigen Restbruch aus, der sich am Ende des Flansches bei Eintritt in den rohrförmigen Kernbereich der Achse gabelte und schließlich mehrfach verzweigte, so dass das Zylinderteil in drei Bruchstücke zerfiel. Trotz seiner noch geringen Tiefenausdehnung von ca. 1,5 mm dürfte der Schwingungsriss den Start des gewaltsamen Restbruches infolge der extrem hohen Festigkeit und geringen Risszähigkeit des Stahles (gemessene Härte 593 HV10) merklich erleichtert haben (vgl. auch oben erwähnte Schäden an Blattfedern).

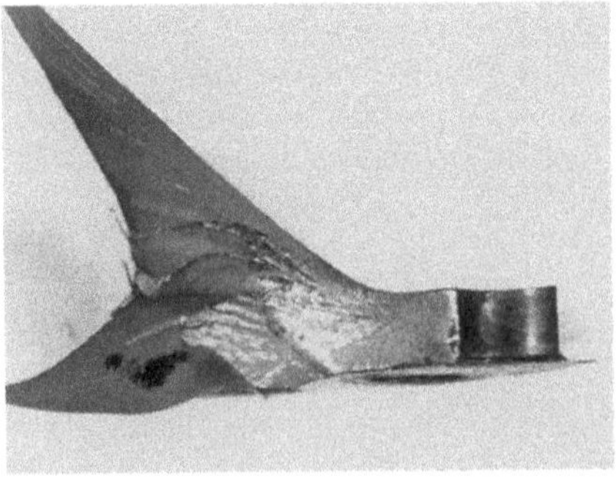

Abb. 7.139 Ausgang des ausgedehnten, verzweigten Bruches an einer Flanschbohrung. Flanschdicke 10 mm (vgl. Abb. 7.137 und 7.138).

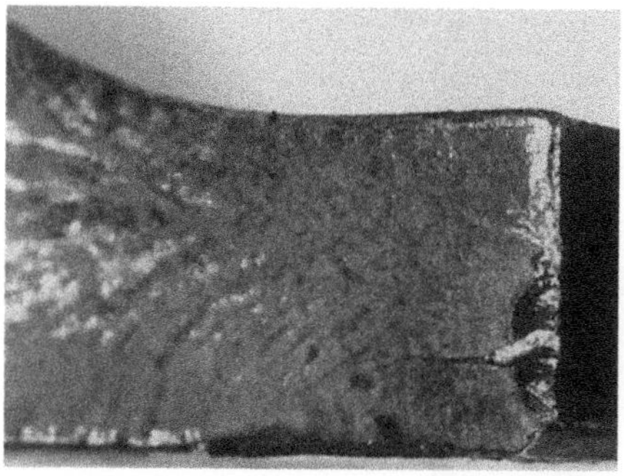

Abb. 7.140 Detail aus Abb. 7.139. Schwingungsanriss, ausgehend von einer Korrosionsnarbe in der Bohrungswand.

Ähnlich im Erscheinungsbild, jedoch verursacht durch grobe Riefen vom Bohren, hatten sich in mehreren Nietlöchern der Holmbrücke eines Ganzmetall-Segelflugzeuges Schwingungsrisse entwickelt und das 6 mm dicke Aluminiumband zerstört (Abb. 7.141 bis 7.143).

Abb. 7.141 Schwingbrüche in der Holmbrücke eines Ganzmetall-Segelflugzeuges.

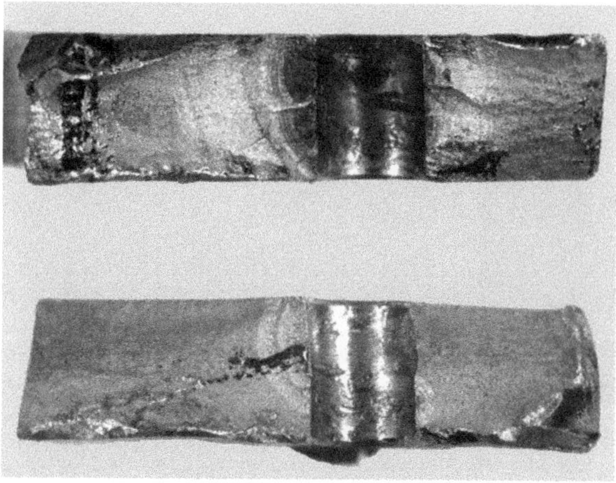

Abb. 7.142 Schwingungsrisse, ausgehend von Riefen in den Nietbohrungen der Holmbrücke in Abb. 7.141. Blechdicke 6 mm.

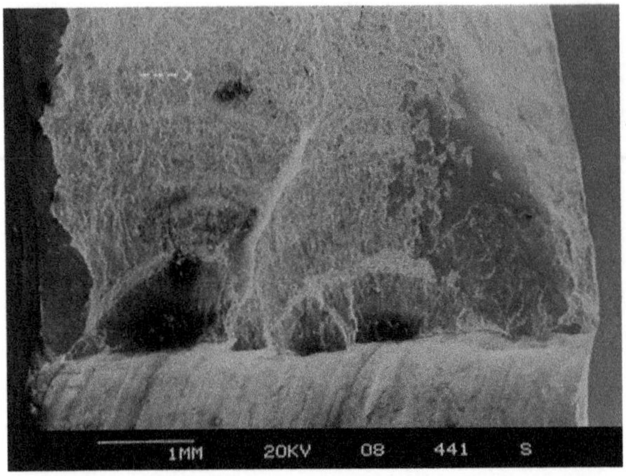

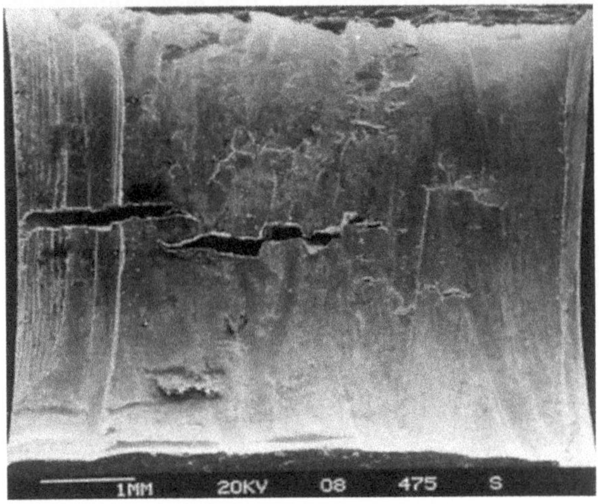

Abb. 7.143 Ausgangsstellen von Schwingungsrissen in Nietbohrungen (vgl. Abb. 7.142).

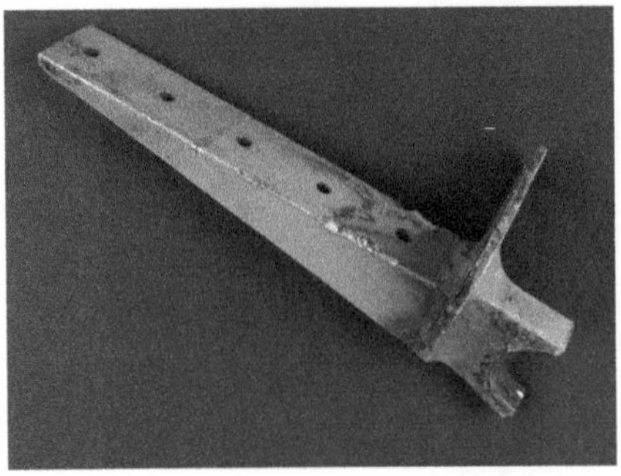

Abb. 7.144 Landeklappenbeschlag eines Passagierflugzeuges.

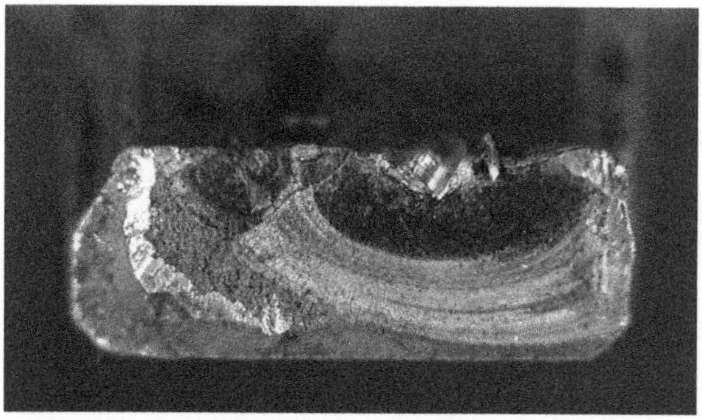

Abb. 7.145 Schwingbruch im Beschlag aus Abb. 7.144. Schwarzes Aluminium-Reiboxid. (Breite 20 mm).

Auch der Landeklappenbeschlag (Al-Legierung) eines großen Verkehrsflugzeuges hatte durch fertigungs- oder betriebsbedingte Bohrungsriefen versagt und zum Verlust der Klappe beim Landeanflug geführt (Abb. 7.144 und 7.145).

7.5.3 Schwingbrüche an ausgewählten Bauteilen

Eines der schwersten Eisenbahnunglücke ereignete sich am 03. Juni 1998 bei Eschede. Sechs Kilometer vor dem Bahnhof war ein Radreifen am hinteren Drehgestell des ersten Wagens des ICE Conrad Röntgen bei einer Geschwindigkeit von 200 km/h gebrochen. Der aufgebogene Reifen verhakte sich im Bahnhof in einer Weiche, verstellte sie und lenkte den nachfolgenden Zugteil auf das abbiegende Gleis. Der nächste Waggon prallte auf einen Brückenpfeiler und brachte die gleisüberführende Straßenbrücke zum Einsturz. In den Trümmern starben 101 Mensch (Abb. 7.146).

Reifen des Unfalltyps federn sich über 34 Gummiklötze auf der Radscheibe ab. Sie werden mit einem Außendurchmesser von 920 mm aufgezogen und maximal bis auf 854 mm abgenutzt. Die Wanddicke nimmt dabei – je nach Messstelle – von etwa 68 auf 35 mm ab. Der größte Dickenverlust resultiert aus dem Reprofilieren (maschinelles Runddrehen), dem sich jeder Reifen wegen ungleichmäßiger Ab-

Abb. 7.146 ICE Conrad Röntgen. 03.06.1998. Bahnhof Eschede.

nutzung mehrmals während seiner Lebensdauer unterziehen muss. Die Bahn begrenzt die Dickenschwankung längs des Umfangs auf 0,6 mm. Die maximale Zugspannung tritt an der Innenseite des Reifens auf, und zwar entlang des Firstes des innen leicht aufgedachten Querschnitts. Die dort positionierten Werkstoffelemente sind pro Umlauf einem komplexen Beanspruchungsprofil ausgesetzt: extreme Zugspannungsspitze in 6-Uhr-Position (Aufstandspunkt), moderate Druckspannungen zwischen 7- und 8- sowie symmetrisch zwischen 4-und 5-Uhr, nahezu spannungsfrei zwischen 9- und 3-Uhr. Gefertigt sind die Radreifen aus unlegiertem Stahl B5 „vergütet" (Bahnbezeichnung), Streckgrenze 480 N/mm², Zugfestigkeit 860 N/mm².

Der Unfallreifen hatte nach vierjähriger Laufzeit 1 789 000 km entsprechend $640 \cdot 10^6$ Umdrehungen absolviert. Er war viermal reprofiliert worden, hatte einen Durchmesser von 862 mm (mittige Wanddicke 39 mm) erreicht und stand kurz vor dem Austausch. Die beiden Herausgeber haben den Reifen wenige Tage nach dem Unfall inspiziert und die Bruchfläche in einem Rastermikroskop eingehend abgesucht. Ein ausgedehnter Schwingungsriss mit etwa 400 Rastlinien dominiert das Bruchbild (Abb. 7.147). Er beginnt in Form vier kleiner, rasch zusammenwachsender Einzelrisse im Bereich des Firstes. In der Startzone sind keinerlei Kratzer, Korrosionsnarben, Werkstoffinhomogenitäten oder sonstige Beschädigungen zu erkennen, während sich in kurzer Entfernung Einbrandkerben der Stromüberbrückungsbürsten als Rissinitiatoren angeboten hatten. Als Schadensursache verbleibt eine (lokale) mechanische Überlastung.

Die Rastlinien resultieren teils aus nächtlichem Stillstand, teils aus Überlaststößen (Weichenüberfahrten), verbunden mit erheblichen Plastifizierungen der Rissfront (Abb. 7.148). Durch deren verzögernde Wirkung hat sich die Rissausbreitung offensichtlich über einige Wochen erstreckt; bei einem Rissfortschritt pro Zyklus hätte der Reifen noch am Tage des Rissstarts versagt. Für die zeitliche Abschätzung darf nicht von der hohen Gesamtzahl passierter Weichen (statistisch eine pro 10 km Fahrstrecke) ausgegangen werden; wirksam ist nur derjenige Belastungsstoß, der den Riss im Aufstandspunkt trifft.

In der Endphase des Schwingungsrisses findet man zwei eingestreute Gewaltbruchabschnitte: offensichtlich Auswirkungen von Lastspitzen, die jedoch vom

Abb. 7.147 Radreifen. Ausgedehnter Schwingungsriss mit zahlreichen Rastlinien. Kleine Restbruchfläche im Spurkranz.

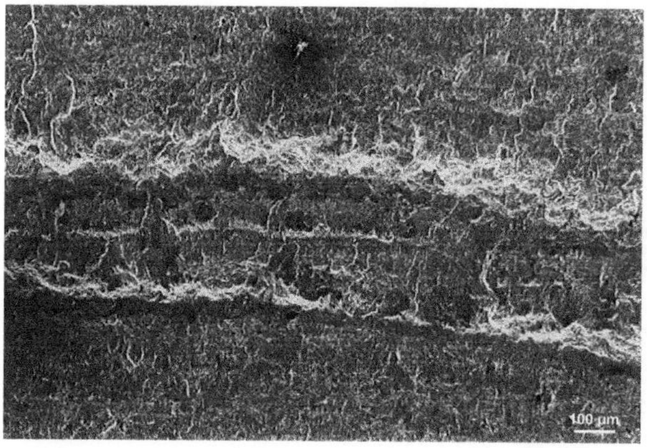

Abb. 7.148 Rastlinie mit deutlicher Plastifizierung (Waben). Rastermikroskopisches Detail aus Abb. 7.147.

Werkstoff aufgefangen worden sind. Der Restbruch im Spurkranz beschränkt sich auf einen Querschnittsanteil von deutlich unter 20 Prozent.

Die unzulässige Dickenschwankung entlang des Umfanges war bereits seit einigen Tagen vor dem Bruch registriert worden. Sie betrug am Unfalltag 1,1 mm. Rechnungen an ähnlichen Rädern ergeben für diesen Wert einen Anstieg der statischen Radlast von 78 kN auf rund das Vierfache im Fahrbetrieb. Die von der Bahn zugelassene Schwankung von 0,6 mm begrenzt diesen Dynamik-Faktor auf das Zweifache. Hinzu kommt, dass der Reifen ab etwa 0,6 mm Unrundheit zu springen beginnt. Anscheinend ist die Gefahr unterschätzt, möglicherweise als Komfortproblem missverstanden worden. (Die Staatsanwaltschaft hat den Verfasser zu dem Hinweis verpflichtet, dass es sich um seine persönliche Meinung handelt.)

Am 31.12.1987 war im Kraftwerk Irsching der Niederdruckläufer eines 330 MW-Dampfturbosatzes beim Wiederanfahren geborsten (Schmiedeblock 60 Tonnen). In dieser Betriebsphase überlagern sich den Fliehkräften hohe thermische Spannungen in der von außen aufgeheizten, im Kern noch kalten Welle. Im Inneren des größten Bruchstückes fand man einen etwa handflächengroßen Lunker (Abb. 7.149). Er war vor der Inbetriebnahme im Jahr 1972 mit Ultraschall zwar

Abb. 7.149 Bruchstück des Niederdruckläufers Kraftwerk Irsching. Zentraler Lunker.

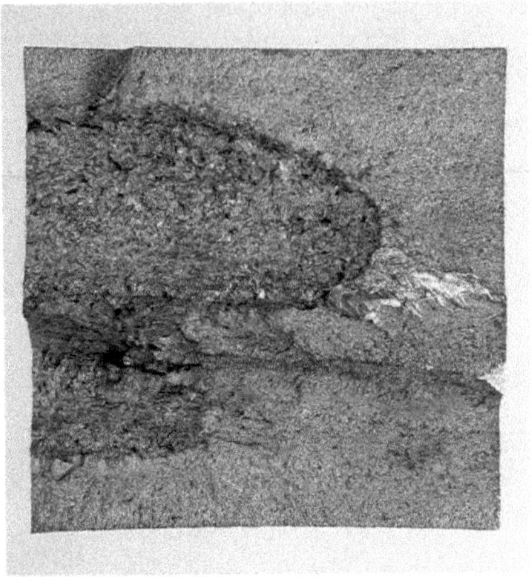

Abb. 7.150 Lunker, angeschärft durch Schwingungsrisse (Breite 3–5 mm).

geortet, nach dem damaligen Stand der Prüftechnik jedoch als ungefährlich eingestuft worden. Durch zahlreiche Anfahrvorgänge im Laufe der 15 Betriebsjahre hatten sich 3–5 mm breite Säume von Schwingungsrissen entwickelt und den ursprünglich abgerundeten Lunker in kritischem Maße angeschärft (Abb. 7.150). Hinzu kam eine nur mäßige Kerbschlagarbeit des niedrig legierten Vergütungsstahles von 3,2 Joule. (Bei der Untersuchung hat der Verfasser das Allianzzentrum für Technik unterstützt).

Motoren- und Triebwerksteile sind funktionsgemäß in besonderem Maße durch Schwingbrüche gefährdet. In Kurbelwellen beginnen sie vorzugsweise am Übergang Kurbelwange/Kurbelzapfen. Die Beanspruchung besteht aus Biegung und Torsion. Typische Schadensformen zeigen die Abbildungen 7.151 und 7.152. Auch Ölbohrungen in diesem Bereich dienen gelegentlich als Ausgangspunkte. Die in

Abb. 7.151 Schwingbruch in einer Kurbelwelle (Zapfendurchmesser 50 mm). Biegung und Torsion.

Abb. 7.152 Schwingbruch in einer Kurbelwelle (Zapfendurchmesser 48 mm).

Abbildung 7.153 wiedergegebene vierfach gelagerte Kurbelwelle eines Sechszylindermotors wurde im schwingbruchanfälligen Übergangsbereich zusätzlich durch einen Werkstofffehler geschwächt. Wie deutlich ausgeprägte Rastlinien erkennen lassen, begann der Riss unterhalb der Oberfläche (Abb. 7.154 und 7.155). Ein metallografischer Querschliff durch das nachträglich zerstörte Bruchzentrum legte zahlreiche Werkstofftrennungen frei (Abb. 7.156). Nachdem der Schwingbruch die Wange durchquert hatte, lief die Kurbelwelle aufgrund ihrer mehrfachen Lagerung formschlüssig weiter. Hohe Biegekräfte im nunmehr fliegend gelagerten vorderen Bruchstück führten zu einem zweiten Schwingbruch.

An der Kurbelwelle eines Einzylindermotors, wie er beispielsweise für Rasenmäher oder für Ultraleicht-Flugzeuge eingesetzt wird, hatte man die Übergänge Schwungscheibe/Welle der zufälligen Abrundung der Drehmeißelspitze überlassen; der „Radius" betrug 0,4 mm (Abb. 7.157).

Abb. 7.153 Schwingbrüche in der Kurbelwelle eines Sechszylindermotors (Gesamtlänge 750 mm). Primärbruch in der 3. Wange, Folgebruch in der 1. Wange.

Abb. 7.154 Primärer Schwingbruch in der 3. Wange der Kurbelwelle aus Abb. 7.153 (Breite der Bruchfläche 90 mm).

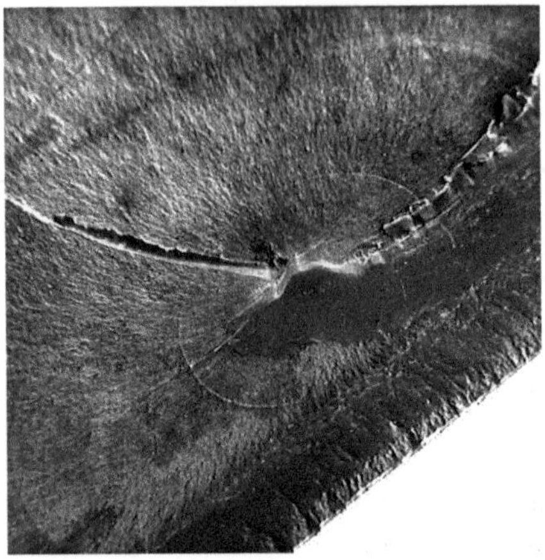

Abb. 7.155 Ausgangspunkt des 1. Schwingbruches aus Abb. 7.153 unterhalb der Oberfläche.

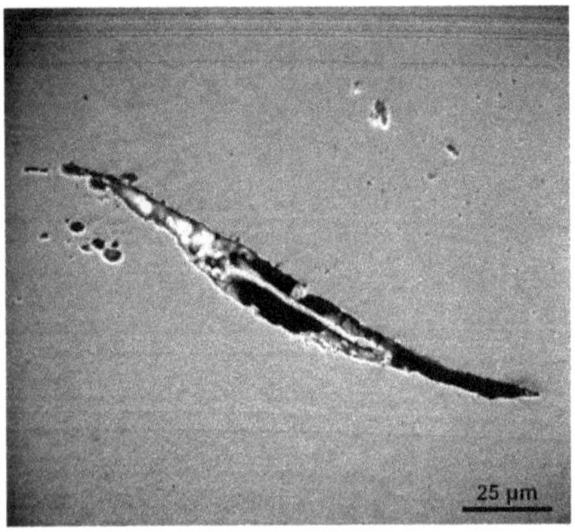

Abb. 7.156 Schliff durch das Bruchzentrum aus Abb. 7.155. Eingeschmiedete Oxide.

Abb. 7.157 Schwingbruch in der Kurbelwelle eines Einzylindermotors, Schwungscheibendurchmesser 90 mm.

Zusätzliche grobe Drehriefen und Materialverquetschungen durch einen stumpfen Meißel sicherten den Beginn eines Schwingungsrisses. Seine erhebliche Ausdehnung über rund 95 % des Hohlwellenquerschnitts bestätigt die Kombination von niedriger Nennspannung mit extremer lokaler Kerbwirkung (Abb. 7.158 und 7.159).

Kurbelwellen von Flugzeug-Triebwerken sind darüber hinaus am Übergang zum Propellerflansch gefährdet. Bei einer Bodenberührung der Luftschraube verformt sich die Kurbelwelle in erheblichem Maße elastisch. Die spröde, mit ca. 0,5 mm ungewöhnlich dicke Nitrierschicht reißt dabei häufig auf. Der sich daraus entwickelnde Schwingungsanriss verläuft zunächst in Umfangsrichtung, ehe er unter der Wirkung der Torsionsbeanspruchung schraubenwendelartig in den Bereich des Hauptlagers vordringt; grobe Drehriefen lenken den Riss örtlich ab und erzeugen einen treppenförmigen Verlauf (Abb. 7.160 und 7.161).

Abb. 7.158 Ausgeprägter Schwingbruch (Außendurchmesser 25 mm) in der Kurbelwelle aus Abb. 7.157. Äußerst kleiner Restbruch (hochstehend) in 10-Uhr-Position.

Abb. 7.159 Grobe Drehriefen und Quetschspuren im „Übergangsradius“ der Kurbelwelle aus Abb. 7.157.

Abb. 7.160 Schwingungsriss hinter dem Flansch einer Kurbelwelle (Wellendurchmesser 57 mm). Aufnahme während magnetischer Durchflutung.

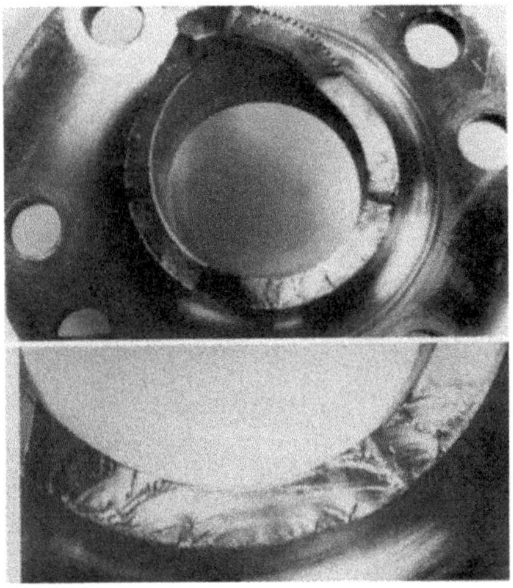

Abb. 7.161 Geöffneter Riss in Abb. 7.160. Unteres Teilbild: Rissausgangsbereich.

Eine weitere Gefahr droht den Kurbelwellen durch unsachgemäßes Nachschleifen im Rahmen einer Überholung. Hoher Anpressdruck, grobe Zustellung, stumpfe Scheiben usw. können Schleifrisse auslösen, die sich im anschließenden Flugbetrieb als Schwingungsrisse ausbreiten. Der Schadensmechanismus lässt sich im vorliegenden Beispiel anhand eines angeschliffenen und nachfolgend aufgebrochenen Nebenrisses deutlich verfolgen, da sich der interkristalline Schleifriss signifikant vom transkristallinen Schwingungsriss unterscheidet (Abb. 7.162 bis 7.164).

Auf der Innenseite der hohl ausgeführten Wellen können darüber hinaus Korrosionsnarben Schwingungsanrisse einleiten, wenn in sacklochartigen Bereichen aus dem Drucköl – zur Verstellung der Propellerblätter – auszentrifugiertes Wasser die Wandung angegriffen hat (Abb. 7.165 und 7.166).

Abb. 7.162 Nachbearbeitete Kurbelwelle mit Schleifrissen. UV-Licht.

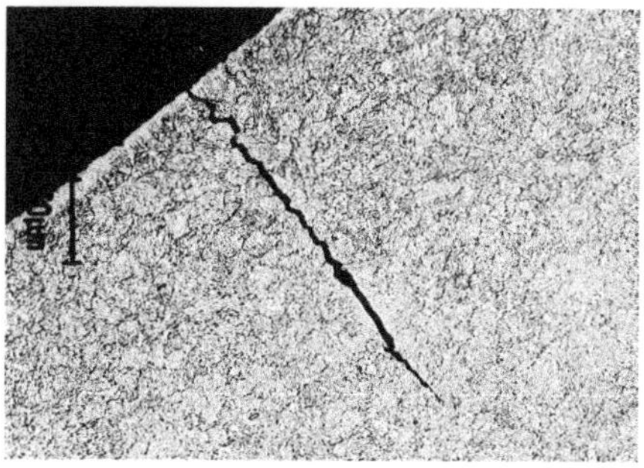

Abb. 7.163 Querschliff durch das Rissgebiet in Abb. 7.162. Fortsetzung des Schleifrisses (interkristallin) als Schwingungsriss (transkristallin).

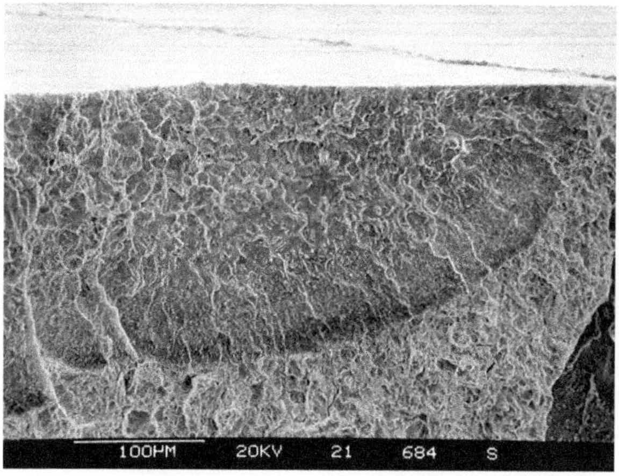

Abb. 7.164 Geöffneter Riss: interkristalliner Schleifriss, daumennagelförmige, transkristalline Schwingungsrisse, selbsterzeugter Gewaltbruch.

Abb. 7.165 Schwingbruch im Flanschbereich, ausgehend von der Kurbelwellen-Innenwandung (Pfeil). (Wellendurchmesser 60 mm).

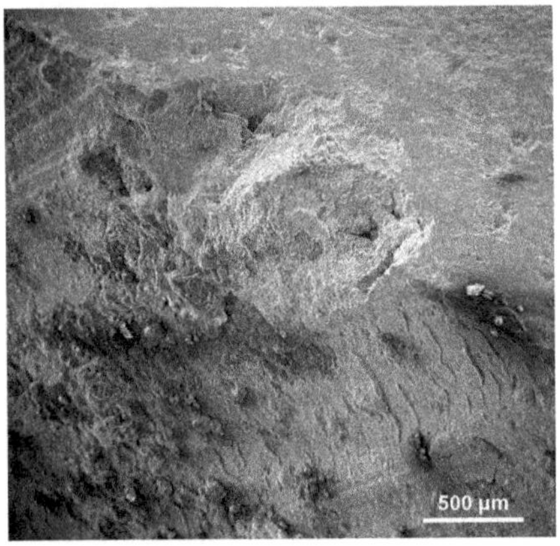

Abb. 7.166 Korrosionsnarben auf der Kurbelwellen-Innenwandung. Ausgangspunkt des Schwingbruches aus Abb. 7.165.

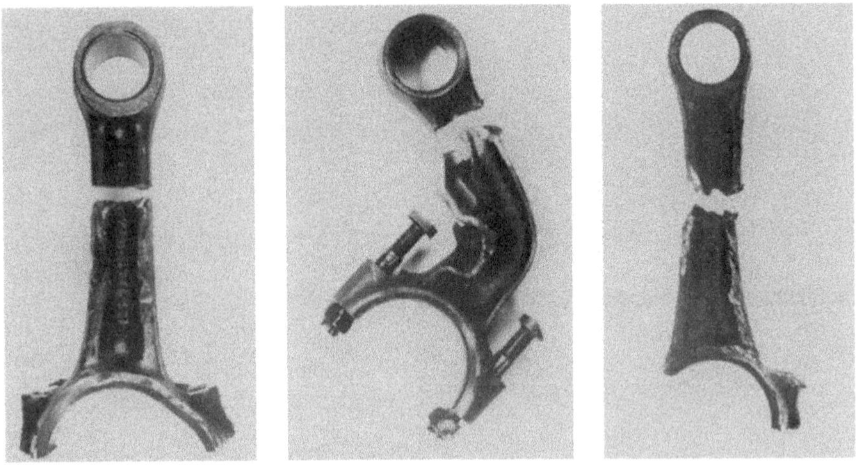

Abb. 7.167 Schwingbrüche in Pleuel. Schaftbrüche links und Mitte (nachträglich deformiert), Bruch im Pleuelfuß (rechts) mit nachträglichem Schaftabriss. Pleuellängen 170 bis 190 mm.

Pleuel versagen durch Schwingbrüche im Bereich des Schaftes oder am Übergang vom Schaft in den Fuß (Abb. 7.167). Schaftbrüche werden häufig durch schmiedebedingte Oberflächenfehler entscheidend begünstigt (Abb. 7.168). Im Fuß führen u. a. Schmierstoffmangel oder fehlerhafte Passungen zu lokalen Beschädigungen der Pleuelinnenseite (Abb. 7.169). Umgekehrt können grobe Bohrriefen in den Einsenkungen für die Dehnschrauben Schwingbrüche auf der Außenseite einleiten (Abb. 7.170).

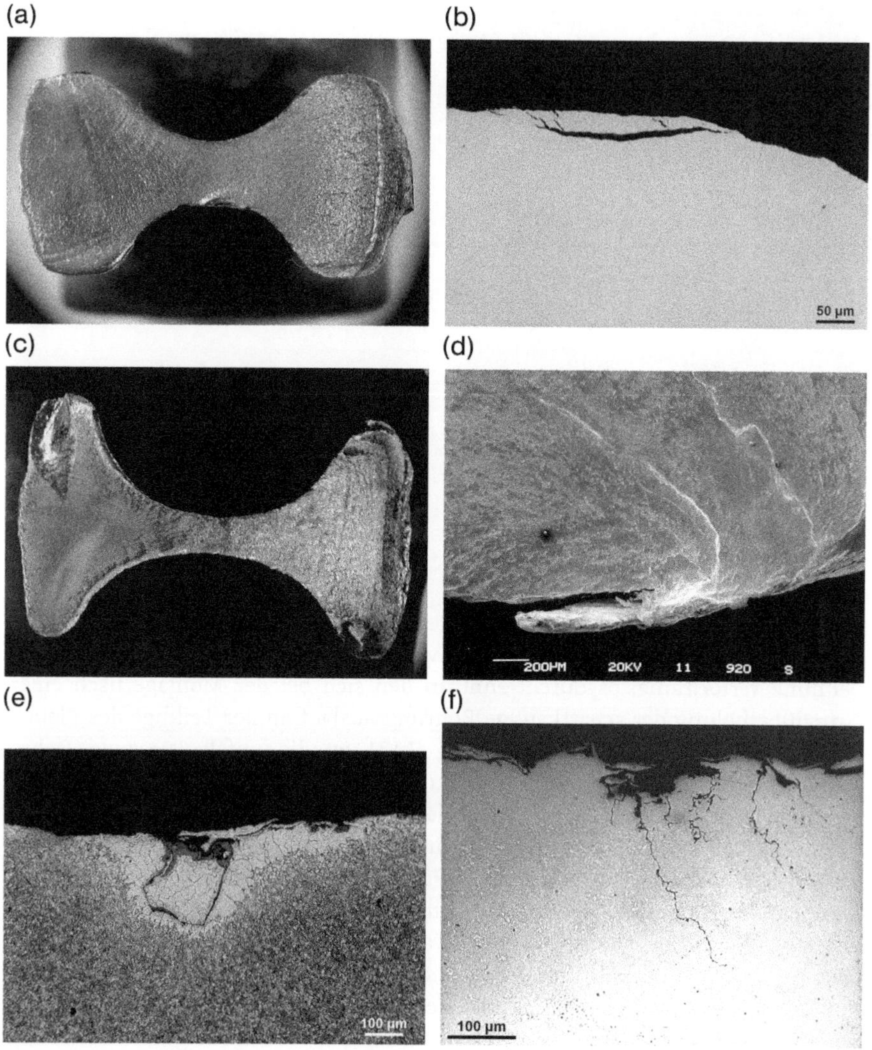

Abb. 7.168 Schwingbrüche in Pleuelschäften. a) und c): Langsame Rissausbreitung jeweils in linker, rasche in rechter Querschnittshälfte, Restbruch: schmaler, dunkler Streifen am rechten Querschnittsrand. Pleuelbreiten 30 mm. Übrige Teilbilder: Überschmiedungen, eingeschmiedeter Zunder, raue Oberfläche.

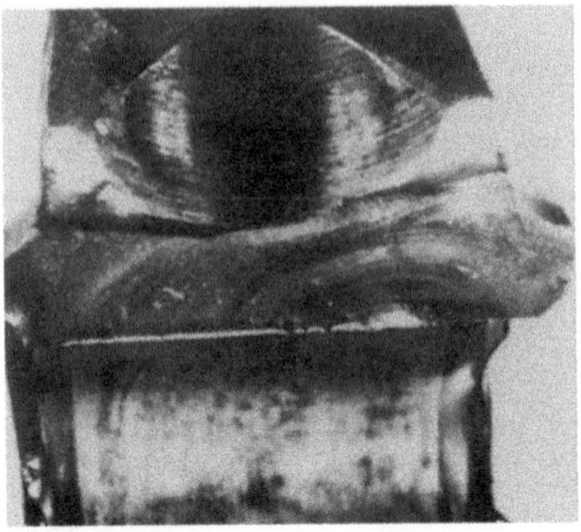

Abb. 7.169 Schwingbruch im Pleuelfuß (Breite 32 mm), ausgehend von einer Fressstelle unter der Lagerschale.

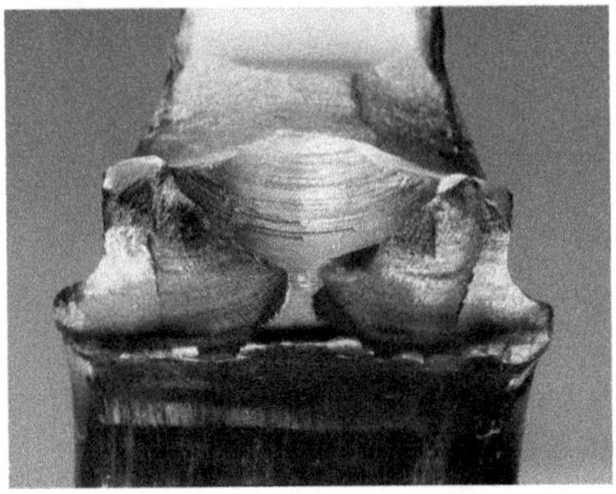

Abb. 7.170 Schwingbrüche im Pleuelfuß (Breite 32 mm), beiderseits ausgehend von Bohrriefen (Dehnschraubeneinsenkung).

Der Ausfall einer Pleuelschraube führte zum Totalschaden eines Sechszylindermotors. Der Schwingungsriss hatte den verdickten (!) Querschnitt in der Schraubenmitte verformungslos durchtrennt, in den sich bei der Montage nach einer Grundüberholung der scharfkantige Bohrungsauslauf an der Teilfuge des Pleuelfußes eingepresst hatte. In Abbildung 7.171 ist die unfallauslösende Dehnschraube drei weiteren, durch Überlastung gerissenen Schrauben gegenübergestellt (Folgeschäden); zugehörige Bruchfläche s. Abbildung 7.14.

Die scharfgratige Bohrung (Ölversorgung) leitete den Schwingbruch im Kipphebel eines Auslassventils ein (Abb. 7.172). Nachdem der Riss den rohrförmigen Mittelteil des Kipphebels aufgetrennt hatte, entwickelte sich ein weiterer Schwingungsanriss entlang der Innenseite des am stärksten biegebeanspruchten Bereiches (Abb. 7.173). Das Bauteil versagte schließlich durch übermäßige Deformation. Wie ein anderer Fall belegt, ist der Ausleger dieses Kipphebels ebenfalls schwingbruchanfällig (Abb. 7.174). Das zugehörige Bruchbild zeigt die Zerstörung durch einseitige Biegung (Abb. 7.175).

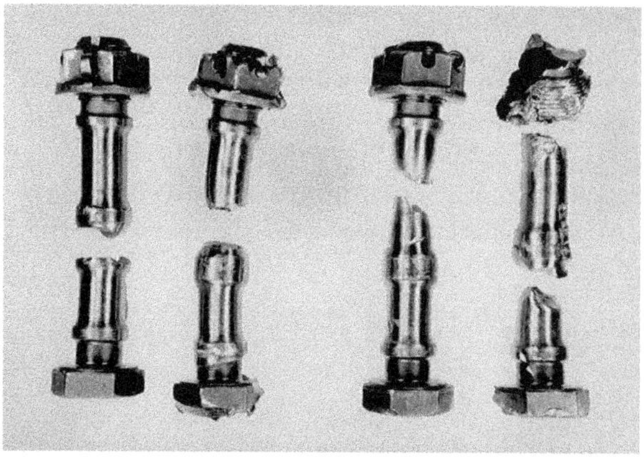

Abb. 7.171 Zerstörte Pleuel-Dehnschrauben (Länge 70 mm). Schwingbruch in der linken Schraube (durch den verdickten Querschnitt).

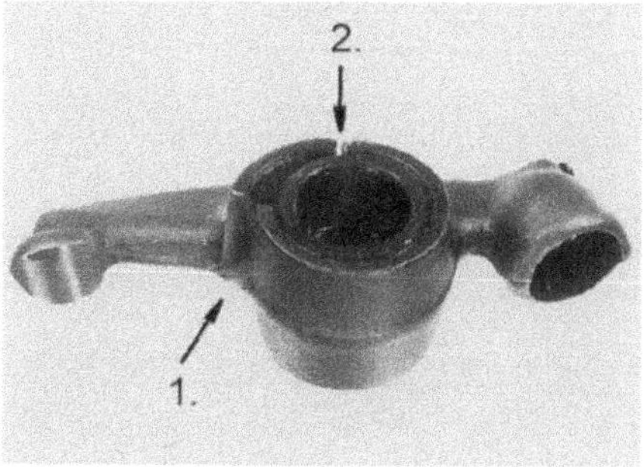

Abb. 7.172 Schwingbrüche im Kipphebel eines Auslassventils (Gesamtbreite 85 mm).

Abb. 7.173 Kipphebel aus Abb. 7.172 (Restquerschnitt am 2. Riss zum Öffnen durchtrennt).

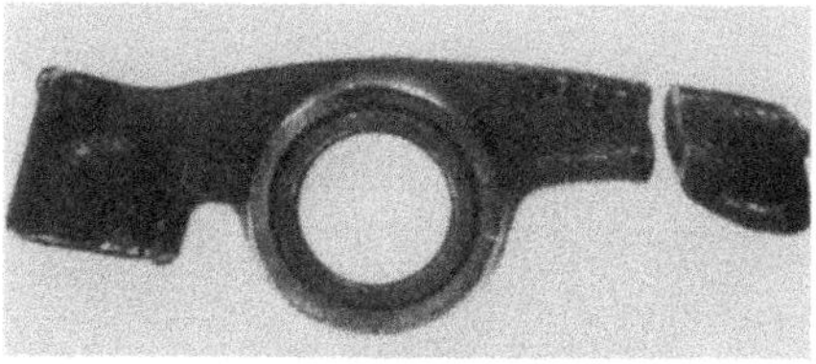

Abb. 7.174 Schwingbruch im Arm eines weiteren Kipphebels.

In Zylindern konzentriert sich der Schwingbruch vielfach auf den Wandbereich zwischen den Kühlrippen, insbesondere wenn dort die Korrosion die Oberfläche aufgeraut hat (Abb. 7.176 und Abb. 7.177). Anhand der Rastlinien kann man das Tiefen- und das Breitenwachstum des Risses verfolgen, wie es die Gesetze der Bruchmechanik beschreiben.

Die Antriebswellen von Kraftstoffpumpen waren jeweils mit zwei Sollbruchstellen versehen worden, um bei einem Blockieren der Räder (Zahnbruch, Fremd-

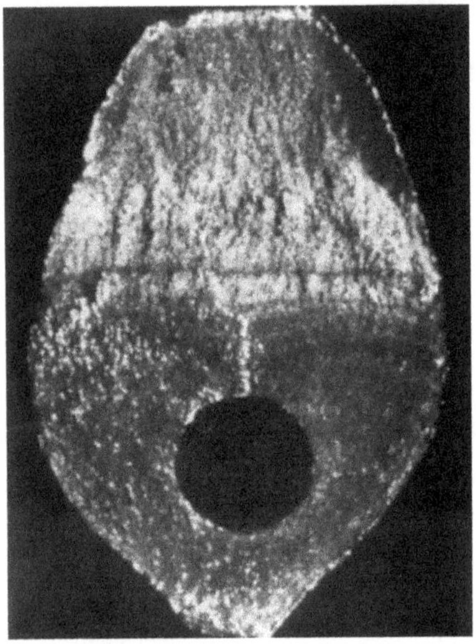

Abb. 7.175 Bruchfläche des Kipphebelarmes aus Abb. 7.174.

Abb. 7.176 Zerstörter Zylinder (Bohrungsdurchmesser 112 mm).

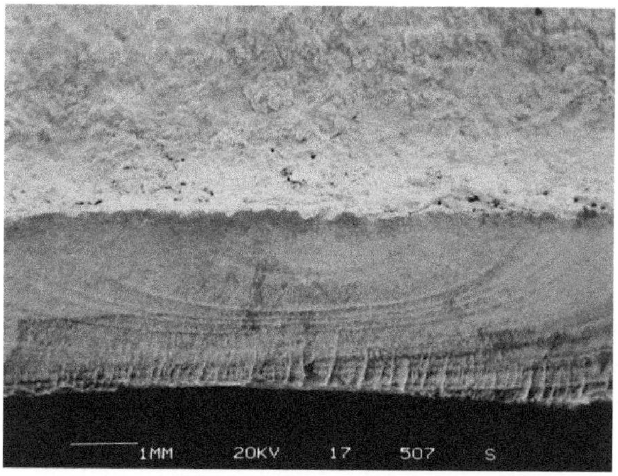

Abb. 7.177 Daumennagelförmiges Wachstum des Schwingungsrisses, ausgehend von der Außenwand zwischen den Kühlrippen des Zylinders aus Abb. 7.176.

körper) eine unkontrollierte Zerstörung und damit den Austritt des brennbaren Treibstoffes in jedem Falle zu verhindern. Die Bruchstelle für die statische Überlastung bestand beidseitig aus einem tiefen Einstich zwischen dem zylindrischen Abschnitt der Welle und dem Vierkant zur Übertragung des Drehmomentes (Abb. 7.178 und 7.179). Über diesen Außenvierkant greift der Innenvierkant im Zapfen des aufgesteckten Ritzels, das mit einer Mutter gesichert wird. Ein grundlegender Mangel der Konstruktion besteht bereits darin, dass die Art der Kraftübertragung vom – nicht vorgeschriebenen – Anzugsmoment der Mutter abhängt: ist es niedrig, so gelangt das Moment formschlüssig über die Vierkantsteckverbindung in die Welle, ist es hoch, so presst sich die Stirnfläche

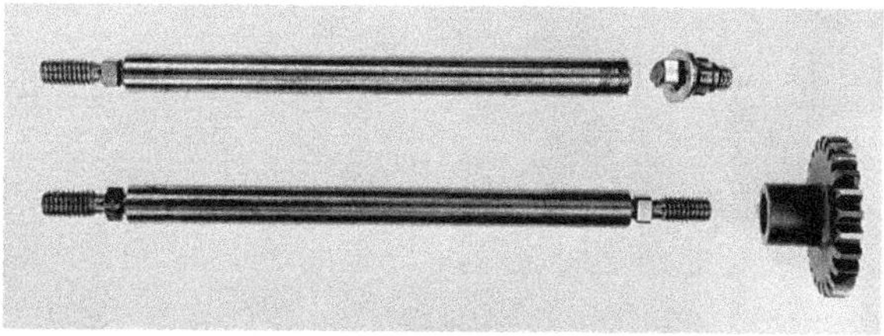

Abb. 7.178 Schwingbruch in einer Kraftstoff-Pumpenwelle (oben, Durchmesser 9 mm). Neuteil mit Antriebsritzel (unten).

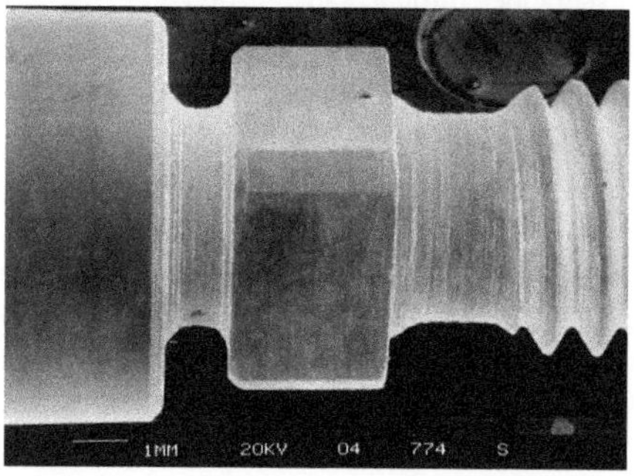

Abb. 7.179 Sollbruchstelle der Wellen aus Abb. 7.178. Grobe Drehriefen.

des Ritzelzapfens unmittelbar auf den Wellenabsatz und setzt die Sollbruchstelle außer Kraft. Stufenlose Übergangsformen sind denkbar. Im realen Fall dominiert offensichtlich der Fluss über den Vierkant, wobei der Einstich als dynamische (!) Schwachstelle voll zur Wirkung gelangt (Abb. 7.180). Grobe Drehriefen unterstützten auch hier die Rissbildung zusätzlich (Abb. 7.179). An einem der gebrochenen Teile war darüber hinaus der Einstich während des Nitrierens des zylindrischen Wellenabschnittes nur unvollständig abgedeckt gewesen, so dass einzelne Bereiche aufhärteten: Dem Hersteller war eine „versagenssichere" Konstruktion gelungen.

Räder von Gasturbinen, wie sie z. B. als Triebwerke für Hubschrauber benutzt werden, sind u. a. durch Kranzrisse am Außenrand der Radscheiben gefährdet. Die schwingende Belastung resultiert aus der Wärmedehnung beim Anlassen und Abschalten der Turbine. Abbildung 7.181 zeigt ein Laufrad der 1. Stufe, das nach knapp 900 Zyklen zerstört worden war (Betriebstemperatur im Schadensbereich ca. 900 °C). Auf dem etwa 4 mm tiefen Schwingungsriss (Abb. 7.182) hatten sich 150 Lastspiele in Form deutlich ausgeprägter Schwingstreifen manifestiert, ehe die

Abb. 7.180 Schwingbruch an der Sollbruchstelle gegen statische Überlastung.

Abb. 7.181 Zerstörtes Laufrad einer Hubschrauber-Turbine. Radkranzdurchmesser (ohne Schaufeln) 127 mm.

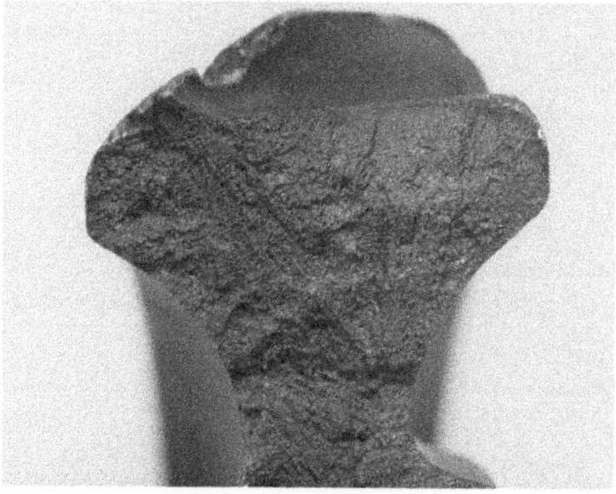

Abb. 7.182 Schwingungsriss (halber Daumennagel), ausgehend von rechter oberer Kante. Bruchfläche mit Tickopur von eingebranntem Kohlenstoff gesäubert. Kranzbreite 15 mm.

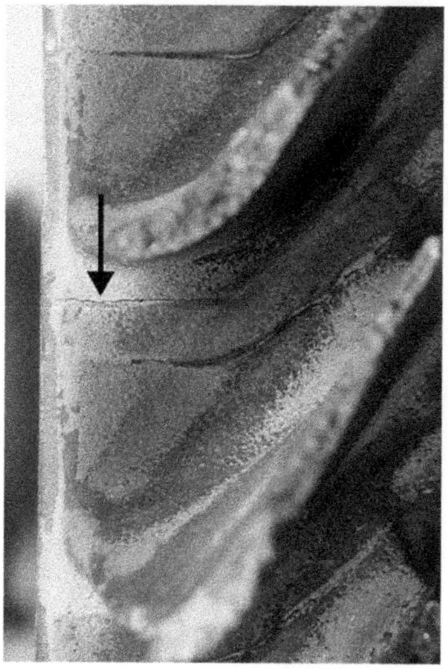

Abb. 7.183 Weiterer Kranzriss zwischen den Schaufeln.

Mikrostruktur aufgrund zunehmender Ausbreitungsgeschwindigkeit stetig in den gewaltsamen Restbruch überging. Zwischen einigen anderen Schaufelfüßen hatten sich ebenfalls Kranzrisse entwickelt (Abb. 7.183 und 7.184). Schliffe durch die Schaufelreste lieferten Hinweise auf den Gefügezustand und damit auf eine mögliche Überhitzung des aus einer Nickelbasislegierung (mit je ca. 10 % Wolfram, Chrom und Kobalt sowie zahlreichen weiteren Elementen) integral feingegossenen Rades.

Infolge eines komplexen Schadensablaufes hatte sich ein Flugzeug-Triebwerk nach 5200 Betriebsstunden zerlegt. Die Abbildungen 7.185 und 7.186 geben Lauf- und Leitrad der 3. Stufe wieder. Wie aus der Prinzipskizze (Abb. 7.187) hervorgeht, ist das Leitrad mit einem Dehnungselement aus zwei eingelöteten, gewölbten Blechen zur Kompensation der Wärmedehnungen ausgestattet. Aufgrund der Low-Cycle-Beanspruchung beim An- und Abfahren war das anströmseitige Dehnblech auf dem gesamten inneren Umfang, das abströmseitige auf 85 % des

Abb. 7.184 Geöffneter Kranzriss aus Abb. 7.183.

Abb. 7.185 Zerstörtes Laufrad einer Flugturbine (Durchmesser des Bruchkreises ca. 110 mm).

Abb. 7.186 Benachbartes Leitrad (zu Abb. 7.185), Außendurchmesser 240 mm. Abgeschliffenes Dehnungsblech.

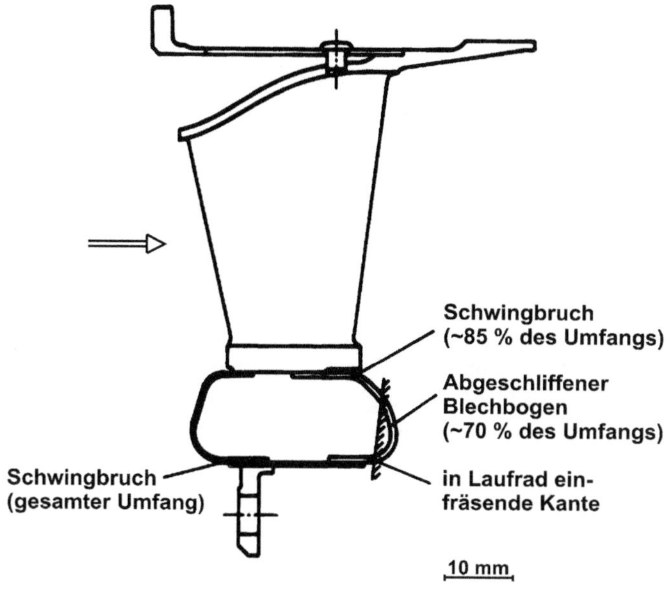

Abb. 7.187 Aufbau des Leitrades (schematisch) mit Bruchstellen.

äußeren Umfanges durchtrennt worden (Steifigkeitssprünge an den Lötstellen). Die Wellendichtung und das abströmseitige Blech stellten sich daraufhin schräg und streiften am Laufrad der 3. Stufe an, wodurch sich die vorspringende Wölbung des Blechbogens auf ca. zwei Dritteln des Umfangs abschliff (Abb. 7.186). Der dabei am inneren Stützring der Wellendichtung entstandene scharfkantige Blechkranz (Kobaltbasislegierung) stach wie ein Fräswerkzeug eine 3 mm tiefe umlaufende Nut in das benachbarte Laufrad ein (Abb. 7.188). Für die Qualität des Radwerkstoffes (Nickelbasislegierung) spricht, dass dieser Einstich nicht sofort zur Zerstörung führte. Erst nachdem sich an seinem Grunde zahlreiche Schwingungsrisse entwickelt hatten (Kerbwirkung und Querschnittschwächung) zerlegte der Restbruch das Laufrad (vgl. Abb. 7.185). Anstelle eines Inspektionsintervalls

Abb. 7.188 Laufrad mit eingestochenem, umlaufendem Kerb (Pfeil).

von 6000 Stunden hätte der Hersteller die Anzahl der Starts als Überprüfungskriterium heranziehen sollen.

Eine *statistische Auswertung* von *250 Schadensfällen* an *Luftfahrzeugen* ist am Ende dieses Kapitels angefügt (s. Anhang). Dabei sollte man jedoch beachten, dass über 60 % der Flugunfälle und Störungen durch menschliches Versagen verursacht werden, während technische Mängel lediglich mit knapp 10 % beitragen. Auf „Materialermüdung“ beruht – entgegen einer weitverbreiteten Ansicht – weniger als 1 % (!) aller Flugunfälle, „Werkstofffehler“ sind praktisch vernachlässigbar (die Zahlen basieren auf einer Auswertung von über 12 000 im Luftfahrt-Bundesamt registrierten Fällen aus der deutschen Zivilluftfahrt, vgl. auch [8]). Weitere Schäden an Luftfahrzeugen sind u. a. in [9] bis [15] beschrieben.

Auch die Ausfälle *medizinischer Implantate* – sowohl temporärer als auch permanenter – sind fast ausschließlich auf Schwingbrüche zurückzuführen. Kurzzeitimplantate wie Platten, Schrauben oder Nägel dienen in erster Linie der Frakturstabilisierung bei der Osteosynthese und der frühzeitigen Mobilisierung des Patienten. Da sie nach ca. einem Jahr wieder entfernt werden, beschränkt man sich bei der Werkstoffwahl meist auf kaltverfestigten, austenitischen Chrom-Nickel-Molybdän-Stahl vom Typ AISI-316L (1.4441), teilweise werden Titan und dessen Legierungen TiAl6V4 bzw. TiAl6Nb7 eingesetzt (vgl. ISO 5832). Derartige Implantate sind gefährdet, sobald sie die sonst vom Knochen übertragene Last längerfristig und zu einem erheblichen Anteil selbst aufnehmen müssen. So können unzureichende Stabilisierung durch die Verschraubung (insbesondere bei komplizierten Mehrfachfrakturen), Beschädigungen bei Anpassungs-Richt-

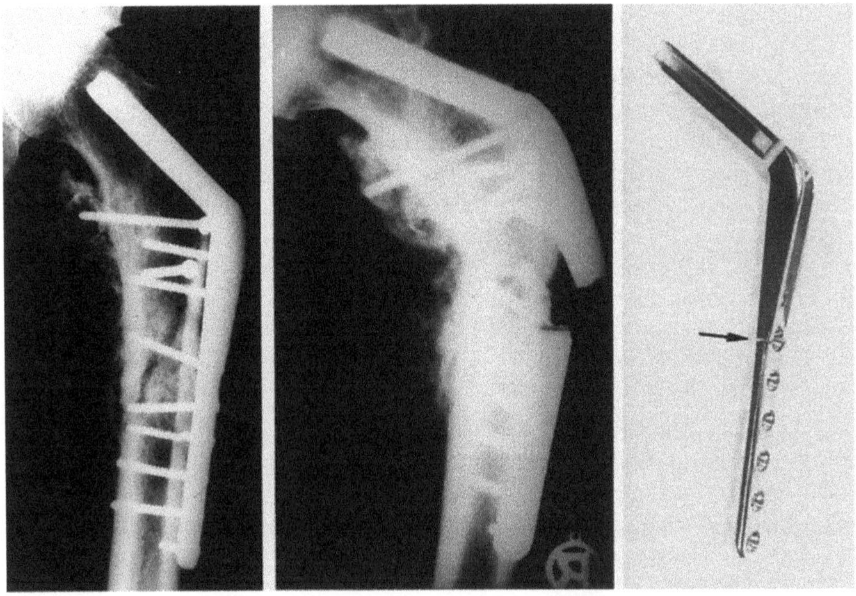

Abb. 7.189 Winkelplatte zur Versorgung einer subtrochantären Fraktur. Postoperativ – gebrochen – explantiert.

arbeiten durch den Operateur, verzögerte Heilung oder zu frühzeitige und zu häufige Belastung zum Versagen der nur zeitfesten temporären Implantate führen (Abb. 7.189 bis 7.191). Freie Bohrungen in Höhe des Frakturspaltes begünstigen die Einleitung von Schwingungsrissen in besonderem Maße, ebenso ein zusätzlicher Korrosionsangriff unterhalb reibender Schraubenköpfe (Abb. 7.192). Auch verdickte Querschnitte (Abb. 7.189) können den prinzipiellen Mangel der Platte nicht beheben: Ihr Widerstandsmoment beträgt in der bohrungsgeschwächten Ebene nur etwa 1 % des Momentes, das der röhrenförmige Femurknochen der Biegung entgegensetzt. Die Mikrostruktur zeigt die charakteristischen duktilen Schwingungslinien, sofern sie nicht infolge überlagerter Druckkräfte eingeebnet worden sind.

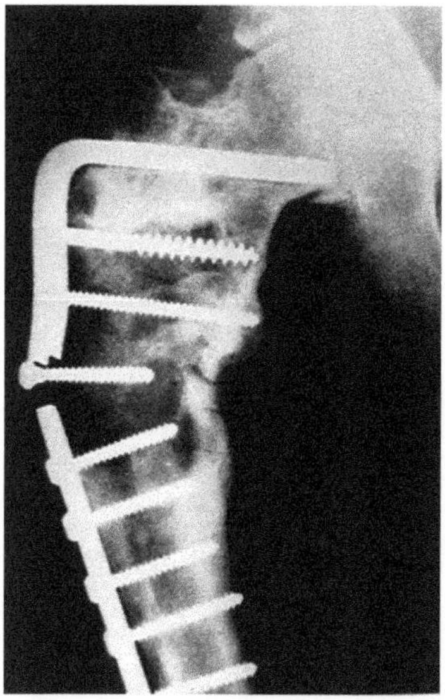

Abb. 7.190 Schwingbruch in einer Winkelplatte zur Versorgung einer subtrochantären Fraktur.

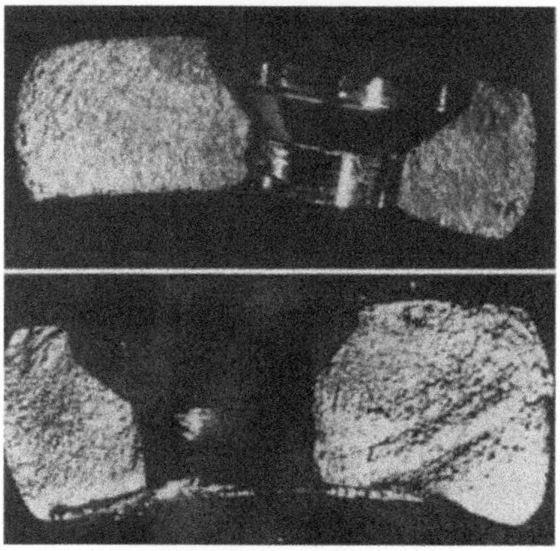

Abb. 7.191 Typische Schwingbruchflächen von Winkelplatten. Rissausgang an den scharfkantigen Einsenkungen für die Knochenschrauben. Breite 16 mm.

Abb. 7.192 Korrosion in der Bohrung einer Winkelplatte unterhalb des Schraubenkopfes.

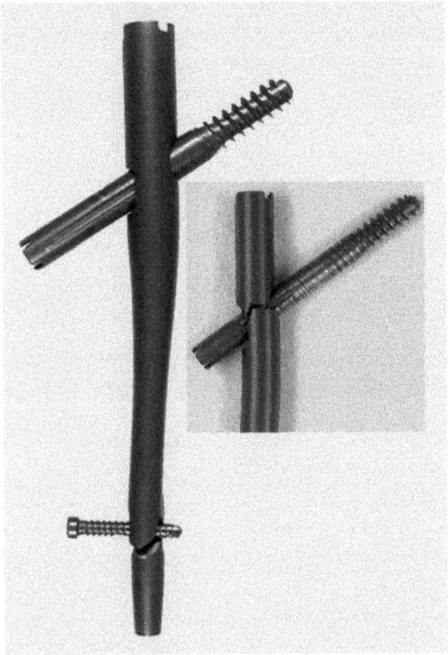

Abb. 7.193 Gefährdete Bereiche von Gamma-Nägeln.

Die innenliegenden Gamma-Nägel zur Stabilisierung per- und subtrochantärer Frakturen sind an der Querbohrung für die Schenkelhalsschraube, an der Schraube selbst und an den distalen Verriegelungsbohrungen gefährdet (Abb. 7.193). Femur- und Tibianagel in Abbildung 7.194 brachen dagegen völlig unerwartet im zylindrischen Abschnitt, verursacht durch einen inzwischen behobenen Fertigungsmangel: Nach der mechanischen Rundbearbeitung waren drei Längsrillen zur Torsionsstabilisierung eingewalzt, ihre vertiefte Oberfläche beim abschließenden Schleifen und Polieren jedoch nicht erfasst und geglättet worden. Die Schwingungsrisse starteten an den Bearbeitungsriefen (Abb. 7.195).

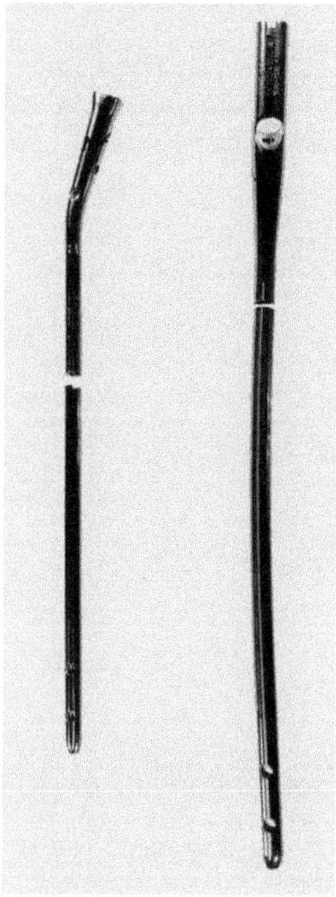

Abb. 7.194 Schwingbrüche in unerwarteten Bereichen. Femurnagel (rechts), Tibianagel (links).

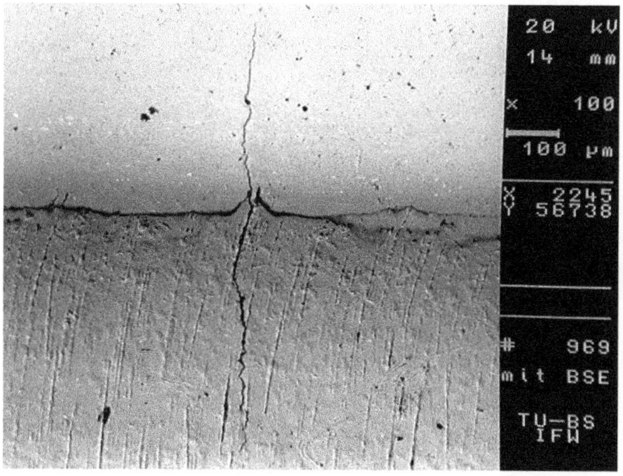

Abb. 7.195 Start eines Schwingungsrisses an einer Bearbeitungsriefe in einer Längsrille.

Massiven dynamischen Beanspruchungen sind auch die Harrington-Stäbe zur Behandlung von Skoliosen ausgesetzt. Als anfällig erweisen sich in den Druckstäben erwartungsgemäß die Abstufungen zum Einrasten der Haken (Abb. 7.196 und 7.197).

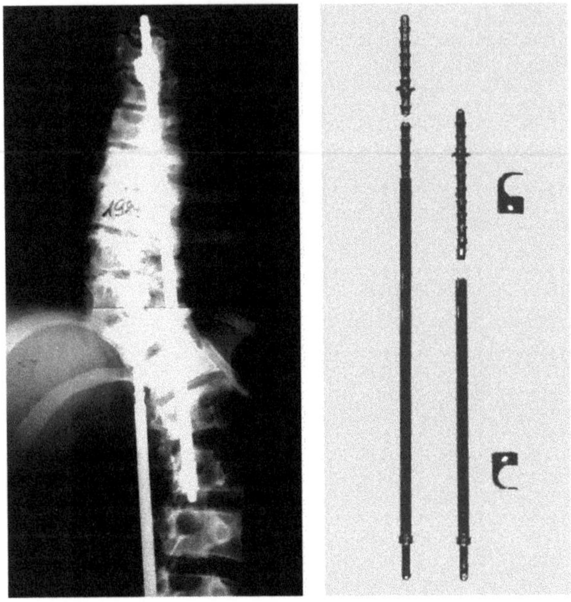

Abb. 7.196 Harrington-Stäbe zur Versorgung von Skoliosen; implantiert bzw. gebrochen. Durchmesser 6,35 mm.

Abb. 7.197 Ausgeprägter Schwingbruch in einem Harrington-Stab (Abb. 7.196). Bruchflächendurchmesser 5 mm.

Das heute am häufigsten eingesetzte permanente Implantat ist die Hüftendoprothese (in Deutschland ca. 200 000 Stück pro Jahr, Kniegelenke ca. 150 000). In der Anfangsphase, etwa ab 1960, kam es zunächst zu zahlreichen Ausfällen innerhalb der ersten fünf Jahre nach der Operation. Der proximale (obere) Abschnitt der Schäfte lockerte sich im Zementköcher bzw. in der Markhöhle; das dadurch gravierend ansteigende Biegemoment leitete lateral (außenseitig) den Schwingungsriss ein (Abb. 7.198). Abhilfe leisteten optimiertes Design und verbesserte Materialien. Die durch Mikrolunker und grob dendritisches Gefüge auf 250–400 N/mm^2 begrenzte Dauerfestigkeit der überwiegend verwendeten Kobalt-Chrom-Molybdän-Gusslegierung wurde durch Wärmebehandlungen beträchtlich gesteigert.

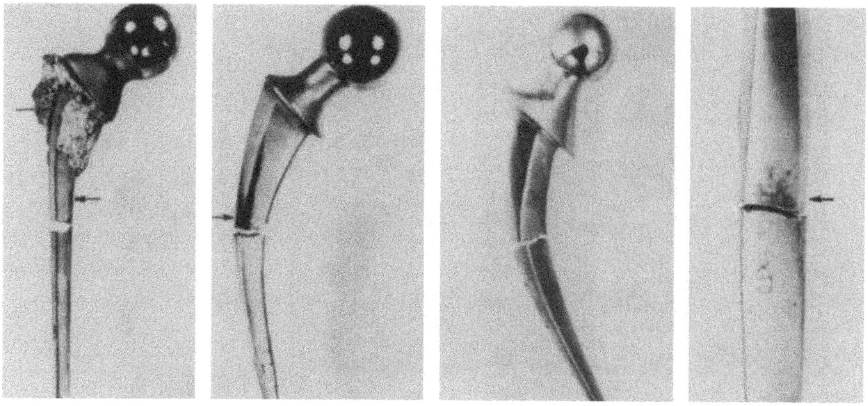

Abb. 7.198 Schwingbrüche in älteren Hüftendoprothesen. Die Pfeile zeigen Lockerungs- und Reibspuren an. Schaftlängen 170 mm (links), bzw. 120 mm.

Parallel gelangten Co-(Ni)-Cr-Mo-Schmiedelegierungen und Titanwerkstoffe vom Typ TiAl6V4 bzw. TiAl6Nb7 mit Dauerfestigkeiten von 500 bis 600 N/mm² – heute für alle Arten von Gelenkprothesen – zum Einsatz (vgl. ISO 5832). Daraufhin blieben zwar Schwingbrüche nach Lockerung des Schaftes weitgehend aus, nicht jedoch die Lockerung selbst. Um die Schäfte langfristig in der Markhöhle zu verankern, raute man zwischenzeitlich ihre Oberflächen grob auf oder fertigte filigrane Hohlkonstruktionen als monolithischen Feinguss (bei grob strukturierter Oberfläche keine wirksame Röntgen- und Rissprüfung möglich).

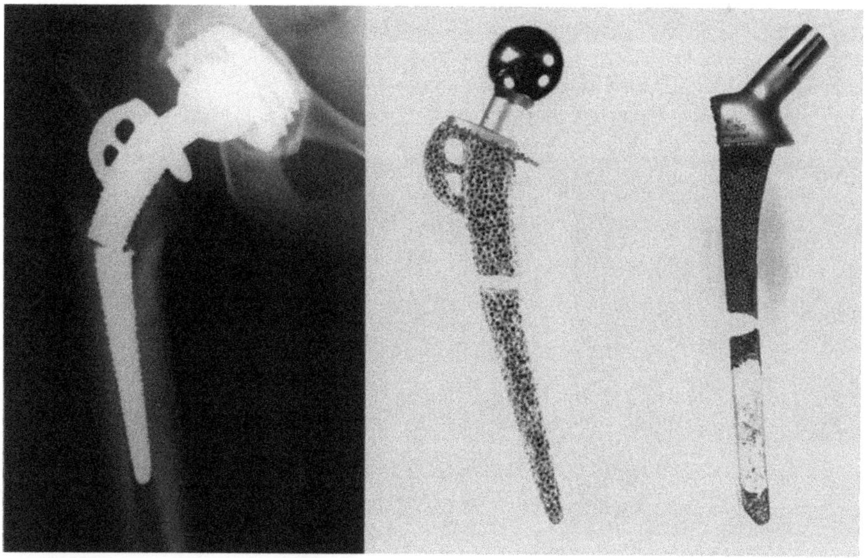

Abb. 7.199 Schwingbrüche in Hüftendoprothesen mit grobstrukturierten Schäften.

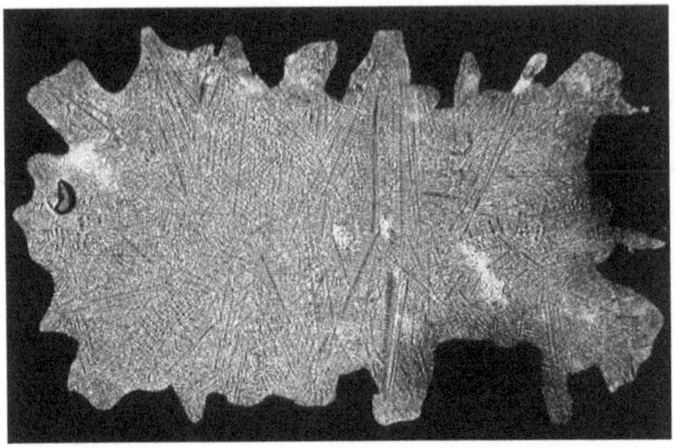

Abb. 7.200 Querschliff durch den Schaft der linken bzw. mittleren Hüftendoprothese in Abb. 7.199.

Abb. 7.201 Ausgangspunkt des Schwingungsrisses im Fußbereich einer Kugel (integraler Feinguss). Rechte Hüftendoprothese in Abb. 7.199.

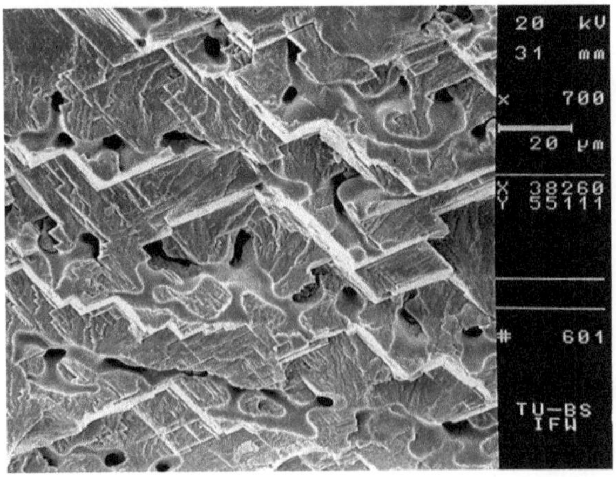

Abb. 7.202 Kristallografisch orientierter Schwingungsriss mit zahlreichen Lunkern. Hüftendoprothese aus CoCrMo-Gusslegierung.

Wie zahlreiche Ausfälle belegen, lockern sich auch derartige Implantate; infolge ihrer extremen Kerbwirkung erliegen sie dann rasch dem gewöhnlichen Schwingbruch („fractitis vulgaris"), Abbildungen 7.199 bis 7.201. Im Rastermikroskop erkennt man den für Kobaltlegierungen charakteristischen kristallografisch orientierten Rissverlauf (Abb. 7.202, vgl. auch Abschnitt 7.4). Bioaktive Beschichtungen (z. B. Hydroxylapatit) brachten ebenfalls keinen entscheidenden Fortschritt.

Die Funktionsdauer einer modernen Hüftendoprothese sollte 15 bis 20 Jahre nicht unterschreiten. Nach Ansicht des Verfassers bieten hierfür Prothesen aus Kobalt-Schmiedelegierungen oder zementfrei implantierte Schäfte aus Titan-Schmiedelegierungen, kombiniert mit Keramikköpfen, günstige Aussichten. Sieht man von der bewährten Konusverbindung zwischen Kopf und Schaft ab, bergen modulare (zusammengesetzte) Prothesen zusätzliche Gefahren. Die Abbildungen 7.203 und 7.204 zeigen einen ungewöhnlichen Schwingbruch am Übergang des Gelenkkopfes in den Schaft. Bei diesem Baumuster waren beide Teile getrennt gegossen, über ein grobes Gewinde fixiert und miteinander verschweißt worden. Die Schweißnaht hatte jedoch den Gewindespalt weitgehend verfehlt, so dass am Grunde des extremen Kerbs unverzüglich ein Schwingungsriss in den schmalen auslaufenden Nahtquerschnitt startete.

Beschädigungen des hoch belasteten Schaftrückens sind strikt zu vermeiden, beispielsweise Elektroschreiber- oder Laser-Beschriftungen (Abb. 7.205).

Allgemein wird die Beanspruchung in Implantaten unterschätzt: Auf eine Hüftendoprothese wirkt bereits beim normalen Gehen das 3- bis 5-Fache des Körpergewichtes, wobei ihr Träger – je nach Aktivität – jährlich ein bis drei Millionen Lastspiele (Schritte) absolviert. Geprüft werden die Schäfte mit einer schwellenden Last von 3000 N.

Zahlreiche Brüche an Implantaten sind u. a. in [16] beschrieben; zu Implantatwerkstoffen vgl. [17, 18].

Abb. 7.203 Umlaufender Schwingungsriss am Übergang Kopf/Schafthals einer Hüftendoprothese. Kopfdurchmesser 35 mm.

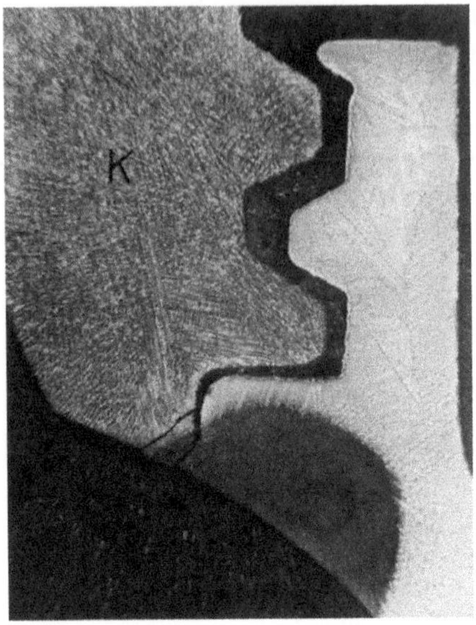

Abb. 7.204 Fehlpositionierte Schweißnaht, weitgehend neben dem Gewindespalt zwischen Kopf (links) und Hals (rechts) der Hüftendoprothese in Abb. 7.203. Längsschliff.

Abb. 7.205 Start von Schwingungsrissen an Gravuren auf dem Schaftrücken von Hüftendoprothesen.

Literatur

1 Berger, C., Pyttel, B., Schwerdt, D. (2008) Beyond HCF – Is there a fatigue limit? *Mat.-wiss. u. Werkstofftech.*, **39** S. 769–776.

2 Pohl, E.J. (1956) Das Gesicht des Bruches metallischer Werkstoffe, Allianz Versicherungs AG., München und Berlin.

3 Niemann, G. (1955) Maschinenelemente, Bd I, Springer, Berlin.

4 Hickling, J. Systematische Beurteilung technischer Schadensfälle, 5. Aufl., Wiley-VCH Verlag GmbH, Weinheim, 2001/2004, S. 239.

5 Lange, G. (1973) Oberflächeneffekte an Dauerbruchflächen von Aluminium. *Aluminium*, **49**, S. 617–621.

6 (1974) Aluminium-Zentrale: Aluminium-Taschenbuch, 13. Auflage, Aluminium-Verlag, Düsseldorf.
7 Mattheck, C. (2010) Denkwerkzeuge nach der Natur, KS Druck GmbH, Kronau.
8 Lange, G. Statistische Auswertung von Unfällen und Störungen in der zivilen Luftfahrt, in Werkstoff-Bauteil-Schäden, S. 113, Verein Deutscher Ingenieure, Jahrestagung 1987, München.
9 Lange, G. (1980) Werkstoffkundliche Unfalluntersuchungen an Luftfahrzeugen. *Radex-Rundschau*, Heft 1/2, S. 174–184.
10 Lange, G. (1978) Schadensfälle an Flugzeug- und Hubschrauberbauteilen aus Leichtmetall, *Metall*, **32**, S. 435–439.
11 Lange, G. Beiträge in den Berichtsbänden der 7., 8., 10. u. 14. Sitzung des Arbeitskreises Rastermikroskopie, hrsg. vom Deutschen Verband für Materialprüfung e.V., 1975, 1977, 1981, 1990.
12 Lange, G. (1983) Schadensuntersuchungen an Luftfahrzeugteilen. *Metall*, **37**, S. 365–371.
13 Lange, G. (1984) Probleme der Schadensanalyse – dargestellt am Beispiel eines zerstörten Axialverdichters. *Z. Metallkde.*, **75**, S. 401–406.
14 Lange, G. (1985) Werkstoffkundliche Untersuchung von Schwingbrüchen, in D. Munz (Hrsg.), Ermüdungsverhalten metallischer Werkstoffe, Deutsche Gesellschaft für Metallkunde, Oberursel, S. 497–511.
15 Lange, G. (1989) Schäden durch mangelhafte Verbindungstechnik im Flugzeugbau, in Schäden in der Verbindungstechnik, VDI-Berichte 770, Verein Deutscher Ingenieure, Düsseldorf, S. 219–238.
16 1.–11. Vortragsreihe des Arbeitskreises „Implantate“, Deutscher Verband für Materialforschung und Prüfung e.V., Berlin, 1980–1990.
17 Lange, G., Ungethüm, M. (1986) Metallische Implantatwerkstoffe. *Z. Metallkde.* **77**, S. 545–552. Sonderbände der Prakt. Metallographie, Bd. 17 (1986), S. 9, Dr. Riederer-Verlag, Stuttgart.
18 Bensmann, G. Welcher Werkstoff ist für welche Endoprothese geeignet? *Techn. Mitteilungen Krupp*, 1/1992, S. 45–59.

Anhang

Analyse von 250 Schadensfällen an Luftfahrzeugen

1.	**Schwingbrüche**		**151**
1.1	*Konstruktion*		*68*
	Steifigkeitssprünge	53(+16)	
	(Absätze, Hohlkehlen, Gewinde, Bohrungen, Nuten) Einpressungen anderer Bauteile	7	
	Schweißnähte	4(+12)	
	Falsche Werkstoffwahl	1	
	Sonstige Konstruktionsfehler	3	
1.2	*Werkstoff*		*4(+4)*
	(Fehlerhaftes Gefüge, Einschlüsse, Innenrisse, Lunker)		
1.3	*Fertigung*		*24*
	Schmiedefehler (eingeschmiedeter Zunder, Randentkohlung)	8(+2)	
	Wärmebehandlungsfehler (Härtefehler)	3(+2)	
	Spangebende Bearbeitung	6(+6)	
	Sonstige Fehler (z. B. Schrumpfverbindung, Klebung)	7	
1.4	*Betriebsschäden und Wartungsmängel*		*36*
	Steinschlag, Bodenberührung	10	
	Lager- oder Motorschaden	9(+2)	
	Korrosionsnarben	9(+5)	
	Alter Gewaltriss	1	

	Gelockerte Verbindungselemente	7(+1)	
1.5	*Reparaturen*		*11*
	Schweißungen	2	
	Richtarbeiten	1	
	Montagefehler	8	
1.6	*Ungeklärte Ursache*		*8*
	z. B. nachträglich zerstörter Ausgangspunkt		
2.	**Gewaltbrüche**		**86**
2.1	*Überlastung*		*30*(+2)
2.2	*Werkstoff*		*4*(+8)
	(Gussfehler, Einschlüsse)		
2.3	*Fertigung*		*10*
	Falsche Wärmebehandlung	3	
	Exzentrische Bohrung	1	
	Abgequetschte Drahtseile	2	
	Schweißfehler/Lötfehler	4	
2.4	*Betriebsschäden und Wartungsmängel*		*7(+3)*
	(Alter Gewaltanriss, Lagerschaden, Montagefehler, Fremdkörper)		
2.5	*Reparaturen*		*6*
	Richtarbeiten	2	
	Falsches Ersatzteil	1	
	Unvollständige Reparatur	1	
2.6	*Vorsätzliche Zerstörung*		*1*
2.7	*Ohne erkennbare Ursache*		*8*
2.8	*Unfallfolge*		*20*
3.	**Korrosion**		**9** (+12)
4.	**Sonstige Schäden**		4

Die eingeklammerten Werte geben die Zahl der Fälle an, in denen die genannte Ursache zusätzlich mitgewirkt hat.

8 Thermisch induzierte Brüche

Michael Pohl

8.1 Anforderungen an Werkstoffe für den Einsatz bei erhöhter Betriebstemperatur

Für die Nutzung hoher Wirkungsgrade von Verbrennungskraftmaschinen, Wärmekraftanlagen und Chemieanlagen der thermischen Verfahrenstechnik werden Werkstoffe mit guten Hochtemperaturfestigkeits- und Korrosionseigenschaften unter den gegebenen Einsatzbedingungen benötigt [1, 2]. Dem Einfluss der Korrosion kann durch Überzüge begegnet werden, die gegen das angreifende Medium beständig sind, oder es werden dem Werkstoff Legierungselemente zugegeben, die seine Zunderbeständigkeit erhöhen. Die Bauteilfestigkeit wird bei erhöhten Temperaturen über die Warmstreckgrenze ermittelt. Bei Temperaturen oberhalb der Kristallerholungstemperatur T_K ($\geq 0{,}4\ T_s$ [K]) gewinnt der Zeiteinfluss große Bedeutung, so dass die Auslegung nach den in Zeitstandversuchen ermittelten Werten erfolgt [3].

8.2 Warmfestigkeit

Eine Erhöhung der Warmfestigkeit lässt sich durch die Zugabe unterschiedlicher Mengen verschiedener Legierungselemente erzielen (Abb. 8.1). Daraus ergibt sich eine große Zahl verschiedenartiger warmfester Stähle [4]. Bei Baustählen kann die Warmfestigkeit bereits durch die Zugabe von Kohlenstoff und Mangan erhöht werden. Nach DIN EN 10028-2 enthalten die Kesselstähle mit den Bezeichnungen H I bis H IV 0,16 bis 0,26 % C und 0,4 bis 0,6 % Mn. Ihre Anwendung ist auf den unteren Temperaturbereich in Abbildung 8.1 beschränkt. Für höher beanspruchte Teile stehen Stähle mit erhöhten Mn-Gehalten zur Verfügung (vgl. DIN EN 10028-2:2009-09). Das ferritisch-perlitische Gefüge liegt meist im normalisierten Zustand vor. Durch Zusätze von Chrom, Molybdän und Vanadium wird die Warmfestigkeit über die Bildung von Karbiden, Nitriden und intermetallische Phasen weiter erhöht, die sich im Verlauf der betriebsbedingten Wärmeeinbringung ausscheiden und der Entfestigung entgegenwirken [5]. Eine weitere Erhöhung der Warmfestig-

Systematische Beurteilung technischer Schadensfälle, 6. Auflage 2014. Editiert durch G. Lange und M. Pohl

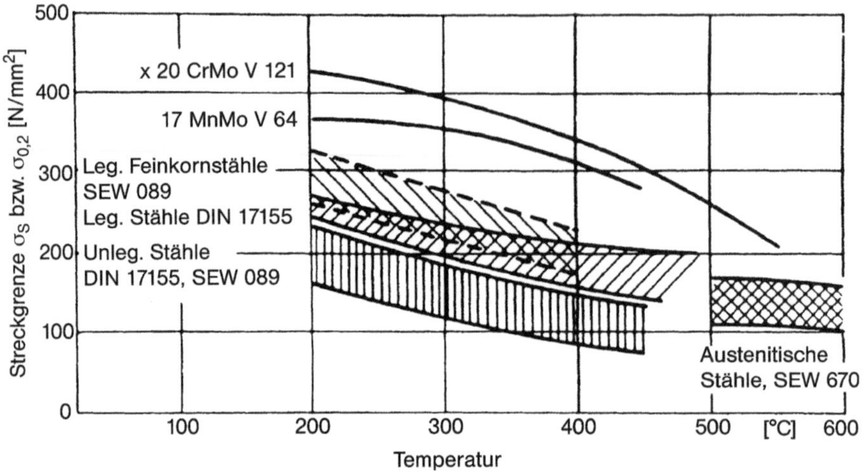

Abb. 8.1 Warmstreckgrenzen warmfester Stähle.

keit kann nur durch den Wechsel des Gittertyps der Matrix von krz zu kfz erfolgen. Die austenitischen Stähle weisen eine deutlich niedrigere Stapelfehlerenergie auf, die es den Versetzungen gestattet, sich stärker aufzuweiten. Durch ihre Wechselwirkung wird eine höhere Festigkeit bei erhöhter Temperatur erzielt. Dies gilt auch für Ni- und Co-Basislegierungen. Darüber rangieren einige intermetallische Phasen und die Keramiken mit ihren härteren Bindungen.

Brüche durch Überschreiten der Warmfestigkeit im Temperaturgebiet $\geq 0{,}4\ T_s$ bei hohen Spannungen und dementsprechend hohen Dehngeschwindigkeiten erfolgen bei Stählen meist transkristallin als Wabenbrüche mit großen Einzelwaben (Abb. 8.2). Wird der bereits gebildete Bruch längere Zeit diesen Tempera-

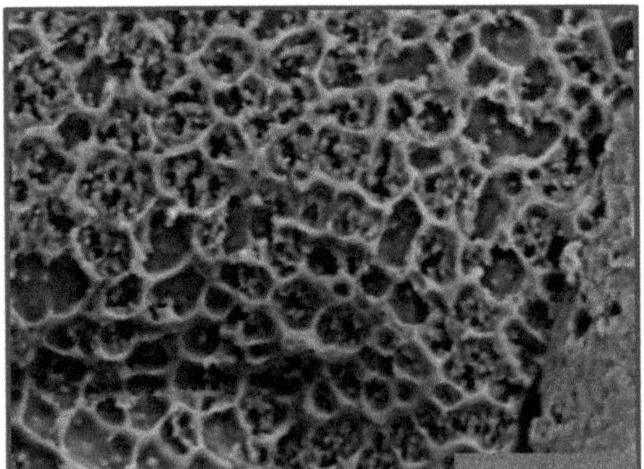

Abb. 8.2 Hochtemperatur-Wabenbruch.

turen ausgesetzt, so kommt es zur Einformung der Bruchtopografie, insbesondere der Wabenkämme.

8.2.1 Brandschäden

Schadensanalytisch ist bei Brandschäden (Abb. 8.3) zwischen direkten und indirekten Schäden zu unterscheiden. Direkte Schäden entstehen durch das unmittelbare Einwirken der hohen Temperaturen am Brandort und sie sind meist leicht zu erkennen. Dies betrifft verformte oder gar eingestürzte Strukturen ebenso wie optische Veränderungen, z. B. verbrannte Lackierungen. Indirekte Schäden können thermische Veränderungen von Strukturwerkstoffen am Brandort selbst, aber auch langzeitig ablaufende chemische Veränderungen durch aggressive Rauchgase in größeren Entfernungen betreffen. Verbranntes PVC (Fußböden, Isolierungen) setzt sich in Salzsäure um und kann die Stahlarmierung im Beton ebenso korrosiv angreifen, wie elektrische und regeltechnische Installationen. Dies führt häufig zu teuren Langzeitschäden.

Für die Bewertung der Stahlkonstruktionen, z. B. der Halle im Hintergrund von Abbildung 8.3, hat sich folgendes Vorgehen bewährt [6]:

- Im Ist/Soll-Vergleich wird der brandbeeinflusste Ort mit einem Bereich außerhalb der Brandzone verglichen.
- Um keine allzu großen Eingriffe in die Gebäudestruktur vorzunehmen, werden Mini-Dreiecksproben für die Laborprüfung der Werkstoffhärte und des Gefüges entnommen (Abb. 8.4 und 8.5).
- Mit ambulanten Härtemessungen werden die Werkstofffestigkeiten, die häufig zunächst gar nicht bekannt sind, nach DIN EN ISO 18265 bestimmt und dem Ist/Soll-Vergleich unterzogen.

Abb. 8.3 Brandschaden einer Lagerhalle für Wellpappe.

Abb. 8.4 Entnahmeort einer Probe aus der Stahlkonstruktion.

- Sollten sich kritische Werte ergeben, müssen Probenstücke für die konventionelle Werkstoffprüfung entnommen werden. Durch diesen Eingriff kann es zur Beeinträchtigung der Gebäudestatik kommen, was Abstützungen und Reparaturen nach sich zieht.

Die aus der Walzhitze gleichgewichtsnah abgekühlten Baustähle verhalten sich, anders als wasservergütete Feinkornstähle, hinsichtlich der Brandbeeinflussung relativ robust, d. h. ihre Festigkeitsabnahme ist gering und erfolgt sehr langsam und ist am besten an der Perlitkoagulation zu erkennen (Abb. 8.6). Schlussendlich muss auf Verzug geachtet werden, da bei Profilstählen die Gestaltfestigkeit auch bei gleichbleibender Werkstofffestigkeit beeinträchtigt sein kann.

Abb. 8.5 In Kaltharz eingebettete Stahlprobe.

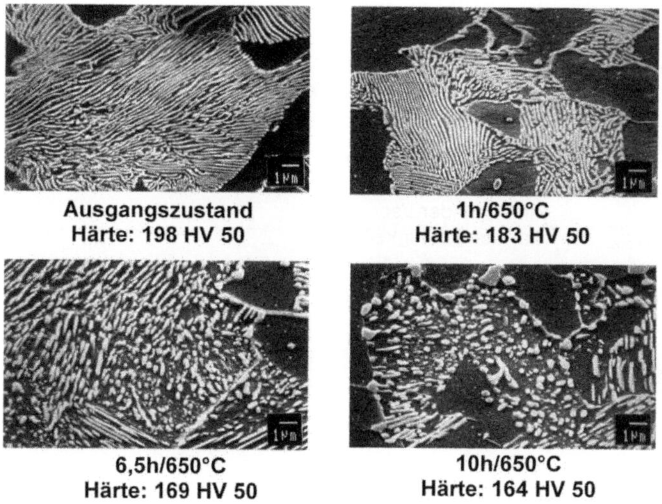

Abb. 8.6 Labor-Glühversuche am Stahl.

8.3 Kaltrisse

8.3.1 Aufhärtungsrisse

Aufhärtungsrisse treten beim Zusammenwirken hoher thermisch bedingter Spannungen mit einer gefügeumwandlungs- und ausscheidungsbedingten Versprödung des wärmebeeinflussten Nebennahtbereichs von Schweißverbindungen auf (Abb. 8.7). Diese Rissempfindlichkeit wird durch Anreicherung von Stahlbegleitelementen auf den Korngrenzen, insbesondere bei Grobkornbildung, verstärkt. Darüber hinaus können Oberflächenkerben, z. B. an der Fusionslinie, die Rissbildung begünstigen (Abb. 8.8). Bei Baustählen können Härterisse ab einem Kohlenstoffgehalt von $C \geq 0{,}22$ % bzw. einem Kohlenstoffäquivalent von $C^* \geq 0{,}4$ entstehen. Durch die Abhängigkeit der Gefüge legierter warmfester Stähle von der Wärmeeinwirkung können Schwierigkeiten, insbesondere beim Schweißen [7, 8] einiger Feinkornstähle durch ausgeschiedene Karbide und bei den Nb-stabilisierten hochwarmfesten austenitischen Chrom-Nickel-Stählen, insbesondere durch feindispers im Nebennahtbereich der Schweißverbindungen gebildete Karbonitride des Typs Nb(C, N) [9, 10] auftreten, die verhindern, dass sich die Schweißspannungen abbauen können.

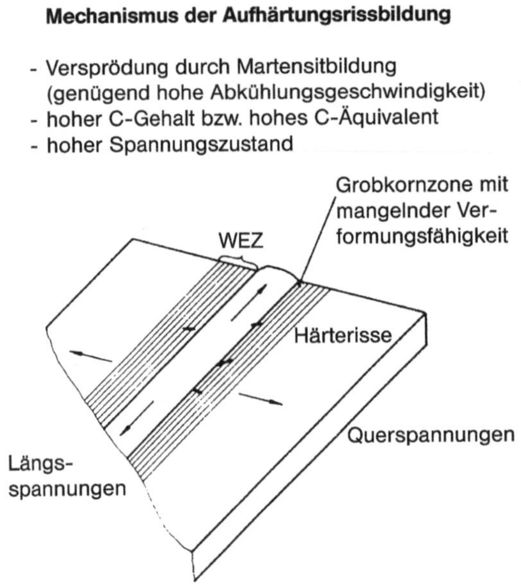

Abb. 8.7 Mechanismus und Voraussetzung für das Entstehen von Aufhärtungsrissen in Schweißverbindungen [6].

8.3.2
Unterplattierungsrisse

Beim Plattieren von Reaktordruckgefäßen aus wasservergüteten Feinkornbaustählen traten in der Vergangenheit nach dem Spannungsarmglühen Unterplattierungsrisse auf. Dieser interkristallin verlaufende Risstyp bildet sich in solchen Gefügebereichen, in denen die WEZ einer Plattierungsraupe von der WEZ der

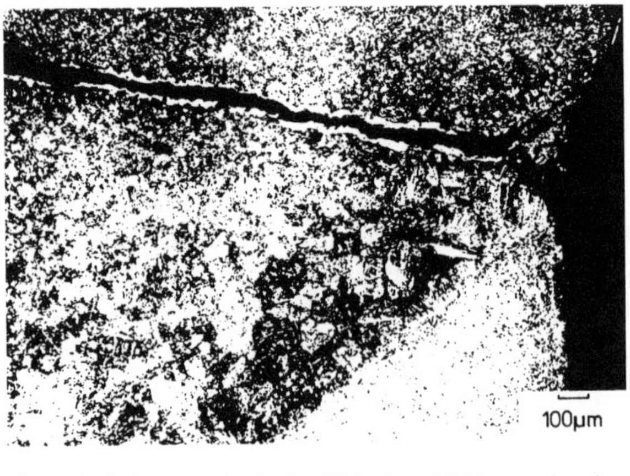

Abb. 8.8 Aufhärtungsriss in der WEZ eines C45E, ausgehend von der Fusionslinie.

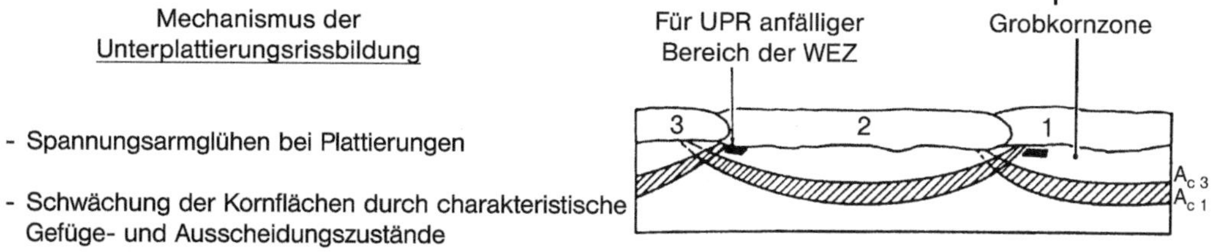

Abb. 8.9 Voraussetzungen und anfällige Bereiche für Unterplattierungsrisse [7].

benachbarten Raupe überlappt wird (Abb. 8.9). Für diese Rissbildung werden zwei Mechanismen verantwortlich gemacht:

Durch Anreicherung von Begleit- und Spurenelementen erfolgt eine Versprödung der Korngrenzen. Der Riss entsteht, sobald die Korngrenzenfestigkeit durch anliegende Zugspannungen überschritten wird.

Das Korn verfestigt sich selbst durch die Bildung von Ausscheidungen beim Spannungsarmglühen. Beim Stahl 22NiMoCr3-7 wurde hierfür die Ausscheidung von Mo_2C verantwortlich gemacht. Dabei muss die Verformung über Korngrenzengleitung ablaufen (Relaxation), und es erfolgt eine interkristalline Werkstofftrennung.

Für die Bildung von Unterplattierungsrissen ist ein Zusammenwirken beider Mechanismen wahrscheinlich. Als Einflussgrößen sind die Gefügeausbildung, die Stahlzusammensetzung und die Größe der Restspannungen bekannt. In Abbildung 8.10 ist ein im Bruch freigelegter Unterplattierungsriss wiedergegeben. Durch Einführung des Stahls 20MnMoNi5-5 wurde das Problem der Unterplattierungsrisse weitgehend beseitigt.

Unter der Bezeichnung „Kaltrisse“ werden häufig auch Risse durch Wasserstoff und Lamellenrisse genannt, die jedoch nicht zu den thermisch induzierten Rissen zählen.

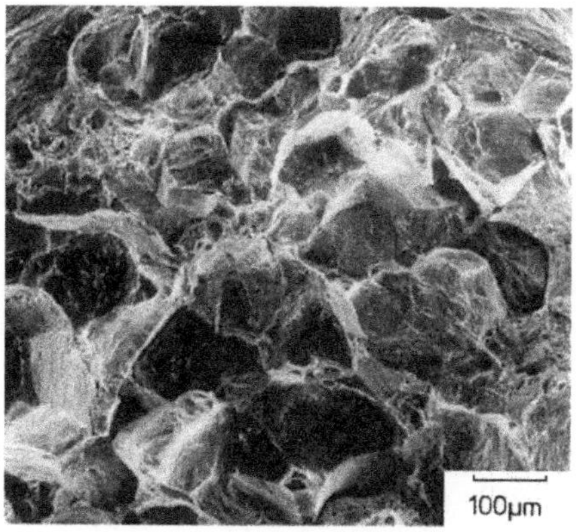

Abb. 8.10 Bruchfläche eines Unterplattierungsrisses bei Stahl 22NiMoCr3-7.

8.4 Heißrisse

Heißrisse sind interkristalline Werkstofftrennungen, die in einem Temperaturbereich entstehen, der sich von der Solidustemperatur bis zu weit tieferen Temperaturen erstrecken kann. Sie können beim Schweißen, Gießen und Warmumformen auftreten. Ihre unmittelbare Identifizierung am Bauteil gelingt meist nur, wenn sie an der Oberfläche vorliegen. Im Inneren sind Heißrisse wegen ihrer geringen Größe mit den üblichen zerstörungsfreien Prüfverfahren meist nicht nachweisbar. Sie lassen sich im Schliff oder besser noch als frei erstarrte innere Oberflächen an nachträglich herbeigeführten Gewaltbrüchen identifizieren. Nach ihrer Entstehungsursache wird zwischen Erstarrungs- und Aufschmelzungsrissen unterschieden [11–13].

8.4.1 Erstarrungsrisse

Während der Erstarrung reichert sich die Restschmelze vor der Kristallisationsfront an Elementen an, die die Erstarrungstemperatur der Restschmelzenfelder stark erniedrigen können. Erstarrungsrisse entstehen, wenn am Ende der Erstarrung die zwischen den Dendriten vorhandenen flüssigen Filme die auftretenden Schrumpfspannungen nicht mehr übertragen (Abb. 8.11).

Infolge der fortgeschrittenen Kristallisation ist ein Ausheilen der gebildeten Risse durch Nachspeisung mit flüssiger Schmelze häufig nicht möglich. Die Erstarrungsrissneigung nimmt mit höheren Gehalten des Stahls an heißrissverursachenden Elementen wie Schwefel, Phosphor, Niob und Silizium zu. Die aus der Restschmelze ausgeschiedenen niedrigschmelzenden Phasen können im Bruch mit der Elektronenstrahlmikroanalyse bestimmt werden. Das für Erstarrungsrisse typische Bruchaussehen zeigt Abbildung 8.12.

8.4.2 Aufschmelzungsrisse

Außer bei der primären Erstarrung können Heißrisse auch durch sekundäre Wärmezyklen entstehen, z. B. beim Schweißen im Grundwerkstoff nahe der Fusionslinie und in den unteren Lagen von mehrlagig geschweißten Verbindungen. Dabei kann es zum Aufschmelzen niedrigschmelzender Bereiche zwischen den Kristalliten kommen (Abb. 8.13). Darüber hinaus kann durch Kristallseigerung der Schmelzpunkt in den Korngrenzenbereichen zusätzlich abgesenkt werden, so dass sie aufschmelzen und sich filmartig interkristallin ausbreiten. Unter der Einwirkung von schrumpfungsinduzierten Spannungen reißt der Werkstoff entlang flüssiger Korngrenzenfilme auf. Mit zunehmender Heißrissneigung erkennt man eine stärkere Einformung der Kristalle (Abb. 8.14), und es lassen sich häufiger die heißrissverursachenden Phasen nachweisen.

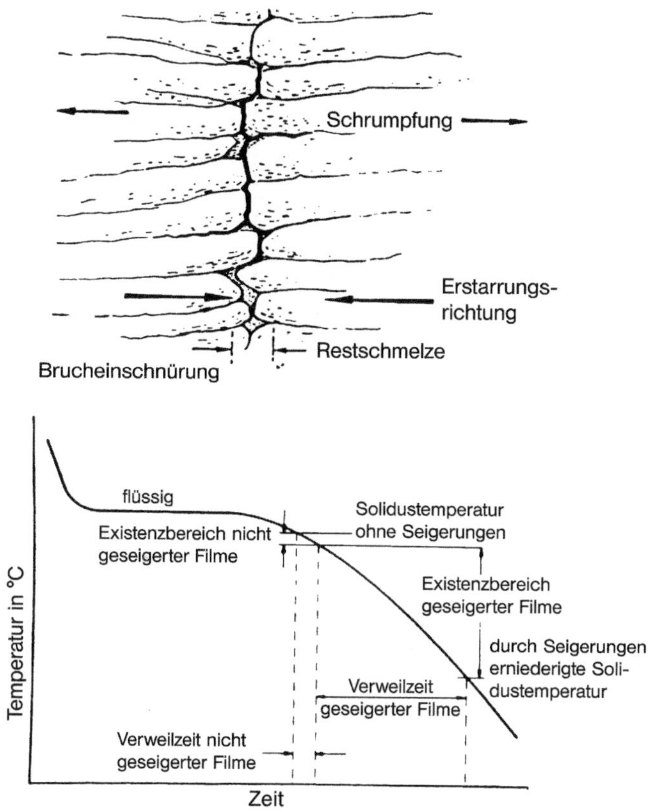

Abb. 8.11 Mechanismus der Erstarrungsrissbildung [6].

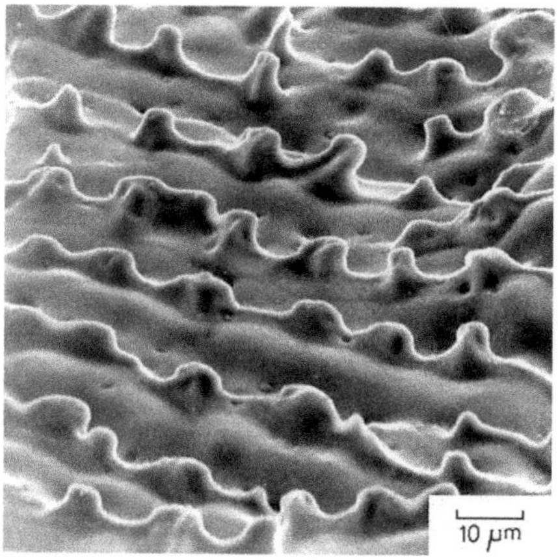

Abb. 8.12 Frei erstarrte Dendritenoberfläche eines aufgebrochenen Erstarrungsrisses.

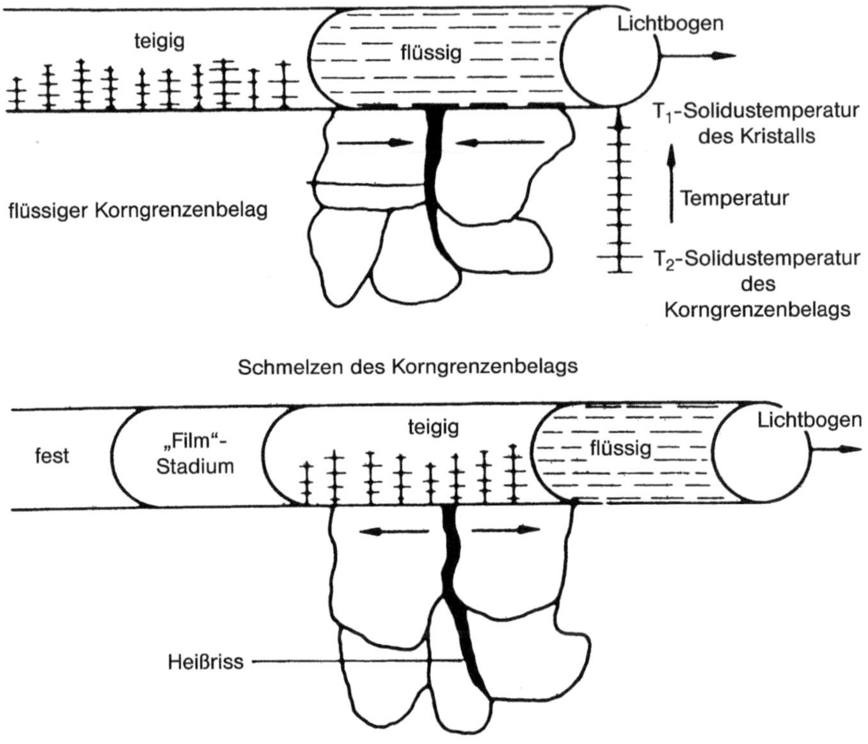

Abb. 8.13 Mechanismus der Aufschmelzungsrissbildung nach Pellini [7].

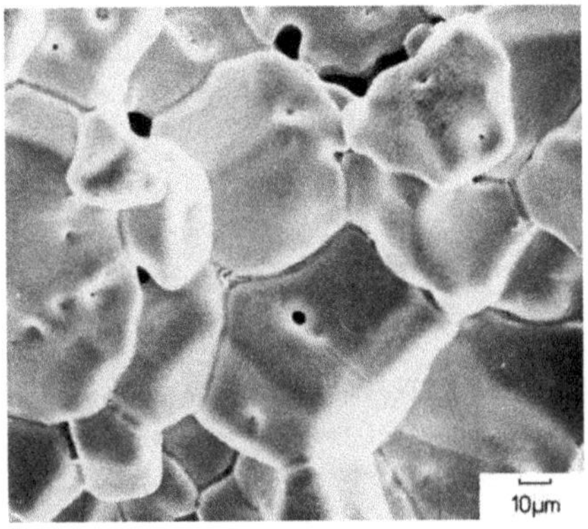

Abb. 8.14 Eingeformte Kornflächen eines aufgebrochenen Aufschmelzungsrisses.

8.4.3
Heißrissverursachende Phasen

Auf der Heißrissfläche liegen die verursachenden Elemente meist als stabile Phasen vor (Sulfide, Phosphide, Silizide, Karbide, Karbonitride usw.), die häufig recht hohe Schmelzpunkte aufweisen. Ihre heißrissfördernde Wirkung wird durch ihre Neigung zum Seigern und die mit ihrer Anreicherung in der Restschmelze verbundene Schmelzpunkterniedrigung hervorgerufen.

Auch wenn Phasen bereits im Ausgangswerkstoff vorlagen, z. B. transkristalline Mangansulfide Typ I in einem gewalzten Stahl, können Zugspannungen bei erhöhter Temperatur eine Benetzung der Korngrenze erzwingen und damit heißrissbildend wirken.

Das Entstehen niedrigschmelzender Phasen hängt vom Gehalt und der Löslichkeit der an ihrer Bildung beteiligten Elemente im Metallgitter ab. Austenitische Stähle sind wegen der größeren thermischen Schrumpfung besonders heißrissgefährdet. Dem begegnet man durch einige Prozent Deltaferrit im Schweißgut, dem sichtbaren Zeichen, dass der Schweißwerkstoff primär ferritisch erstarrt ist und dabei eine geringere thermische Kontraktion erfahren hat.

Der Ausdehnungskoeffizient des Werkstoffs bestimmt zusammen mit der Bauteilgeometrie die Größe der auf die flüssige Korngrenzenphase wirkenden Schrumpfbeträge. Werkstoffe mit hohen Ausdehnungskoeffizienten, wie die Austenite, besitzen aufgrund der beim Abkühlen auftretenden Schrumpfbeträge eine ausgeprägte Heißrissneigung. Darüber hinaus führt die geringe Wärmeleitfähigkeit der Austenite zu einem Wärmestau im Schweißnahtbereich, was ebenfalls zur verstärkten Heißrissneigung beiträgt. Ein feinkörniges Gefüge wirkt sich günstig auf die Heißrissbeständigkeit aus, da die Gesamtkornfläche größer als bei einem grobkörnigen Werkstoff ist und die vorhandene Menge an Schmelzpunkt erniedrigenden Elementen nicht zur Benetzung aller Kornflächen ausreicht.

8.5
Zeitstandfestigkeit

Wird ein Werkstoff bei Raumtemperatur mit einer Spannung belastet, so reagiert er darauf durch eine elastische und plastische Formänderung, die in der Regel in dem Moment abgeschlossen ist, in dem die angelegte Spannung nicht mehr erhöht wird. Diese Reaktion ist das Ergebnis einer Verfestigung, die sich während der Verformung im Mikrogefüge des Werkstoffs abspielt und der einwirkenden Spannung einen zunehmenden Verformungswiderstand entgegensetzt [3].

Dieses Werkstoffverhalten ändert sich bei erhöhter Temperatur. Nach Erreichen der Nennspannung erfolgt über beliebig lange Zeitintervalle eine fortschreitende messbare Formänderung, der Werkstoff „kriecht". Für den Verlust an Formänderungsfestigkeit sind thermisch aktivierte Prozesse verantwortlich, die durch den Einfluss der Temperatur im Werkstoff ablaufen [5]. Für technische Beurteilungen kann man die Temperatur, ab der mit Kriechen gerechnet werden muss, mit $\geq 0{,}3$

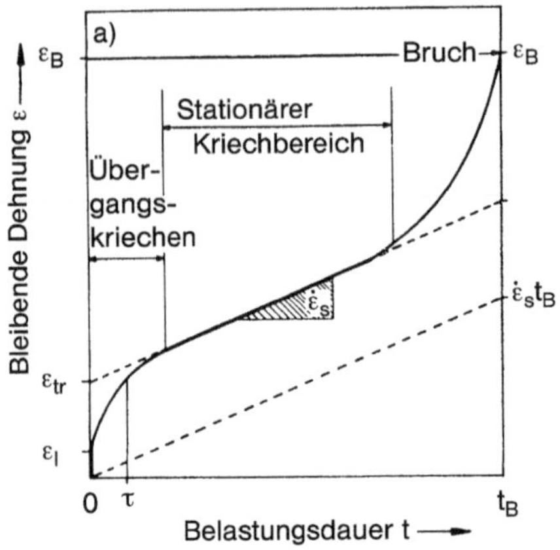

Abb. 8.15 Schematische Darstellung einer Kriechkurve.

T_s [K] angeben, wenngleich es wegen der kontinuierlich zunehmenden thermischen Aktivierung hierfür keine scharfe Grenze gibt.

Für die konstruktive Langzeitauslegung von Bauteilen bei erhöhter Betriebstemperatur werden Werkstoffkennwerte benötigt, die diese zeit- und temperaturabhängige Verformung berücksichtigen und den Bruchzeitpunkt festlegen. Sie werden in Zeitstandversuchen ermittelt, wie sie in DIN EN ISO 204:2009-10 beschrieben sind. Bei verschiedenen Ausgangsspannungen wird für zahlreiche Proben ihre Kriechcharakteristik aufgenommen und ihr Bruchzeitpunkt ermittelt (Abb. 8.15). Daraus kann für den jeweiligen Lasthorizont der Zeitpunkt entnommen werden, an dem eine zulässige Kriechdehnung erreicht wird. Die zulässigen Grenzdehnungen sind von der Funktion des Bauteils abhängig und können bei einer frei dehnbaren Geometrie, wie z. B. dem Durchmesser einer Heißdampfleitung, auch bis in die Größenordnung von mehreren Prozent reichen.

Bei Beginn der Kriechkurve liegt nach der Lastaufgabe spontan eine elastische Dehnung und ggf. eine gewisse plastische Dehnung vor. Es schließt sich der technisch wichtige Bereich des Übergangskriechens an, in den die in den Regelwerken vorgeschriebenen Zeitdehngrenzen fallen. Die Abnahme der Kriechgeschwindigkeit zeigt eine überwiegende Werkstoffverfestigung durch den Kriechvorgang an.

Im stationären Kriechbereich werden Versetzungsbildung und -auslöschung durch Ausscheidungs- und Umwandlungsvorgänge überlagert. In der Realität ist dieser Kriechbereich daher häufig nur undeutlich ausgeprägt, da dieser innere Regelkreis sich nicht ständig im Gleichgewicht befindet.

Der tertiäre Kriechbereich ist durch die zunehmende Wirksamkeit innerer Werkstoffschäden gekennzeichnet (Mischkristalldegradation, Zeitstandporen), die zum beschleunigten Kriechen und schließlich zum Bruch führen.

Zur Prüfung der Hochtemperatureigenschaften von Werkstoffen werden Warmzugversuche, Zeitstandversuche und Relaxationsversuche durchgeführt.

Einen Überblick über die Zeitstandfestigkeit der unterschiedlichen Stahlgruppen und die entsprechenden Regelwerke gibt Abbildung 8.16.

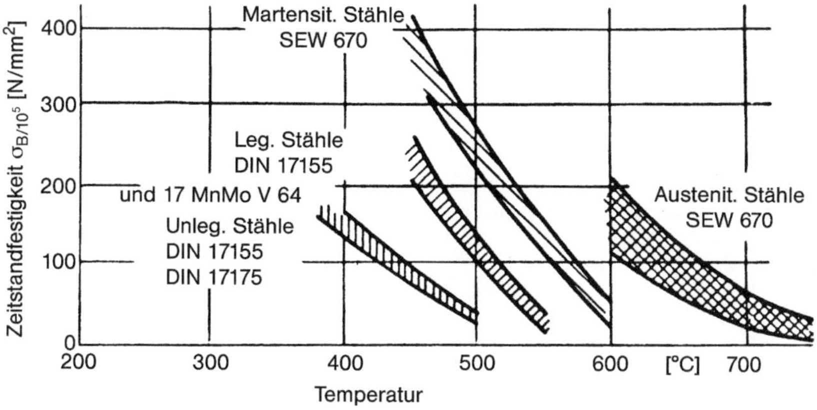

Abb. 8.16 Zeitstandfestigkeit warmfester Stähle.

8.5.1
Gefügeveränderungen

Für metallkundliche Untersuchungen im Bereich des Übergangskriechens eignen sich im besonderen Maße Modellegierungen. Abbildung 8.17 zeigt am Beispiel einer Al-Zn-Legierung die kriechinduzierte Bildung von Subkorngrenzen, die als wichtige Reaktionsflächen zur Einstellung eines stationären Gleichgewichts der beweglichen Versetzungen anzusehen sind. Bei einigen Werkstoffen, insbesondere den austenitischen Stählen mit ihrer niedrigen Stapelfehlerenergie, stellen sich Substrukturen erst nach technisch nicht mehr interessanten Dehnungen ein.

Das Ausscheidungsverhalten in Abhängigkeit von Temperatur und Zeit und die damit verbundenen Einflüsse auf das Kriechverhalten sollen am Beispiel der

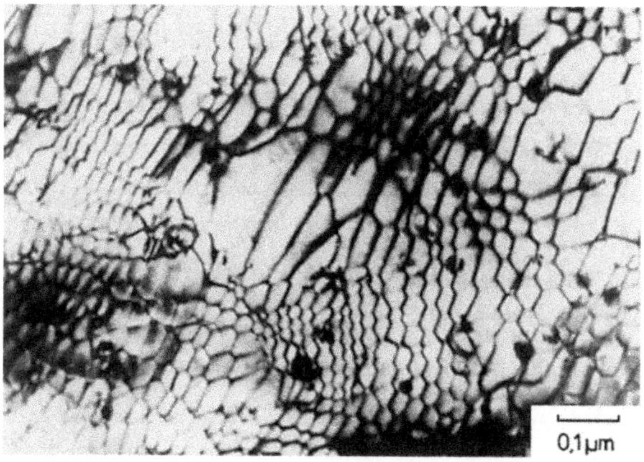

Abb. 8.17 Subkornstruktur in einer bei 250 °C im Kriechversuch verformten Al-Zn-Legierung nach Blum [3].

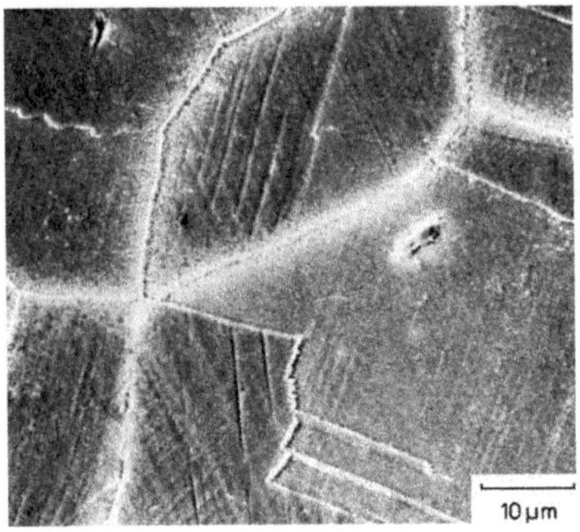

Abb. 8.18 Karbidwolken an Korngrenzen X6CrNi18-11; 600 °C, 32 000 h.

hochwarmfesten unstabilisierten Chrom-Nickel-Stähle erläutert werden [9, 14]. Diese Stähle werden üblicherweise im lösungsgeglühten Gefügezustand eingesetzt. Bei der Lösungsglühtemperatur >1050 °C liegt der Kohlenstoff im Austenitgitter homogen gelöst vor.

Durch Wasserabschreckung wird dieser Zustand eingefroren, woraus sich ein C-übersättigtes System im Ungleichgewicht ergibt, da die Löslichkeit für C z. B. bei 700 °C nur rd. 0,003 % beträgt. Entsprechend der Affinität einiger Stahl-Legierungselemente zum Kohlenstoff kommt es bei Betriebstemperaturen in diesem Bereich zur Ausscheidung von Karbiden. Für das Zeitstandverhalten des Werkstoffs sind der Ausscheidungsbeginn, der Ausscheidungsmengenverlauf, der Ort der Ausscheidung, die Ausscheidungsmorphologie sowie die Wechselwirkungen zwischen den Ausscheidungen und der Stahlmatrix von Bedeutung.

Im Zeitdehnverhalten weisen hochwarmfeste Stähle der Gruppe X6CrNi18-11 bei 600 °C ein Minimum auf, das bei rd. 10 % liegt. Dieser Bereich ist durch Karbidwolken entlang der Korngrenzen geprägt (Abb. 8.18).

In der elektronenmikroskopischen Durchstrahlung sind neben groben Karbiden auf den Korngrenzen feine kubische Karbide des Typs $M_{23}C_6$ in korngrenzen-

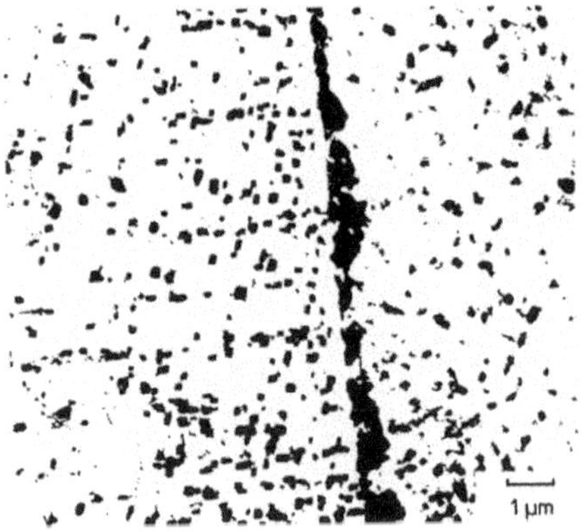

Abb. 8.19 Durchstrahlungselektronenmikroskopische Aufnahme einer Korngrenze wie in Abb. 8.18.

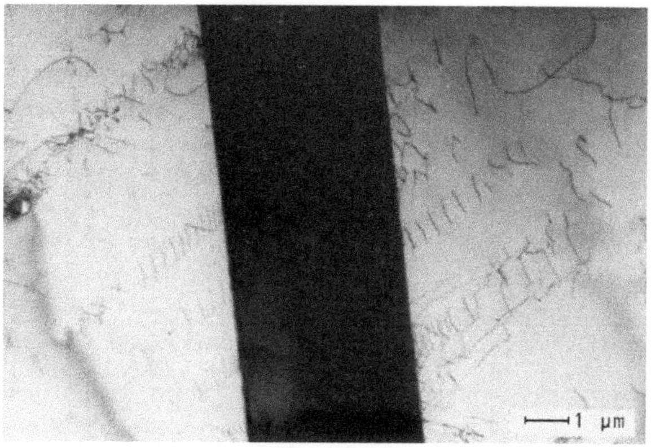

Abb. 8.20 Versetzungsaufstau im lösungsgeglühten Zustand.

nahen Bereichen festzustellen, die in Wechselwirkung mit den durch das Kriechen bewegten Versetzungen treten und den Kriechvorgang behindern (Abb. 8.19). Die zeilenförmige Anordnung dieser Karbide erklärt sich aus den vor Ausscheidungsbeginn an Korngrenzen aufgestauten Versetzungen (Abb. 8.20). Zur Erhöhung der Warmstreckgrenze kommen Mo-legierte Qualitäten des Typs X6CrNiMo17-13 zum Einsatz. Molybdän bewirkt jedoch auch die Ausscheidung der intermetallischen Chi-, Laves- und Sigmaphasen (Abb. 8.21) [15].

Zeitstandversuche langer Dauer zeigten, dass die anfängliche Überlegenheit der Mo-legierten Stähle nach langen Laufzeiten weitgehend abgebaut wird. Der Vergleich der Ausscheidungsmengenverläufe führt zu dem Ergebnis, dass Mo die Ausscheidungsgeschwindigkeit stark erhöht und zu rd. 10-fach größeren Ausscheidungsmengen führt (Abb. 8.22). Aus der Stoffbilanz ergibt sich schließlich, dass nach langen Laufzeiten bei hohen Temperaturen der Mo-Gehalt der Matrix auf Werte abgebaut ist, wie sie auch in den Qualitäten ohne Mo-Zugabe vorliegen und somit die Wirkung auf die Zeitstandfestigkeit nicht mehr vorhanden sein kann.

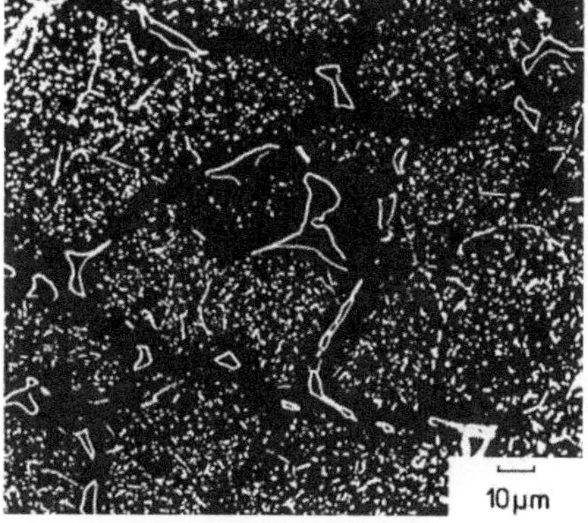

Abb. 8.21 Gefüge des Stahls X6CrNiMo17-13 nach rd. 20 000 h bei 800 °C.

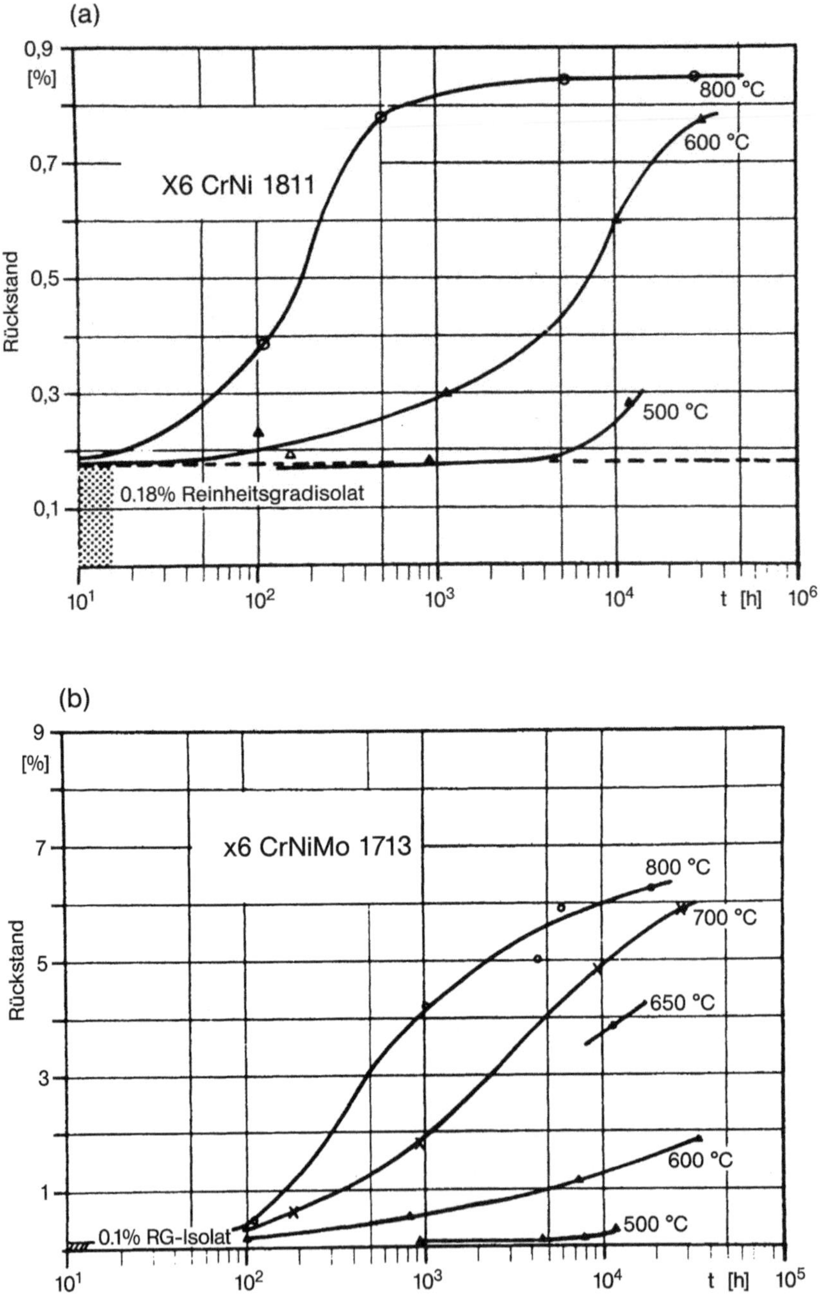

Abb. 8.22 Durch Rückstandsisolierung ermittelte Ausscheidungsmengenverläufe nach Zeitstandbeanspruchung der Stähle.

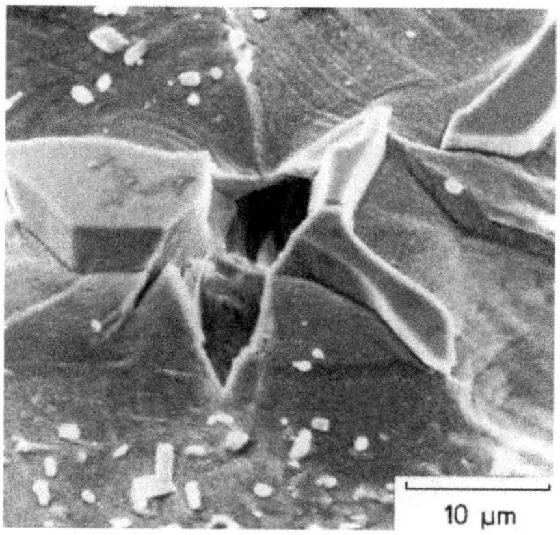

Abb. 8.23 In-Situ-Dehnversuch bei RT an Zeitstandmaterial (30 000 h; 800 °C) mit 42,6 % örtlicher Dehnung.

Die Ausscheidung grober Sigmaphasen-Partikel auf den Korngrenzen (Abb. 8.21) ließ eine Werkstoffversprödung befürchten. In-situ-Dehnversuche im REM zeigten, dass zwar nach rd. 3 % örtlicher Verformung die meisten Partikel der Sigmaphase bereits einen Riss aufweisen, dass die duktile austenitische Matrix jedoch noch rd. 50 % örtliche Verformung zulässt, bevor der Bruch eintritt (Abb. 8.23). In-situ-Dehnversuche im Temperaturbereich 500–800 °C weisen darüber hinaus nach, dass bei Betriebstemperatur die Mechanismen des Kriechens, also Porenbildung an Phasengrenzflächen und Korngrenzen, überwiegen.

8.5.2 Zeitstandporen

Zeitstandporen entstehen durch Leerstellenkondensation, Versetzungsaufstau, Korngrenzengleitung (homogene Porenbildung) oder durch Blockieren von Versetzungen entlang der Korngrenzen an Ausscheidungen, Verunreinigungen sowie durch Phasengrenzablösungen zwischen Ausscheidungen und Grundmetall (heterogene Porenbildung) (Abb. 8.24).

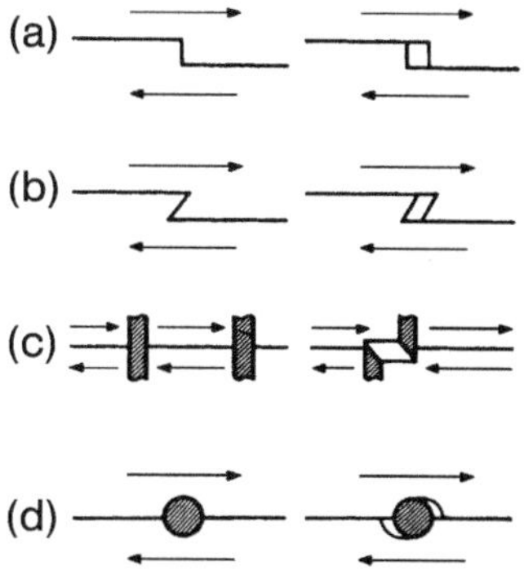

Abb. 8.24 Entstehen von Zeitstandporen nach: a) Chen u. Machlin; b) Gifkins, c) Smith u. Barnby, d) Harris.

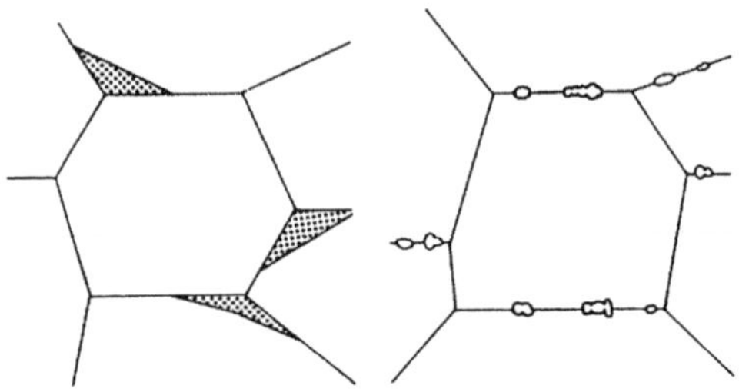

Abb. 8.25 Schematische Darstellung von Zeitstandporen: Keilporen (links), runde Poren (rechts).

In kriechbeanspruchten Werkstücken sind im Gefüge bereits vor dem Bruchzeitpunkt zahlreiche Poren vorhanden. Diese Zeitstandschädigungen liegen nahezu alle an Korngrenzen. Sie lassen sich in zwei Grundtypen einteilen, und zwar in keilförmige und in abgerundete Poren (Abb. 8.25). Keilförmige Poren bilden sich bevorzugt durch Aufstau von Gleitungsbeiträgen am Zusammenstoß dreier Korngrenzflächen. Diese Porenform entsteht bevorzugt bei hohen Spannungen und damit kurzen Standzeiten und/oder bei verhältnismäßig niedrigen Temperaturen. Abgerundete Poren bilden sich durch Leerstellenkondensation vorwiegend an Korngrenzen, die senkrecht oder schwach geneigt zur Hauptspannungsrichtung verlaufen, und zwar vor allem bei niedrigen Spannungen und damit langen Standzeiten und/oder hohen Temperaturen.

Kriechschädigung beginnt bei niedrigen Temperaturen und den dabei hohen Spannungen als homogene Porenbildung auf den Korngrenzen, bevor Ausscheidungen nachweisbar sind (Abb. 8.26).

Bezogen auf die anliegende Spannung verlaufen die Poren in diesem Stadium der Zeitstandschädigung häufig unter 45° und sind mit starken Kornverformungen verbunden (Abb. 8.27).

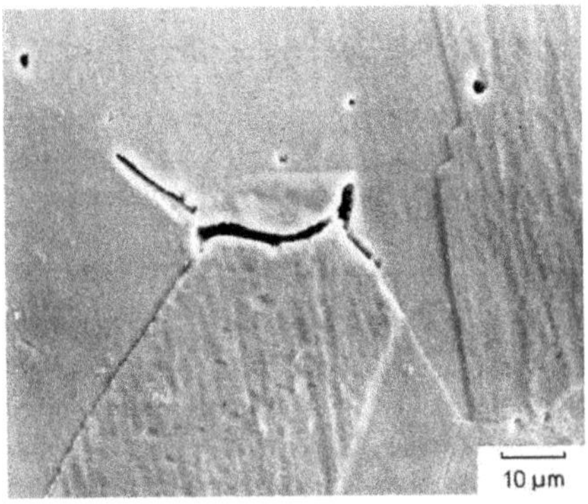

Abb. 8.26 Zeitstandpore im Stahl X6CrNi18-11 (460 h; 500 °C; 381 N/mm^2).

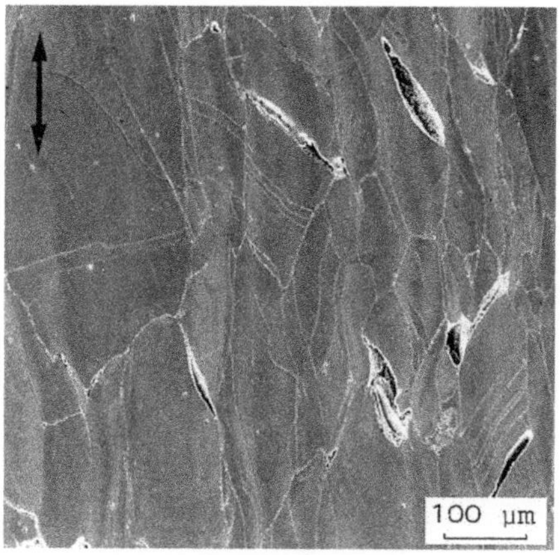

Abb. 8.27 Zeitstandporen unter 45 °C zur Beanspruchungsrichtung. X6CrNiMo17-13 (600 °C; 6483 h).

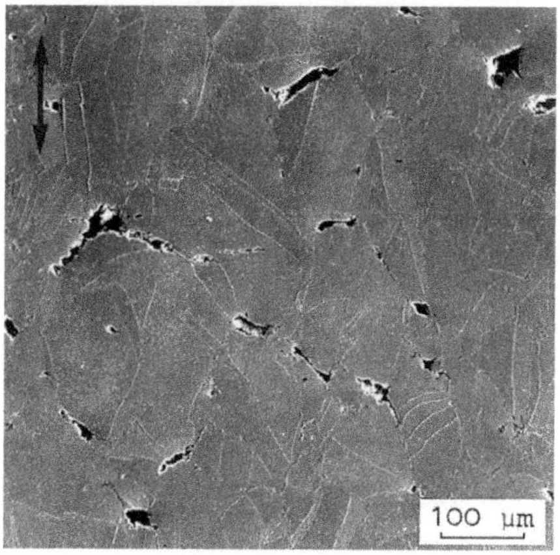

Abb. 8.28 Zeitstandporen durch Korngrenzengleitung. X6CrNi18-11 (700 °C; 11 062 h).

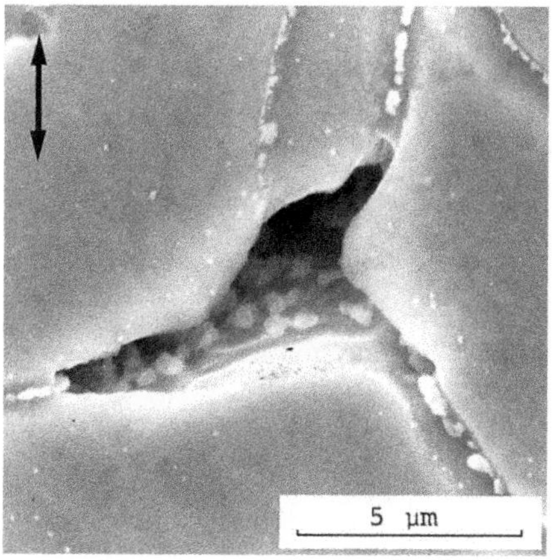

Abb. 8.29 Zeitstandporen an Korngrenzentripelpunkt und Zwilling mit Karbiden. X6CrNi-Mo17-13 (700 °C; 5882 h).

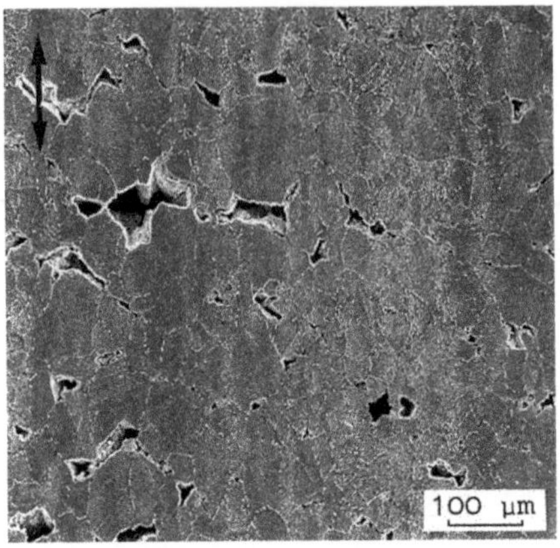

Abb. 8.30 Ausscheidung von Karbiden und intermetallischen Phasen in Seigerungszeilen sowie weit aufklaffende Zeitstandporen. X6CrNiMo17-13 (650 °C; 28 851 h; 94 MPa).

Nach zunehmender Zeitstandbeanspruchung (Temperatur, Zeit) und naturgemäß niedrigeren Spannungen nimmt die Kornverformung ab (Abb. 8.28), und es kommt zu einer Wechselwirkung mit Korngrenzenkarbiden (Abb. 8.29).

Weiter zunehmende Zeitstandschädigung erfolgt als heterogene Porenbildung und ist überlagert durch Ausscheidungen und ihre Wechselwirkungen mit dem Kriechverhalten. Das Porenbild ist geprägt durch klaffende Zeitstandporen (Abb. 8.30), die bei niedrigen Spannungen nahezu senkrecht zur Belastungsrichtung angeordnet sind.

Das Zusammenwachsen von Zeitstandporen (Abb. 8.31) führt zur Rissbildung und zum Zeitstandbruch. Spröde, auch bei hohen Betriebstemperaturen noch harte Phasen (z. B. Sigmaphase) stellen nur in verzweigter Form bevorzugte Orte für die Porenbildung dar. In hochwarmfesten Stählen mit hohem Hartphasengehalt kann einerseits eine Stützwirkung, z. B. durch ein Karbidskelett, bewirkt werden [16], andererseits kommt es schon bei geringen, meist technisch schon

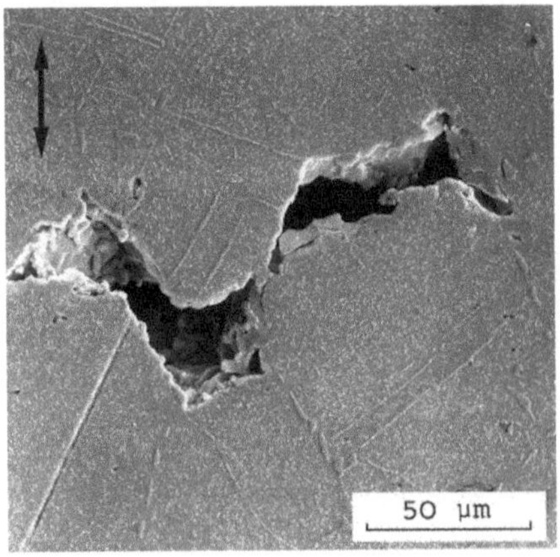

Abb. 8.31 Zusammenwachsende Zeitstandporen. X6CrNiMo17-13 (700 °C; 20 118 h).

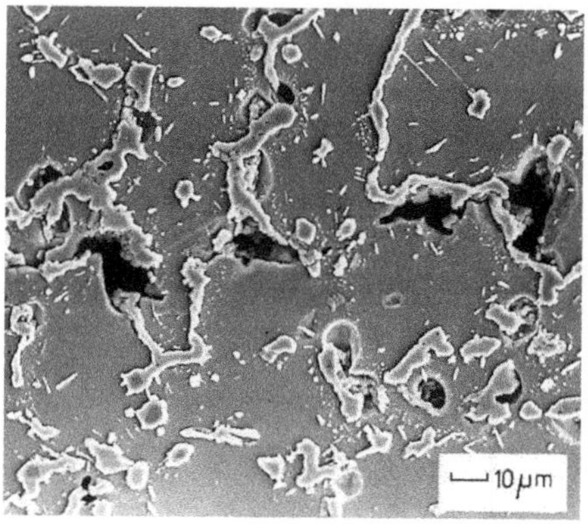

Abb. 8.32 Zeitstandporen an interdendritischen Karbiden eines Schleudergussstahls X40NiCr35-25 (900 °C; 1150 h; 45 MPa).

nicht mehr nutzbaren Kriechdehnungen zum Brechen der Phasen und gelegentlich zur Grenzflächenablösung (Abb. 8.32).

8.5.3 Zeitstandbrüche

Obwohl Untersuchungen zur Zeitstandschädigung in der Regel am metallografischen Schliff durchgeführt werden [17], lässt sich der Einfluss von Zeitstandporen auf das Werkstoff-/Bauteilversagen auch am Bruch nachweisen (Abb. 8.33) [8], was jedoch häufig durch Verzunderung erschwert wird.

Die Abhängigkeit der bei Zeitstandbrüchen auftretenden Versagensmechanismen [17] ist in Abbildung 8.34 wiedergegeben.

Bei Brüchen in Schweißverbindungen folgt die Zeitstandschädigung den Dendriten (Abb. 8.35), und es kommt wegen der unterschiedlichen Steifigkeit der Kristallachsen zu erheblichen Verformungen der Dendritenpakete (Abb. 8.36) [19, 20].

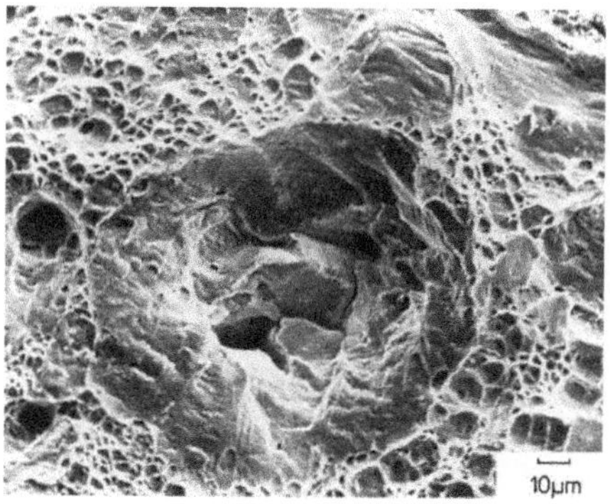

Abb. 8.33 Zeitstandpore im Zeitstandbruch des Stahls X6CrNiMo17-13 (500 °C; 2732 h; 415 MPa).

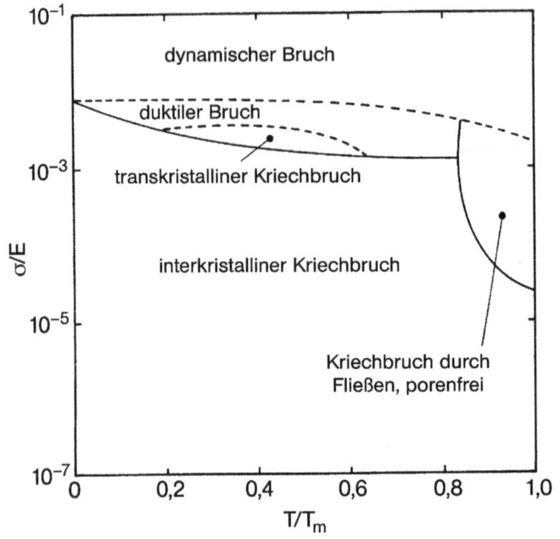

Abb. 8.34 Zeitstandbrüche von kfz-Metallen in Abhängigkeit von Spannung und Temperatur [18].

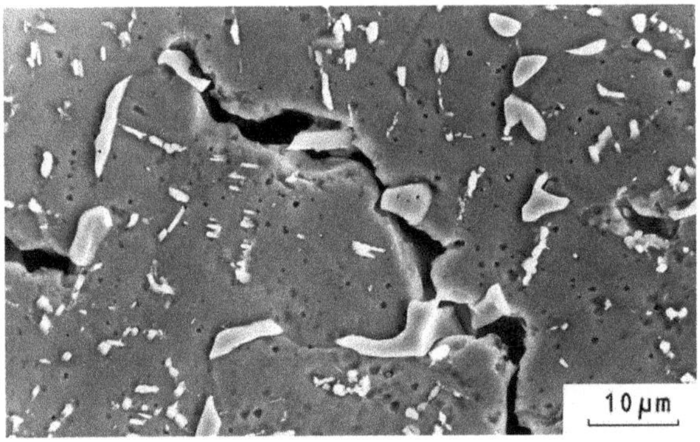

Abb. 8.35 Interdendritische Zeitstandpore im Schweißgut X5CrNiMnMoN16-9-4 (700 °C; 2284 h).

Abb. 8.36 Deformierte Zeitstandprobe (wie Abb. 8.35).

8.5.4 Restlebensdauer

Zunächst errechnete man die zulässigen Spannungen warmgehender Bauteile aus der Zugfestigkeit des Werkstoffs bei Raumtemperatur mit einem Sicherheitsbeiwert von 4,25. Um 1940 wurde die Warmstreckgrenze bei 300 °C ermittelt und mit einem Sicherheitszuschlag in der Regel von 60 % versehen. Ende der fünfziger Jahre lagen die ersten 100 000 h-Werte aus Zeitstandprüfungen vor, die in der Regel mit einem Sicherheitsfaktor 1,5 Verwendung fanden. Heute gilt die Untergrenze des Streubandes von 200 000 h-Werten als Berechnungsgrundlage für die Zeitstandfestigkeit. Damit werden Anlagen für erhöhte Betriebstemperaturen bis zu 25 Jahren Dauerbetrieb abgesichert. Diese Zeitstandergebnisse werden durch Prüfprogramme langer Dauer vorab ermittelt, mindestens jedoch durch voreilende Zeitstandproben abgesichert.

Die Überprüfung am Bauteil erfolgt an festgelegten Temperatur- und Dehnungsmessstellen und in zunehmendem Maße durch Methoden der „ambulanten Metallografie", wie sie als Verbändevereinbarung der VdTÜV im Merkblatt Dampfkessel 451-00/1 festgelegt sind. Dabei werden vor Ort Folienabzüge abgenommen und im Labor licht- und rasterelektronenmikroskopisch untersucht. So ist es möglich, zugängliche Bauteile in zeitlichen Abständen auf das Entstehen kritischer Zeitstandschädigungen zu überwachen [18].

Grundlage dieser Überprüfung sind „Meisterkurven" (Abb. 8.37), mit denen die beim Auftreten von Zeitstandschäden immer kürzeren Inspektionsintervalle und schlussendlich die Reparatur festgelegt werden.

Im Zusammenhang mit der rechnerischen Absicherung der Zeitstandwerte über Larson-Miller-Parameter und der Verfolgung von Schadens-Akkumulations-Hypothesen ergibt sich inzwischen eine sichere Überwachung der Restlebensdauer.

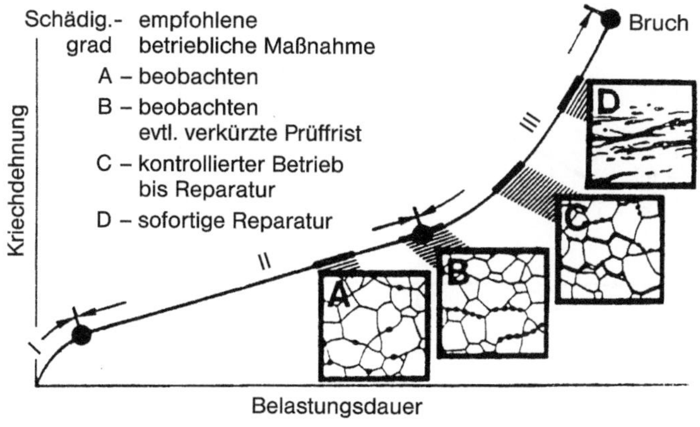

Abb. 8.37 Schematische Einteilung zeitstandbeanspruchter Gefüge in Gefügeklassen.

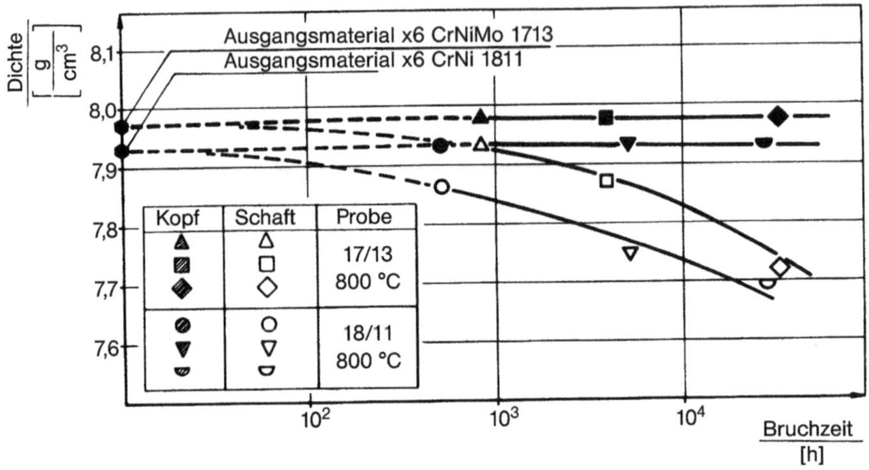

Abb. 8.38 Dichteabnahme durch Zeitstandbeanspruchung bei hochwarmfesten Cr-Ni-Stählen [19].

Eine direkte Messung der mittleren Gehalte an Zeitstandporen kann mit der Messung der Werkstoffdichte erfolgen. Es ergibt sich eine gute Korrelation zwischen Zeitstandschädigung und Dichteabnahme (Abb. 8.38).

Zerstörungsfreie physikalische Messverfahren wie Ultraschall- und Wirbelstromprüfung haben sich bisher ebenso wenig als routinemäßig anwendbar erwiesen wie die Laser-Thermografie, obwohl die Abnahme der Werkstoffdichte mit dem Wachstum der Zeitstandporen vollständig korreliert (Abb. 8.39).

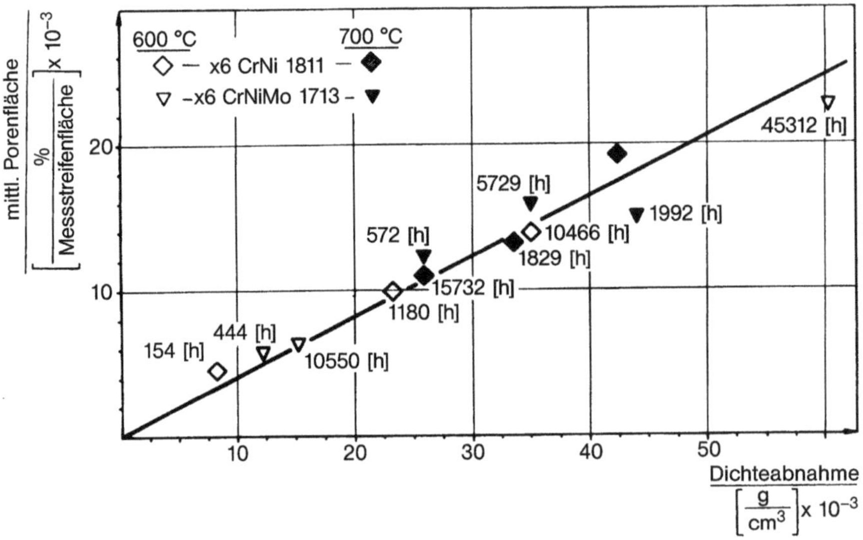

Abb. 8.39 Korrelation zwischen Zeitstandporen und Werkstoffdichte hochwarmfester austenitischer Chrom-Nickel-Stähle [19].

8.6
Härterisse

Härterisse treten häufig als Wärmebehandlungsrisse auf. Sie entstehen durch innere Spannungen (thermische Schrumpfungen, Volumenzunahme bei Martensitbildung) während oder unmittelbar nach der Wärmebehandlung von Stählen. Sie können durch Werkstoffinhomogenitäten, Grobkorn und nichtmetallische Einschlüsse, durch konstruktive Ursachen wie schroffe Querschnittsübergänge oder durch verfahrensabhängige Einflüsse bei der Wärmebehandlung ausgelöst werden. In allen Fällen werden Spannungen erzeugt, die über der örtlichen Zugfestigkeit des Werkstoffs liegen. Makroskopisch sind Härterisse meist schon an der Werkstückoberfläche sichtbar. Sie verlaufen als Korngrenzenbruch entlang der ehemaligen Austenitkorngrenzen senkrecht zu den im Werkstück auftretenden Zugeigenspannungen (Abb. 8.40). Bei der Bearbeitung nach dem Härten können sie in Form von Schleifrissen auftreten und sind entsprechend ihrer Entstehungsursache im Allgemeinen als Rissnetzwerk auf der Oberfläche des Werkstücks zu erkennen.

8.7
Thermische Ermüdung

Thermoschockrisse, zu denen auch die zuvor beschriebenen Härterisse gehören, beruhen in der Regel auf einem einzigen Temperatursprung mit steilem Gradienten. Risse durch thermische Ermüdung treten nach wiederholten kleineren Temperaturänderungen auf, wobei den thermisch induzierten Spannungen auch mechanische Betriebsspannungen synchron oder asynchron überlagert sein können.

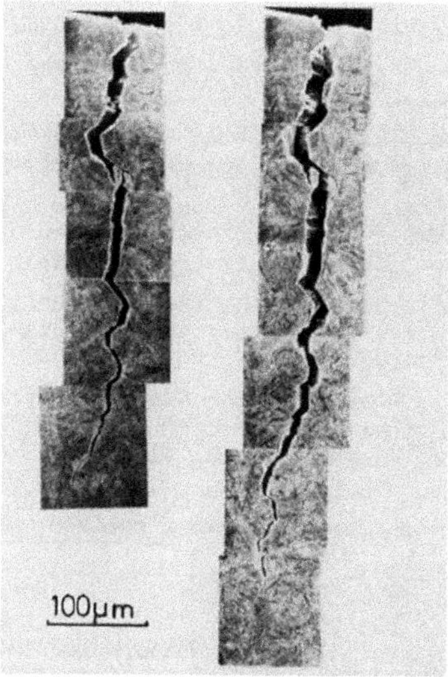

Abb. 8.40 Interkristalline Härterisse [8].

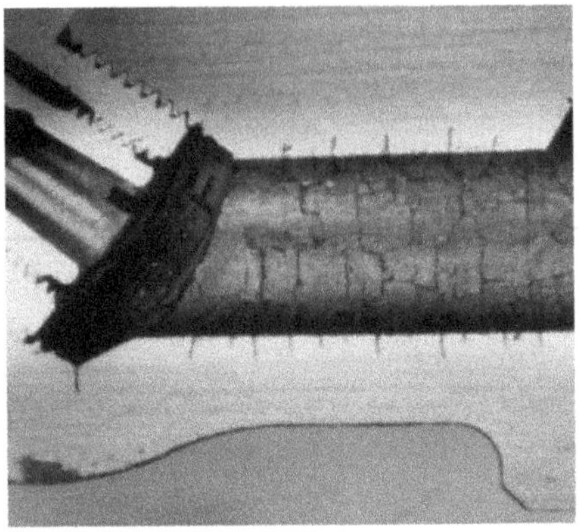

Abb. 8.41 Temperaturwechselrisse in einem Druckbegrenzer-Ventil.

Temperaturwechselrisse ohne Überlagerung durch äußere Spannungen werden häufig auch als Brandrisse bezeichnet, sie treten vielfach beim Urformen z. B. an der Innenwand von Druckgussformen, beim Umformen an Walzenoberflächen, beim Anlagenbau an Wärmetauschern und Ventilen (Abb. 8.41), bei Fahrzeugen an Auspuffkrümmern und Bremsscheiben (Abb. 8.42), in der Luft- und Raumfahrt, der Elektrotechnik, der Kern- und Solartechnik usw. auf. Bei all diesen Einsatzfällen ist wichtig festzustellen, ob der steilere Temperaturgradient beim Aufheizen der Oberfläche (Dehnungsbehinderung) oder beim Abschrecken (Kontraktionsbehinderung) vorliegt ([20] Abb. 8.43). Während sich bei zyklischen Abschreckschocks wenig problematische Druckspannungen aufbauen, werden bei Aufheizschocks durch Kriechvorgänge in der Oberfläche zunehmend so hohe Zugspannungen aufgebaut (Abb. 8.44), dass es zur Rissbildung und zum zyklischen Risswachstum kommt. Langsam gewachsene Temperaturwechselrisse zeigen daher eine ausgeprägte V-Form (Abb. 8.45).

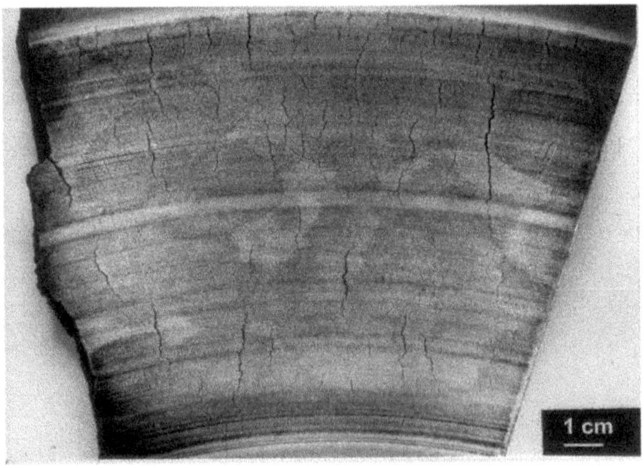

Abb. 8.42 ICE-Bremsscheibe mit Rissnetzwerk, Bruch durch Temperaturwechsel.

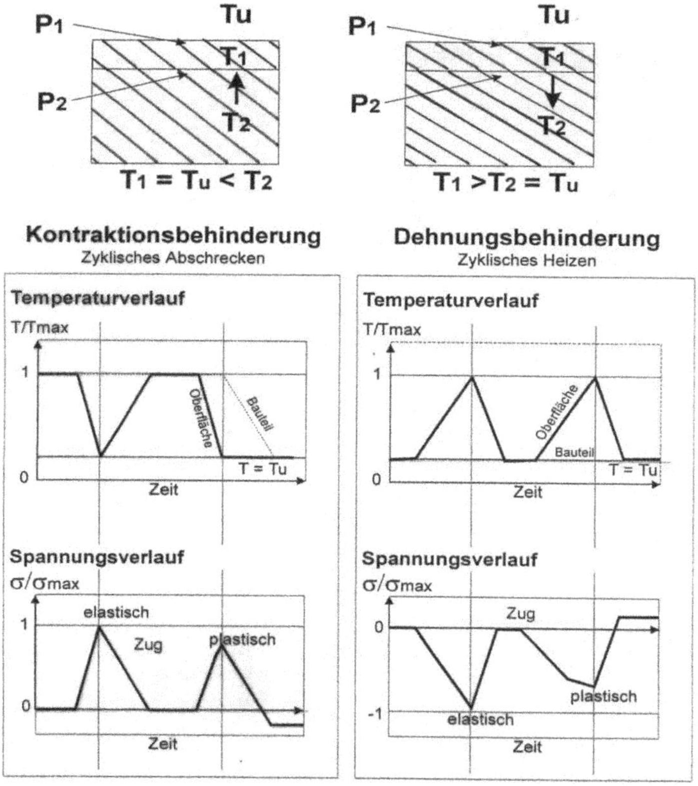

Abb. 8.43 Thermisch induzierte Spannungen.

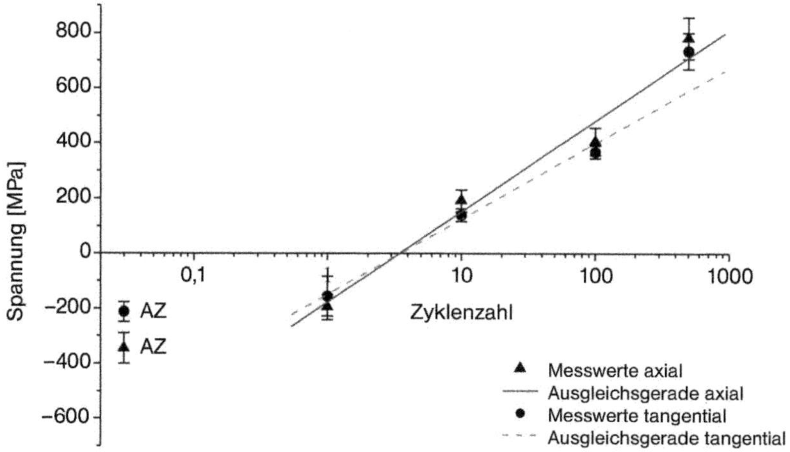

Abb. 8.44 Entwicklung von Zugeigenspannungen durch zyklische Aufheizschocks [21].

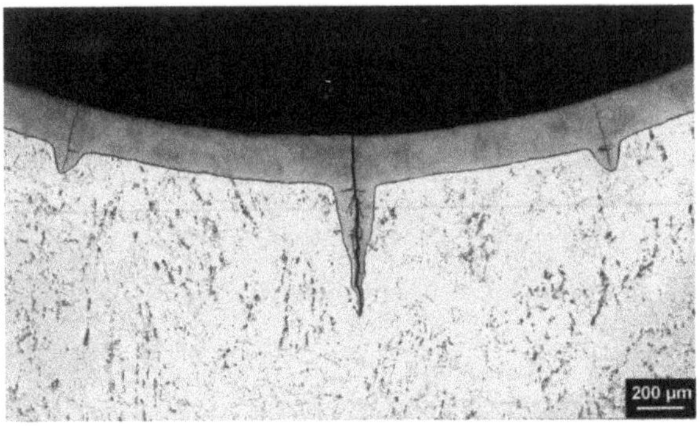

Abb. 8.45 Temperaturwechselrisse im Lochblech eines Ammoniakkonverters.

8.8 Zusammenfassung

Unter dem Sammelbegriff „thermisch induzierte Brüche" wurden die wesentlichen Riss- und Bruchtypen zusammengefasst, die durch den Einfluss erhöhter Temperatur entstehen. Bruchentstehung durch Hochtemperaturkorrosion sowie der Lötbruch, der zu den Brucharten durch Spannungsrisskorrosion zählt, wurden dabei nicht berücksichtigt.

Literatur

1 (1972) Eigenschaften warmfester Stähle, Fachberichte zur jährlichen Tagung am 3.–5.5.1972 in Düsseldorf; Verein Deutscher Eisenhüttenleute, Düsseldorf.

2 N. N. (1977) Das Verhalten thermisch beanspruchter Werkstoffe und Bauteile, VDI-Berichte, 302.

3 Dahl, W., Pitsch, W. (1980) Festigungs- und Bruchverhalten bei höheren Temperaturen, Verlag Stahleisen.

4 N. N. (1999) Stahl-Eisen-Liste, Verlag Stahleisen, Düsseldorf.

5 Ilschner, B. (1973) Hochtemperatur-Plastizität, Springer Verlag Berlin, Heidelberg, New York.

6 Pohl, M., Burchard, W.-G., Schiffers, H. (1986) Elektronenmikroskopische Schadensanalyse bei Werkstoffbeeinflussung durch Brandschäden. *Prakt. Metallographie*, **23**, S. 187ff.

7 Eichhorn, F., Pohl, M., Gröger, P., Eckel, W. (1982) Systematische Beurteilung von Fehlern in Schweißverbindungen. *Sonderband Prakt. Met.*, **13**, S. 515–231.

8 N. N. (1983) Riß- und Brucherscheinungen bei metallischen Werkstoffen, Verlag Stahleisen, Düsseldorf.

9 Pohl, M. (1977) Elektronenmikroskopische Untersuchungen zum Ausscheidungsverhalten unstabilisierter CrNi-Stähle im Temperaturbereich von 500 bis 800 °C, Diss. RWTH Aachen.

10 Detert, K., Kanbach, H., Pohl, M., Schmidtmann, E. (1982) Untersuchungen zur Warmversprödung in der wärmebeeinflußten Zone von Schweißverbindungen austenitischer Stähle. *Arch. Eisenhüttenwes.*, **53**, S. 239–244.

11 Pohl, M., Burchard, W.-G., Eckel, W., Pleugel, L. (1979) Systematische Untersuchung von Heißrissen. *Beitr. elektronenmikr. Direktabb. Oberfl.*, **12**/1, S. 177–186.

12 Pleugel, L. (1980) Einfluß der Gefügestruktur auf die Hochtemperaturfestig-

keit und -zähigkeit von niedriglegierten Baustählen bis 0,2 % Kohlenstoff und unterschiedlichen Mangan- zu Schwefelverhältnissen unter besonderer Berücksichtigung des Stahlstranggießens, Diss. RWTH Aachen.

13 Eckel, W. (1982) Untersuchungen zur Heißrißbildung beim Schweißen des Werkstoffs X 10 NiCrAlTi 32 10 mit höher nickelhaltigen und artgleichen Schweißzusatzwerkstoffen sowie der mechanischen Eigenschaften des Schweißguts, Diss. RWTH Aachen.

14 Pohl, M., Burchard, W.-G. (1979) Das Ausscheidungsverhalten austenitischer CrNi- und CrNiMo-Stähle. *Sonderband Prakt. Met.*, **10**, S. 361–372.

15 Pohl, M., Burchard, W.-G. (1979) Die Sigma-Phase in austenitischen Cr-Ni-Stählen, DVM-Tagungsband: Vorträge der 8. Sitzung des Arbeitskreises Rastermikroskopie, S. 115–125.

16 Dinkler, H. (1991) Einfluß des Gefüges auf die Hochtemperatureigenschaften des hitzebeständigen Gußstahls G-X 40 NiCr 35 25, Diss. Ruhr-Universität Bochum.

17 Mitsche, R. et al. (1978) Anwendung des Rasterelektronenmikroskops bei Eisen und Stahlwerkstoffen. *Radex Rundschau.*

18 Arnswald, W., Blum, R., Neubauer, B., Poulsen, K.E. (1979) Einsatz von Oberflächengefügeuntersuchungen für die Prüfung zeitstandbeanspruchter Kraftwerksbauteile. *VGB Kraftwerkstechnik*, **59**, S. 581–593.

19 Pohl, M., Froitzheim, M. (1988) Beurteilung der Kriechporosität in hochwarmfesten unstabilisierten Cr-Ni-Stählen. *Sonderband Prakt. Met.*, **15**.

20 Schaus, M., Pohl, M. (1998) Nd-YAG-Laser Simulated Thermal Shock and Thermal Fatigue Behaviour of Railroad Steel. *Metal*, **7–8**, S. 464–470.

21 Lakota, N. (2009) Temperaturwechselverhalten ein- und mehrphasiger metallischer Werkstoffe in der Rissinitiierungs- und Rissfortschrittsphase, Diss. Ruhr-Universität Bochum.

9
Korrosionsschäden an metallischen Werkstoffen ohne mechanische Belastung

Michael Pohl, Peter Forchhammer

9.1
Einleitung

Durch Korrosionsschäden an Anlagen und Bauteilen verursachte Kosten und Folgekosten durch Anlagenstillstandszeiten werden in verschiedenen Erhebungen auf 3,5 bis 4,2 % des Bruttosozialprodukts der Industrienationen veranschlagt. Weitere Gesichtspunkte sind Hygiene und Produktreinheit, da durch Korrosionsprodukte verunreinigtes Gut (Trinkwasser, Lebensmittel, Kesselspeisewasser) kaum verwertbar ist bzw. schadenauslösend sein kann. Die Umwelt wird verunreinigt, wenn Tanklager oder Benzinleitungen infolge Korrosion undicht werden und ausgelaufenes Öl das Grundwasser verseucht. Auch können Korrosionsprodukte sich am Ende von Abwassersystemen in Klärschlämmen anreichern und deren Verwendung erschweren. Nicht zuletzt spielt in den letzten Jahren die Frage der Ressourcensicherung eine verstärkte Rolle, da wegkorrodiertes Metall dem Werkstoffkreislauf im Allgemeinen endgültig entzogen ist. Ferner ist die Frage der Korrosion auch unter dem Gesichtspunkt der Sicherheit für Mensch und Material zu sehen.

Welche Gesichtspunkte man bei der Verwendung von verschiedenen Werkstoffen – unlegierter Stahl, rostfreier Stahl, Nichteisenlegierungen usw. – bezüglich Korrosion und Korrosionsschutz beachten soll, findet man unter anderem in DIN-Normen, Stahl-Eisen-Werkstoffblättern, Firmendatenblättern, Fachaufsätzen und Lehrbüchern. Die VDI-Richtlinie 3822 wählt in „Blatt 1.2. Korrosion in wässrigen Medien" den schadensanalytischen Ansatz zur Bauteiloptimierung.

Die Erkenntnisse dieser Regelwerke und Empfehlungen, die die geltenden Regeln der Technik wiedergeben, richtig angewendet, sollten Schäden in technischen Anlagen zumindest bei bekannten Technologien weitgehend ausschließen. Betrachtet man die Realität, trifft man nach wie vor auf zahlreiche Schadensfälle, die durch Korrosion verursacht sind.

Dies geht einmal auf Fehler in Planung, Montage, Inbetriebnahme und Betrieb zurück. Zum anderen können auch die Verhältnisse bezüglich Korrosion im Betrieb anders sein, als bei der Anlagenplanung berücksichtigt. Ferner besteht bei manchen der eingesetzten Werkstoffe und Bauteile die Möglichkeit, dass z. B.

Systematische Beurteilung technischer Schadensfälle, 6. Auflage 2014. Editiert durch G. Lange und M. Pohl

die vorausgegangene Korrosionsuntersuchung nicht bei allen Parametern wie Temperatur, Druck, Lösungsbestandteilen, Lösungskonzentration, mechanischer Belastung und besonders Versuchsdauer den späteren betrieblichen Belastungen in einer Anlage entsprechen konnte.

Schäden infolge Korrosion treten dann auf, wenn das Anforderungsprofil an die Art und Dauer der Funktion eines Bauteils nicht mit dem späteren Belastungsprofil durch Korrosion übereinstimmt. Durch Kenntnis und Anwendung des vorhandenen Wissens über Korrosion und Korrosionsschutz ließe sich der größte Teil der durch Korrosionsschäden verursachten Kosten vermeiden.

9.2
Korrosion

Die DIN EN ISO 8044 „Korrosion von Metallen und Legierungen; Grundbegriffe und Definitionen" ist die Grundnorm für die Korrosion. Sie liefert eine Definition des Begriffs Korrosion:

> physikochemische Wechselwirkung zwischen einem Metall und seiner Umgebung, die zu einer Veränderung der Eigenschaften des Metalls führt und die zu erheblichen Beeinträchtigungen der Funktion des Metalls, der Umgebung oder des technischen Systems, von dem diese einen Teil bilden, führen kann.

Anmerkung: Diese Wechselwirkung ist oft elektrochemischer Natur.

Damit eine Korrosionsreaktion erfolgen kann, ist eine reaktionsfähige Umgebung erforderlich. Diese kann flüssig (Wasser, Säure, Lauge, Elektrolytlösung), gasförmig (Korrosion durch heiße Gase, Verzunderung) oder fest (Diffusion bestimmter Legierungsbestandteile oder Elemente) sein. Kennzeichen der elektrochemischen Natur der Korrosion ist die Abhängigkeit der Reaktion vom Stromfluss bzw. von den elektrischen Spannungsdifferenzen oder dem Elektrodenpotenzial. Technisch gilt, dass ab 40 % rel. Luftfeuchte auf den Oberflächen metallischer Bauteile elektrochemische Prozesse ablaufen können.

Als „Korrosionserscheinung" bezeichnet man die sicht- und messbare Veränderung am metallischen Werkstoff durch Korrosion.

Der „Korrosionsschaden" ist die Beeinträchtigung der Funktion eines metallischen Bauteils oder eines ganzen Korrosionssystems durch Korrosion. Die z. B. gewünschte Schutzschichtbildung auf unlegiertem Stahl in reinem Wasser, z. B. Kesselwasser, oder die Bildung der Passivhaut auf Chrom- und Chromnickelstahl oder Aluminium, die ebenfalls aus einer Reaktion des Werkstoffes mit der Umgebung entsteht, gelten als nicht als Korrosionsschaden. Auch beschränkt sich ein Korrosionsschaden nicht nur auf das wanddickengeschwächte, auf das gerissene oder auf das unansehnlich gewordene Bauteil, sondern zum Korrosionsschaden gehört auch die durch z. B. einen Wassereinbruch als Folge eines korrosionsbedingten Bauteilwanddurchbruchs erzeugte Schädigung oder Funktionsunfähigkeit von weiteren Komponenten in einem Betriebskreislauf bzw. in einem System.

Von der Korrosionserscheinung, die das Bild der Korrosion beschreibt, unterscheiden sich die Korrosionsarten, die zu ihrer Entstehung bestimmter Bedingungen bezüglich der Werkstoffeigenschaften und Umgebungsbedingungen bedürfen. Gleichmäßiger Flächenabtrag, Muldenkorrosion, Lochfraß, interkristalliner Angriff, Spongiose und Korrosionsrisse sind Korrosionserscheinungen am Werkstoff, die sich bereits nach ihrem Bild identifizieren und voneinander unterscheiden lassen.

Was geschieht beim Ablauf der Korrosion? Einen einfachen Einstieg zum Verständnis der Vorgänge der Korrosion ermöglicht die Betrachtung des sogenannten Evans-Elementes (Abb. 9.1).

Lässt man einen Tropfen einer neutralen Salzlösung auf ein Eisenblech einwirken, bildet sich nach einiger Zeit am Rand des Tropfens ein brauner Rostring. Das für diese Rostbildung nötige Eisen hat sich in der Tropfenmitte, der sogenannten Anode, aus der metallischen Bindung als Ion im Tropfen gelöst.

$$Fe \rightleftharpoons Fe^{2+} + 2e^- \text{(Oxidation an der Anode)}$$

Von außen in den Tropfen eindiffundierender Sauerstoff reagiert mit dem Wasser zu Hydroxylionen

$$H_2O + {}^1\!/_2\, O_2 + 2e^- \rightleftharpoons 2\, OH^- \text{(Reduktion an der Kathode)}.$$

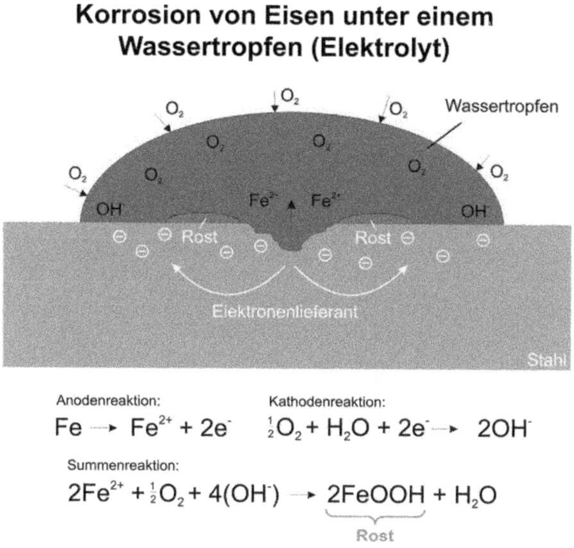

Abb. 9.1 Evans-Element: Anodische Auflösung von Eisen unter einem Wassertropfen und Rostbildung durch Ausfällung von Eisenhydroxid.

Diese Reaktion läuft am Stahl des Außenrings des Tropfens ab. Den Ort dieser Umsetzung nennt man Kathode.

Am Tropfenrand treffen die Eisenionen, dreiwertig aufoxidiert, auf die Hydroxylionen und vereinigen sich zu Eisenhydroxid:

$$Fe^{3+} + 3\,OH^- \rightleftharpoons Fe\,(OH)_3$$

Dieses dreiwertige Eisenhydroxid ist sehr schwer löslich (Löslichkeitsprodukt $L = 2{,}6 \cdot 10^{-39}$, 25 °C) und fällt bei der Umsetzung zu Rost als FeOOH aus. Da die Menge des andiffundierenden Sauerstoffs die Größe ist, die die Korrosionsgeschwindigkeit bestimmt, spricht man auch von Sauerstoffkorrosion (Abb. 9.2).

Spielt sich der Vorgang in einem sauren Medium (Säure: pH-Wert < 7) ab, übernimmt die Reduktion des Wasserstoffs die kathodische Reaktion nach

$$2\,H^+ + 2e^- \rightleftharpoons H_2 \text{ (Reduktion an der Kathode)},$$

man spricht von Säurekorrosion (Abb. 9.3).

Die flüssigen, festen oder gasförmigen Stoffe, die durch die Korrosionsreaktion entstehen, sind Korrosionsprodukte, wie Rost, Zunder, Wasserstoff usw.

Überall dort, wo ein leitfähiges Medium als Elektrolyt mit Sauerstoff bzw. Säure in Kontakt mit einem blanken Metall kommt, kann Sauerstoff- oder Säurekorrosion stattfinden. Dass die Vorgänge elektrochemisch sind (DIN EN ISO 8044, Teil 2), erkennt man auch an dem Auftauchen der erzeugten (Anode) bzw. verbrauchten (Kathode) Elektronen in den Reaktionsgleichungen. Da freie Strommengen bzw. Elektronen nicht existieren können, erfordert die Elektronenneutralität, dass stets gleiche Mengen Elektronen verbraucht wie erzeugt werden. In der Tatsache des Vorhandenseins von Elektronen ist auch die Möglichkeit der

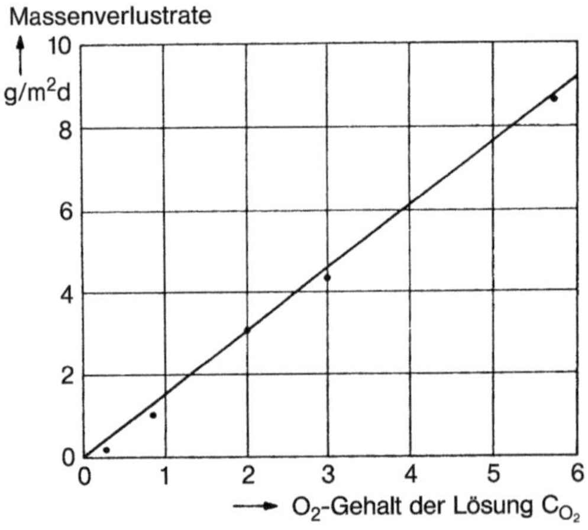

Abb. 9.2 Massenverlustrate von unlegiertem Stahl in Abhängigkeit vom Sauerstoffgehalt (48 h, 165 mg/L $CaCl_2$, RT) nach Uhlig, Triades und Stern.

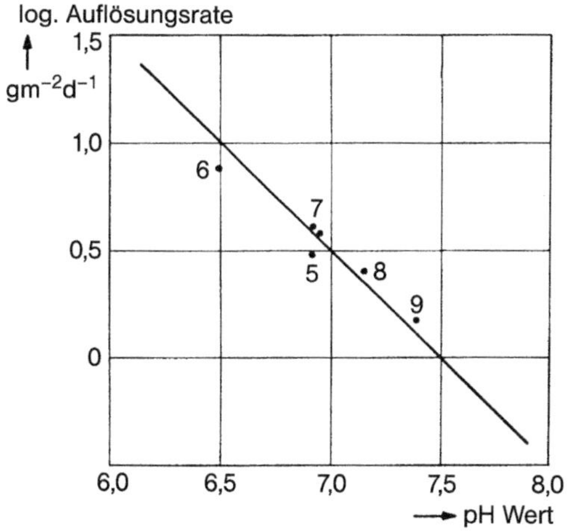

Abb. 9.3 pH-Abhängigkeit der Auflösungsrate von Reinzink (0,13 m/s Strömungsgeschw., RT) nach W. Schwenk.

Messung von Korrosionsstrom durch Strommesser bzw. Strommengenmesser begründet. Im Unterschied zum Evans-Element trennt man im Korrosionsversuch den Anoden- und Kathodenort und misst über einen Verbindungsdraht den fließenden Strom.

Im einfachsten Fall taucht man die zu untersuchende Elektrode (Werkstoff) und eine inerte Elektrode in ein elektrolytgefülltes Gefäß und verbindet beide außerhalb des Gefäßes über ein Strommessgerät. Beim Korrosionsvorgang gehen an der Anode positive Ionen (Kationen) in Lösung unter Zurücklassung von Elektronen, deren Menge je Zeiteinheit als Stromstärke gemessen wird und die an einer zweiten Elektrode (Kathode) verbraucht werden. Dabei ist ein Elektrolyt ein Medium (wässrige Lösung, Salzschmelze, Erdboden), das als Stromleiter elektrisch geladene Ionen enthält und den elektrischen Strom leitet.

Misst man zusätzlich das Potenzial der korrodierenden Anode in Bezug auf eine gleichfalls in das Elektrolytgefäß tauchende potenzialkonstante Elektrode (Bezugselektrode), erhält man das Elektrodenpotenzial (Tab. 9.1). Fügt man in den Außenkreis noch eine Spannungsquelle (z. B. Batterie) oder eine steuerbare Spannungsquelle (potenzialsteuerbaren Verstärker bzw. Potenziostaten) ein, lässt sich die zu jedem Potenzialwert gehörende Stromstärke ermitteln. So misst man eine Strom-Potenzial-Kurve, bzw. bei auf die Elektrodenfläche bezogenem Strom eine sogenannte Stromdichte-Potenzial-Kurve (Abb. 9.4). Diese gestattet, das Korrosionsverhalten bei eingestellten Werkstoff- und Betriebsparametern unter Berücksichtigung der Versuchsdauer mit Einschränkung für die Praxis vorauszusagen.

Im Aktivgebiet steigt die Korrosionsrate mit dem Elektrodenpotenzial. Im Passivgebiet sinkt die Geschwindigkeit der Metallauflösung um Zehnerpotenzen des Maximalwertes der Aktivkorrosion. Im Transpassivbereich bei hohem Potenzial erfolgt erneut starke Korrosion.

Tabelle 9.1 Elektrochemische Spannungsreihe der Metalle.

Reduzierte Form	Oxidierte Form	+Anzahl der Elektronen	Standardpotenzial
Li	Li^{+}	+ e^{-}	–3,04
K	K^{+}	+ e^{-}	–2,92
Na	Na^{+}	+ e^{-}	–2,71
Mg	Mg^{2+}	$+2e^{-}$	–2,36
Al	Al^{3+}	$+3e^{-}$	–1,68
Mn	Mn^{2+}	$+2e^{-}$	–1,19
Zn	Zn^{2+}	$+2e^{-}$	–0,76
Cr	Cr^{3+}	$+3e^{-}$	–0,74
Fe	Fe^{2+}	$+2e^{-}$	–0,41
Co	Co^{2+}	$+2e^{-}$	–0,28
Ni	Ni^{2+}	$+2e^{-}$	–0,25
Sn	Sn^{2+}	$+2e^{-}$	–0,14
Pb	Pb^{2+}	$+2e^{-}$	–0,13
H	$2H^{+}$	$+2e^{-}$	0
Sn^{2+}	Sn^{4+}	$+2e^{-}$	0,15
Cu^{+}	Cu^{2+}	+ e^{-}	0,15
Cu	Cu^{2+}	$+2e^{-}$	0,34
Cu	Cu^{+}	+ e^{-}	0,52
Ag	Ag^{+}	+ e^{-}	0,8
Hg	Hg^{2+}	$+2e^{-}$	0,85
$NO + 6H_2O$	$NO_3^{-} + 4H_3O^{+}$	$+3e^{-}$	0,96
Pt	Pt^{2+}	$+2e^{-}$	1,2
$2Cr^{3+}+21H_2O$	$Cr_2O_7^{2-}+14H_3O^{+}$	$+6e^{-}$	1,33
$Pb^{2+}+6H_2O$	$PbO_2+6H_3O^{+}$	$+2e^{-}$	1,46
Au	Au^{3+}	$+3e^{-}$	1,5

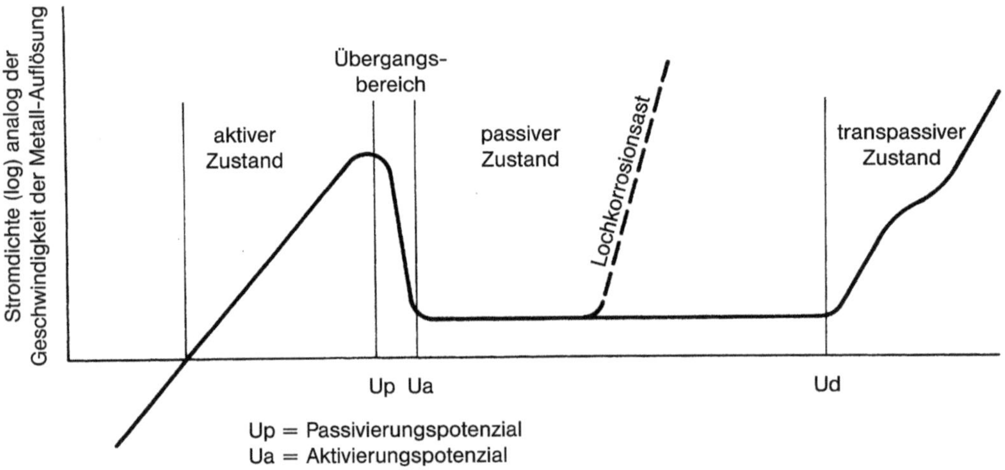

Up = Passivierungspotenzial
Ua = Aktivierungspotenzial
Ud = Durchbruchspotenzial

Abb. 9.4 Stromdichte-Potenzial-Kurve (schematisch).

Die Frage des Ein- und Nichteintretens von Korrosion lässt sich bei Metallen im aktiven Zustand ohne Deckschichten aus thermodynamischen Daten beantworten. Auf diesen tabellierten thermodynamischen Daten sind die von Pourbaix eingeführten Diagramme (Abb. 9.5) aufgebaut: Diese stellen eine Beziehung zwischen dem Gleichgewichts-Elektrodenpotenzial (Ordinate) in sehr verdünnten Metallionen-Konzentrationen von 10^{-6} mol/L und dem pH-Wert (Abszisse) einer Lösung her.

In Abhängigkeit der Kenntnis der in den einzelnen Potenzial-pH-Gebieten existenten Phasen (Korrosionsprodukte), verschiedenartigen Metallionen und deckschichtbildenden Vorgänge sind in dem Diagramm Gebiete der Korrosion,

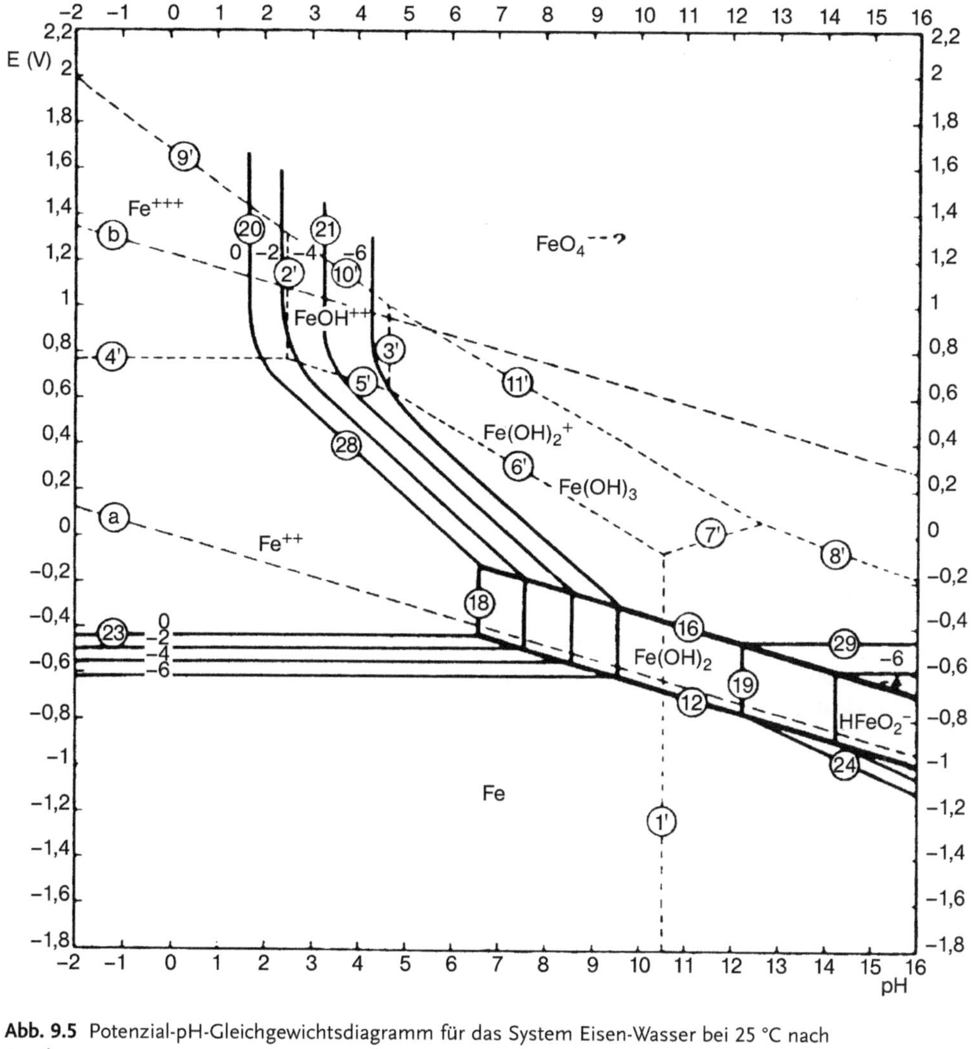

Abb. 9.5 Potenzial-pH-Gleichgewichtsdiagramm für das System Eisen-Wasser bei 25 °C nach Pourbaix.

der Passivität und das Inertgebiet eingezeichnet. Diese Pourbaix-Diagramme ermöglichen eine Abschätzung der Korrosionswahrscheinlichkeit.

Neben dem thermodynamischen Antrieb der Korrosion entscheiden kinetische Vorgänge, ob sie überhaupt stattfindet und mit welcher Geschwindigkeit. Metalle und Legierungen können sich passiv verhalten (z. B. Nickel, Chrom, Chromstähle, Chromnickelstähle, Titan-, Aluminium- und Kupferlegierungen usw.), wenn sie lückenlos mit einer unsichtbaren, porenfreien und elektronenleitenden Oxidhaut bedeckt sind, die Metall und angreifenden Elektrolyten trennt und damit dem System einen edleren Charakter verleiht als thermodynamisch zu erwarten wäre. Von den Passivschichten sind Deckschichten zu unterscheiden, bei denen es sich um massive Reaktionsprodukte auf dem Metall handelt. Sind diese wasserlöslich, so sind sie bei Bewitterung nicht in der Lage, den Werkstoff zu schützen. Auch Deckschichten mit abweichender Dichte von der des Metalls führen bei Expansion zu Abplatzungen und bei Schrumpfung zur Rissbildung, so dass keine Sperrwirkung gegen den Zutritt reaktiver Medien gegeben ist. Bei der Korrosion metallischen Eisens (Fe) kann außerdem Eisenhydroxid ($Fe[OH]_3$) abhängig von den bei der Korrosion herrschenden Bedingungen, u. a. der Temperatur, Magnetit (Fe_3O_4), Hämatit (Fe_2O_3) oder Wüstit (FeO) gebildet werden. Ihre Dichten sind erheblich geringer als die des Eisens, was zur Volumenzunahme und damit zur Bildung von Kristallhaufwerken führt, die nicht gegen Atmosphärenzutritt schützen und schlecht haften. Änderungen der Umgebungsbedingungen führen zur Änderung des gebildeten Kristalltyps, insgesamt ergibt sich bei der Eisenkorrosion eine Volumenvermehrung etwa um den Faktor 5 bis 7. Ein perfektes Schutzsystem besitzt das an sich sehr unedle Aluminium, das etwa die gleiche Dichte wie Aluminiumoxid aufweist, sodass stets eine beulen- und rissfreie Deckschicht aufwächst, die gegen viele Medien resistent und durch ihre große Härte auch mechanisch stabil ist. Die Schutzwirkung ist so perfekt, dass die Schichtbildung schon früh gestoppt wird und man sie erforderlichenfalls mit dem ELOXAL-Prozess (ELektrolytisch OXidiertes ALuminium) verstärken muss.

Bei punktuellem Durchstoßen der Eloxalschicht kann beim Vorliegen eines entsprechend korrosiven Elektrolyten (NaCl) die Anode an der Grenzfläche zwischen Metall und Oxid unregelmäßig vorwärtswandern und sich gelegentlich teilen, was durch die transparente Oxidschicht wie feine Borkenkäfergänge aussieht und daher Filigran- oder Filiformkorrosion genannt wird (Abb. 9.6).

Somit ist die latente Korrosivität der Metalle recht gut aus thermodynamischen Daten, bzw. der Spannungsreihe abzuleiten und die Thermodynamik entscheidet auch prinzipiell über die Korrosionsintensität. Ob sie aber tatsächlich stattfindet und mit welcher Geschwindigkeit, hängt von einer großen Zahl möglicher Reaktionskinetiken ab.

Für die Voraussage der Korrosionswahrscheinlichkeit sind Auslagerungsversuche im Betriebsablauf oder im Labor üblich, wobei Zeitraffung durch verstärkte Konzentration des Angriffsmittels, erhöhte Temperatur oder durch ein angelegtes Potenzial bewirkt werden kann.

Zum Korrosionsschutz gehören alle Maßnahmen, die Korrosionsschäden vermeiden: Man kann einmal den Werkstoff, das Medium, seine Temperatur, Konzen-

Abb. 9.6 Filigrankorrosion zwischen AlMnCu1-Blech und seiner ELOXAL-Schicht.

tration und Inhaltsstoffe (z. B. Inhibitoren) ändern und damit schädliche Korrosion vermindern oder verhindern (aktiver Korrosionsschutz). Zum aktiven Korrosionsschutz gehört auch der kathodische Korrosionsschutz, bei dem eine angelegte Spannung das Potenzial des Systems soweit auf die kathodische Seite verschiebt, dass anodische Metallauflösungen unterbunden werden. Die gleiche Wirkung kann durch Opferanoden erzielt werden, deren unedleres Potenzial frühzeitiger korrosive Auflösung bewirkt und infolge einer elektrischen Anbindung an das Bauteil dieses durch die freigewordenen Elektronen vor Korrosion schützt.

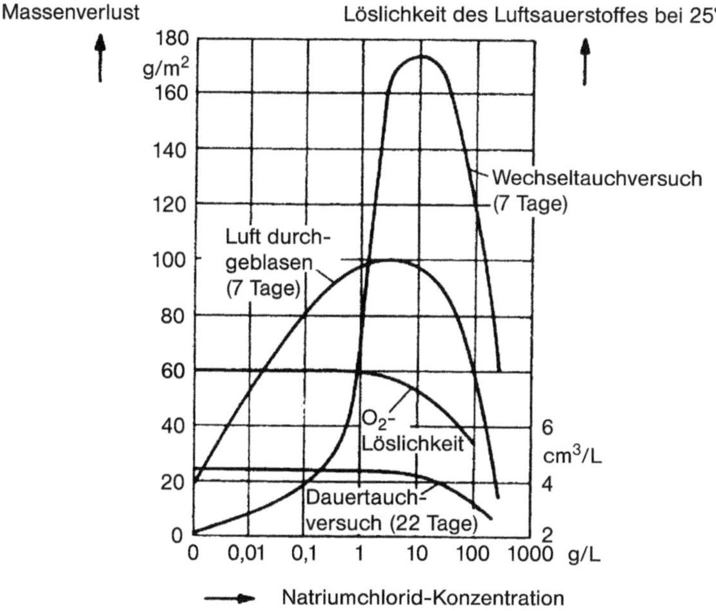

Abb. 9.7 Massenverlust von Stahl in NaCl-Lösung unter verschiedenen Bedingungen bei RT (nach Schikorr).

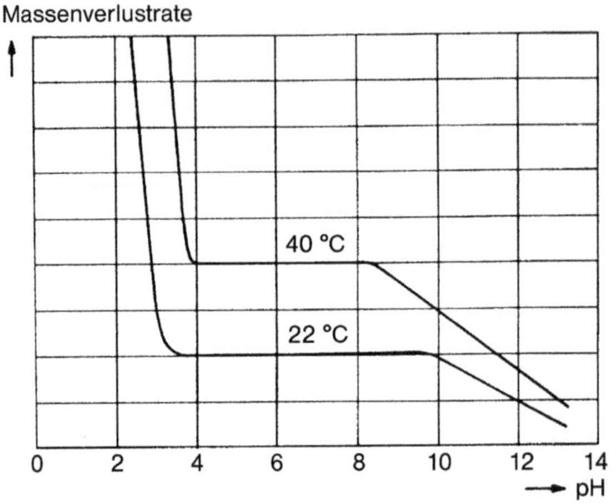

Abb. 9.8 Einfluss des pH-Wertes und der Temperatur sauerstoffhaltiger Wässer auf die Massenverlustrate von Stahl (nach Steinrath).

Zum anderen kann man durch Beschichten (organische und anorganische Überzüge) der korrosionsgefährdeten Materialien das aggressive Medium vom Werkstoff trennen (passiver Korrosionsschutz) und den Korrosionsschaden vermeiden. Die Aktivität eines korrodierenden Systems wird im Betrieb bzw. im Versuch von Parametern gesteuert, die entweder im Werkstoff bzw. Werkstück, im Medium und in den äußeren Bedingungen liegen (Abb. 9.7 bis 9.9).

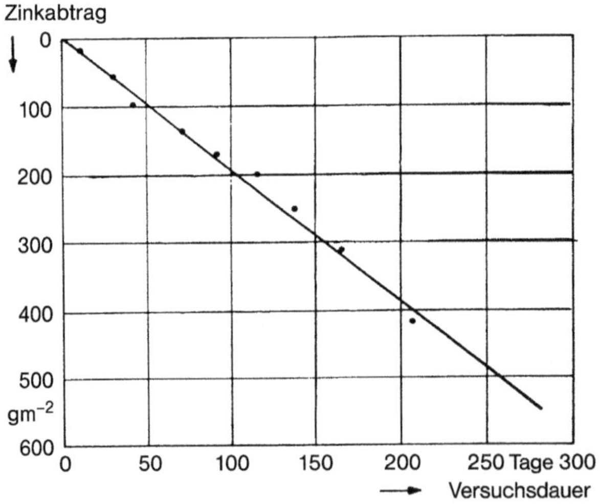

Abb. 9.9 Abnahme einer Zinkauflage in ständig fließendem Leitungswasser (nach Schwenk).

9.3 Korrosionserscheinungsformen ohne mechanische Belastung

Für die korrosiv hervorgerufenen Änderungen des Aussehens metallischer Oberflächen und die dafür verantwortlichen Vorgänge wurde eine Vielzahl beschreibender Begriffe geprägt. Sie wurden in der DIN EN ISO 8044 37 unterschiedlichen Korrosionsvorgängen zugeordnet und in einen logischen Zusammenhang gebracht. Es ist die Aufgabe der Schadensanalyse, die ursächlichen Korrosionsmechanismen zu identifizieren und daraus Strategien zu ihrer Vermeidung abzuleiten. Die VDI-Richtlinie 3822 erläutert an typischen Korrosionsschäden die Wirkmechanismen, die es abzustellen gilt, wenn man den jeweiligen Korrosionstyp verhindern will.

9.3.1 Gleichmäßige Flächenkorrosion

Diese ist die „angenehmste" Korrosionsart. Der Korrosionsangriff erfolgt auf der mediumberührten Fläche überall mit nahezu gleicher Abtragungsrate. Besonders starke Angriffsmittel wie Säuren (Beizen) bei Stählen lösen diese Korrosionsart aus. Ist für ein bestimmtes Korrosionssystem aus Literaturdaten oder Vorversuchen die Abtragungsrate bekannt, lässt sich für vorhandene Bauteile der mittlere Korrosionsfortschritt bzw. daraus die Lebensdauer von Bauteilen angenähert ermitteln. Dabei müssen die Verhältnisse u. a. bezüglich Werkstoff, Medium, Temperatur, pH-Wert usw. im Betrieb und im Versuch bzw. in der Literaturangabe übereinstimmen. Wenn Stahl in neutralen Medien korrodiert und die Strömungsgeschwindigkeit die zu muldenförmigem Abtrag führende Deckschichtbildung unterdrückt, ist ebenfalls gleichmäßige Flächenkorrosion möglich. In den meisten praktischen Korrosionsfällen geht die flächige Korrosion nach einer gewissen Dickenabnahme in eine flächenmuldige Korrosion über (Abb. 9.10). Bei Stahl

Abb. 9.10 Flächiger Abtrag auf der Sekundärseite der Dampferzeugerberohrung eines Druckwasserreaktors (NiCr15Fe)

entspricht eine Abtragungsrate von 1 mm/a einem Masseverlust von 1 $g/m^2 \cdot h$, bei Umrechnung auf die Stromdichte 0,1 mA/cm^2.

Bei verzinkten Oberflächen ist bei Bewitterung durch Industrieatmosphäre mit einer Abzehrrate von 0,1–0,3 µm/a zu rechnen.

9.3.2 Muldenkorrosion

Bei dieser Korrosionsart erfolgt der Abtrag von Ort zu Ort mit unterschiedlicher Geschwindigkeit, es bilden sich Mulden. Hauptursache sind Imperfektionen der Korrosionsdeckschichten, unter denen sich jeweils Anoden bilden, die lokal den Werkstoff abtragen. Einerseits werden dadurch Korrosionsprodukte gebildet, die zur Stabilisierung der Deckschicht beitragen, und andererseits werden die für die Korrosionsreaktionen erforderlichen Diffusionswege durch das Tiefenwachstum der Mulden länger, beides verlangsamt den Korrosionsfortschritt. Die Mulden haben eine größere Breiten- als Tiefenausdehnung. Das ungleichmäßige Wachstum, wie es für schlecht passivierende Metalle typisch ist, destabilisiert die Korrosionsschicht und es kommt immer wieder zur Neubildung von Anoden.

Werkstoffinhomogenitäten können zur Muldenkorrosion beitragen, die bei Walzmaterial meist zeilig ausgeprägt ist. Ungleichmäßige Elektrolyte, z. B. durch Kondensattropfen bei Taupunktunterschreitung, können ebenfalls das Erscheinungsbild der Muldenkorrosion hervorrufen.

9.3.3 Lochkorrosion

Sie kann an passiven bzw. passivierbaren Werkstoffen, z. B. passiven Stählen, Kupfer, Kupferlegierungen, Aluminium, Titan usw. auftreten und führt, bei im Wesentlichen intakter Oberfläche, zu vereinzelten Angriffen oder Wanddurchbrüchen, die mit wenig Werkstoffverlust ganze Anlagen außer Betrieb setzten können. Die Löcher haben Durchmesser bis zu 2 mm (Abb. 9.11). Lochkorrosion wird besonders durch Halogenide bei Anwesenheit von Oxidationsmitteln verursacht (Abb. 9.12). Man nennt sie entsprechend auch Chloridkorrosion.

In einem Stromdichte-Potenzial-Diagramm erscheint bei Eintreten von Lochkorrosion der Lochkorrosionsast (Abb. 9.4), welcher das Passivgebiet in Richtung positiver Potenzialwerte verkürzt und die Anwendbarkeit der Stähle einschränkt. Der Stromanstieg des Lochkorrosionsastes entspricht dem Auflösungsstrom der wachsenden Löcher.

Man ordnet die passiven Chrom- und Chromnickelstähle in Relation zu den Potenzialen des Lochkorrosionsastes – je höher oder je edler dieses Potenzial ist, desto lochkorrosionsbeständiger ist ein Stahl. Die Lochkorrosion lässt sich durch die von Lorenz und Medawar 1969 [1] vorgeschlagene Wirksumme abschätzen, zu der später die Wirkung des Stickstoffs hinzugefügt wurde

$$W = \%\,\mathrm{Cr} + 3{,}3 \cdot \%\,\mathrm{Mo} + 16\,\%\,\mathrm{N}.$$

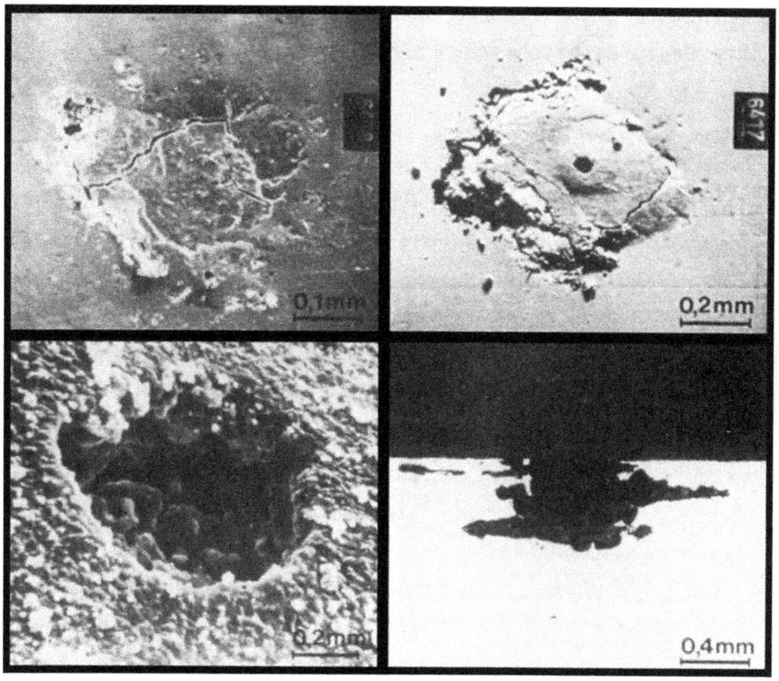

Abb. 9.11 Lochkorrosion an X20Cr13 (0,5 n NaCl, pH 7, 80 °C, luftgesättigt, Versuchsdauer 24 h, *E* = –0,2 VH), oben: Löcher mit Deckel; unten: Lochinneres im Rasterelektronenmikroskop (links) und Schliffbild (rechts).

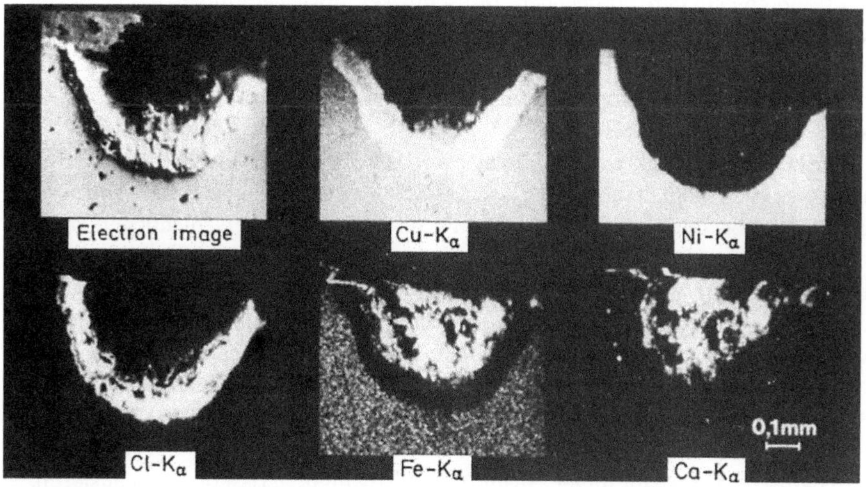

Abb. 9.12 Verteilung der Legierungselemente sowie von Chlor und von Calcium in der Lochkorrosionsstelle eines CuNi10Fe1Mn-Kondensatorrohres: Aufnahme an der Mikrosonde.

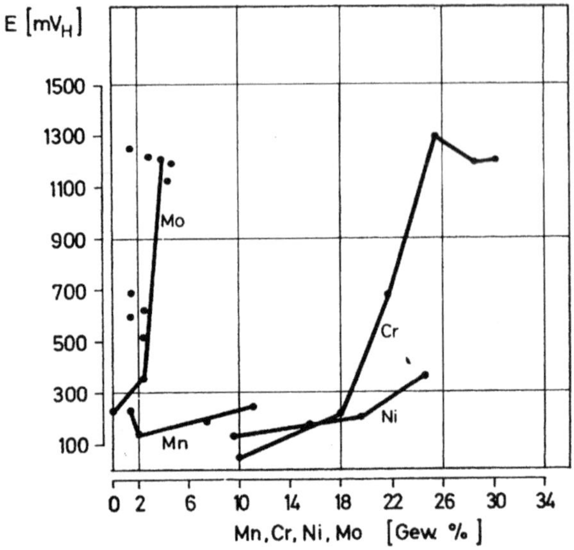

Abb. 9.13 Abhängigkeit des Lochkorrosionspotenzials austenitischer CrNi- und CrNiMo-Stähle vom Legierungsgehalt (3 % NaCl, RT).

Die Gefahr der Lochkorrosion ist umso geringer, je kleiner der Chloridgehalt und die Temperatur der Lösung, je höher der Gehalt an Chrom, Molybdän und Stickstoff (Abb. 9.13) und je homogener das Werkstoffgefüge ist. Lösungsbewegung mindert ebenfalls die Gefahr der Lochkorrosion.

Der Ort der vereinzelt auftretenden Lochkorrosionsstellen ist meist durch Werkstoffinhomogenitäten vorgegeben (Einschlüsse, Ausscheidungen etc.), dies ist schadensanalytisch jedoch in der Regel nicht relevant. Eher sind es äußere Einflüsse, wie die korrosive Überforderung des gewählten Werkstoffs, oder die lokale chemische (Kondensattropfen) oder mechanische (Sandkorn) Verletzung der Passivschicht.

Geradezu ein Klassiker für die Entstehung von Lochkorrosion sind Anlauffarben neben Schweißnähten bei Chrom-Nickel-Stählen. Häufig geht man davon aus, dass es sich bei den in Abhängigkeit von ihrer Dicke mit unterschiedlichen Farben lichtbrechenden Schichten um thermisch besonders stabile Passivschichten handeln müsste. In Wirklichkeit haben diese Schichten wegen des hohen Dampfdruckes von Chromoxid bei hohen Temperaturen einen niedrigen Chromgehalt, wobei zusätzlich der Metalloberfläche Chrom entzogen wurde, so dass sie gegenüber der thermodynamisch stabileren Oxidschicht (Kathode) besonders leicht in Lösung geht, dies gilt auch unter den sehr dünnen äußeren Belägen (Abb. 9.14).

Korrosionslöcher können durch chemische Aktivierung der Oberfläche und mechanische Kerbspannungen Spannungs-/Schwingungsrisskorrosion auslösen.

Wegen der Ansäuerung des Elektrolyten im Lochgrund besteht keine Möglichkeit, Lochkorrosion zu stoppen, außer der, die Löcher durch Abschleifen zu beseitigen.

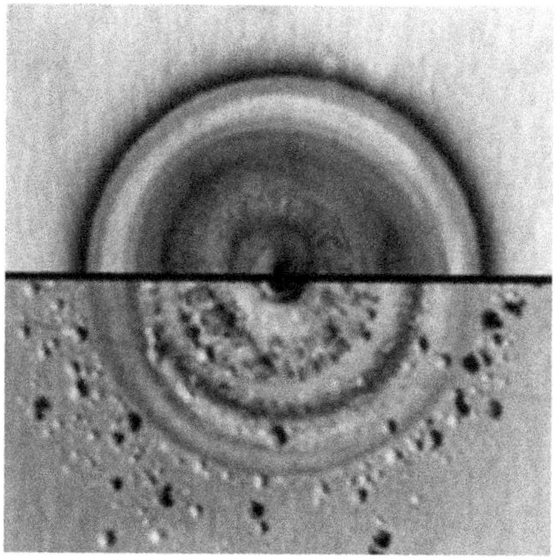

Abb. 9.14 Schweißpunkt mit Anlauffarben auf Cr-Ni-Stahlblech (oben) und nach Korrosionstest ASTM G 48 ($FeCl_3$) (unten) [2].

9.3.4 Spaltkorrosion

Diese tritt bei passivierbaren Werkstoffen als Folge von Konzentrationsunterschieden im korrosiven Medium im Spalt und in der restlichen Lösung auf. Die Unterschiede können in der Elektrolytkonzentration selbst oder auch im Sauerstoffgehalt (Belüftungselement) liegen. Spalte bilden z. B. Flansche, Verschraubungen,

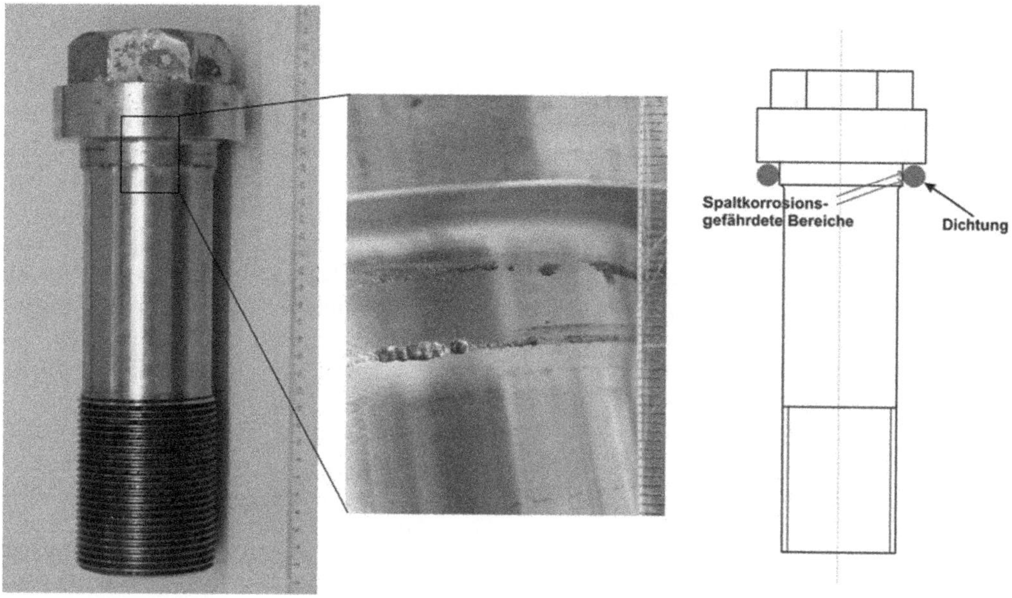

Abb. 9.15 Spaltkorrosion unter dem Dichtring einer Verschraubung. Bolzen: X17CrNi16-2, Medium: Meerwasser.

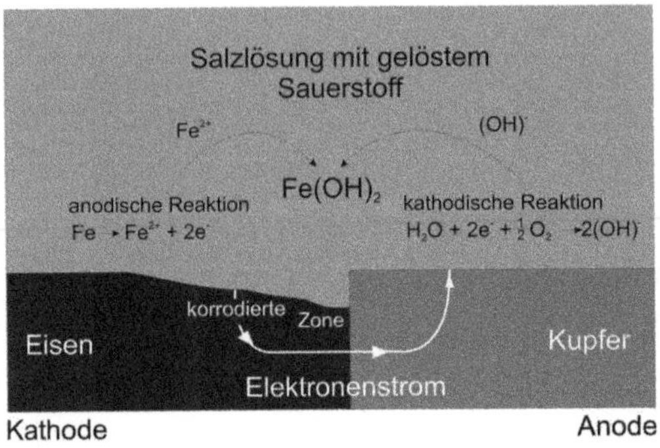

Abb. 9.16 Kontaktkorrosion.

Dichtungen (Abb. 9.15) und Passungen. Für Spaltkorrosion können aber auch Beläge, Lacke, Oxidhäute (Kohlenstoffhäute bei Kupferrohren) und Schweißspritzer verantwortlich sein. Im Gegensatz zur Kontaktkorrosion ist das Potenzial des Gegenkörpers ohne Belang. Die Prüfung wird wie bei der Lochkorrosion mit $FeCl_3$ und auf dem Prüfling aufgeklemmten Teflonscheiben durchgeführt.

9.3.5
Kontaktkorrosion (galvanische Korrosion)

Bei Kontakt von verschieden edlen, d. h. an verschiedenen Orten der Spannungsreihe angeordneten Metallen (Tab. 9.1) oder der Verbindung von einem Metall mit einem Elektronenleiter in einem Elektrolyten kann das unter den gegebenen Verhältnissen unedlere Metall zu einer sich auflösenden Anode werden. Die Flächenregel besagt, dass die Anodenfläche stets groß gewählt werden sollte, um ihre Auflösung zu vermeiden. Für Schweißverbindungen bedeutet dies, dass der Schweißwerkstoff gegenüber den Grundwerkstoffen stets höher legiert gewählt werden sollte, damit die Schweißnaht nicht die Opferanode darstellt. Gleichermaßen gilt für Hausinstallationen mit Kupferrohren, dass dem Übergang vom Guss- oder Stahlrohrleitungsnetz des Wasserversorgers besondere Aufmerksamkeit geschenkt werden muss. Ebenso bilden in das Kupferrohr-Leitungssystem eingebaute Stahlelemente die Opferanode, die entsprechend der Flächenregel recht schnell wegkorrodieren kann (Abb. 9.16). Angaben zur Untersuchung der Kontaktkorrosion findet man in DIN 50919.

Mit der Umkehrung dieser Verhältnisse betreibt man Korrosionsschutz, entweder mit Fremdstrom zur kathodischen Polarisierung oder durch Opferanoden. Stahl schützt man mit Zink, Aluminiumbauteile mit Magnesium. Die Abzehrung der Opferanoden muss allerdings überwacht werden.

9.3.6 Taupunktkorrosion

Taupunktkorrosion kann auftreten, wenn der Taupunkt von Luft, von Rauchgas oder anderen Gasen unterschritten wird und sich wässriges Kondensat an metallischen Oberflächen bildet. Dies ist ein Problem der Niedrigtemperaturheizungen, wenn die einzelnen Heizvorgänge nicht dafür sorgen, dass der Taupunkt nach oben aus dem Kamin hinaus wandert. Dann kommt es zur Taupunktunterschreitung im Kaminschacht, schweflige Säure läuft an den Kaminwänden herunter und kann langfristig Korrosionsschäden verursachen. Lässt sich die Taupunktunterschreitung nicht vermeiden, so muss schwefelsäureresistent ausgelegt und das Kondensat neutralisiert und entsorgt werden.

Viele technische Oberflächen besitzen eine dünne Schicht aus Umgebungsstaub mit Salzen. Wird diese benetzt, weil ihre Temperatur geringer ist als die Taupunkttemperatur der Umgebungsluft, so bildet sich ein Elektrolyt und es kann Korrosion eintreten. Kann Wasser aus geschlossenen Räumen oder Behältern nicht entweichen, ist Schwitzwasserkorrosion eine mögliche Folge (Abb. 9.17).

Schäden durch atmosphärische Korrosion haben einmal zur Voraussetzung, dass die technischen Oberflächen feucht sind. Über 40 % relativer Luftfeuchtigkeit setzt atmosphärische Korrosion messbar ein, gefördert durch Verunreinigungen aus der Atmosphäre wie saure Niederschläge, Salze, Staub, Düngemittelreste usw. Manche Salze, z. B. LiCl, $CaCl_2$, sind so hygroskopisch, dass sie schon bei geringerer Luftfeuchte wässrige und damit korrosionsfördernde Elektrolyte bilden, bzw. einmal aufgenommene Feuchtigkeit nicht wieder abgeben.

9.3.7 Stillstandskorrosion

Von Stillstandskorrosion spricht man, wenn die Korrosion während Phasen betrieblichen Stillstandes eingetreten ist. Dazu kann z. B. im Betriebszustand in Bezug auf die Korrosion harmloses Wasser sich durch Verdunsten im Salzgehalt aufkonzentrieren und Korrosion auslösen. Oder Restwasser und seine Inhaltsstoffe erzeugen durch Fäulnis Ammoniak, das in Kondensatorrohren aus Messing interkristalline Spannungsrisskorrosion auslöst. Bei Wälzlagern zeichnen sich die

Abb. 9.17 Weißrost auf verzinktem Blech durch in den Blechstapel eingedrungenes Schwitzwasser.

Kontaktpunkte während Stillstandszeiten ab, z. B. wenn der pH-Wert des Schmierstoffes abgesunken ist.

9.3.8
Sauerstoffkorrosion

Liegt verunreinigtes Kesselwasser in einem Kraftwerk vor, zu dem auch Sauerstoff Zutritt hat, bilden sich auf unlegiertem Stahl lockere, nichtschützende Oxide und Verbindungen, unter denen starker Wandabtrag auftreten kann (Abb. 9.18).

9.3.9
Selektive Korrosion

Orientiert sich die Korrosion an Korngrenzen, an bestimmten Legierungs- oder Gefügebestandteilen, spricht man von selektiver Korrosion. Diese kann trans- oder interkristallin verlaufen. Bei Walzprodukten kann selektive Korrosion zum Aufblättern der Gefügezeiligkeit führen. Bei Duplex-Stählen erfolgt die Auflösung des Ferrit- oder Austenitanteils einzeln potenzialabhängig (Abb. 9.19).

9.3.9.1 Interkristalline Korrosion

Bei der interkristallinen Korrosion lösen sich die Korngrenzbereiche voreilend gegenüber dem Korninneren auf (Abb. 9.20) bis zum Zerfall des Werkstoffs.

Anfällig für Kornzerfall sind Aluminium-, Magnesium-, Nickellegierungen und besonders die passiven CrNi- und Cr-Stähle.

Ursache für den Kornzerfall der passiven Stähle ist die Ausscheidung von Chromkarbid $(Cr, Fe)_{23}C_6$, Chromnitrid oder intermetallischer Phasen an den Korngrenzen. Dies entzieht bevorzugt den Korngrenzbereichen Chrom. Durch

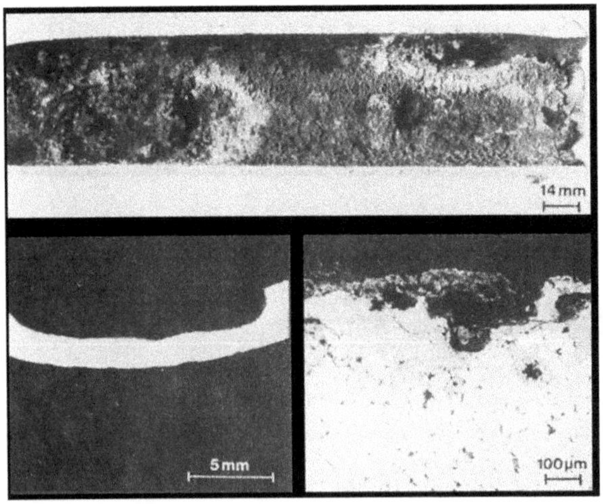

Abb. 9.18 Spaltkorrosion unter dem Dichtring einer Verschraubung.

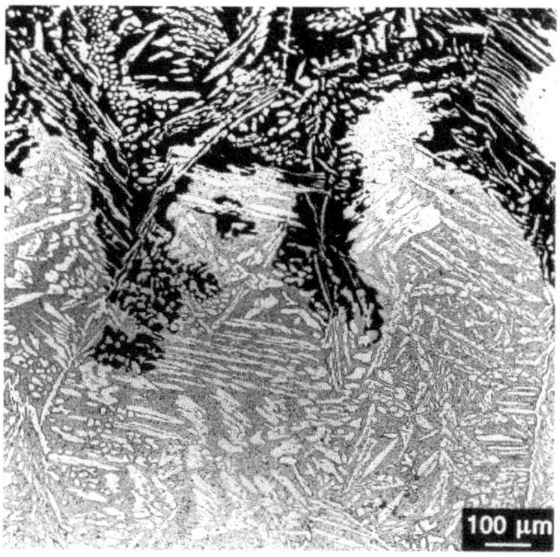

Abb. 9.19 Selektive Korrosion eines Duplexstahls 1.4517.

Absenkung des Chromgehalts in den Zonen neben den Korngrenzen auf Gehalte < 6 % [3] sind diese nicht mehr korrosionsbeständig.

Eingesetzt werden diese Stähle im lösungsgeglühten Zustand. Durch eine Wärmebehandlung ja nach Legierungstyp bei 1050–1150 °C und nach Werkstoffabmessung für 30 Minuten oder einige Stunden erfolgt eine Wasserabschreckung, wodurch alle Elemente im zwangsgelösten Zustand verbleiben. Durch nachträgliches Wärmeeinbringen (500–950 °C) bei der Verarbeitung (Schweißen, Spannungsarmglühen) oder im Betrieb (Kraftwerke, Chemieanlagen) kann es zu Ausscheidungen und damit zur Chromverarmung kommen. Dieser Zustand heißt Sensibilisierung, der beim Kontakt mit einem Elektrolyten zum IK-Angriff führen kann.

Gegenmaßnahmen sind die Absenkung des Kohlenstoffgehaltes und/oder das Legieren mit kohlenstoffabbindenden Elementen wie Titan, Niob oder Vanadium. Diese haben eine höhere Kohlenstoffaffinität als Chrom und verhindern damit die

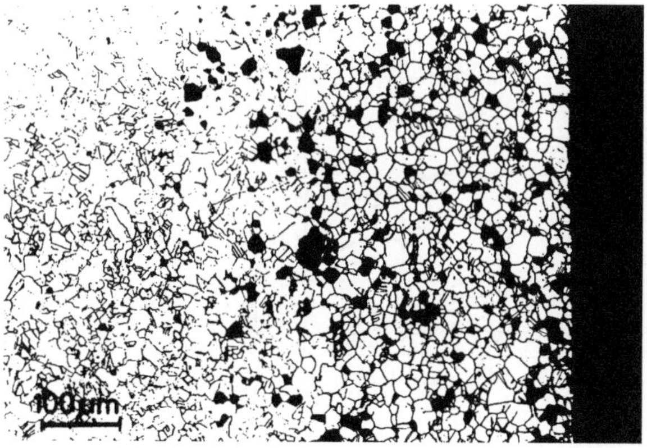

Abb. 9.20 Kontaktkorrosion.

Chromverarmung. In diesem Zusammenhang sind die Sensibilisierungs- oder Kornzerfallschaubilder von Interesse (Abb. 9.21), die für die bekannteren Stähle aussagen, ob die Zeit des Wärmeeinbringens, z. B. bei der Fertigung oder im Betrieb eine Sensibilisierung auslösen kann.

Den Nachweis der Anfälligkeit gegen Kornzerfall führt man für passive nichtrostende Stähle mit dem Strauß-Test (DIN 50914) nach dem Kupfersulfat-Schwefelsäure-Verfahren.

Steht ein sensibilisiertes Werkstück außerdem noch unter Zugspannungen, ist auch bei nicht vollausgeprägter Sensibilisierung interkristalline Spannungsrisskorrosion möglich. Dabei verlaufen die Risse senkrecht zur Zugspannungsrichtung im Unterschied zu den netzförmig unorientierten Rissen der interkristallinen Korrosion.

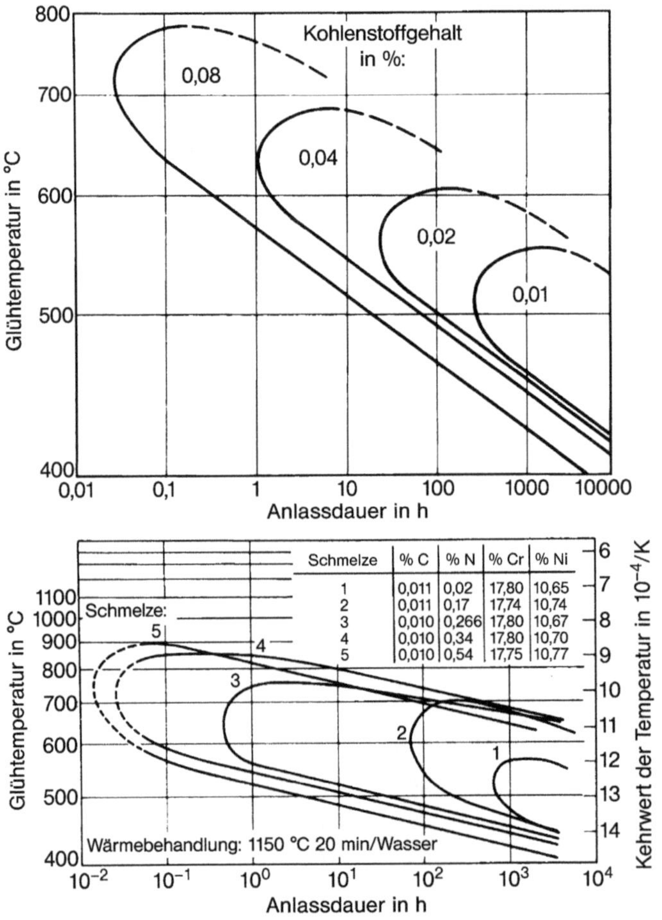

Abb. 9.21 Kornzerfallsfelder austenitischer CrNi-Stähle durch Chromkarbide [4] und durch Chromnitride [5].

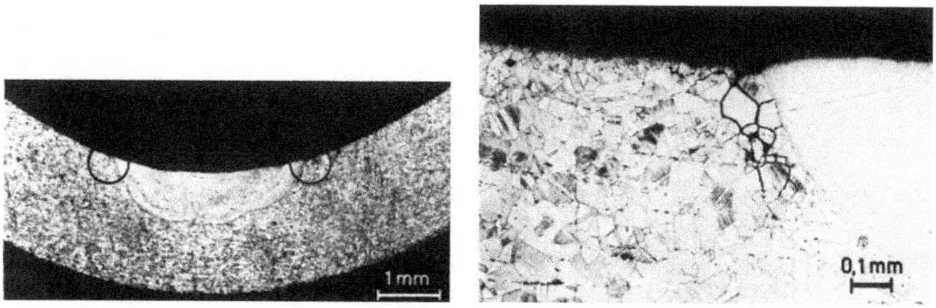

Abb. 9.22 Messerlinien-Korrosion an einer Schweißnaht (X10CrNiNb189).

Unter interkristalliner Korrosion ist auch die *Messerlinien-Korrosion* (Abb. 9.22) an Schweißnähten von stabilisierten (Titan- oder Niob-) austenitischen CrNi-Stählen einzuordnen. Voraussetzung ist eine Überhitzung der Schweiße mit in Lösung gehen der Karbide. Unmittelbar neben der Schweiße scheiden sich in den Bereichen der WEZ, in denen bei 1200 bis 1400 °C sich auch die Stabilisierungskarbide wiederaufgelöst haben, nun doch Chromkarbide aus, wodurch dieser schmale Bereich IK-anfällig wird. Der Grund liegt in der extrem gleichgewichtsfernen Abkühlgeschwindigkeit, bei der es den geringen Gehalten der Stabilisierungselemente (< 1 %) nicht gelingt, den Kohlenstoffgehalt abzubinden. Stets gewinnt das in hohen Konzentrationen vorhandene Chrom den Wettlauf um die C-Atome. Gegenmaßnahmen sind die Verwendung von ELC (Extra Low Carbon) Stählen oder das Lösungsglühen nach dem Schweißen.

9.3.9.2 **Spongiose**

Spongiose ist eine tiefenwirksame, selektive Korrosion bei Gusseisen. Angetrieben durch das Potenzial von 330 mV gegenüber dem Graphit lösen sich Ferrit und Perlit auf, das Graphitskelett bleibt zurück (Abb. 9.23). In trügerischer Weise wird häufig die ursprüngliche Form des Bauteils beibehalten.

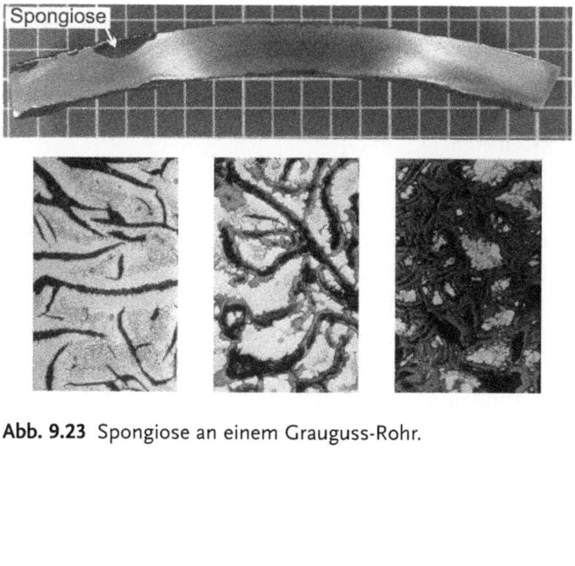

Abb. 9.23 Spongiose an einem Grauguss-Rohr.

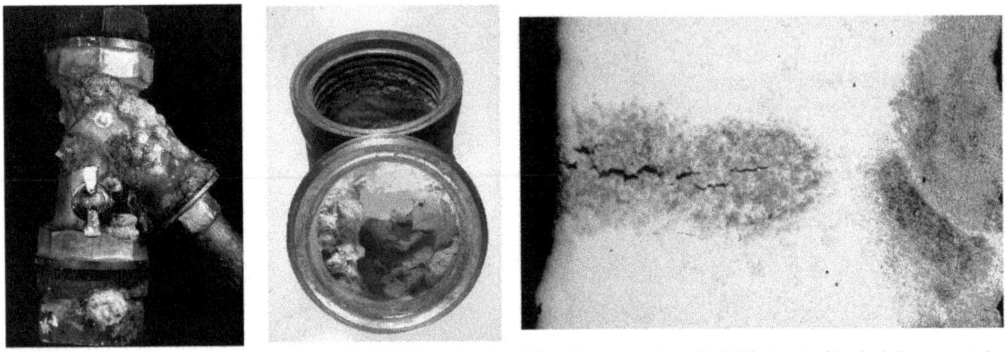

Abb. 9.24 Entzinkung an einem Messingventil einer Wasser-Rohrleitung.

9.3.9.3 Entzinkung

Diese kann z. B. bei Messinglegierungen mit mehr als 20 % Zink auftreten, wobei sich der goldfarbene Kupfer-Zink-Mischkristall auflöst und das edlere Kupfer sich rosa als Kupferschwamm wieder abscheidet. Dem Messing fehlen je nach Legierung rd. 40 % Masseanteile, wodurch die Bauteile undicht und brüchig werden können (Abb. 9.24).

Besonders gefährdet ist die β-Phase in zweiphasigen α+β-Messingen. Für problematische Wasserqualitäten (hoher Chloridgehalt bei niedriger Wasserhärte) wurden entzinkungsstabilere Legierungen entwickelt.

9.3.10 Mikrobiologische Korrosion

Mikroorganismen können als Stoffwechselprodukte Säuren bilden, die Metalle angreifen, bei passivierbaren Metallen in der Regel in Form von Lochkorrosion. Um dies zu vermeiden, müssen z. B. biologisch abbaubare Stoffe aus dem Trinkwasser herausgefiltert und Abwässer neutralisiert werden.

9.4 Untersuchungen zum Korrosionsverhalten

Ziel von Korrosionsuntersuchungen ist es, das Verhalten von Korrosionssystemen, bestehend aus Werkstoff und Korrosionsmedium, in Abhängigkeit von den interessierenden Parametern kennenzulernen.

Es ist sinnvoll, Korrosionsversuche einzuteilen in Standardtests, bei denen die Vorgehensweise in Normen oder Standards festgelegt ist, in Auslagerungsversuche (Betriebs- und Feldversuche), zu denen auch Kreislaufversuche gehören, bei denen die Strömungsbedingungen des Mediums und die Wasserqualität einstellbar sind und in elektrochemisch gesteuerte Untersuchungen.

Ziel von Versuchen ist bei Schadensfällen die Ermittlung von Messwerten, u. a. Massenverlust, Loch- oder Rissbildung, welche bei der Schadensklärung helfen.

Gemeinhin hat die Untersuchungsstelle aus ihrer Erfahrung und der Korrosionsart, den Betriebsbedingungen, den verwendeten Werkstoffen oder Ähnlichem eine Hypothese zum Schadensverlauf zu erstellen. Diese soll durch Versuche bestätigt oder widerlegt werden. Die Untersuchungsstelle wählt dazu die einfachste Versuchsart, welche den Schaden möglichst genau reproduziert. Durch Variation von Parametern ist zu ermitteln, welche Einflüsse zum Versagen eines Bauteils führen und welche nicht, d. h. es handelt sich um Vergleichsversuche.

Korrosionsversuche unter verstärkter Korrosionsbelastung oder bei erhöhter Temperatur liefern, wie angestrebt, Resultate in kurzer Zeit. Schnellkorrosionsversuche mit zu starker Verschärfung der Angriffsbedingungen können jedoch den Korrosionsmechanismus ändern und nicht mehr unbedingt auf die Praxis übertragbare Resultate ergeben. Die Ergebnisse von Schnellkorrosionsversuchen sind ingenieurmäßig zu bewerten und unter Beachtung der nötigen Vorsicht auf betriebliche Gegebenheiten zu übertragen.

Bei den Versuchen sind der Werkstoff der Versuchsproben (chemische Zusammensetzung, Wärmebehandlung, Abmessung, Erzeugnisform, Masse, Beschichtung, Oberflächenzustand), das Angriffsmedium (Art und Konzentration, pH-Wert, Belüftung, Strömung, Temperatur usw.) und die äußeren Bedingungen, wie z. B. mechanische Belastungen, eindeutig festzulegen. Wird ein Werkstoff untersucht, welcher später durch Schweißen verarbeitet wird, sind von vornherein Untersuchungsproben mit einer Schweißnaht einzusetzen, um deren Einfluss gleichzeitig zu erfassen.

Die am Werkstoff insgesamt angreifenden Parameter stellen gesammelt die so genannte Korrosionsbeanspruchung dar, mit welcher der Werkstoff belastet wird. Die Korrosionsbelastung rührt von der Art des Angriffsmediums und seinen Parametern, der elektrischen, mechanischen und thermischen Belastung her. Sie ist für Korrosionsuntersuchungen möglichst betriebsnah einzustellen. Weicht die Temperatur im Versuch von der späteren Betriebstemperatur ab, ist festzustellen, ob diese Extrapolation statthaft ist.

Alle Versuchsproben sind unzerstörbar zu kennzeichnen. Ferner müssen sie vor dem Einsatz sauber und fettfrei sein.

Vor der Bestimmung des Massenverlustes nach Versuchsende ist die Probenoberfläche von anhaftenden Korrosionsprodukten mechanisch oder chemisch zu reinigen.

Im Allgemeinen empfiehlt sich nach Versuchsende auch eine Beschreibung des Probenaussehens, besonders im Hinblick auf Ähnlichkeit mit dem aktuellen Schadensbild (Makrodokumentation, Stereomikroskop, Rasterelektronenmikroskop).

Die Korrosionsgrößen für gleichmäßigen Abtrag sind nach DIN 50 905: flächenbezogener Massenverlust Δm_A (g/m²), Dickenabnahme Δs (mm), flächenbezogene Massenverlustrate v (g/m² · h), Abtragungsgeschwindigkeit w (mm/h).

Bei Vorliegen nichtflächiger Korrosion wertet die Untersuchungsstelle z. B. die Zahl der Löcher und deren Tiefe (Lochkorrosion) und das Lochkorrosionspotenzial, die Risstiefe oder -länge (Spannungsrisskorrosion) oder den Massenverlust und die Angriffstiefe (interkristalline Korrosion) aus, trifft eine Ja-Nein-Aussage oder gibt die Zeit bis zum Eintritt des Ereignisses an. Auch lässt sich der Masseverlust durch Bestimmung des entsprechenden Metallgehaltes der Lösung errechnen.

Zu den Standardtests gehören u. a. folgende genormte Prüfungen, angesprochen in DIN 50 905, Teil 1:

- Allgemeine Korrosionsprüfungen

DIN 50 017	Klimate und ihre technische Anwendung; Kondenswasser-Prüfklimate
DIN 50 018	Korrosionsprüfungen; Beanspruchung im Kondenswasser-Wechselklima mit schwefeldioxidhaltiger Atmosphäre
DIN 50 021	Korrosionsprüfungen; Sprühnebelprüfungen mit verschiedenen Natriumchloridlösungen

- Korrosionsprüfungen für Eisenwerkstoffe

DIN 50 915 Teil 1	Prüfung von unlegierten und niedriglegierten Stählen auf Beständigkeit gegen interkristalline Spannungsrisskorrosion; ungeschweißte Werkstoffe
SEP 1861	Prüfung von Schweißverbindungen an unlegierten und niedriglegierten Stählen auf ihre Beständigkeit gegen Spannungsrisskorrosion
DIN 50 914	Prüfung nichtrostender Stähle auf Beständigkeit gegen interkristalline Korrosion; Kupfersulfat-Schwefelsäure-Verfahren; Strauß-Test
SEP 1877	Prüfung der Beständigkeit hochlegierter, korrosionsbeständiger Werkstoffe gegen interkristalline Korrosion
DIN 50 921	Korrosion der Metalle; Prüfung nichtrostender austenitischer Stähle auf Beständigkeit gegen örtliche Korrosion in stark oxidierenden Säuren; Korrosionsversuch in Salpetersäure durch Messung des Massenverlustes (Prüfung nach Huey)

- Korrosionsprüfungen für Aluminiumwerkstoffe

MIL H-6088	Prüfung von Aluminiumwerkstoffen auf Anfälligkeit für interkristalline Korrosion
LN 65 666	Spannungsrisskorrosionsprüfung von Aluminium-Knetlegierungen für Luftfahrtgerät

- Korrosionsprüfungen für Kupferwerkstoffe

DIN 50 911	Prüfung von Kupferlegierungen; Quecksilbernitratversuch
DIN 50 916 Teil 1	Prüfung von Kupferlegierungen; Spannungsrisskorrosionsversuch mit Ammoniak; Prüfung von Rohren, Stangen und Profilen
DIN 50 916 Teil 2	Prüfung von Kupferlegierungen; Spannungsrisskorrosionsprüfung mit Ammoniak, Prüfung von Bauteilen

- Prüfung von anorganischen Überzügen

DIN 50 947	Prüfung von anorganischen nichtmetallischen Überzügen auf Reinaluminium und Aluminiumlegierungen; Prüfung anodisch erzeugter Oxidschichten im Korrosionsversuch; Dauertauschversuch
DIN 50 958	Prüfung galvanischer Überzüge; Korrosionsprüfung von verchromten Gegenständen nach dem modifizierten Corrodkote-Verfahren
DIN 50 980	Prüfung metallischer Überzüge; Auswertung von Korrosionsprüfungen

- Korrosionsuntersuchungen von allgemeiner Bedeutung

VDI-Richtlinie 3822-1.2	Schäden an Metallprodukten durch Korrosion in wässrigen Medien
DIN 50 917 Teil 1	Korrosion der Metalle; Naturversuche; Freibewitterung
DIN 50 917 Teil 2	Korrosion der Metalle; Naturversuche; Naturversuche in Meerwasser
DIN 50 918	Korrosion der Metalle; elektrochemische Korrosionsuntersuchungen
DIN 50 919	Korrosion der Metalle; Korrosionsuntersuchungen der Kontaktkorrosion in Elektrolytlösungen
DIN 50 920 Teil 1	Korrosion der Metalle; Korrosionsuntersuchungen in strömenden Flüssigkeiten; Allgemeines
DIN 50 922	Korrosion der Metalle; Untersuchung der Beständigkeit von metallischen Werkstoffen gegen Spannungsrisskorrosion

Literatur

1 Lorenz, Medawar, G. (1969) Über das Korrosionsverhalten austenitischer Chrom-Nickel-(Molybdän-) Stähle mit und ohne Stickstoffzusatz unter besonderer Berücksichtigung ihrer Beanspruchbarkeit in chloridhaltigen Lösungen. *Thyssenforschung*, **1**, Heft 3, S. 97-108.

2 Alar, V., Esish, I., Budi'c, I., Brof, S. (2011) Effects of thermal oxidation and subsequent pickling on pitting geometry of austenitic stainless steels in chloride solutions. *Materials Testing*, **53**, S. 634-638.

3 Pohl, M., Opholzer, H., Schild, A.S. (1983) STEM-EDX Measurements on Grain Boundary Phenomena of Sensitized Chrome-Nickel-Steels. *Mikrochemica Acta*, Suppl. 10, [Wien], S. 251-295.

4 Rocha, H.-J. (1962) Die Sensibilisierung stabilisierender und nichtstabilisierender austenitischer Stähle durch Chromkarbide. *DEW - Technische Berichte*, **2**, S. 16–24.

5 Grützner, G. (1973) Kornzerfallsanfälligkeit stickstofflegierter austenitischer Chrom-Nickel-Stähle durch Chromnitridausscheidungen. *Stahl u. Eisen*, **93**, Nr. 1, S. 9–18.

Weiterführende Literatur

Beneke, H. (2000) Lexikon des Korrosionsschutzes.

(2003) DIN-Taschenbuch 219, Korrosion und Korrosionsschutz, Beurteilung, Schutzmaßnahmen, Normen, Technische Regeln, Deutsches Institut für Normung e.V. DIN, Beuth-Verlag.

Kunze, E. (2001) Korrosion und Korrosionsschutz, Band 1–6, Wiley-VCH.

van Oeteren, K.-A. (1980) Korrosionsschutz durch Beschichtungsstoffe, Carl Hanser Verlag.

Rahmel, A., Schwenk, W. (1977) Korrosion und Korrosionsschutz von Stählen, Verlag Chemie.

Schütze, M. (2000) Corrosion and Environmental Degradation, Wiley-VCH.

Toostmann, K.-H. (2001) Korrosion – Ursache und Vermeidung, Wiley-VCH.

10
Korrosionsschäden an metallischen Werkstoffen bei überlagerter mechanischer Beanspruchung

Michael Pohl

10.1
Einleitung

Sind metallische Bauteile unter korrosiven Einsatzbedingungen zusätzlichen mechanischen Belastungen ausgesetzt, so kann dies zu einer deutlichen Verschärfung des Angriffs auf den Werkstoff führen. Diese Korrosionsarten sind in der DIN EN ISO 8044 gemeinsam mit den „ruhenden" Typen aufgeführt, werden in diesem Beitrag jedoch getrennt behandelt.

Bei überlagerten mechanischen Spannungen treten die rissbildenden Arten der Spannungsrisskorrosion, der dehnungsinduzierten Korrosion und der Schwingungsrisskorrosion auf. Sie erfordern wegen ihrer scheinbaren Unberechenbarkeit aus Sicherheitsaspekten, aber auch aus wirtschaftlicher Sicht besondere Aufmerksamkeit.

Die durch strömende Medien verursachten abtragenden Korrosionsarten wie Erosions- und Kavitations-, aber auch Reibkorrosion finden an den Bauteiloberflächen statt und sind daher meist gut zu verfolgen. Die Verkettung ihrer Wirkmechanismen ist ebenfalls komplex und es gibt meist keine einfachen und zugleich wirksamen Abwehrstrategien.

10.2
Rissbildende Korrosionsarten

In der DIN EN ISO 8044 wird zwischen Spannungskorrosion und der daraus resultierenden Spannungsrisskorrosion (SpRK) unterschieden. Dies ist ein Zugeständnis an die Internationalisierung der Normung, da im Französischen der Begriff Spannungs*riss*korrosion mit „corrosion sous contrainte" nicht entsprechend existiert. Diese Unterteilung hat sich als nicht praktikabel erwiesen, so dass nachfolgend die Begriffe Spannungsrisskorrosion und Schwingungsrisskorrosion verwendet werden [1], von denen auch Mischformen vorkommen sowie die dehnungsinduzierte Sonderform.

Systematische Beurteilung technischer Schadensfälle, 6. Auflage 2014. Editiert durch G. Lange und M. Pohl

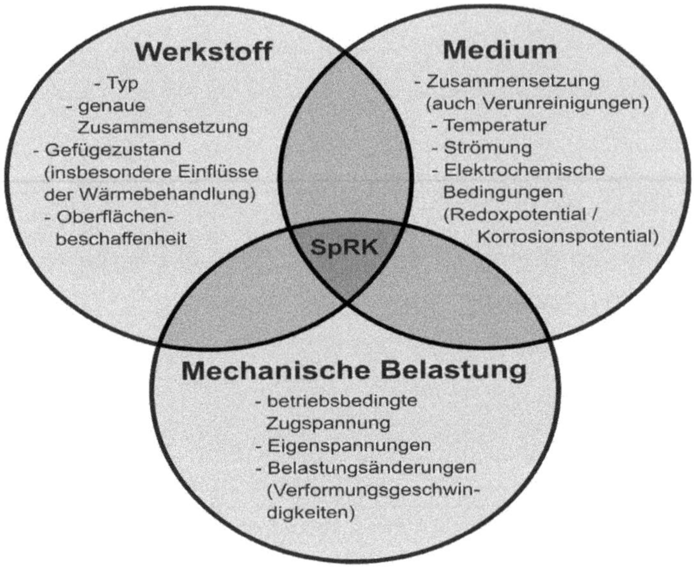

Abb. 10.1 Voraussetzungen der Spannungsrisskorrosion, Hickling [2].

Es handelt sich um praktisch verformungslose Risse, zu deren Bildung drei Wirkkreise in überkritischer Weise wechselwirken müssen (Abb. 10.1). Stets muss ein spezifisches Korrosionsmedium vorliegen sowie Zugspannungen in der Bauteiloberfläche, zu deren Hauptnormalspannung die Risse quer verlaufen. Dabei ist wichtig, die Summe aller Spannungen zu erfassen: Lastspannungen, thermische Spannungen, Eigenspannungen usw. Die Spannungen liegen meist deutlich unter der Dehngrenze und bilden verformungslose Risse, obwohl der benachbarte Werkstoff keine Versprödung aufweist. Der Einfluss der Werkstoffe und ihrer individuellen Zustände wirkt bei den verschiedenen rissbildenden Korrosionsarten sehr unterschiedlich und wird daher dort beschrieben.

10.2.1
Anodische Spannungsrisskorrosion

Die anodische SpRK tritt bei passivierenden Werkstoffen auf, die dem Umgebungsmedium ohne Spannungen langzeitig widerstehen. Der Rissbildung geht eine Inkubationszeit voraus, die von wenigen Minuten bis zu vielen Monaten dauern kann. Abbildung 10.2 zeigt schematisch die klassische Modellvorstellung für die Rissentstehung und das Risswachstum. Durch die an der Oberfläche wirkenden Zugspannungen reißt die Passivschicht auf, obwohl der Grundwerkstoff nur elastisch gedehnt wurde. Es ist auch vorstellbar, dass dies durch eine Gleitstufe verursacht wurde, die an einem für Gleitung günstig orientierten Korn entstand, obwohl die Nominalspannung des Bauteils weit unterhalb der Dehngrenze lag. Unter normalen Bedingungen wird dieser Streifen repassivieren, ohne dass Riss-

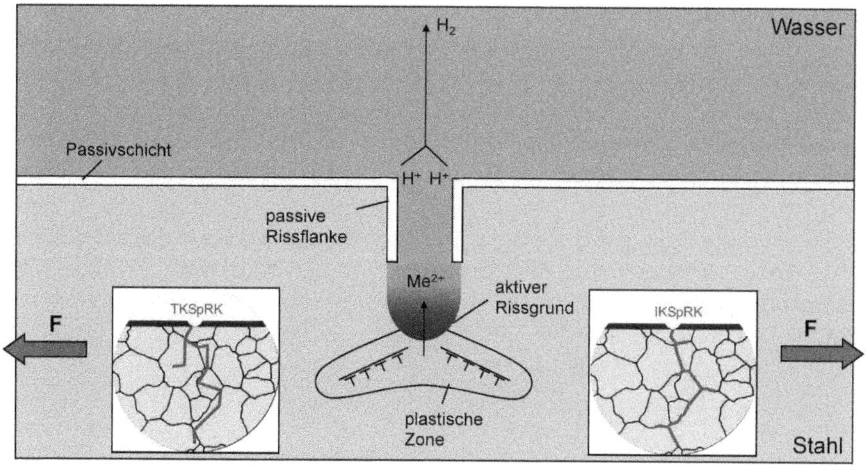

Abb. 10.2 Anodische Spannungsrisskorrosion passivierender Werkstoffe.

bildung eintritt. Unter kritischen Elektrolytbedingungen (Medium, Konzentration, Temperatur, zu niedriger Sauerstoffgehalt, ...) gehen an dieser streifenförmigen Anode Metallionen in Lösung, wobei aufgrund der großen Kathodenfläche, die die Passivschicht bildet, an dem kleinen Anodenstreifen hohe Auflösungsgeschwindigkeiten auftreten können. Die in dem gebildeten Graben sich ansäuernden Elektrolytbedingungen sind den Vorgängen bei der Lochkorrosion vergleichbar und verhindern die Ausheilung. Der vom Rissbeginn bis zur Rissspitze gleich schmale Riss ist durch eine nachlaufende Passivierung der Rissflanken zu erklären. Für die kritische Schwelle zur Metallauflösung ist offensichtlich das gedehnte Metallgitter an der Rissspitze Voraussetzung; an den Rissflanken liegen derartige Spannungs-

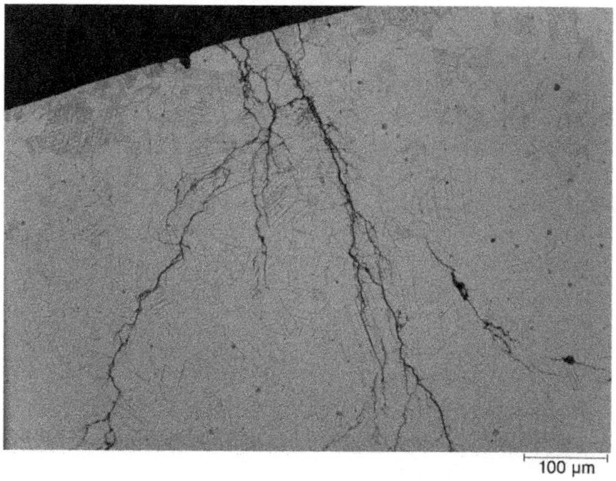

Abb. 10.3 Büschelförmiger Rissverlauf bei der anodischen SpRK.

zustände nicht vor. Im Allgemeinen ist es dabei nicht notwendig, dass die Rissspitze ständig durch neue Gleitstufen reaktiviert werden muss. Der durch die Hauptspannung vorgegebene senkrechte Rissverlauf büschelt durch die mit der einseitigen Bauteilschwächung eintretenden Biegespannungen fächerförmig auf (Abb. 10.3). Normalerweise folgt der Riss transkristallin den kristallografischen Ebenen. Infolge der „lockeren" Atomanordnung auf den Korngrenzen, besonders aber durch ihre andere chemische Zusammensetzung (Anreicherung von Spurenelementen, Ausscheidungen) kommt es häufig zu interkristallinem Rissfortschritt, wobei dies bei Chromstählen ein Hinweis auf Teilsensibilisierung für interkristalline Korrosion sein kann.

Beispiel für Werkstoffe, die bei Einwirkung spezifischer Medien anodische SpRK erleiden können, gibt Tabelle 10.1 [2].

Tabelle 10.1 Werkstoffe und spezifische Medien, die zu anodischer SpRK führen können.

Werkstoff	Medium	Bemerkungen
Un- und niedriglegierte Stähle	Alkalische Flüssigkeiten (Laugen, Karbonat- und Bikarbonat-Lösungen)	IK „Laugenversprödung". Genaue Zusammensetzung und Wärmebehandlung des Werkstoffes sowie Temperatur und Konzentration der Lösungen von großer Bedeutung.
	Nitratlösungen NO_x-haltiges Kondensat	Wie oben. Prüfung in einer siedenden wässrigen $Ca(NO_3)_2$-Lösung (DIN 50915 entsprechend) auf interkristalline SpRK-Anfälligkeit
Passiv austenitische Stähle	Chloridhaltige Lösungen	Häufig Mindesttemperatur von etwa 45 °C erforderlich, transkristalline Rissbildung.
	Alkalilaugen	Keine SpRK über 40 % Ni. Trans- oder interkristalline Rissbildung je nach elektrochemischem Potenzial, Konzentration, Wärmebehandlung, Temperatur > 100 °C usw.
	Sauerstoffhaltiges Hochtemperaturwasser, Cl^-, SO_4^{2-} und Polythionate	Interkristalline Rissbildung bei sensibilisiertem Material (Chromverarmung: IK ohne Zugspannung im Strauß-Test).
Nickelbasislegierungen	Alkalihydroxid-Lösungen	Trans- oder interkristalline Rissbildung je nach Werkstoff (bzw. Zustand), elektrochemischem Potenzial, Konzentration usw.
	Reines Hochtemperaturwasser	Werkstoffabhängig, lange Inkubationszeiten, sensibilisiertem Werkstoff-Zustand, Spaltbedingungen wirken sich negativ aus.
Kupferlegierungen	Ammoniaklösungen, Nitritlösungen	Lösungszusammensetzung einschl. Sauerstoff kritisch
Aluminiumbasislegierungen	Insbesondere Halogenidlösungen	Interkristalline Rissbildung, Zusammensetzung, Wärme-behandlung und Gefüge des Werkstoffes von großer Bedeutung
Titanbasislegierungen	Chloridhaltige wässrige und organische Lösungen	Meist IK-Rissbildung häufig nur beim Vorliegen scharfer Kerben

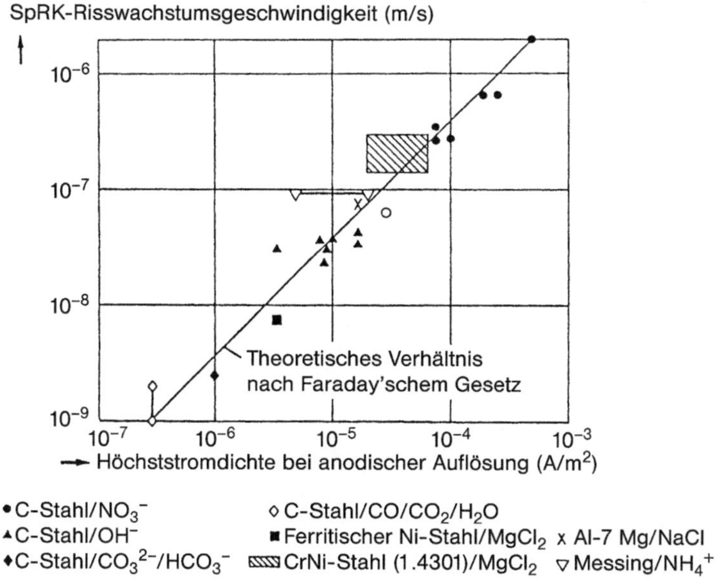

Abb. 10.4 Zusammenhang zwischen gemessener SpRK-Risswachstumsgeschwindigkeit und Höchststromdichte bei anodischer Auflösung für verschiedene Werkstoff-Medium-Paarungen (nach Parkins 1979).

Angaben zur Risswachstumsgeschwindigkeit sind Abbildung 10.4 zu entnehmen. Ob ein Werkstoff in einem spezifischen Medium anfällig für SpRK ist, kann mit einfachen Spannbügel-Versuchen getestet werden (Abb. 10.5). Die zeitraffende Verschärfung kann über eine Erhöhung der Spannung, der Elektrolytkonzentration oder der Temperatur erfolgen.

10.2.1.1 **Schadensbeispiele**

Verschraubung einer Hochdruckleitung Die Leckage einer Chemieanlage war auf Risse in den Überwurfmuttern zurückzuführen (Abb. 10.6). Da diese die Rohrenden sowohl abdichten als auch gegen Herausrutschen sichern mussten, waren sie mit hohem Drehmoment angezogen worden. Der gleichmäßigen Spannungsverteilung entsprechend waren in mehreren der Sechseck-Muttern gleichverteilt jeweils drei Risse aufgetreten. Nach Durchtrennen der Überwurffläche lagerten sich infolge der Rissöffnung die Spannungen um, so dass die Risse sich jeweils bogenförmig teilten. Eigentlich war außen nicht mit dem Auftreten eines Elektrolyten gerechnet worden. Die Benetzung war durch unachtsame Umfüllvorgänge verursacht worden.

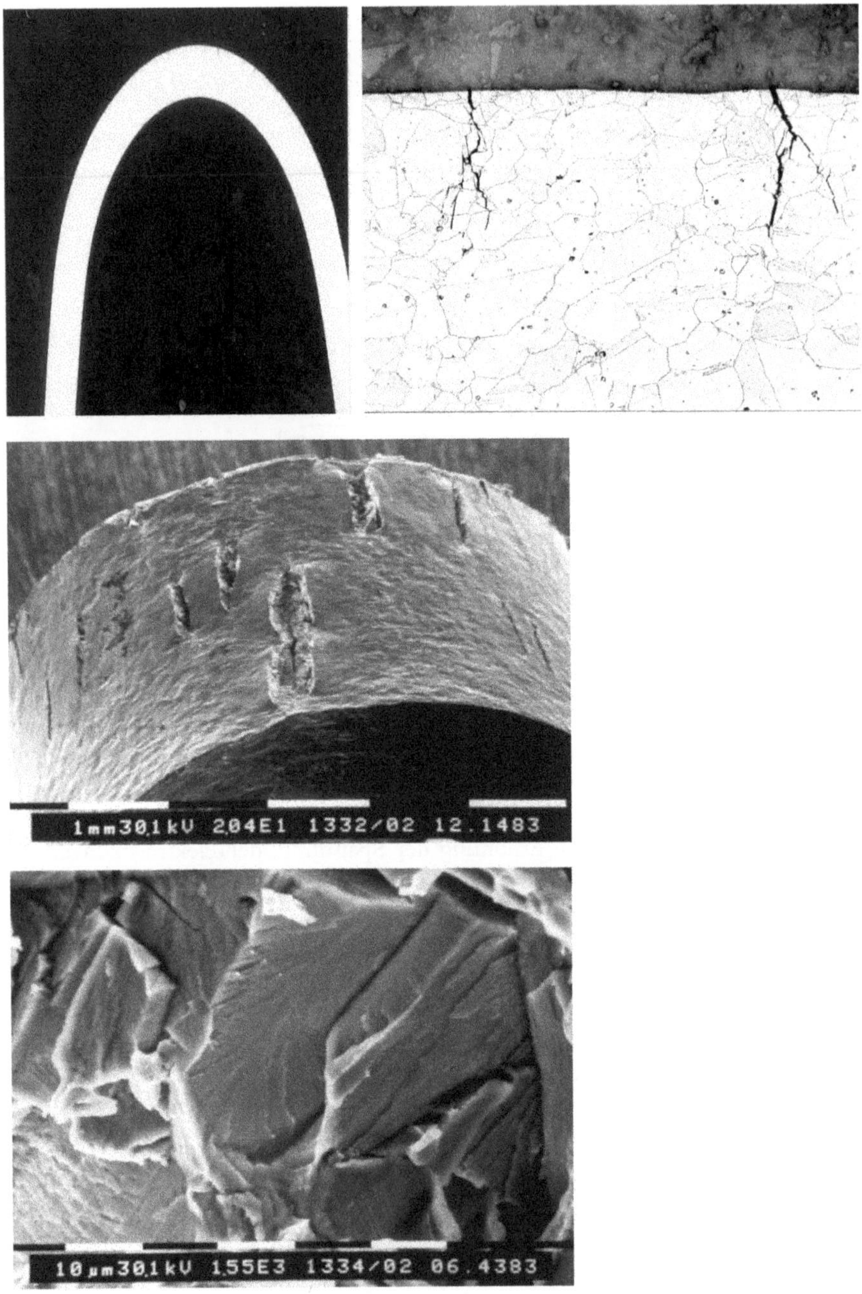

Abb. 10.5 Transkristalline Spannungsrisskorrosion, Biegeproben aus Incoloy 825, 15 h $MgCl_2$ bei 144 °C, LiMi, REM.

Abb. 10.6 Verschraubung einer Hochdruckleitung aus 1.4571.

Schwimmbaddecke Nach nur einem Jahr Betriebszeit stürzte die an Cr-Ni-Stahlstäben abgehängte massive Betonprofil-Decke eines Schwimmbades herab (Abb. 10.7) und erschlug zwölf Badegäste [3]. Insbesondere die äußeren Stäbe zeigten Chloridkontaminationen > 1000 mg Cl/m² und entsprechende anodische SpRK. Das im Schwimmbadwasser gelöste Chlor kann nicht auf dem Wege der Wasserverdampfung hinter die abgehängte Decke gelangt sein, da – wie bei jeder Destillation – nur reines H_2O verdampft. Beim Badebetrieb entstehen aber auch Aerosole. Diese kleinen Wassertröpfchen transportieren all ihre Inhaltsstoffe, gelangen per Konvektion über die abgehängte Decke und benetzen u. a. die Stahlstäbe. Über ständige Verdampfung des Wasseranteils kam es zu der festgestellten starken Chloranreicherung.

Die Havarie wurde durch einen der äußeren stark geschädigten Stäbe ausgelöst (Abb. 10.8 [A]). Der Impuls der sich absenkenden Decke zerriss in der Folge auch benachbarte wenig geschädigte Stäbe [B] und selbst die innen liegenden Stäbe ohne SpRK wurden durch die Überlast wie Zugproben zerrissen [C].

Hydraulik-Ventil Das Ventil einer hydraulischen Walzwerkssteuerung war geborsten (Abb. 10.9).

Abb. 10.7 Einsturz der Deckenkonstruktion des Schwimmbades in Uster, CH (1985).

Das Gehäuse wurde aus einem nur wenig umgeformten Schmiedeblock des Werkstoffs X14CrMoS17 gefertigt. Im Schliff (Abb. 10.10) ist zu erkennen, dass die Risse sehr verzweigt intergranular durch das Primärgefüge verlaufen. Somit

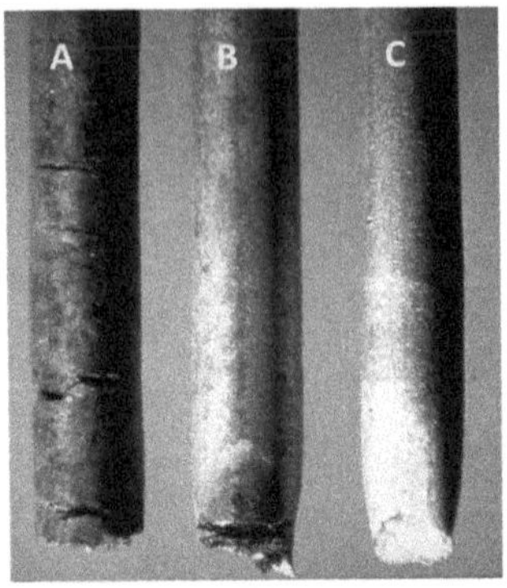

Abb. 10.8 Unterschiedliche korrodierte Stäbe der abgehängten Decke (18Cr, 8Ni).

Abb. 10.9 Bruch eines Ventilgehäuses (Maßstab: Schatten des Fotografen).

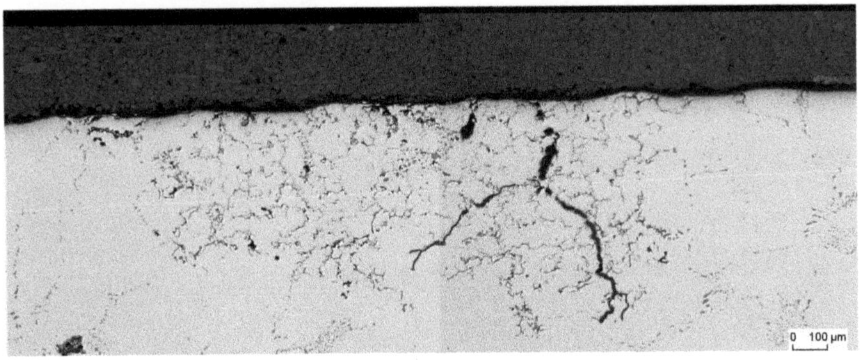

Abb. 10.10 Nebenriss.

liegt auch hier eine interkristalline Spannungsrisskorrosion vor. Die dafür erforderlichen Spannungen dürften sich aus Eigenspannungen und dem Betriebsdruck von 180 bar zusammengesetzt haben.

Der bei dieser Stahlgruppe sehr häufig gemachte Fehler beruht darauf, dass beim Anlassen 10–20 % der Werkstoffhärte/-festigkeit zugunsten der Zähigkeit und Duktilität abgebaut werden sollen, genau dort aber der Bereich maximaler Korrosivität liegt (Abb. 10.11 [4]), die auf Chromkarbidausscheidungen auf den Korngrenzen und Chromverarmung der umgebenden Matrix beruht. Je nach Einsatzfall muss entschieden werden, ob nur sehr wenig angelassen wird mit der Folge eines recht spröden Bauteilverhaltens, oder so stark, dass man von der Festigkeit mehr verliert als eigentlich gewünscht ist.

Messing-Tiefziehteile Im Gehäuse einer Uhr, die lange in einem Badezimmer stand, waren nach einigen Monaten Risse aufgetreten (Abb. 10.12). Das Gehäuse war nach der Umformung nicht spannungsarm geglüht worden. Häufig wird von der irrigen Annahme ausgegangen, es genüge, weich geglühtes Material für die Fertigung zu verwenden. Mit SpRK muss bei Messing ab 110 HB gerechnet werden.

Messing-Gewindestutzen Die in Abbildung 10.13a gezeigte Wanddurchführung wurde aus weichgeglühtem Messing Stangenmaterial produziert. Beim zerspanenden Gewindefertigen war in der dünnen Restwand zwischen Außen- und Innengewinde eine so starke Kaltverfestigung eingetreten, dass es zur interkristallinen SpRK kam (Abb. 10.13b). Die Spannungen beruhten nicht auf dem Wasserinnendruck, sondern waren durch „Überhanfung" aufgetreten. So nennt man den Vorgang, wenn

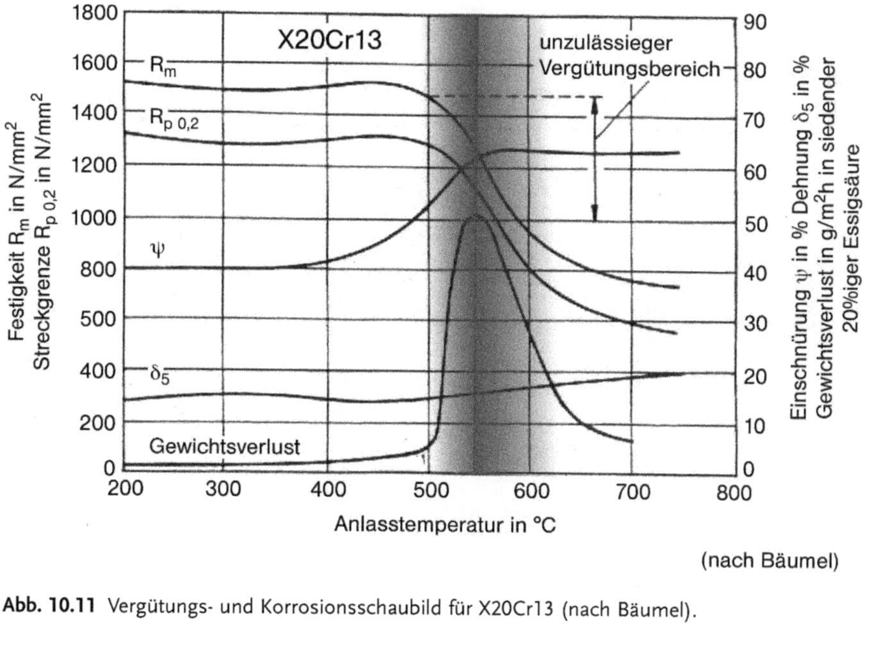

Abb. 10.11 Vergütungs- und Korrosionsschaubild für X20Cr13 (nach Bäumel).

Abb. 10.12 Anodische SpRK an einem Uhrgehäuse aus Messing.

der Installateur das Einschraubgewinde mit zu vielen Wicklungen Teflonband versieht (wirklicher Hanf ist heute kaum noch im Einsatz). Häufig wird die Korrosionsbelastung durch ein sogenanntes Belüftungselement verstärkt, d. h. es hat sich eine

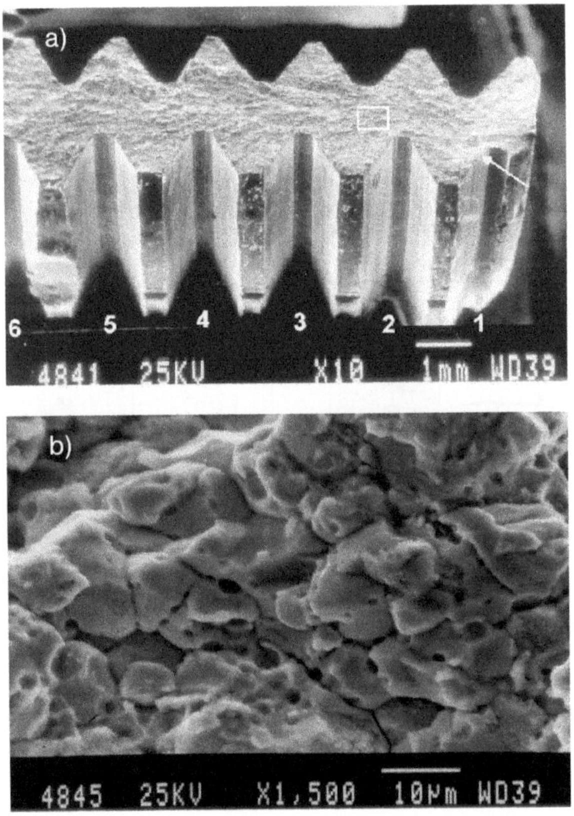

Abb. 10.13 Spannungsrisskorrosion an einem Messing-Fitting. a) Längs gerissene Wanddurchführung, b) Interkristalline Spannungsrisskorrosion (CuZn39Pb3).

Potenzialdifferenz zwischen den Teilen der Wanddurchführung aufgebaut, die sich einerseits im Mörtel und andererseits außerhalb befinden.

10.2.2 Schwingungsrisskorrosion

Häufig wirken auf Bauteile nicht monoton statische Spannungen, sondern es sind einer Grundlast betriebsbedingte Spannungsamplituden überlagert, wodurch sich die Rissgefährdung dramatisch verschärfen kann („Pumpeffekt").

In der mechanischen Werkstoffprüfung wird stets darauf hingewiesen, dass Dauerschwingversuche unter Inertgasatmosphäre durchgeführt werden müssen oder wenigstens bei sehr niedriger Luftfeuchtigkeit, um die rein mechanische Dauerschwingfestigkeit zu ermitteln.

Wird der gleiche Sachverhalt aus dem Blickwinkel der Korrosion betrachtet, so spricht man von Schwingungsrisskorrosion im passiven Zustand, d. h. die Korrosion ist von untergeordnetem Einfluss, der Rissfortschritt ist durch die mechanische Komponente dominiert, erkennbar an den Schwingungslinien, die durch mechanische Verformungen an der Rissspitze entstehen. Bei höherfesten Stählen fehlen diese Schwingungslinien und allgemein bleibt die Dimension der Schwingungslinien am Rissstart, wo die Risswachstumsgeschwindigkeit bei wenigen nm/Zyklus liegt, unter der Erkennbarkeit. Wenn der Rissfortschritt aber im Wesentlichen auf der anodischen Werkstoffauflösung an der Rissspitze beruht, kommt es ebenfalls nicht zur verformungsinduzierten Ausbildung von Schwingungslinien. Dies wird aus dem Blickwinkel der Korrosion mit Schwingungsrisskorrosion im aktiven Zustand bezeichnet.

Es gibt also einen schleichenden Übergang von der klassischen Dauerschwingfestigkeit zur Schwingungsrisskorrosion. Mit der Aggressivität des Mediums wird das Dauerfestigkeitsniveau abgesenkt. Da Korrosion zeitabhängig verläuft, ist die Schwingungsrisskorrosion einerseits frequenzabhängig und andererseits kann es bei aktiver Korrosion keine Dauerfestigkeit geben. Abbildung 10.14 [2] zeigt am Beispiel des Stahls X20Cr13, dass die Dauerfestigkeit durch Lochkorrosion auf 1/3 abgesenkt wird. Dies berücksichtigt aber nicht den Korrosionseinfluss selbst, sondern nur das Ergebnis der Korrosion: Der Geometrie der Korrosionslöcher ist ein Kerbfaktor 3 zuzuordnen; auf diesem abgesenkten Spannungsniveau wird wieder eine Dauerfestigkeit erreicht. Wirken die Schwingungsamplituden unter andauerndem Korrosionseinfluss, so wird das langfristig ertragbare Spannungs-/Schwingungsniveau immer weiter abgesenkt und es wird kein Dauerfestigkeitsniveau erreicht.

Von Bedeutung für die Praxis ist, dass häufig Mischformen der Korrosionsarten auftreten. Vorschädigungen können durch Stillstands- oder Lochkorrosion entstanden sein. Bei der Schwingungsrisskorrosion können sich dann die Kerbwirkungszahlen von mechanischen und korrosiven Kerben multiplikativ überlagern, d. h. es sind sehr hohe Kerbfaktoren möglich. Bei vielen Maßnahmen, die Oberflächeneigenschaften optimieren sollen (Beschichten, Kugelstrahlen, Inhibitoren usw.) ist zu bedenken, dass sie bestenfalls die Bildung eines Anrisses durch

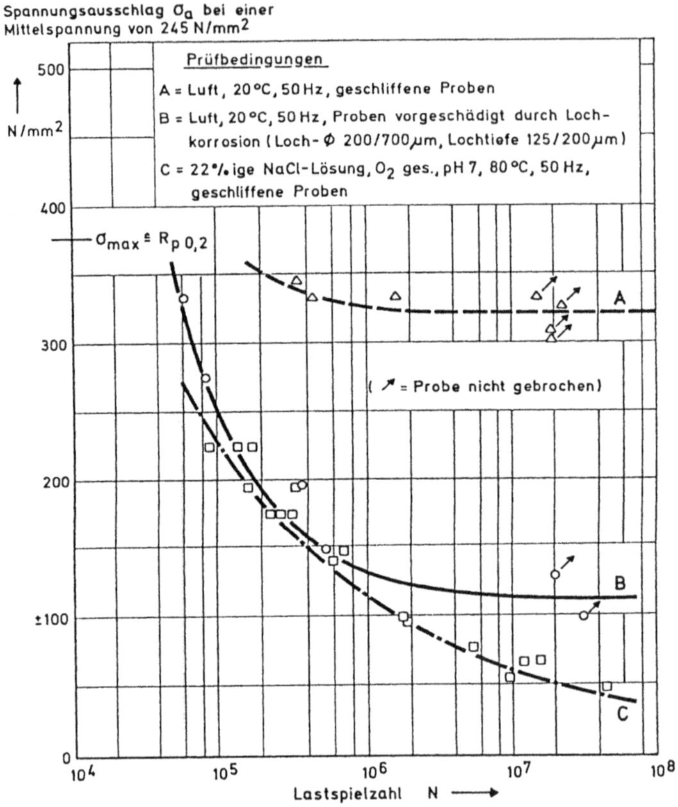

Abb. 10.14 Einfluss der Korrosion auf die Dauerschwingfestigkeit des Stahles X20Cr13.

SwRK vermeiden können, nicht aber die Ausbreitungsgeschwindigkeit eines vorhandenen Risses beeinflussen.

10.2.2.1 **Schadensbeispiel**

Ladeklappen-Feder Federn, die bei Lkw-Ladeklappen zur leichteren Handhabung deren Gewicht kompensieren sollen, wurden aus dem Federstahl X10CrNi18-8 gefertigt, indem 10 mm-Draht kalt gezogen und zur Feder gewickelt wurde. Nichtrostender Stahl kommt hier zur Anwendung, weil die Federn der Gischt des Regenwassers, aber auch dem Tausalz-Sprühnebel winterlicher Straßen ausgesetzt sind. Bei einer Charge kam es zum Versagen (Abb. 10.15), weil das Lösungsglühen und schnelle Abkühlen des Drahtes nicht ordnungsgemäß durchgeführt worden war. Es lag eine Teilsensibilisierung durch Chromkarbide auf den Korngrenzen und benachbarte Chromverarmungszonen vor, die zusammen mit der Dauer-Vorspannung der Federn und überlagerten Schwingungen durch den Fahrbetrieb zur interkristallinen Rissbildung geführt hatte (Abb. 10.16).

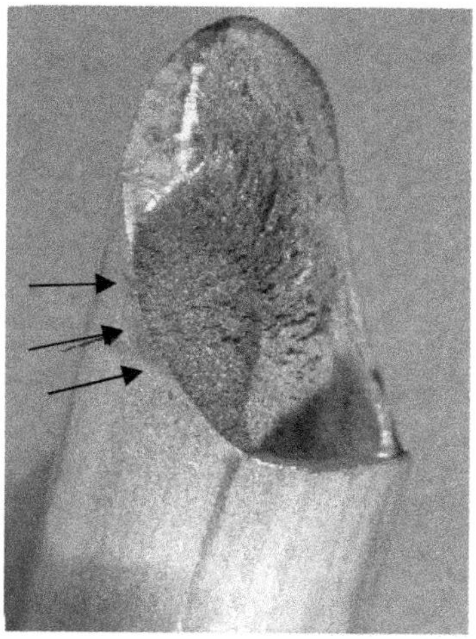

Abb. 10.15 Bruch der Ausgleichsfeder einer LKW-Ladeklappe, Anriss unter 45° zur Drahtachse (Pfeile).

Hier überwog die Korrosionskomponente in dem Maße, dass keine Schwingungslinien zu erkennen waren (aktive Schwingungsrisskorrosion).

10.2.3
Dehnungsinduzierte Spannungsrisskorrosion

Im Anlagenbau wird eine Sonderform der anodischen SpRK beobachtet, die bei lang anhaltender Relaxation der Fertigungsspannungen mit sehr kleinen Dehnraten von $2{,}2 \cdot 10^{-7}s^{-1}$ auftritt (Abb. 10.17). Dehnungsrisskorrosion (DRK) ist kaum durch die Werkstoffauswahl zu beeinflussen. Bei unlegierten Stählen sind typische Medien Natriumhydrogencarbonat und schwache Säuren. Sie tritt aber auch bei kathodischer Polarisation auf. Typisch für die dehnungsinduzierte SpRK sind

Abb. 10.16 Detail aus dem Anrissbereich.

Abb. 10.17 Messerlinienkorrosion X6CrNiTi18-10 (1.4541).

Auskolkungen im Rissverlauf, die durch Änderungen der korrosiven und/oder mechanischen Parameter bedingt sind, wie sie wechselnde Betriebsbedingungen, insbesondere An- und Abfahrvorgänge, darstellen.

10.2.3.1 **Schadensbeispiel**

Im Kesselbau kam es wiederholt zu Schäden, die wegen ihrer z. T. perlschnurartigen Rissform (durch Auskolkung bei Betriebsstillständen beziehungsweise intermittierendes Aufreißen der Magnetit-Schutzschicht) der dehnungsinduzierten Spannungsrisskorrosion zugeordnet wurden (Abb. 10.18). Abhilfe wurde

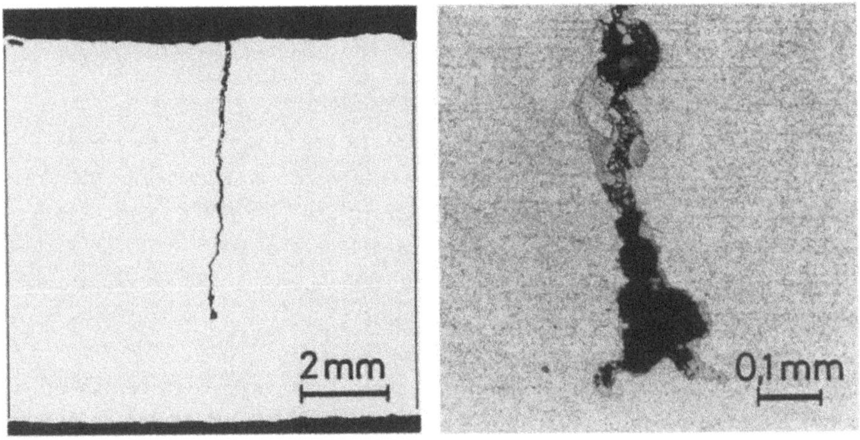

Abb. 10.18 Dehnungsinduzierte Risskorrosion an einem ferritischen Stahl.

durch Absenken der Spannungsspitzen (bessere Ausführung der Schweißnahtwurzeln, Spannungsarmglühen der Komponente vor Inbetriebnahme) und durch noch besseres Kesselwasser geschaffen. Gelegentlich wird der Schaden durch ungereinigte Wässer bei der Druckprobe oder durch Beizlösungen schon vor der Inbetriebnahme initiiert.

10.2.4 **Lotrissigkeit**

Der Lotbruch (auch Lötbruch oder Liquid Metal Embrittlement [LME] genannt) ist der interkristallinen Spannungsrisskorrosion in Elektrolytlösungen phänomenologisch sehr ähnlich. Für das Auftreten von Lotbruch ist neben Zugspannungen (Betriebs-/Eigenspannungen) das Vorliegen einer Temperatur, bei der der Grundwerkstoff fest, das benetzende Lot jedoch flüssig ist, erforderlich.

Voraussetzung ist auch eine begrenzte gegenseitige Löslichkeit der Metalle, so dass das Lot bevorzugt über die unter Zugspannungen stehenden Korngrenzen eindringt. Mikroanalytisch lässt sich das Lot (Hg, Sn, Bi, Cd, Pb, Zn, Cu) im Rissverlauf feststellen [5, 6].

10.2.4.1 **Schadensbeispiel**

Kaltgebogene Doppel-T-Träger aus dem Stahl S355J2G3 waren beim Verzinken ohne erkennbare plastische Verformung aufgerissen (Abb. 10.19). Die Chargen davor und danach ließen sich rissfrei feuerverzinken. Die Problemcharge hatte einen Cu-Gehalt von 0,5 %. Kupfer hat in Stählen nur eine geringe Löslichkeit und scheidet sich feindispersiv aus, was beim Biegen zu hoher Kaltverfestigung und starken Eigenspannungen führt. Die Rückfederung führt stets an den Innenradien zu Zug-Eigenspannungen und dort zur Lotrissigkeit (Abb. 10.20).

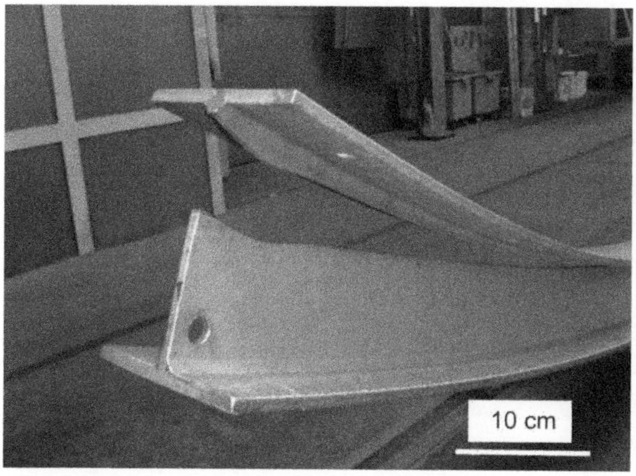

Abb. 10.19 Lotriss eines kalt gebogenen Profilträgers.

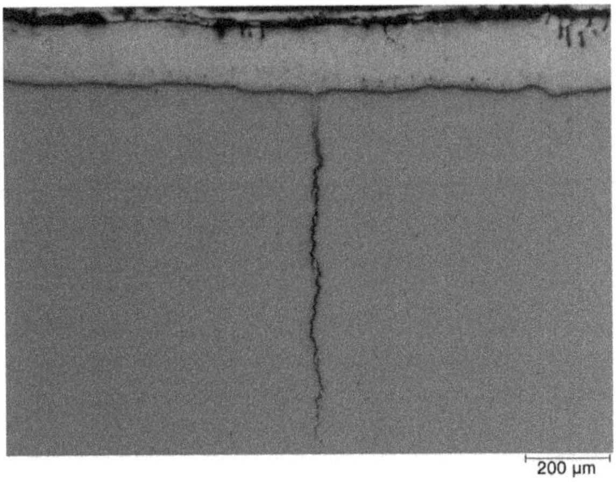

Abb. 10.20 Lotriss unter dem Zinküberzug.

10.2.5 Kathodische Spannungsrisskorrosion

Hier ist die Rissbildung ein rein physikalischer Vorgang der Trennung von Werkstoffatomen infolge der Dekohäsionswirkung und Schubspannungserniedrigung durch Wasserstoff. Die Korrosion, die den dafür erforderlichen atomaren Wasserstoff zur Verfügung stellt, kann an anderer Stelle stattfinden (Abb. 10.21), und zwar in einem Maße, dass die Bauteilfunktion bis auf Weiteres gar nicht beeinträchtigt ist. Für die wasserstoffinduzierte Rissbildung muss der Werkstoff in der

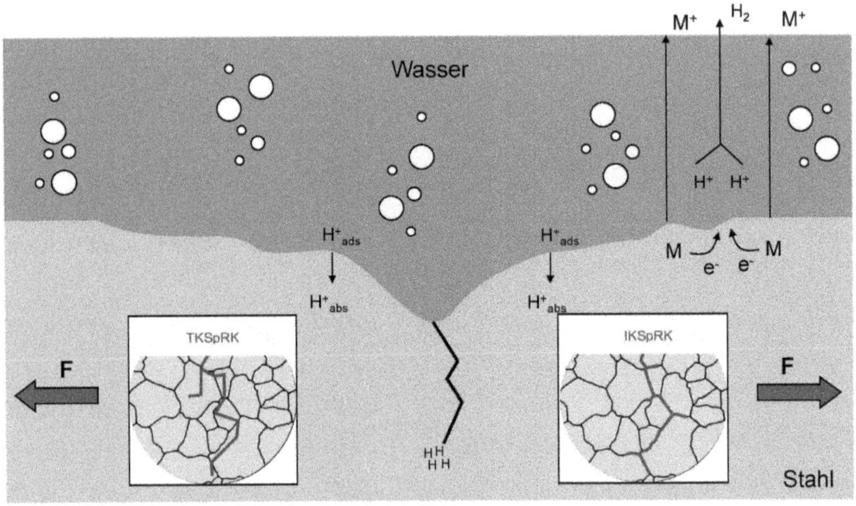

Abb. 10.21 Kathodische Spannungsrisskorrosion hochfester Werkstoffe.

Lage sein, hohe elastische Dehnungen aufzubauen, d. h. vor allem hochfeste Werkstoffe (R_m > 800 MPa) sind für die kathodische SpRK empfindlich. Dies betrifft Federn, Schrauben, Spannstähle usw., aber auch die modernen hochfesten Karosseriestähle (Abb. 10.22).

Kommt es zur Entwicklung von Wasserstoff durch Korrosionsvorgänge, wobei als Elektrolyt Wasser, Dampf aber auch Luftfeuchtigkeit > 40 % dienen kann, so adsorbiert der Wasserstoff an der Oberfläche. In der Regel rekombinieren die adsorbierten Wasserstoffatome zu H_2 (Tafel- bzw. Heyrovski-Reaktion) und desorbieren als Gas wieder von der Werkstoffoberfläche. Durch Anwesenheit von Promotoren (Verbindungen der Elemente Phosphor, Arsen, Antimon, Wismut, Selen, Tellur und Schwefel) wird die Wasserstoffaktivität an der Werkstoffoberfläche gesteigert und so die Absorption von Wasserstoff in den Werkstoff gefördert [7].

Ist der Wasserstoff im Werkstoff absorbiert, so diffundiert er bevorzugt in elastisch aufgeweitete Bereiche des Metallgitters (Gorsky-Effekt). In der Regel sind das Bereiche mit mehrachsigem Spannungszustand vor Riefen oder Kerben. Dort mindert der Wasserstoff die Kohäsionskraft der Metallatome [8] und senkt das zum Gleiten erforderliche Schubspannungsniveau [9], wodurch senkrecht zur Zugspannungsrichtung eine Werkstofftrennung stattfindet.

Nach der Trennung des Werkstoffes verlagert sich der Bereich der maximalen Spannung vor die neu entstandene Rissspitze. Der dadurch hervorgerufene Spannungsgradient bewirkt ein Nachdiffundieren der Wasserstoffatome, wodurch die Rissspitze aktiv bleibt und der Riss weiter in den Werkstoff wächst. Der Wasserstoff wird bei Rissbildung also nicht verbraucht, sondern es treiben integral kleine Wasserstoffgehalte den Riss durch Nachdiffusion lokal angereichert schrittweise immer weiter. Dem physikalischen Rissbildungsmechanismus entsprechend liegen im Riss keine Korrosionsprodukte vor.

Abb. 10.22 Tiefziehnäpfchen des TWIP-Stahls X-IP 980. Verzögerte Rissbildung innerhalb von 10 Tagen an Umgebungsluft.

Bei Stählen mit Festigkeiten R_m > 800 MPa treten bevorzugt transkristalline Risse auf, während es bei höchstfesten Stählen (> 1200 MPa) zu interkristallinem Risswachstum kommt.

Die elastische Verspannung wächst mit der Werkstofffestigkeit. Rissbildung kann weit unterhalb der Dehngrenze des Werkstoffs eintreten. Dieser Erkenntnis Rechnung tragend wurden allgemeine Richtlinien zur Verhütung der H-induzierten SpRK bei der Beaufschlagung von Stählen mit Sauergas in den USA ausgearbeitet. Diese sehen die Einhaltung eines höchstzulässigen Härtewertes von 22 HRC (entsprechend 245 HV 5) vor.

In der Kraftwerkstechnik empfiehlt sich für Komponenten aus niedriglegiertem Stahl ein Härtegrenzwert von 350 HV, da diese in Kontakt mit neutralem oder leicht alkalischem Wasser hoher Reinheit stehen. Höchstfeste Werkstoffe (Federn, Schrauben, ...) sind zur Vermeidung von H-induzierter SpRK vor jedem wässrigen Korrosionsmedium, auch Kondensat und Feuchtigkeit, zu schützen.

10.2.5.1 **Schadensbeispiele**

Brückenlager Bei der Inspektion einer Straßenbrücke waren Geräusche im Loslager aufgefallen. Die Brücke wurde hydraulisch angehoben und bei der Entnahme zerfiel das Wälzlager in mehrere Bruchstücke (Abb. 10.23). Ursache war kathodische Spannungsrisskorrosion durch mangelnden Korrosionsschutz. Die hohen Linienpressungen der Lagerrolle werden weder von Lackbeschichtungen noch von metallischen Überzügen ertragen.

Auch der hier aus Festigkeitsgründen verwendete martensitische Chromstahl erleidet auf seiner Oberfläche Reibkorrosion. Es ist nur temporärer Korrosionsschutz durch Aufsprühen von Korrosionsschutzmitteln möglich, offensichtlich waren die Erneuerungsintervalle nicht eingehalten worden.

Spannbetonbrücke Eigentlich sind Spannbetonbauwerke für die Ewigkeit gedacht, weil Stahl bei Umgebungstemperatur keine relevanten Kriechdehnungen erfährt und im alkalischen Milieu des Betons vor Korrosion geschützt sein sollte. Über die Stirnseiten der einzelnen Brückenteile werden die Spannstähle in die Spannkanäle geschoben und verspannt. Anschließend werden die Spannkanäle mit Beton-

Abb. 10.23 Brückenlager X40Cr13.

Abb. 10.24 Eingestürzte Spannbetonbrücke, Tepalcates, Mexiko.

schlämme ausgepresst und die Hüllrohrenden korrosionsdicht verschlossen. Eine Schwachstelle des Systems sind mögliche Undichtigkeiten der Hüllrohrenden in den Koppelfugen der Brückenabschnitte. Ein anderes Problem besteht darin, dass das Auspressen der Hüllrohre ein eigenüberwachungspflichtiger Vorgang ist, bei dem auf der Baustelle viele Störungen auftreten können. Sobald geringste anodische Korrosion an den Spannstählen auftritt (die ihre Funktion erst nach sehr langen Zeiten beeinträchtigen würde), kann die kathodische Teilreaktion so viel Wasserstoff produzieren, dass es zur kathodischen SpRK kommt.

Das Ergebnis können schwere Havarien sein (Abb. 10.24), deren Auslöser recht unscheinbar aussehen (Abb. 10.25). Die kleine Anrissfläche ist nicht das Zeichen für hohe Nennspannung, sondern die hochfesten Stähle sind extrem kerbempfindlich, so dass ein unscheinbar aussehender Anriss, der bei Wasserstoffrissen aber atomar scharf ist, frühzeitig den Restgewaltbruch auslöst. Im Anriss finden sich die trans- und interkristallinen Bruchstrukturen, die für H-induzierte Risse typisch sind (Abb. 10.26).

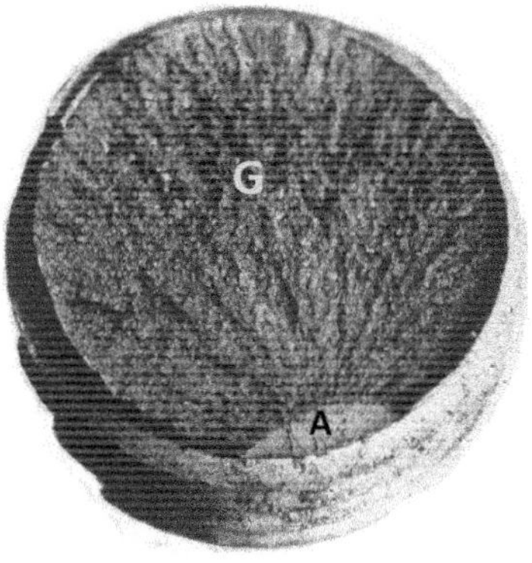

Abb. 10.25 Bruch eines Spannstahls Y1770C mit Anrissfläche A und Restgewaltbruch G.

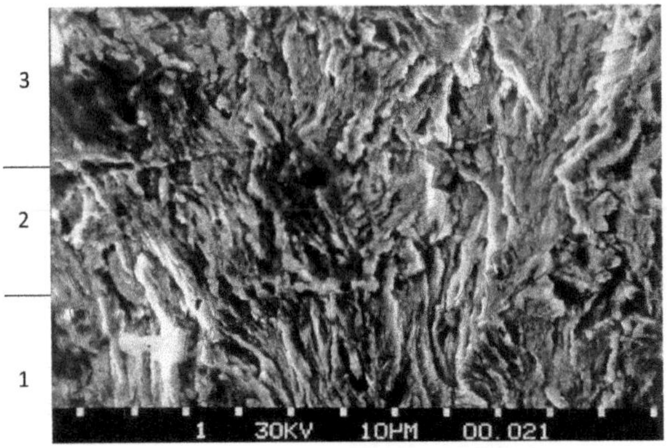

Abb. 10.26 Stufen des transkristallinen Rissfortschritts.

10.3
Erosionskorrosion

Nach DIN EN ISO 8044 können an der erosions-/strömungsbeeinflussten Korrosion sowohl ein mechanischer Oberflächenabtrag (Erosion) als auch eine chemische Reaktion (Korrosion) beteiligt sein. Da die Erosion eine Form der Abrasion darstellt, wird diese Werkstoffschädigung in diesem Buch unter Verschleiß behandelt, ebenso die Feststoffaufprallerosion und die Hydroabrasion, bei der die Wirkung des Feststoffanteils den Abtrag durch das Fluid weit überholt.

Hier werden die Vorgänge behandelt, deren geschwindigkeitsbestimmender Mechanismus die chemische Reaktion ist, wenn z. B. durch Strömungen die Schutzschichten abgetragen werden, auch wenn sie sich immer wieder neu bilden, die Strömung aber nicht in der Lage wäre, den Werkstoff selbst mechanisch anzugreifen.

Werkstoffseitig ist Abhilfe meist durch Wahl der nächstbesseren Werkstoffgruppe zu finden, etwa in der Reihe: unlegierter → niedriglegierter → ferritischer Stahl → martensitischer Chromstahl → austenitischer Chrom-Nickelstahl, hartphasenreiche Auftragspanzerung.

10.3.1
Strömungsbeeinflusste Korrosion

Die Parameter der strömungsbeeinflussten Korrosion sind:

- die Korrosionsrate des Systems Werkstoff/Medium (Korrosionskomponente)
- die Sherwood-Zahl der Strömungsart (Strömungsgeometrie), die den konvektiven Stofftransport an der Metalloberfläche charakterisiert (Strömungskomponente)
- die Struktur der Schutzschicht (Werkstoffkomponente)

Die Erscheinungsform der strömungsbeeinflussten Korrosion ist gekennzeichnet von:

- makroskopisch glatten Abtragungszonen mit metallisch glänzendem Aussehen (hohes Reflexionsvermögen) in unangegriffenen Nachbarbereichen mit erkennbaren Deckschichten. Die Konturen sind weich. Bei hohen Strömungsgeschwindigkeiten können Furchen hervortreten (Abb. 10.27 [2]).
- Im mikroskopischen, insbesondere im rasterelektronenmikroskopischen Oberflächenbild, ist eine unregelmäßige zerklüftete Struktur mit Korrosionsvertiefungen in glatten Bereichen (Mikroelemente) sichtbar.
- Die strömungserodierten Partikel sind immer Korrosionsprodukte des abgetragenen Metalls, nie das Metall selbst.

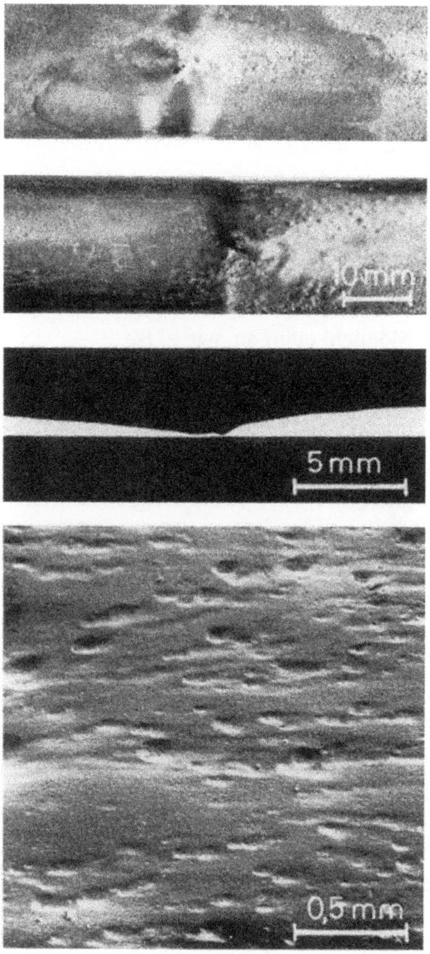

Abb. 10.27 Strömungsbeeinflusste Korrosion im Ringspalt der Umlenkbleche eines ND-Vorwärmers (Rohrwerkstoff: St 35.8)

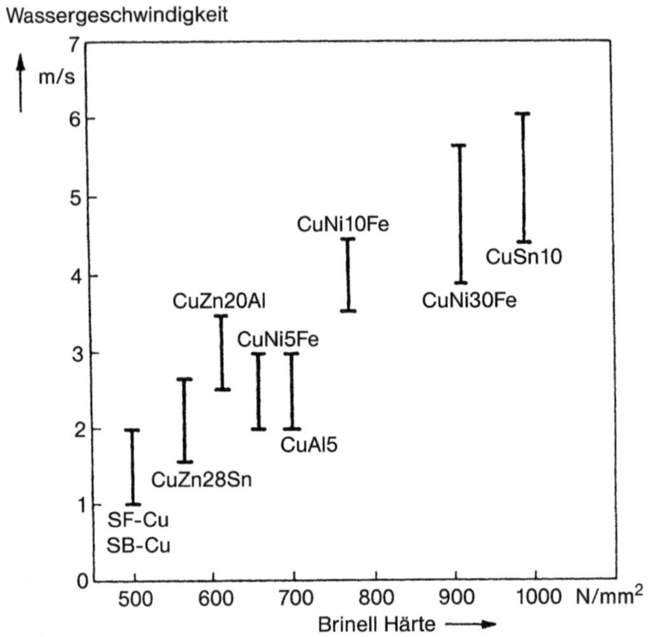

Abb. 10.28 Maximal zulässige Wassergeschwindigkeit für verschiedene Rohrwerkstoffe (nach Sick (10)

Zur Vermeidung strömungsbeeinflusster Korrosion bieten sich je nach Schwerpunkt der Schadensursachen verschiedene Möglichkeiten an, wie z. B.:

- Auswahl eines beständigen Werkstoffes (Abb. 10.28 [10])
- Herabsetzung der Korrosionsgeschwindigkeit durch mediumseitige Verbesserungen (z. B. im pH-Wert, Sauerstoffgehalt, durch kathodischen Schutz usw.)
- Herabsetzung der Strömungsgeschwindigkeit und/oder Einstellung einer günstigeren Strömungsgeometrie (weniger Turbulenz) durch Konstruktionsänderungen

10.3.2
Flüssigkeitsaufprallerosion, Tropfenschlag

Flüssigkeitsaufprallerosion, z. B. Tropenschlag, ist ein Materialabtrag von festen Oberflächen, den der Aufprall von Flüssigkeitstropfen aus einer Gasströmung oder eines Flüssigkeitsfreistrahles auslöst (zweiphasige Erosionskorrosion, Abb. 10.29).

An der Auftreffstelle verursacht der große Flächendruck, je nach Duktilität des Materials, entweder plastische Verformungen mit Kraterbildung und nachfolgender Ermüdungsphase oder, bei harten, weniger risszähen Materialien, Risse ohne erkennbare Verformung.

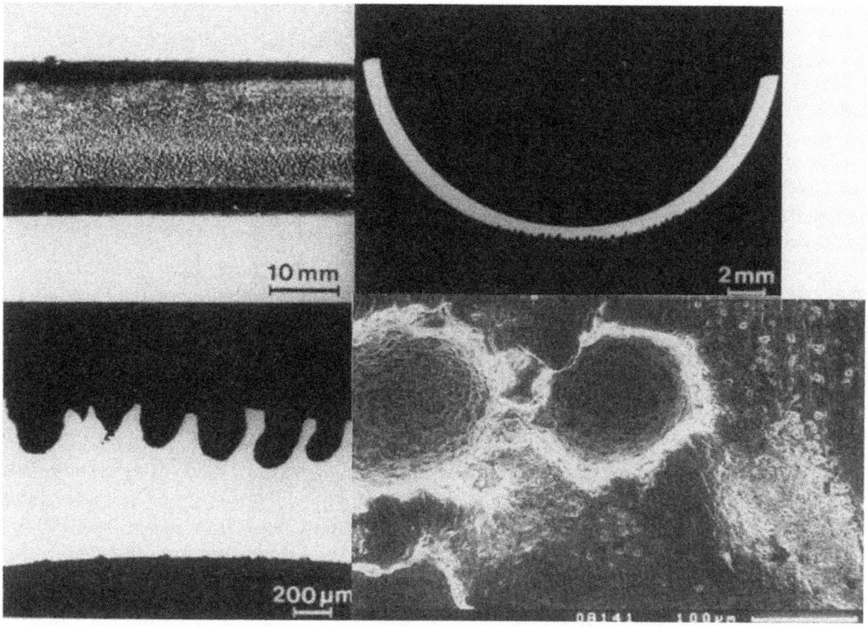

Abb. 10.29 Flüssigkeitsaufprallerosion an einem Kondensatorrohr aus dem Werkstoff CuZn28Sn.

Nachfolgende Flüssigkeitstropfen vertiefen bzw. erweitern diese Risse unter Druckschwellbeanspruchung. Der eigentliche Materialabtrag folgt aus der Vereinigung mehrerer derartiger Risse zu Ausbrüchen.

Flüssigkeitsaufprallerosion hängt ab von:

- der Übertragung der kinetischen Energie der Flüssigkeit auf die Materialoberfläche (z. B. Tropfenmasse, Relativgeschwindigkeit)
- der Duktilität des Werkstoffes unter Druck und Druckschwellbeanspruchung

10.4 Kavitationskorrosion

Werkstoffzerstörung durch Kavitation tritt in der Technik im System Werkstoff/Flüssigkeit auf, z. B. an Schiffsschrauben, Wasserturbinen, Hydraulikanlagen, Pumpen, Ventilen, Gleitlagern und auf der Wasserseite von Dieselzylindern [11]. Der Begriff Kavitation (lat.: cavus = Höhle) beschreibt das Phänomen der Blasenbildung weit unterhalb der Siedetemperatur. Wird in einer Flüssigkeit lokal ihr Dampfdruck oder der Partialdruck in ihr gelöster Gase durch Schwingungen („Schwingungskavitation") oder durch Strömungen („Strömungskavitation") unterschritten, so kommt es in Abhängigkeit vom Medium zur Ausbildung von teilweise dampf- oder gasgefüllten Blasen (Abb. 10.30 [12]).

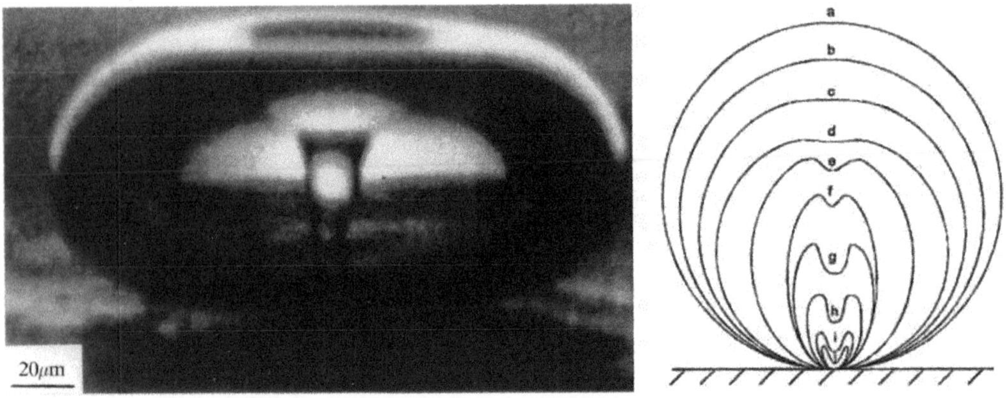

Abb. 10.30 Laserinduzierte Einzelblase nach Suslick [12].

Kehren sich die Druckverhältnisse um, so stürzen die Blasen in sich zusammen. Im Fluidraum verläuft diese Implosion im Idealfall konzentrisch unter Aussendung von Schwingungen, die in der Technik unerwünschten Lärm verursachen. Durch Einwirken zusätzlicher Effekte, z. B. durch in der Nähe befindliche andere Kavitationsblasen werden vielfältige Blasendeformations- und -pulsationserscheinungen hervorgerufen.

Bei Behinderung der Rückströmung, etwa in der Nähe einer Festkörperoberfläche, erfolgt die Implosion nicht kugelsymmetrisch, sondern unter Aussendung eines sogenannten Mikrojets in Richtung der Festkörperoberfläche. Zahlreiche theoretische und praktische Arbeiten zur Kavitationsblasendynamik belegen das hohe Energieniveau, auf dem diese Vorgänge ablaufen: Drücke bis zu 10^5 bar für Stoßwellenfronten und Geschwindigkeiten bis zu 1000 m/s für Mikrojets mit Durchmessern von einigen μm.

Heute wird nach den Mechanismen des Werkstoffabtrags unterschieden: Bewirkt die Kavitationsbeaufschlagung einen beschleunigten Abtrag der Passivschichten und ist die Reaktionsgeschwindigkeit des Nachwachsens dieser Passivschichten der geschwindigkeitsbestimmende Schritt, so nennt man den dadurch hervorgerufenen Werkstoffverlust Kavitationskorrosion. Beruht der Materialverlust auf Ermüdungsvorgängen in den Oberflächenbereichen des Werkstoffs selbst, so nennt man dies Kavitationserosion.

10.4.1
Schadensbeispiele

Zylinder-Laufbuchse Die in Abbildung 10.31 gezeigte Laufbuchse eines 6-Zylinder Lkw-Reihen-Motors war die letzte in Strömungsrichtung der Kühlflüssigkeit. Dort ist die Erwärmung des Kühlmediums am höchsten und nach Umströmen des Zylinders bildet sich entlang der Scheitellinie der relativ geringste hydraulische Druck aus. Die

Abb. 10.31 Zylinderbuchse mit Kavitation.

Bildung von Blasen und ihre Implosion werden durch Vibration der Zylinderwand infolge der innenseitig stattfindenden Kraftstoffzündungen verursacht.

Diese Kavitationsblasen zerstören die Magnetit-Deckschicht, die sich sehr schnell neu bildet, wieder abgetragen wird usw., so dass es zu der gezeigten Mulden- und Lochkorrosion bis zur Perforation und zum Durchbläser bzw. zum Eindringen von Wasser in den Verbrennungsraum während der Stillstandszeiten kommt.

Ventilstutzen Das durch ein halb geöffnetes Ventil strömende Heißwasser bildete an der Klappenkante einen Blasenschleier. Die Blasen implodierten mit hoher Intensität beim Überströmen des Gewindes und trugen ständig die schützende Magnetitschicht ab (Abb. 10.32). Mikroskopisch ist die Kavitationskorrosion an den wie überätzt aussehenden Gefügestrukturen zu erkennen (Abb. 10.33). Durch Kavitationserosion hervorgerufene Zerstörungen würden in den Zerklüftungen starke mechanische Verformungen und zahlreiche Risse zeigen.

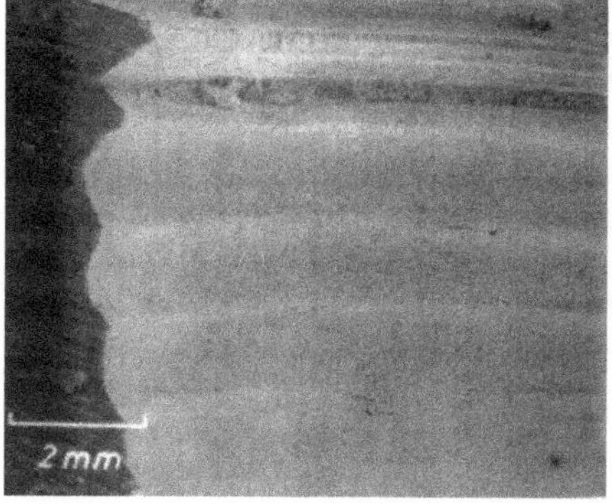

Abb. 10.32 Kavitationskorrosion an einem Ventilstutzen, Gewindeübergang.

Abb. 10.33 Gewindeübergang, Detail der Oberfläche aus Abb. 10.32.

10.5 Reibkorrosion

Reibkorrosion (Reiboxidation, Tribokorrosion, tribochemische Reaktion) ist einer der vier Haupt-Verschleißmechanismen, die erstmalig 1979 in der DIN 50320 (heute Arbeitsblatt 7 der Gesellschaft für Tribologie) definiert wurden. Bei kraft- oder formschlüssig verbundenen Maschinenbauteilen wird auch der Begriff „Passungsrost" verwendet. Auf die tribologischen Aspekte wird in Kapitel 13 („Verschleiß") näher eingegangen.

Die Oberfläche metallischer Körper wird von Grenzschichten gebildet, die im Normalfall einen unmittelbaren Metallkontakt verhindern. Man unterscheidet zwischen zwei äußeren Grenzschichten, die auf der beim Fertigungsprozess urgeformten Oberfläche (Guss) oder beim Bearbeiten (Zerspanen, Schleifen) neu geschaffener Oberfläche aufbauen. Die innere Grenzschicht besteht aus stabilen chemischen Verbindungen der Legierungselemente des Bauteils mit seiner Umgebung oder wird durch die Fertigung zusätzlich stabilisiert (ELOXAL). Darauf befindet sich die äußere Grenzschicht, die durch Absorptions- und Desorptionsvorgänge gebildet wird und sich mit wechselnden Umgebungsbedingungen durchaus verändern kann. Tribologische Beanspruchungen können diese primären Grenzschichten zerstören und führen in sauerstoffhaltiger Atmosphäre zu einer beschleunigten Neubildung, die man Reiboxidation nennt.

Meist sind die Reiboxide inselförmig ausgebildet (Abb. 10.34 „R"). Infolge von Flächenpressungen und Schubspannungen, die bei der tribologischen Beanspruchung wirken, werden die Reiboxide partikel- oder flächenförmig abgetragen, so dass die metallische Oberfläche zum Vorschein kommen kann (Abb. 10.34 „O").

Da diese Bereiche tiefer liegen und nur die erhabenen Reiboxidflecken mit dem Gegenkörper in Kontakt kommen, nehmen sie eine Weile am tribologischen Prozess nicht teil und werden erst dann wieder aktiviert, wenn die benachbarten Reiboxidflecken abgetragen wurden.

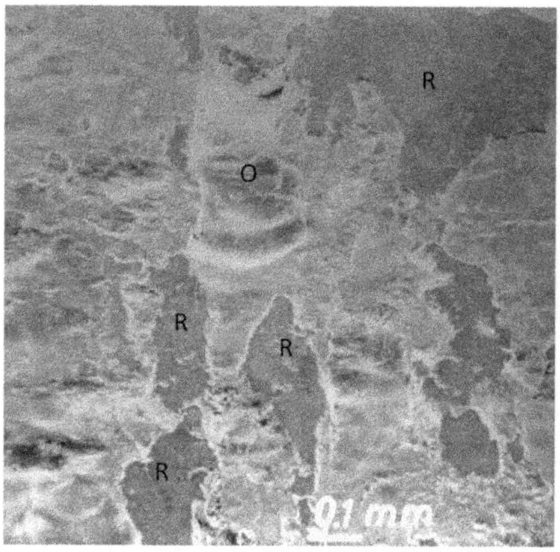

Abb. 10.34 Reiboxidflecken auf einem Baustahl.

Gut passivierende Werkstoffe bilden besonders intensiv Reiboxid-Deckschichten (Abb. 10.35a), denen man selbst bei hohen Vergrößerungen im REM nicht ansieht, dass es sich gar nicht um die metallische Oberfläche handelt. Infolge der zeitverzögerten Nachoxidation der überstöchiometrisch im Reiboxid vorhandenen Metallionen und der damit einhergehenden Volumenzunahme der Schicht kommt es zur Beulenbildung mit gelegentlichen Abplatzungen, so dass die angegriffene Metalloberfläche und der Aufbau der Reiboxidschicht sichtbar wird, die aus Chromspinellen besteht (Abb. 10.35b).

Reibkorrosion kann die zyklische Beanspruchbarkeit metallischer Bauteile auf weniger als 10 % der ursprünglich dauerfest ertragenen Belastungsgrenze absenken. Dieser Zusammenhang wird mit „Fretting Fatigue" bezeichnet [13]. Dafür ist einerseits die mit der Aufrauhung der Oberfläche ansteigende Kerbspannung verantwortlich, andererseits vor allem aber die Werkstoffermüdung, die auf der metallischen Seite der Prozesszone bereits stattgefunden hat und so das System aus der Dauerfestigkeit in die Zeitfestigkeit bringt. Verantwortlich für die Werkstoffermüdung sind wiederkehrende kleine, sich aber aufsummierende plastische Verformungen, hervorgerufen von hohen Flächenpressungen in Mikrobereichen durch hoch verfestigte Verschleißpartikel und vor allem durch Reiboxide. Daher sind in besonderem Maße auch passivierende Werkstoffe betroffen, die ihre Passivschicht meist durch hoch sauerstoffaffine Elemente bilden. Wird diese sehr dünne Passivschicht tribologisch immer wieder zerstört, so bildet sie sich besonders schnell nach, so dass sich sehr dicke Reiboxidschichten bilden können, die aus zusammengepressten, meist scharfkantigen keramischen Partikeln bestehen. Bei weiterer tribologischer Beanspruchung führen diese zur Aufrauung der Grenzfläche und zur intensiven Ermüdung dünner Randzonen der metallischen Oberfläche.

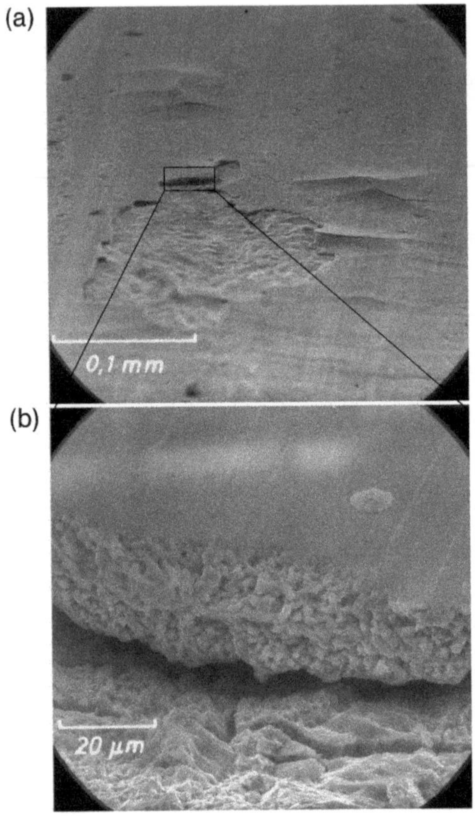

Abb. 10.35 Reiboxidschicht auf einer Warmwalzwerks-Seitenführung aus X6CrNi18-10. a) Acht Tage gelagerte Probe mit Beulen und Abplatzungen, b) Detail: Bruchkante der Reiboxidschicht.

10.6 Schlussbemerkung

Das Zusammenwirken von mechanischen und korrosiven Einflüssen ist in beliebig vielen Kombinationen möglich, auch treten die Schadensbilder nicht immer in reiner Form auf, was die Erkennbarkeit zusätzlich erschwert. Dennoch ist es notwendig, den schadensverursachenden Mechanismus zu erkennen. Nur so hat man den Schlüssel zur Abhilfe in der Hand.

Literatur

1 Pohl, M., Kühn, S. Spannungsrisskorrosion hochfester Stähle. *MP Materials Testing*, Vol. **52**, 1–2/2010, S. 52–56.

2 Hickling, J. (1983) Korrosionsschäden bei zusätzlicher mechanischer Beanspruchung, in: G. Lange (Hrsg.), Systematische Beurteilung technischer Schadensfälle, DGM Informationsgesellschaft, Oberursel, S. 291–321.

3 Heselmans, J.J., van Duin, J.E.H. (2001) Stress corrosion cracking of stainless steels in swimming pools. *Stainless Steel World*, S. 21–23.

4 Bäumel, A. (1967) Das Korrosionsverhalten 13%-iger Chromstähle. *Werkstoffe und Korrosion*, S. 289–302.

5 Pohl, M., Luithle, A. (2007) Mechanismen der flüssigmetallinduzierten Spannungsrisskorrosion. VDI-Berichte, Nr.1985 S. 131–137.

6 VDI-Richtlinie 3822 Schadensanalyse, (2008) Blatt 1.6 Flüssigmetallinduzierte Rissbildung beim Stückverzinken, Beuth-Verlag, Berlin.

7 Kuron, D. (2000) Wasserstoff und Korrosion, Verlag Irene Kuron, Bonn.

8 Trojano, R. (1960) The Role of Hydrogen and other Interstitials in the mechanical Behaviour of Metals. *ASM*, 52.

9 Hirth, J.P. (1980) Effects of hydrogen on the properties of iron and steel. *Metallurgical and Material Transactions A*, **11**A, S. 861–890.

10 Sick, H. (1972) Die Erosionsbeständigkeit von Kupfer gegenüber strömendem Wasser. *Werkstoffe und Korrosion*, Vol. **23** Iss. 1, S. 12–18.

11 Pohl, M. (1996) Kavitationserosion. *Prakt. Metallogr.*, **33**, Nr. 4, S. 168–187.

12 Suslick, K.S. (1989) Die chemischen Wirkungen von Ultraschall. *Spektrum der Wissenschaft*, **4**, S. 60–66.

13 Pohl, M. (2011) Fretting Fatigue. *Sonderbände der Prakt. Metallogr.*, **43**, S. 9–16.

11 Schäden durch Wasserstoff

Günter Lange

11.1 Vorbemerkung

Wasserstoffbedingte Schäden beobachtet man in erster Linie an Bauteilen aus ferritischen bzw. martensitischen Stählen. Die Sensibilität einiger anderer Werkstoffe behandelt ein kurzer Überblick in Abschnitt 11.6.

Der Wasserstoff kann bei unterschiedlichen Anlässen in den Stahl eindringen: beim Erschmelzen, Schweißen, Galvanisieren oder Beizen, beim Kontakt mit Druckwasserstoff, wasserstoffhaltigen (Schutz-)Gasen oder Flüssigkeiten. Als weitere Quelle erweist sich häufig die kathodische Teilreaktion von Korrosionsprozessen, wenn der dort erzeugte atomare Wasserstoff durch Rekombinationsgifte am Übergang in den molekularen Zustand gehindert wird. Zu ihnen zählen u. a. Schwefelwasserstoff, Kohlenmonoxid, Cyanwasserstoffsäure, Thiocyanwasserstoffsäure sowie Hydride der Elemente Phosphor, Arsen, Antimon, Wismut, Selen oder Tellur, vgl. z. B. [1].

Die vielfältigen, vom Wasserstoff bewirkten Effekte beruhen im Wesentlichen auf seiner hohen Diffusionsgeschwindigkeit und seiner Fähigkeit, drei verschiedene Modifikationen im Eisengitter anzunehmen. Bei Temperaturen zwischen 200 und 500 °C vermag der Wasserstoff darüber hinaus, Eisenkarbid zu Methan umzusetzen.

11.2 Atomarer und molekularer Wasserstoff

11.2.1 Thermodynamische Gleichgewichte

Infolge seines geringen Durchmessers – Wasserstoff kann im Gitter als „abgeschirmtes" Proton aufgefasst werden – übertrifft der gemessene, effektive Diffusionskoeffizient mit ca. 10^{-7} cm^2/s den des Kohlenstoffs um rund zehn Größenordnungen (α-Eisen bei Raumtemperatur). Beseitigt man die diffusionshemmenden inneren

Systematische Beurteilung technischer Schadensfälle, 6. Auflage 2014. Editiert durch G. Lange und M. Pohl

Fehlstellen, so steigt der Koeffizient auf Werte zwischen 10^{-4} und 10^{-5} cm²/s an. Die hohe Beweglichkeit befähigt den Wasserstoff, sich relativ rasch in energetisch günstigen Lagen anzureichern, beispielsweise in elastisch aufgeweiteten Gitterbezirken. Hierzu zählen in erster Linie die Gebiete dreiachsigen Zugspannungszustandes vor Kerb- und Rissspitzen. Stähle mit hoher Streckgrenze und der damit verbundenen beträchtlichen elastischen Gitterdehnung erweisen sich aus diesem Grunde als besonders anfällig.

Die drei Modifikationen des Wasserstoffs – atomar im Gitter gelöst, atomar in Fallen gefangen und molekular in inneren Hohlräumen ausgeschieden – streben untereinander und mit der äußeren Umgebung thermodynamische Gleichgewichte an (Abb. 11.1).

Die Beziehung zwischen *atomar gelöstem* und von außen molekular angebotenem Wasserstoff wird in guter Näherung durch das Sievertssche $\sqrt{p}$-Gesetz beschrieben: Die im Gitter gelöste Menge verhält sich proportional zur Wurzel des Beladungsdruckes (Sonderfall des Massenwirkungsgesetzes). Sie steigt exponentiell mit der Temperatur (s. Anhang am Endes des Kapitels). Man beachte, dass in dieser Arrhenius-Beziehung die Aktivierungsenergie Q mit wachsender Gitterdehnung abnimmt und damit die gelöste Menge ansteigt. Für Gasgemische gilt der Partialdruck.

Die Versprödung des Stahles wird ausschließlich durch den atomar im Gitter gelösten Wasserstoff bewirkt. Der übliche mikroduktile Gleitbruch schlägt dabei

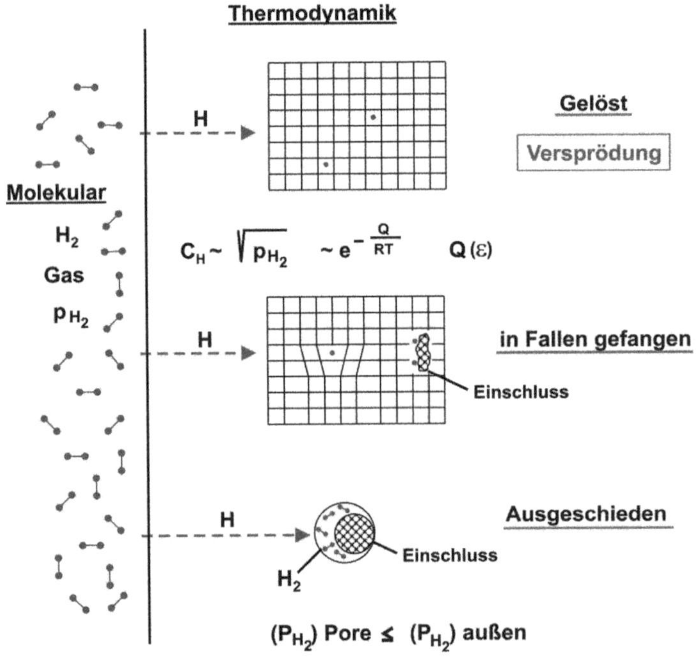

Abb. 11.1 Thermodynamische Gleichgewichte zwischen äußerem Wasserstoffgas und den drei Wasserstoff-Modifikationen im Eisen.

im Temperaturbereich zwischen etwa –70 °C und +140 °C unter stark reduzierter Brucheinschnürung in den wasserstoffspezifischen Spaltbruch um; Zugfestigkeit und Streckgrenze vermindern sich nur geringfügig. Eigene Versuche haben gezeigt, dass die wasserstoffreduzierte Spaltfestigkeit gegenüber der rein mechanischen um 5–10 % abfällt. Vereinfachend führt man die Versprödung auf verminderte Kohäsionskräfte zwischen den Eisenatomen des aufgeweiteten Gitters durch zwischengeschobene Wasserstoffatome zurück. (Komplexe metallphysikalische Theorien erweisen sich für die Diskussion technischer Schadensfälle meist als wenig hilfreich.)

Als Fallen (traps) für den *atomar gefangenen* Wasserstoff kommen insbesondere Grenzflächen von Einschlüssen sowie Verzerrungsfelder um Versetzungen und Leerstellen (nicht in Leerstellen!) in Betracht. Der „getrappte" Wasserstoffanteil gehorcht ebenfalls dem $\sqrt{p}$-Gesetz. Er hängt in starkem Maße von der Stahlsorte und vom Gefügezustand ab. Bei Raumtemperatur kann dieser Anteil einen erheblichen Prozentsatz der aufgenommenen Gesamtmenge erreichen: Beladungsversuche von Wollschläger und Vibrans [2] zeigen, dass vergütete Stähle vom Typ 34CrMo4 und 34CrNiMo6 praktisch den gesamten Wasserstoff in Fallen abspeichern. Ihre Anzahl steigt durch Kaltverformung und sinkt beim Normalglühen.

Der in inneren Hohlräumen (Poren) *molekular ausgeschiedene* Wasserstoff versprödet – ebenso wie der getrappte – den Stahl nicht. In handelsüblichen Stählen kommen als Hohlräume im Wesentlichen die Spalte zwischen Einschlüssen (z. B. Mangansulfiden) und Matrix in Betracht. Selbst in Reinsteisen beobachtet man zwischen gemessener Dichte und Röntgendichte (7,8750 g/cm^3) eine Differenz, der ein Porenvolumen von rund 0,1 % entspricht und die sich nicht mit Versetzungen und Leerstellen deuten lässt. Exakt diese Porosität benötigt man, um die bei unterschiedlichen Beladungsdrucken und -temperaturen aufgenommenen Wasserstoffmengen als Summe des atomaren und des molekularen Anteils zu erklären, vgl. z. B. [3, 4]. In sulfidhaltigem Stahl 9SMn28 kann der molekulare Anteil bis auf 50 % des Gesamtgehaltes ansteigen (kaltgezogener Werkstoff, 500 bar Beladungsdruck [2]). Für die Eisenmatrix bleibt es – thermodynamisch – völlig unerheblich, ob der gasförmige Wasserstoff von einer inneren Pore (vergleichbar einer Gasflasche) oder an der Probenoberfläche von der Umgebung offeriert wird. Aus diesem Grund kann bei einem äußeren Wasserstoffangebot in inneren Hohlräumen höchstens der Außendruck aufgebaut werden, konstante Temperatur vorausgesetzt.

Auch der Druckanstieg durch Umverteilung bei der Abkühlung nach Gasaufnahme bei höheren Temperaturen wird häufig überschätzt, wie nachfolgendes Zahlenbeispiel demonstriert: Sättigt man Reineisen mit 0,1 % Porenvolumen (0,0127 cm^3/100 g) bei 500 °C mit Druckwasserstoff von 10,13 MPa (100 atm), so nimmt das Gitter 7,12 Ncm^3 Wasserstoff pro 100 Gramm Eisen auf, in den Poren sammeln sich zusätzlich 0,44 Ncm^3 an (1 Ncm^3 H/100 g Fe = 0,90 Gew.-ppm). Nach Abschrecken auf 20 °C wäre ein äußerer Wasserstoffdruck bzw. Poren-Innendruck von 1,92 GPa (1,9 · 10^4 atm) erforderlich, um die Konzentration von 7,12 Ncm^3/100 g im Gitter gelöst zu halten. Der Druck in den Poren ist durch die

Abkühlung auf 3,84 MPa (37,9 atm) abgefallen; diesem Wert entspricht eine Gleichgewichts-Gitterkonzentration von 0,003 $Ncm^3/100$ g. Der Wasserstoff diffundiert nun so lange in die Hohlräume, bis der dort ansteigende Druck mit der abnehmenden Menge im Gitter ins Gleichgewicht gelangt. Es stellt sich im gewählten Beispiel bei rund 111 MPa (111 N/mm^2 = 1095 atm) Poren-Innendruck und 0,02 $Ncm^3/100$ g gelösten Gases ein. Damit hat sich praktisch der gesamte Wasserstoff (99,74 %) in den Hohlräumen ausgeschieden. Zusätzliche Fallen für atomaren Wasserstoff füllen sich im Wesentlichen auf Kosten der Poren.

In der Literatur findet man gelegentlich extrem hohe Werte für den Wasserstoffdruck in inneren Hohlräumen. Dabei ist häufig versäumt worden, den Wasserstoff als reales Gas zu behandeln. Bei Raumtemperatur beginnt sich das Eigenvolumen der Moleküle ab etwa 10 MPa spürbar gegenüber dem idealen Gas bemerkbar zu machen (Minderung des Ausscheidungsdruckes um ca. 6 % bei 20 °C und 10 MPa, um ca. 66 % bei 20 °C und 100 MPa idealem Gasdruck). Die sogenannte „Sprengdruckhypothese", d. h. die Zerstörung des Werkstoffes durch inneren Gasdruck, kann in diesem Zusammenhang als überholt betrachtet werden.

Völlig andere Verhältnisse herrschen dagegen, wenn der Wasserstoff an der Materialoberfläche *atomar* angeboten wird, beispielsweise bei elektrolytischer Beladung oder bei Korrosionsprozessen. Atome des Wasserstoffs nimmt Eisen in nahezu unbegrenzter Menge auf. An inneren Fehlstellen rekombiniert, kann das Gas niederfeste Stähle aufreißen. Bekannte Beispiele bilden Beizblasen und HICs (s. Abschnitt 11.3.3). Die nachfolgend erläuterte Oxidschicht sperrt bei atomarem Angebot nicht.

11.2.2 **Kinetik**

Aus kinetischen Gründen stellen sich die beschriebenen Gleichgewichte häufig nur unvollständig oder gar nicht ein. Insbesondere behindert eine Oxidschicht, die sich unterhalb von etwa 200 °C auf Stahloberflächen zu bilden beginnt, die komplexe Reaktionsfolge von Adsorption, Dissoziation und Absorption beim Übergang vom molekularen in den gelösten Zustand des Wasserstoffs. Bei Raumtemperatur wird die Aufnahme aus *molekularem* Gas weitgehend unterbunden (vgl. Abb. 11.2).

Eine Reihe von Fakten und Experimenten bestätigen diesen Zusammenhang: Infolge des Oxidfilms lässt sich Wasserstoff in Stahlflaschen aufbewahren; bei uneingeschränkter Gültigkeit der thermodynamischen Gesetze müssten sie leerlaufen. Tatsächlich werden die Wandungen durchlässig, wenn man Keramikscherben in stählerne Druckgefäße füllt und sie schüttelt oder die Oxidschicht durch pyrophores Eisen wegreagiert [5]. Voraussetzung ist hochreines Wasserstoffgas, da schon wenige ppm Sauerstoff die neu geschaffenen Oberflächen sofort bedecken und den Effekt unterdrücken. Auf dem gleichen Prinzip beruht die Versprödung von Stählen im langsamen Zugversuch unter Reinstwasserstoff, wobei die plastische Verformung neue Oberflächen generiert. Ihr wird darüber hinaus ein beschleunigter Wasserstofftransport durch die bewegten Versetzungen zuge-

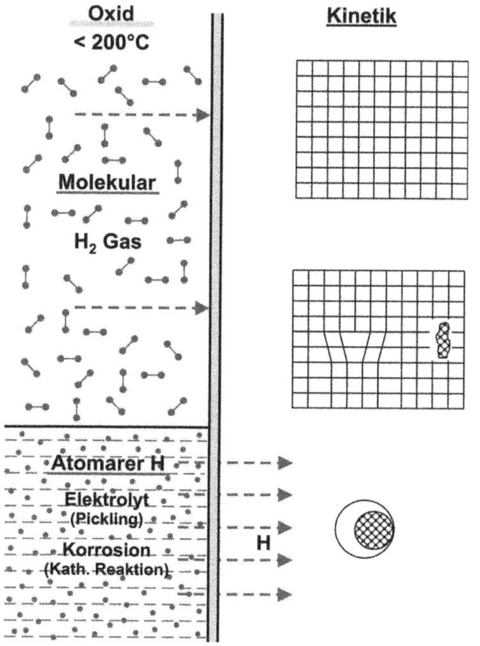

Abb. 11.2 Weitgehende Unterdrückung der Wasserstoffaufnahme bei molekularem Angebot durch Oxidschicht unterhalb von 200 °C. Keine Sperrwirkung bei atomarem Angebot.

schrieben. Der Berstversuch oder Beultest (Disc Pressure Test), d. h. das langsame Aufblasen einer am Umfang fest eingespannten Blechscheibe durch Gasdruck, hat sich daher als geeignete Prüfung für die Wasserstoffempfindlichkeit von Metallen erwiesen. Als Versprödungskennzahl definiert man das relative Verhältnis der Berstdrücke unter Helium und unter Wasserstoff [6, 7], vgl. Abschnitt 11.6. (Der Versuch ist seit 1988 in Frankreich genormt unter E29-732, „Bouteilles pour le conditionnement d'hydrogène comprimé".)

11.2.3 Effusion

Lagert man ein mit Wasserstoff verseuchtes Bauteil in Umgebungsatmosphäre aus, so gibt es den Wasserstoff aufgrund des fehlenden Gegendruckes wieder ab (Abb. 11.3a); Vakuum ist nicht erforderlich! Die im Gitter gelösten Atome unternehmen den vergeblichen Versuch, den ihrer Konzentration entsprechenden Gleichgewichtsdruck außen aufzubauen. (Im Gegensatz zur Aufnahme verzögert die äußere Oxidschicht den Austritt nur geringfügig). Nachfolgend versuchen die als Speicher wirkenden Fallen und Poren, ihr gestörtes Gleichgewicht mit der absinkenden Gitterkonzentration zu korrigieren, d. h. sie geben ihren Wasserstoff sukzessiv an das Gitter ab. Der in den Poren enthaltene Wasserstoff kann dabei nicht als H_2-Molekül durch das Gitter diffundieren (!), sondern dissoziiert zunächst in Atome. Die dafür erforderliche Energie wird der Umgebung entzogen (theoretisch kühlt der Stahl geringfügig ab). Damit effundiert der gesamte im Bauteil enthaltene Wasserstoff (sofern man von Hohlräumen mit oxidierten Wandungen sowie von Hydriden absieht). Ungeachtet dessen verstehen verschiedene Autoren unter dem Begriff „diffusibler Wasserstoff" nur die im Gleichge-

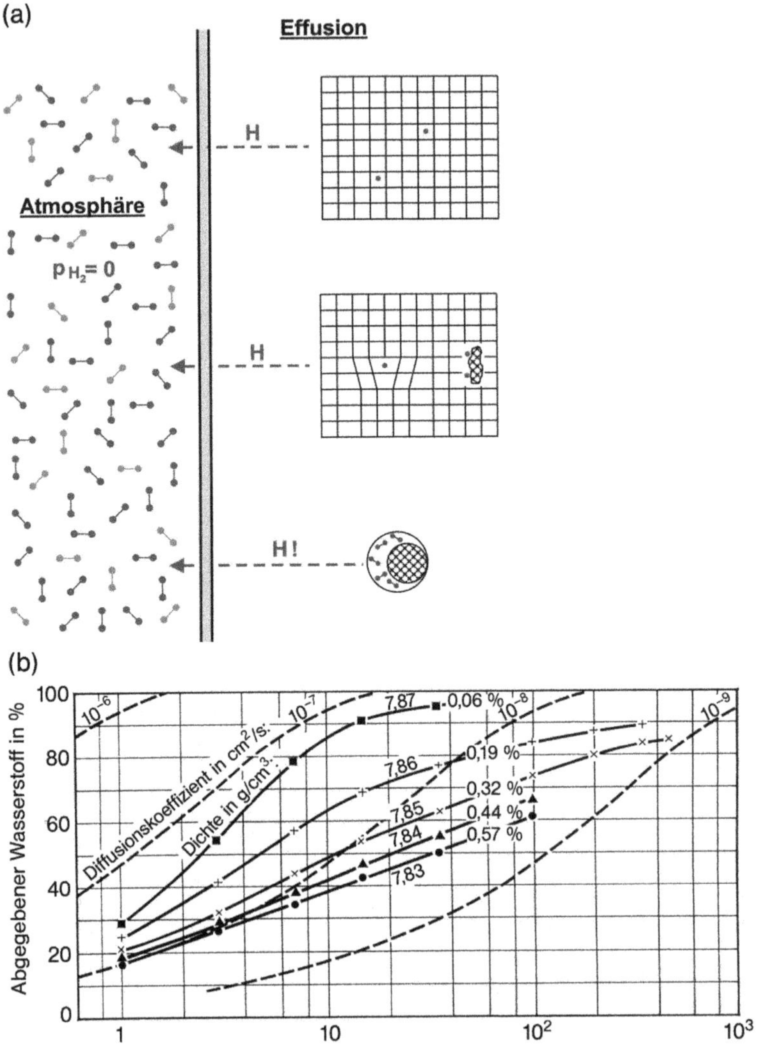

Abb. 11.3 a) Vollständige Effusion aller drei Wasserstoff-Modifikationen bei fehlendem äußeren Angebot (unerhebliche Verzögerung durch Oxidschicht). b) Wasserstoffabgabe gesättigten Reineisens (500 °C, 100 bar) bei Raumtemperatur. Zylindrische Proben (10 mm Durchmesser, 15 mm Höhe) unterschiedlicher Porosität (Einschnürungszonen von Zugproben). Gestrichelt: Lösungen des Fickschen Gesetzes für konstante Diffusionskoeffizienten.

wicht im Gitter gelöste Menge [2], die aktuell im Gitter gelöste Menge oder – völlig willkürlich – die nach einer bestimmten Auslagerungsprozedur ausgetriebene Menge (DIN 8572: 48 h bei 45 °C).

Die Dauer des Entleerungsprozesses lässt sich nur schwer berechnen, da sie u. a. vom Gefüge, von der Porosität und der chemischen Zusammensetzung des Stahles sowie von der Geometrie des Bauteiles stark beeinflusst wird. Hinzu kommt, dass der Diffusionskoeffizient bei instationären Prozessen (Beladung/Entgasung) wegen der verzögernden Wirkung der Fallen und Poren von der Konzentration abhängt. Sicherer ist eine Restgas-Bestimmung. Erfahrungsgemäß sinkt der Wasserstoffgehalt bei Raumtemperatur nach einigen Wochen unter die kritische Konzentration. Bei hoher Porosität (0,5 %) kann sich die Entgasung über mehr als ein Jahr hinziehen, wie eigene Messungen an Reinsteisen gezeigt haben, Abbildung 11.3b [8]. Die niedrige Effusionsgeschwindigkeit erklärt sich aus dem geringen im Gitter gelösten Anteil des Gesamtwasserstoffs (< 1 %), der allein für das Konzentrationsgefälle maßgeblich ist. Als wirkungsvoll hat sich die Warmextraktion erwiesen: Man wählt die höchstmögliche gefügeverträgliche Temperatur (exponentieller Einfluss; Zeit nur mit Wurzel). Solange ein Bauteil nicht belastet wird und keine nennenswerten Eigenspannungen enthält, verursachen selbst hohe Gehalte – des dann gleichverteilten – Wasserstoffs keine Schäden, auch nicht bei höchstfesten Stählen.

Für die Bestimmung des Wasserstoffgehaltes benutzt der Verfasser ein selbst entwickeltes Verfahren [8], bei dem die Probe in eine evakuierte Glasampulle eingeschmolzen und – je nach Probengröße – 10 bis 14 Tage bei 240 °C ausgelagert wird. Anschließend bricht man die Ampulle im Vakuumteil eines Gaschromatografen mechanisch auf, schleust den gesammelten Wasserstoff in einen Argonstrom ein und bestimmt seine Menge in einer geeichten Wärmeleitfähigkeits-Messzelle. Das Verfahren arbeitet überaus exakt: Hundertstel-Normkubikzentimeter werden zuverlässig analysiert. Die niedrige Auslagerungstemperatur von 240 °C – von Fricke [9] in zahlreichen Versuchsreihen abgesichert – verhindert eine messbare Aufspaltung des stets an der Probenoberfläche adsorbierten Wasserdampfes und damit einen zu hohen Befund. Die Glasampullen-Methode war ursprünglich für Langzeit-Effusionsmessungen bei Raumtemperatur entwickelt worden.

11.3 Schadensarten

Bekannte wasserstoffbedingte Schäden an Stählen sind Verzögerter Bruch (Delayed fracture), Wasserstoffinduzierte Spannungsrisskorrosion (Hydrogen-induced Stress Corrosion Cracking/H-ind. SCC), Fischaugen (Fish eyes), Flocken (Flakes), Beizblasen (Pickling blisters) und HICs (Hydrogen-induced Cracks). In den meisten Fällen hinterlässt der Wasserstoff auf der Bruchfläche signifikante Merkmale. Im Rastermikroskop findet man aufgefiederte Spaltflächen, klaffende Korngrenzen (ehemaliger Austenitkörner), freigelegte Kornflächen mit duktilen,

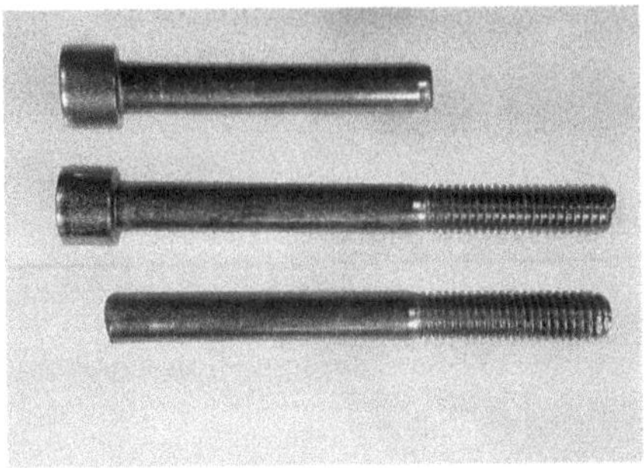

Abb. 11.4 Wasserstoffinduzierte Brüche an verzinkten Schrauben (12.9; M10).

verzweigten Graten (Krähenfüßen) und „Poren" als typische Topografieelemente, die sich im Einzelfall in verschiedenartigen Kombinationen anordnen. Die starke Aufgliederung der oft blattförmig gewölbten Spaltflächen resultiert bei vergüteten Stählen in erster Linie aus der unterschiedlichen Orientierung der Martensitnadeln innerhalb eines Austenitkornes. Hinzu kommt, dass der Wasserstoff ein gewisses Volumen verseucht und damit zahlreiche Bruchebenen latent zur Verfügung stehen. Dominiert dieser transkristalline Anteil, so spricht man gelegentlich vom Quasispaltbruch. Er tritt bevorzugt bis in den Zugfestigkeitsbereich von rund 1000 N/mm² auf. Mit zunehmender Festigkeit steigt die Tendenz zu interkristallinem Versagen. Aufgrund zahlloser eigener Untersuchungen geht der Verfasser davon aus, dass es sich bei den vielzitierten „Poren" um die Sitzschalen herausgefallener (kugelförmiger) Chromkarbide handelt (vgl. Abb. 11.5a, b sowie Abb. 11.53). In den Fischaugen chromfreier Stähle übernehmen durch den Schweißprozess kugelig eingeformte Mangansulfide diese Rolle (vgl. Abb. 11.14). Zur Veranschaulichung wasserstoffspezifischer Bruchtopografien sind zwei Beispiele aus Abschnitt 11.4 vorgezogen (Abb. 11.4 bis 11.8).

Die Identifizierung wasserstoffbedingter Schäden wird bei hochfesten Stählen gelegentlich erschwert, wenn diese Werkstoffe bereits rein mechanisch und nachweislich ohne Wasserstoff interkristallin versagen. Auch in diesem Fall findet man „Krähenfüße" und „Poren" als typische Topografiemerkmale des interkristallinen Bruches. Auf derartige Verwechselungsmöglichkeiten wird in Abschnitt 11.5 eingegangen.

11.3.1
Verzögerter Bruch und Wasserstoffinduzierte Spannungsrisskorrosion (H-ind. SCC)

Diese zwei Schadensarten haben durch den modernen Leichtbau und die damit verbundene Verwendung hochfester Stähle erneut an Bedeutung gewonnen, beispielsweise für Karosseriebleche im Automobilbau. Beide beruhen weitgehend auf denselben Mechanismen. Voraussetzung ist eine lokale elastische Aufweitung des Gitters, beispielsweise vor einer Kerb- oder Rissspitze mit entsprechendem dreiachsigem Zugspannungszustand (Abb. 11.9). Der Wasserstoff reichert sich in der aufgeweiteten Zone an (statistisch: längere Verweildauer), senkt die Kohäsionskräfte zwischen benachbarten Eisenatomen, spaltet das Gitter lokal auf und vereinigt den innen erzeugten Anriss mit dem Außenriss. Damit verlagert sich das Gebiet maximalen hydrostatischen Zugspannungszustandes vor die neugeschaffene Rissspitze. Der Wasserstoff diffundiert in diese Region nach (zeitabhängiger Vorgang) und verlängert den Riss. Der pilgerschrittartige Vorgang wiederholt sich fortlaufend, bis schließlich der gewaltsame Restbruch eintritt.

Der wesentliche Unterschied zwischen den beiden Schadensformen beruht in der Herkunft des Wasserstoffs: Der Verzögerte Bruch setzt ein zuvor verseuchtes Bauteil voraus, in dem der zunächst gleichverteilte Wasserstoff nach Anlegen einer Spannung aus dem „Hinterland" in die nunmehr aufgeweitete Zone z. B. vor

(a)

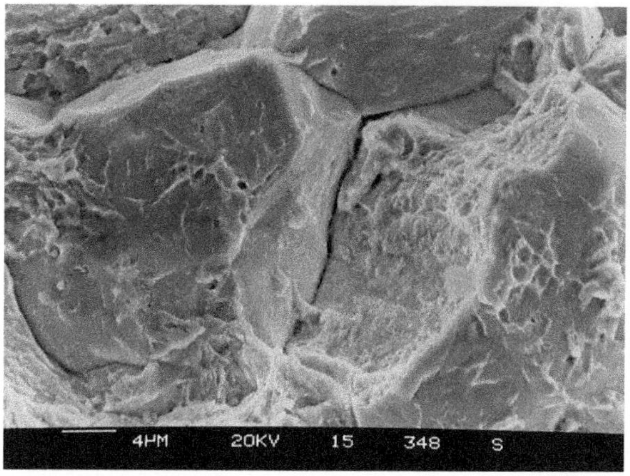

(b)

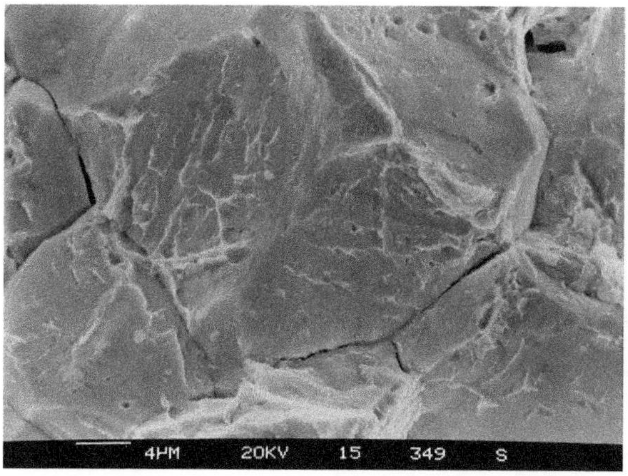

Abb. 11.5 Wasserstoffinduzierter Bruch, vorwiegend interkristallin. „Krähenfüße", haftende und herausgelöste Chromkarbide (weiße Kugeln). Untere Schraube in Abb. 11.4.

Kerben diffundiert. Bei der H-ind. SCC wird der Wasserstoff dagegen durch die kathodische Teilreaktion in der Nähe des „Tatorts" produziert. Ein vorausgehender Angriff durch Loch- oder Spaltkorrosion erzeugt häufig den prozesseinleitenden

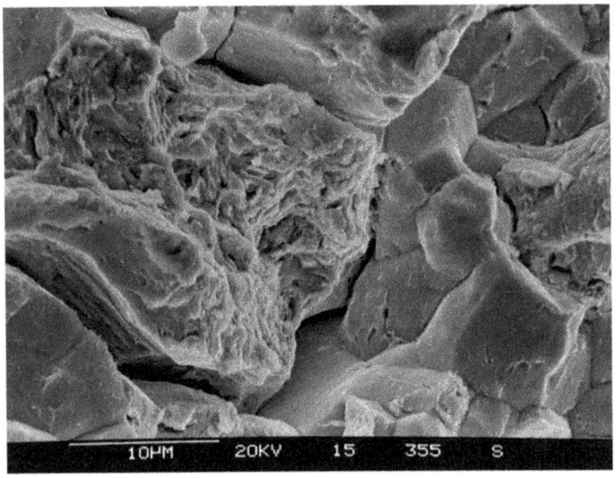

Abb. 11.6 Wasserstoffinduzierter Bruch, trans-und interkristalline Anteile. Untere Schraube in Abb. 11.4.

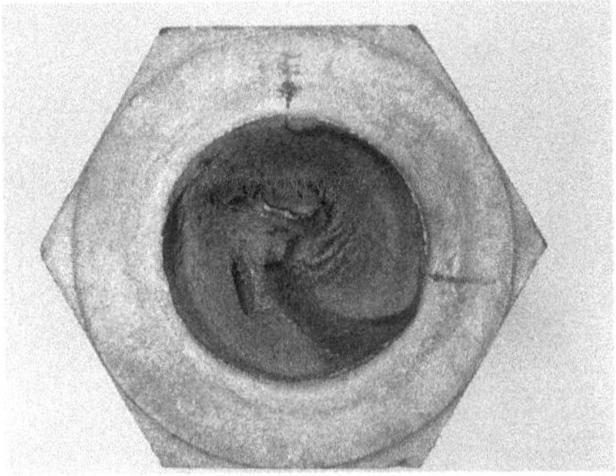

Abb. 11.7 Wasserstoffinduzierter Bruch; Kopf einer verzinkten Schraube (M30).

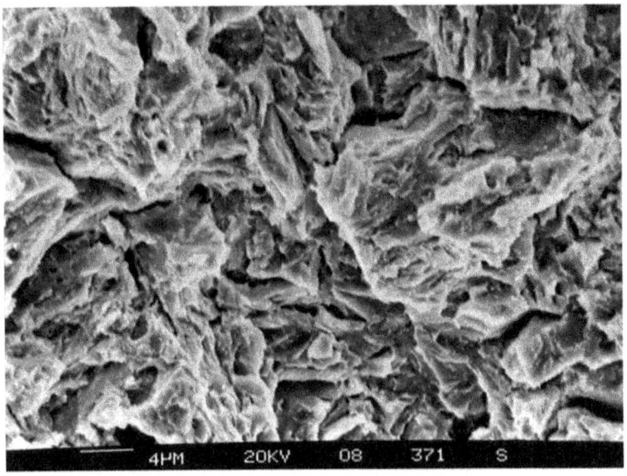

Abb. 11.8 Rastermikroskopische Aufnahme aus dem Randbereich der Bruchfläche in Abb. 11.7. Aufgesplitterter Spaltbruch, überwiegend transkristallin.

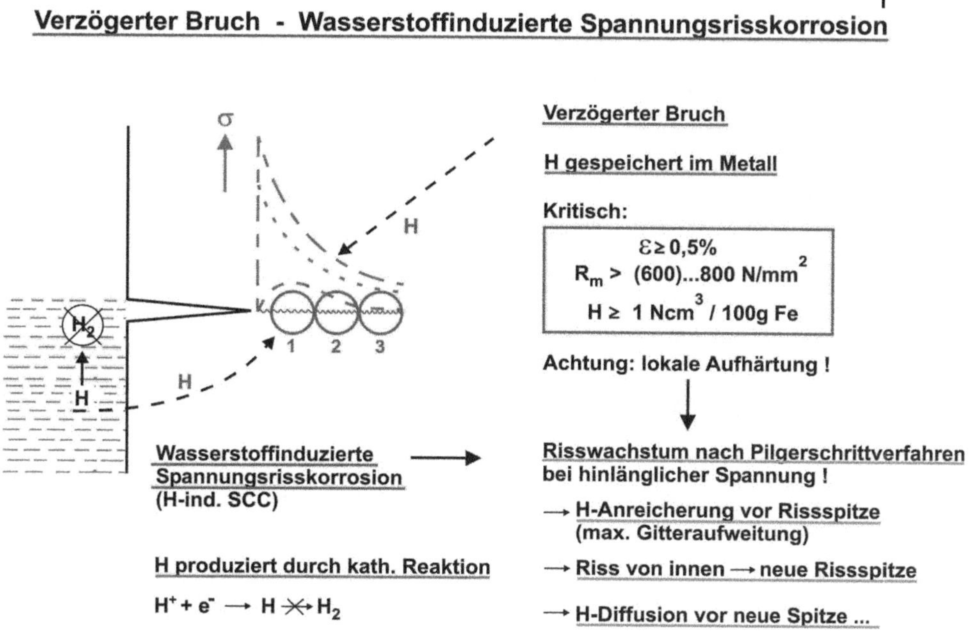

Abb. 11.9 Mechanismen des Verzögerten Bruches und der Wasserstoffinduzierten Spannungsrisskorrosion (schematische Darstellung).

Primärkerb, verbunden mit einer lokalen Aufkonzentration des Elektrolyten. Während man dem Verzögerten Bruch durch eine (Warm-) Auslagerung des Bauteiles vor seiner erstmaligen Belastung vorbeugen kann – erst dann beginnt der Wettlauf zwischen kritischer Aufkonzentration und Effusion – hilft gegen H-ind. SCC nur ein lebenslanger Korrosionsschutz oder ein niedriges Spannungsniveau.

Als Festigkeitsgrenze (R_m) für Wasserstoffempfindlichkeit wurden früher 1000 N/mm^2 angegeben, heute diskutiert man Werte um etwa 800 N/mm^2. Der Verfasser hat einen Schaden im kaltverformten Bereich eines T-Trägers mit einer Nenn-Zugfestigkeit (R_m) von 600 N/mm^2 nachgewiesen. Die Unschärfe dieser erfahrungsmäßigen Schranke überrascht nicht, da der Schadensmechanismus von der örtlichen Gitteraufweitung – d. h. von der tatsächlichen Belastung – und somit nur indirekt von der Zugfestigkeit des eingesetzten Stahles abhängt. Messungen von Kühn und Pohl [10] ergaben kritische Dehnungswerte von etwa 0,4 bis 0,5 % im engsten Querschnitt tiefgekerbter Stahlproben. Die dafür erforderliche lokale Spannung von rund 1000 N/mm^2 lässt sich bereits beim Kerbzugversuch eines Stahles mit 600 N/mm^2 Nenn-Zugfestigkeit realisieren. Mehrachsig zugbeanspruchte Konstruktionen können theoretisch bis an die Spaltbruchfestigkeit belastet werden. Gelegentlich treten wasserstoffbedingte Schäden auch an mittelfesten Stählen auf, die örtlich kaltverfestigt oder durch Schweißen aufgehärtet worden sind.

Unscharf ist ebenfalls die übliche Angabe der kritischen Wasserstoffkonzentration von 1 Ncm^3 H_2/100 g Fe (≈ 0,90 Gew.-ppm), da der Wert nur an einem

Abb. 11.10 Wasserstoffinduzierter, interkristalliner Anriss in einer Spannbügelprobe aus 100Cr6 nach 2-monatiger Lagerung in feuchter Luft (Raumtemperatur). Mikroduktiler Restbruch (am Bildrand).

massiven Probestück und nicht am Kerbgrund ermittelt werden kann. Für die örtliche Aufkonzentration wird ein Faktor von etwa Fünf diskutiert. Auch scheint der Mindestgehalt mit wachsender Festigkeit abzunehmen; martensitausgehärtete Stähle gelten als extrem anfällig. Aufschlussreich ist eine Restgasanalyse: Findet man einige Tage/Wochen nach dem Schadenseintritt mittels Warmextraktion noch etwa 0,2 oder mehr Ncm^3 H_2/100 g Fe, sollte man eine Mitwirkung des Gases in Betracht ziehen. (Die Zahlen dürfen nicht mit den 2 bis 5 Ncm^3 H_2/100 g Fe verwechselt werden, die der Stahlwerker mittels einer Sauglocke vor dem Abguss bestimmt.)

Lange Zeit galt als unsicher, ob auch (Leitungs-)Wasser H-induzierte Spannungsrisskorrosion auslösen kann. Häufig wurde eine Ansäuerung (pH-Wert-Absenkung) in Rissen und Spalten vorausgesetzt. Eigene Versuche an glatten Spannbügelproben aus Stahl 100Cr6, Zugfestigkeit > 2200 N/mm^2, ergaben nach 15-stündiger Lagerung Brüche mit wasserstofftypischer Topografie im Anrissbereich. Selbst in wasserdampfgesättigter Luft (Raumtemperatur) versagten diese Spannproben nach 2-monatiger Belastung (Abb. 11.10). Der jeweils mikroduktile Restbruch schloss ein generell interkristallines Versagen des Stahles aus.

11.3.2
Fischaugen und Flocken

Fischaugen können sich u. a. beim Schweißen bilden, wenn das Schmelzbad Wasserstoff aus ungenügend getrockneten Elektroden oder Pulvern, feuchter Atmosphäre, Schwitzwasser, Rost, Farbresten, Fett o. ä. aufnimmt. Infolge der sprunghaften Löslichkeitsabnahme bei der Erstarrung bildet der übersättigte Teil des Wasserstoffs Poren, in denen er molekular ausgeschieden ist. Nichtmetallische Einschlüsse dienen als Keime. Während und nach der Abkühlung diffundiert nahezu der gesamte noch im Gitter gelöste Wasserstoff ebenfalls in die Poren, um das abdriftende Gleichgewicht fortlaufend zu korrigieren (vgl. Rechenbeispiel in Abschnitt 11.2.1).

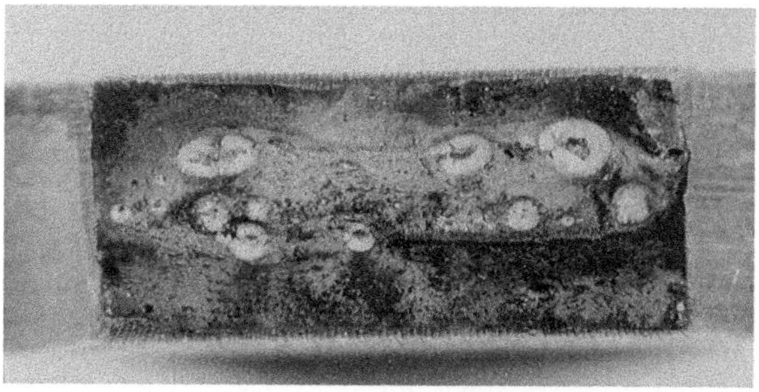

Abb. 11.11 Fischaugen auf der Bruchfläche einer Schweißnaht-Zugprobe (Breite 30 mm).

Bei einem nachfolgenden langsamen Zugversuch erhöht sich die Löslichkeit im Gitter infolge dessen elastischer Aufweitung: Die Poren dissoziieren Gas und emittieren H-Atome in ihre Umgebung. Innerhalb einer ringförmigen Zone erreichen sie die kritische Konzentration und lösen dort den wasserstoffspezifischen Spaltbruch aus. Diese glitzernde „Iris" des Fischauges hebt sich deutlich von der insgesamt matten, mikroduktilen Bruchfläche ab (Abb. 11.11 bis 11.17).

Derartige klassische Fischaugen lassen sich meist erst einige Stunden nach dem Schweißen erzeugen. Sofortiges Aufbrechen führt in hinreichend verseuchtem Werkstoff zum Spaltbruch über den gesamten Nahtquerschnitt, da sich noch genügend Wasserstoff im Gitter aufhält. Längere Zeit nach dem Schweißen hat das Gas den Stahl weitgehend verlassen; der Effekt bleibt dann ebenfalls aus. Im Kerbschlagversuch bilden sich wegen der hohen Verformungsgeschwindigkeit zu keinem Zeitpunkt Fischaugen.

An Zugproben aus wasserstoffverseuchten Bauteilen entwickeln sich gelegentlich ebenfalls Fischaugen. Vibrans [11] beobachtete sie an Stäben, die er zuvor 48 Tage einer Wasserstoff-Reinstatmosphäre von 10 MPa bei Raumtemperatur ausgesetzt hatte. Bauer (AZT, persönliche Mitteilung) fand sie in Zugproben aus großen Getrieberädern 15 Monate nach deren Aufkohlungsbehandlung, wobei der Wasserstoff vermutlich in interdendritischen Hohlräumen mit belegten Wandungen eingeschlossen gewesen war.

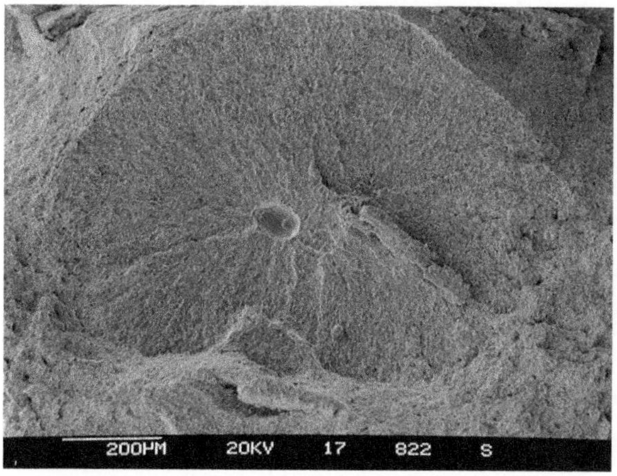

Abb. 11.12 Fischauge im Schweißgut eines unlegierten Stahles.

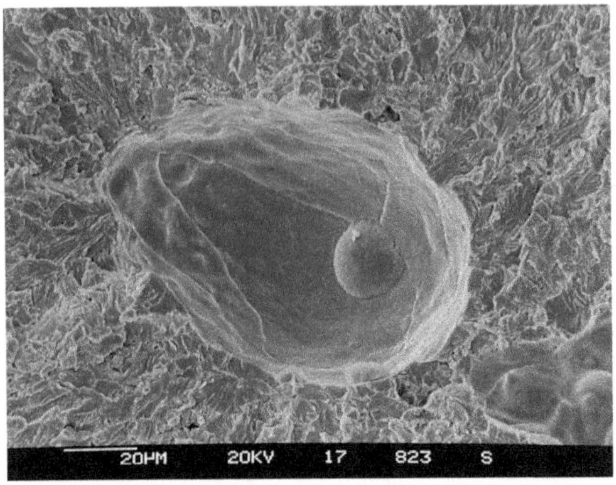

Abb. 11.13 Zentrum des Fischauges in Abb. 11.12. Nichtmetallischer Einschluss, Pore.

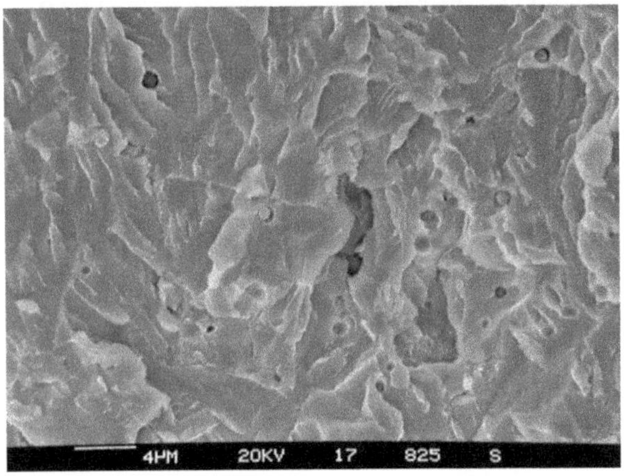

Abb. 11.14 Wasserstoff-spezifischer Spaltbruch in der „Iris". „Poren" durch herausgefallene, kugelig eingeformte Mangansulfide. Detail aus Abb. 11.12.

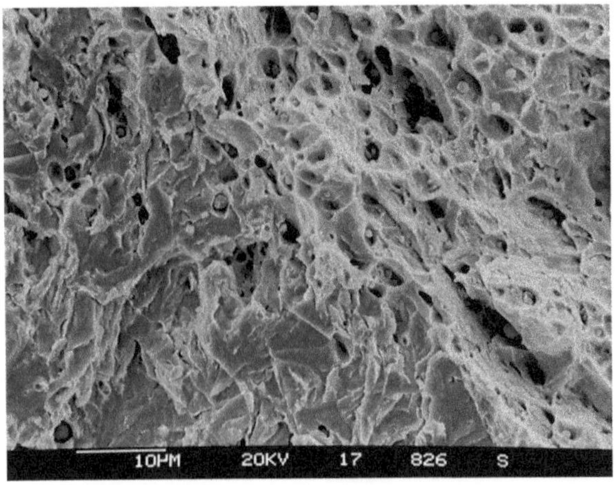

Abb. 11.15 Übergang des versprödeten Hofes in die duktile Umgebung. Detail aus Abb. 11.12.

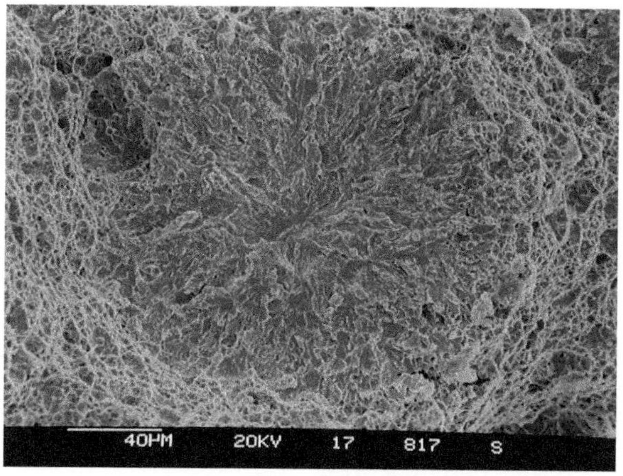

Abb. 11.16 Mikro-Fischauge.

Je nach Gefüge- und Beanspruchungsbedingungen können derartige Effekte in verschiedenen Modifikationen auftreten. So wurden mit Hilfe der Schallemissionsanalyse lokale Spaltbrüche in Schweißnähten bereits während der Abkühlung oder anschließend unter statischer Last registriert, vgl. z. B. [12]. Schrumpfspannungen und durch Wasserstoffeffusion ausgelöste Umwandlung von Restaustenit dürften sich hier auswirken. Der Übergang zum Verzögerten Bruch bzw. zum Kaltriss vollzieht sich nahtlos.

Die in Abbildung 11.18 wiedergegebene fischaugenähnliche Fehlstelle leitete in einer dynamisch beanspruchten Schweißnaht einen Schwingbruch ein. Es handelt sich um eine Pore, die von einem Gas – nicht unbedingt Wasserstoff – im schmelzflüssigen Material erzeugt worden ist. Der Wasserstoff schied sich in

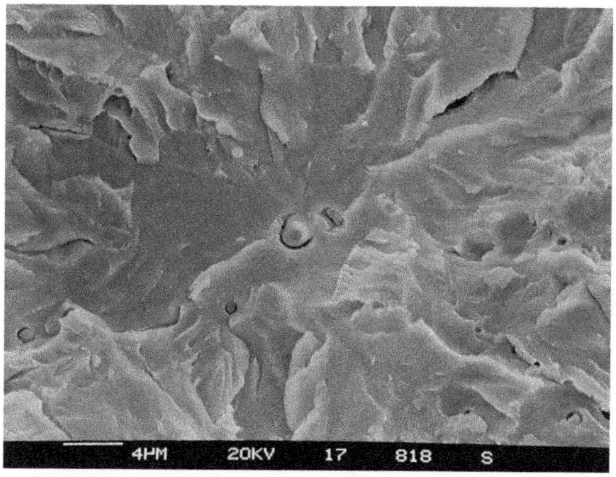

Abb. 11.17 Zentrum des Fischauges in Abb. 11.16; Einschluss.

diesem Hohlraum aus und infizierte den angrenzenden Werkstoff. Montage- oder Betriebsspannungen lösten vermutlich den wachstumsfähigen, scharfen Innenriss aus.

Flocken treten hauptsächlich in größeren Gussteilen auf. Der während des Schmelzens aufgenommene Wasserstoff reichert sich beim Abkühlen in austenitischen Gebieten an, die eine wesentlich höhere Löslichkeit aufweisen als die ferritischen Gefügebestandteile. Die Umwandlung des Austenits kann dadurch bis auf etwa 200 °C gesenkt werden. Dann führen Abkühl- und Umwandlungs-

(a)

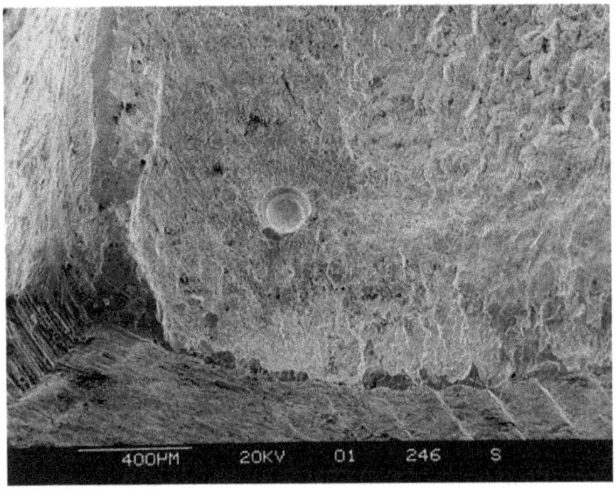

(b)

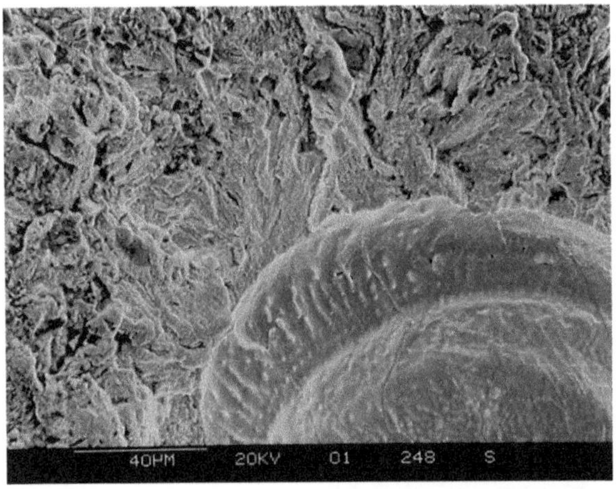

Abb. 11.18 Gaspore mit wasserstoffinduziertem Anriss als Ausgangspunkt eines Schwingungsrisses in einer Schweißnaht.

spannungen in den nunmehr raumzentrierten, stark übersättigten Gitterbereichen zu begrenzten Spaltbrüchen. Flocken sind daher nicht zwangsläufig an Einschlüsse gekoppelt.

11.3.3 Beizblasen und HICs

Beim Beizen kann der atomar angebotene Wasserstoff in das Gitter eindringen und an oberflächennahen Einschlüssen rekombinieren. In niederfesten Stählen, insbesondere bei hohen Temperaturen (Wärmebehandlung, Einbrennen von Emaillierungen etc.), vermag der Gasdruck, dünnwandige Randschichten blasenartig aufzuwölben oder aufzubrechen.

Die in der Erdölbranche an sauergas- oder erdölführenden Stahlrohren gefürchteten Hydrogen Induced Cracks (HICs) beruhen auf demselben Effekt: Hier erfolgt die Molekülbildung des atomar angebotenen und eindiffundierten Wasserstoffs an den langgestreckten Einschlüssen oder anderen Gefügeinhomogenitäten (Härtungszeilen) im Inneren der Rohrwand. Wie die oberflächennahen Beizblasen können die „HICs" auch ohne Zugspannung entstehen.

11.3.4 Methanbildung

Im Temperaturbereich zwischen 200 und 500 °C kann der Wasserstoff Eisenkarbid in Methan umsetzen ($Fe_3C + 4\,H \rightarrow CH_4 + 3\,Fe$). Der Stahl wird durch innere Blasen hefeteigartig aufgetrieben. In der chemischen Verfahrenstechnik ereignete sich im letzten Jahrhundert infolge dieser Reaktion eine Reihe gravierender Unfälle (Anfänge der Haber-Bosch-Synthese). Das Problem wurde durch den Einsatz druckwasserstoffbeständiger Stähle gelöst: Sie binden den Kohlenstoff in H-resistenten Sonderkarbiden ihrer Legierungselemente (Cr, Mo, W, V) ab. Ein aktuelles Beispiel wird am Schluss von Abschnitt 11.4 beschrieben. Die „Wasserstoffkrankheit" beim Schweißen oder Hartlöten sauerstoffhaltigen Kupfers unter wasserstoffhaltigem Schutzgas beruht auf dem gleichen Effekt. Dort wird Kupfer (I)-oxid zu Wasserdampf umgesetzt.

11.4 Beispiele

Typische Fälle Verzögerten Bruches können bei höherfesten, elektrolytisch verzinkten Schrauben auftreten, die Wasserstoff beim Beizen oder Metallabscheiden aufgenommen haben (Abb. 11.4 bis 11.8). Durch ein 3–24-stündiges Tempern bei 180 bis 200 °C zwischen dem Vorverzinken (Schichtdicke 1–2 μm) und dem Fertigverzinken (Schichtdicke 3–6 μm) versuchen einige Hersteller, derartige Ausfälle zu vermeiden.

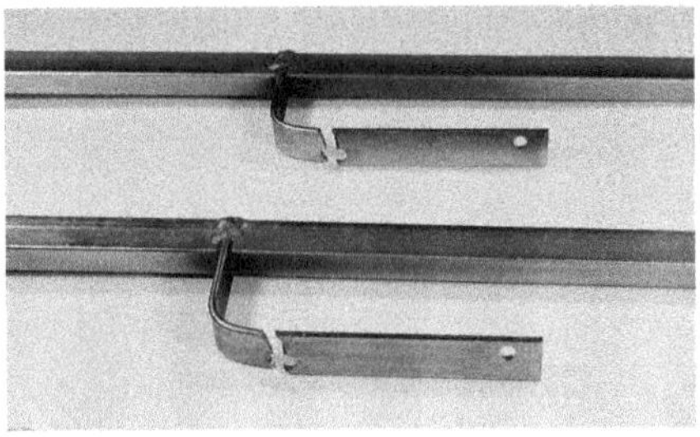

Abb. 11.19 Verzögerter Bruch in Klavierpedalen (vermessingter Federstahl).

Vorgespannte Pedalfedern (R_m = 1100 N/mm²) von Klavieren versagten wenige Tage nach dem Einbau: Der Hersteller hatte den problemlosen Lackanstrich durch einen galvanisch aufgebrachten Messingüberzug ersetzt (Abb. 11.19 und 11.20).

Die keilverzahnte Welle des Antriebskegelrades eines Pkw-Differentials war nach etwa dreimonatigem Betrieb unter der Mitwirkung von Wasserstoff gebrochen (Abb. 11.21 und 11.22). Mittels Warmextraktion – 72-stündiges Auslagern bei 250 ° C in evakuierten Glasampullen – wurden noch 0,4 $Ncm^3/100$ g nachgewiesen. Eine systematische Überprüfung der Produktion ergab, dass der Stahl den Wasserstoff beim Aufkohlen aus der Gasatmosphäre (Methan) aufgenommen hatte.

Gelegentlich lassen sich Verzögerter Bruch und H-ind. SCC nicht eindeutig gegeneinander abgrenzen. Längere Standzeiten, insbesondere bei Kleinteilen, sprechen eher für H-ind. SCC, auch wenn sich ein Korrosionsangriff häufig nicht überzeugend nachweisen lässt. In diese Rubrik fallen die Spannklipps zum Befestigen elektrischer Kabel und der Spannbügel eines Airbags (Abb. 11.23 bis 11.25). Zweifelsfrei korrosiver Herkunft war der Wasserstoff im Falle einer 5-fach gebrochenen Unterlegscheibe (Tellerfeder) nach langjährigem Einsatz (Abb. 11.26 und 11.27).

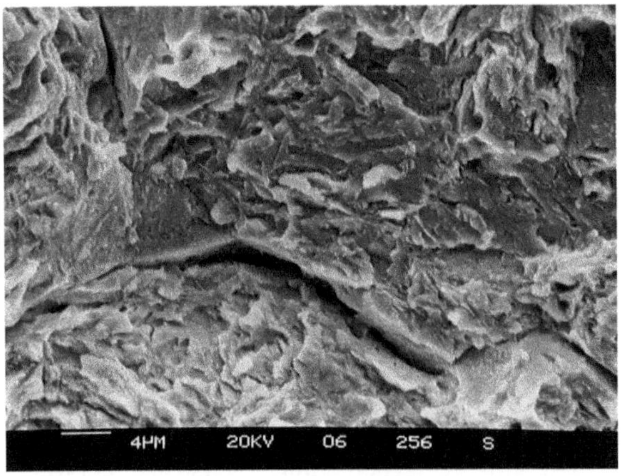

Abb. 11.20 Vorzugsweise transkristalliner wasserstoffspezifischer Spaltbruch der Klavierpedale in Abb. 11.19.

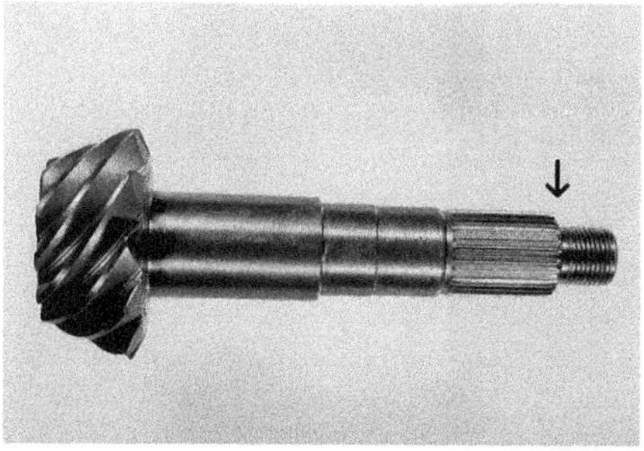

Abb. 11.21 Einsatzgehärtetes Antriebskegelrad (Neuteil). Bruchstelle – bei einer älteren Serie – markiert. Gesamtlänge des Bauteiles 175 mm.

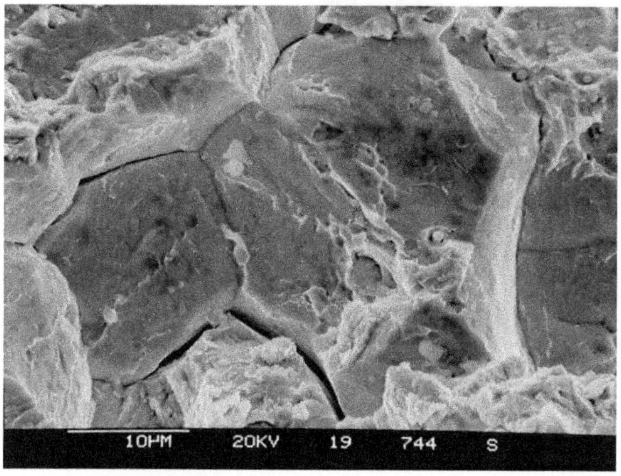

Abb. 11.22 Wasserstoffinduzierter Bruch am Auslauf des Gewindezapfens eines Kegelrades vom Typ Abb. 11.21.

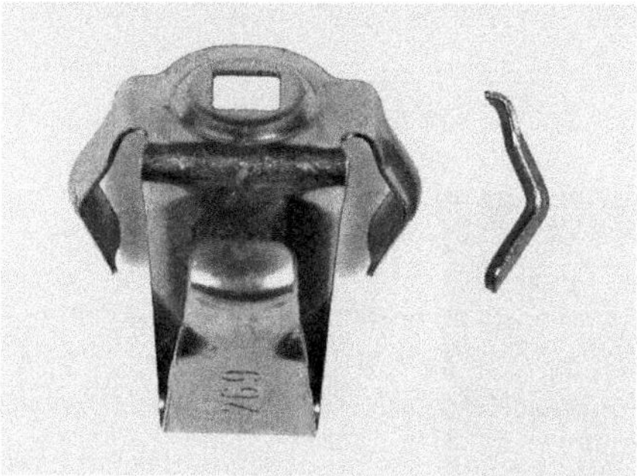

Abb. 11.23 Spannelement zur Kabelbefestigung (Höhe ca. 20 mm). Neuteil und abgebrochener Federbügel eines Schadensteils.

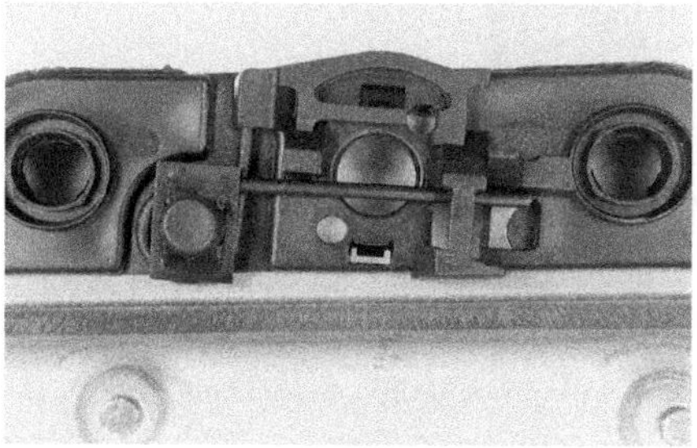

Abb. 11.24 Umschlingungsfeder eines Airbags; Drahtdurchmesser 2 mm.

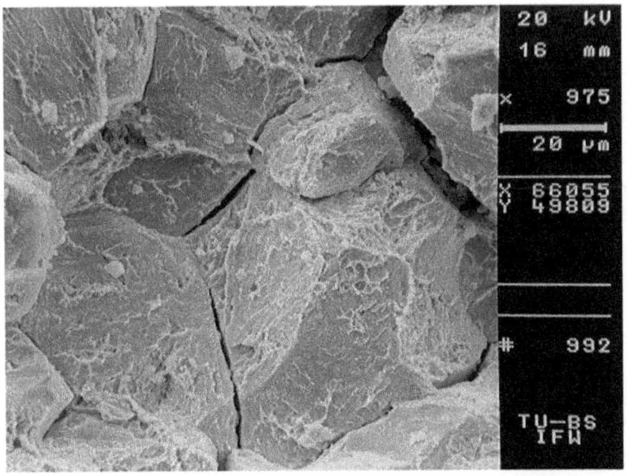

Abb. 11.25 Interkristalliner wasserstoffspezifischer Bruch mit zahlreichen Krähenfüßen. Gebrochene Umschlingungsfeder aus Abb. 11.24.

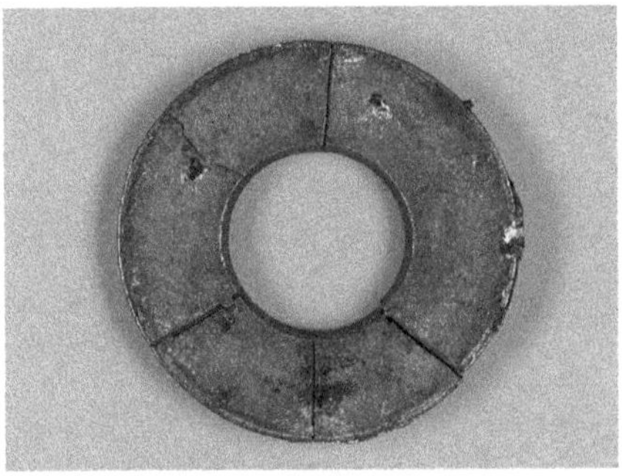

Abb. 11.26 5-fach gebrochene Unterlegscheibe (Tellerfeder) für Bolzen M24.

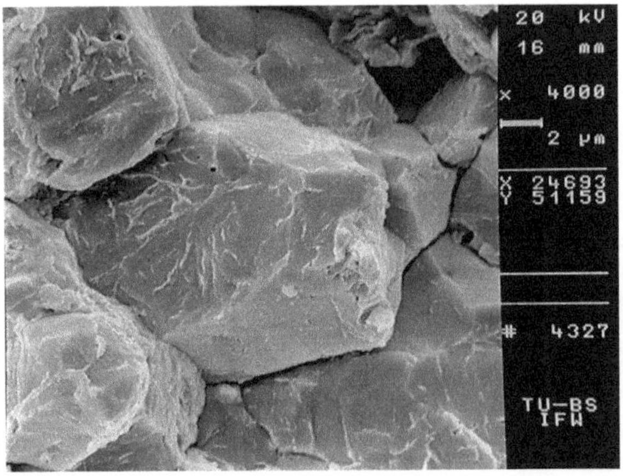

Abb. 11.27 Wasserstoffinduzierte Spannungsrisskorrosion. Bruchflächen der Scheibe in Abb. 11.26.

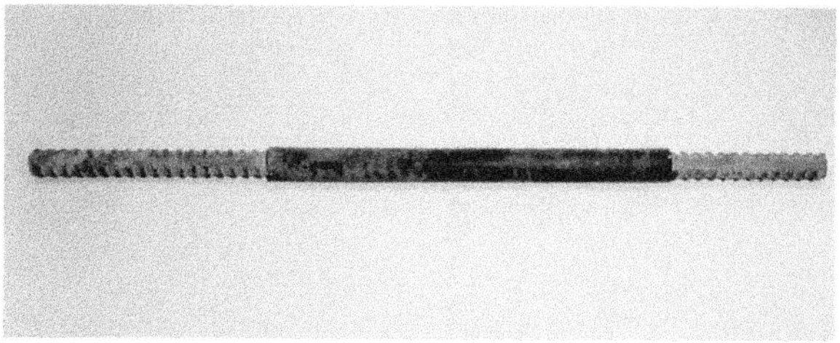

Abb. 11.28 Durch Spannungsrisskorrosion gebrochener Spannanker (Durchmesser 32 mm).

Wasserstoffinduzierte Spannungsrisskorrosion ist für den weitaus größten Teil der spektakulären Einstürze von Spannbeton-Konstruktionen verantwortlich. So führte der Bruch von Spannstäben beispielsweise zum Einsturz der Tepalcates-Brücke (Mexiko 2003) oder dem Einsturz des Vordaches der Berliner Kongresshalle (1980).

Die hochfesten Spannstähle korrodieren u. a., wenn sie ungenügend mit Beton abgedeckt oder mangelhaft in den Hüllrohren verpresst worden sind, wenn die schützende Betonschicht karbonatisiert oder von Tausalz penetriert wird. Die Abbildungen 11.28 bis 11.30 zeigen diese Versagensart an einem einzelnen Anker aus Spannstahl der Güte 1080/1230 (0,2 %-Dehngrenze/Zugfestigkeit). Er war nach viermonatiger Standzeit schlagartig verformungslos gebrochen. Lochfraß konnte als Initiator des Schadensprozesses nachgewiesen werden. Analysen des Gesamtwasserstoffgehaltes ergaben mittlere Konzentrationen von 1,06 $Ncm^3/100$ g im Randbereich und von 0,57 $Ncm^3/100$ g im Kern des 32 mm dicken Stabes. Das Konzentrationsgefälle lässt erkennen, dass der Wasserstoff erst nach der Herstellung in den Anker eingedrungen ist (Kontakt mit aggressivem Wasser in einer Baugrube vor dem Einbau).

Auch Fahrwerke von Flugzeugen versagen des Öfteren infolge H-ind. SCC (Abb. 11.31). Bei defekten Abdichtungen droht Gefahr von Kondensat oder Spritzwasser (ggf. mit Tausalz). Der gebrochene Fitting des Hauptfahrwerkes – Flugzeug von Abbildung 11.31 – weist entlang des gesamten Umfanges deutliche zahnför-

Abb. 11.29 Bruchfläche des Spannankers von Abb. 11.28.

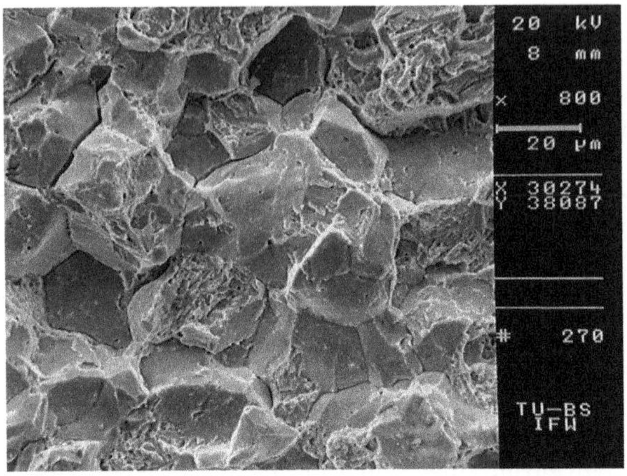

Abb. 11.30 Wasserstoffinduzierter Bruch im Ausgangsbereich des Bruches in Abb. 11.29 (links).

mige Korrosionsnarben zwischen den Schmiertaschen auf (Abb. 11.32). Seine enorme plastische Aufbiegung nach dem Bruch demonstriert die hohe Qualität des auf 1510 N/mm^2 vergüteten Stahles. Die Bruchfläche auf Seiten des kurzen Ringabschnittes unterteilt sich deutlich in einen dunkelbraun verrosteten älteren Anriss und einen metallisch glänzenden Restbruch, dekoriert mit einigen frischen hellroten Rostpusteln (Abb. 11.33, rechter Teil). Nach vorsichtigem Ablösen des dunkelbraunen Belages findet man die erwartete wasserstoffspezifische Bruchtopografie (Abb. 11.34 und 11.35). Der mikroduktile Restbruch schließt aus, dass der Stahl bereits ohne Wasserstoff interkristallin versagt. Die Gegenbruchfläche hatte aus der Zelle herausgeragt und war durch Anfassen vollständig korrodiert (Abb. 11.33, linker Teil).

Abb. 11.31 Verkehrsflugzeug nach Bruch eines Hauptfahrwerkes.

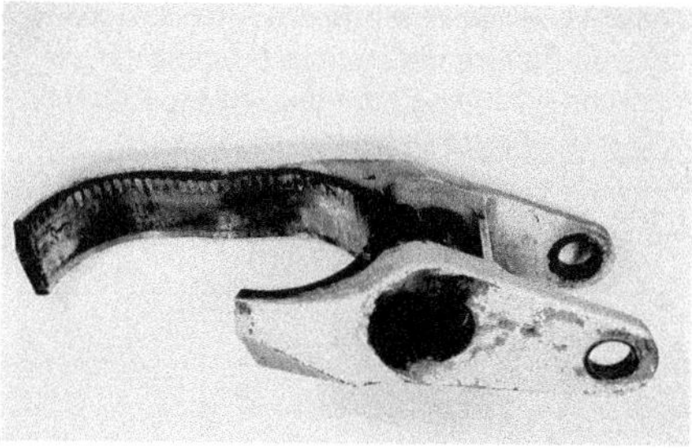

Abb. 11.32 Durch Spannungsrisskorrosion gebrochener und nachträglich aufgeweiteter Lagerfitting des Flugzeuges von Abb. 11.31 (Lagerdurchmesser 95 mm).

Der Fahrwerksträger eines Großraum-Transportflugzeuges war beim Anlassen des darüber liegenden dritten Triebwerks gebrochen (Abb. 11.36). Nach 25-jähriger Betriebsdauer war infolge einer defekten Dichtung Wasser in das waagerecht positionierte Rohr ($R_m \approx 1700$ N/mm²) eingedrungen und hatte insbesondere den 6-Uhr-Bereich (Zugzone!) erheblich angegriffen. Ausgehend von einer der Korrosionsnarben hatte sich ein daumennagelförmiger Korrosionsriss entwickelt (Abb. 11.37). Er wurde im Rastermikroskop bestätigt, ein Schwingungsriss gleichzeitig ausgeschlossen (Abb. 11.38). Der Restbruch unterschied sich deutlich durch seinen hohen Wabenanteil (Abb. 11.39).

Aus den Fahrgestellen einer Passagier-Flotte waren immer wieder Scherbolzen (R_m = 1900 N/mm^2) infolge Wasserstoffinduzierter Spannungsrisskorrosion herausgefallen. Die Bruchstelle lag erwartungsgemäß am Übergang vom Schaft in die breite Kopfkrempe (ähnlich Abb. 11.4). Durch drastische Absenkung des Anzugsmomentes – es ist bei einem Scherbolzen ohnehin sinnlos (!) – wurde der Fehler behoben.

Abb. 11.33 Bruchflächen des Lager-Fittings von Abb. 11.32 (Höhe 57 mm). Stark korrodierter Anriss und metallisch glänzender Restbruch (rechts); total korrodierte Bruchfläche durch Anfassen (links).

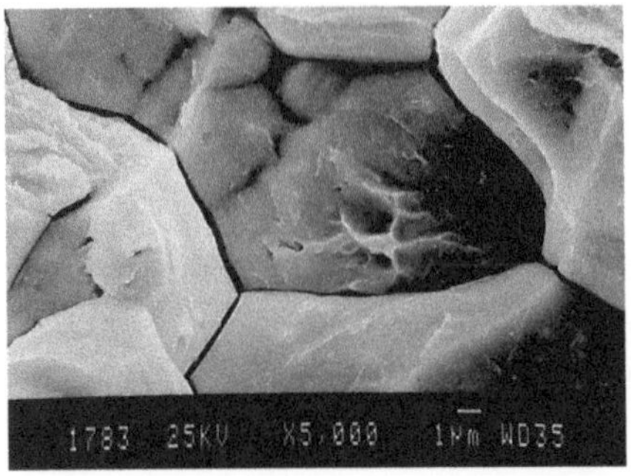

Abb. 11.34 Wasserstoffinduzierter Bruch im älteren Bereich der rechten Bruchfläche in Abb. 11.33 (oben) nach Abtrag des Rostbelages.

Abb. 11.35 Weiteres rasterelektronisches Bild aus dem korrodierten Bereich der Bruchfläche in Abb. 11.33 (rechts).

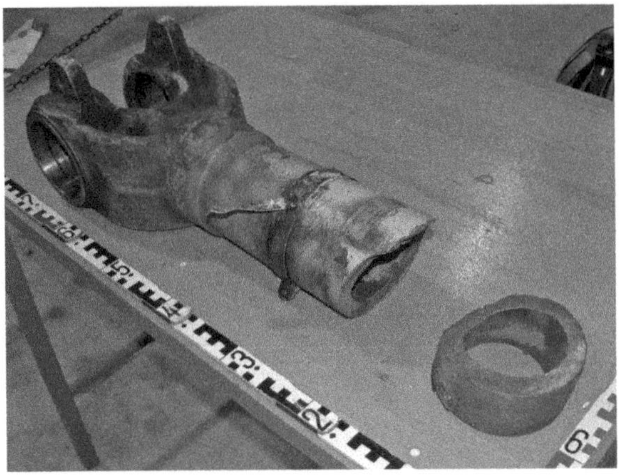

Abb. 11.36 Gebrochener Fahrwerksträger eines Transportflugzeuges (Außendurchmesser 119 mm).

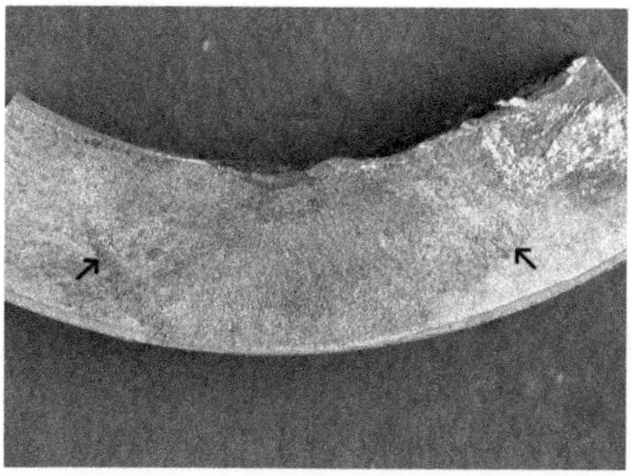

Abb. 11.37 Daumennagelförmiger Korrosionsriss, ausgehend von einer Korrosionsnarbe. Fahrwerksträger in Abb. 11.36 (Wanddicke 17,5 mm).

Abb. 11.38 Rastermikroskopisches Detail aus dem Rissbereich in Abb. 11.37. Vorwiegend interkristalliner Bruch.

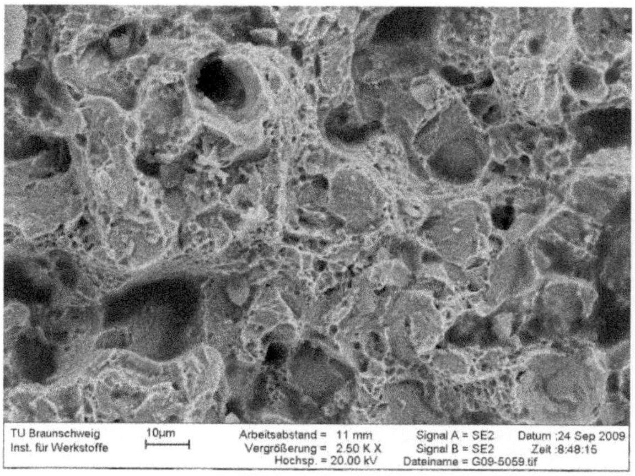

Abb. 11.39 Restbruch im Fahrwerksträger. Überwiegend mikroduktile Anteile (Waben).

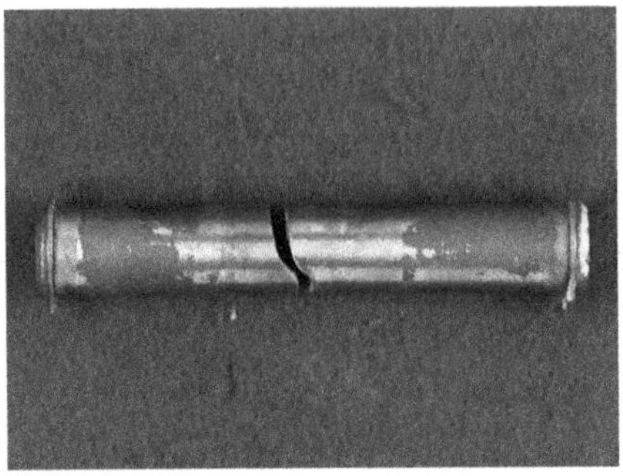

Abb. 11.40 Gebrochener Bolzen (Durchmesser 11 mm). Aufhängung der Zusatztanks.

Ebenfalls durch den Bruch eines Scherbolzens hatte ein (zivil genutzter) Jagdbomber vom Typ Skyhawk einen Zusatztank verloren (Abb. 11.40). Der Bolzen (0,20 % C; 16 % Cr) war auf 204 °C angelassen und auf eine Zugfestigkeit von 1345 N/mm² eingestellt worden. Die Topografie der Bruchfläche hätte sich auf dem gesamten Querschnitt zwanglos einem wasserstoffinduzierten Versagen zuordnen lassen (Abb. 11.41). Referenzbrüche, selbst nach Warmauslagerung der Proben, bestätigten den interkristallinen Bruch auch im wasserstofffreien Zustand (Abb. 11.42). Den Nachweis für eine vorangegangene Schädigung lieferte ein dichter Korrosionsbelag auf der Anrissfläche (Abb. 11.43).

Bei der Entwicklung eines Motors war nach mehrtägiger Laufdauer auf dem Prüfstand eine Einspritzpumpe ausgefallen (Abb. 11.44). Der Bruch war exakt in der Ebene eingetreten, in die der seitlich eingeschraubte Gewindestutzen seine – zwecks Abdichtung – extrem hohen Anpresskräfte eingeleitet hatte. Wie umfangreiche Testversuche bestätigten, vermag bereits Kondensat aus der Umgebungsluft in einem derartig hochfesten Stahl 100Cr6, Zugfestigkeit > 2200 N/mm², Wasserstoffinduzierte Spannungsrisskorrosion auszulösen, vgl. Abbildung 11.10. Infolge

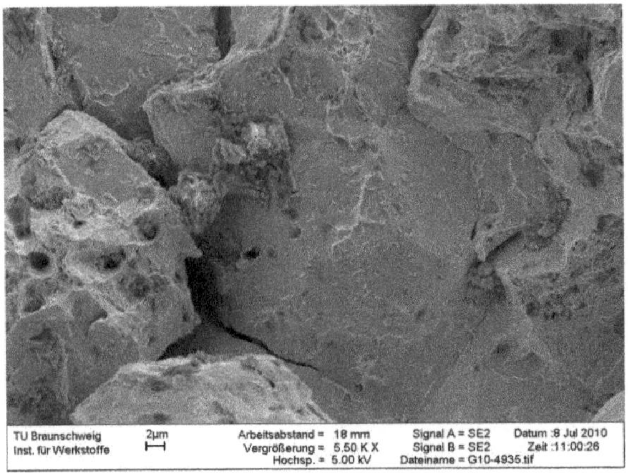

Abb. 11.41 Charakteristische Topografie der (gesamten) Bolzenbruchfläche.

Abb. 11.42 Selbsterzeugter Gewaltbruch an wasserstofffreier Probe aus dem Bolzen in Abb. 11.40.

Abb. 11.43 Dichter Korrosionsbelag auf der Anrissfläche des Bolzens in Abb. 11.40.

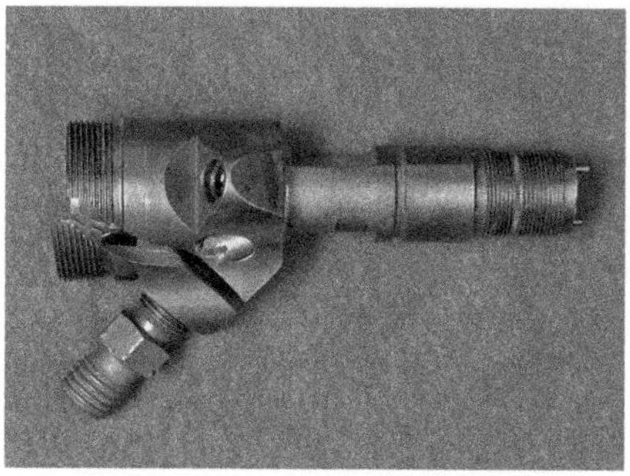

Abb. 11.44 Einspritzpumpe. Bruch, ausgehend von der Dichtfläche des seitlich eingeschraubten Gewindestutzens.

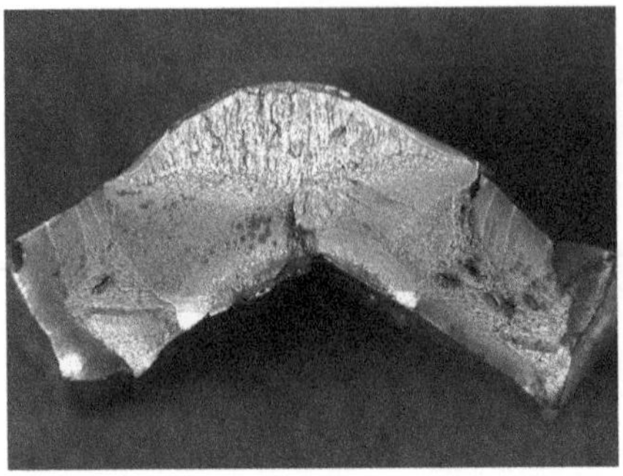

Abb. 11.45 Wasserstoffinduzierter Bruch in der Decklage einer Schweißverbindung.

der geringen Risszähigkeit K_{IC} des Werkstoffes versagten sowohl Bauteil als auch Biegeproben bereits nach geringer Ausbreitung des wasserstoffinduzierten Anrisses. Der mikroduktile Restbruch schließt aus, dass der Stahl auch ohne Wasserstoff interkristallin versagt.

Durch mehrfaches Abkanten und Längsnahtschweißen eines 6 mm dicken Stahlbleches (R_m = 1060 N/mm²) waren große sechseckige Hohlprofile von drei Meter Länge gefertigt worden. An beiden Profilenden war die hochfeste Decklage jeweils durch eine 300 mm lange niederfeste Wurzellage verstärkt worden. Am inneren Endkrater der Wurzel war die Decklage in mehreren Fällen verformungslos gerissen. Abbildung 11.45 zeigt die glitzernde, strähnige Rissflanke; der zum Öffnen im Labor erzeugte Restbruch war duktil, ebenso ein Referenzbruch durch die Decklage. Die schadensauslösende Aufnahme von Wasserstoff (Abb. 11.46) wurde durch Optimierung des Schweißprozesses abgestellt.

Die Schädigung infolge Methanbildung soll ein abschließendes Beispiel demonstrieren: In einer Erdölraffinerie hatte ein Leck im T-förmigen Verzweigungsstück eines Rohrsystems einen Brand ausgelöst. Das Bauteil (Rohrdurchmesser 340 mm, Wanddicke 22 mm) war 19 Jahre lang von einem Gemisch aus Wasserstoff und Kohlenwasserstoffen bei einer Betriebstemperatur von 510 °C durch-

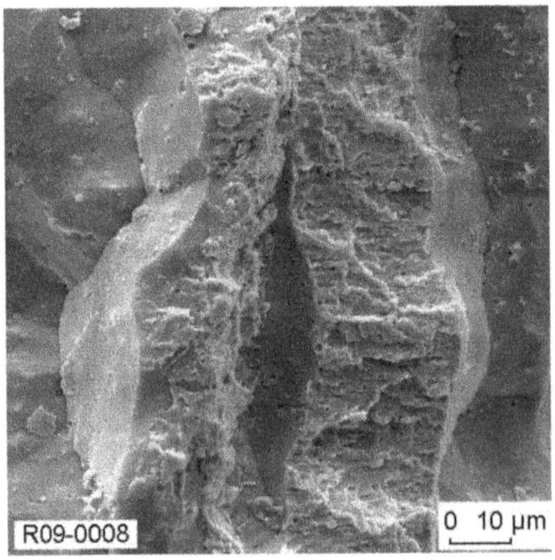

Abb. 11.46 Rastermikroskopisches Detail aus der Decklage in Abb. 11.45. Trans- und interkristalline Bruchanteile.

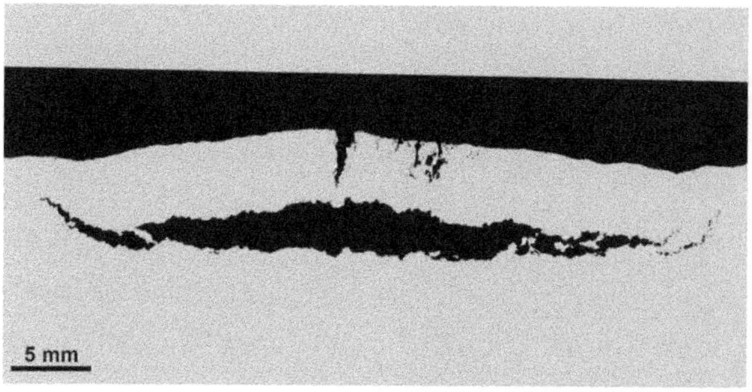

Abb. 11.47 Blase an der Innenwand eines wasserstoffdurchströmten Rohres (Blasendurchmesser ca. 35 mm).

strömt worden. Der Wasserstoffpartialdruck hatte 26 bar betragen, der Gesamtdruck 37 bar. Neben der Durchbruchstelle fanden sich auf der Innenwand des T-Stückes mehrere blasenförmige Aufwölbungen. Abbildung 11.47 zeigt den Querschliff durch eine dieser Blasen.

Die metallografische Untersuchung belegte zweifelsfrei, dass der Schaden auf die Zersetzung von Karbiden zurückzuführen war ($Fe_3C + 4\,H \rightarrow CH_4 + 3\,Fe$). Der Schädigungsgrad nimmt zur Rohraußenseite hin ab (Abb. 11.48), wie das annähernd lineare Konzentrationsgefälle des im Gitter gelösten Wasserstoffes erwarten lässt (an der Innenseite entsprechend der Wurzel aus dem Partialdruck in der Leitung, an der Außenseite null). Der Druck des gebildeten Methans steigt proportional zum Quadrat des molekularen Wasserstoffdruckes und damit zur 4. Potenz des im Gitter gelösten Wasserstoffes an. Gleichzeitig schließen die thermodynamischen Beziehungen eine Aufweitung durch molekularen Wasserstoff aus, der – sollte er sich durch Rekombination in Poren bilden – maximal den

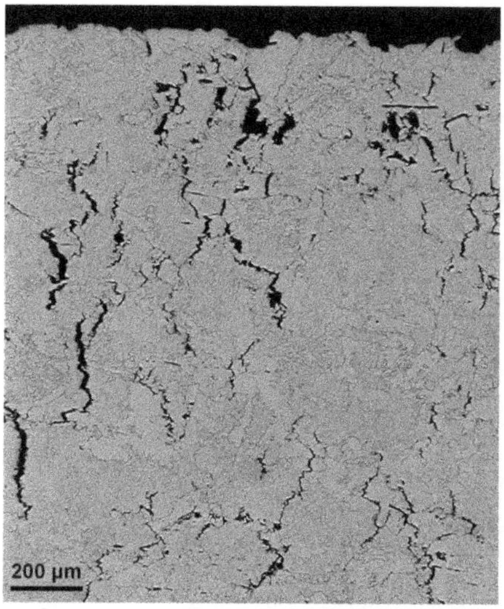

Abb. 11.48 Metallografischer Schliff im Bereich der Rohrwand-Innenseite (obere Bildkante; Bildhöhe ca. 1,3 mm).

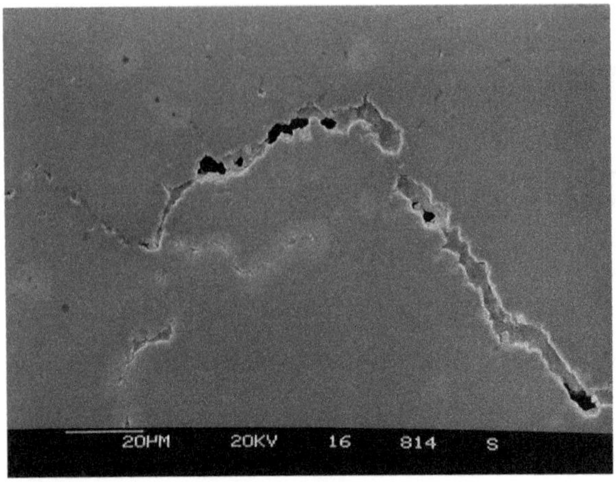

Abb. 11.49 Zusammenwachsen geschädigter Bereiche. Rastermikroskopische Aufnahme.

Partialdruck von 26 bar erreichen kann. (Die Bedingungen unterscheiden sich hier grundlegend von denen der Beizblase, wo der Wasserstoff atomar an der Metalloberfläche angeboten wird.)

An Schliffen und nachträglich aufgebrochenen Querschnittsbereichen lassen sich die verschiedenen Stadien dieses Zeitstandschadens durch inneren Methandruck verfolgen: Bildung von Einzelporen, Zusammenwachsen zu Porenfeldern, Einformung der zunächst scharfkantigen Grate zwischen den Einzelporen, Ende des Blasenwachstums durch Bildung eines durchgängigen Risses zur Oberfläche (Abb. 11.47 bis 11.51). Ursache des Schadens war eine Verwechselung des Werkstoffes gewesen: Statt des vorgeschriebenen Chromgehaltes von 1,0–1,5 % (druckwasserstoffbeständige Karbide) enthielt der Stahl lediglich 0,27 %.

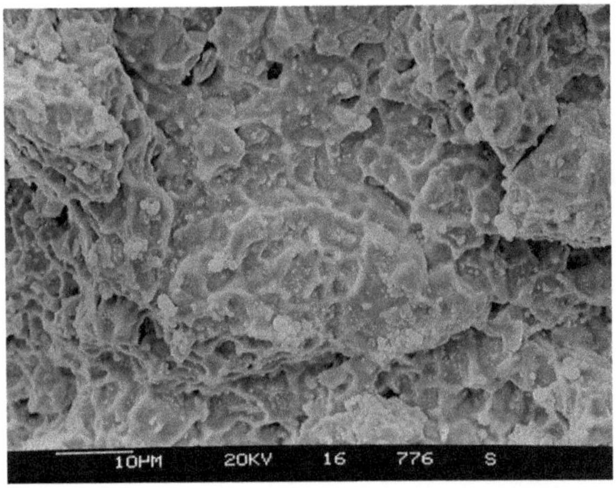

Abb. 11.50 Eingeformte, ältere Rissoberfläche. Rastermikroskopische Aufnahme.

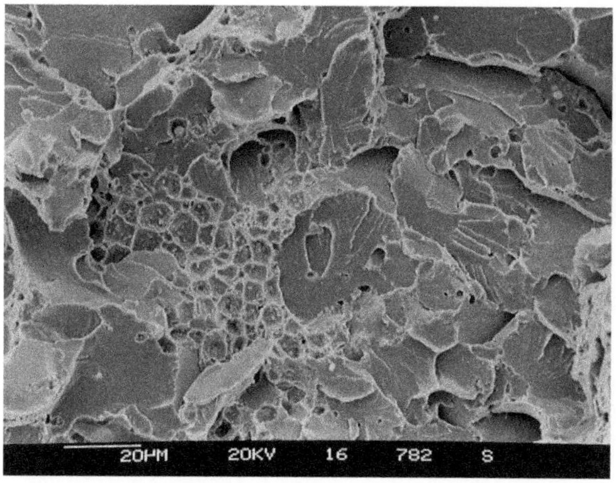

Abb. 11.51 Frische Rissoberfläche (scharfgratige Waben) in nachträglich aufgebrochener Umgebung (Spaltbruch).

11.5 Verwechslungsmöglichkeiten

Aufgrund seiner Fähigkeit, den Stahl bei Raumtemperatur verlassen zu können, wird der Wasserstoff bei unverständlichen Schadensereignissen gern als – angeblich nicht nachweispflichtige – Ursache genannt. Gelegentlich lässt sich jedoch auch bei seriösen Untersuchungen keine Entscheidung treffen, wenn nachweislich wasserstofffreie Gefüge ebenfalls die für diese Gaseinwirkung spezifischen Merkmale ausbilden. Das gilt in gewissem Grade für die aufgefiederten Spaltflächen vergüteter Stähle im Übergangsgebiet der Kerbschlagarbeit, in besonderem Maße

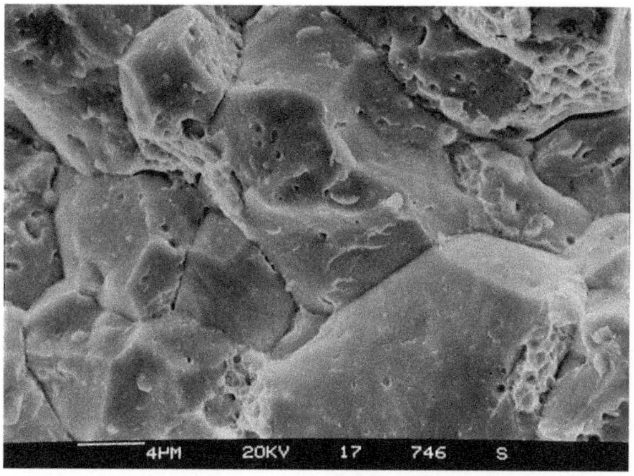

Abb. 11.52 Bruchfläche eines wasserstoffbeladenen Kugellagerstahles 100Cr6. Gemessener Gehalt 3,90 $Ncm^3/100$ g.

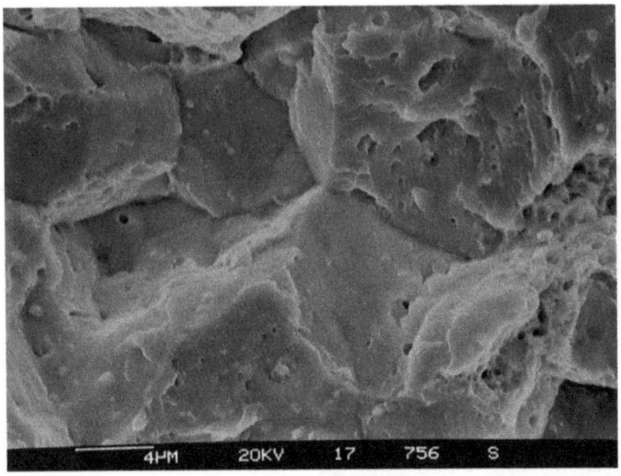

Abb. 11.53 Bruchfläche eines nachweislich wasserstofffreien Kugellagerstahles 100Cr6 (gleicher Wärmebehandlungszustand wie in Abb. 11.52). Haftende und herausgelöste Chromkarbide (weiße Kugeln bzw. „Poren").

jedoch für hoch- und höchstfeste Stähle, die nicht selten auch unter rein mechanischer Beanspruchung interkristallin versagen. Umfangreiche eigene fraktografische Vergleichsuntersuchungen an wasserstoffbeladenen und an wasserstofffreien Kugellagerstählen der Qualität 100Cr6 führten in beiden Fällen zu gleichartigen mikrotopografischen Elementen (Abb. 11.52 bis 11.54). Auch der in Abbildung 11.55 wiedergegebene Härteriss eines Zahnrades aus C45 ließe sich zwanglos als „Wasserstoff-Bruch" einordnen. In Zweifelsfällen empfehlen sich selbst erzeugte Vergleichsbrüche an Probestücken aus dem Schadensteil: rein mechanisch (bei Raumtemperatur) und als Spannbügelprobe in 5–10 %-iger Salzsäure. In günstigen Fällen liefert das Schadensteil den Referenzbruch in Form eines mikroduktilen Restbruches selbst.

Abb. 11.54 Typische „Wasserstoffmerkmale" in nachweislich wasserstofffreiem Kugellagerstahl 100Cr6.

Abb. 11.55 Geöffneter Härteriss eines Zahnkettenrades aus C45.

11.6 Wasserstoffempfindlichkeit verschiedener metallischer Werkstoffe

Austenitische Stähle verspröden nicht, solange sie austenitisch bleiben. Zahllose gegenteilige Beobachtungen resultieren nach Ansicht des Verfassers aus lokal an der Rissspitze oder an der Bruchfront gebildetem Verformungsmartensit, der sensibel auf Wasserstoff reagiert. Zugversuche an Austeniten unterschiedlicher Stabilität veranschaulichen den Effekt [13], (Abb. 11.56). Selbst hochgradig kaltverfestigte stabile Austenite erwiesen sich in eigenen Versuchen als absolut unempfindlich für Spannungsrisskorrosion (kaltgewalzter Stahl 1.4841, Zugfestigkeit 1450 N/mm²).

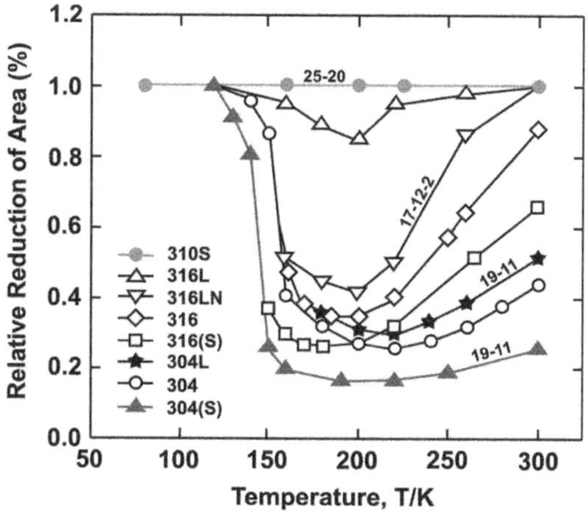

Abb. 11.56 Zugversuche unter Druckwasserstoff an austenitischen Stählen unterschiedlicher Stabilität [11].

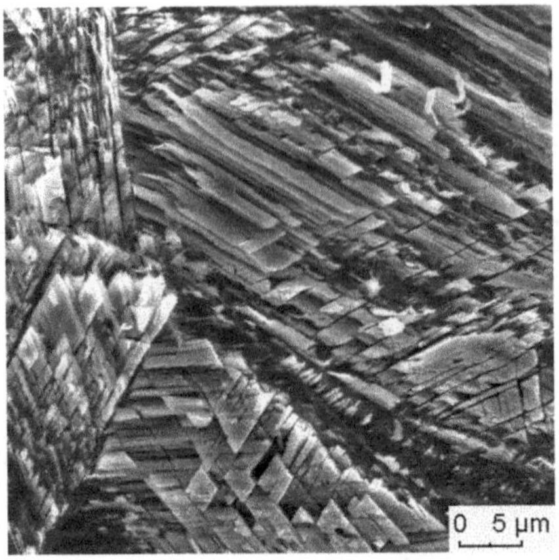

Abb. 11.57 Verformungsmartensit, Stahl 1.4301. Ätzmittel 10 % HCl. Rastermikroskopische Aufnahme.

Beispiel: Zur Fertigung eines Druckbehälters für Wasserstoff hatte ein Hersteller austenitischen Stahl 1.4301 bei 77 °K kaltverfestigt (autofrettiert), um die ursprünglich niedrige Streckgrenze anzuheben, hier etwa auf 1460 N/mm². Gleichzeitig hatte sich jedoch der Austenit weitgehend in Martensit umgewandelt (Abb. 11.57). Wenige Stunden nach der Erstbefüllung mit Druckwasserstoff hatte sich ein durchgängiger Riss gebildet (Abb. 11.58).

Aluminium und seine Legierungen verspröden nicht oder nur geringfügig. Die schwammartigen Nähte mit zahllosen wasserstoffgefüllten Poren, die sich gelegentlich beim Verschweißen von Druckgussteilen entwickeln, resultieren aus thermisch gecrackten Schmiermittelresten.

Mit der bereits erwähnten Methode des Berstversuches hat Speitling [14] eine große Zahl metallischer Werkstoffe geprüft. Er bestimmt zunächst den Verlauf der Berstdrücke unter Helium und unter Wasserstoff in Abhängigkeit von der Druck-

Abb. 11.58 Wasserstoffspezifischer Riss durch Verformungsmartensit von 1.4301.

anstiegsgeschwindigkeit. Als Versprödungsindex E definiert er die größte relative Differenz der Berstdrücke (bei gleicher Druckanstiegsrate):

$$E = \frac{(P_{\mathrm{Berst,He}} - P_{\mathrm{Berst,H_2}})_{\max}}{P_{\mathrm{Berst,He}}} \times 100\,\%$$

Tabelle 11.1 Versprödungsindex verschiedener metallischer Werkstoffe.

Werkstoffe	**Wärmebehandlung Werkstoffzustand**	**Härte HV 10**	**Versprödungsindex *E* in %**
34CrMo4V	850 °C/40 min/Öl +610 °C/35 min/Luft	330	51–54
15Mo3V	900 °C/40 min/Öl +630 °C/35 min/Luft	256	50
13CrMo44V	930 °C/40 min/Öl +690 °C/35 min/Luft	242	50
34CrNiMo6V	845 °C/30 min/Öl +610 °C/35 min/Luft	341	61
X20CrMoV12-1V	1050 °C/30 min/Öl +730 °C/30 min/Luft	290	65
X5CrNi18-9*	Anlieferungszustand, rekristallisiert	160	33
X10NiCrAlTi32-20	1080 °C/1 h/Wasser	136	0
X10NiCrAlTi K1000	+ Walzen (ϕ = 56%)	355	≤ 9
X2CrNiMoN22-5-3	1060 °C/30 min/Luft	246	56
Nickel	rekristallisiert	80	ca. 75
Inconel 600	lösungsgeglüht	128	ca. 56
Hastelloy C4	rekristallisiert	255	90,6
Titan	rekristallisiert	115	49
Zirkonium	rekristallisiert	154	66
Vanadium	gewalzt	215	45
Niob	rekristallisiert	83	44
Tantal	rekristallisiert	95	57
Molybdän	gewalzt	264	50
Aluminium 99,5	rekristallisiert		0
AlZnMgCu1,5	ausgehärtet		11
AlMg4,5Mn	weich bzw. walzhart		0
AlMg3	walzhart	102	0
AlMg3	weich	58	≤ 10
AlMgSi0,5	weich bzw. hart	34/118	0
Sinteraluminium			
SAP 4/7/10		78/–/–	0
SAP 14		100	≤ 5
Ni78Si8B14	amorph	≈ 850	61
Co66Fe4Mo2Si16B12	amorph	≈1000	0
Fe39Ni39Mo2Si12B8	amorph	≈1000	43
Fe40Ni40B20	amorph		90

* Martensitbildung durch plastische Verformung im Beultest

Die Ergebnisse sind für eine Reihe gängiger Werkstoffe in Tabelle 11.1 zusammengestellt ($E = 0$ bedeutet: keine Versprödung).

Herrn Kollegen Vibrans dankt der Verfasser für zahlreiche Anregungen und Diskussionen.

Literatur

1 Isecke, B. (1986) Korrosion von Stahl in Betonbauwerken, in Korrosion im Bauwesen, Deutscher Verband für Materialprüfung e.V., S. 79–103.

2 Vibrans, G., Wollschläger, P. Das Gleichgewicht zwischen Wasserstoff und Stahl bei Raumtemperatur. *Steel Research*, **1**/87, S. 8–12.

3 Vibrans, G. (1961) Beitrag zur Löslichkeit und Diffusion von Wasserstoff in Stahl. *Arch. Eisenhüttenwes.* **32**, S. 667–673.

4 Lange, G., Hofmann, W. (1966) Zusammenhang zwischen Wasserstoffaufnahme und Porigkeit von Eisen. *Arch. Eisenhüttenwes*, **37**, S. 391–397.

5 Matthes, K.M., Vibrans, G. (1982) Wasserstoffaufnahme von Stahl bis zum Gleichgewicht mit der Gasphase bei Raumtemperatur. *Arch. Eisenhüttenwes*, **53**, S. 119–122.

6 Fidelle, J.P., Broudeur, R., Pirrovani, C., Roux, R. (1974) Disk Pressure Technique. *American Society for Testing and Materials, Special Technical Publication*, **543**, S. 34–47.

7 Speitling, A., Vibrans, G. (1985) Druckversuch an Scheiben zur Prüfung der Wasserstoffversprödung von Metallen. *Z. Werkstofftech.*, **16**, S. 209–215.

8 Lange, G. (1969) Der Einfluß von Poren auf die Effusion von Wasserstoff aus Eisen bei Raumtemperatur. *Arch. Eisenhüttenwes.*, **40**, S. 635–639.

9 Fricke, E. (1970) Plastische Verformung und Wasserstoffaufnahme von Stahl in Druckwasserstoff bei Raumtemperatur. Dr.-Ing.-Dissertation, TU Braunschweig.

10 Kühn, S., Pohl, M. Einfluss der Werkstoffverfestigung auf die Anfälligkeit für Wasserstoffinduzierte Spannungsrisskorrosion. in: Frenz, H. u. W. Grellmann: Herausforderungen neuer Werkstoffe an die Forschung und Werkstoffprüfung; Tagung Werkstoffprüfung 2008, DVM Bericht, 642, S. 245.

11 Vibrans, G. (1977) Fisheyes in Rolled Steel Exposed to Hydrogen at Room Temperature. *Metallurgical Transactions A*, Vol. 8A, S. 1318–1320.

12 Jürgens, V., Ruge, J. (1971) Der wasserstoffinduzierte Bruch. *Schweißen u. Schneiden*, **23**, S. 1–4.

13 Fukuyama, S.> et al. (2003) Effect of Temperature on Hydrogen Environment Embrittlement of Type 316 Series Austenitic Stainless Steels at Low Temperatures.
J. Japan Inst. Metals, Vol. **67**, No. 9, S. 456–459.

14 Speitling, A. (1989) Die Versprödung von Stählen und NE-Metallen durch gasförmigen Wasserstoff im Berstversuch, Dissertation TU Braunschweig.

15 Phragmén, G. (1944) *Jernkont. Ann.*, **128**, S. 537–552.

Anhang (Verwendete Größen und Gleichungen)

Wasserstoffkonzentration: 1 $Ncm^3/100$ g Fe = 1 NmL/100 g Fe ≈ 0,90 Gew.-ppm
Dichte des Wasserstoffs im Normzustand $0{,}8987 \cdot 10^{-4}$ g/cm^3
Wasserstoffaufnahme $C_{gesamt} = C_{at,Gitter} + C_{at,Fallen} + C_{mol}$

$C_{at,Gitter}$ = atomar im Gitter gelöster Wasserstoff in $Ncm^3/100$ g Fe

$C_{at,Gitter} = 198\sqrt{p}\,\exp\left(-\frac{3460 - 0{,}706p}{T}\right)$ [15]

p = Außen- oder Poreninnendruck in MPa
T = Temperatur in K
$C_{at,Fallen}$ = atomar in Fallen gefangener Wasserstoff in $Ncm^3/100$ g Fe, $\sqrt{p}$-abhängig
C_{mol} = molekular ausgeschiedener Wasserstoff in $Ncm^3/100$ g Fe
$C_{mol} = 1413\ V_{Pore}$
V_{pore} = Porenvolumen in %
v = spezifisches Volumen des Wasserstoffs in cm^3/g, zu berechnen aus der Zustandsgleichung $v = \frac{RT}{p} + a$
R = spezielle Gaskonstante des Wasserstoffs
α = 7,8 cm^3/g, Korrekturglied für das reale Gas [15]

12
Schäden durch Hochtemperaturkorrosion

Paul-Heinz Effertz

12.1
Allgemeine Bemerkungen

Unter Hochtemperaturkorrosion (HTK) werden alle Korrosionsvorgänge zusammengefasst, die bei Temperaturen oberhalb der Existenz wässriger Elektrolyte ablaufen. Positiv ausgedrückt heißt das: Korrosion in heißen Gasen, in Schmelzen und unter heißen Ablagerungen.

Schäden durch HTK sind relativ selten. Etwa 30 % aller im Allianz-Zentrum für Technik untersuchten industriellen Schäden sind primär durch korrosionschemische Überbeanspruchung verursacht. Weniger als ein Zehntel davon entfällt derzeit auf HTK.

Der Grund für diesen relativ geringen Schadenanteil ist die hohe Zahl der bewusst in Kauf genommenen Beschädigungen durch HTK, die durch routinemäßigen Austausch von z. B. verzunderten Bauteilen in bestimmten Zeitabständen behoben werden (begrenzte Lebensdauer).

Schäden durch HTK und selbstverständlich auch deren Beschädigungen treten verstärkt bei der Energieerzeugung, in der Petrochemie und der Metallurgie auf. Betroffen sind insbesondere Bauteile in fossil gefeuerten Dampferzeugern, Gasturbinen, Kohlevergasungsanlagen, Pyrolyse- und Reformeröfen, Wärmebehandlungsöfen, Brennstoffzellen und Katalysatorträgern, um die wesentlichen zu nennen.

Schäden durch HTK äußern sich in den meisten Fällen in einem allgemeinen Abtrag oder Anrissbildung. Der Schaden selbst ist dann eine Folge von örtlicher Überbeanspruchung im geschwächten Querschnitt in Form von Undichtheiten, Warmgewaltbrüchen, Zeitstandsrissen, Temperaturwechselrissen usw.

Es ist üblich, HTK nach den angreifenden Medien zu behandeln, wobei folgende Unterteilung vorgenommen wird:

- HTK in heißen Gasen
  - Oxidation (O_2, H_2/H_2O, CO_2/CO)
  - Aufkohlung (KW, CO)
  - Oxidation und Aufkohlung (CO_2)

Systematische Beurteilung technischer Schadensfälle, 6. Auflage 2014. Editiert durch G. Lange und M. Pohl

  - Schwefelung (H_2S)
  - Oxidation und Schwefelung (SO_2)
  - Wasserstoffangriff (H_2)
  - Oxidation und Wasserstoffangriff (H_2O)
  - Aufstickung (N_2, NH_3)
- HTK unter Ablagerungen
  - alkalisulfathaltige
  - vanadiumoxidhaltige
  - chloridhaltige
  - niedrigschmelzende Oxide
- HTK in Schmelzen
  - Kupfer, Bronzen
  - Zink, Quecksilber
  - Alkalimetalle
  - Salzschmelzen (Nitrate, Karbonate)

Im Folgenden werden die wichtigsten Vorgänge und Schadenformen der HTK näher behandelt. Sonst wird auf die umfangreiche Literatur verwiesen.

12.2 Thermodynamik und Kinetik

Da HTK als physikochemischer Vorgang bei erhöhter Temperatur abläuft, ist für ein vertieftes Verständnis die Anwendung der Reaktionsthermodynamik und -kinetik nützlich.

12.2.1 Gleichgewichte

Eine Oxidationsreaktion wie

$$\mathrm{Me} + \mathrm{O_2} = \mathrm{MeO_2}$$

$$\frac{3}{2}\mathrm{Fe} + \mathrm{O_2} = \frac{1}{2}\mathrm{Fe_3O_4}$$

ist z. B. nur dann möglich, wenn die freie Standardreaktionsenthalpie ΔG^0 (Sauerstoffaffinität, Wärmetönung) negativ ist. Diese Werte ΔG^0 lassen sich in ihrer Temperaturabhängigkeit heute einfach berechnen. Der Sauerstoffpartialdruck des Gleichgewichts $p^*_{O_2}$ ergibt sich dann zu:

$$\log p^*_{O_2} = \frac{\Delta G^0}{4{,}6} \cdot T \qquad (T = \text{abs. Temperatur K})$$

Bei höherem O_2-Partialdruck (Sauerstoffaktivität) als beim Gleichgewicht erfolgt Oxidation, darunter Reduktion.

In Abbildung 12.1 sind die Reaktionsenthalpien ΔG^0 der Bildungsreaktionen einiger Oxide als Funktion der Temperatur dargestellt (Richardson-Diagramm).

Die Randskalen (p_{O_2}, H_2/H_2O-, CO/CO_2-Verhältnis) dienen dazu, die Gleichgewichtsgaszustände zu bestimmen. Bei 800 °C beträgt z. B. der Sauerstoffgleichgewichtsdruck für die FeO-Reaktion 10^{-19} bar bzw. 10^{-28} bar für die Cr_2O_3-Bildung

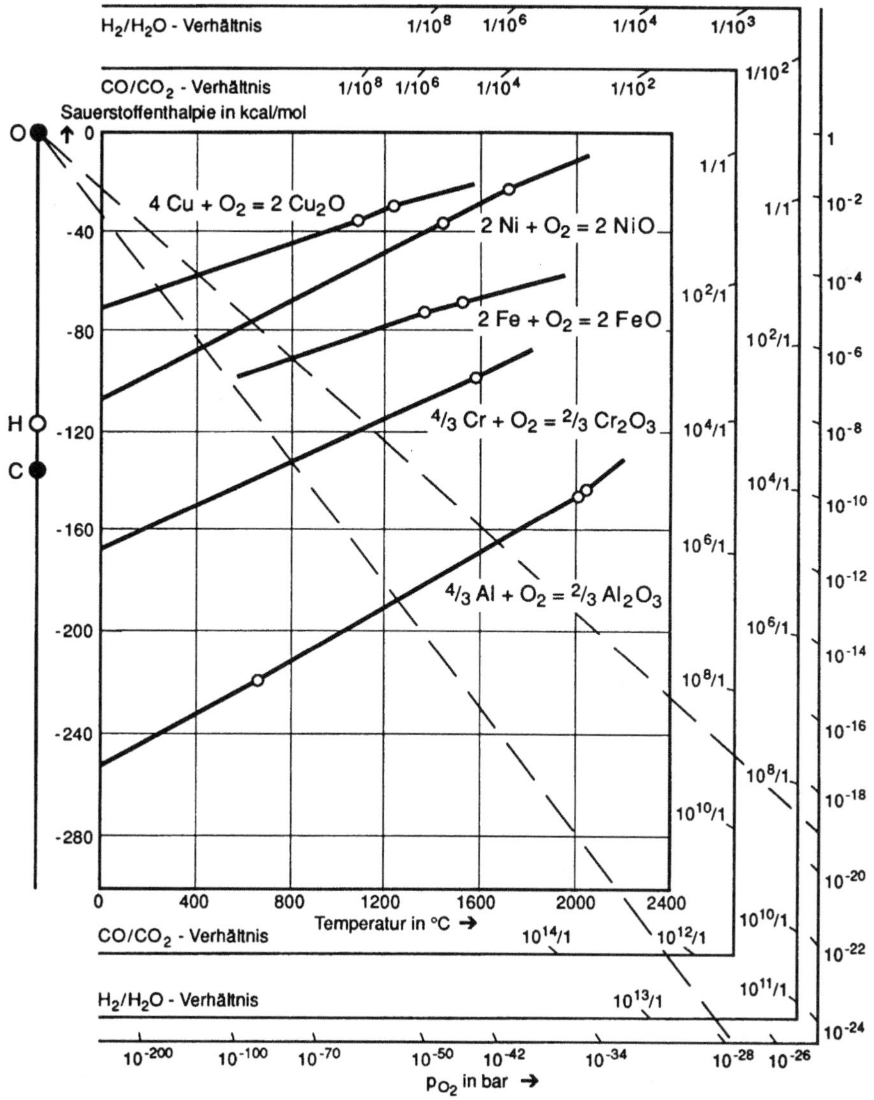

Abb. 12.1 Temperaturabhängigkeit der Reaktionsenthalpie pro Mol Sauerstoff in Oxidsystemen.

(gestrichelte Linien). Bei z. B. 10^{-24} bar würde Cr noch oxidiert, während Fe unverzundert bliebe. Das erklärt qualitativ, warum in Fe-Cr-Legierungen Cr selektiv aufoxidiert werden kann (s. Abschnitt 12.4.1).

Treten mehrere Oxidphasen (Oxidationsstufen) bei einem Metall auf, so lassen sich deren Bildungsbedingungen in thermodynamischen Stabilitätsdiagrammen darstellen. Beispiel dafür ist Eisen in Abbildung 12.2. Bei gleicher Temperatur (> 570 °C) werden mit zunehmendem Sauerstoffdruck nacheinander die Oxide

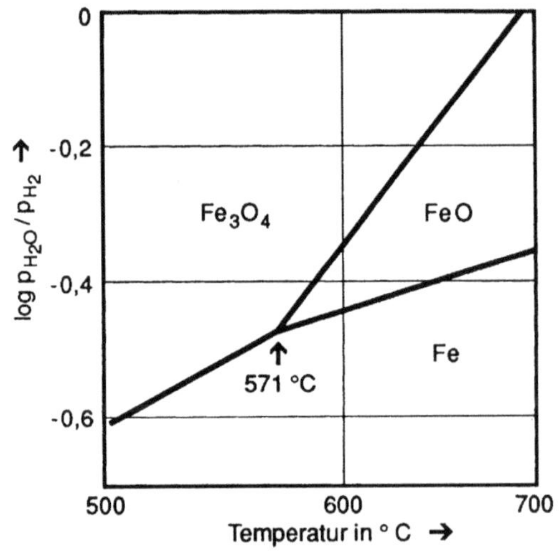

Abb. 12.2 Stabilitätsfelder im System Fe-O.

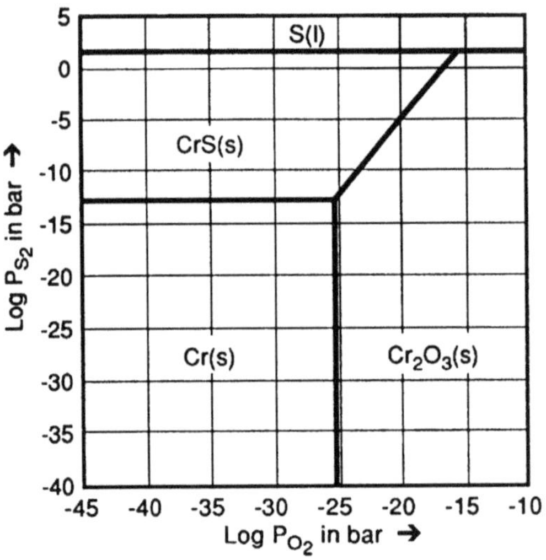

Abb. 12.3 Phasenstabilitätsdiagramm für das System Cr-O-S bei 871 °C.

FeO, Fe_3O_4 und Fe_2O_3 existent. Eine gleiche Reihung zeigen auch die Zunderschichten auf unlegiertem Stahl. Wüstit ist nur oberhalb 570 °C existent.

Nehmen mehrere Gase am Korrosionsangriff teil, z. B. Sauerstoff und schwefelhaltige Gase, so lassen sich Phasenstabilitätsfelder in Abhängigkeit von Sauerstoffaktivität (p_{O_2}) bzw. Schwefelaktivität (p_{S_2}) ebenfalls berechnen (aus den Reaktionsenthalpien der Umsetzungen). Beispiel dafür ist ein isothermer Schnitt für Chrom (Abb. 12.3).

12.2.2
Wachstum und Struktur

Die Thermodynamik liefert nur eine Ja/Nein-Aussage zur Möglichkeit einer Reaktion. Sie gibt keine Geschwindigkeitsinformation. In der überwiegenden Zahl der Fälle bilden sich beim Medienangriff mehr oder weniger dichte Oberflächenschichten, die das Angriffsmedium vom Werkstoff trennen. Der zeitliche Verlauf des Angriffs ist vom Massetransport der Gasmoleküle bzw. der Metallionen durch diese Sperrschicht abhängig (Abb. 12.4).

Die Wachstumsgeschwindigkeit wird bei gasdicht gewachsenen Schichten von der Konzentration und Beweglichkeit der Gitterfehlstellen, bei voluminösen, porigen Schichten von der Porendiffusion bestimmt. Die Tiefe des Metallangriffs (d) nimmt exponentiell mit der Zeit (t) zu:

$$d^x = k_{(T)} \cdot T$$

($k_{(T)}$ = Konstante der HTK).

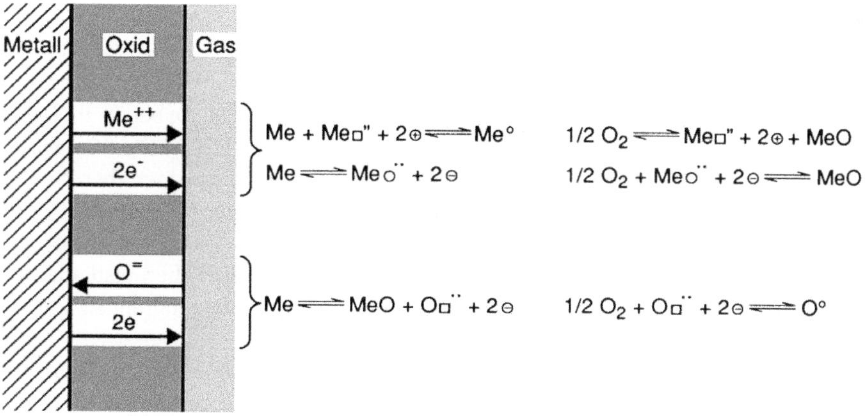

Abb. 12.4 Materialtransport durch die Oxidschicht und die an Phasengrenzen ablaufenden Reaktionen (n. Pfeiffer und Thomas). $Me_\circ''$ = Kationenleerstelle(2 − fach−), $Me_\circ^{\cdot\cdot}$ = überschussion(2 − fach+), ⊖ = freies Elektron, ⊕ = Elektronendefektstelle

Bei gasdichten Schichten gehorcht der Angriff oft einem parabolischen Zeitgesetz ($x = 2$); bei stark porösen oder rissigen Schichten einem weitgehend linearen ($x = 1$). Unter Schmelzen oder korrosiven Ablagerungen bilden sich häufig überhaupt keine oder kaum zusammenhängende Schutzschichten aus. Die Konstante $k_{(T)}$ kann dann sehr große Werte (> 10 mm/a) annehmen, was völliger Unbeständigkeit des Werkstoffs entspricht.

Die HTK-Korrosionsgeschwindigkeit ($\Delta d/\Delta t$) wird in hohem Maße von der Temperatur beeinflusst, was sich durch eine Arrhenius-Funktion der Konstanten $k_{(T)}$ ausdrücken lässt:

$$\log k_{(T)} = A - \frac{B}{T}$$

(A, B = Konstanten)

12.3 HTK in heißen Gasen

Das Verhalten der Werkstoffe in den einfachen Heißgasen und deren einfachen Mischungen ist weitgehend bekannt. Es kann aus Tabellenwerken entnommen werden (Corrosion Data Survey, NACE 1974; Dechema Werkstofftabellen). Wenn trotzdem Schäden in Heißgasen auftreten, so kann das auf komplexe, oft wechselnde Gaszusammensetzung, zusätzliche Ablagerungen, falsche Werkstoffauswahl, unvorhergesehene Übertemperaturen oder schroffe Temperaturwechselbeanspruchung zurückgeführt werden.

12.3.1 Oxidation

Unter Verzunderung wird der chemische Angriff von sauerstoffhaltigen Gasen auf Metalle und Legierungen bei erhöhter Temperatur verstanden. Dabei ist molekularer Sauerstoff (O_2) oder chemisch gebundener Sauerstoff (H_2O, CO_2, SO_2) wirksam. Jedem dieser Gase kann eine Sauerstoffaktivität zugeordnet (berechnet) werden, auch wenn die chemische Analyse keinen molekularen Sauerstoff ausweist. Für Wasserdampf von 180 bar und 540 °C ist der Gleichgewichtsdruck $p^*_{O2} < 10^{-24}\text{MPa}(= 10^{-18}\text{vpm})$ also sehr gering. Trotzdem entstehen festhaftende Oxidschutzschichten auf Stahl, ohne die die sichere Dampferzeugung in industriellem Maßstab nicht vorstellbar wäre.

Abbildung 12.5 zeigt zwei solcher Zunderschichten auf einem Überhitzerrohr aus warmfestem Stahl in Hochdruckdampf. Die sehr unterschiedlichen Strukturen beider Sperrschichten sind auf eine Beschleunigung der Oxidation durch die Temperaturerhöhung um 150 K (600 auf 750 °C) verursacht (Abb. 12.6). Die Kinetik ändert sich dabei von parabolischem zu linearem Ablauf. Dementsprechend treten

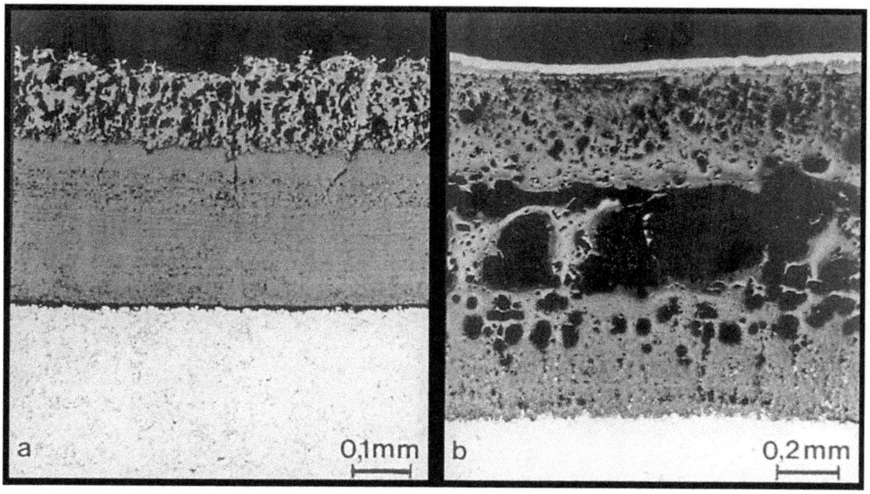

Abb. 12.5 Zunderstruktur an niedriglegiertem Stahl 10CrMo9-10 in Heißdampf. a) 600 °C, 30 000 h; b) 750 °C, 120 h.

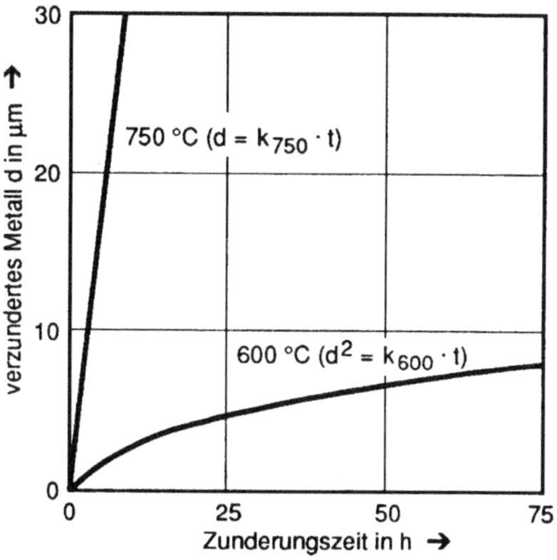

Abb. 12.6 Parabolisches und lineares Zeitgesetz bei niedriglegiertem Stahl in Wasserdampf (10CrMo9-10).

Schäden durch isotherme Heißgasverzunderung bei Stahl faktisch ausschließlich im Geltungsbereich des linearen Zeitgesetzes auf. Ein Beispiel hierfür zeigt Abbildung 12.7.

Das Kühlluftrohr eines Brüdenbrenners verzunderte bis auf Reste nach Ausfall des Luftkompressors. Die dunkleren Oxidzonen (Abb. 12.7) beidseitig der Rohr-

Abb. 12.7 Längsschliff durch Kühlluftrohr. (X10CrAl7) von 4 mm Ausgangswanddicke nach Überhitzung.

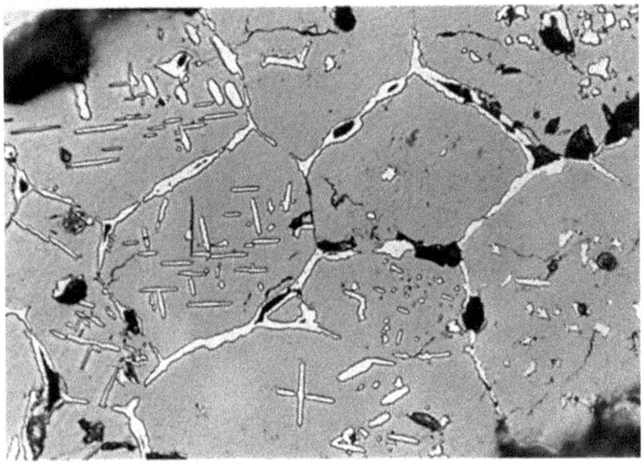

Abb. 12.8 Wüstitzerfall unterhalb 570 °C. FeO = 4 Fe_3O_4 (grau) + Fe (hell).

wand bestehen aus eutektoid zerfallenem Wüstit (Abb. 12.8), wobei sich die Eisenausscheidungen (hell) um die Magnetitausscheidungen (grau) anordnen.

Die Zunderschichten vieler Metalle und Legierungen wachsen in Heißgas bei bestimmungsgemäßer Temperaturbeaufschlagung gleichzeitig beidseitig der ursprünglichen Werkstoffoberfläche, wobei die äußere Schicht epitaktisch aufwächst und die innere unter sukzessiver Aufzehrung der Metallkörner in den Werkstoff topotaktisch einwächst. Das Verhältnis der Schichtdicken ist von der Legierungsart, der Einsatztemperatur und der Gasart abhängig. Ein Beispiel hierfür ist ein verzundertes Halteeisen aus GG-25 (Abb. 12.9). Die Graphitlamellen markieren deutlich die ursprüngliche Oberflächenposition.

Im Querbruch des Zunders lässt sich die Ursprungsoberfläche an dem Kristallhabitus ebenfalls ausmachen (Abb. 12.10).

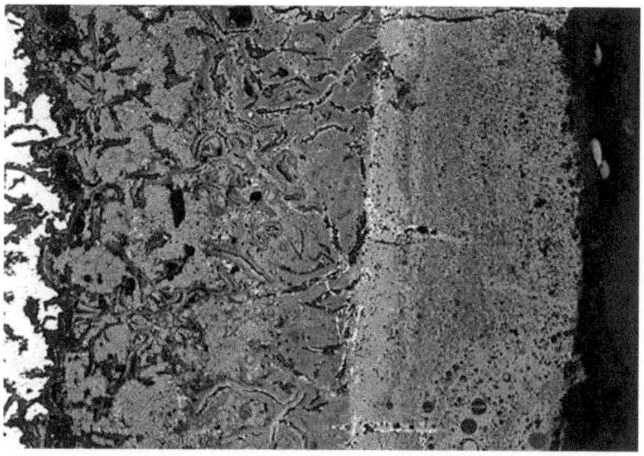

Abb. 12.9 Querschnitt durch eine verzunderte Gussplatte (GG-25) aus einem Ofen nach 160 000 Betriebsstunden.

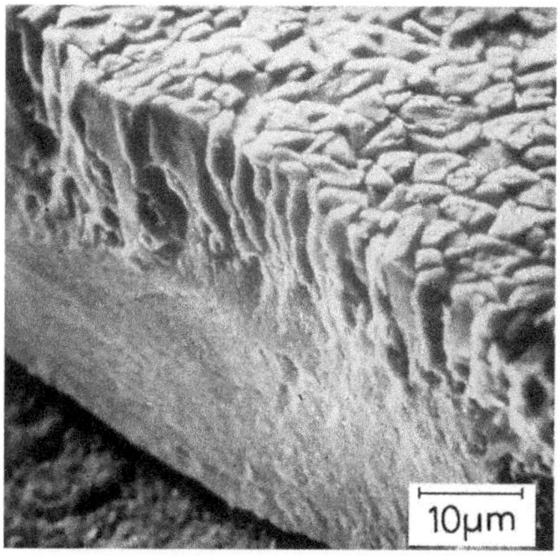

Abb. 12.10 Bruchfläche eines zweischichtigen Magnetitzunders in einem HD-Überhitzerrohr.

Das parabolische Wachstumsgesetz von Oxidschichten in Heißdampf auf den warmfesten Stählen 13CrMo44 und 10CrMo9-10 ist im Temperaturbereich von 500 bis 620 °C vom Autor in Langzeitversuchen quantifiziert worden. Es lautet:

$$d^2 = k_{(\mathrm{T})} \cdot t$$

(d [mm], t [h], T [K]),

wobei die Temperaturabhängigkeit der Zunderkonstanten mit:

$$\log k = -\frac{9856}{T} + 5{,}22$$

ermittelt wurde (Abb. 12.11).

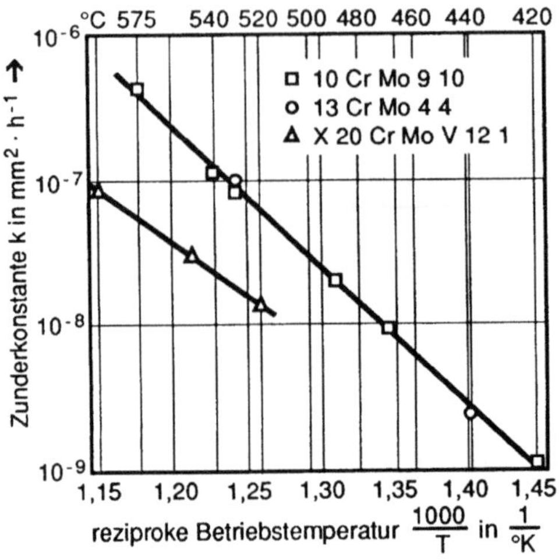

Abb. 12.11 Temperaturabhängigkeit der Zunderkonstanten von 13CrMo44, 10CrMo9-10 und X20CrMoV12-1 in Heißdampf.

Aus der Betriebszeit und der im metallografischen Schliff ermittelten Zunderdicke kann die Zunderkonstante errechnet werden, aus der sich dann nach Abbildung 12.11 die mittlere Betriebstemperatur abschätzen lässt. Solche Angaben sind bei Schadenuntersuchungen an heißdampfbeaufschlagten Komponenten von großem Nutzen. Sie erlauben, neben der Auslegungstemperatur eine realistischere Betriebstemperatur anzugeben oder auch das Alter von geöffneten Rissen zu bestimmen.

12.3.1.1 **Zunderbeständigkeit durch Legieren**

Durch Legieren bestimmter Elemente lässt sich die Zundergeschwindigkeit der reinen Metalle erheblich herabsetzen. Für ferritischen Stahl sind Cr- und daneben auch Al- und Si-Zusätze besonders wirkungsvoll (Abb. 12.12).

Der Steilabfall der Zundergeschwindigkeit zwischen 0 und 5 % Cr ist Folge einer zunehmenden Cr-Spinellbildung, wobei im Magnetitzunder ein Teil des dreiwertigen Eisens durch Chrom ersetzt wird ($Fe(Fe,Cr)_2O_4$). Nach einem Cr-unabhängigen Zunderplateau setzt ab etwa 13 % Cr eine nochmalige, drastische Verlangsamung der Zundergeschwindigkeit ein, die mit der Bildung dünner Schichten aus fast reinem Chromoxid einhergeht. Beide Abnahmen lassen sich auf erschwerte Diffusion der Metall- und Metalloidionen (Abb. 12.4) in den Cr-spinellhaltigen Zunderschichten oder auf die faktisch perfekte Diffusionssperre der Cr_2O_3-Schichten zurückführen. Bei Cr-Ni-Stählen lässt sich die Oxidationsrate durch Zusatz von Silizium im Prozentbereich und besonders von Si mit „Seltenen Erden" (REM) in 1/100%-Gehalten merklich verbessern. Grund ist wahrscheinlich eine Verzögerung der Metallionendiffusion in der Oxidschicht.

Die hitzebeständigen Stähle sind in der Norm DIN EN 10095 zusammengefasst. Ein Stahl gilt bei einer Temperatur *T* als zunderbeständig, wenn die verzunderte

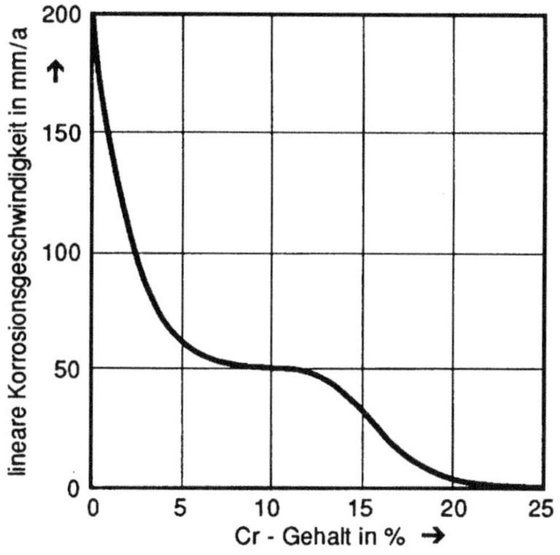

Abb. 12.12 Einfluss von Cr auf die Zundergeschwindigkeit bei Fe-Cr-Legierungen (1000 °C, Luft).

Metallmenge bei dieser Temperatur im Durchschnitt den Betrag 1 $g/m^2 \cdot h$ und bei der Temperatur $T + 50$ K einen Betrag von 2 $g/m^2 \cdot h$ für eine Zeitdauer von 120 h bei vier Zwischenabkühlungen nicht überschreitet. Umgerechnet ergibt das eine Wanddickenschwächung von 1–2 mm/a. Entsprechend dieser Prüfung ist die Zundergrenztemperatur für Luft angegeben (Tabelle 12.1). In jedem Falle liegt diese Grenztemperatur unterhalb des Steilanstieges der Zundergeschwindigkeit, der mit der Bildung chromarmer Wüstitschichten einhergeht (Abb. 12.12).

Schäden an hitzebeständigen Stählen durch Verzunderung in nur oxidativ wirkenden Gasen sind meistens die Folge von Übertemperaturen. Ein Beispiel dafür war die Umstellung der Feuerung eines Dampferzeugers von Kohle- auf

Tabelle 12.1 Zunderbeständigkeit der hitzebeständigen Walz- und Schmiedestähle (DIN EN 10095).

Kurzname	Werkstoff-Nr.	Zundergrenztemperatur in Luft °C	Gefüge
X10CrAlSi7	1.4713	800	Ferrit
X10CrAlSi13	1.4724	850	Ferrit
X10CrAlSi18	1.4742	1000	Ferrit
X10CrAlSi24	1.4762	850–1150	Ferrit
X8CrNiTi18-10	1.4878	850	Austenit
X15CrNiSi20-12	1.4828	1000	Austenit
X12CrNi23-13	1.4833	1000	Austenit
X8CrNi25-21	1.4845	1050	Austenit
X15CrNiSi25-21	1.4841	1150	Austenit
X12NiCrSi35-16	1.4864	850–1100	Austenit
X10NiCrAlTi32-21	1.4876	1100	Austenit

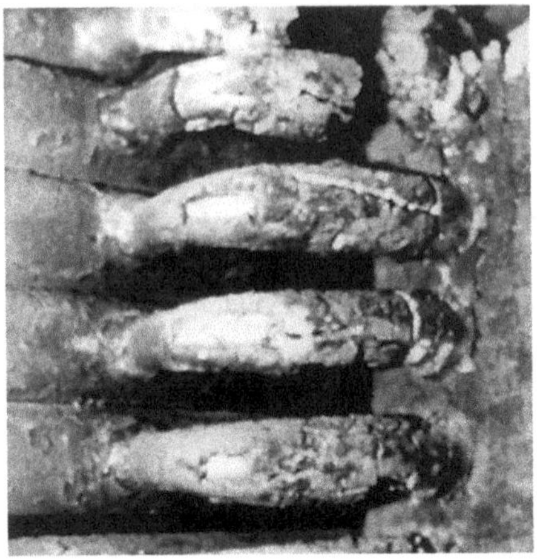

Abb. 12.13 Abzunderung von Rohrhalterungen nach Rauchgastemperaturerhöhung (X10CrAl13).

Gasfeuerung. Die dadurch erfolgte Anhebung der Rauchgastemperatur um 100 bis 150 °C auf über 900 °C ließ Rohrhalterungen stark verzundern (Abb. 12.13).

12.3.1.2 **Innere Oxidation**

Innere Oxidation von Legierungen ist gekennzeichnet durch Ausscheidungen von feinen Oxidpartikeln (0,1 bis 10 µm) des Legierungsmetalls in einer schmalen Randzone bei Glühung in sehr schwach oxidierender Atmosphäre (Abb. 12.14 und 12.15).

Dieser Vorgang führt nie zu einem Schaden; sein Erscheinungsbild ermöglicht aber wichtige Rückschlüsse bei der Schadenanalyse, z. B. auf den Entstehungszeitpunkt von Rissen.

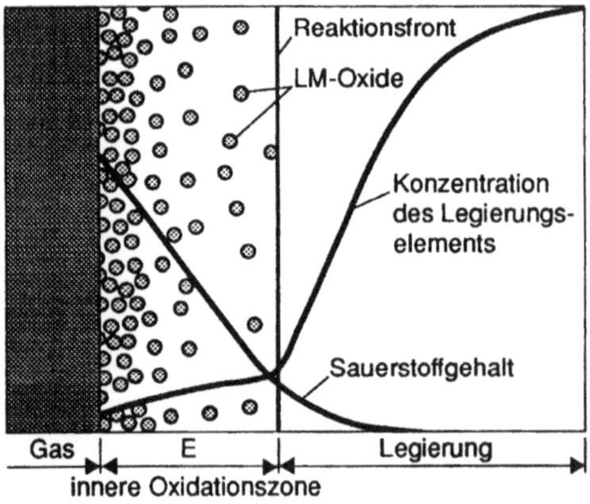

Abb. 12.14 Schematische Darstellung der Konzentrationsverhältnisse bei innerer Oxidation.

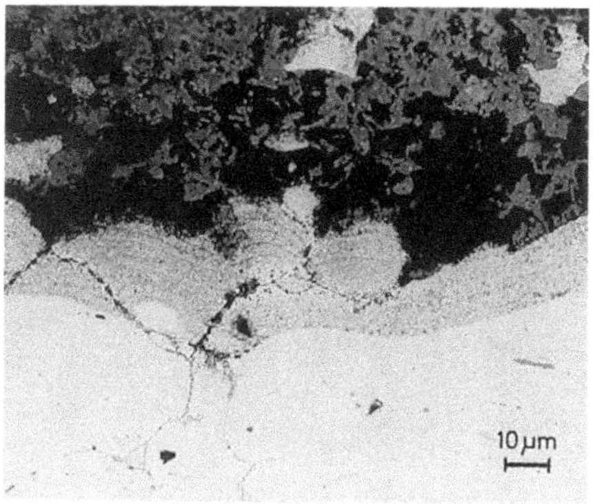

Abb. 12.15 Innere rhythmische Oxidation eines Bodenblechs aus einem Houdry-Turm (13CrMo44).

Der Vorgang der inneren Oxidation ist an mehrere Voraussetzungen geknüpft:

- Das Grundmetall besitzt eine geringe Sauerstofflöslichkeit.
- Der Transportkoeffizient des Sauerstoffs im Grundmetall ist größer als der des selektiv zu oxidierenden Legierungsmetalls.
- Das Legierungsmetall hat eine wesentlich höhere Sauerstoffaffinität als das Grundmetall.
- Die Sauerstoffaktivität der Gasphase muss niedriger sein als das Gleichgewichts-Sauerstoffpotenzial des niedrigsten Grundmetalloxids und höher als das des Legierungsmetalloxids.

Für eine Fe-Cr-Legierung sind bei 800 °C die Verhältnisse in Abbildung 12.1 mit den gestrichelten Geraden gekennzeichnet: $10^{-28} < p_{O_2} < 10^{-19}$ bar.

An mit Wasserdampf oder Luft in Berührung stehenden Stahloberflächen wird deshalb innere Oxidation nicht beobachtet, weil die Sauerstoffaktivität dieser Gase p_{O_2} immer weit größer ist als die Gleichgewichtsauerstoffaktivität ($p^*_{O_2}$) aller Eisenoxide. Klaffende Risse, deren Flankensäume innere Oxidation aufweisen, können deshalb nicht in diesen Medien, sondern müssen vorher, z. B. bei der Wärmebehandlung oder während eines Schweißvorgangs, entstanden sein.

12.3.2
Aufkohlung (Innere Karbidbildung)

Unter Aufkohlung im Sinne eines HTK-Vorgangs wird die ungewollte Anreicherung von Kohlenstoff in der Randzone eines Bauteils verstanden (gewollt ist z. B. die Einsatzhärtung). Sie ist eine innere saumartige Karbidbildung, die in der Industriepraxis von einer Oxidbildung begleitet wird.

Aufkohlende Bedingungen herrschen in CO-reichen bzw. kohlenwasserstoffhaltigen Gasen oberhalb ca. 600 °C (reduz. Glühgase, Spalt-, Reformer- und Pyrolysegase). Aufkohlung kann weiterhin eintreten, wenn Öl-, Fett- oder Ziehmittelreste auf Werkstoffoberflächen beim Glühen zu Kohlenstofffilmen zersetzt werden oder Rußablagerungen bei unvollständiger Verbrennung entstehen.

12.3.2.1 Aufkohlende Gase

Für die Aufkohlung in CO-reichem Gas ist die Reaktion

$$2\ CO = CO_2 + C; a_C = K_{CO} \cdot \frac{p_{CO}^2}{p_{CO_2}},$$

für kohlenwasserstoffhaltiges Gas im einfachsten Fall die Reaktion

$$4\ CH_4 = 2\ H_2 + C; \quad a_C = K_{CH_4} \cdot \frac{p_{CH_4}}{p_{H_2}^2}$$

maßgebend.

Die Kohlenstoffaktivität ist $a_c = 1$ bei Gasgleichgewicht mit Graphit. Bei $a_c > 1$ kann Abscheidung von Graphit erfolgen, bei $a_c < 1$ kann Kohlenstoff noch im Metall gelöst oder können Karbide der Legierungselemente (Cr, Nb) im Werkstoff gebildet werden. Die Existenzfelder im System Fe-C sind für CO/CO_2-Gasmischungen im Gleichgewicht in Abhängigkeit von der Temperatur in Abbildung 12.16 dargestellt.

Die Zusammensetzung von Gasen in technischen Prozessen ist in Abbildung 12.17 wiedergegeben.

Bei Temperaturen, z. B. von 825 und von 1000 °C (Abb. 12.17), kommt es im Gleichgewicht zu Kohlenstoffabscheidungen ($a_c = 1$) bei der Ethylen-Pyrolyse und der Kohlevergasung. In der Praxis ist die Gleichgewichtseinstellung jedoch verzögert, weil die Übertragungsreaktion (insbesondere durch CH_4) eine sehr langsame Kinetik besitzt. Die Kohlenstoffaktivität auf den Werkstoffoberflächen bleibt deshalb wesentlich kleiner als im Gleichgewicht.

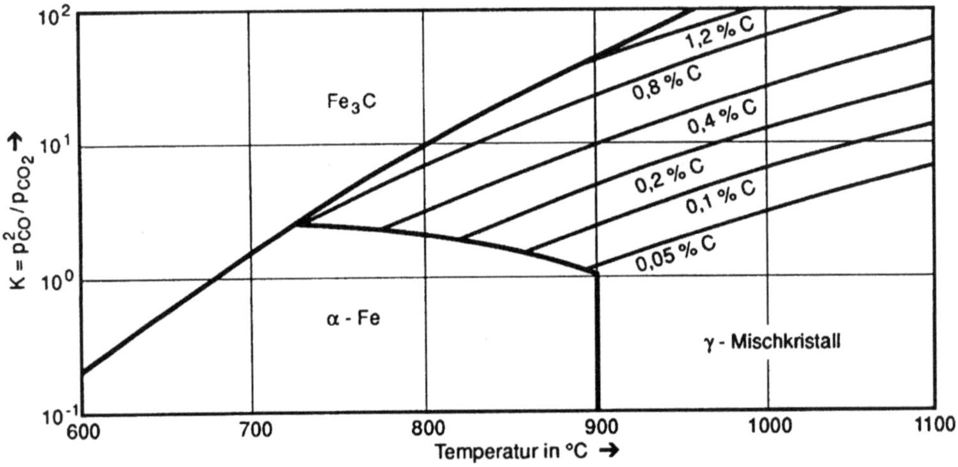

Abb. 12.16 Aufkohlungsgleichgewichte von Eisen in CO/CO_2-Gasgemischen bei verschiedenen Temperaturen.

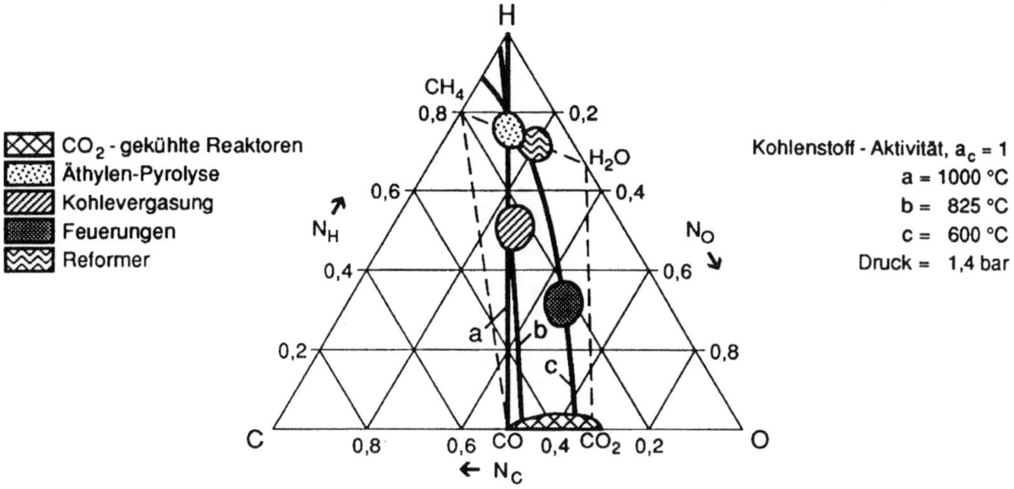

Abb. 12.17 Ternäres Diagramm C-O-H der Gaszusammensetzung bei technischen Prozessen mit aufkohlenden Gasgemischen.

Bei den genannten Prozessen stehen mit dem aufkohlenden Gas ausnahmslos Rohre oder Bleche aus hochlegiertem Fe-Cr-Ni-Si-Stahl oder Ni-Cr-Legierungen in Kontakt, die sich mit Kohlenstoff (Coke) belegen können. Die Widerstandsfähigkeit dieser Materialien gegenüber Aufkohlung wird entscheidend von der Integrität einer oxidischen Schutzschicht aus Chromoxid oder chromreichen Spinellen bestimmt (Abb. 12.18).

Reißen diese Schichten unter Temperaturwechselbeanspruchung auf, werden sie aberodiert oder tritt eine Umwandlung durch Reaktion mit dem festen Kohlenstoff zu Karbiden ein, so ermöglicht erst dann der direkte Kontakt des Gases mit der Legierung eine Aufkohlung der oberflächennahen Schicht. Es scheiden sich Cr-reiche Karbide vom Typ $M_{23}C_6$ und M_7C_3 aus, wodurch der Matrix Chrom entzogen wird. Bei durch Chromverarmung herabgesetzter Beständigkeit erfolgt dann beschleunigte Verzunderung. Auch beim Ausbrennen des „Coke" von Crackrohren mit Luft-Dampf-Gemischen bei hohen Temperaturen können sich die oxidischen Schutzschichten durch Karbidumwandlung völlig zerstören. Ein Beispiel für die Wirkung einer Verzunderung in aufkohlender Atmosphäre gibt Abbildung 12.19.

Im linken Teilbild ist eine Leitschaufel aus der ersten Reihe einer mit Gichtgas betriebenen Gasturbine nach rd. 31 000 Betriebsstunden wiedergegeben. Das gesamte Schaufelblatt ist stark abgezehrt. Bei einer Gaseintrittstemperatur von 750 °C war bei fortschreitender Feststofferosion der Schaufelwerkstoff X12CrNiWTi-16-13 infolge unvollständiger Verbrennung am Rande aufgekohlt worden. Die damit verbundenen Ausscheidungen auf den Korngrenzen und im Korn führten über eine Chromverarmung der Grundmasse zu einer Verminderung der Zunderbeständigkeit und damit zu den beobachteten Abzehrungen, die im Angelsächsischen „metal dusting" genannt werden.

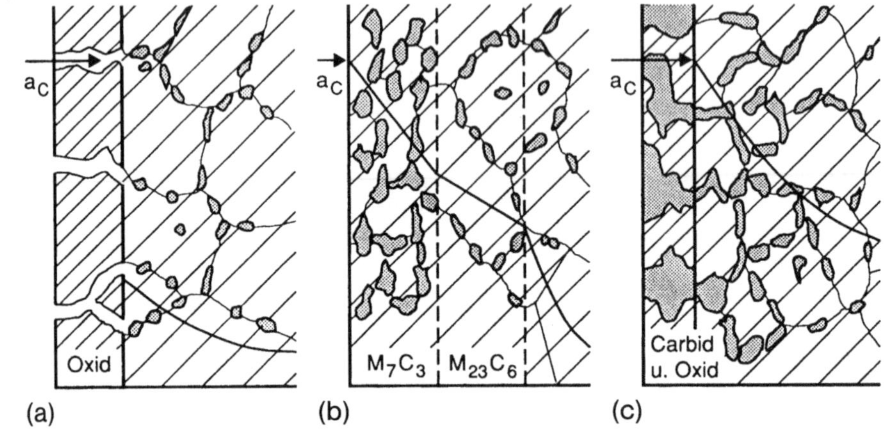

Abb. 12.18 Innere Karbidbildung bei FeNiCr-Legierungen (nach Grabke). a) Aufkohlung in rissiger Oxidschicht, b) Aufkohlung ohne schützende Oxidschicht (z. B. aberodiert), c) Verlust des Korrosionsschutzes durch Umwandlung von Oxid in Karbid.

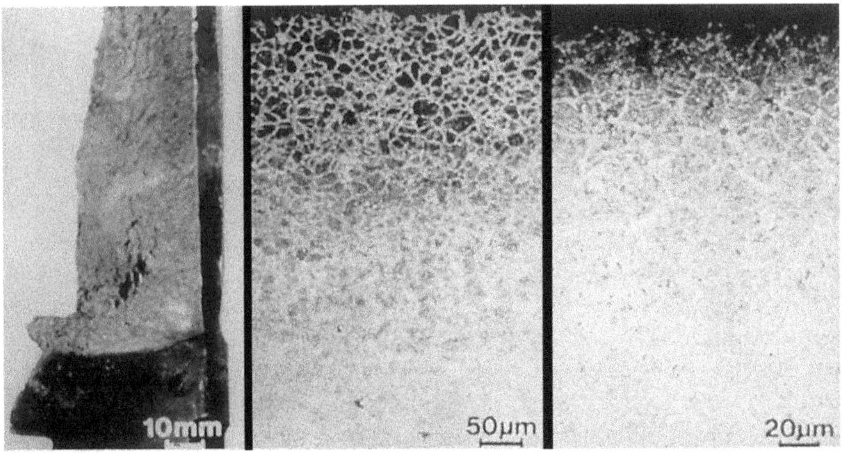

Abb. 12.19 Abzehrung einer Turbinenschaufel aus einer Gichtgasturbine nach Aufkohlung und Verzunderung (X12CrNiWTi16-13).

12.3.2.2 **Selbstaufkohlung**

Gelegentlich wird Aufkohlung auch in oxidierenden Feuerungsgasen (Abb. 12.20) bei Temperaturen um 600 °C beobachtet.

Betroffen sind Überhitzerrohre fossil gefeuerter Dampferzeuger. Bemerkenswerterweise wird diese saumartige Cr-Karbidausscheidung (Abb. 12.21) nur bei hochchromhaltigen Werkstoffen (X12CrMo9-1, X20CrMoV12-1, X8CrNiMoNb16-16) mit merklichen Kohlenstoffgehalten (> 0,02 %) und nie bei niedriglegierten warmfesten Stählen (10CrMo9-10, 13CrMo44) festgestellt. Dritte Bedingung war

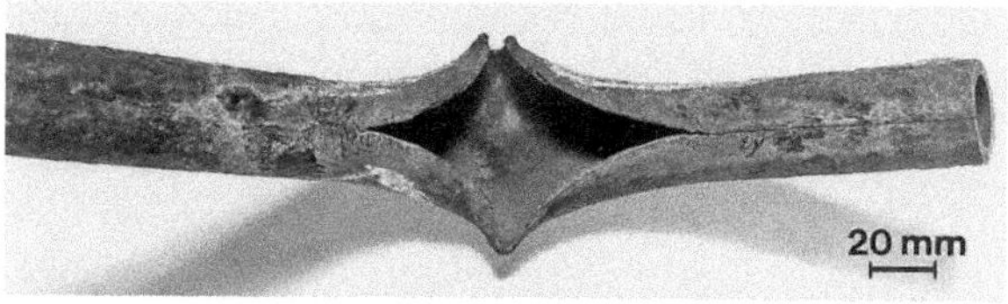

Abb. 12.20 Nach Aufkohlung gerissenes Überhitzerrohr (X20CrMoV12-1).

Abb. 12.21 Aufkohlung eines Überhitzerrohres (X20CrMoV12-1) mit Saum S (1 % C).

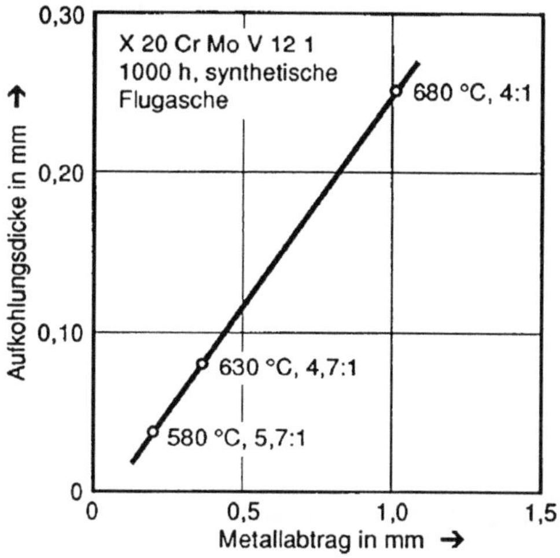

Abb. 12.22 Abhängigkeit der Aufkohlungsdicke vom Metallabtrag durch HTK.

eine merkliche Rohrwandabzehrung durch HTK. An derartig geschädigten Rohren ist es zu spröden Rohrreißern vom Fischmaultyp gekommen (Abb. 12.20).

In HTK simulierenden Versuchen mit CO/CO_2-freiem, synthetischen Rauchgas konnte bewiesen werden, dass diese Aufkohlung durch Diffusion von Kohlenstoff aus korrodierenden Schichten in die momentan angrenzenden Stahlschichten erfolgt (Selbstaufkohlung).

Dementsprechend nahm die Dicke des Aufkohlungssaums mit dem korrosiven Metallabtrag zu (Abb. 12.22). Der Kohlenstoff des Saumes stammt somit nicht aus dem Feuerungsgas.

12.3.3
Wasserstoffangriff

Eine Wechselwirkung zwischen Wasserstoff und Metall ist in vielfacher Form möglich. Bei HTK ist nur der chemische Umsatz von heißem wasserstoffhaltigen Gas mit Gefügebestandteilen wichtig.

12.3.3.1 **Druckwasserstoffangriff oberhalb 200 °C auf Stahl**

Bei unlegiertem Stahl kann es zu Umsetzung des Gefügebestandteils Zementit unter Kohlenwasserstoffbildung entsprechend

$$Fe_3C + 2\,H_2 = 3\,Fe + CH_4$$

kommen. Dieser Angriff erfolgt rasch an den Korngrenzen, das Material wird interkristallin rissig. Er kann sich aber auch auf Fe_3C im Perlit richten. Durch Zusatz von karbidstabilisierenden Elementen (Cr, Mo, V, Ti, Nb) wird die Wasserstoffbeständigkeit verbessert (Abb. 12.23).

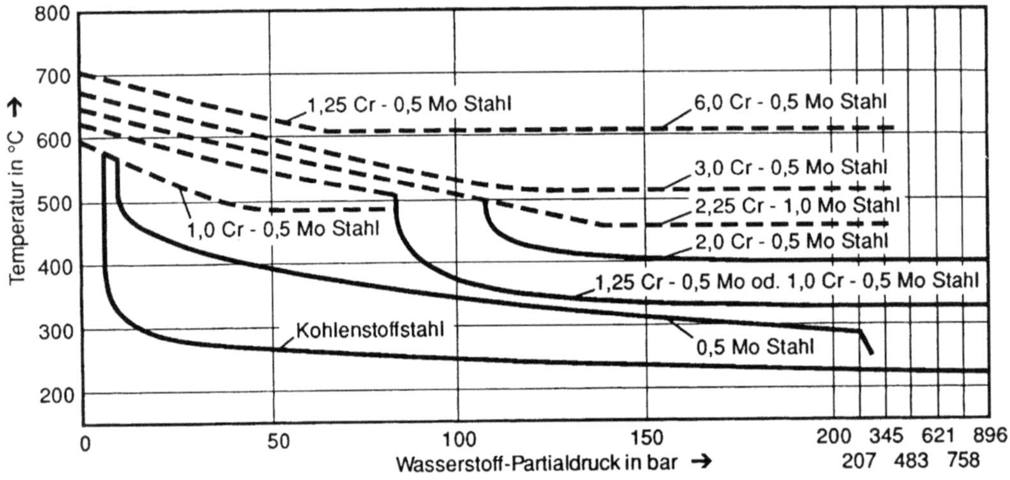

Abb. 12.23 Grenzlinien der Beständigkeit für Stähle in heißem Druckwasserstoff. API-Nelson-Diagramm, 1983.

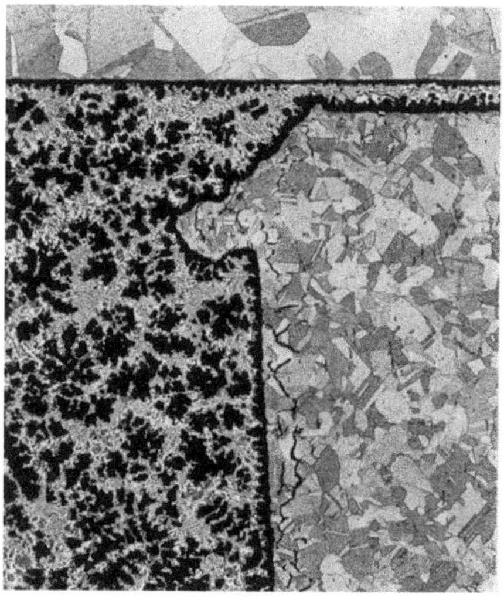

Abb. 12.24 Wasserstoffkrankheit in Cu_2O-haltigem Kupfer an einer Lötstelle.

12.3.3.2 Wasserstoffkrankheit bei Kupfer

Bei sauerstoffhaltigem Kupfer greift Wasserstoff das Kupferoxid unter Wasserdampfbildung entsprechend

$$Cu_2O + H_2 = 2\ Cu + H_2O$$

an. Es entstehen Poren, die sich zu Rissnetzwerken vereinigen können (Wasserstoffkrankheit). Derartige Schäden treten des Öfteren beim Hartlöten mit der Flamme auf, wenn organische Verunreinigungen im Lötbereich vorhanden sind. Abbildung 12.24 zeigt eine Lötverbindung, wobei nur das sauerstoffhaltige Kupfer (rechts) rissbehaftet ist, während der Anschluss zu der S-Kupferqualität (oben) in Ordnung ist.

12.3.4 Schwefelung

12.3.4.1 Schwefelaktivität von Gasen

Sulfidierend auf Metalle und Legierungen können schwefelhaltige Gase (oder Gasmischungen) wirken. Es sind bei Pyrolyse und Kohlevergasung vorwiegend H_2S und bei Feuerungsgasen fossiler Brennstoffe vorwiegend SO_2 (SO_3). Der Grad der Sulfidierungswirkung wird von der Schwefelaktivität (p_{S_2}) des Gases bestimmt. Der Wert muss > 10^{-9} bar sein, um Wirkung zu zeigen, was in den erwähnten Gasen häufig der Fall ist. Die Berechnung von p_{S_2} erfolgt mit den Gleichgewichtskonstanten der Reaktionen und den Gasanalysen:

$$2\ H_2S = S_2 + 2\ H_2;\quad p_{S_2} = K_{H_2S} \cdot \frac{p^2_{H_2S}}{p^2_{H_2}}$$

$$2\,SO_2 = 2\,O_2 + S_2; \quad p_{S_2} = K_{SO_2} \cdot \frac{p^2_{SO_2}}{p^2_{O_2}}$$

Das Wachstum von Sulfiden ist sehr viel schneller als das von Oxidschichten. Es führt bei hohen Temperaturen zu katastrophaler Korrosion. Die Korrosionskonstante der Sulfidierung ist dementsprechend um Zehnerpotenzen größer als bei der Oxidation. Der Grund hierfür ist die höhere Fehlstellenkonzentration in den Sulfiden, die wiederum größere Diffusionskonstanten der Kationen bedingt.

12.3.4.2 Stabilisierung der oxidischen Schutzschicht

In der industriellen Praxis existieren faktisch keine reinen sulfidierenden Atmosphären.

Durch Gehalte an O_2, H_2O bzw. CO_2 ist die Sauerstoffaktivität (p_{O_2}) meistens hinreichend hoch, sodass sich Oxide wie Cr_2O_3, Al_2O_3, SiO_2 oder spinelle Phasen auf der Oberfläche der Legierungen bilden können. In Abhängigkeit von der Höhe des p_{S_2} des angreifenden Gases ist theoretisch ein Mindest-p_{O_2}-Druck notwendig, um eine oxidische Schutzschicht aufzubauen (Abb. 12.25, thermodynamische Grenze). Experimentell ermittelt sich der notwendige Mindestdruck um drei Größenordnungen größer (Abb. 12.25, kinetische Grenze).

Beispiele für eine Beteiligung von Sulfidierungsreaktionen an der HTK geben eine Halterung aus Incoloy 800 (Abb. 12.26) und Schweißgut auf Nickellegierungsbasis (Abb. 12.27) in SO_2-haltigem Feuerungsgas. Gründe sind zum einen die notwendige, wesentlich höhere Sauerstoffaktivität für die NiO-Stabilisierung, zum anderen die Möglichkeit der Bildung von tiefschmelzenden $Ni\text{-}Ni_3S_2$-Eutektika (645 °C). Dadurch wird ein Angriff mit geringer Diffusionshemmung möglich.

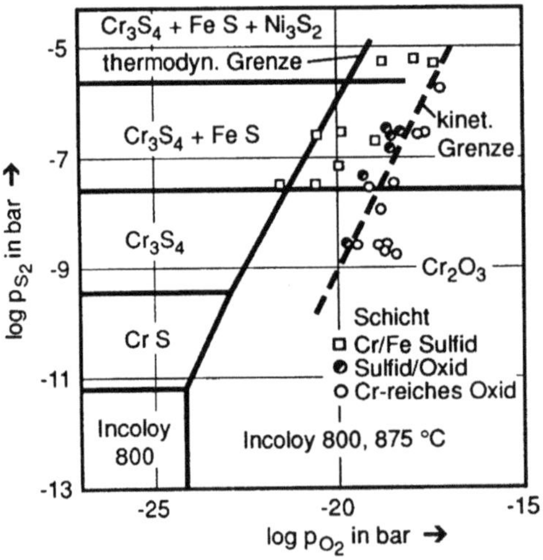

Abb. 12.25 Art der Korrosionsschicht auf Incoloy 800 in Abhängigkeit von O- und S-Aktivität (nach Natesan).

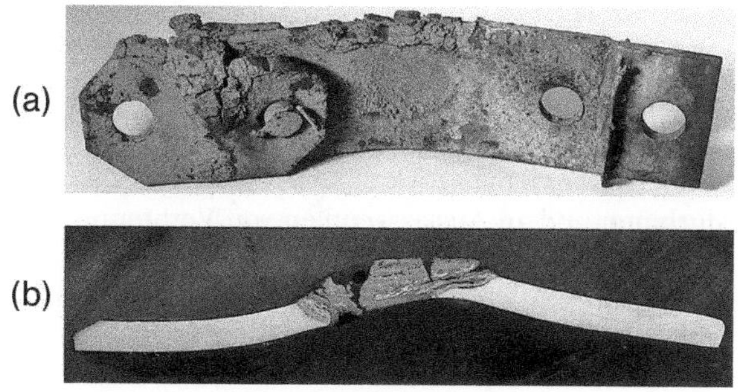

Abb. 12.26 a) Korrodierte Rohrhalterung (Incoloy 800 H; W.-Nr. 1.4876) aus fossil gefeuertem Dampferzeuger (15 000 Bh; 800 bis 900 °C), b) Querschnitt mit oxidisch-sulfidischem Korrosionsprodukt.

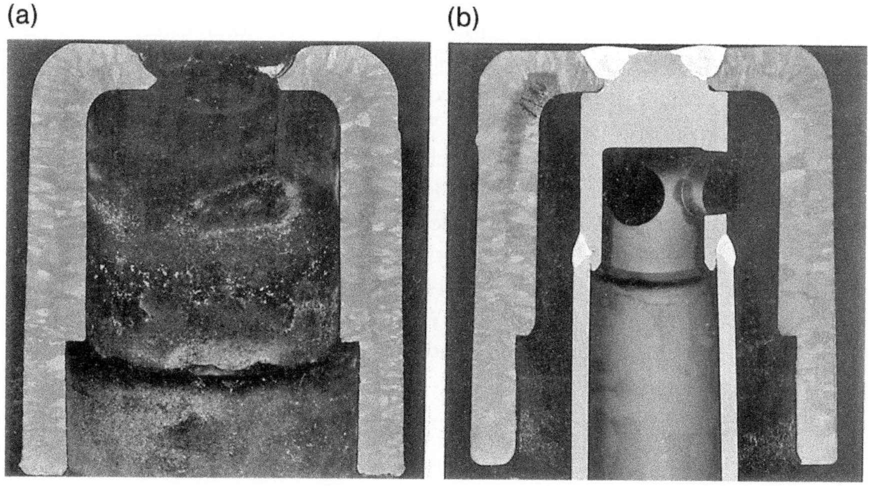

Abb. 12.27 HTK des Nickelbasis-Schweißzusatzwerkstoffs SG-NiCr20Nb an einer Lufteindüseglocke (X15CrNiSi25-20) in Wirbelschichtfeuerung (ZAWF). a) nach 2000 Betriebsstunden, b) Neuzustand.

12.4 HTK unter Ablagerungen

Eine Häufung von HTK-Schäden tritt dann ein, wenn die mit Heißgas beaufschlagte Bauteiloberfläche zusätzlich mit Ablagerungen bedeckt ist. Das hat zwei Ursachen:

Neben der Gasreaktion mit dem Werkstoff kann gleichzeitig eine Änderung der Gaszusammensetzung durch Reaktion mit Ablagerungskomponenten erfolgen, sodass die Zusammensetzungen der Gasmedien im Belag und in der äußeren

Strömung unterschiedlich sind (Belag-Mikroklima). Ablagerungskomponenten können schmelzen und damit einen Schmelzangriff auf die oxidischen Schutzschichten ermöglichen. Beide Veränderungen können zu einer Beschleunigung der Korrosion um Größenordnungen führen. Typische Fälle sind HTK an Überhitzerrohren in mit fossilem Brennstoff gefeuerten Dampferzeugern, an Beschaufelungen von stationären Gasturbinen und an Auslassventilen von Verbrennungsmotoren. Typische Medien sind staubhaltiges Verbrennungsgas und alkalisulfat-, vanadat- oder chloridhaltige Ablagerungen bzw. niedrig schmelzende Verbindungen.

12.4.1
HTK an Überhitzerberohrungen steinkohlengefeuerter Dampferzeuger

Bei der Verbrennung von Steinkohlenstaub in Kesseln werden Teile der mit dem Rauchgasstrom geförderten gasförmigen, flüssigen und festen Aschebestandteile der Kohle auf den kälteren, angeströmten Rohrflächen kondensiert, abgelagert und teilweise eingeschmolzen. Unter solchen Ablagerungen kommt es häufiger zu stärkerem Angriff auf die Rohrwerkstoffe 13CrMo44, 10CrMo9-10 und X20CrMoV12-1 bei Temperaturen von 550–650 °C. Eine typische Analyse des über die Ablagerungen strömenden Rauchgases ist:

0,2 % SO_2, < 2 % O_2, 15 % CO_2, 20 % H_2O, Rest N_2.

Bei stark korrodierten Rohren ist ein gleichartiger Belagaufbau festzustellen, der schematisch in Abbildung 12.28 im Querprofil wiedergegeben wird.

Die topotaktisch eingewachsene Fe_3O_4-Schicht (Zt) enthält Chrom in etwa der gleichen Volumenkonzentration wie der Werkstoff. Sie ist mit Ausnahme eines an die Ursprungsstahloberfläche angrenzenden Saumes S mit Sulfidschwefel durch-

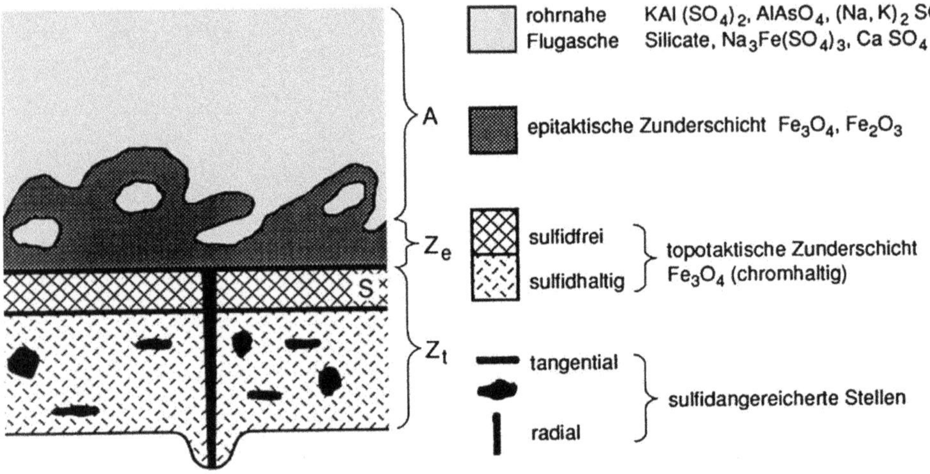

Abb. 12.28 Schematische Darstellung des Aufbaus von Überhitzerrohrbelägen in Dampferzeugern nach HTK.

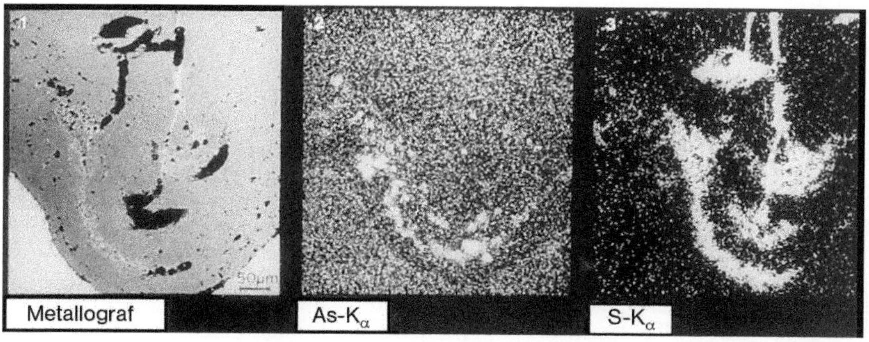

Abb. 12.29 Sulfid- und Arsenidanreicherung in Zunderrissen nach HTK (34 000 Bh) an Überhitzerrohren.

setzt. In radialen und tangentialen Zunderrissen sowie in Poren ist Sulfid- bzw. Arsenidanreicherung festzustellen (Abb. 12.29).

Die topotaktische Schicht ist frei von Flugaschekomponenten wie Sulfat, K, Na, Al, Si, Ca u. a.

Auf dieser Schicht wächst, im Schliffbild nicht immer klar erkennbar, eine diffuse epitaktische Fe_3O_4/Fe_2O_3-Schicht (Ze) auf, die mit Flugascheverbindungen stellenweise durchsetzt ist.

An diese Zunderschicht schließt sich zum Rauchgas hin das dicke Flugascheagglomerat mit den Verbindungen: Alkalisulfate, Erdalkalisulfate, Alkalidoppelsulfate, Aluminiumorthoarsenat, Hämatit, Silikate u. a. an. Anzeichen von erstarrten Schmelzen in Berührung mit den Oxidschichten Ze und Zt (Abb. 12.28) oder mit dem Rohrwerkstoff selbst konnten bei vielen Schadenuntersuchungen nicht festgestellt werden. Der Belagaufbau, die Element- und die Verbindungsverteilung lassen vermuten, dass Hochtemperaturkorrosion als Gas/Feststoffreaktion abläuft.

Die $SO_2/SO_3/O_2$-haltigen Rauchgase dringen durch den porigen und rissigen Zunder an die momentane Rohroberfläche vor und reagieren mit dem Stahl nach:

$$3\,Fe + 2\,O_2 = Fe_3O_4$$

$$5\,Fe + 2\,SO_2 = Fe_3O_4 + 2\,FeS$$

$$13\,Fe + 4\,SO_3 = 3\,Fe_3O_4 + 4\,FeS.$$

Auf durch Hochtemperaturkorrosion stark abgezehrten Überhitzerrohren stellt man faktisch immer Alkalidoppelsulfate fest wie $KAl(SO_4)_2$. Solche Sulfate sind im Temperaturbereich von 550–650 °C nur existent, wenn der SO_3-Partialdruck größer 0,01 Vol.-% ist, also um mindestens eine Größenordnung über dem des Rauchgases liegt. Es kommt also in den Ablagerungen zu einer merklichen SO_2/SO_3-Aufoxidation, wahrscheinlich durch Fe_2O_3-Katalyse. Insofern kommt der SO_3-Reaktion besondere Bedeutung bei der Hochtemperaturkorrosion zu.

Die Hochtemperaturkorrosion an den Überhitzerrohren aus warmfesten, niedriglegierten Stählen folgt in steinkohlengefeuerten Kesseln öfter einem fast linea-

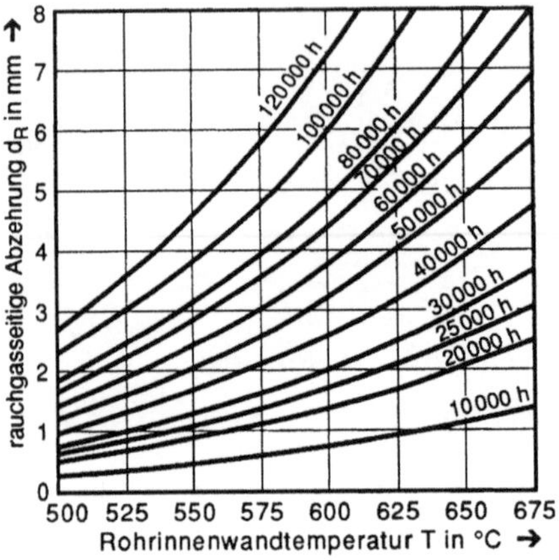

Abb. 12.30 Rauchgasseitige Metallabzehrung in Abhängigkeit von Temperatur und Betriebszeit.

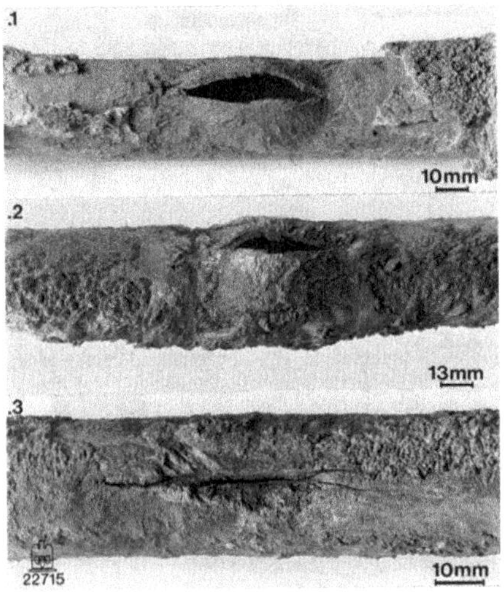

Abb. 12.31 ÜH-Rohrreißer nach HTK. 1.) 10CrSiMoV7, 80 000 Bh; 2.) 15Mo3, 96 000 Bh; 3.) 10CrMo9-10, 64 000 Bh.

ren Zeitgesetz, ein Hinweis dafür, dass direkter Gaszutritt zur Stahloberfläche möglich ist. Die Geschwindigkeit der Rohrabzehrung ist von der Rohrwandtemperatur und vom Temperaturgradienten im Belag abhängig (Abb. 12.30). Sie verdoppelt sich je 70 K.

Überschreitet die Korrosionsabzehrung ein gewisses Maß, so setzt in der Restwand unter Innendruckbeanspruchung Kriechen bis zum Bruch ein. In Abbildung 12.31 sind drei auf diese Weise längsgerissene Rohre abgebildet. Im Querschliff erscheinen längs Zunderkeilen die typischen Zeitstandsrisse mit Mikroporenfeldern beidseitig der Trennungen (Abb. 12.32).

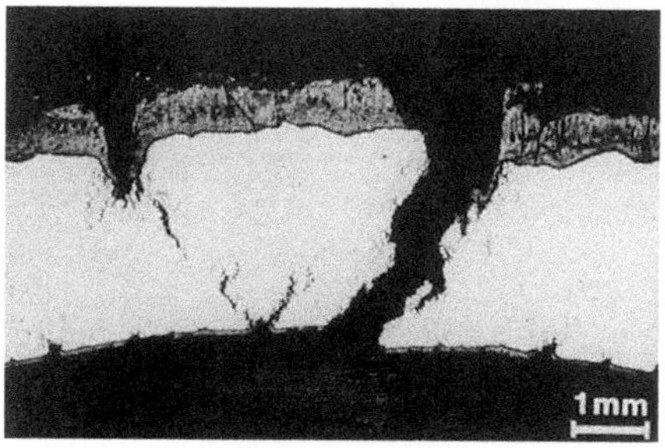

Abb. 12.32 Zeitstandsrisse an durch HTK wanddickengeschwächtem ÜH-Rohr 15Mo3, 96 000 Bh.

12.4.2
HTK an Gasturbinenschaufeln

Die Lebensdauer der Beschaufelungen von stationären Gasturbinen kann in starkem Maße von Hochtemperatur-Korrosionsvorgängen beeinflusst werden. Entscheidend dafür ist bei vorgegebener Eintrittstemperatur von 750–950 °C und gewählter Schaufellegierung (Ni-, Co-Leg.) bzw. Beschichtung die Reinheit des Brennstoffs (reine Heizöle und Naturgase) und der Verbrennungsluft. Schädlichste Verunreinigungselemente sind Na + K, V, S und Cl. Tritt Oberflächenangriff (Abb. 12.33) auf, so lassen sich in jedem Falle Ablagerungen mit hohen Na_2SO_4-Gehalten nachweisen. Man geht davon aus, dass der Angriff von dünnen Schichten aus Na_2SO_4-Schmelzen (Smp. 884 °C) ausgelöst wird (Abb. 12.34). An der Phasengrenze oxidische Schutzschicht/Salzschmelze wird die Oxidschicht (oder nur einzelne Komponenten) aufgelöst. Das Gelöste diffundiert durch die Schmelzenschicht und wird an der Schmelze/Gas-Phasengrenze wieder abgeschieden, wobei die Konzentrationsdifferenz durch unterschiedliche örtliche Na_2O/SO_3-Gehalte der Schmelze erhalten wird. Entsprechend kann von alkalischer oder saurer Salzschmelzenkorrosion gesprochen werden:

Abb. 12.33 HTK an GT-Schaufel (Udimet 520) nach 27 000 Bh bei 750 °C durch H_2S-haltiges Naturgas.

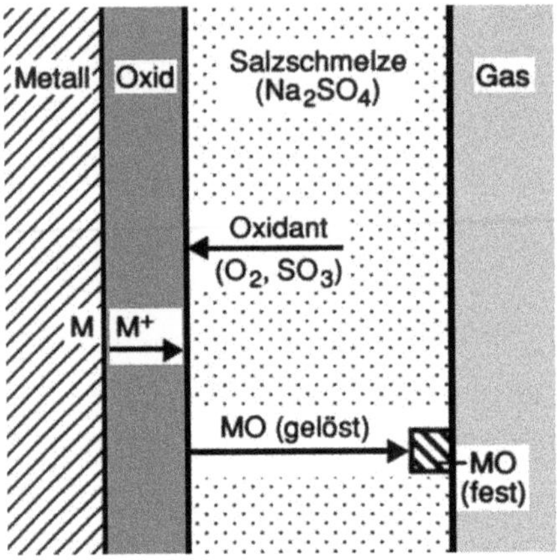

Abb. 12.34 HTK nach Salzschmelzenmodell (schematisch).

$$MeO + S_2O_7^{2-} = MeSO_4 + SO_4^{2-} \qquad \text{(sauer)}$$

$$2\ MeO + O^{2-} + 1/2\ O_2 = 2\ MeO_2^- \qquad \text{(alkalisch)}$$

Das Ergebnis ist in beiden Fällen eine poröse, wenig haftende Oxidschicht, durch die die Salzschmelze nun bis zur Grundlegierung vordringen kann.

Sobald die aufgebrachten Schutzschichten (Oxid) durch Lösevorgänge beschädigt sind, erfolgt ebenfalls ein direkter Schmelzenangriff auf die Legierung, z. B. durch selektive Sulfidierung:

$$4\ Na_2SO_4 + 11\ Cr = Cr_3S_4 + 4\ Na_2Cr_2O_4.$$

Die Sulfidierung eilt entlang der Korngrenzen voraus (Abb. 12.35). Der auf diese Weise Cr-verarmte Saum wird in der Folge partiell aufoxidiert. Die Angriffsintensität wird bei den Ni- und Co-Basislegierungen von ihrem Cr-Gehalt wesentlich beeinflusst (Abb. 12.36). Bei gleichem Cr-Gehalt ist das Verhalten der Ni-Legierung hinsichtlich HTK wesentlich günstiger als das der Co-Legierung.

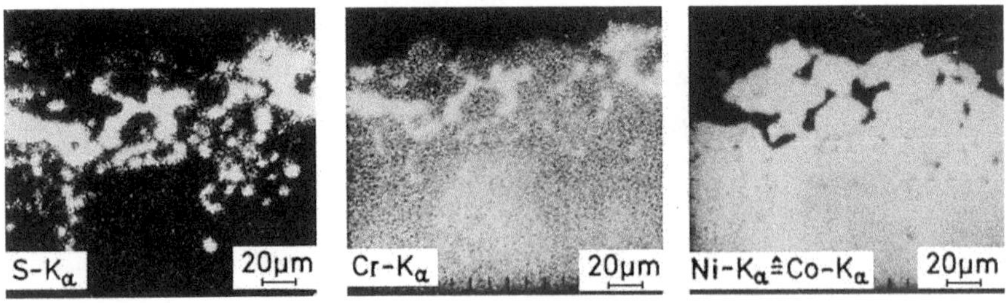

Abb. 12.35 HTK an GT-Schaufel (FSX 414) durch Alkalisulfatschmelzen. Verteilung der Elemente S, Cr, Co(Ni) an der Angriffsfront.

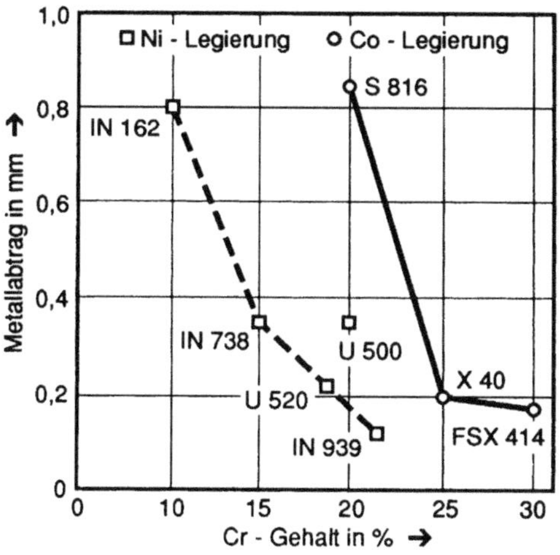

Abb. 12.36 Metallabtragung an Ni- und an Co-Basislegierungen für GT-Schaufeln; Testbedingungen 750 °C, 500 h, synth. Asche in Luft mit 0,03 Vol.-% SO_2/SO_3 (Siemens/KWU).

Die GT-Schaufeln werden zur Verringerung der HTK oft mit Oberflächenschutz versehen. Folgende Schichttypen werden (nach ASEA, BBC) angewandt (Tab. 12.2):

Tabelle 12.2 Schichttypen zum Oberflächenschutz.

Schichttyp	Auftragsverfahren	Oxidschicht
MeCrAlY	(Me = Fe, Cr, Co)	Auftrag
PVD	(Physical Vapour Deposition)	LPPS-Plasmaspritzen
(Low Pressure Plasma Spray)	Cr_2O_3	bzw. Al_2O_3
Pt-Al Diffusion	CVD-Pack (Chemical Vapour Deposition)	Al_2O_3
Ni-Cr-Si Auftrag	Plasmaspritzen	Cr_2O_3
Cr-Fe	galvanisch (Pack)	Cr_2O_3

12.5 HTK in Metallschmelzen

Bei der Benetzung metallischer Werkstoffe mit Metallschmelzen sind zwei schädigende Vorgänge wichtig:

- Legierungsbildung (Auflösung, intermetallische Phasen),
- interkristalline Rissbildung.

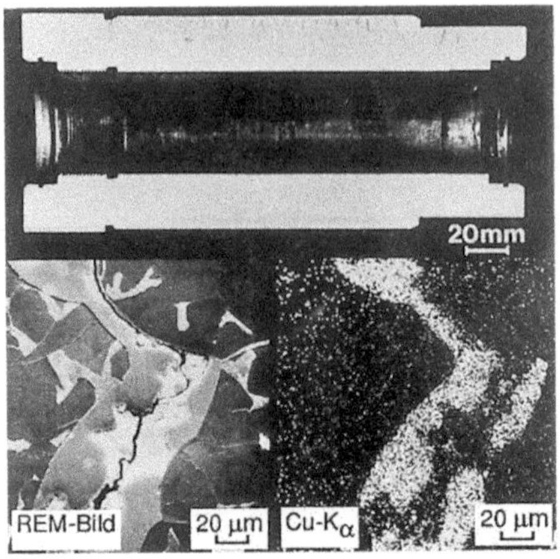

Abb. 12.37 Oben: IK-Risse durch geschmolzene Lagerbronze an Planetenradbolzen (C25) aus Stöckichtgetriebe, unten: Schliffe durch die mit Bronze gefüllten Risse.

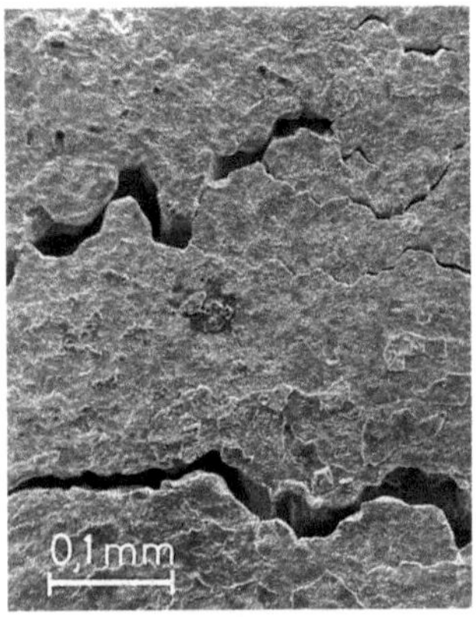

Abb. 12.38 IK-Risse nach Verschweißen austenitischer Cr-Ni-Stahlbleche, die mit zinkstaubhaltiger Farbe verunreinigt waren.

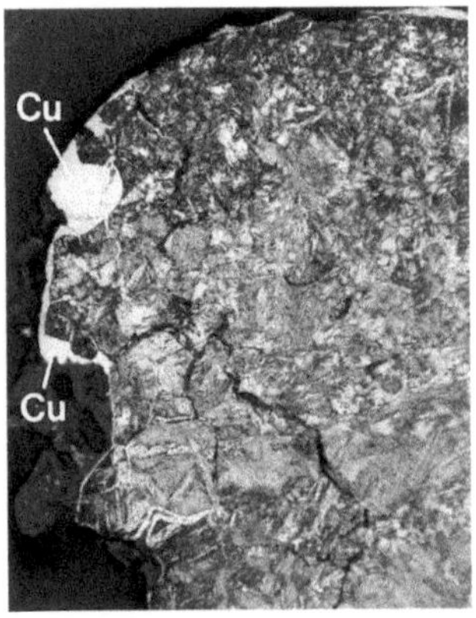

Abb. 12.39 IK-Risse nach dem Verschweißen von Rohren mit kupferhaltigen Belägen.

Die Beschädigungen durch Legierungsbildung bei ständigem Kontakt sind selten unerwartet und werden meistens als natürliche Abnutzung betrachtet (z. B. Verzinkungskessel). IK-Rissbildung (Lötbrüchigkeit) führt dagegen zu gravierenden Bauteilschäden.

Das Schadensbild ist gekennzeichnet durch zahlreiche senkrecht zur Zugspannung verlaufende interkristalline Risse, die bis in die Rissspitzen mit erstarrter Schmelze ausgefüllt und deren Rissflanken auflegiert sind. Der Mechanismus der Rissbildung wird durch Abnahme der Korngrenzenfestigkeit infolge Legierens der Korngrenzensubstanz (Korngrenzendiffusion) und Erniedrigung der Grenzflächenenergie durch Benetzung erklärt.

Praktische Schadenfälle dieser Spannungsrisskorrosionsart sind:

- IK-Risse in bronzeumgossenen Lagerbolzen (Abb. 12.37) oder Kurbelwellenlagern aus unlegiertem Stahl.
- IK-Risse in austenitischen Cr-Ni-Stahl-Blechen, die mit zinkstaubhaltiger Farbe verunreinigt waren (Abb. 12.38).
- IK-Risse beim Verschweißen von geringfügig mit metallischem Kupfer belegten Verdampferrohren (Abb. 12.39).

Weiterführende Literatur

Reid, W.T. (1971) External Corrosion and Deposits, Boiler and Gasturbines, Elsevier, New York.

Kubaschewski, O., Hopkins, B.E. (1967) Oxidation of Metals and Alloys, Butterworths, London.

Hart, A.B., Cutler, A.J.B. (1973) Deposition and Corrosion in Gasturbines, Applied Science Publishers Ltd., London.

VdEH (1973) Prüfung und Untersuchung der Korrosionsbeständigkeit von Stählen, Teil I: Korrosionsbeständigkeit in gasförmigen Angriffsmitteln; Verlag Stahleisen mbH, Düsseldorf.

Rahmel, A., Schwenk, W. (1977) Korrosion und Korrosionsschutz von Stählen, Verlag Chemie, Weinheim, Kap. 5.: Korrosion in heißen Gasen; Kap. 6: Korrosion in Schmelzen und unter Ablagerungen.

Autorenkollektiv (1978) High Temperature Alloys for gas turbines, Part I: Corrosion and Coatings, Applied Science Publishers Ltd., London.

Holmes, D.R., Rahmel, A. (1978) Materials and Coatings to resist; High Temperature Corrosion. Applied Science Publishers Ltd., London.

Guttmann, V., Merz, M. (1981) Corrosion and Mechanical Stress at High Temperatures, Applied Science Publishers Ltd., Barking.

Rahmel, A. (1983) Aufbau von Oxidschichten auf Hochtemperaturwerkstoffen und ihre technische Bedeutung, Deutsche Gesellschaft für Metallkunde e.V., Oberursel.

Rapp, R.A. (1983) High Temperature Corrosion NACE-6, National Association of Corrosion Engineers, Houston.

High Temperature Corrosion (1990) Proc. 11th International Corrosion Congress, Florence, Vol. 4.

13
Werkstoffschäden durch Verschleiß

Andreas Ibach, Michael Pohl

13.1
Grundlagen zum Verschleißverhalten von Werkstoffen

„Verschleiß ist der fortschreitende Materialverlust aus der Oberfläche eines festen Körpers, hervorgerufen durch mechanische Ursachen, d. h. Kontakt und Relativbewegung eines festen, flüssigen oder gasförmigen Gegenkörpers". So ist der Verschleiß im GfT Arbeitsblatt 7 (Verschleiß: Begriffe – Systemanalyse von Verschleißvorgängen – Gliederung des Verschleißgebietes) definiert [1]. Bereits 1966 begründete die Jost-Commission in England das Kunstwort Tribologie für die Wissenschaft und Technik von gegeneinander bewegten, in Kontakt und Wechselwirkung befindlichen Oberflächen. Die Tribologie umfasst das Gesamtgebiet von Reibung, Schmierung und Verschleiß [2]. Die Tribotechnik befasst sich mit der technischen Anwendung tribologischer Erkenntnisse und den zugehörigen Verfahren (GfT Arbeitsblatt 7 „Begriffe").

Tribologische Probleme begleiten die Menschheit seit sie gelernt hat, Feuer zu machen und seit sie Werkzeuge und Waffen anfertigt und benutzt. Heute geht man davon aus, dass Reibung den Verlust von rd. 10 % der technisch erzeugten Energie verursacht und dass 3 % des Bruttosozialproduktes der Industrienationen durch Werkstoffverschleiß vernichtet werden [3, 4] in Form von Produktionsausfällen bzw. unvollständiger Anlagenverfügbarkeit und durch Material- und Personalkosten der Instandhaltung sowie durch ökologische Folgekosten. Maßnahmen zur Verringerung von Verschleiß sind daher sowohl im Hinblick auf eine Reduzierung der dadurch verursachten Verluste als auch unter dem Gesichtspunkt der Einsparung wichtiger Rohstoffe von volkswirtschaftlichem Interesse.

Zur Optimierung des Verschleißverhaltens von Werkstoffen ist die Kenntnis der verursachenden Mechanismen Voraussetzung. Für diese Untersuchungen hat sich der Einsatz des Rasterelektronenmikroskops bewährt [5–10], da es Aussagen über die Oberflächenverformung und die Veränderung des Metallgefüges im oberflächennahen Bereich sowie über die gebildeten Reaktionsschichten ermöglicht. Die Untersuchung der Erscheinungsformen von Verschleißflächen ist zur Optimierung tribotechnischer Elemente von Maschinen ebenso von Interesse wie bei der Verschleißanalyse im praktischen Betrieb bei der Schadensbeurteilung [11–14].

Systematische Beurteilung technischer Schadensfälle, 6. Auflage 2014. Editiert durch G. Lange und M. Pohl

Tabelle 13.1 Beispiele zu Funktionsbereichen von Tribosystemen [15].

Funktionsbereiche	Tribosysteme bzw. Bauteile
Bewegungsausübung	Gleitlager, Wälzlager, Führung, Spielpassung, Gelenk, Spindel
Bewegungshemmung	Bremse, Stoßdämpfer
Bewegungsübertragung	Getriebe, Riementrieb, Kupplung, Nocken und Stößel
Informationsübertragung	Steuergetriebe, Relais, Drucker
Energieübertragung	Schaltkontakt, Schleifkontakt
Materialtransport	Rad und Schiene, Reifen und Straße, Förderband, Pipeline, Rutsche
Spanende Materialbearbeitung	Dreh-, Fräs-, Schleif- oder Bohrwerkzeug
Materialumformung	Walze, Ziehdüse, Gesenk, Matrize
Materialzerkleinerung	Kugelmühle, Presslufthammer, Backenbrecher, Schredderanlage

Tribosysteme treten bei der funktionalen Lösung von Bewegungsabläufen in den meisten technischen Systemen auf (Tab. 13.1).

$$\mu = \frac{F_T}{F_N}$$

Durch Reibung wird ein Teil der in ein Tribosystem eingebrachten Energie in andere Energieformen – hauptsächlich Wärme – umgesetzt. Je nach Erfordernis ist Reibung erwünscht oder sie wird durch konstruktive Maßnahmen weitgehend vermieden bzw. durch Schmiermittel eingeschränkt (Tab. 13.2). Im Folgenden wird im Wesentlichen über Verschleißvorgänge ohne den Einfluss von Schmiermitteln berichtet.

13.2
Tribosystem

Für den Aufbau von Tribosystemen sowie die Zahl und den Zustand der beteiligten Partner und Parameter gibt es eine große Zahl von Kombinationsmöglichkeiten, die aus Abbildung 13.1 zu entnehmen sind.

Die Oberfläche metallischer Körper wird von Grenzschichten gebildet, die im Normalfall einen unmittelbaren Metallkontakt verhindern (Abb. 13.2). Man unter-

Tabelle 13.2 Größenordnung der Reibungswerte für verschiedene Reibungszustände.

Reibungszustand	Zwischenmedium	Reibungswert
Trockene Reibung	–	$\mu \simeq 0{,}1$
Mischreibung	teilweise Öl	$\mu \simeq 0{,}01 \div 0{,}1$
Flüssigreibung	Öl	$\mu \simeq 0{,}01$
Wälzreibung	Wälzkörper	$\mu \simeq 0{,}001$
Luftreibung	Gas	$\mu \simeq 0{,}0001$

scheidet zwischen der äußeren Grenzschicht, die sich auf einer z. B. im Fertigungsprozess neu entstandenen Oberfläche aufbaut, und der inneren Grenzschicht, die sich als Störungsfeld im Übergang zum unbeeinflussten Grundgefüge darstellt. Reibungsvorgänge zwischen metallischen Partnern bewirken eine Zerstörung der primären äußeren Grenzschicht und führen zu plastischen Verformungen des beanspruchten Oberflächenbereiches und zu verstärkter Oxidation [16]. Je nach Ausbildung der tribologisch verformten Randschicht und der Reaktionsschicht ergeben sich daraus eine Veränderung fast aller physikalischen und chemischen Eigenschaften des Werkstoffs im Oberflächenbereich und damit auch eine Änderung des Verschleißverhaltens [17].

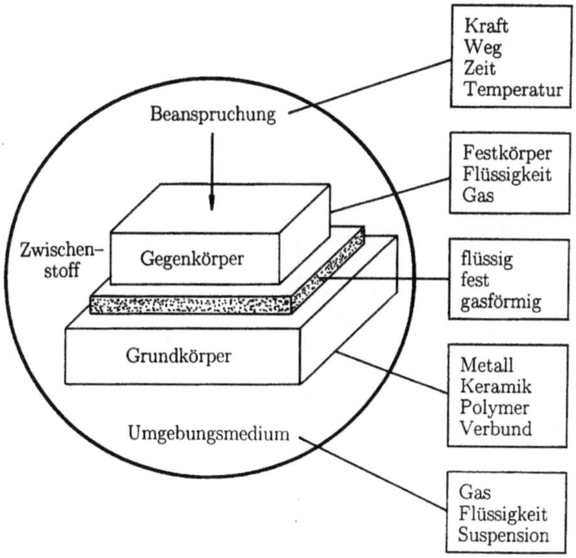

Abb. 13.1 Schematischer Aufbau eines Tribosystems.

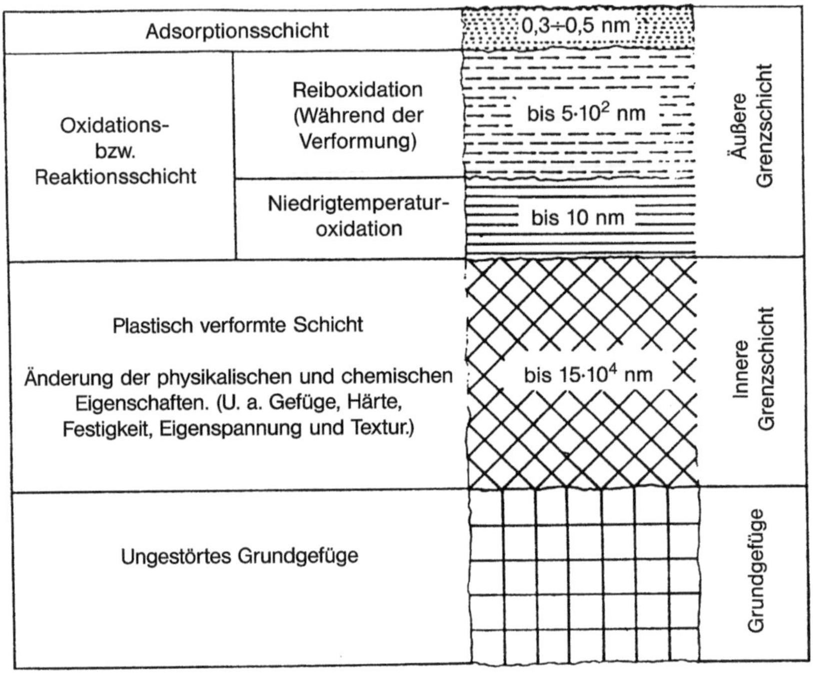

Abb. 13.2 Schematische Darstellung des Aufbaus metallischer Reibungskörperoberflächen im Bereich kompakter Deckschichten nach [18].

Die herstellungs- oder bearbeitungsbedingte topografische Oberflächenfeingestalt verändert sich durch das einwirkende Tribosystem. Die tatsächliche Berührungsfläche zwischen Reibungspartnern ist stets erheblich kleiner als die scheinbare, aus der Projektion der geometrischen Abmessungen berechnete Kontaktfläche (Abb. 13.3).

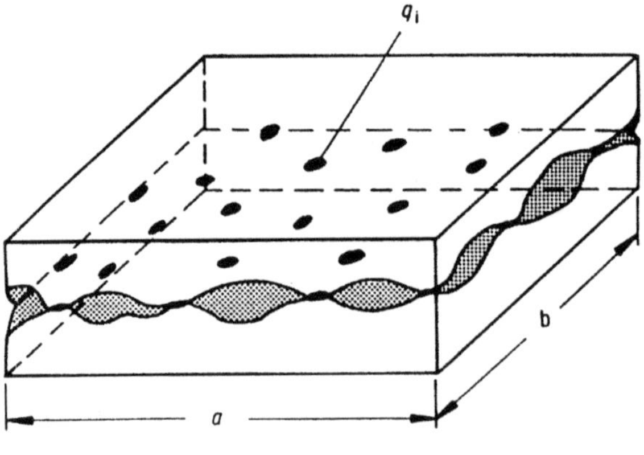

Abb. 13.3 Schematische Darstellung der Berührung zweier rauer Oberflächen.

In Abhängigkeit von der Werkstofffestigkeit kommt es beim ersten tribologischen Kontakt häufig zur Abplattung von Rauigkeitsspitzen und Hügeln, bis die größer werdende wahre Aufstandsfläche in der Lage ist, die im Tribosystem wirkenden Kräfte zu übertragen. Bei fortschreitender tribologischer Beanspruchung kommt es während dieses Einlaufvorganges durch Vergrößerung der wahren Kontaktfläche zu einem makroskopisch wahrnehmbaren „Einlaufspiegel", der dadurch entsteht, dass immer mehr und immer größere Flächenanteile gleichorientiert das Licht reflektieren. Verschleißmessungen ergeben während dieses Einlaufvorganges häufig abnehmende Verschleißbeträge, und das Tribosystem geht dann in einen stationären Verschleißzustand über (Abb. 13.4).

Ein Beispiel für ein solches Verhalten eines Tribosystems ist die Paarung Zylinder/Kolben in Verbrennungsmotoren. Abbildung 13.5 zeigt die fertig bearbeitete Zylinderlauffläche eines Groß-Dieselmotors im Vergleich zu der Oberflächenausbildung nach dem Einlaufvorgang mit stationärem Verschleißverhalten.

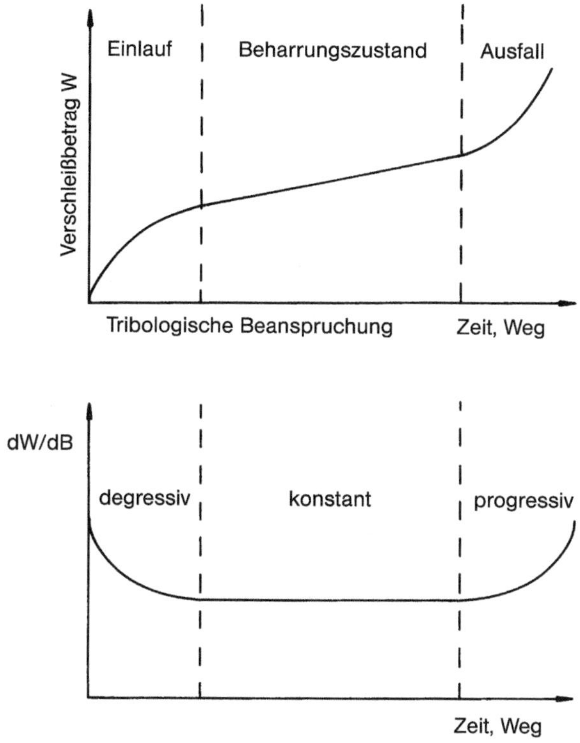

Abb. 13.4 Schematische Verschleißverlaufskurve und ihre mathematische Ableitung.

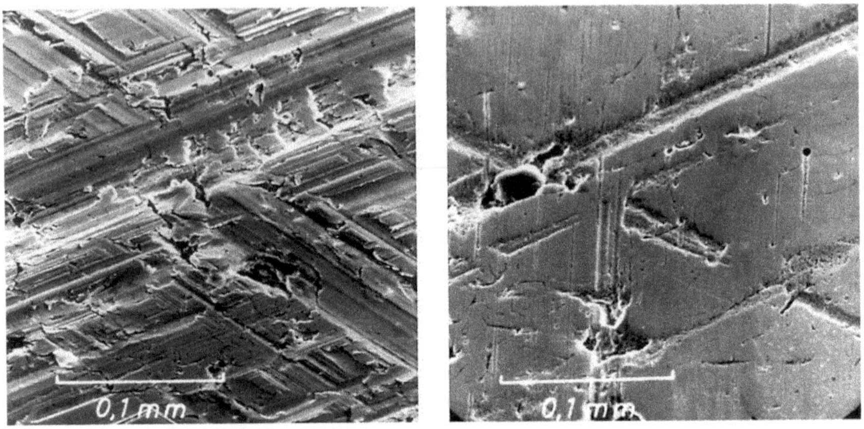

Abb. 13.5 Lauffläche eines GJL-Zylinders aus einem Großdiesel, durch Honen fertig bearbeitet (links), nach dem Einlaufen (rechts).

13.3 Verschleißarten und Verschleißmechanismen

Entsprechend den zahlreichen tribologischen Beanspruchungsarten von Bauteilen wurden in der Vergangenheit sehr viele Begriffe für die dabei auftretenden Verschleißarten geprägt. Großenteils beschreiben sie die Relativbewegung zwischen den Körpern wie beim Gleit-, Roll-, Wälz-, Prall- und Schwingungsverschleiß. Teilweise sagen sie etwas über den einwirkenden Gegenkörper wie bei den Kornverschleißarten oder dem Furchungs- und dem Erosionsverschleiß aus. Gelegentlich beschreiben die Begriffe der Verschleißarten ganze Tribosysteme wie bei der Kavitationserosion und beim Tropfenschlag.

Alle diese zahlreichen und unterschiedlichen Verschleißarten lassen sich auf vier Verschleißmechanismen zurückführen (Abb. 13.6). Bei der Untersuchung praktischer Verschleißfälle treten die Verschleißgrundmechanismen selten in reiner Form auf. In einem tribologischen System wirken meist mehrere Mechanismen gleichzeitig mit unterschiedlichen Anteilen. Diese Anteile können sich während der Beanspruchungsdauer verändern. Bei Variation der Beanspruchungsparameter muss außerdem mit einer prinzipiellen Änderung der wirksamen Verschleißmechanismen gerechnet werden [18].

Für die Lösung tribologischer Probleme und die Optimierung von Verschleißsystemen ist es notwendig, die für den Materialverschleiß verantwortlichen Mechanismen zu erkennen und zu bewerten. Nachfolgend werden daher die vier Verschleißmechanismen definiert und an Beispielen aus Laborversuchen und realen Schadensfällen erläutert.

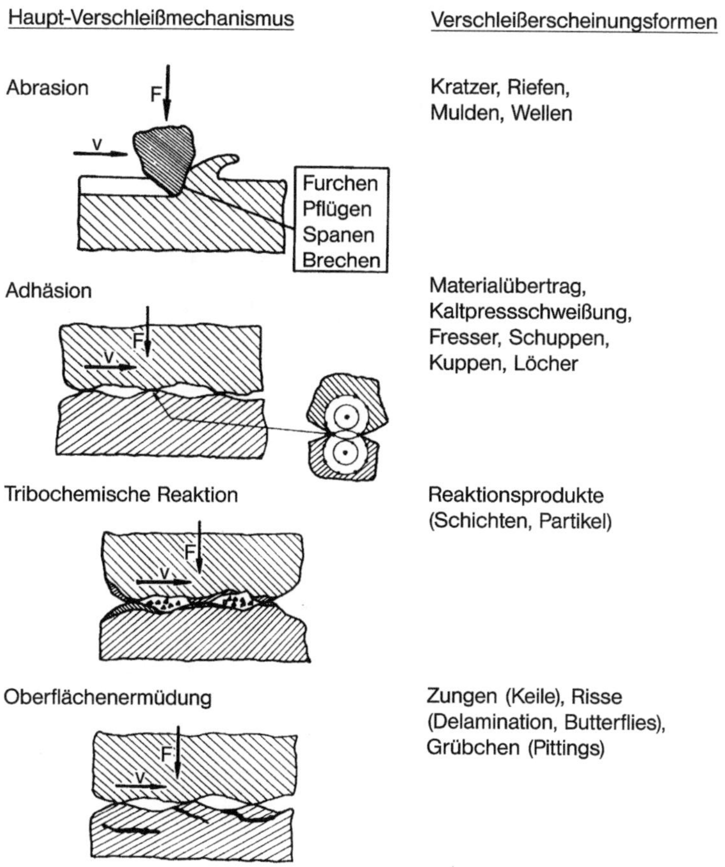

Abb. 13.6 Die vier Haupt-Verschleißmechanismen und ihre Erscheinungsformen.

13.3.1
Verschleiß durch Abrasion

Verschleiß durch Abrasion ist die spektakulärste Verschleißform. Sie entsteht in einem Tribosystem, wenn die härtere Oberflächenstruktur eines Körpers die äußere Grenzschicht des Reibpartners durchdringt und es im Verlauf der Relativbewegung zur Bildung neuer Oberflächen und zum Abtrag von Verschleißpartikeln kommt [19]. Naturgemäß sind in Abhängigkeit von Härte und Oberflächenfeingestalt der Tribopartner auch Zwischenformen möglich (Abb. 13.7).

Hervorgerufen durch die mikroskopische Formänderung und die Bruchzähigkeit der Werkstoffe werden die Mikromechanismen Mikropflügen, Mikrospanen und Mikrobrechen [21] bei der Abrasion beobachtet (Abb. 13.8).

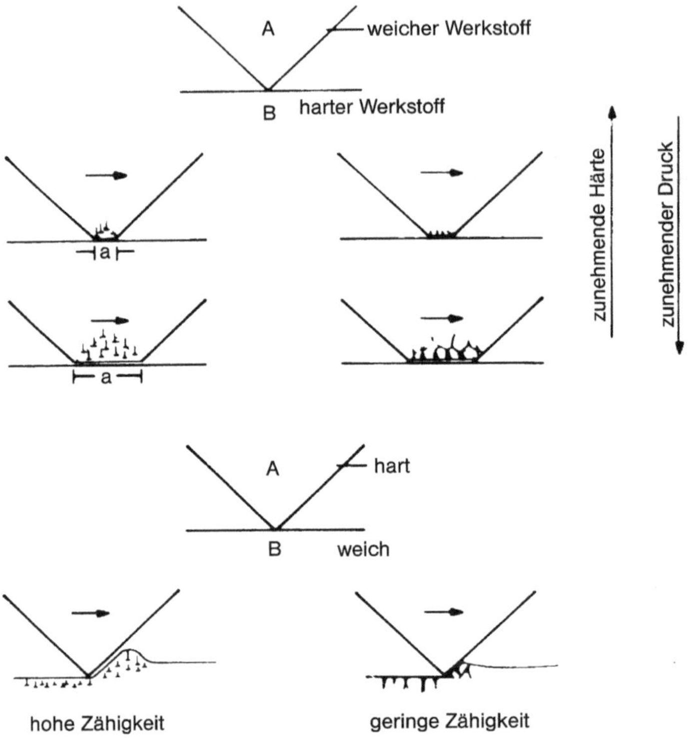

Abb. 13.7 Schematische Darstellung der Abrasionswirkung eines Tribosystems in Abhängigkeit von Härte und Bruchzähigkeit der beteiligten Werkstoffe [20].

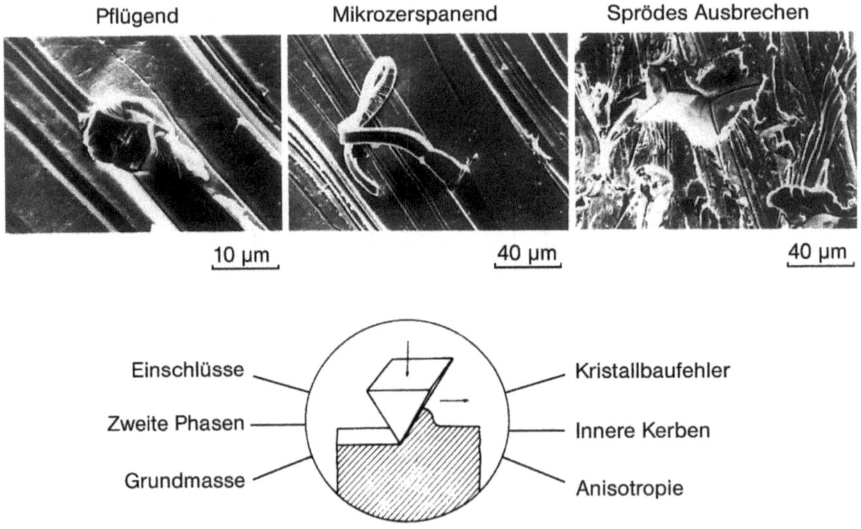

Abb. 13.8 Mikromechanismen bei der Abrasion.

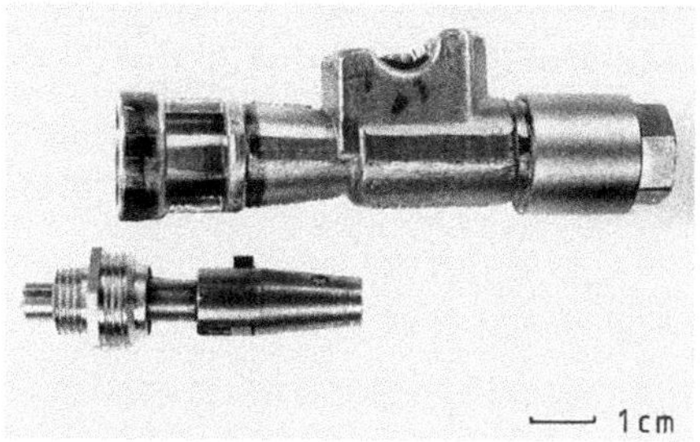

Abb. 13.9 Undichtes Gasventil eines Caravans. Oben: Ventilgehäuse, unten: Ventilküken.

Verschleiß, der fast vollständig auf dem Mechanismus der Abrasion beruht, tritt bei zahlreichen technischen Anlagen auf und dort häufig als sogenannter Dreikörperverschleiß: bei Zerkleinerungsmaschinen wie Kegel-, Walzen- und Stachelbrechern ebenso wie bei Betriebsstörungen, die als „Sand im Getriebe“ beschrieben werden können.

In einem Schadensfall waren bei mehreren Campingwagen und Wohnmobilen Leckagen an den Gasinstallationen aufgetreten mit dem damit verbundenen Sicherheitsrisiko der Brand- und Explosionsgefahr. Die Gasverluste traten an den Ventilen der Verbraucher (Heizung, Herd, Warmwasserbereiter) auf (Abb. 13.9). Ursache waren harte intermetallische Phasen (Fe-Mo), die sich zwischen dem Ventilküken und dem Passungssitz des Ventilgehäuses befanden (Abb. 13.10). Es handelte sich um Verunreinigungen, die über den MoS_2-haltigen Festschmierstoff in das Schmier- und Dichtungsfett gelangt waren. Sie wurden in die Außendichtfläche (Messing-Guss; 95 HV 30) implantiert und verursachten auf der Innendichtfläche (Messing-Stangenmaterial, geschmiedet; 145 HV 30) Furchen, die das Gas entweichen ließen. Bei jeder Drehbewegung des Ventils wurde das Dichtungsfett neuerlich aus der Furche entfernt, so dass Ausströmquerschnitte bis zu 0,6 mm^2 entstanden.

Zu den Mikro-Erscheinungsformen der Dreikörper-Abrasion gehören auch die „Tire-Tracks“ als Abrollmuster von harten Partikeln des Zwischenstoffs, bei denen

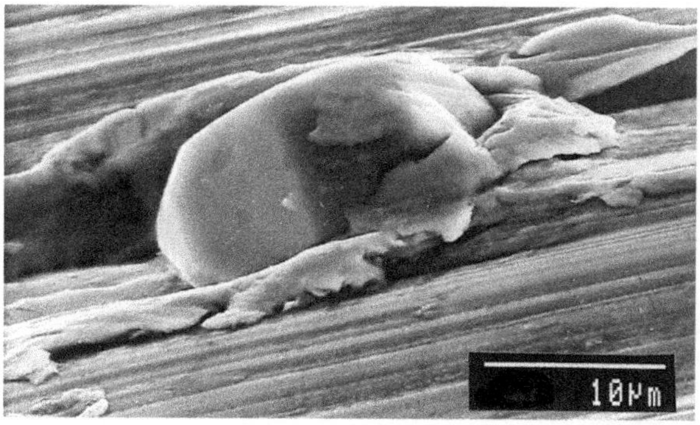

Abb. 13.10 Fe-Mo-Partikel und Verschleißfurchen in der Dichtfläche des Gasventils aus Abb. 13.9.

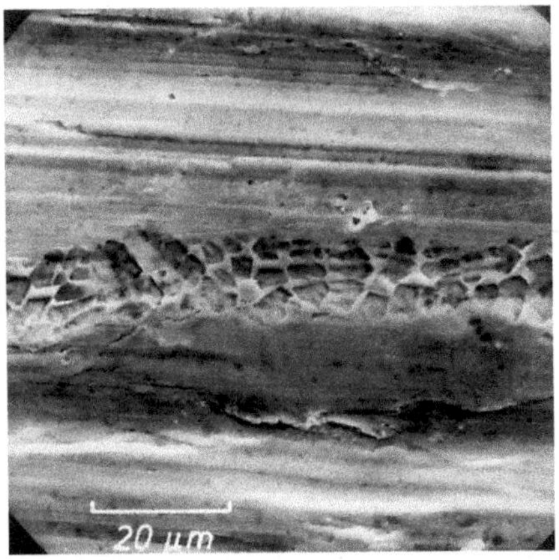

Abb. 13.11 Tire-Track-Muster auf einer Gleitlager-Oberfläche.

es sich um z. B. keramische Fremdsubstanzen oder um hochverfestigte Abrasivpartikel der Tribopartner selbst handelt (Abb. 13.11).

Hydroabrasion von Werkstoffen durch schnell strömende Flüssigkeiten mit Schwebstoffen vollzieht sich ebenso mit den Abrasions-Mikromechanismen Furchen, Pflügen, Brechen wie der Werkstoffabtrag beim Prallverschleiß [22] (Abb. 13.12).

13.3.2
Verschleiß durch Adhäsion

Der Mechanismus des Verschleißes durch Adhäsion besteht darin, dass mit hohen lokalen Pressungen an einzelnen Oberflächenrauheitshügeln schützende Oxidschichten durchbrochen werden und lokale Mikrokaltverschweißungen entstehen [23].

Im Fusionsbereich kommt es in Abhängigkeit von Werkstoffpaarung, Oberflächenausbildung, Druck, Temperatur und Relativgeschwindigkeit zur Adhäsion

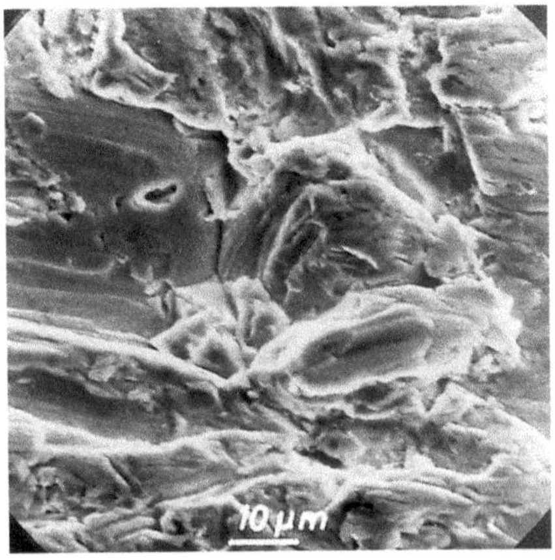

Abb. 13.12 Prallverschleiß an einem Baustahl durch Hochofensinter mit implantiertem Quarzkorn.

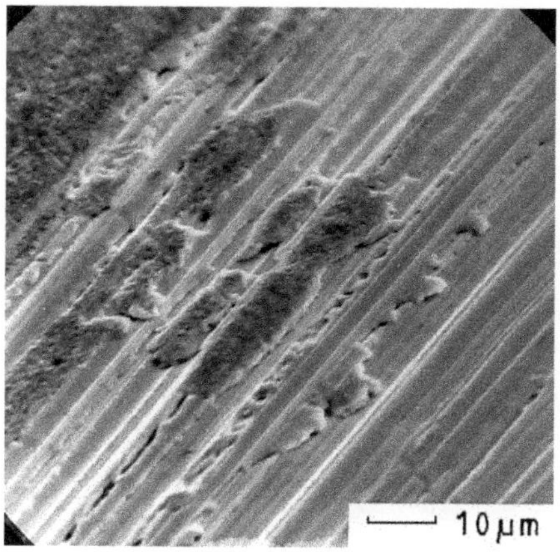

Abb. 13.13 Stahlgleitfläche mit Bronzeauftragung nach Trockenlaufversuch.

durch Adsorptionskräfte, mikromechanische Verklammerung und Elektronenbindung. Die Werkstoffverfestigung durch Mischkristall- und Ausscheidungshärtung infolge Diffusion und mechanischen Legierens sowie durch Kaltverfestigung bewirkt, dass bei weiterer Relativbewegung der Tribopartner dann in der Regel nicht mehr die Fusionsebene aufreißt, sondern eine Nebenzone, wodurch es zum Werkstoffübertrag kommt.

Von Verschleiß durch Adhäsion sind bevorzugt artgleiche Metallpaarungen betroffen, insbesondere wenn beide Partner zur Gruppe der kfz-Metalle gehören. Abhilfe ist durch Gegenkörper aus Keramik oder Polymerwerkstoffen bzw. einem Metall der krz- oder hex-Gruppe zu suchen.

Das am häufigsten verwendete Tribosystem ist die Paarung von niedriglegiertem Stahl (z. B. Welle) mit Bronze (Lager). Aber auch hier kann es bei Mischreibungszuständen zum adhäsiven Übertrag von Bronze auf die Stahloberfläche kommen (Abb. 13.13), was meist mit einem erheblichen Anstieg des Reibwertes und damit der Erzeugung von Wärme verbunden ist. Die Folge ist dann die Bildung von Brandrissen auf der Stahloberfläche (Abb. 13.14) mit nachfolgenden Ausbrüchen, so dass die Oberfläche beider Tribopartner zerstört wird.

13.3.3 Verschleiß durch tribochemische Reaktion

Auf diesem Mechanismus beruhen wohl die zahlenmäßig häufigsten Verschleißschäden. Die Verschleißvorgänge laufen in der äußeren, artfremden Grenzschicht metallischer Reibpartner ab. Im Gegensatz zu den anderen Verschleißmechanismen führt Verschleiß durch tribochemische Reaktion nicht zum plötzlichen Ausfall reibungsbeanspruchter Maschinenelemente, sondern bewirkt eine allmähliche Abnahme des Wirkungsgrades in Reibungssystemen [24].

Bei tribologischen Vorgängen an Luft handelt es sich bei der tribochemischen Reaktion in der Regel um die sogenannte „Reiboxidation“, bei entsprechenden Bauteilen auch um die Sonderform des „Passungsrostes“. Dabei wird durch

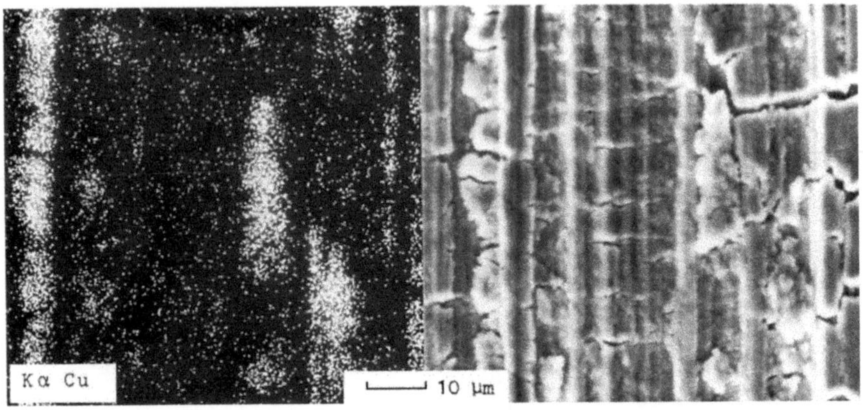

Abb. 13.14 Wie Abb. 13.13, fortgeschrittener Verschleiß mit Brandrissen. Links: Röntgenverteilungsbild für Cu zum Nachweis der adhäsiven Bronzeauftragung.

elastische und plastische Verformungen die äußere Grenzschicht zerstört. Dann wird zuerst an der Metalloberfläche, später an der Phasengrenze Metall/Reiboxidschicht die Metalloberfläche aktiviert und die Austrittsarbeit der Metallionen verringert, wodurch sich die Oxidationsgeschwindigkeit stark erhöht und eine Passivierung sehr viel später oder gar nicht mehr eintritt. Die Dicke dieser Oxidschicht kann z. B. bei Eisen bis zu 400-mal größer sein als bei der Niedrigtemperaturoxidation unverformter Oberflächen (Abb. 13.15). Je nach Ausbildung der Reaktionsschicht ergeben sich daraus eine Veränderung fast aller physikalischen und chemischen Eigenschaften des Werkstoffs im Oberflächenbereich und damit auch eine Veränderung des Verschleißverhaltens [25].

Die Übertragbarkeit theoretischer Ansätze auf das reale Reibungs- und Verschleißverhalten ist insbesondere bei diesem Tribosystem noch unbefriedigend. Ohnehin sind Verschleißmessgrößen als Funktion eines Tribosystems und nicht als Werkstoffkennwerte anzusehen. Eine Vertiefung der Kenntnisse über die der Reibung und Abnutzung zugrundeliegenden Vorgänge ist daher oft nur in Modellversuchen möglich.

Im Folgenden wird aus Versuchsergebnissen über das Verschleißverhalten verschiedener Werkstoffgruppen bei technisch trockener Wälzreibung berichtet, wobei besonders auf den Mechanismus der Reiboxidation eingegangen wird. Wälzreibung ist eine Überlagerung der Grundreibungsarten Rollreibung und Gleitreibung (Abb. 13.16). Über den apparativen Aufbau von Prüfmaschinen nach dem Prinzip des offenen Leistungskreislaufs mit getrennt angetriebenen Rollenpaaren wurde an anderer Stelle mehrfach berichtet [6, 27, 28].

Da die tatsächliche Berührungsfläche zwischen Reibungspartnern immer erheblich kleiner ist als die scheinbare, aus der Projektion der geometrischen Abmessungen berechnete (Abb. 13.3), ist es erforderlich, für alle Versuche einen vergleichbaren Ausgangszustand herzustellen. Daher wurden alle Probenrollen unter normierten Bedingungen hergestellt, gereinigt und ohne Schlupf 1500 m einge-

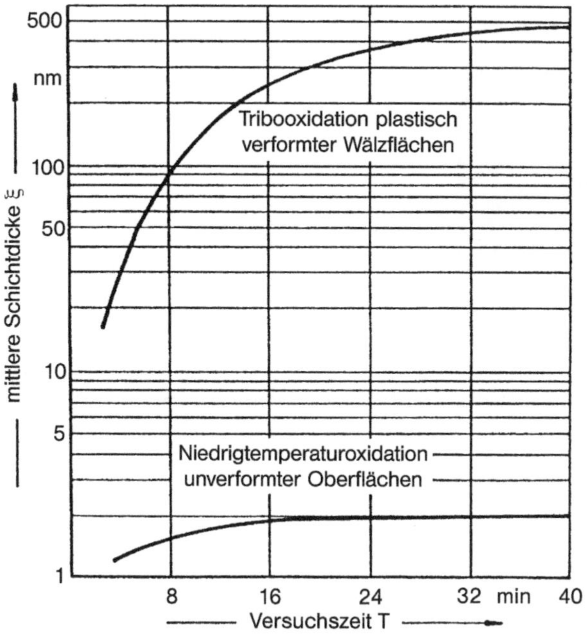

Abb. 13.15 Mittlere Reiboxidationsschichtdicke in Abhängigkeit von der Versuchsdauer, gegenübergestellt der Niedrigtemperaturoxidation unverformter Oberflächen, Werkstoff: C45E, nach [25].

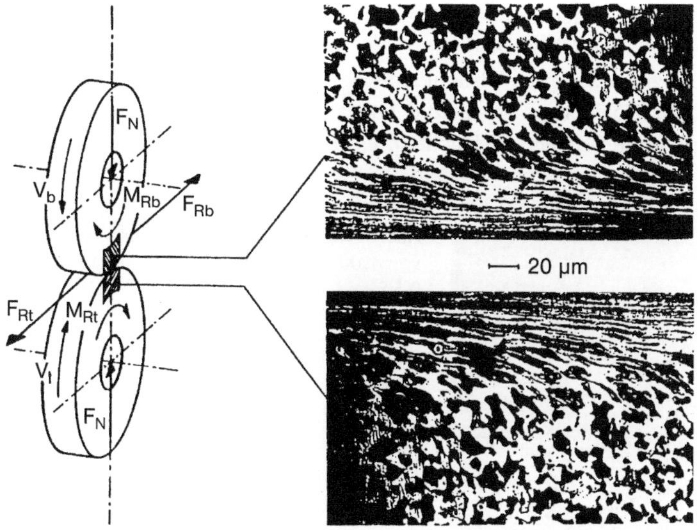

Abb. 13.16 Kraft- und Bewegungsverhältnisse an Wälzreibungssystemen aus zylindrischen Körpern [26].

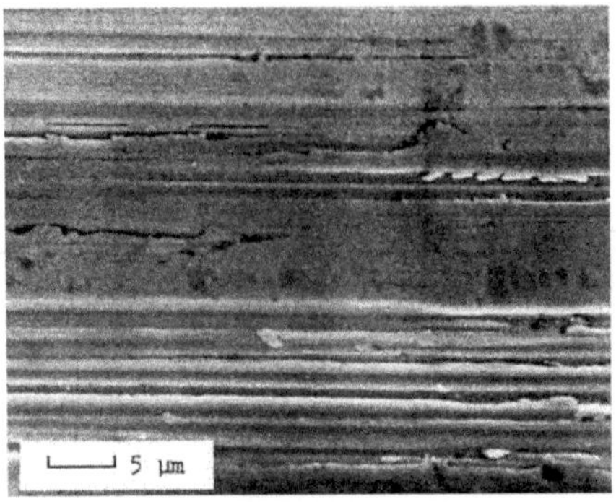

Abb. 13.17 Lauffläche von C45E-Rollen nach dem Einlauf ohne Schlupf.

laufen. Während dieses Einlaufvorganges werden die Bearbeitungsgrate auf den Oberflächen glattgedrückt (Abb. 13.17) und so die wahren Kontaktflächen zwischen den Reibungspartnern vergrößert.

Die rasterelektronenmikroskopischen Untersuchungen wurden zerstörend an Serien mit mehreren Rollen oder intermittierend an herausnehmbaren Rollensegmenten [18] durchgeführt. Es wurde das Abnutzungsverhalten verschiedener Werkstoffe über einen großen Schlupfbereich untersucht (0–80 %).

Niedriglegierte Stähle Bei Verschleißbeanspruchung durch Schlupf und der damit verbundenen tangentialen Beanspruchung der Grenzschicht setzt spontan die Reiboxidation ein. Die sich dabei bildende Oxidschicht bröckelt bzw. platzt ab, sobald sie eine größere Dicke erreicht hat und durch die Verformungsvorgänge zerrüttet wird. Dabei stellt sich nach einer Inkubationszeit eine konstante Verschleißgeschwindigkeit durch ein Gleichgewicht zwischen Oxidbildung und -ablösung ein. Abbildung 13.18 zeigt eine derartige Verschleißoberfläche mit fleckenartigem Oxidbelag durch ausgebrochene Bereiche der Oxidschicht.

Abbildung 13.19 zeigt an einer Bruchkante den polykristallinen Aufbau der Oxidschicht aus Einzeloxiden < 1 µm und Oxidagglomeraten. Die Oxidschicht wird einerseits durch die auftretende Flächenpressung verdichtet und andererseits

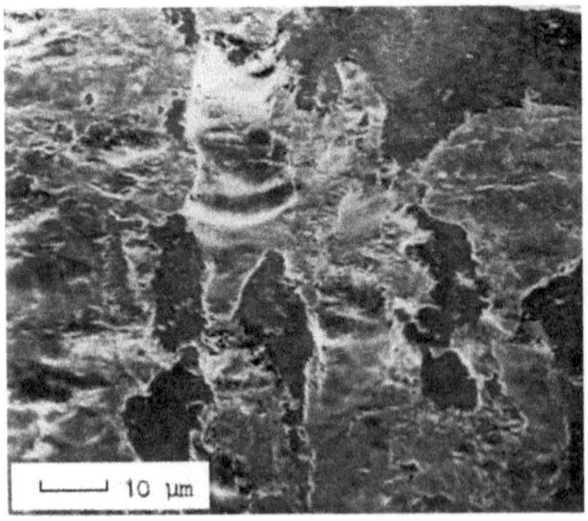

Abb. 13.18 Wälzfläche nach einem Laufweg von 4200 m, Werkstoff C45E, Schlupf s = 0,5 %.

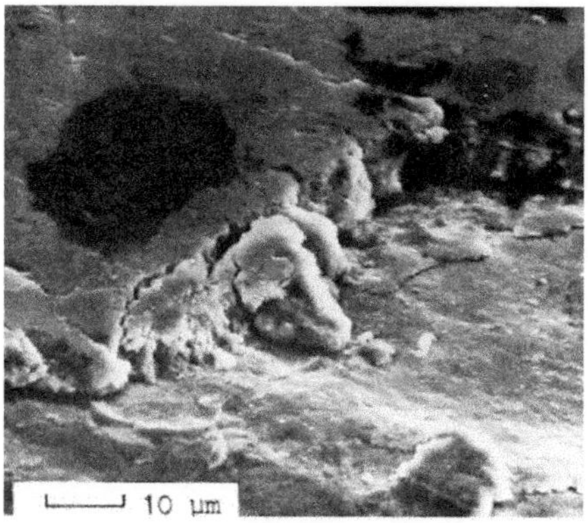

Abb. 13.19 Bruchkante mit aus der Reiboxidschicht abbröckelnden Einzeloxiden und Oxidagglomeraten.

durch den Schlupf aufgerissen und zerbröckelt. Diese Vorgänge der Reiboxidation sind bei dem sehr duktilen Armco-Eisen besonders ausgeprägt [18].

Während Stillstandszeiten des Tribosystems kommt es zu einer Nachoxidation der im Reiboxid übersättigt vorliegenden Metallionen. Die damit verbundene Volumenzunahme der Reiboxidschicht verursacht Druckspannungen, die spätestens bei der nächsten tribologischen Beanspruchung zu Schichtabplatzungen führen [29] (Abb. 13.20).

Bei hohem Schlupf überwiegen die Effekte der Metallermüdung durch plastische Verformung und Keilbildung (siehe Abschnitt 13.3.4). Im Verschleißbild sind diese Vorgänge durch die in die verformten Zungen hineinlaufenden Ermüdungsrisse gekennzeichnet (Abb. 13.21).

Die quantitative Bestimmung der örtlichen Verformung kann an den Verformungslinien durch die Tangentenmethode erfolgen. Es wurden Verformungen von mehreren hundert Prozent im Oberflächenbereich von Verschleißteilen festgestellt [30]. Diese Untersuchungen können an Kantenschliffen oder im Rasterelektronenmikroskop an Gewaltbrüchen durchgeführt werden (Abb. 13.22).

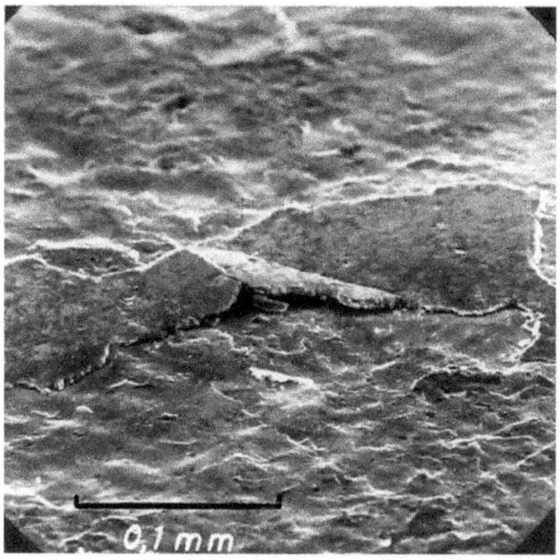

Abb. 13.20 Hochgewölbte Reiboxidplatten.

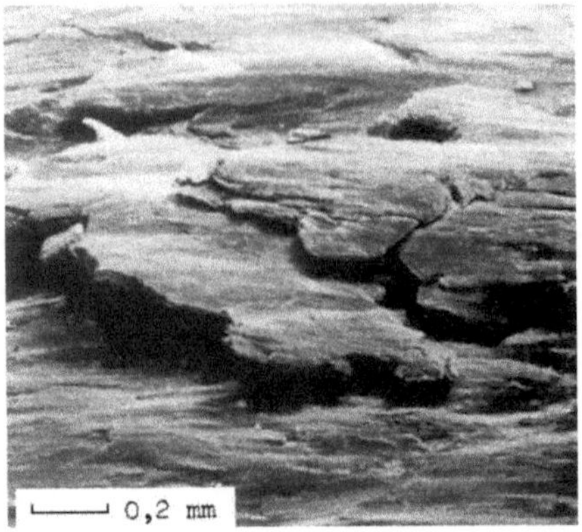

Abb. 13.21 Bildung von Verformungskeilen und Ermüdungsanrissen bei hohem Schlupf, Werkstoff C45E.

Noch höhere örtliche Tangentialspannungen führen zum gewaltsamen Abreißen von Verformungszungen. Diese Mikro-Bruchflächen sind z. B. an der Wabenbruchstruktur zu erkennen. Der Übergang von einem primär durch die Reiboxidation gesteuerten Verschleiß zu dem durch metallischen Abrieb bestimmten Verschleiß bei höherem Schlupf lässt sich durch die Teilchenanalyse der Verschleißpartikel selbst nachweisen (Abb. 13.23).

Für die analytische und strukturelle Untersuchung von Verschleißpartikeln lassen sich verschiedene Verfahren anwenden:

A. Struktur
I Röntgenbeugung (Goniometer)
II Feinbereichsbeugung (Durchstrahlungselektronenmikroskop)
B. Analyse
I ESMA (Elektronenstrahlmikroanalyse)
II AES (Auger-Elektronenspektroskopie)

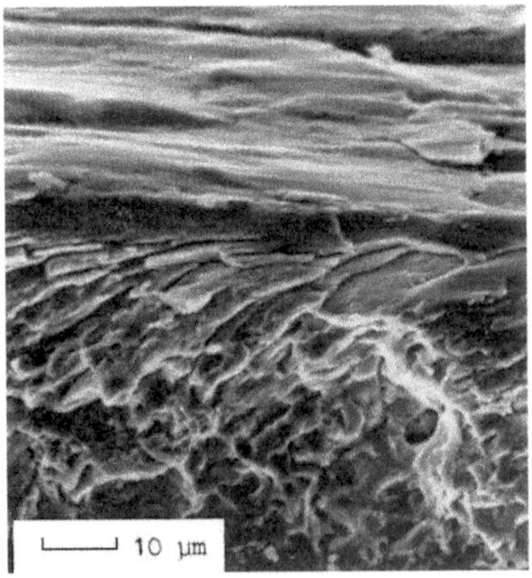

Abb. 13.22 Verformte Randschicht, Gewaltbruch.

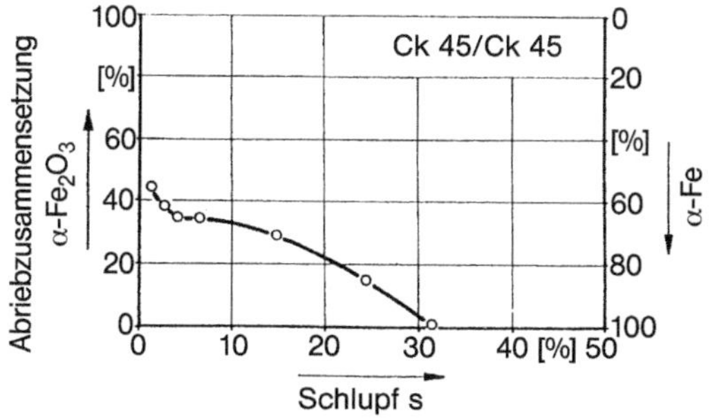

Abb. 13.23 Abhängigkeit der Abriebsubstanzanteile vom Schlupf nach [18].

III SIMS (Sekundärionenmassenspektroskopie)
IV ESCA (Elektronenspektroskopie zur chemischen Analyse)

Durch Röntgenbeugung konnte im Bereich der Reiboxidation bislang nur α-Fe_2O_3 nachgewiesen werden [18]. Hierbei dürfte es sich um das Gleichgewichtsoxid handeln, das jedoch nicht in allen Schichten von vornherein vorgelegen hat. ESCA-Untersuchungen zeigten mit zunehmender Sputtertiefe, ausgehend von der Oberfläche des Reiboxids bis zur Grenzfläche zum Stahl, die Abfolge der Modifikationen [31]:

$$FeOOH \rightarrow Fe_2O_3 \rightarrow Fe_3O_4 \rightarrow FeO \rightarrow \alpha\text{-}Fe$$

Höherfeste Stähle Es wurden Verschleißversuche an unterschiedlichen Werkstoffpaarungen mit Zugfestigkeiten zwischen rd. 800 und 1250 N/mm^2 durchgeführt [32]. Die Abfolge der Verschleißmechanismen entspricht im Wesentlichen der der niedriglegierten Eisenwerkstoffe. Die durch Reiboxidation gebildeten Oxidschichten der höherfesten Werkstoffe erreichen jedoch infolge der höheren gegenseitigen Abrasion in der Regel nur geringere Schichtdicken (Abb. 13.24), d. h. es ist ein Übergang vom

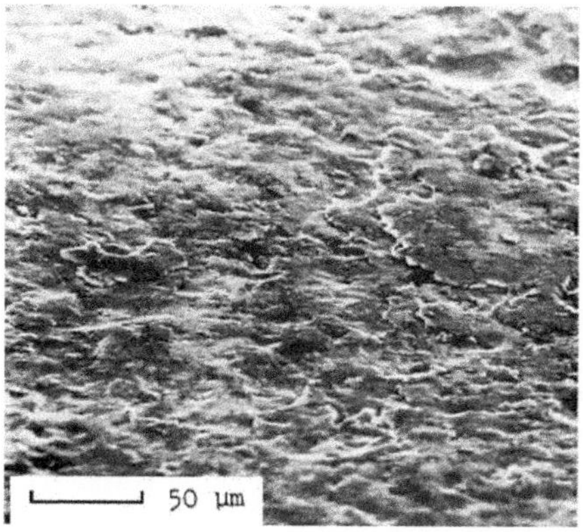

Abb. 13.24 Verschleißoberfläche eines höherfesten Kohlenstoffstahles.

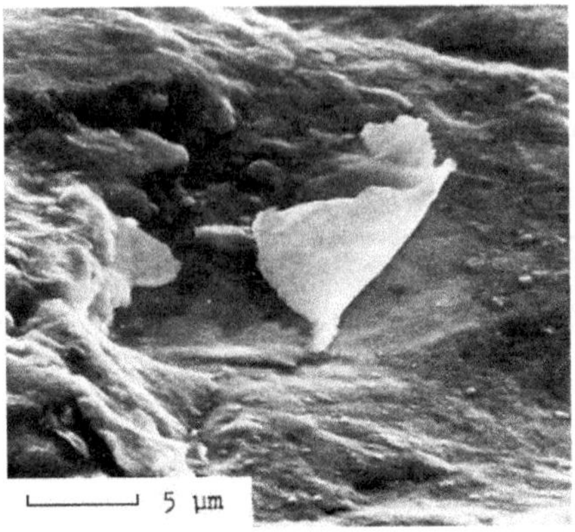

Abb. 13.25 Metallzunge mit einer Decklage von Reiboxid.

überwiegenden Verschleißmechanismus der Reiboxidation zum Ermüdungsverschleiß festzustellen. Abbildung 13.25 zeigt die Reste einer Reiboxidschicht, unter der sich bereits eine Metallzunge ablöst.

Nichtrostende Chrom-Nickel-Stähle Untersuchungen mit nichtrostenden Chrom-Nickel-Stählen gestatten auch bei geringem Schlupf Aussagen zur Verschleißkomponente des metallischen Abriebs. Da bei den nichtrostenden Stählen die Verschleißkomponente „Reiboxidation" unterdrückt ist, tritt hier nur Verschleiß durch Oberflächenermüdung auf.

Darüber hinaus zeichnet sich die Werkstoffgruppe der austenitischen Stähle infolge der kfz-Gitterstruktur durch hohe Verformbarkeit aus. Dies führt zur Keilbildung in Form von Paketen aus stark ausgeformten und sich gegenseitig überlappenden Zungen (Abb. 13.26).

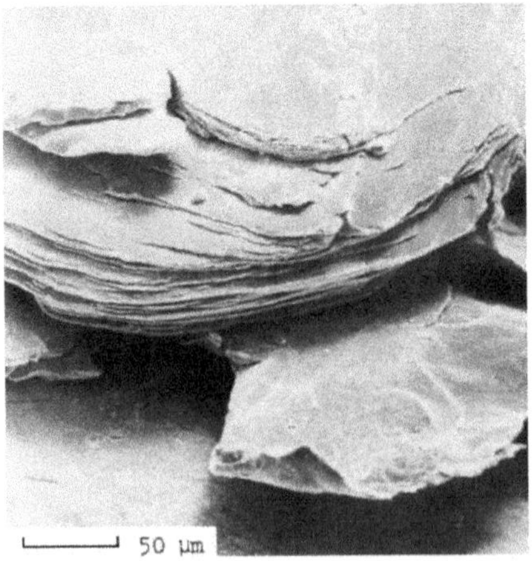

Abb. 13.26 Plastische Verschiebungen des Oberflächenmaterials des Stahls X12CrNiS18-8, $s = 31$ %.

Einfluss der Temperatur Verschleißuntersuchungen zur Werkstoff- und Verfahrensoptimierung von Walzwerks-Rollgängen und -Seitenführungen wurden an Material aus dem betrieblichen Einsatz und an Proben aus einer eigens zur Simulation der Vorgänge in Warmbreitband-Walzwerken konstruierten Verschleißmaschine durchgeführt [33]. Die dabei auftretenden komplexen Verschleißvorgänge beinhalten eine ausgeprägte Korrosionskomponente durch das gleichzeitige Einwirken von Feuchtigkeit und hoher Temperatur. Es liegt ein starker Teilchenverschleiß durch den harten Walzzunder vor. An den Seitenführungen erfolgt der Verschleiß bei einem Schlupf von 100 %. Die dabei auftretenden hohen Verschleißraten sind durch eine starke, flächendeckende Reiboxidation geprägt, die auch bei nichtrostenden Chrom-Nickel-Stählen auftritt (Abb. 13.27). Bei den niedriglegierten Stahlqualitäten werden durch die thermische und korrosionschemische Aktivierung größere Schichtdicken (rd. 20 μm) und größere Einzelkristallite (rd. 5 μm) gebildet, als sie bei der Reiboxidation bei Raumtemperatur auftreten.

An metallografischen Schliffen längs und quer zur Beanspruchungsrichtung lässt sich die mechanisch und thermisch verursachte Veränderung der Werkstoffgefüge feststellen. Daraus ergeben sich Rückschlüsse auf Änderungen der Werkstoffeigenschaften in den oberflächennahen Randschichten durch den Verschleiß. Die kombinierte Untersuchung der Oberfläche und des Anschliffs gestattet die Korrelation der Verschleißstruktur mit der örtlichen Gefügeausbildung. Abbildung 13.28 zeigt die verschleißhemmende Wirkung des „Skeletts" von Korngrenzenkarbiden und die Verformungsstrukturen im Oberflächenbereich am Beispiel des Werkstoffs G-X70CrNi14, der im Rahmen der Walzwerks-Verschleißversuche durch die Kante eines auf 550 °C aufgeheizten Stahlbleches beansprucht wurde.

Die gleiche Beanspruchung zur Simulation von Verschleiß an Walzwerks-Rollgängen zeigt bei einem S235 eine Kombination von thermischen, tribochemischen und verformungsbedingten Reaktionen des Oberflächenbereichs (Abb. 13.29): Unterhalb der kompakten Reiboxidschicht [1] befindet sich eine randentkohlte Zone mit Feinkornbildung und innerer Oxidation [2]. Hier überwiegt offensicht-

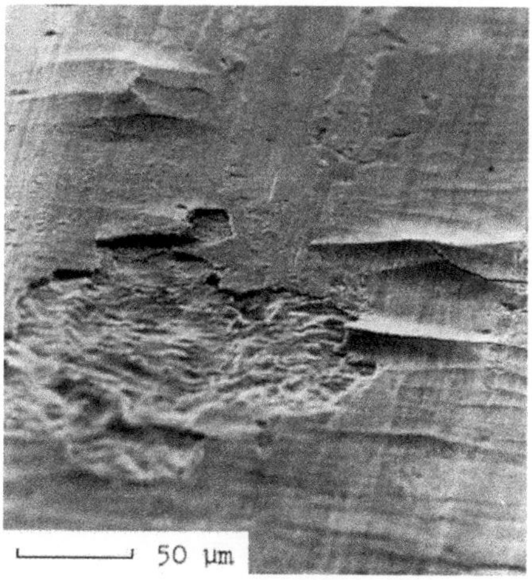

Abb. 13.27 Oberfläche des Stahls X5CrNi18-9 mit Reiboxidschicht nach Verschleißversuch bei 550 °C.

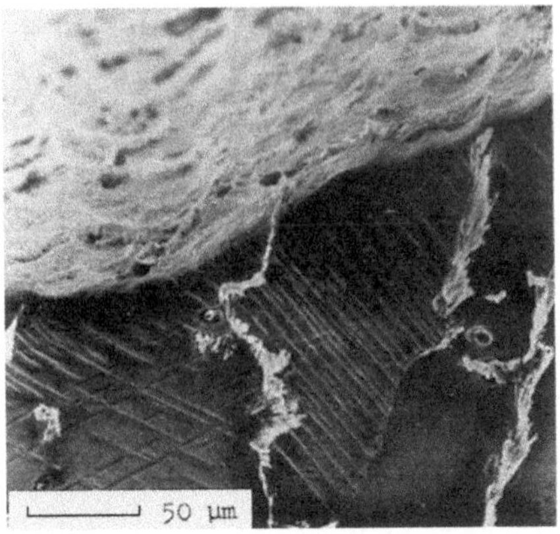

Abb. 13.28 Querschliff zur Oberfläche des Stahls G-X70CrNi14 nach Verschleißversuch bei 550 °C.

lich die Rekristallisation den Verformungseinfluss. Anschließend geht die überwiegend thermische Wirkung mit Einformung der Zementitlamellen [3] in eine bevorzugt mechanisch beeinflusste Zone [4] über, die durch zerbrochene Zementitlamellen geprägt ist.

13.3.4 Verschleiß durch Oberflächenermüdung

Mit Verschleiß durch Oberflächenermüdung wird Rissentstehung sowie das Ausbrechen von Stoffteilchen aus der inneren Grenzschicht bezeichnet, die auf schwellende Druck-Schubbeanspruchungen der Grenzflächenbereiche, gegebenenfalls überlagert durch wechselnde Oberflächentemperaturen, zurückzuführen sind [34, 35]. Die reine Thermoermüdung mit zyklischer Änderung der Eigen-

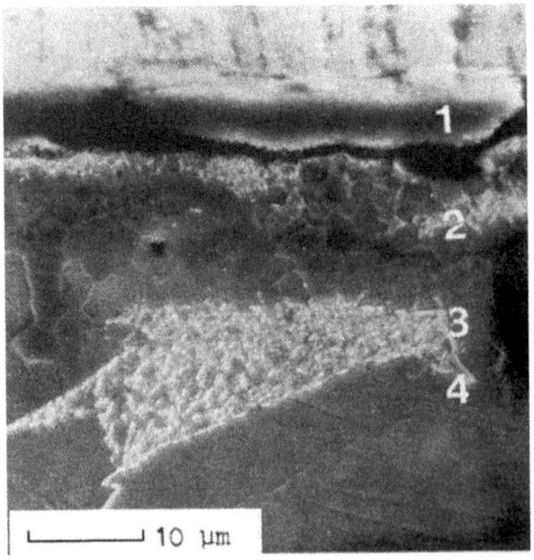

Abb. 13.29 Querschliff durch die oberflächennahe Randzone eines S235 nach Verschleißversuch bei 550 °C. (Ziffern 1–4 siehe Text).

spannungen ohne tribologischen Kontakt mit einem Gegenkörper zählt nicht zum Verschleißgebiet, wohl aber Tribosysteme wie Bremsscheiben, Walzen und Stranggussrollen, die primär durch thermisch induzierte Brandrisse versagen, wobei dies in unmittelbarem Zusammenhang mit der Einwirkung eines Gegenkörpers steht.

Die klassischen Tribosysteme, bei denen Verschleiß über den Mechanismus der Oberflächenermüdung eintritt, sind kraftgebundene Bauteile wie Wälzlager und Zahnräder. Bei ihnen werden die zu übertragenden Kräfte durch Wälzen (Rollen + Gleiten) über die Bauteiloberflächen eingeleitet. Die an Zahnflanken ablaufenden Vorgänge sind vergleichbar der in Abschnitt 13.3.3 beschriebenen Bildung von Verschleißkeilen und -zungen bei großem Schlupf (Abb. 13.21 und 13.22). Eine schematische Darstellung der Vorgänge zeigt Abbildung 13.30.

Die Hertz'sche Pressung (Normalspannung) führt zu einem Beanspruchungsmaximum unterhalb der Oberfläche, dessen Tiefenlage von der Höhe der Normalkraft und der Geometrie der Bauteilpartner abhängt. Mikrorisse unterhalb der Werkstoffoberfläche entstehen dann, wenn die Beanspruchung so weit erhöht wird, dass im Mikrobereich plastische Verformungen auftreten, und das Verformungsvermögen des Werkstoffs erschöpft ist (Abb. 13.31).

Bei Wälzlagern wurde die Rissbildung häufig an nichtmetallischen Einschlüssen beobachtet, da die umgebende Metallmatrix in ihrer Dauerfestigkeit überfordert wurde. Bei weiterer zyklischer Belastung erfolgt der Rissfortschritt als Schwingbruch schräg zur Oberfläche [11, 14]. Im Schliffbild erkennt man die mit „butterfly" bezeichneten Risse mit Reibmartensit-Flanken (Abb. 13.32). Rissfortschritt bewirkt den Ausbruch flacher Oberflächenbereiche, die sogenannte Grübchenbildung („Pittings", Abb. 13.33). Die Oberflächen dieser ausgebrochenen Bereiche sind in der Regel durch Gleit- oder Rollvorgänge zerdrückt und kaltverformt, so dass die typischen Mikrostrukturen wie Schwingstreifen, Gleitpakete, Schub- und Scherwaben häufig nicht zu erkennen sind.

Ebenfalls zu den Verschleißarten, die auf dem Mechanismus der Oberflächenermüdung beruhen, gehört die Kavitationserosion: Wegen der komplexen Vorgänge bei diesem Tribosystem sei an dieser Stelle auf die Fachliteratur verwiesen [38].

13.4 Verschleißschutzschichten

Eine der zahlreichen Strategien zur Verbesserung der Verschleißresistenz ist das Ertüchtigen der Bauteiloberflächen durch Verschleißschutzschichten. Dabei werden die Struktureigenschaften (Festigkeit, Duktilität, Masse, Form usw.) durch den Werkstoff im gesamten Bauteilinneren bereitgestellt, die Funktionseigenschaften (Verschleiß-, Korrosionswiderstand, Reibwert usw.) werden in der Bauteiloberfläche konzentriert. Dies trägt darüber hinaus dazu bei, Kosten zu sparen und die Ressourcen knapper Legierungselemente zu schonen.

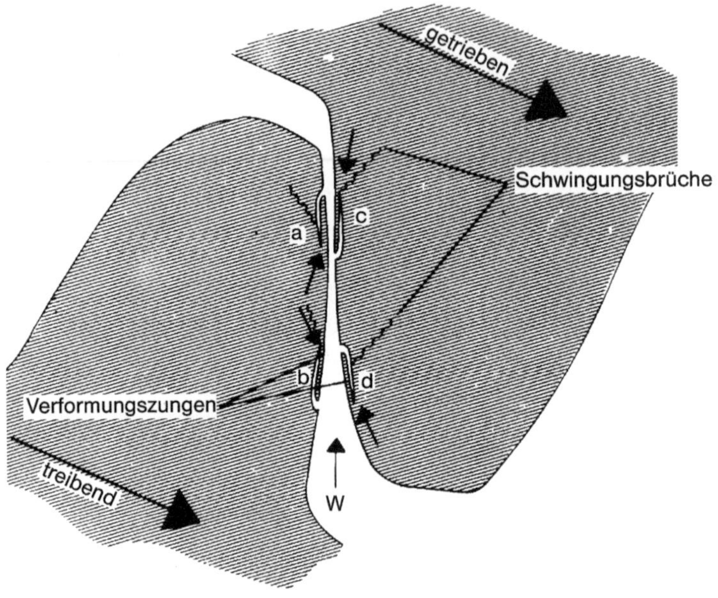

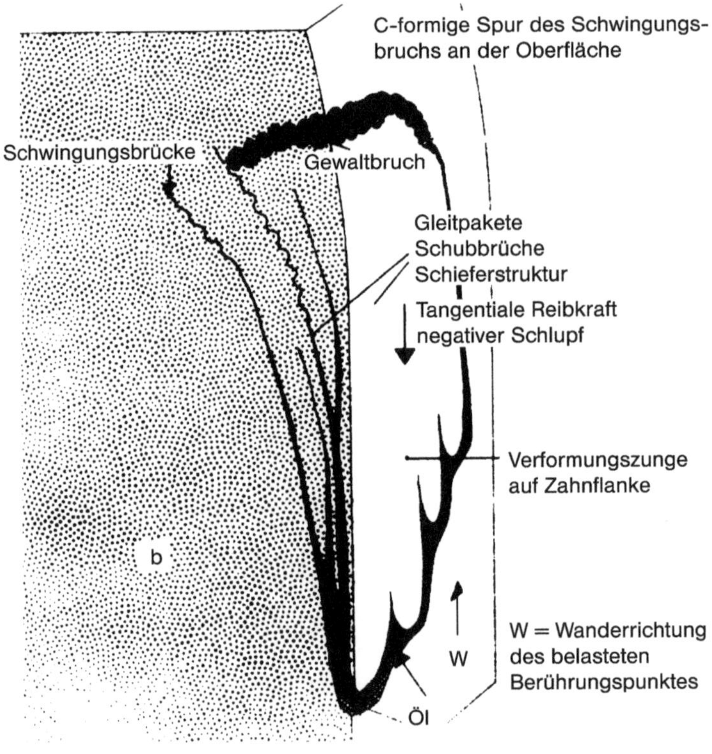

Abb. 13.30 Schematische Darstellung der Pittingbildung an Zahnflanken [36].

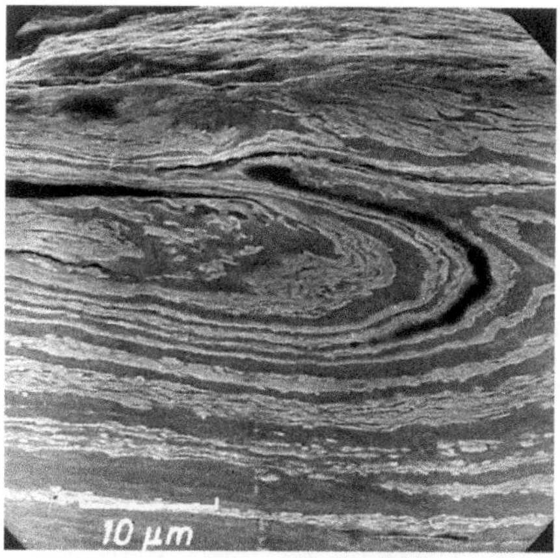

Abb. 13.31 Verformungskeil an einer Zahnflanke mit „Delamination" unter der Oberfläche und „Schleifenbildung" infolge Antriebsumkehr..

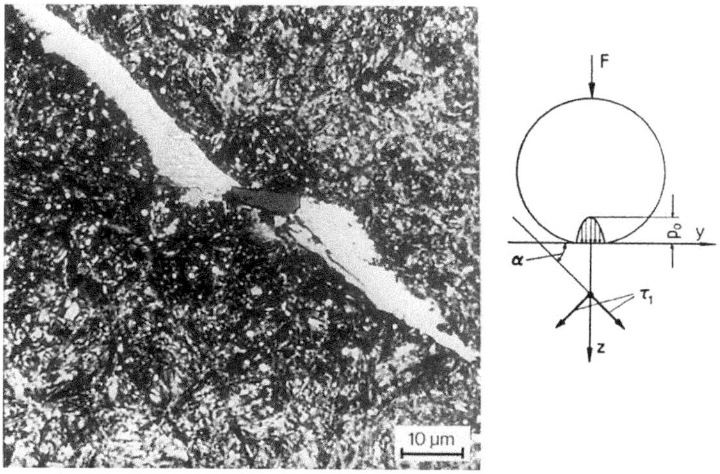

Abb. 13.32 Ermüdungsrissbildung in „Butterfly"-Form in einem Wälzlager [37].

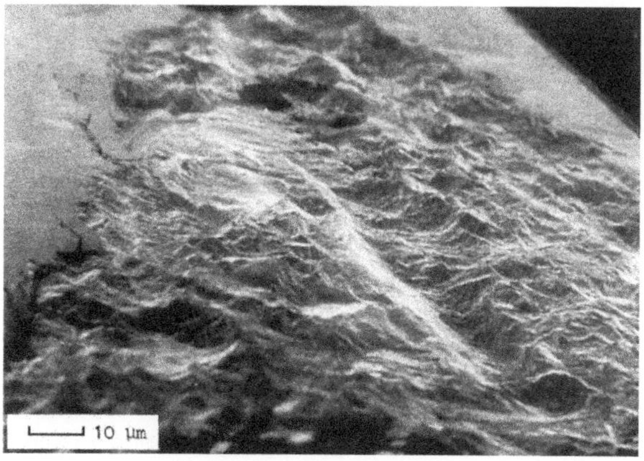

Abb. 13.33 Grübchenbildung auf dem Innenring eines Wälzlagers aus 100CrMn6.

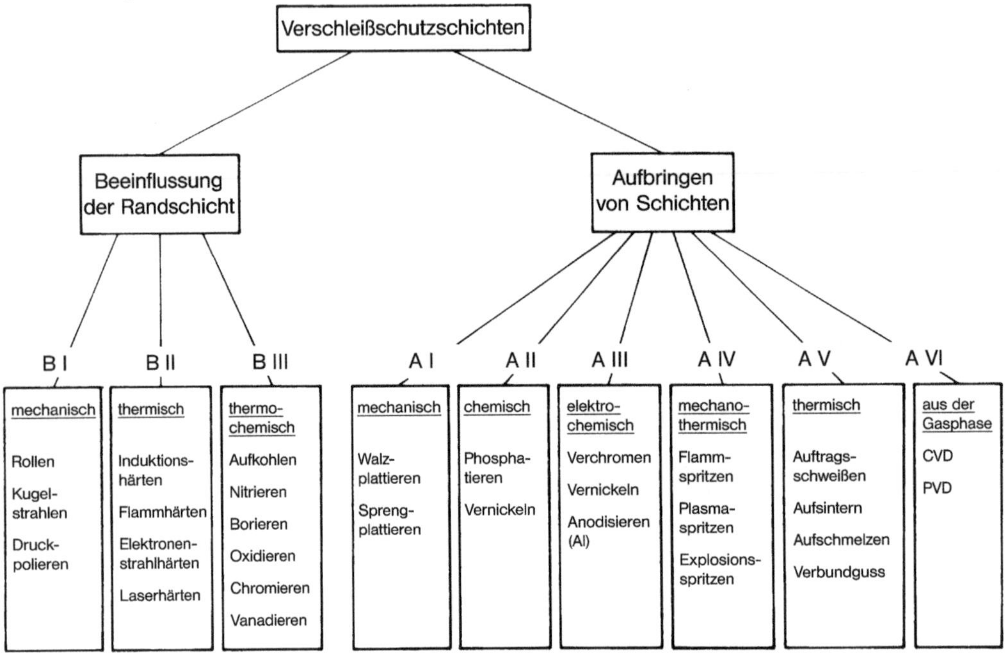

Abb. 13.34 Einteilung der gebräuchlichen Verschleißschutzschichten in Verfahrensgruppen.

Die Verfahren zur Beeinflussung der Randschichten bzw. der Beschichtung von Werkstoffoberflächen sind außerordentlich zahlreich [39]. In Abbildung 13.34 sind die verbreiteten Verfahren schematisch dargestellt. Nicht nur die Vielzahl der Verfahren ist schwer zu überblicken und gegeneinander abzuwägen, selbst verfahrenstechnisch ähnlich erzeugte Schichten unterscheiden sich in Einzelheiten, die das Anwendungsgebiet stark verändern können und eine einheitliche Betrachtungsweise erschweren. Es kann daher in diesem Rahmen nur auf einige Beispiele eingegangen werden.

13.4.1
Verfahren zur Untersuchung von Verschleißschutzschichten

Einfach zu handhabende Untersuchungsverfahren zur Qualifizierung von Verschleißschutzschichten stellen die Rautiefenbestimmung der Oberfläche, die Schichtdickenmessung und die Messung des Reibwertes dar.

Die Härtemessung dünner Hartstoffschichten ist zzt. Gegenstand zahlreicher Untersuchungen einschließlich der Entwicklung neuer Messverfahren [40]. Verschleißschutzschichten versagen bei übermäßiger Beanspruchung durch Ausbrüche und Abblätterungen der Schicht [32]. Es ist daher von Interesse, Kenntnisse über die kohäsiven und adhäsiven Eigenschaften der Schichten zu erhalten. Zurzeit existieren jedoch nur Prüfverfahren, die noch keine allgemeine Gültigkeit erlangt haben

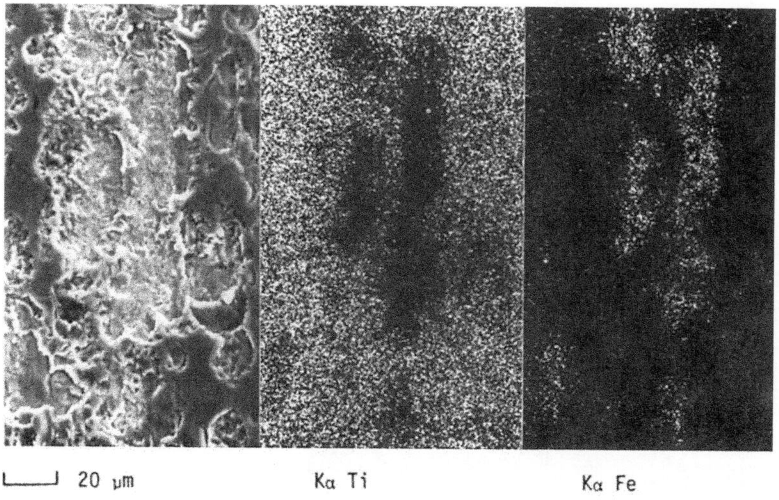

Abb. 13.35 Oberfläche einer mit TiC beschichteten Probe nach Verschleißbeanspruchung; SE-Bild und Röntgenverteilungsbilder.

[41]. Der Nachweis, inwieweit örtlich die gesamte Schichtdicke abgetragen wurde, lässt sich flächenmäßig mit den Methoden der Elektronenstrahlmikroanalyse erbringen, wie es am Beispiel einer TiC-Schicht in Abbildung 13.35 dargestellt ist. Aussagen zur Schichtdicke, zur Haftfestigkeit und zum Verschleiß werden durch Untersuchungen an Gewaltbrüchen ermöglicht (Abb. 13.36).

13.4.2
Galvanisch abgeschiedene Chromschichten

Hartchromschichten weisen wegen ihrer hohen Härte eine gute Verschleißfestigkeit auf. Wegen der abscheidungsbedingten Mikrorissigkeit (Abb. 13.37) kommt es leicht zu Ausbrüchen mit den entsprechenden Folgen für den Verschleiß und bei Korrosionsbeanspruchung zu korrosiver Unterwanderung der Schicht [42].

13.4.3
Außenstromlos abgeschiedene Nickelschichten

Chemisch abgeschiedene Nickel-Bor-Schichten sind wie Chromschichten hart und damit verschleißresistent, können aber ebenfalls korrosiv unterwandert werden, da sich bei diesem Verfahren Stengelkristalle bilden (Abb. 13.38).

Durch chemische Reduktion von Nickelsalzen abgeschiedene Nickel-Phosphor-Schichten sind strukturlos (Abb. 13.39). Über die Variation des Phosphorgehaltes von rd. 3 bis 13 % lässt sich die Härte dieser Schichten in einem breiten Spektrum variieren [43, 44]. Die Gebrauchseigenschaften derartiger Schichtsysteme hängen sehr subtil von der jeweils vorhandenen Mikrostruktur ab [45]. Zur Problemlö-

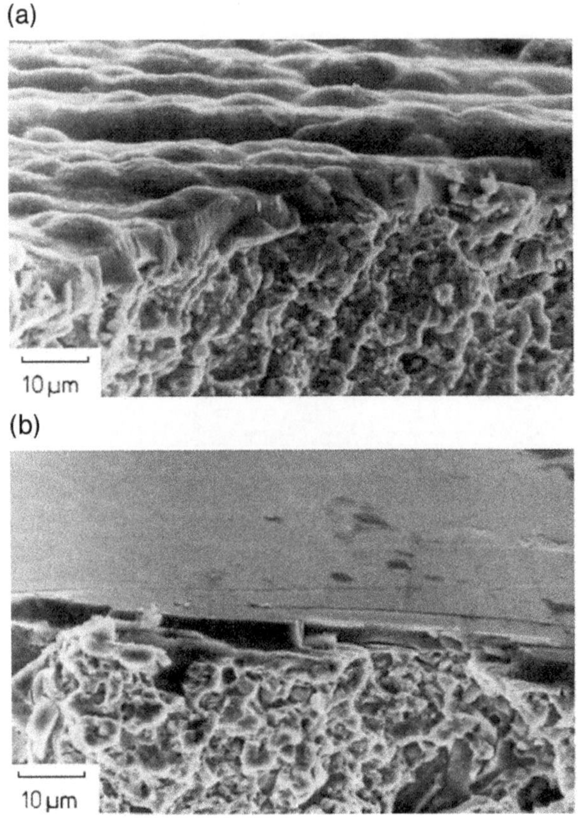

Abb. 13.36 a) TiC-Schicht – unbeanspruchte Oberfläche, Gewaltbruch; b) TiC-Schicht – nach Verschleißversuch, Gewaltbruch.

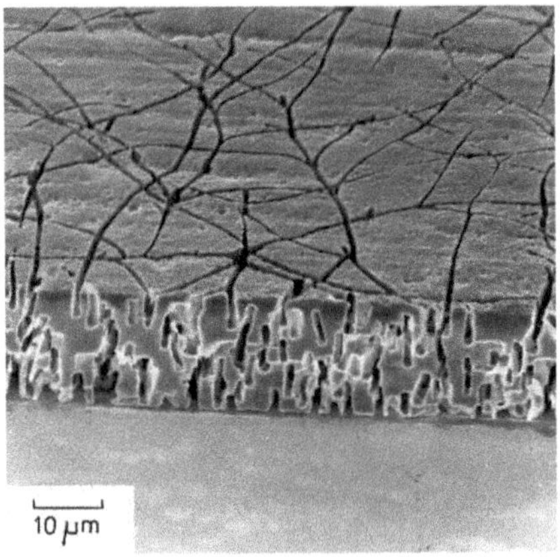

Abb. 13.37 Kantenansicht einer Hartchromschicht nach Ätzung mit V2A-Beize.

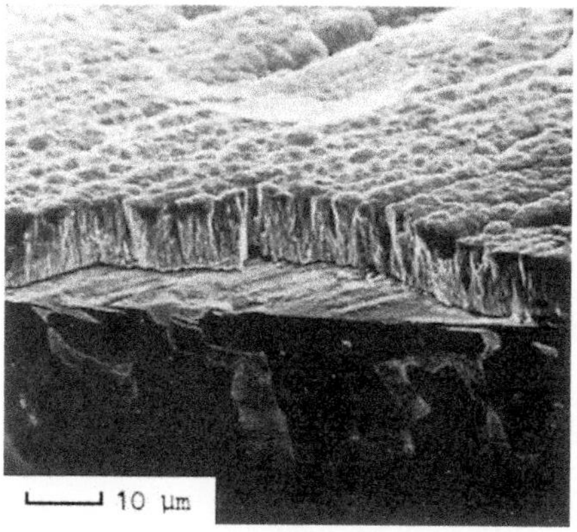

Abb. 13.38 Kantenansicht eines Querschliffes von einer Ni-B-beschichteten Stahlprobe mit Schichtausbruch.

sung, hohen Verschleißwiderstand bei gleichzeitig aggressiven Korrosionsbedingungen zu bieten, wurden inzwischen Verbundbeschichtungen entwickelt [42]. Dabei wird eine harte Ni-P-Verschleißschutzschicht auf einer duktilen Ni-P-Sperrschicht abgeschieden (Abb. 13.40).

13.5 Zusammenfassung

Wegen der unbegrenzten Vielfalt möglicher tribologischer Werkstoffbeanspruchungen und der großen Zahl von Maßnahmen, speziellen Beanspruchungen zu begegnen, kann zum Thema Verschleiß nur ein Überblick gegeben werden.

Die Veränderung der Werkstoffgefüge und damit der Werkstoffeigenschaften in oberflächennahen Randschichten im Verlauf der Verschleißbeanspruchung führen zu Veränderungen der Verschleißeigenschaften des Systems. Daher kann das Verschleißverhalten nicht als Werkstoffeigenschaft definiert werden, sondern nur als spezifisches Verhalten eines Werkstoffs in einem tribologischen System.

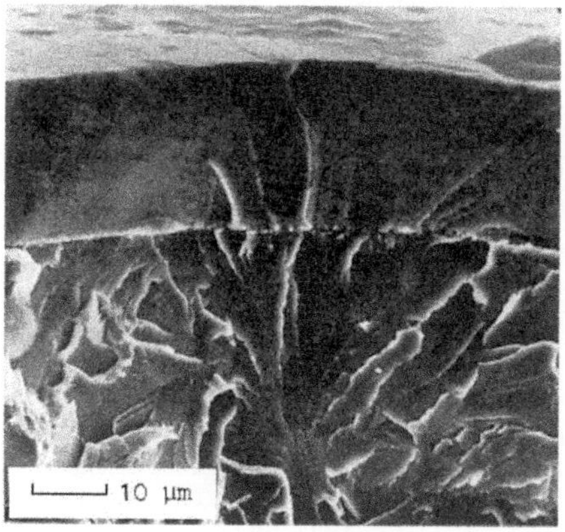

Abb. 13.39 Kantenansicht des Gewaltbruches einer Ni-P-Schicht auf Stahl (Spaltbruch).

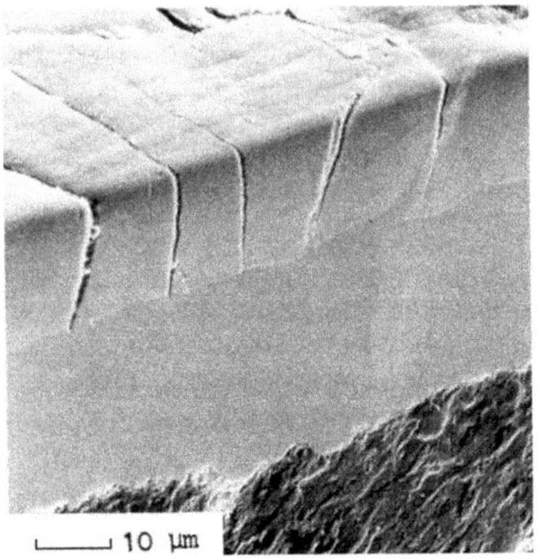

Abb. 13.40 Kantenansicht des ionengeätzten Querschliffs einer Ni-P-Doppelschicht nach Biegeprüfung.

Alle Verschleißvorgänge sind auf die vier Haupt-Verschleißmechanismen Abrasion, Adhäsion, tribochemische Reaktion und Oberflächenermüdung zurückzuführen. In der Werkstoffentwicklung, Qualitätssicherung und Schadensanalyse hat es sich für die Lösung von Verschleißproblemen als praktikabel erwiesen, über den mikromorphologischen und mikroanalytischen Nachweis der Verschleißmechanismen Strategien für die Optimierung von Tribosystemen zu entwickeln.

Literatur

1 GfT-Arbeitsblatt 7, Tribologie – Definition, Begriffe, Prüfung, 09/2002.

2 VDI-Richtlinie 3822 – Blatt 5, Schadensanalyse – Schäden durch tribologische Beanspruchung, 01/1999.

3 Block, N.N. (1972) Surface coatings for savings in engineering, The Welding Institute.

4 (1988) Tribologie – Reibung, Verschleiß, Schmierung, Dokumentation zum Forschungs- und Entwicklungsprogramm des Bundesministeriums für Forschung und Entwicklung (BMFT), Band 12.

5 Czichos, H. (1969) Entwicklung eines Probenwagens zur Untersuchung großer reibbeanspruchter Objekte im Stereoscan. *Beitr. elektronenmikr. Direktabb. Oberfl.*, **2**, S. 129–138.

6 Frey, H., Feller, H.-G. (1972) Verschleißuntersuchungen mit dem Rasterelektronenmikroskop. *Prakt. Met.*, **9**, S. 187–197.

7 Krause, H., Christ, E., Burchard, W.-G., Chen, F.-S. (1975) Über die Struktur sogenannter „weißer Schichten" – entstanden in den Laufflächenbereichen von Eisenbahnrädern, DVM, Tagungsband Vorträge der 7. Sitzung des Arbeitskreises Rastermikroskopie, S. 69–78.

8 Krause, H., Demirci, H. (1976) Elektronenmikroskopische Untersuchungen an Verschleißflächen von Wälzkörpern, Vulkan-Verlag Essen, H. 368, S. 54–56.

9 Uetz, H., Föhl, J. (1975) Erscheinungsformen von Verschleißschäden, VDI-Berichte, Nr. 243, S. 127–142.

10 Hornbogen, E., Zum Gahr, K.-H. (1981) Metallurgical Aspects of Wear, DGM-Proceedings.

11 Engel, L., Klingele, H. (1982) Rasterelektronenmikroskopische Untersuchungen von Metallschäden, Gerling Institut, Köln.

12 Scott, D. (1979) Treatise on Materials Science and Technology. *Wear*, Vol. **13**.

13 Engel, P.A. (1976) Impact Wear of Materials, Elsevier Scientific Publishing Co., Amsterdam – Oxford – New York.

14 Engel, L., Klingele, H. (1981) An Atlas of Metal Damage, Wolfe Science Books, Carl Hanser Verlag, München – Wien.

15 Habig, K.-H. (1980) Verschleiß und Härte von Werkstoffen, Hanser Verlag, München – Wien.

16 Fink, M. (1929) Neuere Ergebnisse auf dem Gebiet der Verschleißforschung. *Organ für Fortschritt des Eisenbahnwesens*, **84**, Nr. 20, S. 405–412.

17 Krause, H. (1966) Mechanisch-chemische Reaktionen bei der Abnutzung von St 60, V 2 A und Manganhartstahl, Diss. RWTH Aachen.

18 Demirci, A.H. (1977) Untersuchungen über bevorzugte Kristallorientierung (Textur) unter Berücksichtigung der Gesamtheit werkstofflicher Veränderungen in den Grenzschichten eines metallischen Wälzsystems, Diss. RWTH Aachen.

19 Wahl, W. (1975) Abrasive Verschleißschäden und ihre Verminderung. *VDI-Berichte*, Nr. **243**, S. 171–187.

20 Hornbogen, E. (1980) Werkstoffeigenschaften und Verschleiß. *Metall*, **34**, S. 1079–1086.

21 Zum Gahr, K.-H. (1987) Microstructure and Wear of Materials, Tribology Series, Elsevier Science Publishers, Amsterdam – Oxford – New York – Tokyo, 10.

22 Deutscher, O. (1991) Erprobung und Optimierung verschleißbeständiger Werkstoffe bei Abrasion und Oberflächenzerrüttung durch abrasive Schüttgüter, Verein Deutscher Eisenhüttenleute, Betriebsforschungsinstitut, Bericht Nr. 1228.

23 Kragelskii, I.W. (1971) Reibung und Verschleiß, Carl Hanser-Verlag, München.

24 Broszeit, E. (1972) Modellverschleißuntersuchungen über den Einfluß des Zwischenmediums auf das Gleitverhalten unterschiedlicher Werkstoffpaarungen, Diss. TH Darmstadt.

25 Krause, H. (1971) Tribochemical reactions in the friction and wearing process of iron. *Wear*, **18**, S. 403–412.

26 Krause, H. (1966) Mechanisch-chemische Reaktion bei der Abnutzung von St 60, V2A und Manganhartstahl, Diss. RWTH Aachen.

27 Bugarcic, H. (1964) Einfluß der Feuchtigkeit auf mechanisch-chemische Vorgänge bei der Reibungsbeanspruchung von Armco-Eisen, Einsatz- und Radreifenstahl unter Verwendung einer neukonstruierten Reibungsprüfmaschine, Diss. RWTH Aachen.

28 Christ, E. (1976) Röntgenographische Ermittlung und Bewertung von Randschichteigenspannungen nach einer Wälzbeanspruchung, Diss. RWTH Aachen.

29 Krause, H., Schroelkamp, Chr. (1987) Einfluß nichtmetallischer Einschlüsse bei Eisenwerkstoffen auf den Ablösemechanismus von tribochemischen Reaktionsschichten. *Schmierungstechnik*, **18**, S. 51–53.

30 Jühe, H.-H. (1979) Einsatz der röntgenographischen Spannungsmessung bei der Ermittlung und Bewertung der Zustände plastisch verformter Werkstoffe, Diss. RWTH Aachen.

31 Krause, H., Schroelkamp, Chr. (1981) Untersuchungen über den Einfluß von Werkstoffgefüge und Reaktionsschichten auf das Wälzreibungs- und Verschleißverhalten vergüteter Stähle, Forschungsbericht des Landes Nordrhein-Westfalen Nr. 3084, LfF, Westdeutscher Verlag, Opladen.

32 Scholten, J. (1978) Ein Beitrag zur Optimierung des Verschleißverhaltens metallischer Wälzreibungssysteme bei technisch trockener Reibung durch Einsatz von Kohlenstoffstählen und Titanwerkstoffen, Diss. RWTH Aachen.

33 Zimmermann, R. (1982) Verschleißminderung an Rollgängen und Seitenführungen in Warmbreitbandstraßen, Diss. RWTH Aachen, BFI-Bericht 824.

34 Kloos, K.H., Broszeit, E. (1975) Verschleißschäden durch Oberflächenermüdung, VDI-Berichte Nr. 243, S. 189–204.

35 Kloos, K.H. (1973) Werkstoffoberfläche und Verschleißverhalten in Fertigung und konstruktiven Anwendungen, VDI-Berichte Nr. 194, S. 45–56.

36 Engel, L. (1990) Zuordnung von Schäden an Metallen mit der Rasterelektronenmikroskopie, VDI-Berichte Nr. 862 „Bauteilschäden", S. 49–61.

37 Schreiber, E. (1990) Untersuchung von Schadensfällen an Wälzelementen, VDI-

Berichte Nr. 862 „Bauteilschäden“, S. 161–182.

38 Pohl, M. (1990) Mikroverschleißmechanismen bei der Kavitationserosion, 14. Vortragveranstaltung des Arbeitskreises Rastermikroskopie in der Materialprüfung, DVM-Tagungsband, S. 25–35.

39 Pohl, M. (1983) Verschleißschutzschichten. *Prakt. Met. Sonderbd.*, **14**, S. 179–197.

40 Pohl, M., Waldherr, U. (1990) Härtemessung mit kleinen Prüflasten, Vortragsveranstaltung des Arbeitskreises Rastermikroskopie in der Materialprüfung, DVM-Tagungsband, 14, S. 131–142.

41 Pohl, M., Feyer, M. (1992) Charakterisierung und Prüfung dünner Schichten durch Kavitationserosion. *Tribologie und Schmierungstechnik*, S. 29–44.

42 Schmitt, G., Schmeling, E., Pohl, M. (1982) REM-Untersuchungen an galvanisch und außenstromlos abgeschiedenen Verschleißschutzschichten. *ZwF*, **77**, S. 247–251.

43 Schmeling, E., Röschenbeck, B., Drake, J., Schmitt, G. (1973) Elektrochemische Untersuchungen zum Korrosionsverhalten galvanisch und stromlos abgeschiedener Überzugsmetalle in chloridhaltigen Lösungen. *Werkstoffe und Korrosion*, **24**, S. 112–118.

44 Olbertz, B. (1982) Erzeugung und Eigenschaften von Nickel-Phosphor-Schichten (stromlose Vernickelung) auf Aluminium-Gußteilen. *Gießerei*, **69**, S. 72–76.

45 Goecke, A., Pohl, M. (1990) Das Kavitationserosionsverhalten von außenstromlos abgeschiedenen Ni-P-Schichten in Reibung und Verschleiß bei metallischen und nichtmetallischen Werkstoffen, DGM-Informationsgesellschaft Verlag, S. 289–296.

14
Schäden an Schweißnähten

Hans-Jürgen Schüller

14.1
Einleitung

Zur stürmischen Entwicklung der Technik hat die Schweißtechnik einen entscheidenden Beitrag geleistet. Die Anwendung der verschiedenen Schweißverfahren bot dabei nicht nur die Möglichkeit zu einer sprunghaften Steigerung der Anlagengrößen, sondern auch zur Entwicklung ganz neuer Konstruktionen. So wäre der Bau der heute üblichen, vor einigen Jahren noch kaum vorstellbaren Großanlagen in vielen Bereichen der Technik, wie z. B. in der Chemie, der Energieerzeugung, dem Schiffs- und Offshorebau, der Fördertechnik u. a., ohne den Einsatz des Schweißens in Verbindung mit verbesserten Werkstoffen nicht möglich gewesen. Auch im Rahmen der Instandhaltung sowie der Reparatur eingetretener Schäden beweist die Schweißtechnik ihre führende Rolle. Rückblickend erscheint es daher nicht verwunderlich, dass im Rahmen einer solchen Entwicklung auch werkstoff- und fertigungstechnische Schwierigkeiten aufgetreten sind, da die erforderlichen Erfahrungswerte vielfach noch nicht in dem benötigten Ausmaß zur Verfügung standen. Daneben war ein großer Teil der Schäden eine Folge ungeeigneter Schweißkonstruktionen, vor allem beim Einsatz höherfester Stähle. So konnten zahlreiche Schadensfälle, die teilweise mit erheblichen wirtschaftlichen Folgen verbunden waren, auf Risse im Bereich der Schweißnähte zurückgeführt werden.

Über Risse im Schweißnahtbereich liegt bereits ein umfangreiches Schrifttum mit vielen wertvollen Beobachtungen vor [1–12]. Darin werden sowohl das Rissgeschehen als auch die Schadensursache, die heute allgemein auf ein ungünstiges Zusammenwirken von mindestens zwei Faktoren aus den Grundfehlerarten Konstruktions-, Werkstoff-, Fertigungs- und Betriebsfehler zurückgeführt wird, beschrieben. Leider sind die Angaben im Schrifttum sehr weit gestreut und daher nicht immer leicht zugänglich. Es fehlen, abgesehen von wenigen Ausnahmen [1, 2, 6, 9], zusammenfassende Darstellungen mit entsprechenden Schadensbeispielen, die gerade für den praktisch tätigen Ingenieur sehr wertvoll wären.

Im Folgenden sollen daher ein durch Beispiele unterstützter Überblick über die wichtigsten in Schweißnähten beim Schmelzschweißen auftretenden Rissarten gegeben und, soweit möglich, Wege zu ihrer Vermeidung aufgezeigt werden.

Systematische Beurteilung technischer Schadensfälle, 6. Auflage 2014. Editiert durch G. Lange und M. Pohl

Verfahrensbedingte Schweißfehler, z. B. Poren, Binde- und Formfehler, werden hier dagegen nicht behandelt. Diese Beschreibung erhebt keinen Anspruch, vollständig und erschöpfend zu sein.

14.2 Werkstoffbeeinflussung durch den Schweißprozess

Schweißverbindungen sind kritisch zu betrachtende Bereiche in Schweißkonstruktionen, da sie deren Funktionsfähigkeit entscheidend bestimmen. Zudem wird der Werkstoff gerade im Bereich der Schweißnaht einer extremen thermisch-mechanischen Beeinflussung unterworfen, infolge der sich das Gefüge und damit auch die Werkstoffeigenschaften stärker verändern als sonst bei der Verarbeitung des Grundwerkstoffs. So wird z. B. beim Lichtbogenschweißen das Bauteil durch eine sich in Schweißrichtung fortbewegende, intensive örtliche Energiezufuhr hoch erhitzt. Das sich dabei infolge Wärmeleitung ausbildende Temperaturfeld, dem die jeweilige Schweißstelle und ihre Umgebung ausgesetzt sind, weist Temperaturen auf, die von Umgebungs- bis über die Schmelztemperatur hinausreichen. Als Folge kommt es einerseits zum

- Schmelzen von Grund- und Schweißzusatzwerkstoff und damit zu
- metallurgischen Wechselwirkungen zwischen Grund- und Schweißzusatzwerkstoff, Lichtbogenatmosphäre und Schlacke

sowie andererseits zu

- Gefügeveränderungen [7–14] und
- Schweißeigenspannungen [13, 15]

im Schweißgut und im Grundwerkstoff (WEZ). Falls jedoch Konstruktion, Werkstoff und Fertigung (Schweißparameter) nicht richtig aufeinander abgestimmt sind, kann es im Schweißgut und besonders in der Wärmeeinflusszone (WEZ) – verglichen mit dem übrigen Grundwerkstoff – zu ungünstigen Werkstoff- und Spannungszuständen kommen, z. B. durch Zähigkeitsverlust infolge Aufhärtung, Ausscheidungen u. a. sowie durch Eigenspannungen. Aus diesem Grund treten werkstoffbeeinflusste rissartige Fehler unter sonst gleichen Bedingungen im Nahtbereich häufiger auf. Nach der Schadensstatistik bilden „Schweißnahtrisse" eine der häufigsten Fehlerquellen [1, 2].

14.3 Rissbereiche in Schweißkonstruktionen

Bei aller Freizügigkeit, die gerade die Schweißtechnik dem Konstrukteur bietet, ist auf die zweckmäßige konstruktive Ausbildung der einzelnen Schweißverbindungen im Rahmen der Gesamtkonstruktion größter Wert zu legen. Sie beeinflusst sowohl das Verhalten bei der Fertigung als auch später im Betrieb. Das gilt besonders bei dynamischer Beanspruchung. Dabei sollte nicht unberücksichtigt bleiben, dass der größte Teil aller Konstruktionen irgendwann während des Betriebes ungleichförmigen Beanspruchungen unterworfen sein kann. Als besonders kritisch in dieser Hinsicht sind Bauteile mit starker Änderung der Bauteilform zu betrachten, zumal sich dadurch beim Schweißen auch Einflüsse auf den Eigenspannungszustand ergeben. In der gleichen Richtung wirken sich auch Formfehler durch starke Nahtüberhöhungen, schroffe Nahtübergänge, Wurzelkerben usw. aus. Solche konstruktive Steifigkeitssprünge sowie Mängel in der Ausführung der Schweißnähte verursachen Änderungen des Kraftflusses und führen aufgrund hoher Form- bzw. Kerbwirkungszahlen zu Spannungsspitzen an diesen Stellen [1, 5, 7, 12, 16–18].

14.3.1
Schwachstellen

Sowohl für den Nachweis von Rissen im Rahmen einer Überprüfung als auch für die Deutung ihres Entstehens ist die Kenntnis der jeweiligen Schwachstellen von größter Bedeutung. Eine Schadensstatistik vermag diese Schwachstellenanalyse wesentlich zu erleichtern. Aufgrund vorliegender Erfahrung wird man das Augenmerk vor allem auf die von der Konstruktion abhängigen Stellen der Spannungskonzentration richten müssen [1, 12].

Einen Hinweis auf die Lage solcher bei Schadensfällen bevorzugt formbedingt rissbehafteter Schweißnähte geben die Abbildungen 14.1 und 14.2 mit Beispielen aus dem Rohrleitungsbau wieder [19]. Die Schäden konzentrieren sich z. B. bei einem T-Formstück (Abb. 14.1) vor allem auf die Schweißnaht im Abgang oberhalb der Aushalsung (Rissbereich 1), wo unter Betriebsdruck hohe Spannungs-

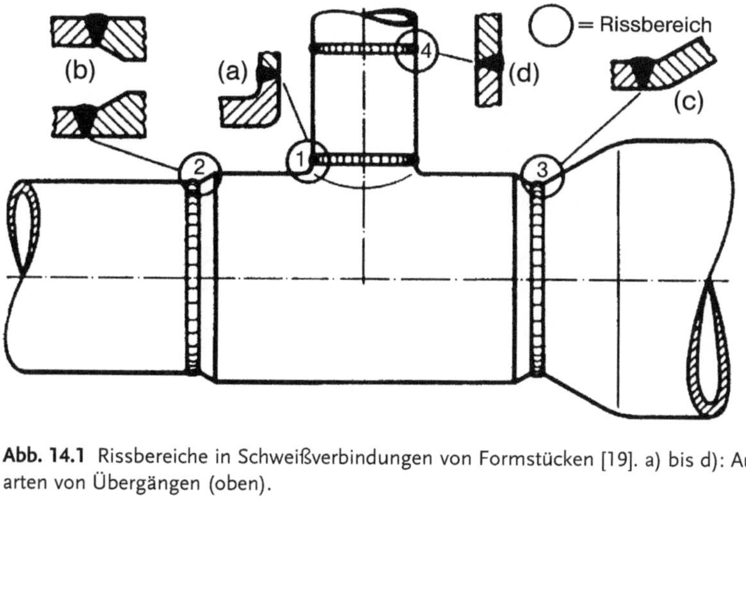

Abb. 14.1 Rissbereiche in Schweißverbindungen von Formstücken [19]. a) bis d): Ausführungsarten von Übergängen (oben).

spitzen nachgewiesen wurden (Abb. 14.2), sowie auf die Anschlussschweißnähte Formstück/Rohr im Durchgang mit Wanddickenabnahme (Rissbereich 2) bzw. mit Querschnittsänderung, z. B. im Falle einer Einziehung (Rissbereich 3). Aufgrund der in einem Rohrleitungssystem gegebenen Beanspruchungsverhältnisse durch Betriebs-, System- und Eigenspannungen können neben Rissen in der Schweiße vor allem Risse neben der Naht auf der Seite des höheren Widerstandsmomentes (starke Materialanhäufung) auftreten. Als rissbegünstigend haben sich vor allem Zusatzbeanspruchungen erwiesen, die im Rohrleitungssystem unter Betriebsbedingungen infolge von Wärmedehnungen, Gewichtsbelastungen, Schwingungen usw. entstehen und z. B. in Form von Biegungen, Torsion, dynamischen Beanspruchungen u. ä. auf die Schweißnähte einwirken können. In Rohr/Rohr-Verbindungen (Rissbereich 4) traten Risse dieser Art dagegen nur dann auf, wenn bei der Auslegung nicht ausreichend berücksichtigte Zusatzbeanspruchungen und Ausführungsmängel zu entsprechend hohen Spannungsspitzen geführt hatten. Ähnliche geometrische Verhältnisse sind auch bei Behältern oder sonstigen Schweißkonstruktionen die Ursache von Schwachstellen.

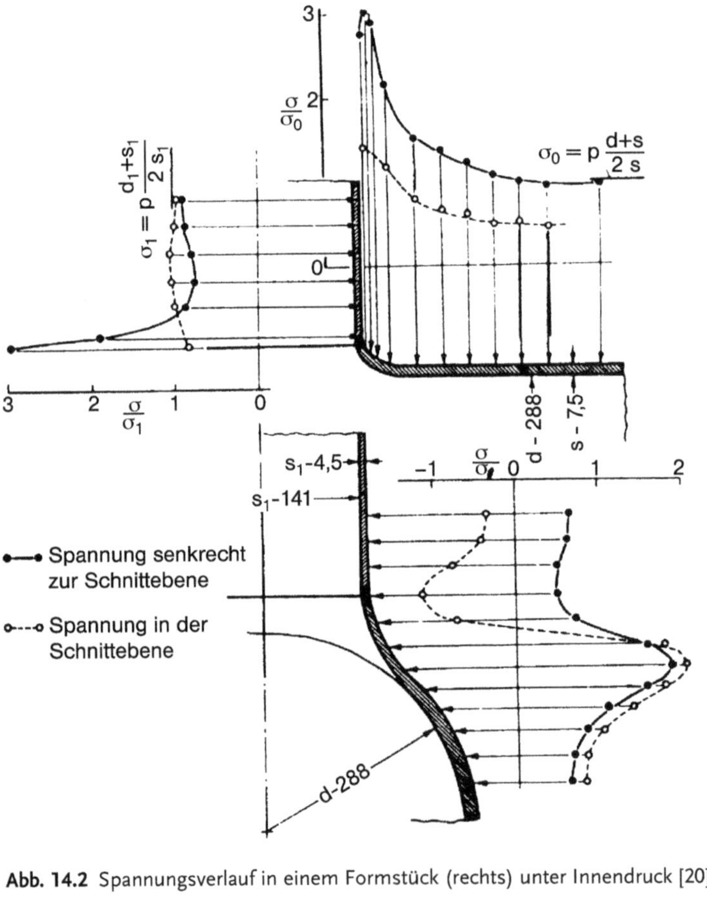

Abb. 14.2 Spannungsverlauf in einem Formstück (rechts) unter Innendruck [20].

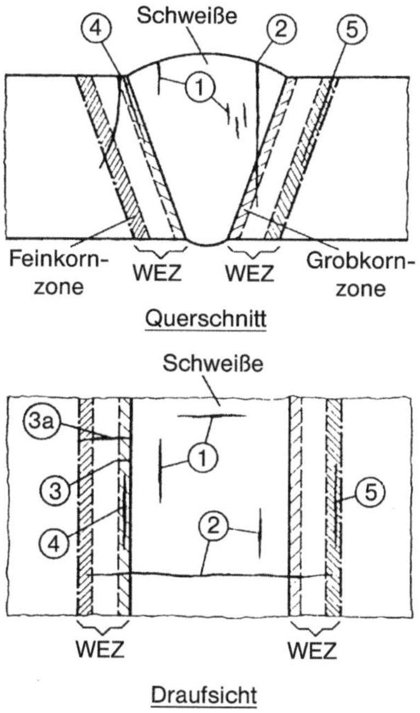

Abb. 14.3 Schematische Darstellung verschiedener Risslagen im Schweißnahtbereich [1]. Bedeutung der Zahlen vgl. Text.

14.3.2 Risslagen

Ein kurzer Hinweis auf die Lage der Risse im Hinblick auf die Schweißnaht: Risse im Bereich der Schweißnaht treten sowohl im Schweißgut als auch in der Wärmeeinflusszone (WEZ) längs, quer oder auch unorientiert zur Nahtrichtung auf, wie in Abbildung 14.3 schematisch angedeutet [1].

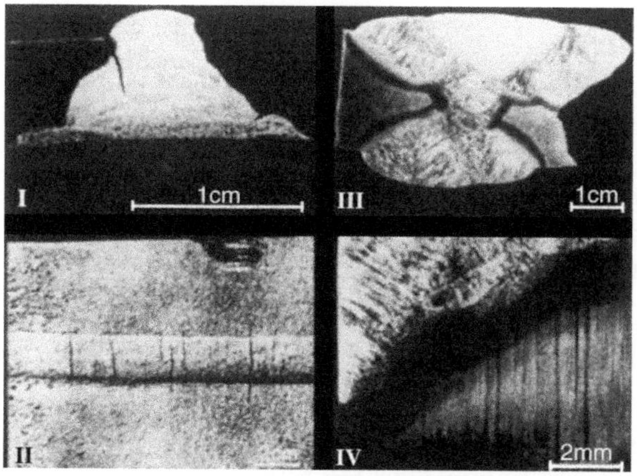

Abb. 14.4 Beispiele verschiedener Risstypen [21].

Tabelle 14.1 Mögliche Rissarten in Schweißverbindungen.

Fertigungsrisse		**Betriebsrisse**	
Schweißen	Glühen	Ohne Fertigungsfehler	Ausgehend von Fertigungsfehlern
Heißriss	Relaxationsriss	Gewaltbruch	Gewaltbruch
Kaltriss:		Schwingungsbruch	Schwingungsbruch
• Aufhärtungsriss		Spannungsrisskorrosion	(ausgehend von geometrischen oder metallurgischen Kerben)
• Wasserstoffriss		Schwingungsrisskorrosion	
Lamellenriss		Interkristalline Korrosion	
		Zeitstandriss	

Je nach Lage innerhalb des Schweißnahtbereiches und nach ihrem Verlauf kann man in Abbildung 14.3 unterschiedliche Risstypen erkennen. Risstyp 1 kommt im Schweißgut zum Stehen, während Risstyp 2 im Betrieb weitergewachsen ist – teilweise bis in den Grundwerkstoff hinein. Die anderen Risse verlaufen in der WEZ parallel oder quer zur Naht. Die Risstypen 3, 3a und 4 entstehen in der Großkornzone der WEZ und können sich nur darin, unter Betriebsbedingungen aber auch bis in den Grundwerkstoff hinein, ausbreiten. Risse vom Typ 5 treten nur parallel zur Naht im feinkörnigen Bereich der WEZ auf. Einige Schadensbeispiele für diese Risstypen sind in Abbildung 14.4 wiedergegeben.

14.4
Rissarten in Schweißverbindungen

Die Ursachen für das Auftreten von Rissen in Schweißnähten können vielfältig sein, lassen sich jedoch auf die vier Grundfehlerarten *Konstruktions-*, *Werkstoff-*, *Fertigungs-* und *Betriebsfehler* zurückführen [22].

Die so entstandenen Risse werden im Allgemeinen in zwei Gruppen eingeteilt. Entsprechend dem Zeitpunkt der Rissentstehung unterscheidet man zwischen Fertigungs- und Betriebsrissen (Tab. 14.1) [1, 4, 9, 10, 23]. Überschneidungen sind insoweit möglich, als gewisse, bei der Fertigung entstandene, aber unerkannt gebliebene Fehler der Ausgangspunkt von Rissen sein können, die sich erst unter der Betriebsbeanspruchung entwickelt haben oder weitergewachsen sind. Dazu muss man zwischen Anrissbildung und Rissfortschritt („Rissausbreitung") unterscheiden, wobei jedoch nicht jede Anrissbildung auch einen Rissfortschritt im Betrieb zur Folge haben muss.

14.4.1
Fertigungsrisse

Für die Entstehung als Fertigungsrisse ist hier die Anrissbildung infolge des Zusammenwirkens von mindestens zwei ungünstigen Faktoren der Grundfehlerarten entscheidend:

a) Konstruktion – Ungünstige, nicht schweißgerechte Gestaltung der zu verbindenden Teile: dadurch fehlerhafte Ausführung der Schweißung, hohe Kerbwirkung, hohe Eigenspannungen, Aufhärtungen usw.
b) Werkstoff – Werkstoffbedingte Fehler, die eine einwandfreie Schweißung in Frage stellen: Ungänzen, schlechter Reinheitsgrad, Versprödungsneigung usw.
c) Fertigung – Fehlerhafte Ausführung der Schweißung infolge nicht ausreichenden Könnens bzw. mangelnder Sorgfalt des Schweißpersonals: schlechte Schweißnahtverbindungen, ungünstige Schweißparameter, ungenügendes Durchschweißen, Einbrandkerben, Bindefehler usw.

Wenn also die schweißtechnische Fertigung noch Probleme aufwirft, so liegt das vielfach daran, dass diesen drei Einflussgrößen, die die Schweißbarkeit eines Bauteils bestimmen, im Stadium der Planung und Konstruktion zu wenig Beachtung geschenkt wird. Mängel, die auf eine nicht schweißgerechte, konstruktive Gestaltung sowie auf den Werkstoff und seine falsche Behandlung beim Schweißen zurückzuführen sind, können durch eine gute Zusammenarbeit zwischen Konstrukteur, Schweiß- und Werkstoff-Fachmann weitgehend ausgeschaltet werden. Daneben ist auf eine gute Ausbildung des Schweißpersonals Wert zu legen, dessen Sorgfalt durch eine laufende Überprüfung der ausgeführten Schweißungen gesteigert werden kann.

14.4.1.1 **Heißrisse**

Heißrisse sind Risserscheinungen, die beim Schweißen von Bauteilen aus niedrig- und hochlegierten Stählen, austenitischen Sonderwerkstoffen, Aluminiumlegierungen u. a. im Bereich hoher Temperaturen auftreten können. Es handelt sich dabei um interkristalline Werkstofftrennungen, die sich entweder im Schweißgut oder im hocherhitzten Bereich der Wärmeeinflusszone je nach Hauptschrumpfrichtung als Längs- oder als Querrisse bilden [3–11, 24–29]. Wegen ihrer geringen Abmessungen – außerdem liegen sie häufig dicht unter der Oberfläche – bereitet der zerstörungsfreie Nachweis große Schwierigkeiten; vielfach ist er überhaupt nicht möglich. Da Heißrisse unter gewissen Beanspruchungsbedingungen im Betrieb weiterwachsen können, stellen sie latente Fehlerquellen dar. Allerdings ist die Anzahl der so entstandenen Schäden sehr gering [30]. Einige Beispiele von Heißrissen, die im Betrieb verzundert und teilweise als Zeitstandrisse weitergewachsen sind, zeigt Abbildung 14.5. Es handelt sich dabei um Risse in einer Auftragsschweißung, die an einem T-Stück einer HD-Leitung ausgeführt worden ist [19].

Die interkristallinen Heißrisse bilden sich im Zweiphasengebiet flüssig/fest. Dabei ist für ihre Entstehung das gleichzeitige Auftreten von flüssiger neben fester Phase und vom Werkstoff nicht ertragbarer Zugspannungen Voraussetzung. Flüssige Phase kann entweder bei der Erstarrung als Restschmelze zwischen den Dendriten vorliegen oder bei der vom Schweißprozess abhängigen Erwärmung durch Aufschmelzen niedrigschmelzender Bestandteile an den Korngrenzen entstehen. Daraus ergeben sich charakteristische Rissoberflächenstrukturen mit abgerundeten Kanten – teilweise in typisch dendritischer Form (Abb. 14.6) – und häufig farnartigen dendritischen Erstarrungsprodukten [1, 5, 23, 24, 27, 28]. Die

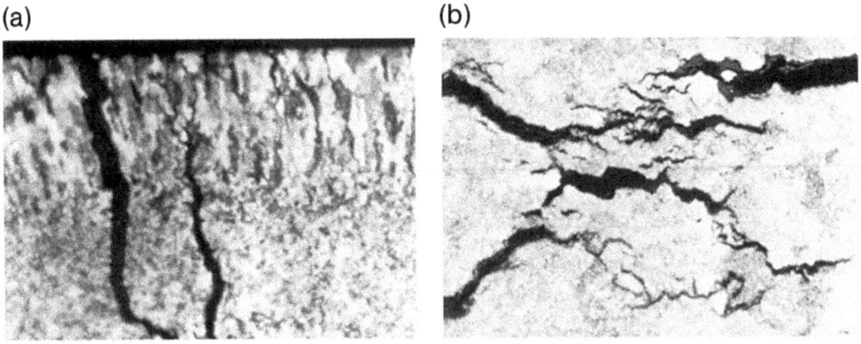

Abb. 14.5 Heißrisse in einer Auftragsschweißung: a) Querschliff, b) Flachschliff.

Oberflächen entsprechen den Korngrenzen der Primärkristalle, an denen sich die niedrigschmelzenden Phasen als Film abgesetzt haben. Falls die Heißrisse mit der Luft in Berührung kommen, d. h. bis zur Nahtoberfläche reichen, sind ihre Rissflächen stets angelaufen [29].

Je nach den Entstehungsmerkmalen der Heißrisse unterscheidet man zwischen Erstarrungsrissen und Wiederaufschmelzungsrissen. Erstarrungsrisse können nur im Schweißgut und Wiederaufschmelzungsrisse nur im thermisch hochbeanspruchten Bereich einer Wärmeeinflusszone des Grundwerkstoffes oder der gerade überschweißten Lage einer Mehrlagenschweißung vorkommen.

Erstarrungsrisse: Bei der Erstarrung des Schweißbades wachsen zellenartige oder dendritische Primärkristalle von den Schmelzlinien des Grundwerkstoffes entgegen dem Temperaturgefälle in die Schmelze hinein. Dabei schieben die Kristallisationsfronten die verbleibende Schmelze, die sich infolge von Seigerungen ständig mit bestimmten Legierungs- und Begleitelementen anreichert und dadurch ihren Erstarrungspunkt erniedrigt, vor sich her. Wenn am Ende der Erstarrung die Kristallisationsfronten schließlich zusammentreffen, können zwischen

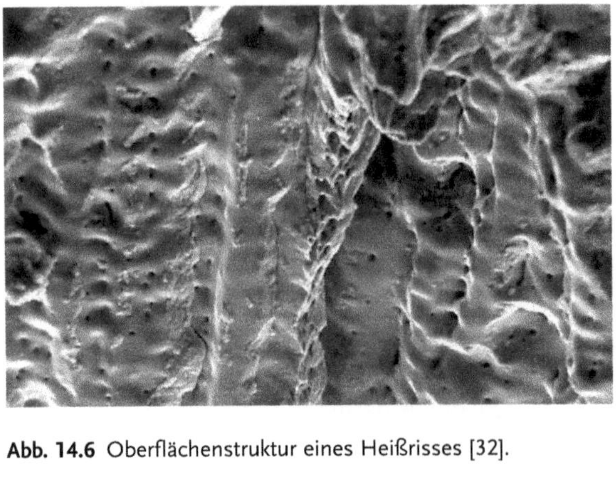

Abb. 14.6 Oberflächenstruktur eines Heißrisses [32].

den Zellen oder Dendriten verbliebene Flüssigkeitsfilme der Restschmelze noch einige Zeit existieren, sofern ihr Erstarrungspunkt ausreichend erniedrigt wurde.

Infolge der gleichzeitig bei der Abkühlung auftretenden Schrumpfungen sind in dieser Zone Dehnungen und Verschiebungen zwischen den Primärkristallen möglich. Falls dadurch einzelne Kristallbrücken getrennt und/oder die Zell- bzw. Dendritenzwischenräume so erweitert werden, dass die noch vorhandene Restschmelze nicht ausreicht, sie wieder aufzufüllen, sind Erstarrungsrisse als Werkstofftrennungen die Folge [5, 6, 25–29, 31]. Dieser Vorgang ist in Abbildung 14.7 schematisch angedeutet. Dabei ist es von der Angriffsrichtung der durch Schrumpfung hervorgerufenen Zugbeanspruchung und dem Erstarrungsablauf bzw. von der Lage der Korngrenzenfilme abhängig, ob die Erstarrungsrisse längs, quer oder ungerichtet zur Naht entstehen. Ein Beispiel für solche Erstarrungsrisse im austenitischen Schweißgut einer Umfangsnaht am Saugrohr einer Kaplanturbine gibt Abbildung 14.8 wieder.

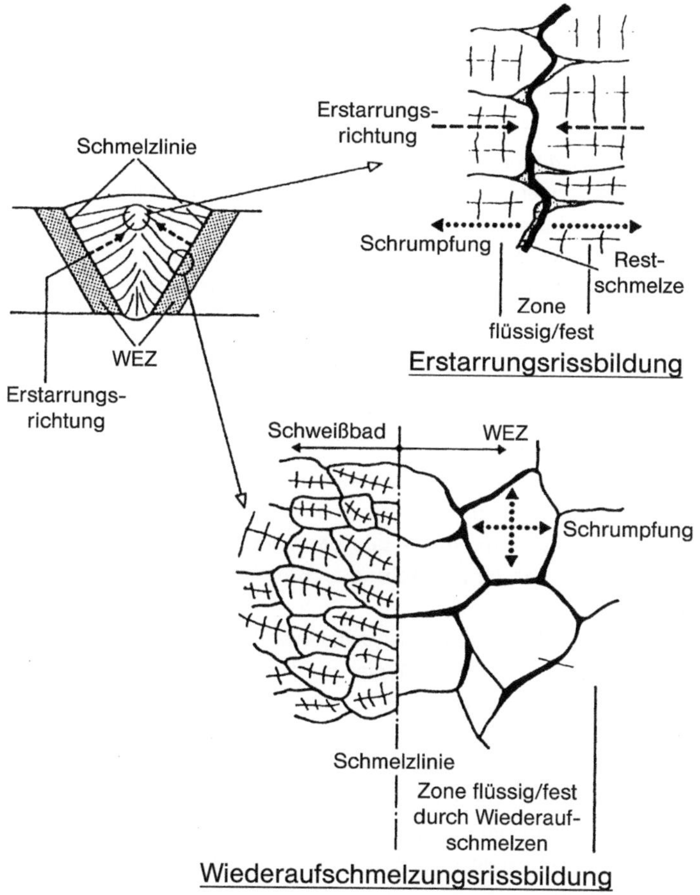

Abb. 14.7 Entstehung von Erstarrungs- und von Wiederaufschmelzungsrissen (schematisch).

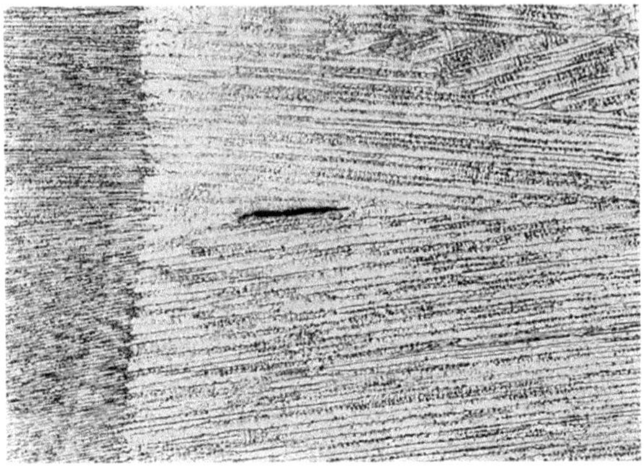

Abb. 14.8 Erstarrungsriss in austenitischem Schweißgut [32].

Wiederaufschmelzungsrisse: Beim Schweißen erreichen der Grundwerkstoff oder die gerade überschweißte Raupe einer Mehrlagenschweißung in der Wärmeeinflusszone nahe der Schmelzlinie Temperaturen bis dicht an die Solidustemperatur der Matrix. Dabei schmelzen Seigerungszonen oder Phasen mit niedrigeren Erstarrungstemperaturen wieder auf und bilden auf den Korngrenzen je nach Benetzungsvermögen und herrschenden Zugbeanspruchungen flüssige Korngrenzenfilme, die bei der Abkühlung zu Gefügetrennungen führen. Häufig reichen sie, wie in Abbildung 14.7 schematisch angedeutet, bis an die Schmelzlinie heran. Da sich die Abkühlungsschrumpfungen in diesem Temperaturbereich stärker in Nahtlängsrichtung auswirken, entstehen bevorzugt Querrisse. Sie erstrecken sich gewöhnlich nur über einige Körner. Unterstützt wird das Entstehen von Flüssigkeitsfilmen auf den Korngrenzen durch die beim Schweißen in dieser Zone verursachte Kornvergröberung. Einmal ist es möglich, dass die wandernde Korngrenze weitere Verunreinigungselemente, die den Erstarrungspunkt herabsetzen, aus dem Korn mitnimmt und ansammelt; zum anderen ist mit der Kornvergröberung eine Konzentration der Verunreinigungen auf eine kleinere Kornfläche verbunden. Beide Vorgänge verstärken die Gefahr der Wiederaufschmelzungsrissbildung [27], ebenso wie eine rasche Abkühlung z. B. beim Schweißen dickerer Bauteile [29].

Als Beispiel für Wiederaufschmelzungsrisse zeigt Abbildung 14.9a eine durch Schweißen reparierte Laufschaufel (Ni-Basislegierung Inconel 738) aus einer Gasturbine. Direkt neben der nach einer Makroätzung sichtbaren Schweiße (Abb. 14.9b) – offensichtlich war ein Anstreifschaden ausgebessert worden – konnten im grobkörnigen Bereich der Wärmeeinflusszone zahlreiche interkristalline Trennungen nachgewiesen werden (Abb. 14.9c). Durch isostatisches Heißpressen (HIP) solcher Schaufeln ist es heute möglich, Heißrisse zu schließen. Wegen der am Schaufelkopf sehr niedrigen Betriebsbeanspruchung war in diesem Fall eine solche Nachbehandlung jedoch nicht nötig.

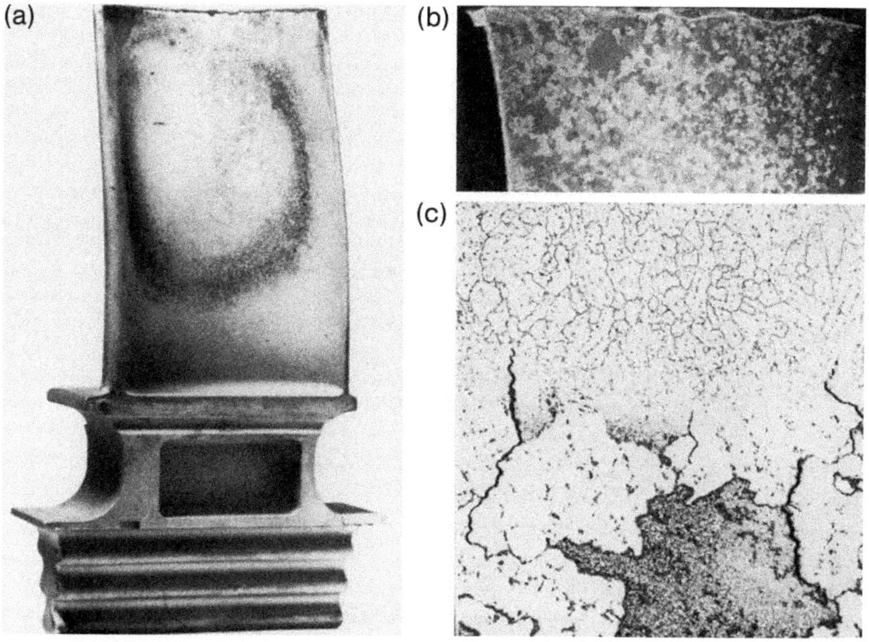

Abb. 14.9 Wiederaufschmelzungsrisse nach Schweißreparatur [33]. a) Schaufel, b) Makroätzung des Schaufelkopfes, c) Risse in der Grobkornzone.

Auch bei Reparaturversuchen an Gasturbinenschaufeln aus der austenitischen Eisen-Basislegierung X5NiCrTi26-15 traten z. T. in erheblicher Dichte Wiederaufschmelzungsrisse auf (Abb. 14.10a, b). Besonders in der schräg angeschnittenen, leicht geöffneten Korngrenze (Abb. 14.10b) sind die Aufschmelzungen infolge der Lichtreflexe gut zu erkennen [34].

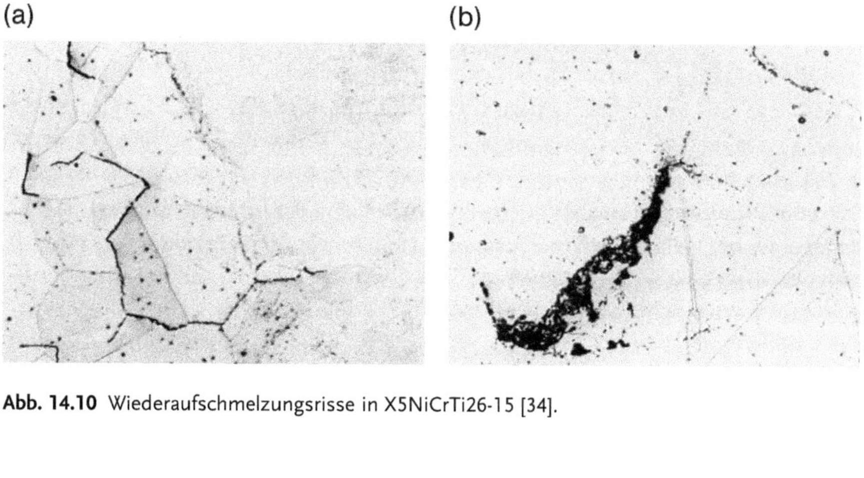

Abb. 14.10 Wiederaufschmelzungsrisse in X5NiCrTi26-15 [34].

Abhilfemaßnahmen: Damit beim Schweißen Heißrisse entstehen können, müssen

1) Zugspannungen
2) in einem bestimmten Temperaturbereich auf
3) im Werkstoff gerade noch existente Flüssigkeitsfilme gewisser niedrigschmelzender Bestandteile

einwirken. Es sind demnach, das bestätigen auch alle Untersuchungen zum Rissbildungsgeschehen und von Schadenfällen, drei Einflüsse [28, 29],

1) mechanischer Einfluss,
2) metallurgischer Einfluss,
3) thermischer Einfluss des Schweißvorganges,

die gleichzeitig wirksam werden und dadurch die Rissbildung auslösen. Sie ergeben sich aus dem Zusammenwirken von Konstruktion, Werkstoff und Fertigung und sind für das Verständnis der Vorgänge und die daraus abzuleitenden Abhilfemaßnahmen von Interesse.

Um Heißrisse zu vermeiden, – und das gilt für Erstarrungs- und Wiederaufschmelzungsrisse – sollte durch entsprechende Werkstoffauswahl erreicht werden, dass die Gehalte an bestimmten Legierungs-, Begleit- und Verunreinigungselementen (wie z. B. bei Stählen C, S, P, B, Nb, Si und Ti), die das Auftreten niedrigschmelzender Phasen und Eutektika begünstigen, möglichst niedrig liegen. Eine besondere Rolle spielt daneben auch die Art der Erstarrungsstruktur der jeweils eingesetzten Werkstoffe. Sowohl bei den niedriglegierten Stählen [35, 36] als auch bei den hochlegierten austenitischen Stählen [8, 9, 29, 31, 37] fördert primär austenitische Erstarrung die Bildung von Heißrissen. Einerseits weist der Austenit eine geringere Löslichkeit für heißrissauslösende Elemente auf als der Ferrit, andererseits verhindert die geringere Diffusionsfähigkeit vieler Elemente im Austenit den Diffusionsausgleich in den Primärkristallen. Die Folge ist eine ausgeprägte Seigerung und damit verbunden eine stärkere Neigung zur Bildung niedrigschmelzender Phasen. Weiterhin führt der größere Ausdehnungskoeffizient des Austenits zu stärkeren Verformungen, die bei der abkühlungsbedingten Schrumpfung die gerade erstarrenden Korngrenzenfilme auf den Primärkristallen belasten. Es empfiehlt sich daher bei vielen austenitischen Stählen, den Zusatzwerkstoff so zu wählen, dass bei rein primär-ferritischer Erstarrung während der weiteren Abkühlung ein austenitisches Schweißgut mit rd. 4 bis 8 % δ-Ferrit entsteht. Auch im Grundwerkstoff übt ein gewisser δ-Ferritgehalt beim Schweißen eine günstige Wirkung aus, da er einer grobkörnigen Rekristallisation in der WEZ entgegenwirkt. Falls jedoch vollaustenitisch geschweißt werden muss (primär austenitische Erstarrung), sollten nur Werkstoffe mit entsprechendem Reinheitsgrad zum Einsatz kommen. In Zweifelsfällen ist die Heißrissempfindlichkeit der ausgewählten Materialien anhand von Schweißversuchen (Doppelkehlnaht-, Zylinder-, Ringsegment-, Ringnut- oder Zugprobe bzw. Gleeble-, MVT-Versuch sowie PVR-Test u. a.) zu überprüfen [29, 38, 39].

Weiterhin muss dafür Sorge getragen werden, dass durch eine entsprechende Gestaltung der Schweißnahtumgebung und durch eine auf den jeweiligen Fall abgestimmte Schweißfertigung die im Schweißnahtbereich aus der Temperatureinwirkung resultierenden Spannungen bzw. Verformungen möglichst gering bleiben. In diesem Zusammenhang sollte auch der Einfluss von Form und Steifigkeit des Bauteils bzw. der Schweißkonstruktion berücksichtigt werden. So steigt z. B. die Rissneigung an, je dicker der zu verschweißende Werkstoff ist, da die auftretenden Schweißspannungen dann nicht mehr durch eine Verformung des gesamten Bauteils bzw. der Schweißkonstruktion abgebaut werden können. Vielmehr konzentrieren sich diese Verformungen mit steigender Materialdicke zunehmend auf den Schweißnahtbereich und fördern so die Rissbildung.

Im Rahmen der Schweißfertigung tragen die richtige Nahtfolge, gute Haltevorrichtungen bzw. gutes Heften ebenfalls dazu bei, Schrumpfungen oder Verwerfungen von der erstarrenden Naht fernzuhalten. Unter Einhaltung dieser Bedingungen lassen sich Werkstoffe, bei denen eine gewisse Heißrissempfindlichkeit zu erwarten ist, noch rissfrei schweißen [6]. Das ist vor allem bei Reparaturen von Bedeutung, da Werkstoff und Konstruktion vorgegeben sind und der Erfolg von der Schweißfertigung abhängt.

Daneben üben die Schweißparameter einen unterschiedlichen Einfluss auf die Heißrissanfälligkeit aus. Während nach [40] die Auswirkung eines zunehmenden Wärmeeinbringens oder eines Vorwärmens auf die Erstarrungsrissbildung nur gering ist, fördert eine erhöhte Schweißgeschwindigkeit diese Rissbildung durch Zunahme der Aufmischung aus dem Grundwerkstoff. Das Auftreten von Wiederaufschmelzungsrissen wird dagegen durch eine erhöhte Abkühlungsgeschwindigkeit begünstigt [29]. So bilden sich z. B. beim Schweißen von dickerem Material – wegen der rascheren Abkühlung – eher Wiederaufschmelzungsrisse als beim Schweißen von dünnerem Material.

14.4.1.2 **Kaltrisse**

Kaltrisse sind eine der häufigsten Schadensursachen beim Schweißen hochfester, härteempfindlicher Stähle. Sie entstehen in der letzten Phase der Abkühlung – zwischen Umwandlungs- und Raumtemperatur – oder zeitverzögert auch ohne äußere Belastung bis zu 14 Tage nach Beendigung des Schweißvorganges im Grobkornbereich der Wärmeeinflusszone, wärmebeeinflusster Überlagerungszonen sowie im Schweißgut (s. Tab. 14.1).

14.4.1.2.1 **Aufhärtungsrisse**

Bei einem Teil der Kaltrisse handelt es sich um reine Aufhärtungsrisse, die dort auftreten, wo infolge besonderer Abkühlbedingungen Gefügebestandteile mit hoher Härte und daher geringer Verformungsfähigkeit, wie Martensit und unterer Bainit in bestimmten Bau- und Vergütungsstählen, entstanden sind. Falls diese Gefügebereiche nicht in der Lage sind, die bei der Abkühlung auftretenden Schweißeigenspannungen aufzunehmen, kommt es zu Werkstofftrennungen.

Voraussetzungen für das Auftreten solcher Aufhärtungsrisse sind demnach

- ein empfindlicher Gefügezustand und
- hohe Spannungen,

also werkstoff- und fertigungsbedingte Ursachen. Daneben vermögen spannungserhöhende konstruktive Einflüsse, wie Kerbwirkung sowie Steifigkeit und Verspannung des Bauteils, die Auslösung der vorwiegend interkristallinen, entlang der ehemaligen Austenitkorngrenzen verlaufenden Risse zu begünstigen. Je nach Größe, Richtung und Verteilung der Spannungen ist mit Längs- oder Querrissen, die beim Verlassen der Aufhärtezonen im weicheren Grundwerkstoff zum Stillstand kommen, zu rechnen [5, 9, 41, 42].

Risse dieser Art wurden in den letzten Jahren häufig beim Schweißen von Vergütungsstählen, hochfesten Feinkornbaustählen sowie der warmfesten 12 %igen Chromstähle gefunden. Diese Werkstoffe neigen aufgrund ihrer zur Erzielung der Festigkeit notwendigen chemischen Zusammensetzung, falls die vorgegebenen Verarbeitungsbedingungen beim Schweißen (Vorwärmung, Wärmeführung, Glühen usw.) nicht eingehalten werden, eher zur Rissbildung als Stähle geringer Festigkeit. So zeigen die Abbildungen 14.11a und b Aufhärtungsrisse an Kehlnähten Mannlochstutzen/Boden eines Heißwasserspeichers (P275NH), die neben einem unverschweißten Spalt starke Nahtüberhöhungen sowie Einbrand- und Randkerben aufwiesen, bzw. Aufhärtungsrisse an der Kehlnaht Gleitschiene/Mantel eines HD-Vorwärmers (11NiMoV5-3 – Welmonil 43). In beiden Fällen ist die Anrissbildung auf die hohen Aufhärtungen infolge mangelnder Vorwärmung und auf hohe Kerbfaktoren zurückzuführen.

Aufhärtungsrisse dieser Art wurden u. a. beim Schweißen des warmfesten 12 %igen Chromstahls X20CrMoV12-1 beobachtet. Dieser gemäß seinem Legierungsgehalt martensitische Werkstoff ist im gehärteten Zustand äußerst rissempfindlich. Entsprechend seinem Umwandlungsverhalten sollte er daher „austenitisch" bei rd. 380 °C (d. h. oberhalb des M_s-Punkts von rd. 300 °C) oder – bei dickeren

(a)

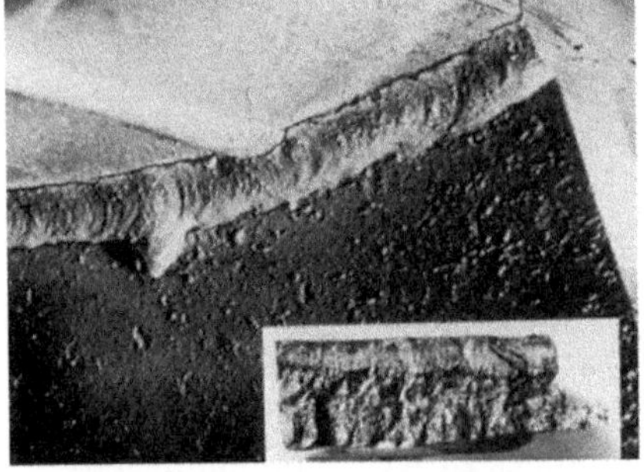

(b)

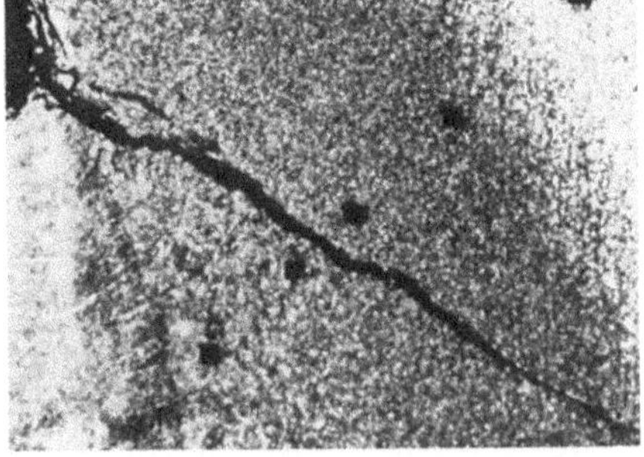

Abb. 14.11 Aufhärtungsrisse an Kehlnähten. a) Mannlochstutzen/Boden eines Heißwasserspeichers; b) Gleitschiene/Mantel eines HD-Vorwärmers.

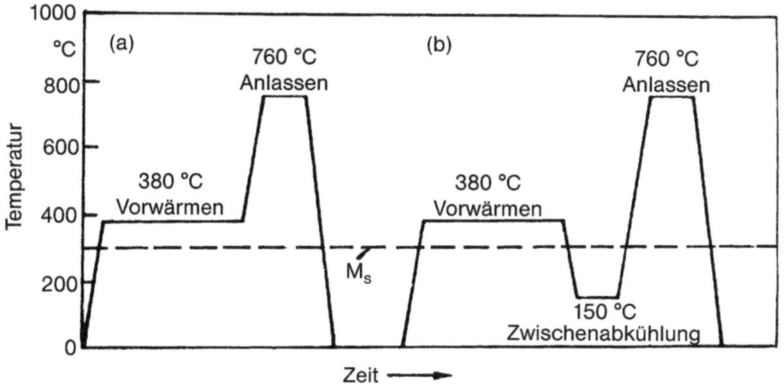

Abb. 14.12 Wärmeführung beim Schweißen von X20CrMoV12-1. a) falsch, b) richtig.

Querschnitten – auch „teilmartensitisch" zwischen 200 und 300 °C geschweißt werden (Abb. 14.12b). In jedem Fall ist direkt aus der Schweißwärme auf 150 bis 80 °C abzukühlen, um eine möglichst vollständige Umwandlung in Martensit zu erreichen. Sofort danach ist zur Erzielung eines zähen warmfesten Vergütungsgefüges anzulassen [1, 43–46].

Wird dagegen, wie Beispiel [43] zeigt, ohne diese Zwischenabkühlung angelassen, so entsteht bei der Endabkühlung aus dem verbliebenen Restaustenit Martensit mit den entsprechenden Folgen (Abb. 14.12a). Daher riss bei der Inbetriebnahme eines Wärmetauschers aus dem Stahl X20CrMoV12-1 die Rundschweißnaht Boden/Mantel schlagartig auf (Abb. 14.13a). Der Bruch verlief auf dem gesamten Umfang im

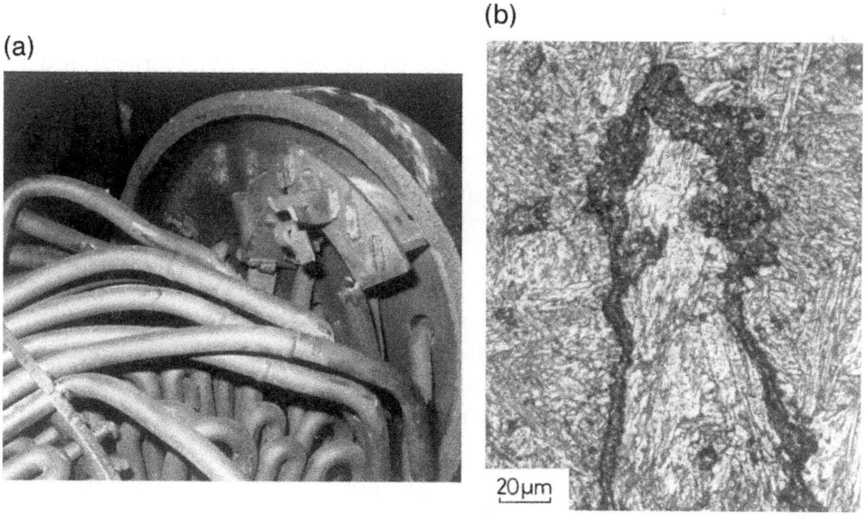

Abb. 14.13 Zerknall eines Wärmetauschers (X20CrMoV12-1). a) Bruchaussehen, b) Gefüge der Schweißnaht.

Schweißgut (X20CrMoV12-1) der 41 mm dicken Tulpennaht. Im Bereich der Wurzel (artgleich) war ein älterer Bruchbereich zu erkennen. Das Gefüge der Naht (Härte 530 HV) bestand aus Martensit und feinen eutektoidischen Säumen der Ferrit-Karbid-Stufe auf den ehemaligen Austenitkorngrenzen (Abb. 14.13b). Hier war die für die Zähigkeit notwendige Zwischenabkühlung unterblieben und direkt aus der Schweißwärme auf 760 °C/2 h angelassen worden. Nach kurzer Haltezeit in der Ferrit-Karbid-Stufe (Karbidsaumbildung) wandelte sich der verbliebene Restaustenit bei der Endabkühlung in Martensit um [47], (s. ZTU-Schaubild X20CrMoV12-1 bei isothermer Umwandlung). Wahrscheinlich war es bereits während der Abkühlung oder kurz danach zur ersten Anrissbildung gekommen (alter Riss).

Aufhärtungsrisse können aber auch beim Anschweißen von Hilfshalterungen oder sonstigen „untergeordneten" Schweißungen ohne bzw. ohne ausreichende Vorwärmung sowie an unbeabsichtigten Zündstellen entstehen.

Gefördert wird die Auslösung der Aufhärtungsrisse durch die zusätzliche Anwesenheit von

- Wasserstoff im Werkstoff → zeitverzögerte Wasserstoffrisse (wasserstoffbeeinflusste Kaltrisse) oder
- einer wässrigen Lösung → wasserstoffinduzierte Spannungsrisskorrosion, bei der der Wasserstoff erst während des Betriebes infolge eines Korrosionsvorganges entsteht, also nicht fertigungsbedingt ist (s. Kapitel 10 und 11).

Gerade der Stahl X20CrMoV12-1 ist im gehärteten Zustand sehr empfindlich für diese Art der Spannungsrisskorrosion und sollte daher bei Wanddicken ≤10 mm sofort nach dem Schweißen (Härtung) angelassen werden, falls kein ausreichender Schutz gegen Witterungseinflüsse und Feuchtigkeit gegeben ist.

Für diese drei Rissarten gibt es folgende Gemeinsamkeiten [48]:

1) Ausschlaggebend für die Rissauslösung ist die Höhe der Aufhärtung in der Wärmeeinflusszone bzw. im Schweißgut.
2) Die Risse wachsen senkrecht zur größten Zugspannungsrichtung.
3) Beim Verlassen der Aufhärtezone kommen die Risse allgemein zum Stillstand.
4) Die Bruchstruktur ist verformungsarm.

14.4.1.2.2 **Wasserstoffrisse**

Wasserstoffrisse werden vor allem beim Schweißen höherfester Baustähle beobachtet. Sie treten bevorzugt in der Wärmeeinflusszone, gelegentlich aber auch im Schweißgut, als Quer- oder als Längsrisse in Form von Unternaht-, Kerb- und Wurzelrissen direkt beim Schweißen oder bis zu 14 Tagen verzögert auf (Abb. 14.14), wenn das Zusammenwirken von

- empfindlichem Gefüge,
- Spannungen und
- Wasserstoffgehalt

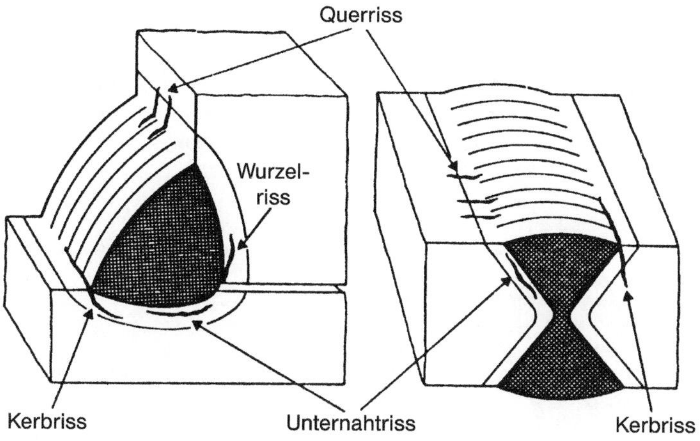

Abb. 14.14 Lage der Wasserstoffrisse in Kehl- und in Stumpfnähten [49].

einen kritischen Grenzwert überschreitet. Darüber hinaus können sie sich insbesondere bei Mehrlagenschweißungen auch in einem Winkel von rd. 45° zur Längsachse der Naht bilden (sog. Chevron-Risse).

Wasserstoff gelangt beim Schweißen durch Zersetzung von Wasser (Feuchtigkeit) oder Kohlenwasserstoffen im Lichtbogen in das flüssige Schmelzbad. Diese werden dem Schweißprozess über die Schweißzusatzwerkstoffe (Draht, Elektrodenumhüllung, Pulver), die Umgebung (feuchte Atmosphäre, Schutzgas) sowie Schwitzwasser, Verunreinigungen und Rost auf den Fugenflanken der Bauteile zugeführt. Wegen des verdeckten Lichtbogens ist die Wasserstoffaufnahme beim UP-Schweißen besonders effektiv. Aus dem Schmelzbad diffundiert der Wasserstoff bevorzugt in den grobkörnigen Bereich der Wärmeeinflusszone, deren Umwandlungsgefüge besonders durch Eigenspannungen beansprucht wird. Falls der im Werkstoff gelöste Wasserstoff bei rascher Abkühlung der Schweißnaht nicht mehr entweichen kann, sind eine Übersättigung und damit verbunden eine Versprödung die Folge (vgl. Abschnitt 11.1).

Der Grad der Versprödung hängt außer vom Wasserstoffgehalt von der chemischen Zusammensetzung des Werkstoffes bzw. von seinem Gefüge in der Wärmeeinflusszone ab, das, wie auch die Höhe der Eigenspannungen, von der durch die Schweißbedingungen und die Werkstückdicke vorgegebenen Abkühlzeit $t_{8/5}$ bestimmt wird. Dabei ist der Grobkornbereich der Wärmeeinflusszone besonders gefährdet, weil er

a) am längsten austenitisch bleibt und daher bevorzugt Wasserstoff aufnehmen kann, – dabei reichert sich der Wasserstoff wegen des allmählichen Temperaturanstieges im Werkstück während des Schweißens bevorzugt am Ende einer Raupe und bei der Mehrlagenschweißung vor allem in der letzten Lage an –,
b) durch Umwandlung am stärksten aufgehärtet wird und
c) im Bereich höchster Schweißeigenspannungen liegt.

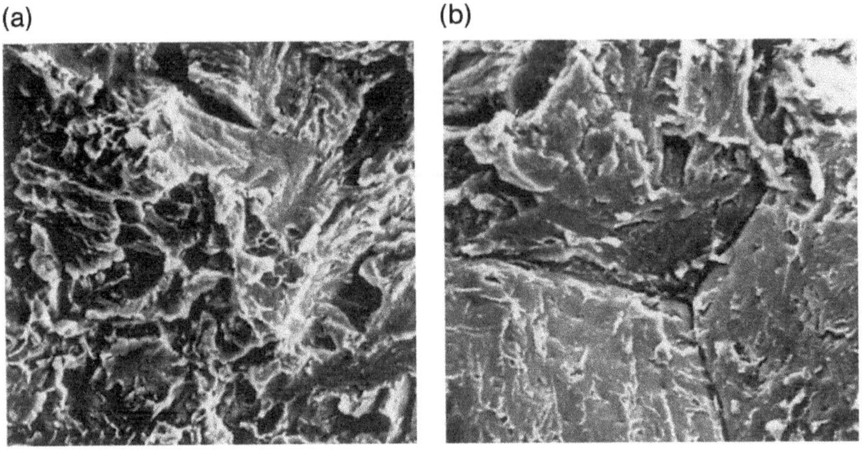

Abb. 14.15 Wasserstoffrisse. a) transkristallin, b) interkristallin.

Betroffen sind vor allem Stähle hoher Festigkeit und Streckgrenze, da die Höhe der ertragbaren Beanspruchung vom Fließverhalten der beteiligten Werkstoffe abhängt [5–7, 49–57].

Der Rissverlauf der Wasserstoffrisse kann im Hinblick auf das ehemalige Austenitkorn je nach Werkstofftyp sowohl transkristallin als auch interkristallin – mit transkristallinen Anteilen – sein. Einige Beispiele für inter- bzw. transkristalline Risse aus Versuchsschweißungen (S460N u. S500N) zur bewussten Erzeugung von Wasserstoffrissen geben die Abbildungen 14.15a und b wieder. Abbildung 14.16 zeigt Wasserstoffrisse in der Fertigungsschweißung eines Ventilgehäuses. Charakteristisch ist in allen Fällen die Verformungsarmut.

Weitere besondere Kennzeichen sind [4, 5, 53, 56–59]

- für die transkristallinen Risse:
  1) Quasispaltbruch – mit aufgewölbten Blattformen,
  2) Mikroporen.
- für die interkristallinen Risse:
  1) klaffende Korngrenzen,
  2) Haarlinien auf den Korngrenzenflächen (Krähenfüße als Hinweis auf eine geringe Restverformung),
  3) Mikroporen auf den Korngrenzen.

Darüber hinaus sind die Angaben im Schrifttum zum jeweiligen Verlauf der Wasserstoffrisse widersprüchlich. Nach [11] überwiegt bei niedriglegierten Stählen mit mittlerer Streckgrenze die transkristalline Rissform, während die interkristalline Version – entsprechend den Aufhärtungsrissen – vor allem bei legierten Stählen mit entsprechend höherer Streckgrenze auftritt. Andererseits beobachteten Neumann und Florian [53] bei den höherfesten niedriglegierten Feinkornbaustählen im wasservergüteten Zustand (S690N u. S460N) transkristalline Riss-

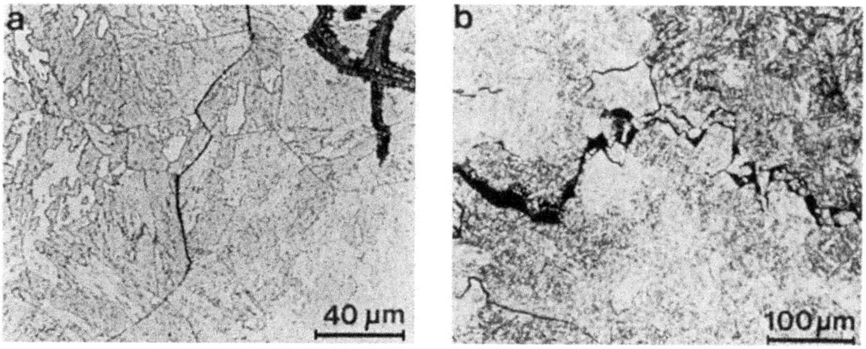

Abb. 14.16 Wasserstoffrisse in der Fertigungsschweißung eines Ventilgehäuses aus Stahlguss.

verläufe im harten Grobkornbereich der WEZ oder im Schweißgut nahe der Schmelzlinie. Die normalgeglühten Feinkornstähle (S500N u. S460N) brachen dagegen vorwiegend interkristallin, während der S355 J2+N eine Zwischenstellung einnahm. Auch bei Untersuchungen von Böhme [54] an Feinkornbaustählen des gleichen Typs (S460N, S500N u. S690N) erwies sich eine Quasispaltbruchfläche als typisches Merkmal für einen transkristallinen Bruch mit interkristallinen Anteilen.

Abhilfemaßnahmen: Härte- bzw. wasserstoffbeeinflusste Kaltrisse lassen sich durch entsprechende konstruktive sowie werkstoff- und fertigungstechnische Maßnahmen vermeiden, wenn sie gewährleisten, dass sich die Kombination der bereits erwähnten Einflussfaktoren nicht mehr kritisch auswirken kann. Dazu müssen ein wenig empfindlicher Gefügezustand, ein niedriges Spannungsniveau und ein minimaler Wasserstoffgehalt eingestellt werden [10, 14, 60–64].

1) Einen weniger empfindlichen Gefügezustand in der Schweiße bzw. Wärmeeinflusszone erhält man, wenn es durch
   - entsprechende Auswahl von Grund- und Zusatzwerkstoff (Einfluss der chemischen Zusammensetzung – C-Äquivalent)
   - Einstellung einer angemessenen Abkühlzeit $t_{8/5}$ (Optimierung der Wärmeführung, Vorwärm- und Zwischenlagertemperatur, auf den Werkstoff abgestimmtes Wärmeeinbringen),

   gelingt, eine Umwandlung in weniger zähe Gefügezustände zu vermeiden. In diese Vorkehrungen sind natürlich auch sämtliche Hilfsschweißungen einzubeziehen.

   Das Vorwärmen kann auch durch eine entsprechende Schweißfolge ersetzt werden, sofern dadurch ebenfalls ein zu schnelles Abkühlen der nur teilweise gefüllten Naht vermieden wird.
2) Die Schweiß- und Bauteilspannungen lassen sich durch
   - Vermeiden konstruktiv bedingter Spannungserhöhungen (keine schroffen Querschnittsübergänge, Kerben u. a.),
   - weniger steife Konstruktion,

– entsprechende Wärmeführung und
– Anwendung geeigneter Schweißverfahren und -parameter
gering halten.

3) Zur Begrenzung des Wasserstoffgehaltes im Schweißgut bzw. in der Wärmeeinflusszone tragen folgende Vorkehrungen bei:
– Auswahl von Zusatzwerkstoffen, die ein wasserstoffarmes Schweißgut ergeben (Kb-Elektroden) sowie sachgerechte Lagerung und Nachtrocknung vor dem Gebrauch,
– Wasserstoffarmglühung nach dem Schweißen direkt aus der Schweißwärme heraus, in kritischen Fällen vor jeder Nahtabkühlung,
– Schutzgasschweißen und
– gründliche Säuberung und Trocknung des Schweißnahtbereiches.

14.4.1.3 **Lamellenrisse**

Über Schadensfälle an Schweißkonstruktionen mit parallel zur Oberfläche verlaufenden Rissen ist vielfach berichtet worden. Wegen ihres charakteristischen Aussehens werden sie Lamellen- oder Terrassenrisse genannt. Diese Lamellenrissigkeit ist jedoch kein neues Problem, sondern wegen nicht ausreichender Nachweismöglichkeit bereits länger unbemerkt vorhanden [6]. Es handelt sich dabei um Risse, die nahezu ausschließlich bei der Schweißfertigung im Bereich der Schweißnaht im Inneren von gewalzten Erzeugnissen (z. B. Bleche), in der Regel aber nicht unbedingt in der Wärmeeinflusszone auftreten. Beim Schweißen von Eck-, Kreuz-, T-Stößen oder anderen Verbindungen mit hoher Dehnbehinderung wird stets ein Bauteilbereich senkrecht zur Erzeugnisoberfläche, d. h. in Dickenrichtung, durch die infolge von Schrumpfvorgängen auftretenden Spannungen örtlich hoch belastet (Abb. 14.17).

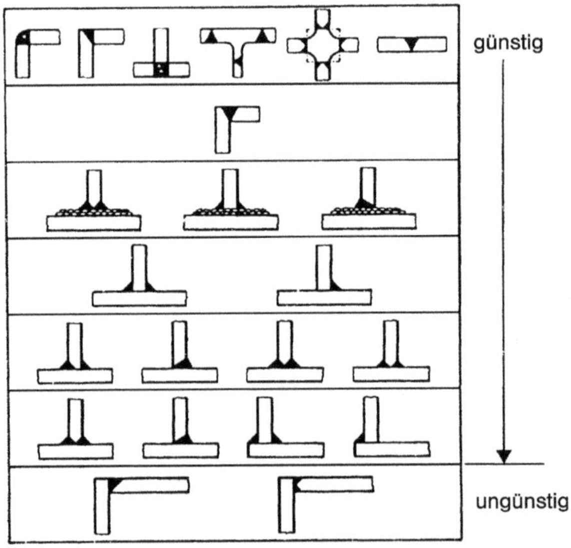

Abb. 14.17 Einfluss der Verbindungsform auf die Entstehung von Lamellenrissen [65].

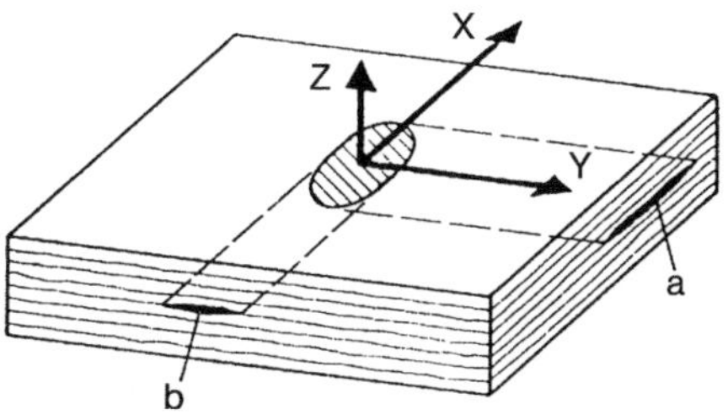

Abb. 14.18 Ausbildung der Gefügezeiligkeit (schematisch).

Wenn der Werkstoff in dieser Richtung kein ausreichendes Formänderungsvermögen aufweist, kommt es zur Ausbildung von Lamellenrissen. Hierbei spielen Nahtform und -dicke, Beanspruchung in Dickenrichtung, konstruktiv bedingte Steifigkeit, Vorwärmtemperatur und Schweißbedingungen eine wichtige Rolle [6, 9, 65, 66].

Lamellenrisse sind die Folge von schichtweise angeordneten ebenen Einschlusszeilen parallel zur Erzeugnisoberfläche. Sie entstehen in den Seigerungszeilen aufgrund der Verformungsbedingungen beim Walzen, z. B. von Warmband, Grobblech u. a. [9, 16, 67]. Die dafür notwendige Gesamtverformung führt u. a. auch zu einer starken Streckung der nichtmetallischen Einschlüsse (Sulfide, Oxide, Silikate), die sich in Zeilen parallel zur Oberfläche anordnen (Abb. 14.18). Sowohl einzelne große, lang gestreckte Einschlüsse als auch zeilige Ansammlungen vieler kleiner Einschlüsse können gefährlich werden. Dadurch erhalten die Stähle eine starke Anisotropie der mechanischen Eigenschaften, besonders der Dehnung und der Einschnürung in Dickenrichtung [6, 16, 66, 68]. So kann die Brucheinschnürung in Dickenrichtung bis auf wenige Prozent der in Längsrichtung gemessenen Werte absinken. Die Rissanfälligkeit nimmt mit der Einschlussdichte und mit der Festigkeit des Stahles zu, jedoch muss die Möglichkeit der lamellaren Rissbildung stets in Betracht gezogen werden, wenn die Nahtgeometrie hohe Dehnungen in Dickenrichtung zum Abbau der Spannungen erfordert. Allerdings nimmt die Empfindlichkeit bei mittleren Brucheinschnürungswerten $\leq 25\ \%$ bereits stark ab [6, 66, 67].

Die Lamellenrisse verlaufen im Bereich der Schweißnaht quer zur Dickenrichtung und orientieren sich an den zeilig gestreckten Verunreinigungen des Grundwerkstoffes. Unter dem Einfluss der in Dickenrichtung wirkenden Schweißspannungen, die durch Dehnung des Werkstoffes nicht abgebaut werden konnten, reißt der Werkstoff zunächst entlang der Einschlüsse auf. Dabei zerbrechen die Einschlüsse – z. B. Sulfide – und lösen sich von der metallischen Grundmasse. Zusätzliches Abscheren an den Rissenden zwischen benachbarten Ebenen führt zu dem bekannten stufenförmigen Aussehen mit einer holzfaserartigen Struktur (Abb. 14.19).

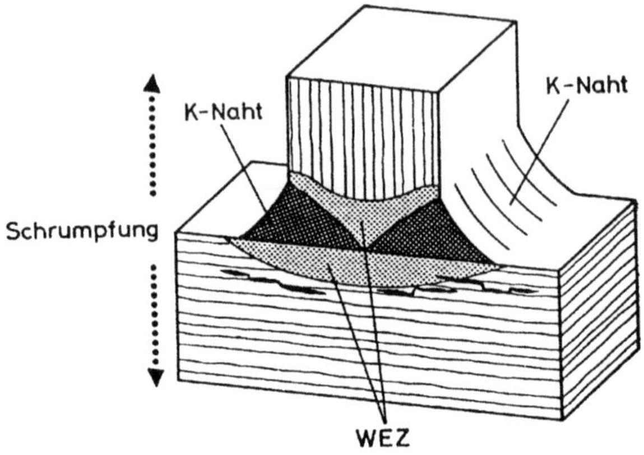

Abb. 14.19 Lamellenrissbildung (schematisch).

Abbildung 14.20 gibt einen der Lamellenrisse im Stutzen (Kesselblech H II) eines Speisewasserbehälters (Werkstoff 17Mn4) unter den Schweißnähten Behältermantel/Stutzen und Verstärkungsring/Stutzen wieder, die aufgrund von Ultraschallanzeigen nachgewiesen wurden [69]. Hier war ein Durchsteckstutzen in den Mantel des Speisewasserbehälters in Form eines T-Stoßes mit einer K-Naht und in einem zusätzlichen Verstärkungsring mit einer halben V-Naht eingeschweißt worden (Abb. 14.21). Beide Anschlussarten führen in Verbindung mit der großen Steifigkeit solcher durchgesteckten und ringsum eingeschweißten Stutzen zu hohen Spannungen im Stutzenwerkstoff in Dickenrichtung; sind also lamellenrissfördernd. Die zahlreichen Trennungen gehen hier häufig von der Schmelzlinie der K-Naht aus und erreichen bis zu 20 mm Länge. Sie orientieren sich an zahlreichen nichtmetallischen Einschlüssen (Sulfide, Oxide, Silikate) im Gefüge (Abb. 14.22).

Im aufgebrochenen Zustand sind die verschiedenen Stufen und die darauf angeordneten zeiligen bzw. körnigen Einschlüsse gut zu erkennen (Abb. 14.23).

Damit ergeben sich charakteristische Merkmale für das Aussehen und Auftreten der Lamellenbrüche:

1) Die Risse verlaufen stufenförmig entlang den Ebenen parallel zur Erzeugnisoberfläche.
2) Sie treten innerhalb des Bleches im Bereich ganz bestimmter Schweißverbindungen auf und erreichen kaum die Oberfläche. Ein Nachweis ist daher, wenn es die Form der Verbindung überhaupt zulässt, nur durch Röntgen oder Ultraschall möglich.
3) Die freigelegten Bruchoberflächen weisen eine typische geschichtete bzw. „holzfaserartige“ Struktur auf.
4) Die horizontalen Rissanteile fallen stets mit Einschlusszeilen zusammen. Zwischen der Tendenz zur Rissbildung und der Einschlussmenge im Werkstoff besteht eine direkte Beziehung.
5) Lamellenrisse sind nicht an eine bestimmte Stahlsorte gebunden.

Abb. 14.20 Lamellenriss („Holzfaserbruch") in einer Stutzenschweißnaht.

Abhilfemaßnahmen:

Um an Schweißkonstruktionen das Auftreten von Lamellenbrüchen zu vermeiden, bieten sich eine Reihe von Maßnahmen

a) konstruktiver,
b) metallurgischer und
c) fertigungstechnischer Art

an, die dazu beitragen sollen,

1) die Spannungen in Dickenrichtung möglichst niedrig zu halten und
2) die Dehnfähigkeit des Werkstoffes in Dickenrichtung zu verbessern.

Diese verschiedenen Möglichkeiten sollen im Folgenden kurz angesprochen werden.

Konstruktive Maßnahmen: Die wirtschaftlichste Vorkehrung zur Vermeidung von Lamellenrissen ist in der konstruktiven Berücksichtigung des verminderten Dehnverhaltens in Dickenrichtung gewalzter Erzeugnisse zu sehen [9]. Daher sollte dem im Bereich der Schweißverbindung benötigten Formänderungsvermögen durch eine dehnfähige Konstruktion und durch die Anordnung der Schweißnähte im Hinblick auf die Walzrichtung Rechnung getragen werden [6, 65, 70]. In besonders

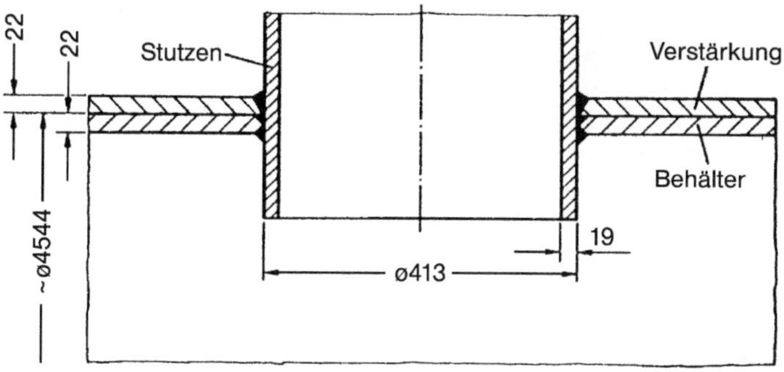

Abb. 14.21 Behälter mit Stutzen.

Abb. 14.22 Gefüge des Stutzens.

kritischen Fällen ist auch der aufwendigere Einsatz von geschmiedeten oder gepressten Zwischenstücken, die nur noch Stumpfnähte erfordern, in Erwägung zu ziehen [6, 65, 66]. Viele Schäden durch Lamellenbrüche hätten bei Beachtung dieser Maßnahmen vermieden werden können.

Metallurgische Maßnahmen: Da die Neigung, Lamellenrisse zu bilden – abgesehen von der Beanspruchung – auch von der Menge und Form der nichtmetallischen Einschlüsse bestimmt wird, besteht ein allgemeiner Trend, über einen verbesserten Reinheitsgrad der Stähle zu einer höheren Zähigkeit in Dickenrichtung zu gelangen. So kann der Einsatz „reinerer" Stähle als Ergebnis neuerer Stahlherstellungsverfahren, wie Einblasen von Calciumverbindungen, Vakuumbehandlung, Elektroschlacke-Umschmelzverfahren, dazu beitragen, das Problem der Lamellenrisse zu beseitigen. Den Schwefelgehalt bestimmter hochfester Stähle senkt man heute bis auf 0,004 % ab. Daneben lassen sich durch die Zugabe von Calcium – obwohl es hauptsächlich als Desoxidations- und Entschwefelungs-

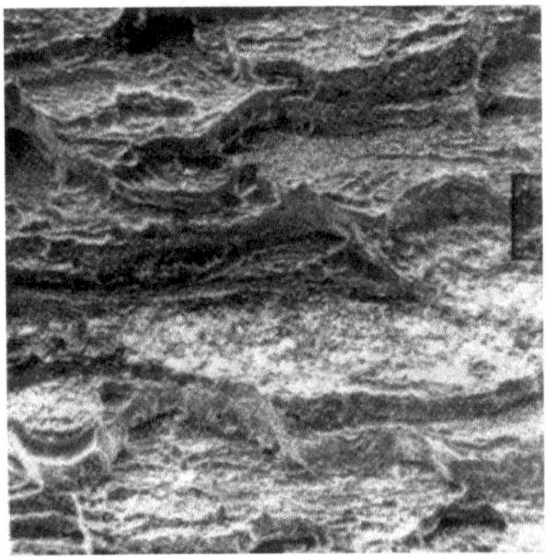

Abb. 14.23 Lamellenrissfläche mit Stufen.

mittel anzusehen ist – sowie von Cer, Titan oder Zirkon Form und Verteilung der Sulfide beeinflussen und die Zähigkeit verbessern (Abb. 14.24) [6, 64–66, 71]. Daneben lassen sich die Werkstoffeigenschaften auch durch eine Verminderung des C-Äquivalents verbessern [64].

Fertigungstechnische Maßnahmen: Aus fertigungstechnischer Sicht bieten sich vor allem Maßnahmen an, die durch schweißtechnische Vorkehrungen die Schrumpfungen und die Schweißeigenspannungen im Bauteil möglichst gering halten. Dazu trägt eine gute Abstimmung von Schweißverfahren, Wärmeeinbringen, Elektrodenwahl, Schweißfolge, Nahtaufbau u. a. entscheidend bei [72]. Daneben hat sich auch der Einsatz von Schweißgut mit geringerer Festigkeit als der Grundwerkstoff als vorteilhaft erwiesen, weil dann der Abbau der Schweißschrumpfungen in Dickenrichtung bevorzugt vom weicheren Schweißgut übernommen und das Blech weniger belastet wird [6, 64, 66, 70, 73, 74]. In der gleichen Richtung wirkt sich auch die Technik des „Aufbutterns" mit einer Schicht Schweißgut geringerer Festigkeit aus, bevor die Verbindung mit normalem Schweißgut vollendet wird. Angewendet wird diese Technik häufig bei Reparaturen, wenn Lamellenrisse herausgearbeitet werden mussten, da sie hilft, Dehnungen abzubauen. Eine Sicherheit, dass dann keine Lamellenrisse mehr auftreten, ist damit jedoch nicht gegeben [6, 64, 66].

Für die Auswahl von Blechen im Rahmen der Fertigung empfiehlt sich der Zugversuch in Dickenrichtung, da sich eine Empfindlichkeit für Lamellenrissbildung nach den bisherigen Erfahrungen am besten durch die Brucheinschnürung kennzeichnen lässt. Geringe Brucheinschnürung lässt Lamellenrissbildung erwarten. Inzwischen sind auch „Empfehlungen zum Vermeiden von Lamellenbrüchen in geschweißten Konstruktionen aus Baustählen" erarbeitet worden, nach denen sich die jeweils erforderlichen Brucheinschnürungen abschätzen lassen. Diese können dann in den Lieferbedingungen vereinbart werden [7, 9, 68, 75, 76].

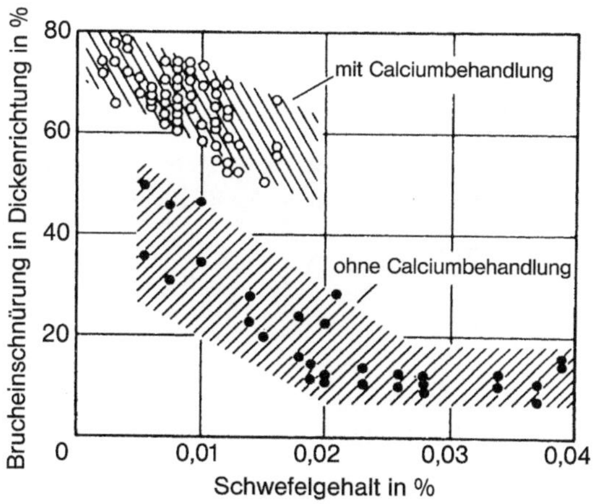

Abb. 14.24 Zusammenhang zwischen Schwefelgehalt und Brucheinschnürung von Stahlblechen mit und ohne Calciumbehandlung (Messung in Z-Richtung) [74].

14.4.1.4 Relaxationsrisse

In den letzten Jahren haben Rissschäden im grobkörnigen Bereich der Wärmeeinflusszone beim Schweißen von Behältern und Rohrleitungen verschiedentlich Schwierigkeiten bereitet [1, 19, 55, 77–85]. Diese Relaxations- oder Ausscheidungsrisse traten als Unterplattierungsrisse sowie in Schweißverbindungen als Nebennahtrisse längs und quer zur Naht auf (s. Tab. 14.1). Der Rissausgang lag direkt neben der Schweiße in der grobkörnigen, durch Überschweißen nicht mehr umgewandelten Überhitzungszone. Der Rissverlauf ist stets interkristallin – entlang der ehemaligen Austenitkorngrenzen – wie Abbildung 14.25 für einen solchen Schaden in einem austenitischen Sammler zeigt [1]. Die Wabenbildung auf den Korngrenzenflächen deutet auf einen gewissen Verformungsanteil im Bereich der Korngrenzen hin. Trotzdem handelt es sich bei dieser Rissart um insgesamt verformungsarme Spannungsrisse, die beim Spannungsarmglühen bzw. in der ersten Betriebsphase auftreten. Besonders gefährdet sind Bereiche mit hohen Spannungskonzentrationen, wie z. B. Wanddicken- und Querschnittsänderungen, Schweißnahtüberhöhungen oder Einbrandkerben; aber auch zu schnelles Aufheizen kann wegen der damit verbundenen Spannungen von Nachteil sein.

Die Rissentstehung beim Spannungsabbau (Relaxation) während des Spannungsarmglühens hat letztlich zur Namensgebung „Relaxationsrisse“ („stress

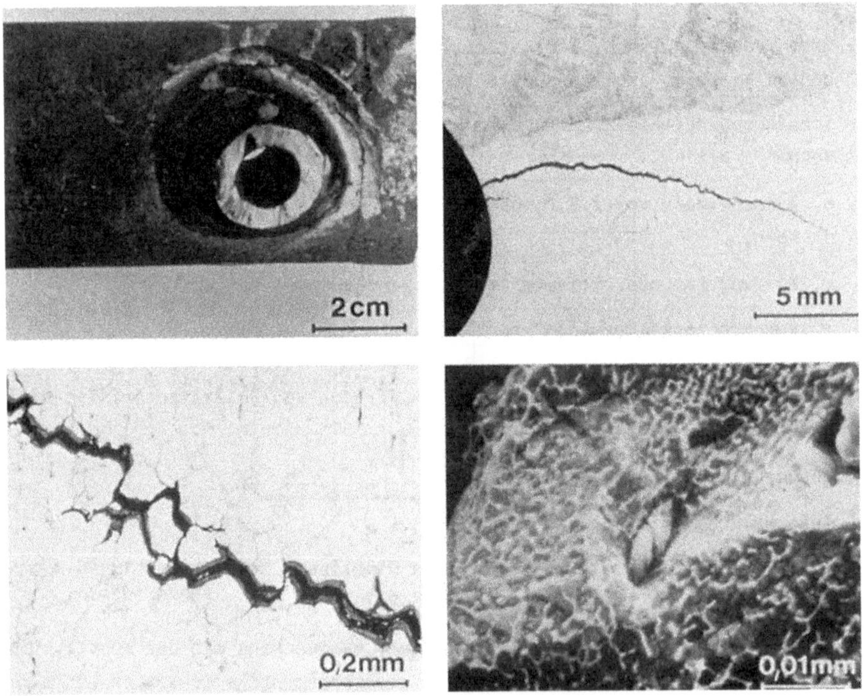

Abb. 14.25 Relaxationsrisse in einem austenitischen Heißdampfsammler.

relief cracks") geführt. Sie sind auch als „reheat cracks" bekannt, entsprechend dem Entstehungszeitpunkt beim Wiedererwärmen zum Spannungsarmglühen.

Eine derartige Rissbildung wurde zunächst beim Schweißen dickwandiger Bauteile aus hochwarmfesten austenitischen Chrom-Nickel-Stählen mit Zusätzen von Niob oder Titan, später auch bei niedriglegierten warm- sowie hochfesten Baustählen, die mit Chrom, Molybdän, Vanadin und Niob legiert sind, beobachtet. Auch ausscheidungshärtende Nickel-, Kupfer- und Aluminiumlegierungen sind dafür anfällig [1, 2, 19].

Nach den bisherigen Erkenntnissen ist die Rissbildung an Korngrenzengleitprozesse bei der erhöhten Temperatur des Spannungsarmglühens gebunden. Diese werden durch

- Grobkornbildung, d. h. Konzentration der für den Spannungsabbau notwendigen Relaxationsvorgänge auf wenige Korngrenzen, sowie
- Schwächung der Korngrenzen bzw. -bereiche gegenüber dem Korninneren infolge
- Ausscheidung von Sonderkarbiden bzw. -karbonitriden im Korn,
- Bildung von ausscheidungsfreien Säumen und
- Korngrenzenseigerungen von Verunreinigungselementen

beim Spannungsabbau erzwungen. Für das Auftreten von Relaxationsrissen sind daher folgende Voraussetzungen notwendig:

- genügend hohe Spannungen und
- Ausscheidungen im Korn.

Verunreinigungen dagegen können zwar die Rissbildung begünstigen, sind aber nicht die eigentlichen Ursachen [1, 2, 19, 86, 87].

Die hohen Spannungen stehen in einem engen Zusammenhang mit der Konstruktion und der schweißtechnischen Fertigung. Sie entstehen beim Schweißen vor allem in der Wärmeeinflusszone im Zusammenwirken von Schrumpf-, Abschreck- und Umwandlungsspannungen längs und quer zur Schweißnaht, aber auch beim anschließenden Spannungsarmglühen, z. B. durch zu schnelles Aufheizen. Eine Vorstellung vom Verlauf solcher Schweißeigenspannungen quer zu einer Verbindungsschweißung Rohr/Formstück aus dem Stahl 14MoV6-3 vermittelt Abbildung 14.26 [18].

Am Übergang Schweiße/WEZ ergeben sich Spannungsspitzen im Zugbereich, die auf der Seite der dickeren Wand deutlich höher sind. Durch Spannungsarmglühen können Eigenspannungen weitgehend abgebaut werden, dennoch bleibt auf der Seite der dickeren Wand ein Zugspannungsmaximum erhalten. Eigenspannungen können schließlich auch die Bildung von Ausscheidungen begünstigen.

Die durch das Spannungsarmglühen nach dem Schweißen erzwungenen Ausscheidungsvorgänge im grobkörnigen Gefüge der Wärmeeinflusszone führen zu einer starken Verfestigung im Korn. Dadurch wird die Möglichkeit zur Verformung im Korn so stark vermindert, dass die Relaxation praktisch über Korngrenzengleitung erfolgen muss. Sind die Verformungsreserven der Korngrenzen erschöpft, kommt es dort zur Rissbildung [1, 19, 55, 82, 86–89]. Das erklärt auch, warum Relaxationsrisse nur in Stählen beobachtet wurden, die durch bestimmte Legierungselemente ausgehärtet werden können, aber nie in weichen unlegierten Stählen.

Daneben begünstigen auch gewisse Verunreinigungen in den Stählen, wie P, S, As, Cu, Sb, Sn u. a., die Bildung von Relaxationsrissen. Sie neigen zu einer Seigerung an den Korngrenzen und schwächen so den interkristallinen Zusam-

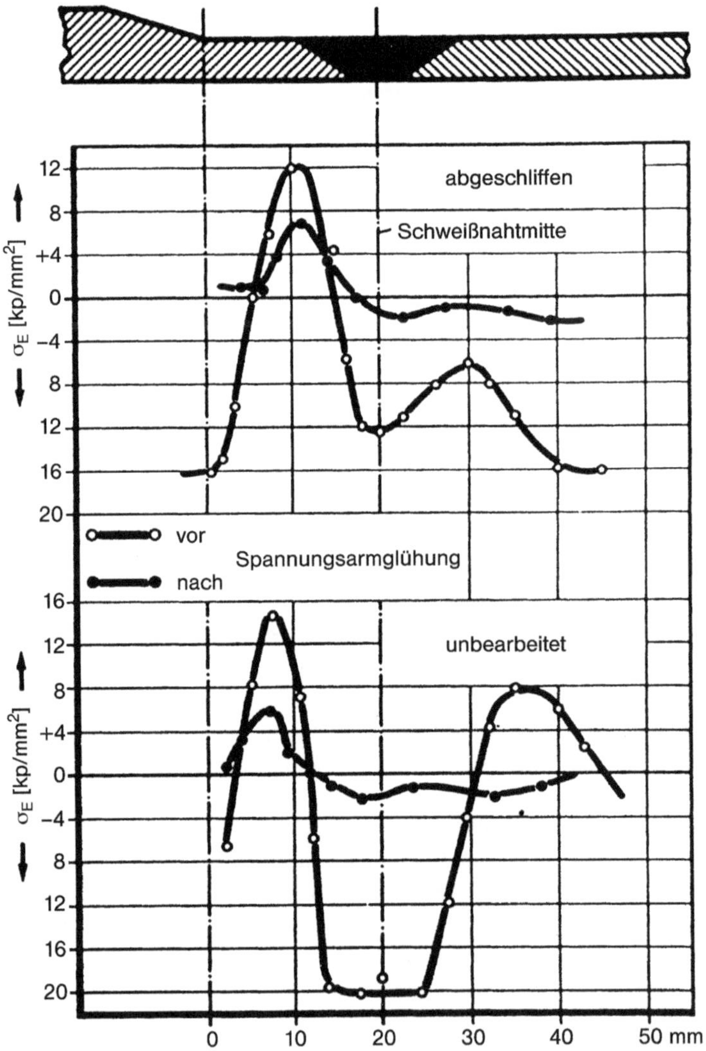

Abb. 14.26 Röntgenografisch gemessener Spannungsverlauf senkrecht zur Schweißnaht.

menhalt [19, 86–88]. Die Ausnutzung von Stählen höherer Festigkeit setzt daher einen hohen Reinheitsgrad voraus. Mit abnehmender Festigkeit kann dagegen ein geringerer Reinheitsgrad toleriert werden, ohne dass es zur Rissbildung kommt [89].

Beim Schmelzschweißen gehen in der schmalen Überhitzungszone direkt neben der Schmelzlinie die zur Festigkeitssteigerung und zur Kornverfeinerung notwendigen Karbide und Nitride oberhalb 1100 °C mehr oder weniger in Lösung. Die Folge ist eine starke Kornvergrößerung des Austenits und bei der Abkühlung – im Falle umwandlungsfähiger Stähle – eine Umwandlung in Bainit mit Martensitanteilen. Es ist nun eine Frage der Abkühlungsgeschwindigkeit, ob dieser „lösungsgeglühte" Zustand – bei austenitischen Werkstoffen ohne Gefügeänderung – bis zur Werkstücktemperatur erhalten bleibt. Aufgrund der beim Schweißen allgemein recht hohen Abkühlungsgeschwindigkeit ist eine Neuausscheidung der übersättigt in Lösung gehaltenen Sonderkarbid- bzw. -nitridbildner sowie eine Korngrenzenseigerung nicht oder nur in geringem Maße auf den Austenitkorngrenzen möglich.

Beim Überschweißen (Mehrlagenschweißung), vor allem aber beim nachfolgenden Anlassen zum Spannungsarmglühen, scheiden sich – abgesehen von Austauschreaktionen in den im Umwandlungsgefüge vorhandenen Karbiden – bevorzugt im Korn zunächst meist kohärente Karbide bzw. Karbonitride (MX, M_2X u. a.) fein verteilt wieder aus [55]. Mit dieser spannungsinduzierten Ausscheidung ist eine erhebliche Verfestigung der ferritischen bzw. austenitischen Grundmasse verbunden. Inkohärente Ausscheidungen auf den Korngrenzen – bei Umwandlungsgefüge auf den ehemaligen Austenitkorngrenzen – und die damit verbundene ausscheidungsfreie Zone erniedrigen dagegen die Korngrenzenfestigkeit. Daneben verstärken sich die Seigerungsvorgänge der Verunreinigungen. Neben diesen Vorgängen im Gefüge setzt gleichzeitig der Spannungsabbau durch Relaxationsvorgänge ein. Wegen der durch die Ausscheidungsvorgänge bereits eingetretenen Kornverfestigung verlagert sich die gesamte dazu notwendige Verformung auf die korngrenzennahen Bereiche. Können diese, begünstigt durch das Grobkorn, den für den Spannungsabbau erforderlichen Betrag nicht mehr aufnehmen, tritt Rissbildung ein (Abb. 14.27). Trotz teilweiser Wabenbildung auf den Korngrenzflächen (vgl. Abb. 14.25) sind die bekannten interkristallinen Risse mit geringer Gesamtverformung die Folge. Da alle genannten Vorgänge zeit- und temperaturabhängig sind, treten die Relaxationsrisse bevorzugt in einem bestimmten Temperaturbereich auf, wie Relaxationsversuche gezeigt haben [55, 83].

Durch Relaxationsversuche konnte auch der Einfluss bestimmter Legierungs- und Verunreinigungselemente sowie des Gefügezustandes geklärt werden. So können alle Elemente, die ausscheidungshärtend wirken, wie Cr, Mo, V, Nb und Ti, ab bestimmten Grenzkonzentrationen zur Rissbildung führen (Abb. 14.28). Für Chrom und Molybdän beträgt dieser Grenzwert rd. 0,5 %, für Vanadin und Niob liegen die Vergleichswerte wesentlich niedriger [55, 90].

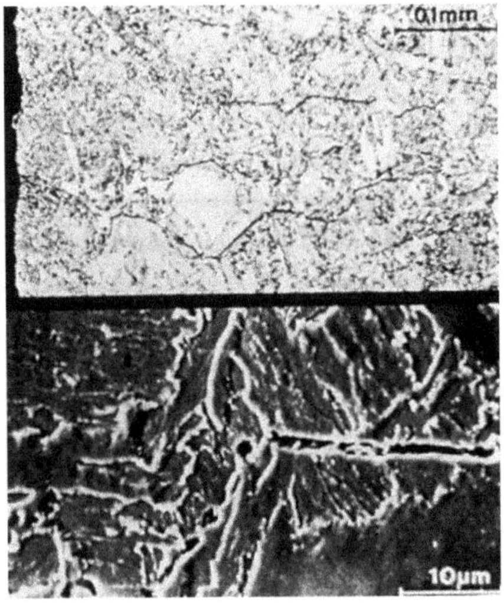

Abb. 14.27 Relaxationsrisse.

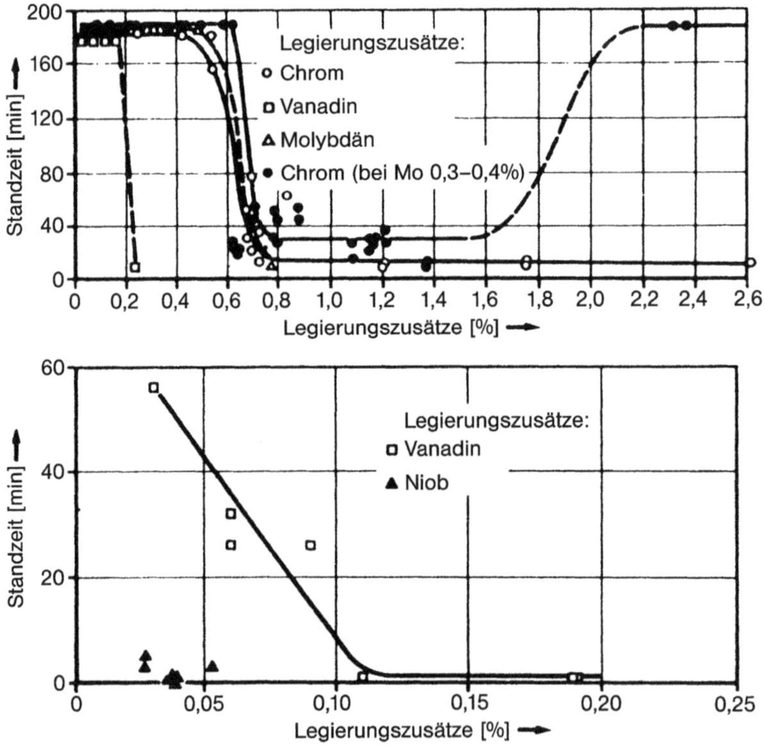

Abb. 14.28 Einfluss verschiedener Legierungszusätze auf das Relaxationsverhalten bei 640 °C [90].

Als Beispiel zeigen die Abbildungen 14.29a bis c eine Probe aus einer Rundschweißnaht Rohr/Formstück (14MoV6-3) im Rohrleitungssystem zwischen Kessel und Turbine [91]. Neben Heißrissen in den Deckraupen wurden in der Wärmeeinflusszone perlschnurartig angeordnete Poren bzw. Risse auf den ehemaligen Austenitkorngrenzen gefunden. Sie liegen im grobkörnigen Bereich der Wärmeeinflusszone einer Raupe, die durch die nächste Lage entweder teilweise umgekörnt oder angelassen worden ist. Eine Zeitstandschädigung konnte weder im Grundwerkstoff noch im Schweißnahtbereich nachgewiesen werden.

Zur Vermeidung von Relaxationsrissen ist es notwendig,

- die chemische Zusammensetzung des Werkstoffes und
- des Schweißgutes,
- die Schweißfertigung und Wärmebehandlung sowie
- die Gestaltung

so aufeinander abzustimmen, dass die dann noch vorhandenen Spannungen beim Spannungsarmglühen im Gefüge der Wärmeeinflusszone durch Verformung abgebaut werden können. Dazu empfiehlt es sich, möglichst verunreinigungsarme Werkstoffe zu wählen, deren Legierungsgehalte außerhalb der kritischen Grenzwerte liegen. Darüber hinaus besteht die Möglichkeit, durch besondere Gestaltungs- und Fertigungsmaßnahmen die auftretenden Spannungen möglichst ge-

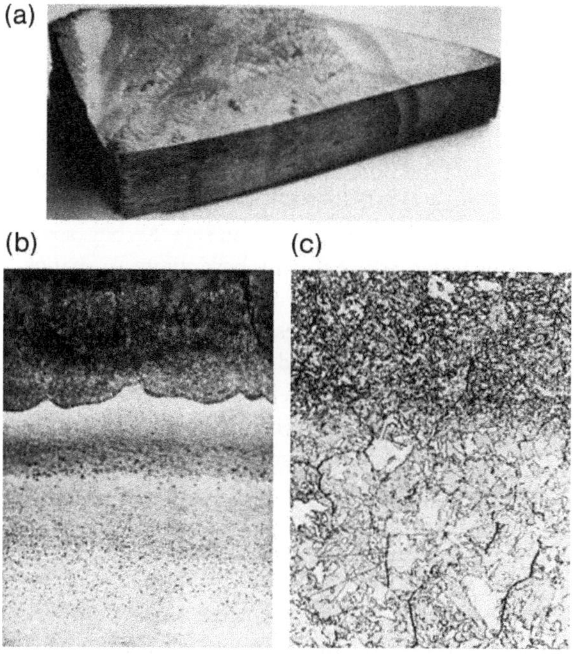

Abb. 14.29 Relaxationsrisse in einer Rundschweißnaht Rohr/Formstück (14MoV6-3), a) Probe aus Rundschweißnaht, b) und c) Schliffe durch Schweiße und WEZ.

ring zu halten sowie grobkörnige martensithaltige Gefügebereiche zu vermeiden. Eine Umkörnung martensithaltiger Gefüge lässt sich durch einen entsprechenden Lagenaufbau erreichen, während sich die Spannungen durch Vermeidung schroffer Querschnitts- und Nahtübergänge, durch hinreichend hohe Vorwärmtemperaturen, Begrenzung des Wärmeeinbringens nach unten – aber auch nach oben – und langsames oder stufenweises Aufheizen sowie Einsatz eines möglichst weichen Schweißgutes, das einen großen Teil der Verformung übernimmt, niedrig halten lassen. Bei ausreichender Beachtung dieser Vorsichtsmaßnahmen können auch komplizierte, rissempfindliche Bauteile erfolgreich gefertigt werden [55].

14.4.2 Betriebsrisse

Unter Betriebsrissen seien hier solche Risse verstanden [23], die allein durch Überbeanspruchung entstanden sind oder ihre Ursache in von der Fertigung herrührenden Schweißfehlern haben.

14.4.2.1 Betriebsrisse infolge Überbeanspruchung

Hierbei handelt es sich um Risse, die während des Betriebes infolge mechanischer, korrosiver und/oder thermischer Überbeanspruchung im Bereich der Schweißnaht entstehen. Die Schweißnaht wirkt hier durch Kerbwirkung und Gefügeveränderungen ortsbestimmend für die Rissentstehung.

14.4.2.1.1 Gewalt- und Schwingungsbrüche

Gewalt- und Schwingungsbrüche sind auf statische bzw. auf dynamische Überbelastung zurückzuführen, deren Ursache in konstruktiven, betrieblichen und auch fertigungstechnisch bedingten Fehlern zu suchen ist (s. Kapitel 5, 6, 7, 15). Für das Betriebsverhalten von geschweißten Konstruktionen, die einer wechselnden Belastung ausgesetzt sind, ist die Schwingfestigkeit der Schweißverbindungen von besonderer Bedeutung. Dabei sind vor allem innere und äußere Kerben sowie bereits vorhandene Anrisse im Bereich der Schweißnähte bevorzugte Ausgangspunkte für das Versagen von Bauteilen [7, 12, 21, 93–97]. Hinzu kommt, dass höherfeste Stähle bei Schwingungsbeanspruchung besonders kerbempfindlich sind. Die erhöhte Streckgrenze dieser Stähle bringt daher nur dann Vorteile, wenn durch entsprechende Konstruktion und durch fertigungstechnische Maßnahmen jede Kerbwirkung entscheidend gemindert wird. Außerdem kann die Schwingfestigkeit gerade bei diesen Stählen durch künstlich aufgebrachte Druckeigenspannungen stark verbessert werden [15, 21, 92, 96–98].

14.4.2.1.2 Spannungs- und Schwingungsrisskorrosion

Spannungsrisskorrosion (SpRK) tritt bei vielen Werkstoffen (niedrig- und hochlegierte Stähle, Aluminium-, Kupferlegierungen u. a.) auf, die in bestimmten Angriffsmitteln gleichzeitig einer Zugbeanspruchung ausgesetzt werden. Dabei kann es sich um von außen aufgebrachte Spannungen, aber auch um Eigenspannungen (z. B. vom Schweißen her) handeln (s. Kapitel 10) [48, 100–106].

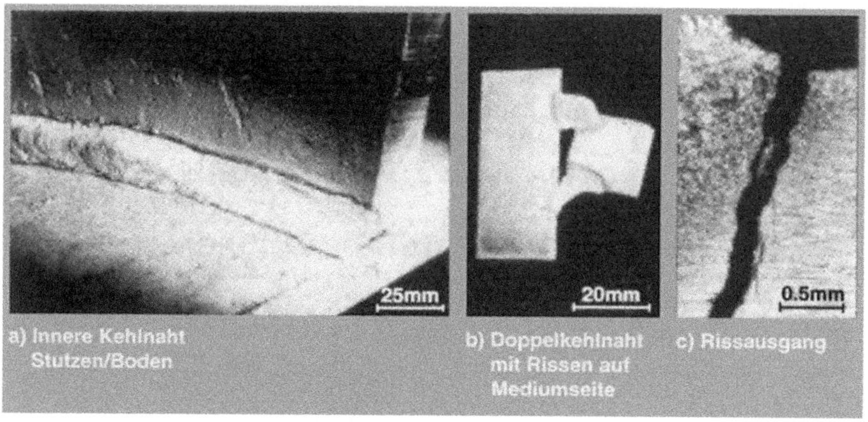

Abb. 14.30 Schweißnahtlängsriss infolge Spannungsrisskorrosion.

Man unterscheidet dabei zwischen

a) der „herkömmlichen" SpRK, die je nach Werkstoff in ganz spezifischen Medien auftritt (anodischer Mechanismus) und
b) der wasserstoffinduzierten SpRK, die unter bestimmten Bedingungen – empfindlicher Werkstoffzustand – bei hochfesten Baustählen in Wasser oder wässrigen Lösungen (kathodischer Mechanismus) beobachtet wird.

Im Gegensatz dazu wird Schwingungsrisskorrosion (SwRK) in allen Medien bei Schwingungsbeanspruchung beobachtet.

Die Risse gehen in allen Fällen von der Werkstückoberfläche aus, ihr Verlauf kann je nach Werkstoff, Werkstoffzustand und Angriffsmittel sowohl inter- als auch transkristallin sein. Abbildung 14.30 zeigt durch Spannungsrisskorrosion ausgelöste Schweißnahtlängsrisse im Bereich der WEZ eines Speisewasserbehälters.

14.4.2.1.3 **Interkristalline Korrosion**

Der Vollständigkeit halber sei hier auch noch auf die Schädigung durch interkristalline Korrosion (IK) hingewiesen. Sie kann bei hochlegierten ferritischen oder austenitischen Werkstoffen als Folge von chromreichen Karbid- bzw. Nitridausscheidungen auf den Korngrenzen nach bestimmten Wärmebehandlungen, u. a. auch hervorgerufen durch das Schweißen, auftreten. Es handelt sich dabei um eine selektive Korrosion, bei der nur die durch die Ausscheidung chromverarmten korngrenzennahen Bereiche angegriffen werden, nicht aber das Korninnere. Da der Angriff u. U. längs der Korngrenzen bis in große Tiefen möglich ist und so zum Zerfall des Werkstoffes in einzelne Körner führen kann, spricht man auch von Kornzerfall [107–109].

Die IK lässt sich durch

- eine Wärmebehandlung nach dem Schweißen
- Abbinden des Kohlen- bzw. Stickstoffes durch Zusätze von Titan oder Niob/Tantal
- Einsatz von Stählen mit besonders niedrigem Kohlenstoffgehalt (ELC-Stähle)

vermeiden.

14.4.2.1.4 **Zeitstandsrisse**

Bei Zeitstandbeanspruchung – d. h. Belastungen bei erhöhten Temperaturen, wie sie z. B. im Kraftwerk vielfach vorliegen – laufen im Werkstoff Verformungsvorgänge ab, die als Kriechen bezeichnet werden. Nach entsprechender Belastungsdauer führt das Kriechen stets zum Bruch. Die jeweilige Bruchart hängt dabei von der Belastung ab und steht damit in Beziehung zur Standzeit. So beobachtet man bei niedrigen Temperaturen bzw. hohen Spannungen bzw. kurzen Standzeiten fast immer – entsprechend dem normalen Zugversuch – transkristalline Brüche. Bei hohen Temperaturen bzw. niedrigen Spannungen bzw. langen Standzeiten treten dagegen interkristalline Brüche auf. Das Gefüge so gebrochener Proben oder Bauteile ist in der Nähe der Bruchflächen durch zahlreiche Poren und Anrisse auf den Korngrenzen, im Allgemeinen senkrecht zur Zugrichtung, gekennzeichnet [110].

In Heißdampfleitungen sind mehrfach Risse bevorzugt neben den Rundschweißnähten von Formstücken beobachtet worden. Dabei handelt es sich um Zeitstandsrisse im feinkörnigen Bereich der wärmebeeinflussten Zone (s. Tab. 14.1). Das war zunächst überraschend, weil gerade diese Nähte bei Beanspruchung unter Betriebsdruck niedrigbeansprucht sind [111, 112].

Obwohl aus Zeitstandsversuchen an Schweißnähten aus warmfesten ferritischen Stählen bekannt war, dass im Falle der quer beanspruchten Naht die schmale Anlasszone zwischen dem unbeeinflussten Grundwerkstoff und dem hocherhitzten Teil der Wärmeeinflusszone eine Schwachstelle mit verminderter Zeitstandfestigkeit darstellt – die Werte liegen an oder sogar etwa unterhalb der jeweiligen unteren Streubandgrenze (Abb. 14.31) – sind solche Schäden in der Praxis erst verhältnismäßig spät aufgetreten. Seit 1971 gaben solche Rissschäden in Heißdampfleitungen vor allem aus dem Stahl 14MoV6-3 mehrfach Anlass zu Ausfällen [19, 22, 30, 111, 112].

Betroffen waren bevorzugt Schweißnähte Rohr/Formstück, d. h. mit Wanddickenänderung bzw. Änderung des Durchmessers (vgl. Abb. 14.1, Rissbereiche 1, 2 und 3). Dort verliefen die Umfangsrisse parallel zur Schweißnaht auf der Seite der größeren Materialanhäufung (größeres Widerstandsmoment). Das deutet auf die Mitwirkung von Zusatzbeanspruchungen hin.

Das Auftreten solcher Zeitstandsrisse soll im Folgenden an zwei Schadensfällen im Bereich einer Rohr/Rohr- und einer Rohr/Formstück-Verbindung erläutert werden.

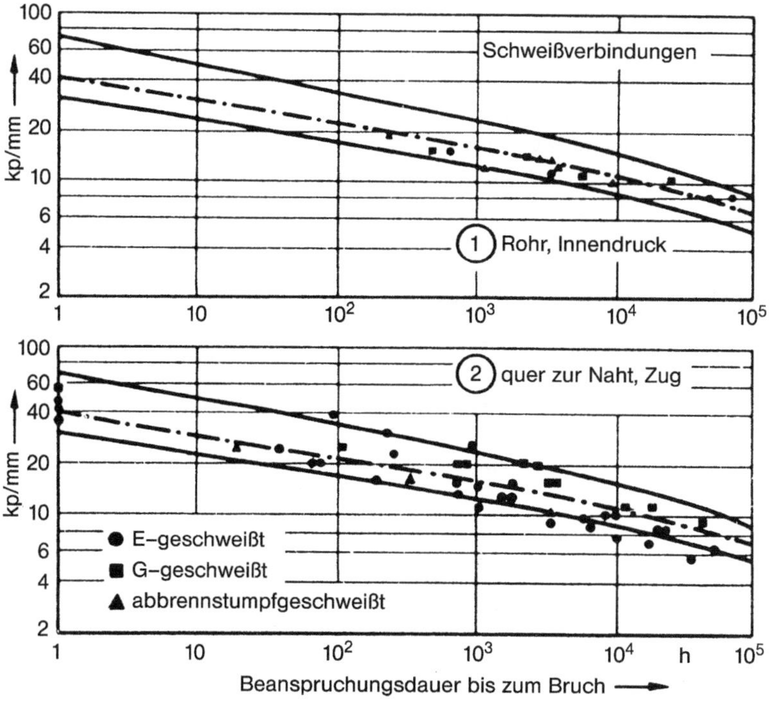

Abb. 14.31 Zeitstandfestigkeit von Schweißverbindungen [113]; Werkstoff: 10CrMo9-10; Prüftemperatur: 550 °C.

Abbildung 14.32 zeigt einen Querschliff durch den 250 mm langen Umfangsriss neben einer Rohr/Rohr-Verbindungsnaht im geraden Teilstück einer heißen ZÜ-Leitung (391 \x 17 mm) aus dem Werkstoff 14MoV6-3. Der Riss hatte nach 47 500 Betriebsstunden zu einem Leck geführt.

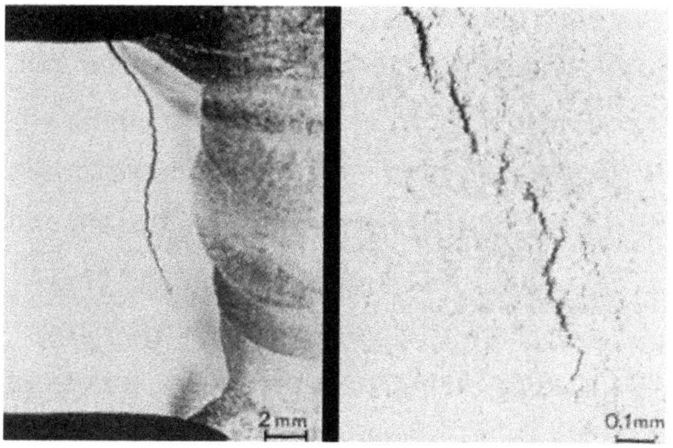

Abb. 14.32 Umfangsriss im Übergang WEZ/Grundwerkstoff.

In einem anderen Fall wurden nach 21 000 bzw. 37 000 Betriebsstunden bei einer Überprüfung wegen eines Lecks neben den Montagenähten Rohr/Vorschuhstück (14MoV6-3) am Ende der ZÜ-Austrittssammler (10CrMo9-10) formstückseitig Umfangsrisse von 135 bis 300 mm Länge und, abgesehen vom Leck, bis zu 18 mm Tiefe gefunden. Zur besseren Anpassung an die Rohrleitung (395 \× 19 mm) waren die Wände der Vorschuhstücke außen von 26 auf 19 mm mit einer Steigung von 15° abgedreht worden (Abb. 14.33). Diese Form entspricht angenähert dem Rissbereich 2 in Abbildung 14.1. Bis auf einen Riss direkt am Beginn der Abschrägung verliefen alle übrigen unmittelbar neben der Schweißnaht.

Sämtliche Risse gehen stets von der Außenoberfläche aus und verlaufen neben der Schweiße entlang der durch Ätzen gut sichtbaren Grenze zwischen der Wärmeeinflusszone und dem übrigen Grundwerkstoff. Ein späteres Abbiegen in den Grundwerkstoff hinein ist möglich. Die Rissflanken sind im Allgemeinen bis zur Spitze verzundert. Vom Rissbeginn bis hin zur Rissspitze weist das Gefüge die für eine Zeitstandschädigung charakteristischen Poren und Anrisse auf den Korngrenzen auf (Abb. 14.34). Dort ist auch der interkristalline Verlauf und das Fortschreiten des Risses in dem ihm vorauseilenden Porenfeld durch Vereinigung einzelner Poren auf den Korngrenzen zu kleineren Anrissen, die dann in größeren aufgehen und sich schließlich mit dem Hauptriss vereinigen, deutlich zu erkennen. Im Allgemeinen treten die Risse in einem Gefügebereich auf, der infolge der Wärmeeinwirkung beim Schweißen auf Temperaturen zwischen Ac_1 und Ac_3 erwärmt und daher nur teilweise umgekörnt worden ist. Sie folgen dabei bevorzugt der Grenze zwischen dem nur teilweise (Ac_1 bis Ac_3) und dem völlig umgewandelten Bereich ($\leq Ac_3$) der Wärmeeinflusszone. In dieser Übergangszone trennen die Risse Gefüge mit sehr feinem Korn von solchen, in denen auch noch gröbere Körner des nur teilweise umgewandelten Grundwerkstoffes enthalten sind. Je nach Betriebsdauer erfahren die beim Schweißen und Anlassen gebildeten Gefüge zusätzlich eine langzeitige Anlasswirkung.

Es ist zu vermuten, dass diese beim Schweißen auftretende, nicht vermeidbare Schwächezone mit geringerer Zeitstandfestigkeit durch eine Überlagerung der Einflüsse von Korngröße und Ausscheidungszustand [112] sowie durch eine

Abb. 14.33 Zeitstandrisse in einem Vorschuhstück.

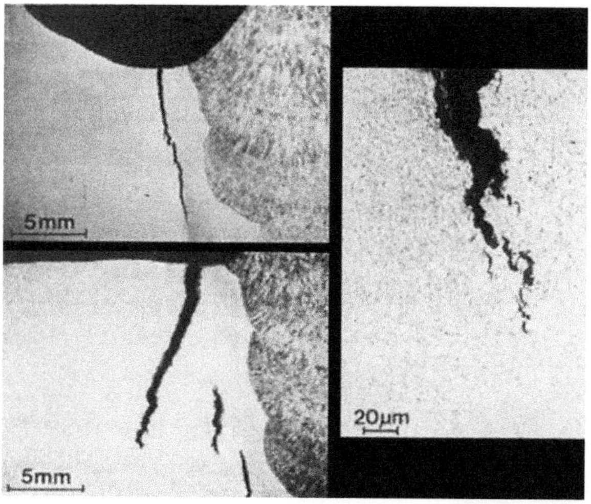

Abb. 14.34 Zeitstandrisse mit Rissauslauf im Grenzbereich der teilweise umgewandelten Zone.

besondere Empfindlichkeit der Korngrenzen zwischen alten und neu gebildeten Körnern im Gebiet der Teilumwandlung entsteht.

14.4.2.2 **Betriebsrisse – ausgehend von Schweißfehlern**

Als Schweißfehler werden hier entsprechend DIN EN ISO 6520-1:2007-11 Fehler verstanden, die in Verbindung mit dem Schweißen – ohne Einfluss einer zusätzlichen äußeren Beanspruchung – entstehen können. Sie umfassen außer den bereits besprochenen Rissen noch die fünf Fehlergruppen [114]

- Hohlräume,
- feste Einschlüsse,
- Bindefehler und ungenügende Durchschweißung,
- Formfehler sowie
- sonstige Fehler.

Zur Sicherung der Güte von Schweißarbeiten sind solche Fehler durch Besichtigen und Ausmessen (äußerer Befund) bzw. – soweit erforderlich – durch geeignete zerstörungsfreie oder zerstörende Prüfverfahren (innerer Befund) nachzuweisen und entsprechend den im Hinblick auf die Beanspruchung vorgegebenen Anforderungen an die Schweißverbindungen zu bewerten (DIN EN ISO 14555:2006-12, Teil 3). Danach nicht zulässige Fehler müssen beseitigt werden, da sie vor allem unter dem Einfluss dynamischer Beanspruchungen als geometrische oder metallurgische Kerben Ausgangspunkte von Betriebsrissen sein können.

Sie kommen stets dann zur Auswirkung, wenn es z. B. schon bei der Beurteilung des äußeren Zustandes an der Qualität der ausgeführten Arbeiten hapert, weil keine verantwortliche Schweißaufsichtsperson mit der Überwachung der ordnungsgemäßen Schweißausführung betraut wurde. Auch werden wohl die tragen-

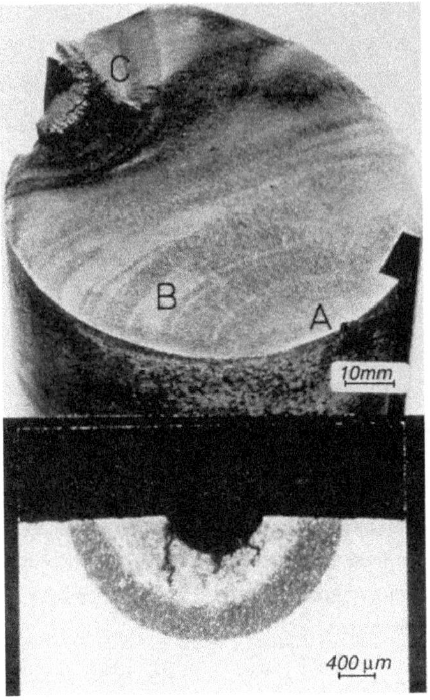

Abb. 14.35 Schwingungsriss in einer Turbinenwelle, ausgehend von einer Zündstelle [117].

den Nähte einer Konstruktion mit der geforderten Sorgfalt hergestellt, während sogenannte „Hilfsnähte" diese Sorgfalt vermissen lassen und später Anlass zu Ausfällen geben [115].

Der Einfluss solcher Schweißfehler auf die Rissbildung kann jedoch sehr unterschiedlich sein. Während z. B. ein Kantenversatz durch seine Kerbwirkung, aber auch aufgrund der Verminderung des Nahtquerschnittes eine Rissbildung unter Betriebsbeanspruchung auslösen kann, machen sich bei einer Zündstelle kleine Risse infolge von Aufhärtungserscheinungen und den sich dabei ausbildenden Eigenspannungen unangenehm bemerkbar [116]. Abbildung 14.35 zeigt als Beispiel einen von einer Zündstelle ausgehenden Schwingungsriss in einer Turbinenwelle [117]. Demgegenüber stellen Poren bzw. Schlackeneinschlüsse rein von ihrer geometrischen Form keine so potente Gefahrenquelle infolge Kerbwirkung dar.

14.5 Schlussbetrachtung

Diese Beispiele aus der täglichen Praxis, die sich beliebig erweitern ließen, zeigen, dass trotz aller Fortschritte der Technik Anrisse in geschweißten Bauteilen nicht mit letzter Sicherheit vermieden werden können. Um unter diesen Voraussetzungen „mit Rissen leben" zu können, auch wenn das nicht gerade wünschenswert ist, muss es möglich sein, vorhandene Risse nachzuweisen und im Hinblick auf die Versagenswahrscheinlichkeit sicher zu beurteilen.

Literatur

1 (1984) Allianz-Handbuch der Schadenverhütung, 3. neubearb. u. erw. Aufl., Allianz, Berlin, München, VDI-Verlag, Düsseldorf.

2 Schüller, H.J. (1988) *Neue Hütte*, **33**, H. 3, S. 98–105.

3 (1976) Bruchuntersuchung und Schadenklärung, Allianz, Berlin, München.

4 Engel, L., Klingele, H. (1982) Rasterelektronenmikroskopische Untersuchungen von Metallschäden. 2. neubearb. Aufl., Carl Hanser Verlag, München, Wien.

5 Aurich, D. (1978) Bruchvorgänge in metallischen Werkstoffen. Werkstofftechn. Verlagsges. mbH, Karlsruhe.

6 Baker, R.G. (1973) The welding of pressure wessel steels, Climax Molybdenum Co. Ltd., London

7 Ruge, J. (1980) Handbuch der Schweißtechnik, Bd. I: Werkstoffe. Springer-Verlag, Berlin.

8 Müller, P., Wolff, L. (1983) Handbuch des Unterpulverschweißens, Teil I: Verfahren-Einstellpraxis-Geräte-Wirtschaftlichkeit, DVS-Verlag, Düsseldorf, und (1978) Teil III: Draht-/Pulverkombinationen für Stähle. Schweißergebnisse-Schweißparameter, DVS-Verlag, Düsseldorf.

9 Boese, U., Werner, D., Wirtz, H. (1980) Das Verhalten der Stähle beim Schweißen, Teil I: Grundlagen, 3., überarb. u. erw. Aufl., DVS-Verlag, Düsseldorf.

10 (1984) Werkstoffkunde Stahl. Bd. 1: Grundlagen, Springer-Verlag, Berlin, Heidelberg, Verlag Stahleisen, Düsseldorf.

11 Dadian, M., Granjon, H. (1983) In De Ferri Metallographia, Bd. IV, Teil II, Verlag Stahleisen, Düsseldorf.

12 Neumann, A. (1990) Schweißtechnisches Handbuch für Konstrukteure. Teil 1: Grundlagen, Tragfähigkeit, Gestaltung, 6., überarb. Aufl., Fachbuchreihe Schweißtechnik Bd. 80/I, DVS-Verlag, Düsseldorf.

13 Macherauch, E. (1983) Praktikum in Werkstoffkunde, 4., überarb. u. verb. Aufl., Vieweg, Braunschweig, Wiesbaden.

14 Thier, H. (1987) DVS-Berichte, Bd. 107, S. 18–28, DVS-Verlag, Düsseldorf.

15 Wohlfahrt, H. (1983) Schweißeigenspannungen. Entstehung-Berechnung-Bewertung, in E. Macherauch, V. Hauk (Hrsg.) Eigenspannungen. Bd. 1, S. 85–116, DGM, Oberursel.

16 Mewes, W. (1978) Kleine Schweißkunde für Maschinenbauer, VDI-Verlag, Düsseldorf.

17 Grosch, J. (1980) VDI-Bericht, 385.

18 Schüller, H.J., Christian, H., Kober, A. (1974) *Der Maschinenschaden* **47**, H. 2, S. 69–74, VGB-Kraftwerkstechn., **54** (1974), H. 5, S. 338–344.

19 Schüller, H.J., Hahn, L., Woitscheck, A. (1974) *Der Maschinenschaden* **47** , H. 1, S. 1–13; VGB-Kraftwerkstechn. **54** (1974), H. 5, S. 344–357.

20 Schwaigerer, S. (1983) Festigkeitsberechnung im Dampfkessel-, Behälter- und Rohrleitungsbau, 4. Aufl., Springer-Verlag, Berlin, Heidelberg, New York, Tokyo.

21 Effertz, P.H., Schüller, H.J., Woitscheck, A. (1981) *Der Maschinenschaden*, **54**, H. 2, S. 41–49; (1981) *Techn. Rdsch.*, **73**, Nr. 41, S. 25–29.

22 Schüller, H.J., Woitscheck, A. (1975) *Der Maschinenschaden*, **48**, H. 5, S. 168–176.

23 Schüller, H.J., Löbert, P., Christian, H. (1980) *Der Maschinenschaden*, **53**, H. 4, S. 141–151; (1980) *Schweißtechnik*, **34**, H. 11, S. 197–201, H. 12, S. 217–222.

24 (1976) Homberg, G., Schmidtmann, E., Wellnitz, G. In Bruchuntersuchung und Schadenklärung, Allianz, Berlin, München, S. 181–186.

25 Homberg, G., Wellnitz, G. (1975) *Schweißen u. Schneiden*, **27**, H. 3, S. 90–93.

26 Klingant, S. (1975) *Schweißen u. Schneiden*, **27**, H. 11, S. 456, Diss. TU, Hannover.

27 Klingant, S. (1980) *Schweißen u. Schneiden*, **32**, H. 7, S. 258–263.

28 Wilken, K. (1980) Forschung in der Kraftwerkstechnik, S. 63.

29 Folkhard, E. (1984) Metallurgie der Schweißung nichtrostender Stähle, Springer-Verlag, Wien, New York.
30 Glahn, L.R., Woitscheck, A. (1977) *Prakt. Metallogr.*, **14**, H. 12, S. 606–616.
31 Perteneder, E., Jeglitsch, F. (1982) *Prakt. Metallogr.*, **19**, S. 573–591.
32 Schaar, R. unveröffentlichter Bericht.
33 Elsner, W. unveröffentlichter Bericht.
34 Elsner, W. (1980) *Der Maschinenschaden*, **53**, H. 5, S. 192–197.
35 Kim, J.G., Rie, K.T., Ruge, J. (1985) *Steel research*, **56**, No 12, S. 639–644.
36 Rakoski, F.E. (1986) *Schweißen u. Schneiden*, **38**, H. 1, S. 42–43, Diss., TH Aachen 1984.
37 Thier, H. (1983) DVS-Berichte, Bd. 76, S. 1–8, DVS-Verlag, Düsseldorf.
38 Wilken, K. (1985) *Schweißen u. Schneiden*, **37**, H. 4, S. 170–174.
39 Ohrt, E. (1984) *Schweißen u. Schneiden*, **36**, H. 10, S. 474–479.
40 Steffens, H.D., Killing, U., Blum, J. (1986) *Schweißen u. Schneiden*, **38**, H. 11, S. 564–567.
41 Jöst, H., Mecke, P., Schneider, K. (1976) In Bruchuntersuchung und Schadenklärung, Allianz, Berlin, München, S. 114–118.
42 Macherauch, E., Müller, H., Vöhringer, O. (1976) In Bruchuntersuchung und Schadenklärung, Allianz, Berlin, München, S. 119–130.
43 Brokop, H., Glahn, L.R., Schüller, H.J. (1974) *Der Maschinenschaden*, **47**, H. 6, S. 212–216.
44 Kalwa, G. (1983) *VGB Kraftwerkstechn.*, **63**, H. 4, S. 356–365.
45 Spähn, H., Schoch, W., Kaes, H. (1983) *VGB Kraftwerkstechn.*, **63**, H. 5, S. 436–443.
46 Kautz, H.R., Zürn, E.D. (1985) *Schweißen u. Schneiden*, **37** , H. 10, S. 511–519.
47 Petri, R., Schnabel, E., Schwaab, P. (1981) *Arch. Eisenhüttenwes.*, **52**, H. 1, S. 27–32.
48 Bäumel, A. (1981) *VGB-Kraftwerkstechn.*, **61**, H. 2, S. 155–167.
49 Gnirß, G.In „Vermeidung qualitätsmindernder Einflüsse drucktragender Bauteile“. Seminar der VdTÜV beim TÜV Rheinland e.V. am 5. u. 6. Juni 1978, S. 117.
50 Reuter, M., Jürgens, V. In „Bruchverhalten und Brucherscheinungen – Primärsystem und Sicherheitsbehälter“, 4. MPA-Seminar am 4./5. Okt. 1978, Stuttgart.
51 Evans, G.M., Weyland, F. (1978) DVS-Berichte, Bd. 50, S. 21–33, DVS-Verlag, Düsseldorf.
52 Breckwoldt, E., Cerjak, H., Papouschek, F., Schmidt, J. (1978) DVS-Berichte, Bd. 52, S. 89–93, DVS-Verlag, Düsseldorf.
53 Neumann, V., Florian, W. (1980) *Schweißen u. Schneiden*, **32**, H. 9, S. 383–387.
54 Böhme, D., Eisenbeis, Ch. (1980) *Schweißen u. Schneiden*, **32** , H. 10, S. 409–413.
55 Degenkolbe, J., Forch, K., Piel, K.H., Uwer, D. (1978) DVS-Berichte, Bd. 50, S. 198–208, DVS-Verlag, Düsseldorf.
56 Cerjak, H., Breckwoldt, E., Löhberg, R., Schmidt, J., Papouschek, F. (1980) VGB-Konferenz „Werkstoffe und Schweißtechnik im Kraftwerk“, VGB-Werkstofftagung, Düsseldorf, S. 156–174.
57 Spähn, H., Lenz, H.W., Wagner, G.H. (1980) VGB-Konferenz „Werkstoffe und Schweißtechnik im Kraftwerk“, VGB-Werkstofftagung, Düsseldorf, S. 130–155.
58 Mitsche, R., Jeglitsch, F., Stanzl, S., Scheidl, H. (1978) *Radex-Rundschau*, Nr. **190**, S. 575–890.
59 Möser, M. (1985) *Schweißtechnik*, (Berlin), **35** , H. 1, S. 45–47 u. H. 3, S. 140–143.
60 Düren, C. (1983) In Schweißen von Baustählen, Vortragsveranstaltung am 21.–22.04.1983 in Düsseldorf, S. 114–151, Verlag Stahleisen, Düsseldorf.
61 Cottrell, C.L.M. (1984) *Metal Construction*, Dez., S. 740–744.
62 Graville, B. (1986) *Welding World* **24**, H. 9/10, S. 190–198.
63 Düren, C. (1987) DVS-Berichte, Bd. 108. S. 1–5, DVS-Verlag, Düsseldorf.
64 Düren, C., Schönherr, W. (1988) Verhalten von Metallen beim Schweißen, DVS-Berichte, Bd. 85, DVS-Verlag, Düsseldorf.
65 Schönherr, W. (1978) DVS-Berichte, Bd. 50, S. 83–87, DVS-Verlag, Düsseldorf.
66 N., N. (1971) Lamellar tearing. *British Engine, Technical Report*, **10**, S. 72–77.
67 Baumgardt, H., Bräutigam, W., Meyer, L. (1978) *Stahl u. Eisen*, **98**, Nr. 7, S. 349–356.
68 Dennin, G. (1975) *Schweißtechnik*, **29**, S. 37–40.
69 Öbert, P. unveröffentlichter Bericht.
70 Dorn, L., Lai Choe Kming, L.K. (1978) *Schweißen u. Schneiden*, **30** , H. 3, S. 84–86.

71 Dorn, L., Lai Choe Kming, L.K. (1978) *Schweißen u. Schneiden*, **30**, H. 2, S. 57–61.

72 (1981) Richtlinie DASt 014, Empfehlungen zum Vermeiden von Terrassenbrüchen in geschweißten Konstruktionen aus Baustahl, Stahlbau Verlag, Köln.

73 Kataura, Y., Oelschlägel, D. (1980) *Stahl u. Eisen*, **100** , Nr. 1, S. 20–30. Spetzler, E., Wendorff, I. (1975) *Thyssen Techn. Ber.*, **7**, H. 1, S. 8–13.

74 Steffen, R. SKW-Metallurgie-Symposium vom 7. bis 9. Mai 1980 in Berchtesgaden. Bericht von (1980) R. Bruder, E. Schulz, H. Richter *Stahl u. Eisen* **100** , Nr. 18, S. 1074–1081.

75 SEL 096-74: Blech, Band und Breitflachstahl mit verbesserten Eigenschaften zur Beanspruchung senkrecht zur Erzeugnisoberfläche, 1. Ausg. Mai 1974.

76 Cerjak, H., Erve, M., Papouschek, F. (1978) DVS-Berichte, Bd. 52, S. 74–78, DVS-Verlag, Düsseldorf.

77 Kußmaul, K. (1970) *Schweißen u. Schneiden*, **22**, H. 12, S. 509–514.

78 Piehl, K.H. (1970) *Mitt. VGB*, **50**, H. 4, S. 304–314.

79 Oude-Hengel, H.H. (1973) *Mitt. VGB*, **53**, H. 2, S. 110–120.

80 Adamsky, F.J., Hofstötter, P. (1974) *VGB-Kraftwerkstechn.*, **54** , H. 10, S. 678/690.

81 Hoffmann, H.-P. In Vermeidung qualitätsmindernder Einflüsse drucktragender Bauteile. Seminar der VdTÜV beim TÜV Rheinland e.V. am 5. u. 6. Juni 1978, S. 83.

82 Dhooge, A., Dolby, R.E., Sebille, J., Steinmetz, R., Vinckier, A.G. (1978) Press. *Vessels and Piping*, **6**, S. 329–409.

83 Batte, A.D., Miller, R.C., Murphy, M.C. (1976) In Bruchuntersuchung und Schadenklärung, Allianz, Berlin, München, S. 173–180.

84 Glover, A. (1976) In Bruchuntersuchung und Schadenklärung, Allianz, Berlin, München, S. 167–172.

85 Myers, J. (1978) *Met. Technol.*, **5** , S. 391–396. Myers, J.Clark, J.N. (1981) *Met. Technol.*, **8**, Okt., S. 389–394.

86 Tenckhof, E. (1979) *J. Nucl. Mater.*, **82**, S. 239–256.

87 Horn, H., Kunze, H.D. (1987) DVS-Berichte, Bd. 108, S. 32–37.

88 Ruge, J., Kemmann, B. (1985) *steel res.*, **56**, H. 6, S. 347–358; Ruge, J., Kemmann, B., Forch, K. (1980) *Arch. Eisenhüttenwes.*, **51**, H. 11, S. 469–476 u. 477–483.

89 Prüfer, M., Möser, M., Hurt, G. (1980) *Neue Hütte*, **25**, H. 6, S. 229–232.

90 Vougioukas, P., Forch, K., Piel, K.H. (1974) *Stahl u. Eisen*, **94**, Nr. 17, S. 806–813.

91 Woitscheck, J. unveröffentlichter Bericht.

92 Degenkolbe, J., Uwer, D. (1975) *Schweißen u. Schneiden*, **27**, H. 9, S. 348–353.

93 Dißelmeyer, H., Degenkolbe, J. (1973) *Schriftenreihe „Schweißen u. Schneiden“*, **4**, Nr. 2.

94 Olivier, R. (1978) In W. Dahl Verhalten von Stahl bei schwingender Beanspruchung, Verlag Stahleisen, Düsseldorf, S. 319–328.

95 Müller, M. (1977) *Schweißen u. Schneiden*, **29**, H. 2, S. 49–52.

96 Briner, M. (1972) Sonderabdruck aus: *Techn. Rundschau*, Sulzer, (Winterthur), Forschungsheft.

97 Hagedorn, K.E. (1978) *Stahl u. Eisen*, **98**, H. 3, S. 102–107.

98 Haibach, E. (1975) *Schweißen u. Schneiden*, **27**, H. 5, S. 179–182.

99 Witte, W. (1972) *Rheinstahl-Techn.*, **10**, S. 107.

100 Düren, C., Müsch, H., Pöpperling, R., Schwenk, W. (1974) *Schweißen und Schneiden*, **26**, H. 11, S. 421–425.

101 Herbsle, G. (1977) Korrosionsschutz von Stahl, Verlag Stahleisen, Düsseldorf, S. 22–26.

102 Herbsleb, G., Pöpperling, R., Schwenk, W. (1978) *Werkstoffe u. Korrosion*, **29**, H. 2, S. 165–171.

103 Drodten, P. (1981) *Stahl u. Eisen*, **101**, Nr. 18, S. 1171–1172.

104 Kauczor, E. (1979) *Schweißen und Schneiden*, **31**, H. 9, S. 365–367.

105 Effertz, P.H., Forchhammer, P., Hickling, J. (1982) *VGB-Kraftwerkstechnik*, **62**, H. 5, S. 390–408.

106 Hickling, J. (1982) *Der Maschinenschaden*, **55**, H. 2, S. 95–105.

107 Kaesche, H. (1979) Die Korrosion der Metalle, 2., völlig neubearb. u. erw. Aufl., Springer-Verlag, Berlin-Heidelberg-New York.

108 Strassburg, F.W. (1982) Schweißen nichtrostender Stähle, 2., überarb. u. erw. Aufl., DVS-Verlag, Düsseldorf.

109 Herbsleb, G. (1977) *Schweißtechnik*, **31**, Nr. 5, S. 53 u. 69–72.

110 Ilschner, B. (1973) Hochtemperatur-Plastizität, Springer-Verlag, Berlin, Heidelberg, New York.

111 Geiger, T. (1976) „Bruchuntersuchung und Schadenklärung", Allianz, Berlin, München, S. 162–166.

112 Schüller, H.J. (1976) „Bruchuntersuchung und Schadenklärung", Allianz, Berlin, München, S. 26187–26195.

113 Ruttmann, W., Bettzieche, P., Jahn, E., Müller, E.O., Schieferstein, U. (1969) *Schweißen und Schneiden*, **21**, H. 1, S. 8–17.

114 Walser, B., Rosselet, A., Geiger, T. (1980) Forschung in der Kraftwerkstechnik, VGB-Kraftwerkstechnik GmbH, Essen, S. 45–49.

115 Hobbacher, A. (1982) *Der Praktiker*, **34**, H. 3, S. 63–64.

116 Ruge, J., Wösle, H. (1962) *Der Maschinenschaden*, **35**, H. 7/8, S. 115–116.

117 Schmidt, E. (1965) *Der Maschinenschaden*, **38**, H. 1/2, S. 27–28.

15
Bruchmechanik in der Schadensanalyse

Dietrich Munz

15.1
Einleitung

Unter dem Begriff Bruchmechanik versteht man üblicherweise die Mechanik der Rissausbreitung in Werkstoffen. Da bei den meisten der auftretenden Schadensfälle die Ausbreitung von Rissen eine entscheidende Rolle spielt, stellt die Bruchmechanik ein wichtiges Hilfsmittel bei der Aufklärung von Schadensfällen dar. Die Bruchmechanikforschung hat es sich zum Ziel gesetzt, das Rissausbreitungsverhalten quantitativ zu beschreiben. Dies bedeutet, dass ein Zusammenhang zwischen der Größe eines Risses, den äußeren Belastungen, anderen äußeren Bedingungen (z. B. dem Umgebungsmedium), geeignet zu definierenden Werkstoffkenngrößen und der Rissausbreitungsgeschwindigkeit hergestellt werden muss. Liegt dieser Zusammenhang für das geschädigte Bauteil vor, so kann im Idealfall der Schadensfall quantitativ nachgerechnet werden. Sind alle in die bruchmechanische Berechnung eingehenden Größen bekannt, dann kann gezeigt werden, dass der Schadensfall unter den gegebenen Bedingungen auftreten musste. Fehlt die Kenntnis einer Größe, z. B. die Versagensspannung, so kann die bruchmechanische Rechnung Angaben über diese Größe machen und damit zur Klärung der Schadensursache beitragen.

Der Anspruch der Bruchmechanik, den Versagensablauf in allen Fällen quantitativ zu beschreiben, ist noch nicht vollständig erreicht. Es gibt Werkstoffe und Belastungsbedingungen, bei denen die bruchmechanische Analyse zu quantitativer Übereinstimmung mit dem realen Verhalten der Bauteile führt. Bei komplizierten Belastungsabläufen, bei zähen Werkstoffen und häufig bei Hochtemperaturbeanspruchungen sind aber oft nur Näherungsberechnungen möglich.

Im Folgenden soll gezeigt werden, mit welchen Methoden das Rissausbreitungsverhalten in Bauteilen erfasst wird und wie diese Methoden bei der Schadensanalyse eingesetzt werden können.

Systematische Beurteilung technischer Schadensfälle, 6. Auflage 2014. Editiert durch G. Lange und M. Pohl

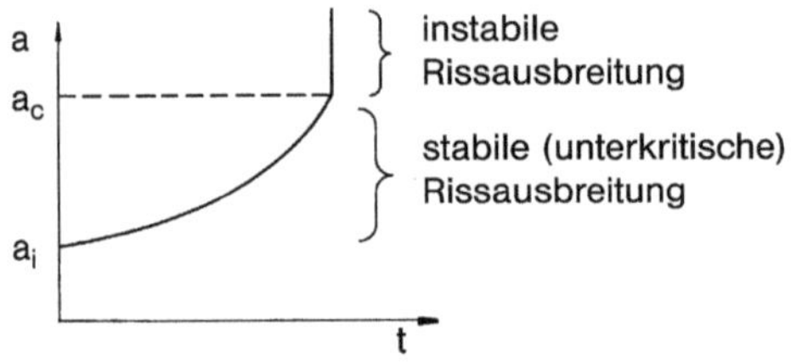

Abb. 15.1 Risslänge in Abhängigkeit von der Zeit.

15.2
Stabile, instabile und unterkritische Rissausbreitung

In Abbildung 15.1 ist schematisch die durch einen Längenparameter charakterisierte Rissgröße a gegen die Zeit aufgetragen. Es wird davon ausgegangen, dass zur Zeit $t = 0$, d. h. beim Einsatz des Bauteils, ein Riss der Länge a_i vorhanden ist. Unter der Einwirkung der äußeren Belastung kann dieser Riss zunächst stabil wachsen. Erreicht der Riss eine kritische Länge a_c, tritt plötzliche, instabile Rissverlängerung auf und es kommt zum plötzlichen Versagen. Die stabile Rissverlängerung wird vor allem von den wechselnden Betriebsbelastungen hervorgerufen. Dies können Schwingungen sein, wie sie beispielsweise in Kraftfahrzeugen oder Flugzeugen auftreten. Auch in größeren zeitlichen Abständen auftretende Laständerungen, z. B. beim An- und Abfahren einer Anlage oder bei Betriebslaständerungen, können zur stabilen Rissverlängerung beitragen. Ein Riss kann aber auch unter konstanter Belastung wachsen, wenn z. B. ein korrosives Medium vorhanden ist.

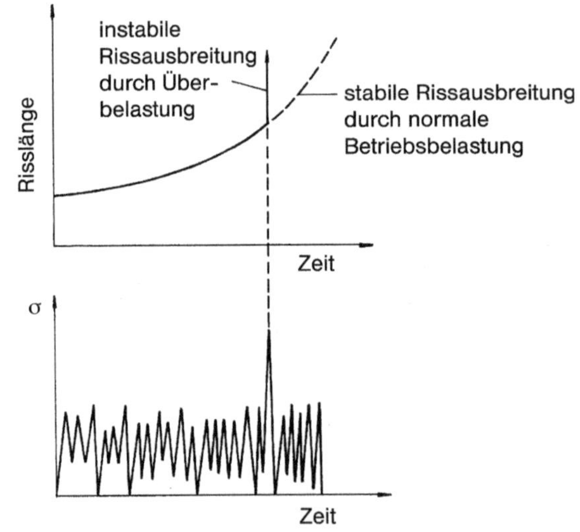

Abb. 15.2 Stabile Rissausbreitung durch normale Betriebsbelastung, instabile Rissausbreitung durch Überbelastung.

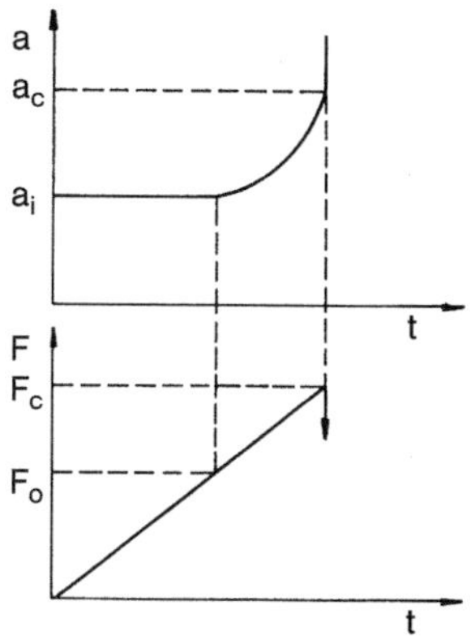

Abb. 15.3 Stabile Rissverlängerung bei stetig zunehmender Belastung.

Die kritische Risslänge ist abhängig von der maximalen Belastung, wobei a_c umso kleiner ist, je größer die maximale Belastung ist. Deshalb führt eine unvorhergesehene Überlastung zu vorzeitigem Versagen (Abb. 15.2). Die Bruchmechanik muss demnach folgende Abhängigkeiten ermitteln:

$$\frac{\mathrm{d}a}{\mathrm{d}t} = f\ (\text{Belastungsverlauf, Umgebung, Werkstoff}),$$

$$a_c = f\ (\text{Spitzenbelastung, Werkstoff}).$$

Die durch wechselnde Belastung oder durch konstante Belastung in einem korrosiven Medium hervorgerufene stabile Rissverlängerung wird häufig auch als unterkritisches Risswachstum bezeichnet. Daneben kann noch eine andere Art der stabilen Rissverlängerung auftreten. Wird ein Bauteil mit einem Riss einer stetig zunehmenden Belastung ausgesetzt, dann wird vor allem bei spröden Werkstoffen Rissverlängerung nach Erreichen einer kritischen Belastung sofort instabil einsetzen. Es gibt aber auch Werkstoffe, bei denen sich der Riss nach Einsetzen der Rissverlängerung bei der Kraft F_o noch stabil unter zunehmender Kraft verlängert und erst bei einer Kraft $F_c > F_o$ Instabilität auftritt (Abb. 15.3).

15.3 Spannungsintensitätsfaktor

15.3.1 Definition

Das Rissausbreitungsverhalten wird bestimmt durch die Spannungen und Dehnungen in der Nähe der Rissspitze. Bei den bruchmechanischen Betrachtungen werden Kenngrößen eingeführt, die das Spannungsfeld in der Nähe der Rissspitze in Abhängigkeit von den äußeren Belastungen charakterisieren.

Bei elastischer Verformung an der Rissspitze ist der Spannungsintensitätsfaktor K die bruchmechanische Größe, die eine Aussage über die Spannungen an der

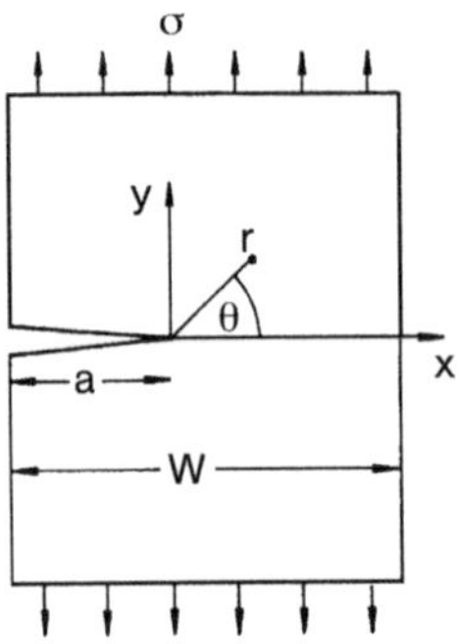

Abb. 15.4 Probe mit Außenriss.

Rissspitze macht. Wird ein Bauteil mit einem Riss der Länge a mit der Bruttospannung σ (Kraft bezogen auf den vollen Querschnitt ohne Riss) belastet, dann ist die Spannung in Belastungsrichtung (Abb. 15.4)

$$\sigma_y = \frac{\sigma\sqrt{a}Y(a/W)}{\sqrt{2\pi r}} \times f_y(\theta) = \frac{K}{\sqrt{2\pi r}} \times f_y(\theta). \qquad (15.1)$$

r und θ sind die Ortskoordinaten, $f_y(\theta)$ ist eine Funktion des Winkels θ, und $Y(a/W)$ ist eine Funktion der auf eine charakteristische Bauteilgröße bezogenen Risslänge. Der Spannungsintensitätsfaktor

$$K = \sigma\sqrt{a}Y(a/W) \qquad (15.2)$$

ist somit proportional zur angelegten äußeren Belastung und eine Funktion der Riss- und Bauteilgeometrie.

Für die anderen Spannungskomponenten σ_x und τ_{xy} gilt ebenfalls Gleichung 15.1, nur ist die Winkelfunktion für jede Komponente anders. Der Spannungszustand an der Rissspitze ist somit eindeutig durch die Größe des Spannungsintensitätsfaktors K gegeben.

Die Funktion $Y(a/W)$ ist abhängig von der Bauteil- und Rissgeometrie. So ist z. B. für die in Abbildung 15.4 gezeigte Platte mit Außenriss unter Zugbelastung (mit parallel geführten Einspannungen)

$$Y(a/W) = \frac{5\sqrt{\pi}}{\left[20 - 13(a/W) - 7(a/W)^2\right]^{1/2}}. \qquad (15.3)$$

15.3.2
Die wirksamen Spannungen

Gleichung 15.1 ist zunächst für einen unter konstanter Zugspannung stehenden Riss gedacht. Spannungen in Bauteilen sind häufig nicht konstant, sondern weisen

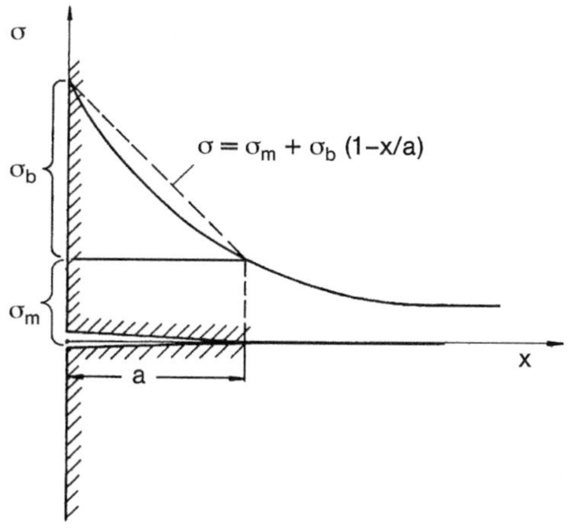

Abb. 15.5 Linearisierung des Spannungsverlaufs.

Gradienten auf. Dies gilt für biegebeanspruchte oder allgemein für gekerbte Bauteile oder für Thermospannungen, die durch Temperaturgradienten hervorgerufen werden. Im Rahmen der linear-elastischen Betrachtungen sind für die Spannungen an der Rissspitze und damit für K nur die Spannungen im Bauteil von Bedeutung, die an der Stelle des Risses wirksam sind. In Abbildung 15.5 sind dies die Spannungen für $x < a$. Für eine angenäherte Berechnung von K kann der Spannungsverlauf in diesem Bereich linearisiert werden:

$$\sigma(x) = \sigma_m + \sigma_b\left(1 - \frac{x}{a}\right) \quad \text{für} \quad 0 < x < a. \tag{15.4}$$

K ergibt sich dann aus der Überlagerung eines konstanten Spannungsanteils σ_m und eines linear mit x veränderlichen Anteils, der durch den Randbetrag σ_b charakterisiert ist:

$$K = K_m + K_b = \sigma_m\sqrt{a}Y_m + \sigma_b\sqrt{a}Y_b. \tag{15.5}$$

15.3.3
Oberflächenrisse

Risse in realen Bauteilen gehen meistens von der Oberfläche aus und können oft durch eine halbelliptische Berandung beschrieben werden (Abb. 15.6). Bei diesen Rissen ist der Spannungsintensitätsfaktor entlang der Rissfront veränderlich, d. h., es ist

$$K = \sigma\sqrt{a}Y(a/W, a/c, \varphi). \tag{15.6}$$

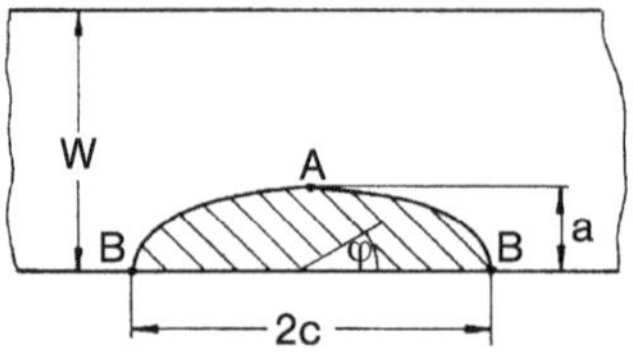

Abb. 15.6 Oberflächenriss.

Dabei sind a und c die Halbachsen der Halbellipse, W ist die Wanddicke, φ beschreibt den Ort entlang der Rissfront. Für Biege- und für Zugbelastungen sind die Y-Funktionen bekannt. Für kleine Risse sind für die in Abbildung 15.6 angegebenen Stellen A und B und die in Abbildung 15.5 definierten Spannungen

$$Y_{\text{mA}} = \frac{\sqrt{\pi}}{\varphi}(1{,}13 - 0{,}09\, a/c), \tag{15.7}$$

$$Y_{\text{mB}} = \frac{1{,}1\sqrt{\pi}}{\varphi}(1{,}13 - 0{,}09\, a/c)\sqrt{ac}, \tag{15.8}$$

$$Y_{\text{BA}} = \frac{\sqrt{\pi}}{\varphi}(1{,}13 - 0{,}09\, a/c)(0{,}39 - 0{,}06\, a/c), \tag{15.9}$$

$$Y_{\text{BB}} = \frac{1{,}1\sqrt{\pi}}{\varphi}(1{,}13 - 0{,}09\, a/c)(0{,}83 - 0{,}055\, a/c)\sqrt{ac}. \tag{15.10}$$

φ ist gegeben durch

$$\varphi = \left[1 + 1{,}464(a/c)^{1{,}65}\right]^{1/2}. \tag{15.11}$$

15.3.4
Spannungsintensitätsfaktoren für beliebige Belastungen

Für viele Riss- und Bauteilgeometrien sind Spannungsintensitätsfaktoren für einfache Belastungsverläufe zusammengestellt [1–4]. Die Methode der Gewichtsfunktion erlaubt es, für beliebige Spannungsverläufe K nach der Beziehung

$$K = \int_0^a \sigma(x) h(x, a) \mathrm{d}x \tag{15.12}$$

zu berechnen. Dabei ist $\sigma(x)$ die Spannung im ungerissenen Bauteil an der Stelle des Risses, die senkrecht zur Rissfläche wirkt. $h(x, a)$ ist die Gewichtsfunktion, die unabhängig von der Belastung ist. Für eine Reihe von Bauteil- und Rissgeometrien liegen Gewichtsfunktionen vor [3, 4].

15.4
Anwendungsbereich der linear-elastischen Bruchmechanik (LEBM)

Der Spannungsintensitätsfaktor beschreibt das Geschehen an der Rissspitze auch dann, wenn sich ein plastischer Bereich vor der Rissspitze ausbildet, sofern dieser nicht zu groß ist. Die Ausdehnung dieses plastischen Bereiches ergibt sich näherungsweise zu

$$\omega = \frac{1}{\beta\pi}\left(\frac{K}{R_{\mathrm{p}}}\right)^2. \tag{15.13}$$

β ist abhängig von der Bauteildicke und liegt zwischen 1 und 3.

Linear-elastische Bruchmechanik mit K als Kenngröße ist anwendbar, wenn ω klein ist gegenüber der Risslänge a und klein gegenüber dem Restquerschnitt W–a. Dies führt zu der Bedingung

$$a > \alpha\left(\frac{K}{R_{\mathrm{p}}}\right)^2, \quad W - a > \alpha\left(\frac{K}{R_{\mathrm{p}}}\right)^2. \tag{15.14}$$

α ist abhängig von der Belastungsart (Biegung, Zug) und liegt in der Größenordnung von 1.

Ist die Bedingung der Gleichung 15.14 nicht erfüllt, dann müssen andere Kenngrößen zur Beschreibung des Spannungszustandes an der Rissspitze herangezogen werden (J-Integral, COD-Methode, Zwei-Kriterien-Methode).

15.5
Zusammenhang zwischen kritischer Risslänge und kritischer Spannung

Nach den Grundvorstellungen der linear-elastischen Bruchmechanik setzt Versagen ein, wenn die Spannungen an der Rissspitze und damit K einen kritischen Wert erreicht haben. Die kritische Größe des Spannungsintensitätsfaktors K_{Ic} ist eine Werkstoffkenngröße, Risszähigkeit oder Bruchzähigkeit genannt. Sie wird mit geeigneten Versuchsproben ermittelt.

Der Zusammenhang zwischen kritischer Risslänge und kritischer Belastung ist gegeben durch

$$\sigma_{\mathrm{c}} = \frac{K_{\mathrm{Ic}}}{\sqrt{a_{\mathrm{c}}}\,Y(a_c/W)}. \tag{15.15}$$

Diese Gleichung stellt die Grundbeziehung der linear-elastischen Bruchmechanik dar. Sie liefert einen Zusammenhang zwischen

- der kritischen äußeren Belastung beim Einsetzen instabiler Rissverlängerung,
- der kritischen Risslänge a_c,
- dem Werkstoff, charakterisiert durch den Kennwert K_{Ic}.

Gleichung 15.15 kann im Rahmen einer Schadensanalyse auf drei verschiedene Arten angewandt werden:

a) Risszähigkeit K_{Ic} bekannt (aus Angaben des Herstellers oder aus Versuchen an Proben aus geschädigtem Teil),
kritische Risslänge a_c bekannt aus Bruchflächenanalyse.
Versagensbelastung σ_c kann berechnet werden.
b) K_{Ic} bekannt,
Versagensbelastung bekannt.
Die kritische Risslänge, die evtl. aus der Bruchfläche nicht zu entnehmen ist, kann berechnet werden.
c) Versagensbelastung und kritische Risslänge bekannt.
Risszähigkeit des Werkstoffes kann berechnet werden. Dieser Fall ist von Interesse, wenn eine K_{Ic}-Ermittlung aus Restbruchstücken nicht möglich ist und ermittelt werden soll, ob möglicherweise ein schlechter Werkstoffzustand vorlag.

In allen drei Fällen muss die Funktion $Y(a/W)$ bekannt sein.

15.6 Unterkritisches Risswachstum bei wechselnder Belastung

Bei wechselnden Belastungen verlängert sich ein Riss in stabiler Weise bei Beanspruchungen, die kleiner als K_{Ic} sind. Auch hier beschreibt der Spannungsintensitätsfaktor die Rissverlängerung. Der zeitlichen Veränderung der Spannung σ entspricht eine zeitliche Veränderung von K. In Versuchen an Proben mit konstanter Spannungsamplitude wurde gezeigt, dass die während eines Lastwechsels auftretende Rissverlängerung $\mathrm{d}a/\mathrm{d}N$ (Steigung einer Risslänge a-Lastwechsel N-Kurve) abhängig von der Schwingbreite des Spannungsintensitätsfaktors ΔK ist. Für einen bestimmten Werkstoff kann das Verhalten durch eine $\mathrm{d}a/\mathrm{d}N$-ΔK-Kurve dargestellt werden (Abb. 15.7). Häufig wird eine untere Grenze ΔK_{th} beobachtet, unterhalb derer kein Risswachstum auftritt. Die obere Grenze ist durch $K_{max} = K_{Ic}$ gegeben. Dazwischen gibt es häufig bei doppelt-logarithmischer Auftragungsweise einen linearen Bereich und somit

$$\frac{\mathrm{d}a}{\mathrm{d}N} = C \cdot (\Delta K)^n. \qquad (15.16)$$

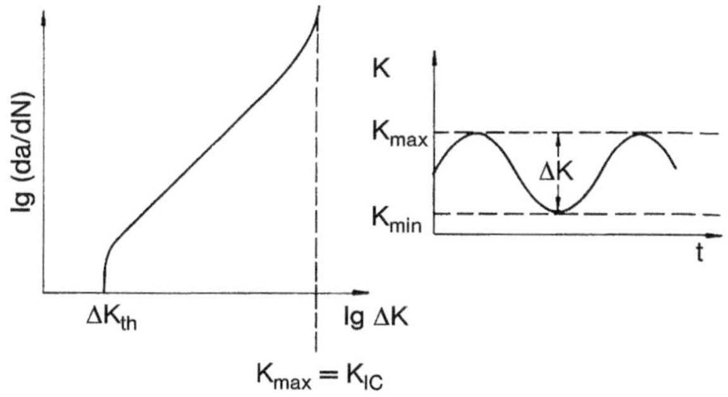

Abb. 15.7 Log(d*a*/d*N*)-log *K*-Kurve bei wechselnder Belastung.

Die Beziehung

$$\frac{da}{dN} = \frac{C(\Delta K - \Delta K_{\text{th}})^m}{(1 - R)K_c - \Delta K} \tag{15.17}$$

berücksichtigt den stärker werdenden Anstieg der da/dN-ΔK-Kurve bei Annäherung an den oberen Grenzwert und die Existenz eines unteren Grenzwertes. Die da/dN-ΔK-Kurve für einen bestimmten Werkstoff kann beeinflusst werden durch die Frequenz und die Amplitudenform der Beanspruchung, durch die Mittelspannung (bzw. von $R = K_{\text{min}}/K_{\text{max}}$) und vom umgebenden Medium.

Findet der Ermüdungsvorgang in einem anderen Medium als Luft statt, dann kann die Rissgeschwindigkeit bei gleicher Beanspruchung, d. h. bei gleichem ΔK-Wert, größer sein. Je nach Werkstoff und Umgebung können dabei zwei Verhaltensweisen beobachtet werden (Abb. 15.8). Beim Typ A tritt nur ein Einfluss bei kleinen ΔK-Werten auf, und es wird vor allem der untere Grenzwert ΔK_{th} beeinflusst. Beim Typ B tritt ein Einfluss des umgebenden Mediums nur oberhalb eines kritischen Wertes ΔK_{scc} auf. Die reinen Typen A und B werden selten beobachtet, häufig dominiert nur ein Typ. Aluminiumlegierungen verhalten sich meistens nach Typ A, viele Stähle nach Typ B.

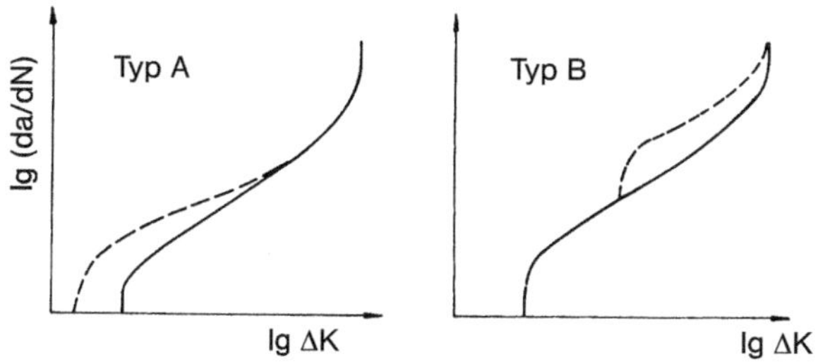

Abb. 15.8 Einfluss eines korrosiven Mediums (gestrichelte Kurve) auf die Rissgeschwindigkeit (ausgezogene Kurve: inertes Medium).

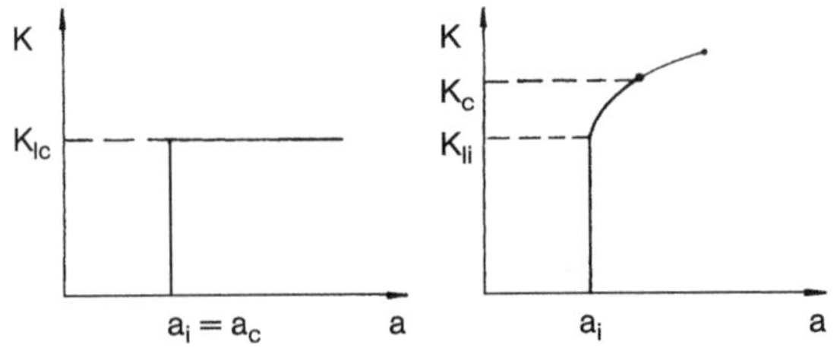

Abb. 15.9 (log(da/dt))-K-Kurve bei konstanter Belastung.

Ein eindeutiger Zusammenhang zwischen da/dN und ΔK besteht nur, wenn ΔK über längere Zeit konstant ist oder sich nur wenig ändert. Bei sprunghaften Änderungen der Spannungsamplitude und damit von ΔK ist die Rissgeschwindigkeit vorübergehend größer oder kleiner als der aus dem da/dN-ΔK-Zusammenhang entnommene Wert. „Rissverzögerungen" werden beobachtet nach einer Erniedrigung der Amplitude oder der Mittelspannung oder nach einer einmaligen Überbelastung. „Rissbeschleunigungen" treten nach einer Erhöhung der Amplitude bzw. der Mittelspannung auf. Die Rissverzögerungseffekte sind aber ausgeprägter als die Rissbeschleunigungseffekte, so dass sich bei unregelmäßig wechselnden Amplituden insgesamt eine geringere Rissgeschwindigkeit einstellt, als nach der da/dN-ΔK-Kurve berechnet wird.

15.7 Unterkritisches Risswachstum bei konstanter Belastung und aggressiver Umgebung

Bei konstanter Belastung können Risse wachsen, wenn ein aggressives Medium vorhanden ist. Für eine bestimmte Werkstoff/Umgebungs-Kombination hängt die Rissgeschwindigkeit da/dt in eindeutiger Weise von dem Spannungsintensitätsfaktor K ab (Abb. 15.9). Wie bei der Wechselbelastung gibt es auch hier einen unteren Grenzwert K_{Iscc}, unterhalb dessen kein Risswachstum auftritt und einen oberen Grenzwert $K = K_{Ic}$. Häufig zeigen die da/dt-K-Kurven ein Plateau, in dem die Rissgeschwindigkeit unabhängig von K ist. Die Plateaugeschwindigkeit ist stark vom Werkstoff abhängig. Sie liegt beispielsweise bei der Titanlegierung Ti-6Al-4V im Wasser bei $2{,}7 \cdot 10^{-2}$ mm/s und bei einer AlZnMgCu-Legierung in Wasser bei $4 \cdot 10^{-5}$ mm/s.

15.8 Lebensdauerberechnung

Ist der Zusammenhang zwischen Rissgeschwindigkeit und K bzw. ΔK bekannt, so kann die Lebensdauer durch Integration zwischen der Anfangsrisslänge a_I und der kritischen Risslänge a_c berechnet werden:

Bei Beanspruchung unter konstanter Last in aggressiver Umgebung ergibt sich die Bruchzeit

$$t_{\mathrm{B}} = \int_{a_{\mathrm{i}}}^{a_{\mathrm{c}}} \frac{\mathrm{d}a}{\mathrm{d}a/\mathrm{d}t} \tag{15.18}$$

mit $\mathrm{d}a/\mathrm{d}t = f(K) = f(\sigma\sqrt{a}Y)$. Die obere Grenze a_{c} ergibt sich aus Gleichung 15.15. Bei Ermüdungsrissausbreitung mit konstanter Spannungsamplitude ergibt sich die Anzahl der Lastwechsel bis zum Bruch aus

$$N_{\mathrm{B}} = \int_{a_{\mathrm{i}}}^{a_{\mathrm{c}}} \frac{\mathrm{d}a}{\mathrm{d}a/\mathrm{d}N} \tag{15.19}$$

mit $\mathrm{d}a/\mathrm{d}N = f(\Delta K) = f(\Delta\sigma\sqrt{a}Y)$; a_{c} ergibt sich aus Gleichung 15.15 mit $\sigma = \Delta\sigma/(1-R)$.

Kann $f(\Delta K)$ durch das Potenzgesetz, Gleichung 15.16, dargestellt werden, dann ist

$$N_{\mathrm{B}} = \frac{1}{C \cdot (\Delta\sigma)^n} \int_{a_{\mathrm{i}}}^{a_{\mathrm{c}}} \frac{\mathrm{d}a}{a^{n/2} \cdot Y^n} \tag{15.20}$$

Für den Fall, dass $Y(a/W)$ im Bereich $a_{\mathrm{I}} < a < a_{\mathrm{c}}$ als konstant angenommen werden kann, ist

$$N_{\mathrm{B}} = \frac{2}{C(\Delta\sigma)^n(n-2)} \left[a_{\mathrm{i}}^{\frac{2-n}{2}} - a_{\mathrm{c}}^{\frac{2-n}{2}}\right]. \tag{15.21}$$

15.9
Korrelation Bruchlinienabstand – mittlere Rissgeschwindigkeit

Da eine Bruchlinie bei einem Lastwechsel (Lw) entsteht, sollte die mittlere Rissverlängerung pro Lastwechsel mit dem mittleren Bruchlinienabstand übereinstimmen. Verschiedene Untersuchungen zur Korrelation zwischen Bruchlinienabstand und mittlerer Rissgeschwindigkeit führten zu folgenden Ergebnissen:

a) In einem mittleren Bereich der Rissgeschwindigkeit wurde vielfach eine gute Übereinstimmung zwischen Bruchlinienabstand und mittlerer Rissverlängerung pro Lastwechsel festgestellt. Dieser Bereich liegt etwa zwischen 0,1µm/Lw und 1 µm/Lw [5–12].
b) Bei kleinen Rissgeschwindigkeiten (< 0,1 µm/Lw) ist der Bruchlinienabstand größer als die Rissverlängerung pro Lastwechsel [5, 6, 8, 11–13], d. h. nicht jedes Lastspiel erzeugt eine Bruchlinie.
c) Bei großen Rissgeschwindigkeiten ($\mathrm{d}a/\mathrm{d}N$ > 1 µm/Lw) ist der Bruchlinienabstand kleiner als die mittlere Rissverlängerung pro Lastwechsel [5, 7, 9–12].

Trotzdem ist zu vermuten, dass jede Bruchlinie während eines einzigen Lastwechsels entsteht. Die Diskrepanz kommt dadurch zustande, dass neben Bereichen mit Bruchlinien andere Bereiche auftreten (z. B. mit Wabenstruktur), in denen die lokale Rissgeschwindigkeit größer ist (nicht relevant für praktische Schadensfälle, da man in diesen Bereichen nicht auszählt).

d) Bei konstantem ΔK nimmt mit zunehmender Mittelspannung der Bruchlinienabstand zu [9, 13].

e) Der Abstand spröder Bruchlinien scheint größer zu sein als die mittlere Rissgeschwindigkeit [11].

Für die meisten Schäden trifft der Fall a) oder b) bzw. eine Kombination beider Möglichkeiten zu. Das unter c) beschriebene Verhalten beschränkt sich, falls überhaupt erkennbar, auf eine schmale Zone vor der Restbruchfläche. Ein Auszählen von Schwingungslinien liefert somit meistens eine untere Schranke, d. h. die Mindestzahl der zur Erzeugung des vorliegenden Bruches erforderlichen Lastspiele.

15.10 Korrelation Bruchlinienabstand $-\Delta K$

Es hat sich gezeigt, dass die da/dN-ΔK-Kurven verschiedener Werkstoffe bei normalen Umgebungsbedingungen in ein enges Streuband gebracht werden können, wenn da/dN gegen $\Delta K/E$ aufgetragen wird. In entsprechender Weise wurde versucht, eine universelle Beziehung zwischen dem Bruchlinienabstand (Schwingstreifenbreite) S und $\Delta K/E$ zu finden. Folgende Beziehungen wurden ermittelt (S in mm, $\Delta K/E$ in $mm^{-1/2}$):

a) $S = 9{,}2\ (\Delta K/E)^{2{,}1}$ für verschiedene Werkstoffe [7]
b) $S = 8\ (\Delta K/E)^2$ für verschiedene Stähle [14]
c) $S = 24\ (\Delta K_{eff}/E)$ für eine Al-Legierung [15]

Dabei ist ΔK_{eff} die effektive Schwingbreite des Spannungsintensitätsfaktors unter Berücksichtigung des Rissschließens.

a) $S = 15{,}3\ (\Delta K/E)^{2{,}1}$ für $R = 0{,}1$
$S = 1{,}32\ (\Delta K/E)^{1{,}7}$ für R = –1 für eine Al-Legierung [9]

b) Aus einer Arbeit von Rhodes et al. [16], in der eigene Untersuchungen an verschiedenen Aluminiumlegierungen mit Ergebnissen anderer Autoren zusammengefasst werden, ergibt sich

$$S = A(\Delta K/E)^2 \quad \text{mit 5A20}$$

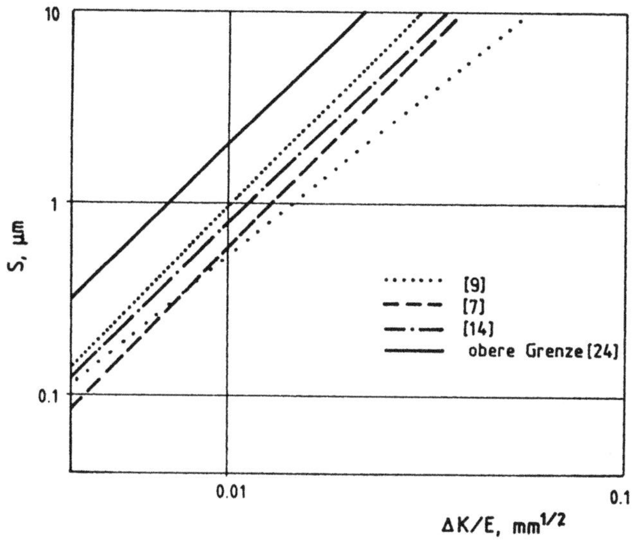

Abb. 15.10 Beziehung zwischen Bruchlinienabstand S und $\Delta K/E$.

Zusammenfassend können alle bisherigen Ergebnisse durch

$$S = A\,(\Delta K/E)^2 \text{ mit } 3A20$$

dargestellt werden (Abb. 15.10).

Daraus ergibt sich, dass für Schadensfallanalysen ohne zusätzliche Untersuchungen an dem speziellen Werkstoff aus vermessenen Bruchlinien mit $A = 8$ die Schwingbreite ΔK auf etwa ±50 % genau ermittelt werden kann.

Die Schwingbreite der Spannung ergibt sich dann zu

$$\Delta\sigma = \frac{\Delta K}{\sqrt{a}Y} = \frac{E\sqrt{S}}{\sqrt{a}Y\sqrt{8}}. \qquad (15.22)$$

15.11 Versagen durch plastische Instabilität

Bei sehr zähen Werkstoffen treten große plastische Verformungen auf, bevor es zur Rissverlängerung kommt. Dabei stumpft sich der Riss ab, so dass er seine Wirkung als scharfe Kerbe verliert. Dies kann dazu führen, dass sich das Bauteil an der Stelle des Risses einschnürt und der Riss dabei lediglich als Querschnittsschwächung wirkt. Die maximal ertragbare Belastung wird dann durch das Einschnürverhalten im rissgeschwächten Querschnitt bestimmt. Man spricht dann von plastischer Instabilität, weil die maximale Kraft allein durch das plastische

Verformungsverhalten des Werkstoffs bedingt ist. Die maximal ertragbare Belastung ist abhängig von der Geometrie des Risses und des Bauteils und von der Spannungs-Dehnungs-Kurve des Werkstoffs. In vereinfachter Form kann das Verhalten des Werkstoffs durch eine mittlere Fließspannung

$$\sigma_{\mathrm{f}} = \frac{R_{\mathrm{p}} + R_{\mathrm{m}}}{2} \tag{15.23}$$

charakterisiert werden. In allgemeiner Form lässt sich dann die Spannung bei plastischer Instabilität darstellen durch

$$\sigma_{\mathrm{L}} = \sigma_{\mathrm{f}} f(a/W) \tag{15.24}$$

Dabei ist $f(a/W)$ eine Funktion der auf eine charakteristische Bauteilabmessung bezogenen Risslänge. So ist z. B. für eine Zugprobe mit Innenriss

$$f(a/W) = 1 - a/W \tag{15.25}$$

oder für eine bruchmechanische Kompaktprobe

$$f(a/W) = 1{,}46\left[\sqrt{2\left[1 + (a/W)^2\right]} - (1 + a/W)\right]. \tag{15.26}$$

Für Oberflächenrisse unter Zugbeanspruchung wird als Näherungsformel

$$f(a/W) = 1 - \frac{\pi a/W}{2[2 + (a/c)/(a/W)]} \tag{15.27}$$

angegeben.

Trägt man für Bauteile mit konstantem a/W-Verhältnis die Bruchspannung gegen die Bauteilgröße auf, so ist die Spannung bei plastischer Instabilität σ_L unabhängig von der Bauteilgröße, während die linear-elastisch berechnete Spannung mit zunehmender Bauteilgröße entsprechend der Beziehung

$$\sigma_{\mathrm{c}} = \frac{K_{\mathrm{Ic}}}{\sqrt{a/W} \cdot Y(a/W) \cdot \sqrt{W}} \tag{15.28}$$

abnimmt (Abb. 15.11).

Daraus ergibt sich, dass der Grenzfall des Versagens durch plastische Instabilität bei kleinen Bauteilen eines Werkstoffs hoher Zähigkeit auftritt, während der Grenzfall des Versagens durch Rissausbreitung nach den Gesetzen der linear-elastischen Bruchmechanik bei großen Bauteilen aus Werkstoffen geringer Zähigkeit auftritt.

Die wahre Versagensspannung ist in allen Fällen kleiner als die linear-elastisch berechnete Spannung und kleiner als die plastische Instabilitätsspannung. Die

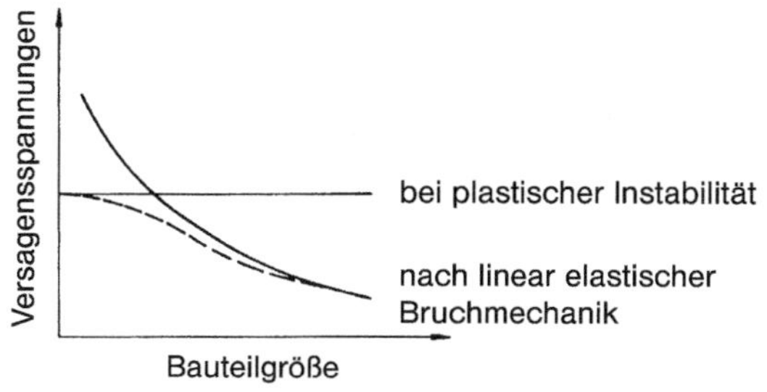

Abb. 15.11 Versagensspannung in Abhängigkeit von der Bauteilgröße für a/W = constant.

beiden Grenzfälle des Versagens ergeben somit nicht zwei Grenzspannungen, zwischen denen die reale Versagensspannung liegt.

15.12 Die Zwei-Kriterien-Methode

Um das Verhalten im Zwischenbereich zwischen den beiden Grenzfällen zu beschreiben, wurde eine Methode entwickelt, die als Zwei-Kriterien-Methode oder in der englischen Literatur als Failure Assessment Diagramm bezeichnet wurde. Sie ist in Berichten der Central Electricity Generating Board (CEGB) beschrieben [17]. Eine ausführliche Darstellung wurde von Ainsworth [18] gegeben. Im Folgenden wird eine ältere Version beschrieben, die inzwischen durch neuere, aber wesentlich kompliziertere Versionen ersetzt wurde. Die ältere Version zeigt anschaulich das Prinzip und liefert immer noch zufriedenstellende Ergebnisse.

Um die beiden Grenzfälle zu beschreiben, wird die folgende Darstellung gewählt:

Zunächst werden zwei Größen K_r und S_r definiert:

$$K_r = \frac{K_I}{K_{Ic}}, \quad S_r = \frac{\sigma}{\sigma_L}. \tag{15.29}$$

K_I ist der für eine beliebige Belastung σ berechnete Spannungsintensitätsfaktor. Für jede Belastung können somit ein K_r und ein S_r berechnet werden. In einem K_r-S_r-Diagramm (Abb. 15.12) ist jeder Belastungszustand durch einen Punkt charakterisiert. In ein solches Diagramm können drei Versagenskurven eingezeichnet werden:

Wäre Versagen unabhängig von der Zähigkeit des Werkstoffes und der Größe des Bauteils immer mit den Gesetzmäßigkeiten der linear-elastischen Bruchmechanik beschreibbar, so wäre beim Versagen $K_I = K_{Ic}$ und $K_r = 1$.

Erfolgte Versagen immer durch plastische Instabilität, so wäre $\sigma = \sigma_L$ und $S_r = 1$.

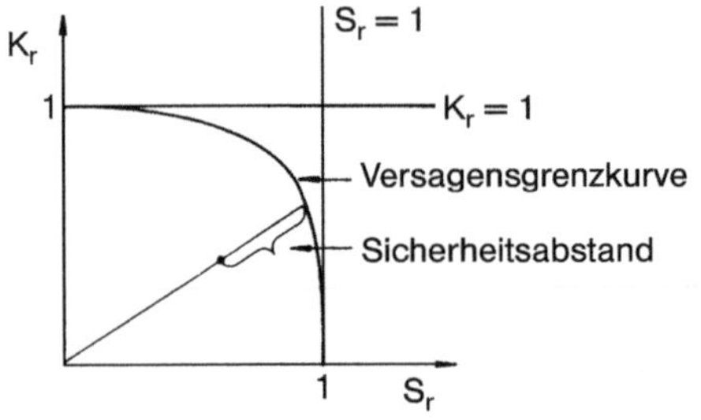

Abb. 15.12 Versagensbereiche im K_r-S_r-Diagramm.

Die tatsächliche Versagenskurve liegt zwischen den Geraden $K_r = 1$ und $S_r = 1$. Nach einer auf dem „Dugdale-Modell" basierenden Ableitung ist die wahre Versagenskurve beschreibbar durch

$$K_r = S_r \frac{8}{\pi^2} \ln \sec \left(\frac{\pi}{2} S_r\right)^{-1/2}. \tag{15.30}$$

Mit $K_I = \sigma\sqrt{a}Y$ ergibt sich aus dieser Beziehung für die Versagensspannung

$$\sigma_B = \sigma_f \frac{2}{\pi} f(a/W) \arccos \exp \left[\frac{\pi^2 K_{Ic} \big/ \sigma_f)^2}{8(a/W) W f^2 Y^2}\right]. \tag{15.31}$$

Gleichung 15.30 und 15.31 wurden vom Central Electricity Generating Board in Großbritannien entwickelt. Inzwischen liegt eine revidierte Fassung dieser Methode vor [17]. Diese ist komplizierter und enthält verschiedene Optionen für die Berechnung von σ_B. Gleichung 15.31 ist aber immer noch eine sinnvolle Möglichkeit, die Versagensspannung abzuschätzen.

15.13 Anwendungsbeispiel: Behälter unter Innendruck

Einige der bisher angegebenen bruchmechanischen Beziehungen sollen auf das Versagen eines Druckbehälters unter Innendruckbelastung angewandt werden. Am gefährlichsten sind Längsrisse, da diese sich unter der Wirkung der Membranspannung ausbreiten können. Für dünnwandige Behälter ist diese Spannung gegeben durch

$$\sigma = \frac{pR}{t}, \tag{15.32}$$

wobei R der Innenradius, t die Wandstärke und p der Innendruck sind.

Ein in Längsrichtung liegender halbelliptischer Oberflächenriss wird unter der Wirkung einer wechselnden Belastung in die Tiefe und in die Breite wachsen. Er wird, wie in Abbildung 15.13 gezeigt, von der Anfangsform 1 in die Form 2 übergehen. Bei entsprechend großem Druck wird der Riss instabil die Wand durchdringen und die Form 3 annehmen. Dabei sind nun zwei Verhaltensweisen möglich. Die Rissausbreitung kann nach der Wanddurchdringung stoppen, und es kommt lediglich zur Bildung eines Lecks. Der Riss kann aber auch nach der Wanddurchdringung weiter wachsen und zum Bersten des gesamten Behälters führen. Welches Verhalten auftritt, ist von den Behälterabmessungen, dem Innendruck, der Rissgeometrie und den Werkstoffeigenschaften abhängig.

Für den durch die Wand gehenden Riss der Länge 2c werden folgende Formeln verwendet:

- Linear-elastische Bruchmechanik:

$$K = \sigma\sqrt{\pi c}M \tag{15.33}$$

mit

$$M = \left[1 + 1{,}255\rho^2 - 0{,}0135\rho^4\right]^{1/2} \tag{15.34}$$

$$\rho = \frac{c}{\sqrt{Rt}}. \tag{15.35}$$

- Plastische Instabilität:

$$\sigma = \sigma_f \frac{1}{M} \tag{15.36}$$

- Zwischenbereich nach Zwei-Kriterien-Methode:

$$\sigma_\mathrm{L} = \frac{2\sigma_\mathrm{f}}{\pi M}\arccos\exp\left[-\frac{\pi(K_\mathrm{Ic}/\sigma_\mathrm{f})^2}{8c}\right]. \tag{15.37}$$

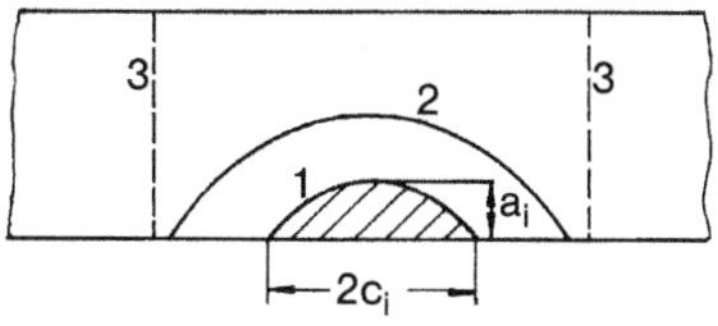

Abb. 15.13 Verschiedene Stadien der Rissausbreitung in einer Behälterwand.

Für Oberflächenrisse finden folgende Beziehungen Anwendung:

- Linear-elastische Bruchmechanik:

$$K = \sigma\sqrt{\pi a}\frac{F}{\varphi}. \tag{15.38}$$

  F ist eine Funktion von a/c und a/t [19], φ ist durch Gleichung 15.11 gegeben.
- Plastische Instabilität:
  Die Berechnung der plastischen Instabilität kann nach einer empirischen Beziehung erfolgen:

$$\sigma_\mathrm{L} = \sigma_\mathrm{f}\frac{1 - a/t}{1 - a/tM^*}. \tag{15.39}$$

  M^* berechnet sich nach Gleichung 15.34, wobei aber für halbelliptische Risse c in Gleichung 15.34 durch

$$c_\mathrm{eq} = c\frac{\pi}{4} \tag{15.40}$$

  ersetzt wird.
- Zwischenbereich nach Zwei-Kriterien-Methode:

$$\sigma_\mathrm{B} = \frac{2\sigma_\mathrm{f}}{\pi}\cdot\frac{1 - a/t}{1 - a/tM^*}\arccos\exp\left[-\frac{\pi(K_\mathrm{Ic}/\sigma_\mathrm{f})^2\phi^2(1 - a/tM^*)^2}{8aF^2(1 - a/t)^2}\right] \tag{15.41}$$

Diese Formeln sollen auf folgenden Daten angewandt werden:

- Rohr mit $R = 100$ mm, $t = 10$ mm,
- Riss mit $a = 5$ mm, $c = 50$ mm.

Drei Werkstoffe:

I. $K_\mathrm{Ic} = 1000\ \mathrm{N/mm^{3/2}}$	$\sigma_\mathrm{f} = 1000\ \mathrm{N/mm^2}$	$K_\mathrm{Ic}/\sigma_\mathrm{f} = 1\sqrt{\mathrm{mm}}$
II. $K_\mathrm{Ic} = 5000\ \mathrm{N/mm^{3/2}}$	$\sigma_\mathrm{f} = 400\ \mathrm{N/mm^2}$	$K_\mathrm{Ic}/\sigma_\mathrm{f} = 12{,}5\sqrt{\mathrm{mm}}$
III. $K_\mathrm{Ic} = 1000\ \mathrm{N/mm^{3/2}}$	$\sigma_\mathrm{f} = 400\ \mathrm{N/mm^2}$	$K_\mathrm{Ic}/\sigma_\mathrm{f} = 2{,}5\sqrt{\mathrm{mm}}$

Ein Maß für die Zähigkeit ist $K_\mathrm{Ic}/\sigma_\mathrm{f}$.

Die kritischen Versagensdrücke für den Oberflächenriss sind in Tabelle 15.1 angegeben. Die für den Durchriss der Länge 2c berechneten Versagensdrücke enthält Tabelle 15.2. Aus diesen Tabellen lässt sich entnehmen, ob die linear-elastische Bruchmechanik oder die plastische Instabilität das Versagen besser beschreibt.

Tabelle 15.1 Versagensdruck in bar für Oberflächenriss.

	I	II	III
LEBM, Gl. 15.38	14,7	73,5	14,7
Plastische Instabilität, Gl. 15.39	70,8	28,3	28,3
Zwei-Kriterien-Methode, Gl. 15.41	14,6	28,3	13,9

Tabelle 15.2 Versagensdruck in bar für Durchriss.

	I	II	III
LEBM, Gl. 15.33	3,96	19,8	3,96
Plastische Instabilität, Gl. 15.36	49,7	19,9	19,9
Zwei-Kriterien-Methode, Gl. 15.37	3,96	16,1	3,93

15.14 Bruchmechanische Schadensbewertung

In Abschnitt 15.5 wurde bereits angegeben, wie die bruchmechanische Beziehung nach Gleichung 15.15 im Falle der Anwendbarkeit der linear-elastischen Bruchmechanik herangezogen werden kann, um eine der fehlenden Größen – Rissgröße, Werkstoffkennwert, Belastung – für instabiles Versagen zu ermitteln. Diese Aussage gilt im Prinzip auch für das Versagen im plastischen Bereich, wobei nur die entsprechenden bruchmechanischen Beziehungen verwendet werden müssen. Somit ist es möglich nachzuprüfen, ob der Schaden durch eine Überbelastung oder durch einen besonders schlechten Werkstoffzustand hervorgerufen wurde.

Im Bereich der unterkritischen Rissausbreitung durch wechselnde Belastung können in einfachen Fällen mit Hilfe von Gleichung 15.19 Aussagen über die Höhe oder Dauer der Belastung gemacht werden. Wird z. B. auf der Bruchfläche der Abstand zwischen zwei Rastlinien ausgemessen, so liefert Gleichung 15.19 eine Beziehung zwischen diesem Abstand, der Anzahl der Lastwechsel und der Spannungsamplitude. Allerdings muss dabei vorausgesetzt werden, dass die Spannungsamplitude konstant war. Die Integrationsgrenzen in Gleichung 15.19 sind die zu den beiden Rastlinien gehörenden Risslängen.

Bei Anwendung der bruchmechanischen Methode in der Schadensanalyse muss häufig von idealisierten Voraussetzungen ausgegangen werden, die nicht immer erfüllt sind. Es bedarf im Einzelnen einer sorgfältigen Analyse, um die Anwendbarkeit sicherzustellen und um die einzelnen Einflüsse zu berücksichtigen. Einige der Schwierigkeiten bei der praktischen Anwendung sollen zum Schluss stichwortartig aufgezählt werden:

- Ermittlung der Ausgangsfehlergröße und der kritischen Fehlergröße aus der Bruchfläche
- Inkubationszeit bei der stabilen Rissausbreitung, ausgehend von einem Fehler, der noch nicht als scharfer Riss betrachtet werden kann
- Ermittlung der Anzahl der Lastwechsel aus Riefenabständen und bruchmechanischen Werkstoffkennwerten bei unterschiedlich hohen Amplituden
- Einfluss von Eigenspannungen
- Erfassung der Höhe der äußeren Belastungen
- Berechnung des Spannungsverlaufs an der Stelle des Risses
- Berechnung der bruchmechanischen Funktionen $Y(a/W)$ und $f(a/W)$
- Ermittlung der korrekten Werkstoffkennwerte an der Stelle, an der der Schaden eingetreten ist
- Festlegung eines bruchmechanisch beschreibbaren Schadensablaufs bei komplizierten Fällen wie hohen Temperaturen, Überlagerung von Kriechen und Ermüdung oder von Spannungskorrosion und Ermüdung.

Trotz der möglicherweise auftretenden Schwierigkeiten und Unsicherheiten sollte bei jedem Schadensfall, der auf die Ausbreitung von Rissen zurückzuführen ist, versucht werden, die quantitativen Methoden der Bruchmechanik anzuwenden. In vielen Fällen sind dabei wichtige Hinweise für die Ermittlung der Schadensursache zu erwarten.

Literatur

1 Tada, H., Paris, P., Irwin, G. (1986) The Stress Analysis of Cracks Handbook, Del Research Corporation.

2 Murakami, Y. et al., (1986) Stress Intensity Factors Handbook, Pergamon Press, Oxford.

3 Wu, X.R., Carlsson, A.J. (1991), Weight functions and stress intensity factors solution, Pergamon Press, Oxford.

4 Fett, T., Munz, D. (1997) Stress Intensity Factors and Weight Functions, Computational Mechanics Publications, Southampton.

5 Schwalbe, K.H. (1980) Bruchmechanik metallischer Werkstoffe, Carl Hanser Verlag, München, Wien.

6 Mc Minn, A. (1981) *Fatigue of Engineering Materials and Structures*, **4**, 235–251.

7 Bates, R.C., Clark, W.G. (1969) *Trans. ASME*, **62**, 380–389.

8 Au, J.J., Ke, J.S. (1979) ASTM-STP 733, 187–201.

9 Albertin, L., Hudak, S.J. (1979) ASTM-STP 733, 187–201.

10 Madeyski, A., Albertin, L. (1978) ASTM-STP 545, 73–83.

11 Vosikovsky, O. (1975) Trans. ASME. *J. Engng. Mat. and Techn.*, 298–304.

12 Heiser, F.A., Hertzberg, R.W. (1971) Trans. ASME. *J. Basic, Engineering*, 211–217.

13 Tomkins, B. (1981) in Creep and Fatigue in High Temperature Alloys, Applied Science Publishers, S. 73–143.

14 Hahn, G.T., Hoogland, R.C., Rosenfield, A.R. (1971) AF 33615-70-C-1630, Battelle Memorial Institute, Columbus, Ohio, (zitiert in [17]).

15 Hertzberg, R.W., von Evic, E.F.J. (1973) *Met. Trans.*, **4**, 887.

16 Rhodes, D., Radon, J.C., Cuvier, L.E. (1981) *Fat. Fract. Engng. Mat. Struct.*, **4**, 49–63.

17 Milne, I., Ainsworth, R.A., Dowling, A.R., Stewart, A.T. Assessment of the integrity

of structures containing defects, CEGB Report R/H/R6-Rev.3.
18 Ainsworth, R.A. (2003) Failure Assessment Diagram Methods, in Comprehensive Structural Integrity, Vol. 7 Practical Failure Assessment Methods, Elsevier, S. 89–132.
19 Newman, J.C., Raju, I.S. (1981) *Engineering Fract. Mech.*, **15**, 185–192.

Weiterführende Literatur

Blumenauer, H., Pusch, G. (1993) Technische Bruchmechanik, Deutscher Verlag für Grundstoffindustrie, Leipzig.
Anderson, T.L. (1995) Fracture Mechanics, CRC Press.

16
Schäden an Druckbehältern

Rolf Kieselbach

16.1
Zusammenfassung

Für den Transport gefährlicher Güter werden Druckbehälter verwendet, die in großer Zahl auf öffentlichen Verkehrswegen zirkulieren und Gefahrenquellen verkörpern, die in der Öffentlichkeit meist falsch eingeschätzt werden.

Es werden drei Schadensfälle mit katastrophalem Versagen solcher Behälter vorgestellt und genauer untersucht.

Die Beurteilung des Berstverhaltens anhand gängiger Rechenmodelle wird demonstriert.

Es zeigt sich, dass die heute verwendeten Transportbehälter für Gas im Allgemeinen so fehlertolerant sind, dass ohne zusätzliche externe Einflüsse allfällige vorhandene Herstellungs- oder Werkstofffehler nicht ausreichen, damit Bersten eintritt.

16.2
Problemstellung

In allen Industrieländern werden große Mengen an Stoffen benötigt, die unter den Begriff „gefährliche Güter" fallen.

Die Öffentlichkeit kommt mit diesen Stoffen, bzw. deren Gefahrenpotenzial, vor allem während des Transportes in Berührung.

Diese Gefahren sind von der Stoffart her im Wesentlichen:

- Brennbarkeit
- Giftigkeit
- Ätzwirkung

Hinzu kommen Risiken infolge des Aggregatzustandes, vor allem bei den Gasen.

Das Risiko beim Versagen von Gasbehältern, insbesondere beim Bersten, beinhaltet:

Systematische Beurteilung technischer Schadensfälle, 6. Auflage 2014. Editiert durch G. Lange und M. Pohl

a) Freisetzung der durch Kompression gespeicherten elastischen Energie, in erster Näherung gegeben durch:
   $U = p \cdot V$,
   z. B. bei Gasflasche mit 50 L Inhalt und 200 bar Innendruck $U = 10^6$ Nm.
b) Freisetzung der gespeicherten chemischen Energie, in erster Näherung bei brennbaren Gasen der Heizwert.
c) das Gesundheitsrisiko bei giftigen Gasen, ausgedrückt durch die gefährliche Dosismenge LD_{50}.

In der Transportpraxis bei Gasen bedeutet dies:

1) Einer Hochdruck-Gasflasche mit 50 L Inhalt und 200 bar Innendruck entspricht ein Energieäquivalent von etwa 0,4 kg Sprengstoff TNT (Abb. 16.1 und 16.2).

Abb. 16.1 Gasflasche.

Abb. 16.2 Gasflaschenbündel.

2) Eisenbahn-Kesselwagen für Gase unter Hochdruck, z. B. $30 m^2$ und 200 bar; Energieäquivalent 250 kg TNT (Abb. 16.3).
3) Straßentankfahrzeuge für Flüssiggase wie Propan mit 40 m^3 und 6–12 bar; Energiegehalt ca. 200 t TNT (Abb. 16.4 und 16.5).

Die Gasflaschen sind Massenprodukte mit relativ langer Lebensdauer, die in großer Anzahl zirkulieren.

Zur Veranschaulichung des Zerstörungspotenzials mögen folgende Zahlen für die Gasflasche mit 50 L und 200 bar dienen:

a) Energieinhalt 10^6 Nm entspricht etwa der Sprengkraft einer Handgranate mit 0,4 kg TNT
b) Energieinhalt entspricht einem Automobil mit 1000 kg Masse, das mit 225 km/h gegen ein starres Hindernis prallt
c) Energieinhalt entspricht dem Aufprall der Flasche (60 kg) bei Sturz vom Gipfel des Berges Tödi (3600 m)

Abb. 16.3 Eisenbahn-Kesselwagen für Wasserstoff bei 200 bar.

Abb. 16.4 Tankcontainer für tiefgekühlte Gase.

Abb. 16.5 Sattelauflieger für Flüssiggas (brennbar).

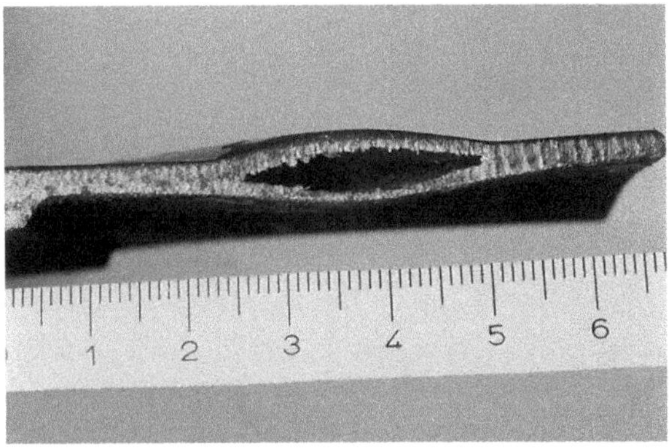

Abb. 16.6 Trennung in Wandmitte.

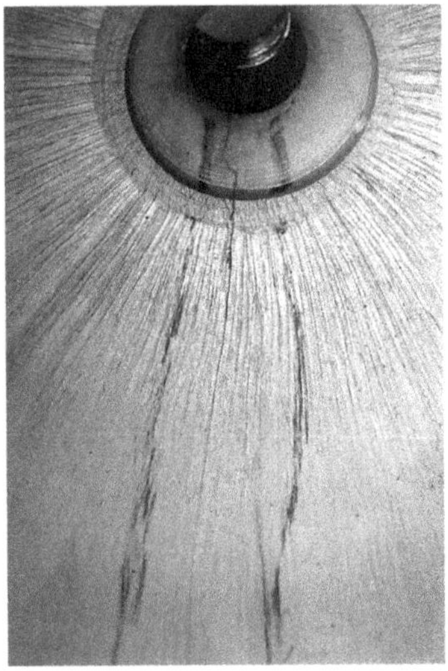

Abb. 16.7 Fehler im Hals.

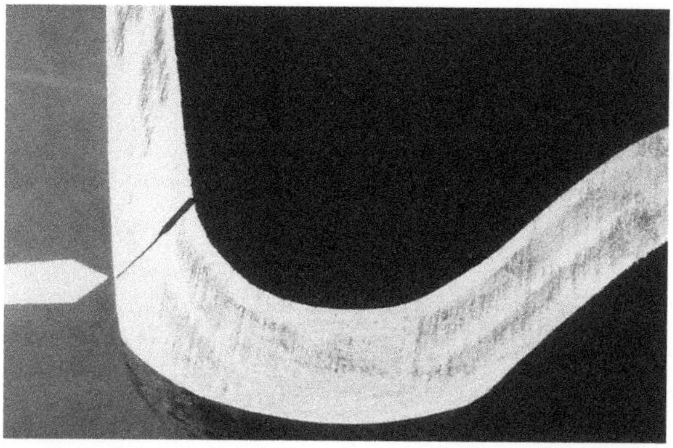

Abb. 16.8 Fehler in der Bodenpartie.

Abb. 16.9 Bruchfläche mit Ausgang.

Da in der Vergangenheit die Gasflaschen nicht routinemäßig mit zerstörungsfreien Prüfmethoden auf Herstellungsfehler geprüft wurden, blieben Fehler, die die Wandung nicht durchdrangen, meistens unentdeckt.

Die Abbildungen 16.6 bis 16.9 zeigen einige häufige Fehler bei Gasflaschen.

16.3 Risikobewertung mittels Bruchmechanik

Da Zwischenfälle, bei denen das Schadensereignis ohne Vorwarnung eintritt, als die gefährlichsten angesehen werden müssen, ist der Sprödbruch (Spaltbruch) die Versagensart, die auf jeden Fall zu vermeiden ist.

Für die Druckbehälter der Kernkraftwerke wurden entsprechende Bewertungsmethoden unter Zuhilfenahme der Bruchmechanik entwickelt. Bei diesen Behältern handelt es sich um Druckgefäße mit einer Wanddicke von 20 bis 30 cm und einem Durchmesser von ca. 3 m; das Verhältnis Wanddicke zu Durchmesser ist in der Größenordnung von einigen Prozent.

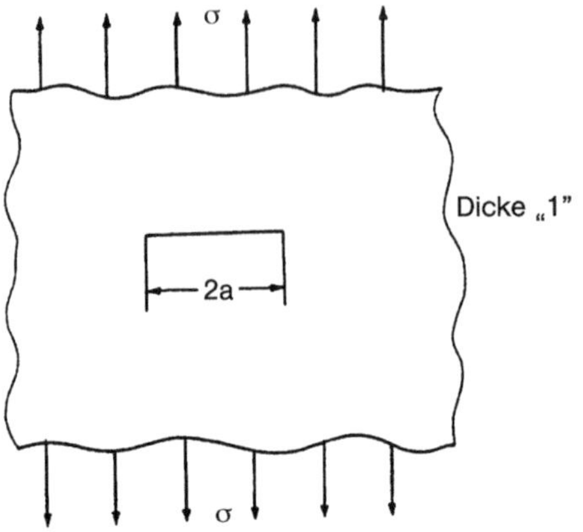

Abb. 16.10 Platte mit Mittenriss.

Die Bruchmechanik stellt Beziehungen zwischen rissartigen Werkstofffehlern, Bauteilbelastung und Fehlertoleranz zur Verfügung (vgl. auch Kapitel 15, „Bruchmechanik in der Schadensanalyse").

Ausgangspunkt ist z. B. das einfache Modell „ebene Platte unter konstanter Zugspannung mit Mittenriss" wie in Abbildung 16.10.

Dieses Modell lässt sich auf den dünnwandigen Behälter mit Membranspannungszustand übertragen (Abb. 16.11).

Hierfür wird als sogenannte Spannungsintensität eine Beziehung zwischen Belastung, Rissgröße und Geometrie erstellt:

$$K = \sigma\sqrt{\pi a}\ \mathrm{F(Geometrie)}\ \text{bzw. für den Behälter}$$

$$K = p\sqrt{\pi a}\ \mathrm{F(Geometrie)}$$

Wenn dieser Parameter K eine kritische Größe K_{Ic} die sogenannte Bruchzähigkeit, überschreitet, besteht die Gefahr eines Sprödbruches. Für nicht durchgehende Risse wurden ähnliche Modelle entwickelt, bei denen der Riss z. B. als „halbelliptischer Oberflächenriss" idealisiert und durch eine entsprechende Geometriefunktion berücksichtigt wird.

Häufig ist nicht ohne weiteres zu erkennen, ob Versagen durch plastischen Kollaps im Restquerschnitt eines angerissenen Bauteils erfolgt oder durch Sprödbruch. Zur Beurteilung dieser Fälle bei Druckbehältern von Kernkraftwerken wurde das sogenannte „Zweikriterien-Verfahren" entwickelt, auch als R6- oder EPRI-Methode[1] bekannt (Abb. 16.12).

1) Milne, I., et al., „Assessment of the Integrity of Structures Containing Defects", International Journal of Pressure Vessels and Piping 32 (1988), 3–104. Die Methode wurde inzwischen weiterentwickelt, vgl. z. B. British Standard 7910. Eine aktuelle Weiterentwicklung der Methode findet sich in der FKM-Richtlinie, erhältlich im VDMA-Verlag, ISBN 978-3-8163-0514-9. Die Richtlinie ist im Maschinenbau und in verwandten Bereichen der Industrie anwendbar und beschreibt den bruchmechanischen Festigkeitsnachweis bei statischer und bei zyklischer Beanspruchung.

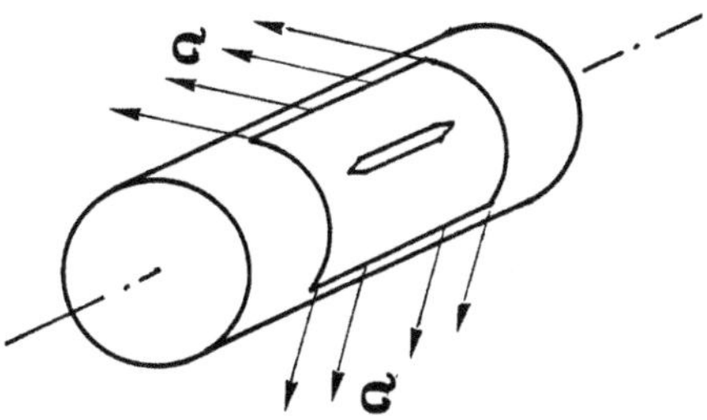

Abb. 16.11 Behälter mit Riss unter Zug.

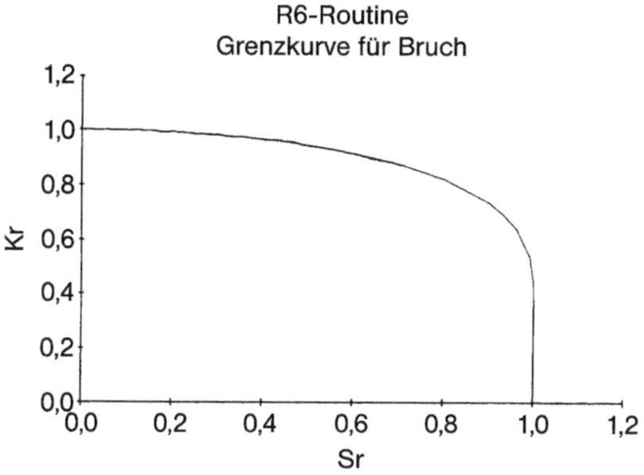

Abb. 16.12 Grenzkurve nach R6-EPRI.

Hierbei werden mit Spannungsintensität bezogen auf die Bruchzähigkeit und Bauteilspannung bezogen auf die Kollapsspannung die dimensionslosen Parameter K_r *und* S_r definiert. In einem Koordinatensystem K_r-S_r lässt sich dann eine Grenzkurve angeben, die den sicheren Bereich vom Bruchbereich trennt.

Für angerissene Bauteile kann dann abhängig von Spannung, Geometrie, Rissparametern und Werkstoffkennwerten ein Bildpunkt bestimmt werden, aus dessen Lage bezüglich der Grenzkurve die Bruchgefahr abzulesen ist.

Durch eine Vielzahl von Berstversuchen an vorgeschädigten Hochdruck-Gasflaschen wurde die Verwendbarkeit dieser R6-Methode für dünnwandige Behälter aus hochfestem Werkstoff nachgewiesen (Abb. 16.13).

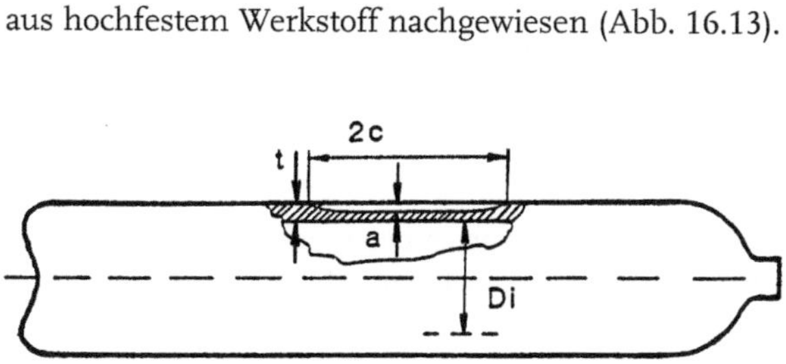

Abb. 16.13 Gasflasche mit Oberflächenriss.

$$K_I = \frac{p \cdot R}{t} \sqrt{\frac{\pi a}{Q}} F(a/2c; a/t)$$

$$Q = 1 + 4{,}593(a/2c)^{1{,}65}$$

$$F = 0{,}97\left[M_1 + M_2(a/t)^2 + M_3(a/t)^4\right] f_c$$

$$M_1 = 1{,}13 - 0{,}18a/2c$$

$$M_2 = -0{,}54 + 0{,}445/(0{,}1 + a/2c)$$

$$M_3 = 0{,}5 - 1/(0{,}65 + a/c) + 14(1 - a/c)^{24}$$

$$f_c = 1{,}152 - 0{,}05\sqrt{a/t}$$

$$p_f = \sigma_f \frac{t}{R} \frac{2}{\sqrt{3}} \frac{(1 - a/t)}{(1 - a/R)}$$

Die Werkstoffkennwerte zeigt Tabelle 16.1.

Tabelle 16.1 Werkstoffkennwerte für Stahl 34CrMo4.

Lage	**Längs**	**Tangential**
Streckgrenze	761	1010 N/mm²
Zugfestigkeit	1070	1070 N/mm²
Bruchdehnung 5D	11,2	12,8 %
Einschnürung	24	28,5 %
Kerbschlagarbeit RT	52	13 J
Kerbschlagarbeit –20 °C	49	12 J
Bruchzähigkeit (aus J_{Ic})	4835	3480 N/mm$^{3/2}$

Wegen ihrer Übersichtlichkeit wird im Folgenden die R6-Methode gezeigt; die anderen Methoden sind prinzipiell gleich.

16.4 Fallstudien

16.4.1 Unfall mit Sauerstoffflasche

Vorgeschichte Eine Sauerstoff-Gasflasche wurde nach der Neufüllung vom Gaslieferanten an eine mechanische Werkstatt geliefert. Nach dem Abladen vom Lastwagen stand sie zunächst am Trottoir Rand. Beim Versuch, sie in die Werkstatt zu bringen, zerknallte die Flasche in ca. 20 Splitter (Abb. 16.14). Die Flasche war zuletzt drei Jahre vor dem Unfall wiederkehrend geprüft worden (visuell und hydraulisch mit dem 1,5-fachen Fülldruck).

Abb. 16.14 Splitterbild Sauerstoffflasche.

Einlieferungsbefund Die Flasche ist aus Stahl nahtlos hergestellt. Herstellungsjahr 1918, Inhalt 36 L, Fülldruck 150 bar, Prüfdruck 225 bar, Durchmesser 203 mm, Wanddicke min. 9 mm.

Chemische Analyse Stahl Es handelte sich um einen für das Herstellungsjahr normalen Kohlenstoffstahl mit 0,39 % Kohlenstoff.

Chemische Analyse Gas Um einen Einfluss der Gasfüllung auf das Bersten zu eliminieren, wurde eine Analyse des Inhaltes von anderen gleichzeitig gefüllten Sauerstoffflaschen durchgeführt:

$> 99\ \%\ O_2$; < 200 ppm N_2, H_2, CO_2, CH_4; < 5 ppm C_2H_2,C_2H_4.

Metallografische Untersuchung Es handelte sich um ein seigerungsfreies Makrogefüge. Das Mikrogefüge war ferritisch mit dicht streifigem Perlit. Die Überlappungen bzw. Trennungen, die bereits bei der ersten visuellen Untersuchung an den Splittern gefunden worden waren, zeigten aderförmig nichtmetallische Einschlüsse an der Oberfläche bzw. parallel dazu. Diese waren teilweise mit Oxygen gefüllt. Die Randzone der Trennungen war leicht entkohlt.

Das Gefüge ist im Prinzip als normal zu bezeichnen; die Überlappungen/Trennungen sind ein Herstellungsfehler.

Schliffbilder Abbildungen 16.15 und 16.16.

Werkstoffkennwerte Es wurden die in Tabelle 16.2 zusammengestellten Werte ermittelt:

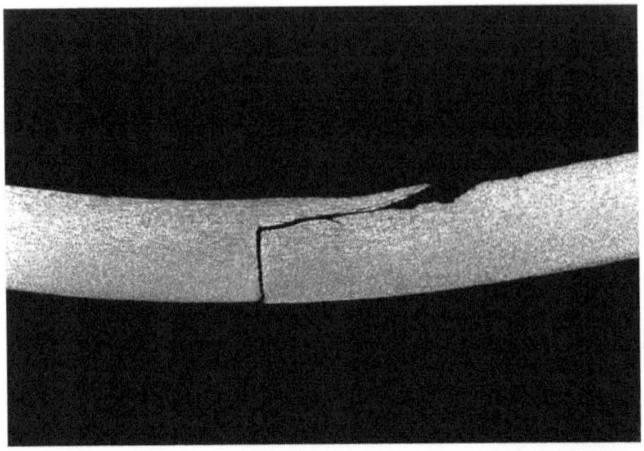

Abb. 16.15 Mikroschliff.

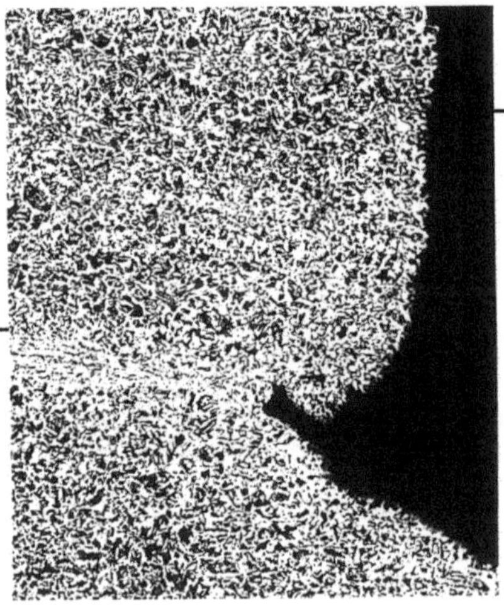

Abb. 16.16 Gefüge bei Riss. Ferrit-Perlit-Gefüge (Bildbreite 1,6 mm).

Tabelle 16.2 Werkstoffkennwerte für Gasflasche.

Lage	Längs
Streckgrenze	355 N/mm^2
Zugfestigkeit	626 N/mm^2
Bruchdehnung 5D	22 %
Einschnürung	36 %
Kerbschlagzähigkeit (RT)	23,5 J
Bruchzähigkeit (aus J_{Ic})	2400 $N/mm^{3/2}$

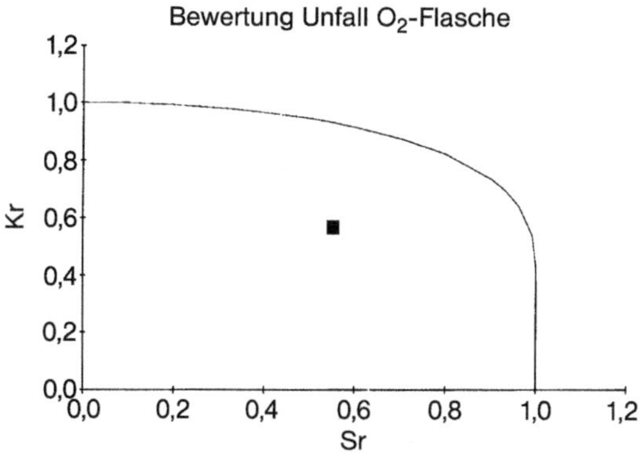

Abb. 16.17 Bewertung mit R6-Methode.

Bewertung mit R6 Modell für R6-Methode:

Ausgehend von den vorgefundenen Trennungen an den Splittern wurde ein „halbelliptischer" Fehler mit einer Tiefe von 50 % der Wanddicke und einer Länge von 250 mm definiert. Für die Fließspannung wurde $\sigma_F = 490 \mathrm{N/mm^2}$ eingesetzt. (Abb. 16.17).

Bewertung mit IWM-Beta[2] Hiermit wurden zwei Modelle nachgerechnet:

a) der halbelliptische Oberflächenriss ergab als kritischen Innendruck für Rissinitiierung 129 bar;
b) der lange Oberflächenriss ergab als kritischen Innendruck für Rissinitiierung 230 bar.

Schadensursache Die Bewertung nach R6-EPRI mit halbelliptischem Oberflächenriss als Modell ergibt mit einem Sicherheitsfaktor von ca. 2,0, dass keine Bruchgefahr vorliegt.

Eine Bewertung des gleichen Modells nach dem Verfahren IWM-BETA ergibt einen Innendruck für Rissinitiierung, der knapp unterhalb des Betriebsdruckes liegt.

2) IWM-Beta (Bewertung der Tolerierbarkeit von Fehlern für Komponenten des chemischen Apparatebaus) ist ein im Fraunhofer-Institut für Werkstoffmechanik, Freiburg (IWM) unter Mitwirkung des Dechema-Instituts, Frankfurt, im Rahmen des Forschungsvorhabens AIF 6850 „Rechnergestützter Nachweis der Tolerierbarkeit von Fehlern für Komponenten des chemischen Apparatebaus" entwickeltes Rechenprogramm zur Durchführung von bruchmechanischen Analysen mit IBM- und IBM-kompatiblen Personal Computern, vgl. L. Hodulak u. C. Butterweck: Rechenprogramm IWM-BETA, Version 1.4, FhG-Software 19101036 vom 24.2.1989. Das PC Programm für die Bewertung von Fehlern in Komponenten wurde weiter entwickelt und eignet sich auch für Anwender ohne spezielle bruchmechanische Kenntnisse und Erfahrungen, siehe auch: Materialwissenschaft und Werkstofftechnik, Volume 20 Issue 7, Pages 236-240, 15. Sep 2004, WILEY-VCH Verlag, Weinheim.

Wenn das – realistischere – Modell des langen Oberflächenrisses gewählt wird, erhält man als kritischen Druck einen Wert, der erheblich über dem Betriebsdruck und sogar über dem Prüfdruck liegt.

Daraus ist zu folgern, dass die gängigen Bewertungsmodelle realen Situationen nicht unbedingt genügend genau Rechnung tragen und dass im vorliegenden Schadensfall mit hoher Wahrscheinlichkeit Faktoren zum Bersten beigetragen haben, die in den Rechenmodellen nicht berücksichtigt sind:

a) dynamische Zusatzbelastungen (Stoß);
b) Überlagerungen von Mode 1 und Mode 2 und 3 bei der Spannungsintensität wegen des schräg zur Oberfläche liegenden Risses;
c) Temperatureinfluss.

16.4.2
Unfall mit Acetylenflasche

Vorgeschichte Beim Manipulieren mit einer älteren Acetylenflasche, den Spuren nach zu urteilen dem Versuch, sie aus einer anderen Flasche mit Sauerstoff zu füllen, barst die Acetylenflasche und verletzte durch die Zerlegung in eine Vielzahl kleiner, teilweise briefmarkengroßer Splitter eine Person tödlich (Abb. 16.18).

Wegen der ungewöhnlichen Splitterbildung sollte eine Untersuchung im Hinblick auf Sprödbruchgefahr geführt werden.

Einlieferungsbefund Die Flasche war als Acetylenflasche typgeprüft und zugelassen. Sie war seit ca. zehn Jahren nicht mehr wiederkehrend geprüft und zugelassen worden, weil die Füllmasse der Flasche nicht mehr den geltenden Vorschriften entsprach.

Es handelt sich um eine kleine Flasche mit 3,3 L Inhalt, einem Durchmesser von 102 mm und einer minimalen Wanddicke von 2,2 mm.

Abb. 16.18 Splitter der Acetylenflasche.

Die Flasche ist aus dem Vergütungsstahl 34CrMo4 in normalisiertem Zustand hergestellt. Der Prüfdruck betrug 60 bar, der Fülldruck 15 bar.

Beim Unfall hat sich die Flasche in ca. 50 Splitter zerlegt.

Werkstoffkennwerte Wegen der geringen Wanddicke und der Kleinheit sowie der Deformation der Splitter konnte kein Zugversuch durchgeführt werden. Die gemessene Härte war mit 210 HB normal für einen Vergütungsstahl in normalgeglühtem Zustand. Diese Härte entspricht einer Zugfestigkeit von ca. 690 N/mm^2.

Theoretischer Berstdruck Aus den Abmessungen und der abgeschätzten Zugfestigkeit lässt sich als theoretischer Berstdruck für den zylindrischen Behälter ohne Anriss bestimmen:

$$p_{\text{Berst}} = \text{ca. } 298\,\text{bar}.$$

Metallografische Untersuchung Von einem Splitter, der makroskopisch beurteilt am ehesten einen gewissen Verdacht auf Sprödbruch gestattete, wurden Proben für das Raster-Elektronen-Mikroskop präpariert.

Die Bilder zeigen im Wesentlichen die Merkmale eines duktilen Bruches (Abb. 16.19).

Schadensursache Da der theoretische Berstdruck wesentlich über dem Betriebs- oder Prüfdruck liegt und keine Spaltbruchanteile festgestellt wurden, müssen andere Faktoren zum Bersten und zur Zerlegung in so viele Splitter geführt haben. Die Spuren am Unfallort gestatten folgende Hypothese:

Die seit längerem unbenutzte Acetylenflasche war noch mit poröser Masse gefüllt. Dies ist als nahezu sicher anzunehmen, da die Masse nur durch Ausbohren und Sandstrahlen entfernt werden kann.

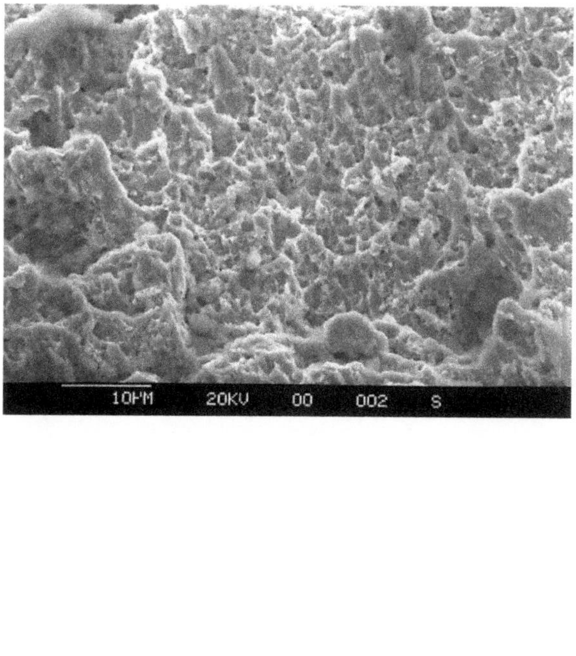

Abb. 16.19 REM-Bild der Bruchfläche, vorzugsweise Waben.

In diesem Fall enthielt die Masse auch noch Aceton als Absorptionsmittel für Acetylen, da das Aceton nur durch eine Vakuumbehandlung aus der porösen Masse entfernt werden kann. In diesem Aceton war dann zumindest noch so viel Acetylen gelöst, wie der Umgebungstemperatur und dem Atmosphärendruck entspricht.

Beim Versuch, Sauerstoff in die so vorgefüllte Flasche umzufüllen, kam es dann zur spontanen Reaktion, den Spuren nach zu einer Detonation.

16.4.3 Katastrophe mit Flüssiggastankwagen

Vorgeschichte Im Jahre 1978 explodierte ein Flüssiggas-Tankwagen beim Passieren eines Campingplatzes in Los Alfaques/Spanien. Dabei kamen mehrere Hundert Touristen ums Leben (Abb. 16.20).

Der Unfall war Anlass, die Vorschriften für die Herstellung, Prüfung und Verwendung solcher Gas-Tankwagen kritisch zu überprüfen.

Einlieferungsbefund Es handelte sich um einen Sattelauflieger mit 44 000 L Inhalt, hergestellt aus wasservergütetem Feinkornbaustahl mit Bezeichnung T1 (Abb. 16.20).

- Durchmesser 1040 mm, Wanddicke min 8,1 mm,
- Fülldruck ca. 8 bar bei 12°C, Prüfdruck 27 bar.

Nach dem Unfall entnommene Proben ergaben folgende Werkstoffkennwerte:

- $R_e = 850$ N/mm^2
- $R_m = 900$ N/mm^2
- $AK = 72$ J/cm^2 bei 0 °C

Abb. 16.20 Unfallort Los Alfaques.

Wie Abbildung 16.21 zeigt, verlief der Bruch teilweise entlang der Schweißnähte oder durch diese hindurch.

Abbildung 16.22 lässt erkennen, dass die Schweißnähte gewisse Fehler aufweisen, z. B. Bindefehler.

Im Härteverlauf über der Schweißnaht ist zwar eine gewisse Aufhärtung in Nahtmitte vorhanden; diese ist jedoch nicht als kritisch hoch zu bewerten (Abb. 16.23).

Modellbildung Für eine Bewertung der Bruchgefahr wurde, ausgehend von den gefundenen Fehlern in den Schweißnähten, ein hypothetischer Fehler gewählt:

- Risstiefe 50 % der Wanddicke, d. h. 4,05 mm,
- Risslänge das 10-Fache der Risstiefe.

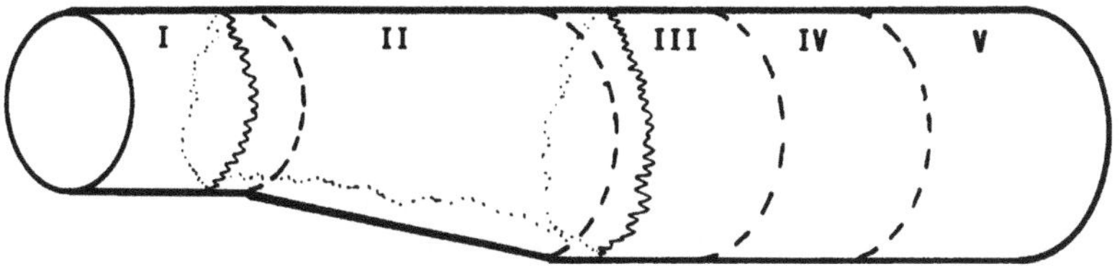

Abb. 16.21 Sattelauflieger mit Rissverlauf.

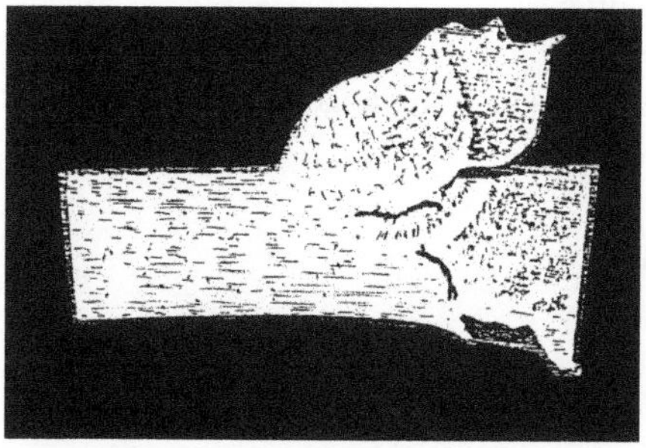

Abb. 16.22 Schliffbild Schweißnaht mit Bindefehler.

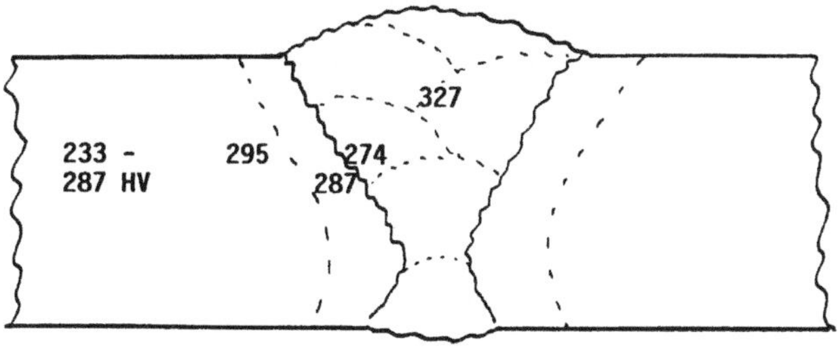

Abb. 16.23 Härteverlauf über der Schweißnaht.

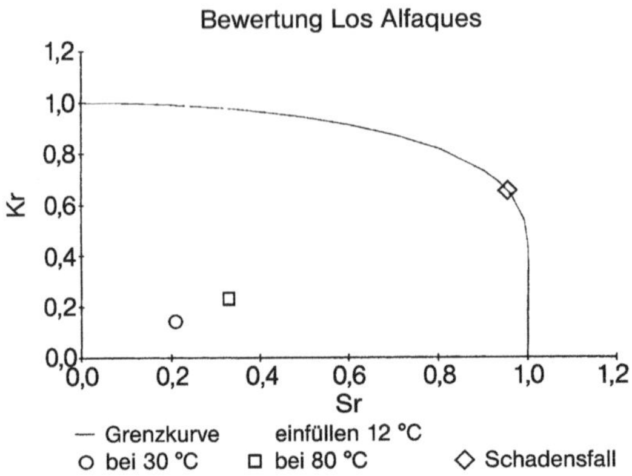

Abb. 16.24 Bewertung mit R6-Methode.

Für den halbelliptischen Oberflächenriss mit diesen Maßen, einen Dampfdruck von 8 bar für das Füllgut Propylen bei 20 °C, eine Bruchzähigkeit von 4000 N/mm$^{3/2}$ und eine Fließspannung von 875 N/mm^2 wurde die R6-Methode angewendet (Abb. 16.24).

Schadensursache Aus der Bewertung mit der R6-Methode geht hervor, dass erst bei Temperaturen, die weit über den in der Praxis möglichen liegen, der Dampfdruck des Flüssiggases eine Höhe erreicht, die bei dem unrealistisch groß angenommenen Schweißnahtfehler zum Bersten führt.

Es muss also von einem anderen Mechanismus für die Drucksteigerung ausgegangen werden als von der Dampfdruckkurve.

In Abbildung 16.25 sind hierfür schematisch die Dampfdruckkurve und die Linien für Drucksteigerung durch Flüssigkeitsausdehnung angegeben.

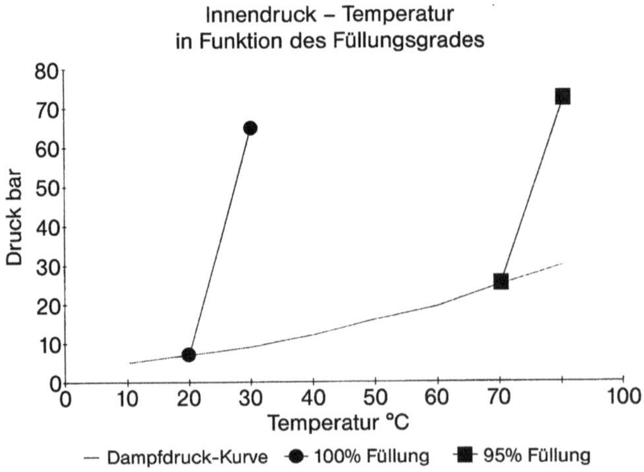

Abb. 16.25 Innendruck in Flüssiggastanks.

Daraus ist ersichtlich, dass beim normalen Füllungsgrad, bei dem bei 50 °C nur zu 95 % gefüllt wird, auch bei Temperaturen des Füllgutes von 60 °C der Prüfdruck des Tanks von 27 bar noch nicht erreicht wird.

Wird hingegen kein Expansionsraum freigelassen, also zu 100 % gefüllt, so wird der Berstdruck bereits bei Füllgut-Temperaturen in der Größenordnung von 20 °C erreicht.

16.5 Folgerungen

Die Bruchmechanik, insbesondere die R6-Methode und das Bewertungsverfahren BETA des IWM sind für die Beurteilung des Bruchverhaltens geschädigter Gasbehälter brauchbar.

Die Verfahren allein können jedoch ohne gleichzeitige Bewertung weiterer Betriebsumstände die Bruchsicherheit bzw. die Schadensursachen im Allgemeinen nicht mit genügender Sicherheit beurteilen.

Der Schadensfall O_2-Flasche zeigt, dass zusätzliche Einflüsse wie Überlagerung verschiedener Bruchmodi oder Temperatureinflüsse mitgespielt haben müssen.

Beim Fall Acetylenflasche war mit großer Wahrscheinlichkeit eine fahrlässige Fehlmanipulation die Ursache des detonationsartigen Zerknalls.

Die Katastrophe von Los Alfaques ist auf Nichteinhalten der Vorschriften über die zulässige Maximalfüllmenge zurückzuführen, sodass für die Ausdehnung des Flüssiggases bei Erwärmung zu wenig Raum zur Verfügung stand.

Umgekehrt zeigen diese Analysen, dass Gasflaschen und Tankwagen aus üblichen Werkstoffen bei vorschriftsgemäßer Auslegung eine erhebliche Fehlertoleranz aufweisen, also ein gutmütiges Verhalten auch noch bei Fehlern, die bereits größere Prozentsätze der Wanddicke erfassen, erwartet werden kann.

17
Schadensuntersuchungen und Problemlösungen mit Oberflächenanalytik

Manfred Roth, Roland Hauert

17.1
Einleitung

In der modernen Werkstofftechnologie und -forschung spielen Oberflächen und Grenzflächen eine zunehmende Rolle. Wie der Abbildung 17.1 zu entnehmen ist, werden zahlreiche wichtige physikalische und chemische Eigenschaften in Materialtiefen von wenigen Atomlagen, d. h. im Nanometerbereich bestimmt [1]. Aber auch innere Oberflächen, Grenzflächen genannt, können mit dünnsten Schichten belegt sein, die wiederum einen maßgeblichen Einfluss auf die Werkstoffeigenschaften ausüben. Folgende Beispiele seien dafür genannt:

- *Anlassversprödung in Stählen:* In bestimmten niedriglegierten Stählen wird eine Versprödung nach einer Wärmebehandlung in einem Temperaturbereich von 475 °C festgestellt. Dies beruht auf Diffusion des Phosphors an Korngrenzen, wo sich dünnste Filme bilden und zum vorzeitigen, teils interkristallinen Bruch des Bauteils führen. Aus diesem Grund wird bei modernen Stählen darauf geachtet, dass der Phosphorgehalt niedrig gehalten wird.
- *Hochleistungskeramiken:* Bei Keramiken wie Si_3N_4 und ZrO_2 werden häufig Korngrenzenphasen beobachtet, die sowohl die Verarbeitungs- (beim Sintern) als auch die Gebrauchseigenschaften wesentlich beeinflussen.
- *Dünnschichttechnologie:* Nicht nur der Aufbau von dünnen Schichten, sondern vor allem deren Haftung zum Substrat ist von Interesse. Die Haftung ist dabei extrem abhängig von der chemischen Zusammensetzung, aber auch von Verunreinigungen im Bereich der Grenzfläche.

17.2
Oberflächenempfindliche Untersuchungsmethoden

Die klassischen Analysenmethoden wie REM mit EDX und Mikrosonde mit WDX und einer Analysentiefe von jeweils ca. 1 µm (=1000 nm) sind nicht geeignet, um die angesprochenen Oberflächenphänomene, die sich im Nanometerbereich ab-

Systematische Beurteilung technischer Schadensfälle, 6. Auflage 2014. Editiert durch G. Lange und M. Pohl

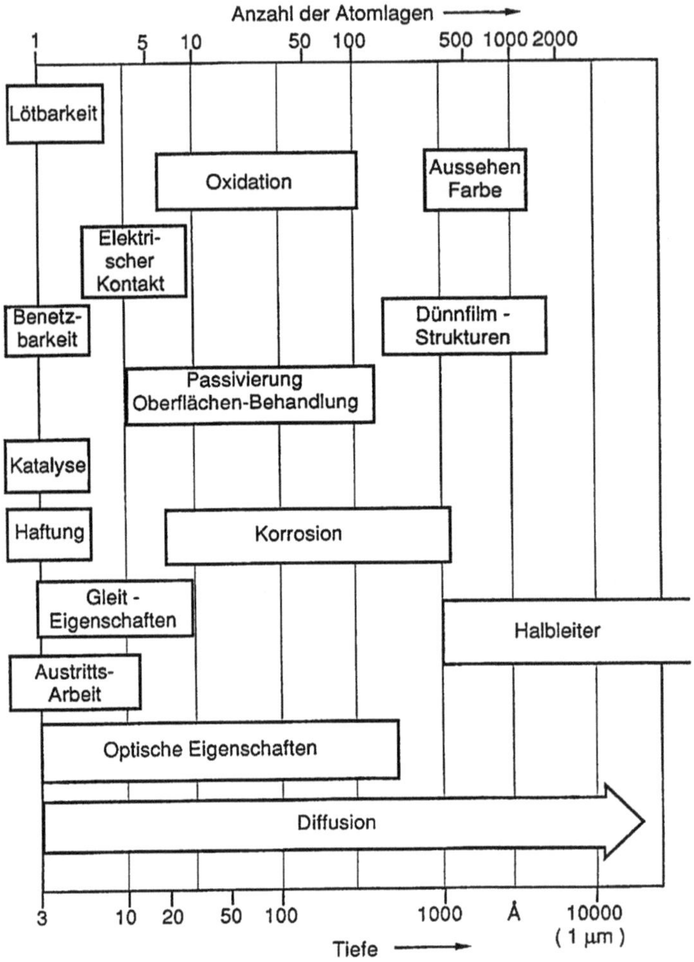

Abb. 17.1 Wichtige Oberflächen- und Grenzflächenphänomene im Atomlagenbereich [1].

spielen, zu untersuchen. Für diesen Zweck gibt es hochauflösende oberflächenanalytische Methoden. In diesem Beitrag soll im Wesentlichen auf zwei Methoden eingegangen werden, die nicht zuletzt wegen ihrer kommerziellen Verfügbarkeit und ihrer ausgezeichneten Zuverlässigkeit die größte Verbreitung gefunden haben [2, 3]:

a) *Auger Electron Spectroscopy (AES)* respektive *Scanning Auger Microscope (SAM)*
b) *Electron Spectroscopy for Chemical Analysis (ESCA)*

Als weiteres Verfahren, welches auch imstande ist, die Zusammensetzung einer Oberfläche zu bestimmen, existiert noch SIMS oder ToF-SIMS (Time-of-Flight Secondary Ion Mass Spectroscopy), bei welchem die Masse von herausgeschlage-

Tabelle 17.1 Vergleich SAM und ESCA mit EPMA (Mikrosonde).

Bezeichnung	SAM	ESCA	EPMA
Anregung	Elektronen	Röntgenstrahlung	Elektronen
Elementnachweis	alle außer H und He	alle außer H und He	B bis U
Informationstiefe	0,5–3 nm	1–3 nm	1 µm
Chemische Information	teilweise	Valenz	nein
Quantitative Werte	10–30	5–10	1–5
Fehler in % Nachweisgrenze in Atom %	0,1–1	0,05–0,5	0,01
Laterale Auflösung	10 nm	1 µm	1 µm
Messung von Isolatoren	schwierig	ja	ja

nen Molekülbruchteilen ermittelt wird. Dieses Verfahren ermöglicht auch die Bestimmung von organischen Komponenten auf einer Oberfläche, jedoch sind die Ergebnisse nicht quantitativ. Beispiele von Schadensuntersuchungen mittels ToF-SIMS sind in [4] anschaulich dargestellt.

Bei vielen Problemstellungen möchte man nicht nur die obersten Atomlagen analysieren, sondern auch in die zu untersuchende Probe „hineinmessen". Dazu wird die Oberfläche nanometerweise (= ca. 4 Atomlagen) zum Beispiel durch Beschuss mit hochenergetischen Argon-Ionen abgetragen und synchron oder alternierend die jeweilige Messung durchgeführt (Tiefenprofilanalyse).

Die wichtigsten Kriterien der beiden Analysenmethoden sind in Tabelle 17.1 zusammengestellt, wobei zum Vergleich die Daten für die Mikrosonde aufgeführt sind:

17.3 Auger-Elektronen-Spektroskopie (AES)

17.3.1 Physikalische Grundlagen

Bei der AES dienen gebündelte Elektronen als anregende Strahlung, wobei aufgrund von Stoßionisation ein inneratomarer Mehrfachprozess ausgelöst wird, der folgendermaßen abläuft (siehe Abb. 17.2a):

a) Herausschlagen eines Elektrons aus der K-Schale durch Primärelektronenstrahl,
b) Sprung eines Elektrons aus einer höheren in eine tiefere Schale (von L nach K),
c) die dabei freiwerdende Energie wird an ein weiteres Elektron der L-Schale übergeben, das den Atomverband als „KLL-Elektron" verlässt.

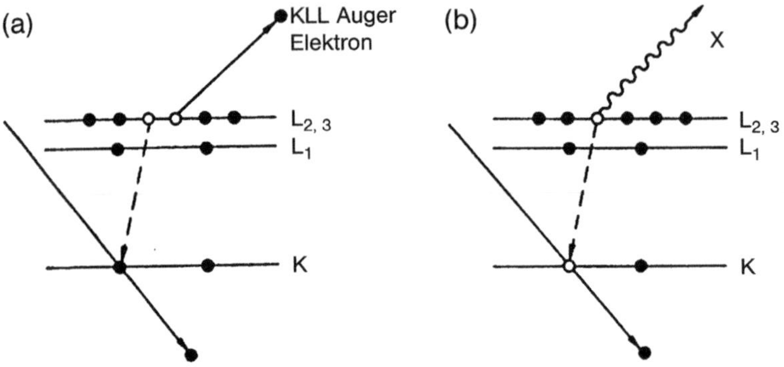

Abb. 17.2 a) Auger-Prozess, b) Röntgenemission.

Dieses *Auger-Elektron* besitzt eine definierte, d. h. eine *elementspezifische* kinetische Energie, die nur abhängig ist von den am Auger-Prozess beteiligten Energieniveaus, nicht aber von der Energie der Anregungsstrahlung.

Das rechte Teilbild 17.2b zeigt den Konkurrenzprozess zum Auger-Effekt: Die freiwerdende Energie wird dabei in Form eines Röntgenquants emittiert. Diese ebenfalls elementspezifische Röntgenstrahlung wird bei der energie- und wellenlängendispersiven Analyse verwendet (EDX sowie Mikrosonde).

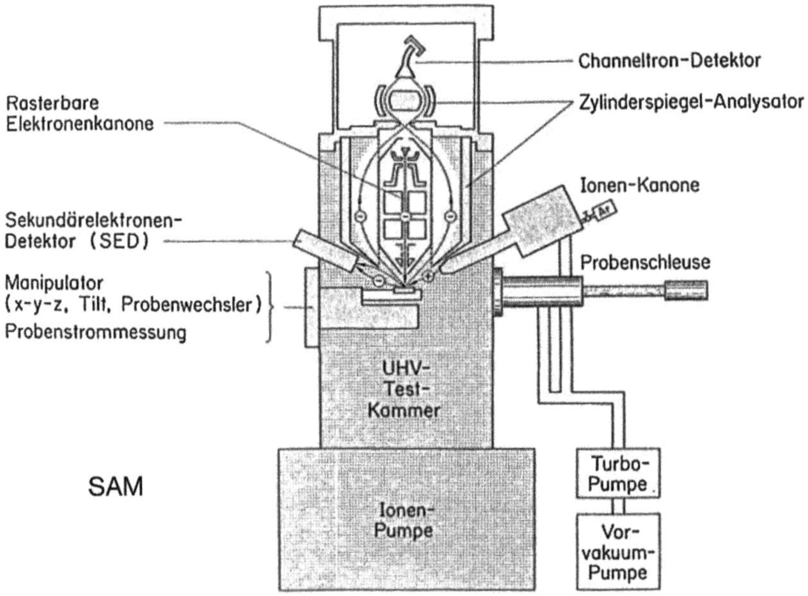

Abb. 17.3 Querschnitt durch ein Scanning Auger Microscope. Erläuterung der einzelnen Komponenten im Text.

Die Energie der emittierten Auger-Elektronen wird in einem Elektronen-Spektrometer, z. B. einem Zylinderspiegelanalysator (siehe Abb. 17.3) bestimmt, wobei die Energie der gemessenen Elektronen einen Bereich zwischen 50 und 2500 eV umfasst. Da die mittlere freie Weglänge dieser Elektronen im Festkörper je nach deren Energie zwischen 0,5 und 3 nm beträgt, ist diese Messmethode äußerst *oberflächenempfindlich.*

17.3.2
Scanning Auger Microscope (SAM)

Abbildung 17.3 zeigt einen Querschnitt durch ein modernes SAM.

In der Messkammer herrscht ein Ultra-Hoch-Vakuum von $4 \cdot 10^{-10}$ mbar. Dieses Vakuum ist notwendig, damit sich eine zu analysierende Oberfläche nicht mit Gasmolekülen belegt oder sogar oxidiert.

Im Zentrum der Kammer befindet sich eine *Elektronenkanone* mit der zugehörigen Elektronenoptik, welche den abtastenden Elektronenstrahl bis auf 5 nm Durchmesser fokussieren kann. Ablenkplatten oder Spulen ermöglichen – ähnlich wie beim Rasterelektronenmikroskop – eine zeilenförmige Abrasterung der Probenoberfläche. Mit dem *Sekundärelektronen-Detektor* können außerdem rasterelektronenmikroskopische Bilder von der analysierten Probenstelle aufgenommen werden.

Die Elektronenkanone ist von einem *Doppelzylinderspiegel-Analysator* umgeben, dessen Konstruktion eine abschattungsfreie Analyse der Auger-Elektronen erlaubt. Bei der Messung eines Spektrums wird die Elektronendurchlassenergie des Analysators variiert, und im Channeltron-Detektor werden die einfliegenden Elektronen registriert. Erfolgt die Analyse mit gerastertem Elektronenstrahl, so erhält man *Elementverteilungsbilder.*

Zum Materialabtrag benutzt man wie bereits erwähnt eine *Ionenkanone.* Dabei werden Argon-Ionen mit hoher Energie auf die Oberfläche geschossen, wobei Oberflächenatome weggeschlagen werden. Die erreichten Abtragraten liegen im Bereich nm/min.

Im Weiteren befindet sich an der Messkammer eine *Bruchapparatur,* mit welcher Proben im UHV gebrochen werden können. Damit ist es möglich, innere Grenzflächen, wie z. B. Korngrenzen freizulegen und in ihrem Originalzustand zu analysieren. An Luft würde eine freigelegte Korngrenze innerhalb weniger Mikrosekunden oxidieren oder sich mit einigen Atomlagen Kohlenstoffverbindungen belegen und damit die nachfolgende Auger-Messung verfälschen.

17.4
Röntgen-Fotoelektronen-Spektroskopie (XPS, ESCA)

17.4.1
Physikalische Grundlagen

Die Röntgen-Fotoelektronen-Spektroskopie (engl. XPS) bezeichnet man auch als Elektronenspektroskopie zur chemischen Analyse (ESCA). Als anregende Strahlung verwendet man bei der ESCA monochromatische *Röntgenstrahlung*. Diese Energie wird verlustfrei auf die Rumpfelektronen der Oberflächenatome übertragen, welche nach Überwindung ihrer Bindungsenergie den Festkörper verlassen (Abb. 17.4). Die bei diesem Prozess erzeugten Elektronen besitzen eine für das emittierende Niveau – und damit für das betreffende Element – *charakteristische kinetische Energie*, die in erster Näherung der Differenz zwischen Anregungsenergie $h\nu$ und Bindungsenergie E_B entspricht:

$$E_{kin} = h\nu - E_B$$

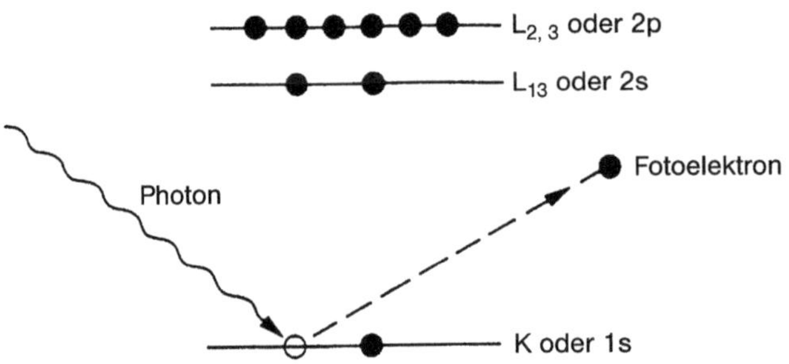

Abb. 17.4 Fotoprozess (XPS, ESCA): Emission eines Elektrons durch Röntgenstrahlung.

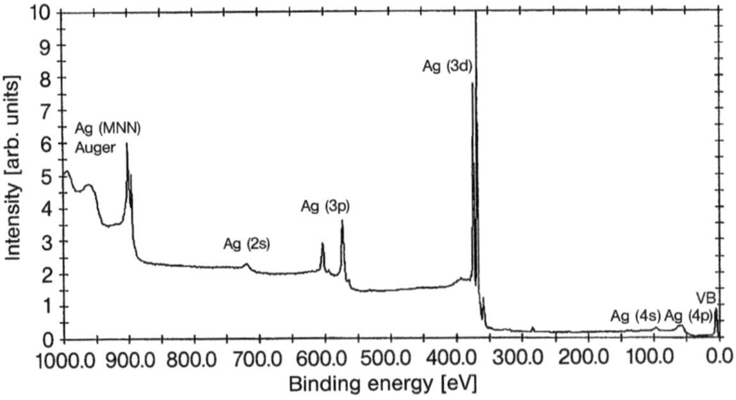

Abb. 17.5 ESCA-Spektrum der Oberfläche von Silber.

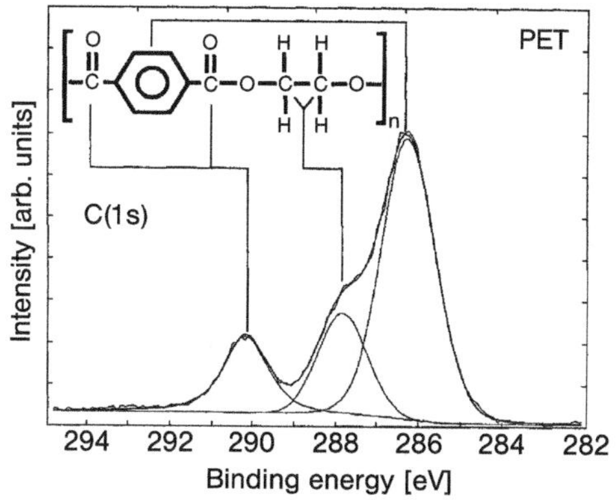

Abb. 17.6 ESCA-Spektrum von PET; verschiedene Bindungsenergien des Kohlenstoffs mit Sauerstoff und Wasserstoff.

Durch Messung der kinetischen Energie der emittierten Elektronen erhält man somit ein energieaufgelöstes Abbild der Bindungsverhältnisse der Elektronen in den Oberflächenatomen: das *Fotoelektronenspektrum* (Abb. 17.5). Aus den Signalhöhen der einzelnen Elektronen ermittelt sich die Elementzusammensetzung; außerdem kann aus den Positionsverschiebungen der *chemische Bindungszustand (Valenz)* der analysierten Elemente bestimmt werden. Wie aus Abbildung 17.6 ersichtlich, kann in einer „PET"-Verbindung der Kohlenstoff seinen verschiedenen Bindungszuständen mit Wasserstoff und Sauerstoff zugeordnet werden.

17.4.2
ESCA-Anlage

In Abbildung 17.7 ist ein Schnitt durch eine ESCA-Anlage wiedergegeben. Über der UHV-Testkammer befindet sich die *Röntgenröhre*, wobei als anregende Strahlung meist MgKα (1253,6 eV) oder AlKα (1486,6 eV) verwendet wird. Mit Hilfe von speziellen Elektronenlinsen lässt sich die analysierte Fläche auf einen Durchmesser von einem Mikrometer reduzieren (*small spot ESCA*). Eine exakte Positionierung der Probe erfolgt über ein Mikroskop mit integrierter Videokamera.

Die emittierten Elektronen werden in einem *Halbkugelanalysator* bezüglich ihrer kinetischen Energie sortiert. Am Ausgang des Analysators befinden sich ein Elektronenvervielfacher und daran anschließend ein *positionsempfindlicher Detektor.*

Die *Ionenkanone* dient – wie beim SAM – zum Sputtern der Probenoberfläche. Bei der Aufnahme von Tiefenprofilen muss allerdings berücksichtigt werden, dass beim Sputtern der ursprüngliche chemische Zustand in den obersten Atomlagen unter Umständen wesentlich verändert wird.

Im Gegensatz zum SAM, bei dem die Anregung über Elektronenstrahlen erfolgt, spielt bei der ESCA die elektrische Aufladung der Proben keine Rolle, d. h. es können außer metallischen Proben auch *nichtleitende Materialien* wie Kunststoffe und Keramiken analysiert werden.

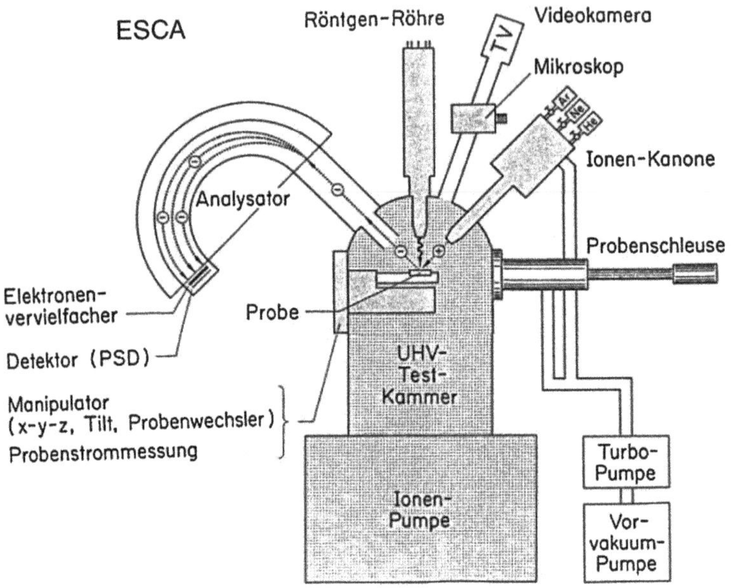

Abb. 17.7 Querschnitt durch eine ESCA-Anlage. Erläuterung der einzelnen Komponenten im Text.

Mit Hilfe der *Ionen-Streu-Spektroskopie (ISS)* besteht die Möglichkeit, durch elastische Streuung von Ionen an Oberflächenatomen ausschließlich die *oberste Atomlage* zu analysieren.

17.5
Anwendungsbeispiele

17.5.1
Kadmium-Versprödung der Bolzen aus der Triebwerksaufhängung eines Großraumflugzeugs

Am 4.10.1992 kam es in Amsterdam zu einem tragischen Flugzeugabsturz. Kurz nach dem Start vom Flughafen Schiphol verlor ein Großraum-Jet eines der vier Triebwerke. Der Pilot versuchte noch zum Flughafen zurückzukehren, was allerdings misslang. Das Flugzeug stürzte in einen großen Appartementblock (Abb. 17.8). Im offiziellen Unfallreport wurde behauptet, dass als Ursache für das Versagen der Bolzen aus der Triebwerksaufhängung Korrosionsermüdung in Frage komme. Diese Aussage wurde allerdings von einer anderen Fluggesellschaft in Zweifel gezogen und sie ließ deshalb die Triebwerksaufhängungen aller Flugzeuge des gleichen Typs untersuchen. Es wurde festgestellt, dass sämtliche Bolzen aus dem niedriglegierten Stahl 4340 ebenfalls rissbehaftet waren. Grundsätzlich

Abb. 17.8 Absturz eines Großraumflugzeugs in Appartementblock.

gibt es für den vorliegenden Stahl zwei mögliche Mechanismen der Versprödung: i) Wasserstoffversprödung [5] oder ii) Kadmiumversprödung [6]. Da die Bolzen als Korrosionsschutz mit Kadmium beschichtet waren, bestand durchaus die Möglichkeit, dass Kadmium in den Stahl diffundiert und sich in Form eines dünnen Films auf den Korngrenzen ablagert. Dieser Mechanismus wird für den betreffenden Stahl in der Literatur ausführlich beschrieben [6]; als Folge davon kommt es zu einer massiven Schwächung der Korngrenzen sowie zu einer Versprödung des Stahls. Als Nachweis dieses nur wenige Atomlagen dünnen Kadmium-Films auf den Korngrenzen bietet sich die Auger-Analyse an. Dazu wurde der angerissene Bolzen in die UHV-Kammer des Auger-Elektronenspektroskops eingeführt; allerdings musste dieser vorab in geeigneter Weise präpariert werden: Der rissbehaftete Bolzen wurde auf der gegenüberliegenden Seite angekerbt, um die Freilegung des Risses zu erleichtern. Außerdem wurde in der Bruchapparatur eine frische Bruchfläche erzeugt. Abbildung 17.9 zeigt das im Auger-Mikroskop aufgenommene REM-Bild der Bruchfläche des Bolzens. Die Originalbruchfläche des Anris-

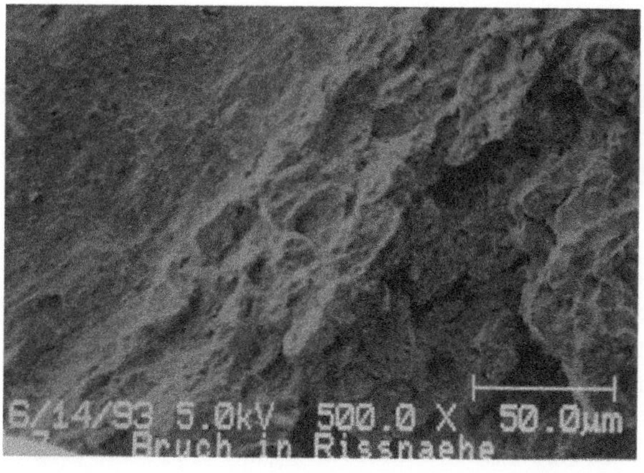

Abb. 17.9 Bruchfläche des Bolzens; REM-Aufnahme.

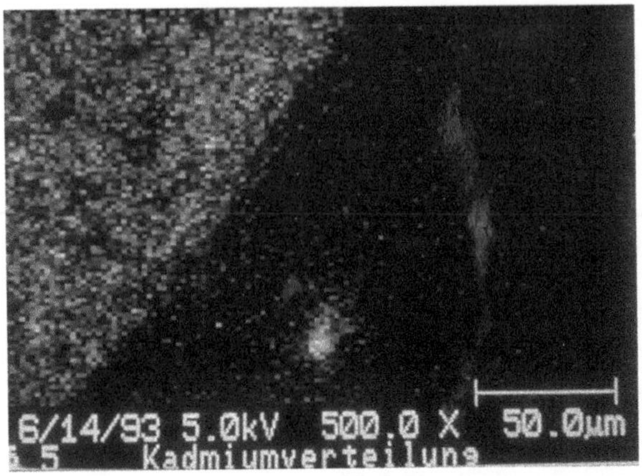

Abb. 17.10 Bruchfläche des Bolzens: Elementverteilung für Kadmium (Auger-map).

ses (linke Bildhälfte) unterscheidet sich deutlich vom frisch erzeugten Gewaltbruch (rechte Bildhälfte). Nun wird der Auger-Detektor aktiviert und ein Elementverteilungsbild (Mapping) für Kadmium aufgenommen. Man erkennt deutlich wiederum links oben die Anrissfläche, die mit Kadmium belegt ist, siehe Abbildung 17.10. Dieses Kadmium ist offenbar mit fortschreitendem Risswachstum aus der Beschichtung auf die Rissoberfläche diffundiert. Interessanterweise findet sich Kadmium auch im Materialinnern vor der Rissfront, siehe rechte Bildhälfte. Es dürfte sich hier um eine Korngrenze handeln, die durch den im Labor erzeugten Bruch freigelegt wurde. Es wurden noch weitere Kadmiumanreicherungen in größerem Abstand vor der Rissspitze gefunden. Dies lässt den Schluss zu, dass Kadmium aus der Beschichtung nicht nur entlang des Risses, sondern auch vorwiegend entlang von Korngrenzen ins Innere des Bolzens diffundiert ist. Demnach liegt eine massive Versprödung des Stahles vor. Gemäß [6] kann Kadmium bereits bei Temperaturen im Bereich von 80 °C diffundieren. Derartige Temperaturen können im Bereich der Triebwerke durchaus für längere Zeit auftreten, z. B. im Sommer in heißen Gegenden, wobei zusätzlich die Wärmeabstrahlung der Triebwerke zu berücksichtigen ist. Im vorliegenden Fall dürfte die Kadmiumversprödung des Stahles 4340 eine dominierende Rolle beim Bruch des Bolzens gespielt haben. Allerdings ist nicht auszuschließen, dass die in der Literatur diskutierte Wasserstoffversprödung zusätzlich einen negativen Einfluss ausgeübt hat.

17.5.2 Beschädigter Drucksensor

An einem Drucksensor traten nach kurzer Zeit Probleme in Form einer Nullpunkt-Verschiebung auf. Abbildung 17.11 zeigt die Leiterbahnen des Sensors sowie Abbildung 17.12 schematisch den Aufbau des Sensors im Querschnitt: Die Leiterbahnen, bestehend aus einer NiCr-Legierung, befinden sich auf einem Träger aus SiO_2; zusätzlich sind sie in einer Schutzschicht aus SiO_2 eingebettet,

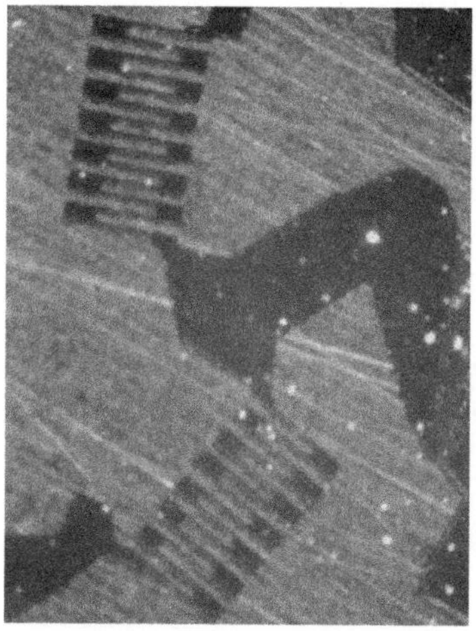

Abb. 17.11 Leiterbahnen des Sensors; LM-Aufnahme.

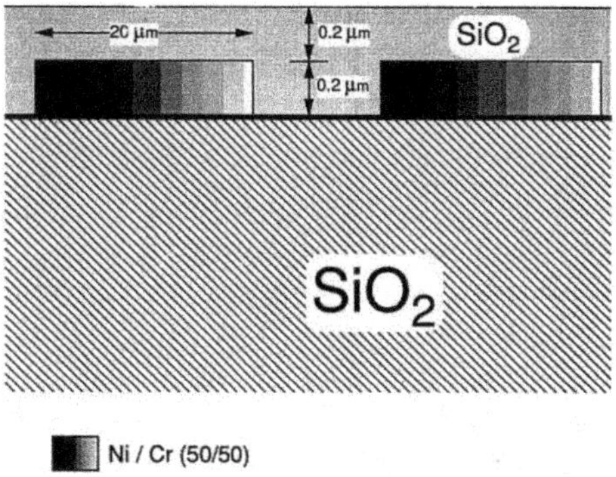

Abb. 17.12 Schematischer Aufbau der Leiterbahnen.

wobei die Dicke der Schutzschicht sowie die der Leiterbahnen jeweils 0,2 Mikrometer beträgt. Laut Angaben des Auftraggebers können korrosiv wirkende Substanzen auf der Oberfläche der Leiterbahnen diese angreifen und in ihrer Funktionsfähigkeit beeinträchtigen. Die Aufgabe bestand nun darin, auf den Leiterbahnen nach Fremdelementen zu suchen. Aufgrund der vorliegenden Dimensionen bieten sich zur Untersuchung nur ober- bzw. grenzflächenempfindliche Methoden an. EDX oder WDX kommen wegen ihrer Tiefenauflösung im Mikrometerbereich nicht in Frage. Um die Aussagekraft der Oberflächenanalyse zu erhöhen, wurde die Untersuchung an einem defekten und zum Vergleich an einem funktionierenden Drucksensor durchgeführt. Wegen der geforderten guten lateralen Auflösung sollte die Untersuchung auf den Leiterbahnen im Auger-Gerät erfolgen. Allerdings stellt sich die Frage, mit welcher Methode die SiO_2-Schutzschicht abgetragen wird. Das AES ist dazu ungeeignet, weil SiO_2 nichtleitend ist und es somit zu störenden Aufladungseffekten käme. Deshalb wurde die Probe zunächst in die ESCA eingeschleust und im Bereich der Leiterbahnen das SiO_2 mittels Argon-Ionen abgesputtert. Gleichzeitig wurde der Detektor auf das Element Chrom eingestellt. Das Anwachsen des Chrom-Peaks in Abbildung 17.13 ist ein Indikator dafür, dass das darüber liegende SiO_2 abgetragen wurde und damit die Leiterbahnen freigelegt wurden. Nun kann die Probe ins Auger-Gerät transferiert werden, allerdings erfolgt der Transport nicht in Luft, sondern in einem speziellen Transportgefäß, in dem ein Vakuum von 10^{-6} mbar herrscht. Es soll

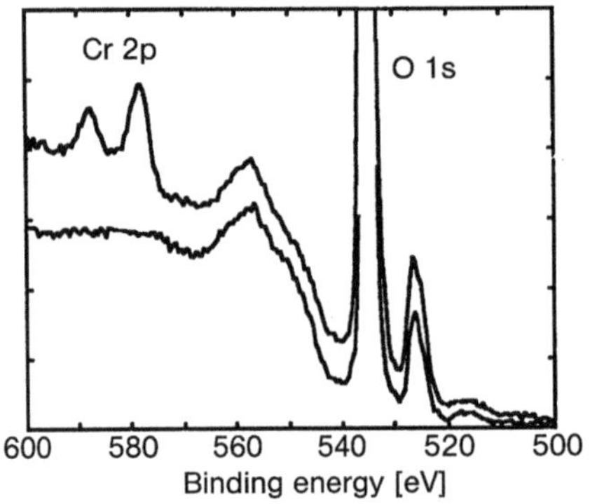

Abb. 17.13 Chrom-Peak (ansteigend); ESCA-Spektrum.

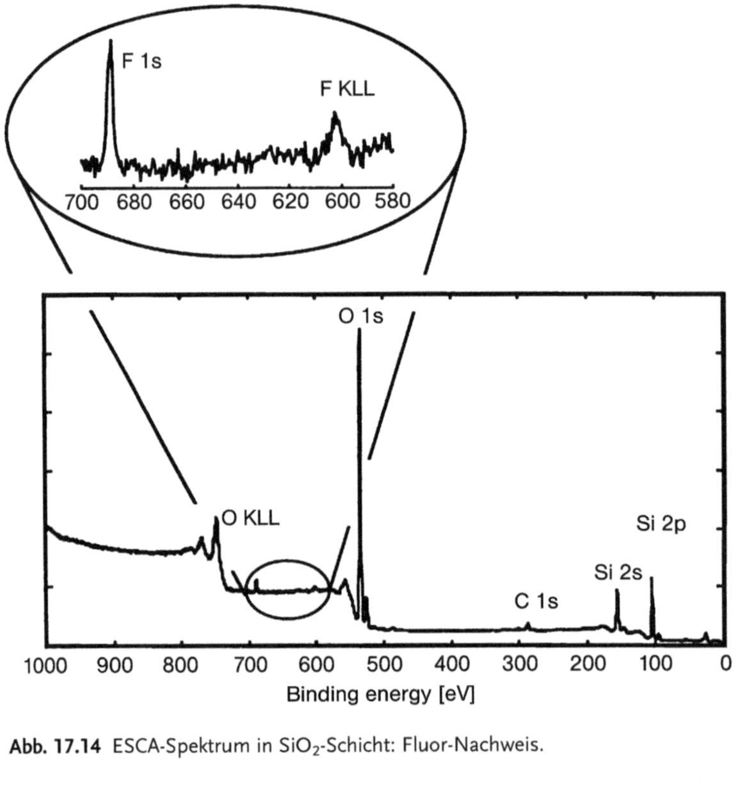

Abb. 17.14 ESCA-Spektrum in SiO_2-Schicht: Fluor-Nachweis.

angemerkt werden, dass quasi als Nebenprodukt während des Sputterprozesses in der ESCA das Element Fluor in einer Konzentration von 1–2 % gemessen wurde (siehe Abb. 17.14). Nachdem die Probe ins Auger-Gerät eingeschleust wurde, wurde zuerst im REM-Modus eine Übersichtsaufnahme erstellt (Abb. 17.15). Sie zeigt die Leiterbahnen (dunkel), wobei eine höhere Rauheit in Form von pustelförmigen Ausblühungen auffällt. Außerdem ist das Feld eingezeichnet, in dem die Auger-Messungen durchgeführt wurden. In Abbildung 17.16 ist das Auger-Spektrum für den fehlerfreien Sensor dargestellt: man erkennt die Haupt-Peaks der Elemente Nickel und Chrom sowie kleinere Peaks der Elemente Argon (vom Sputterprozess), Kohlenstoff (Verunreinigung) und Silizium (von der Deckschicht). Das Auger-Spektrum des defekten Sensors, dargestellt in Abbildung 17.17, zeigt ebenfalls Nickel und Chrom im Verhältnis von ca. 1:1 sowie deutlich ausgeprägt Peaks der Elemente Phosphor und Schwefel, und zwar in einer Menge

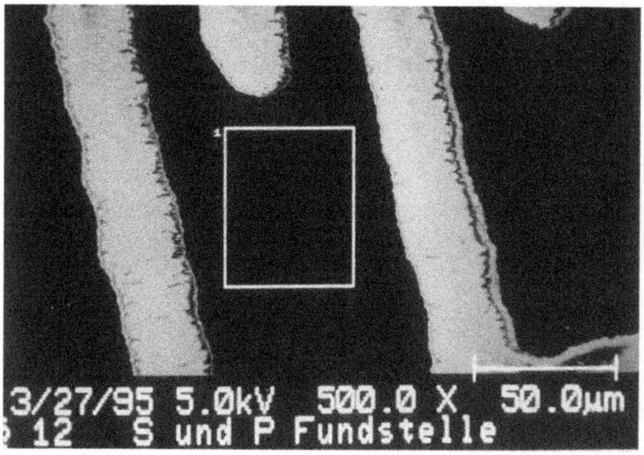

Abb. 17.15 REM-Aufnahme der Leiterbahnen.

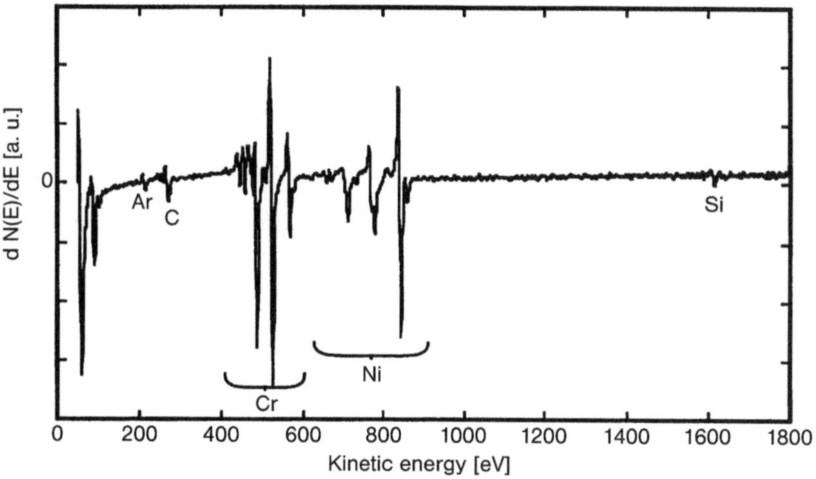

Abb. 17.16 Auger-Spektrum der Leiterbahn von fehlerfreiem Sensor.

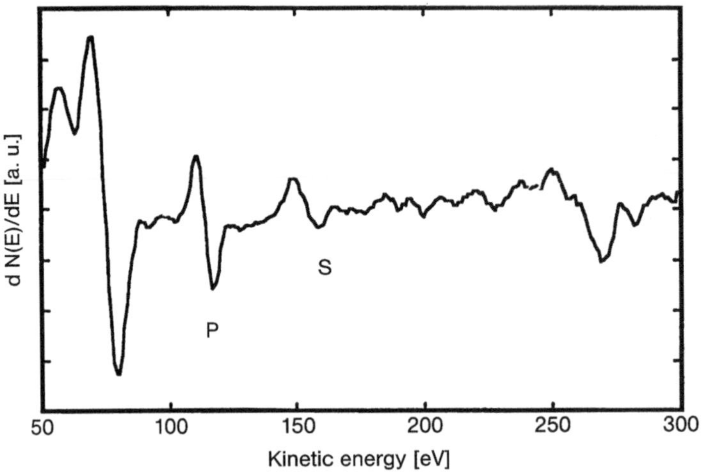

Abb. 17.17 Auger-Spektrum der Leiterbahn von defektem Sensor: Nachweis von Phosphor und Schwefel.

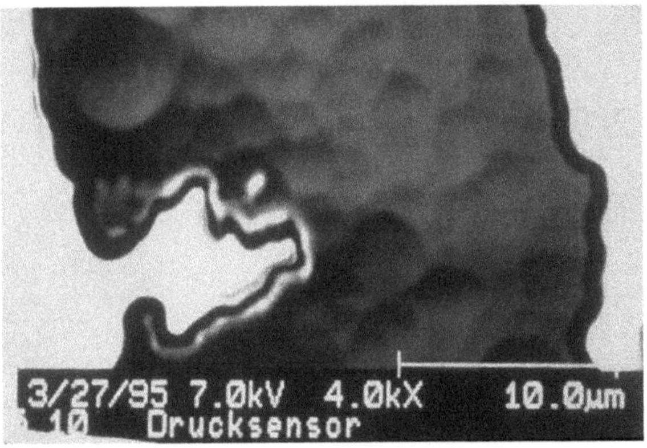

Abb. 17.18 Korrosionsangriff der Leiterbahn des Sensors; REM-Aufnahme.

von ca. 3–5 %. Diese Elemente, zusammen mit Chlor, greifen die Leiterbahnen an, wie aus Abbildung 17.18 ersichtlich wird. Als Folge davon wird die elektrische Leitfähigkeit in den Leiterbahnen verändert, was zu fehlerhaften Messungen führt.

17.5.3 Oberflächenkontamination bei einer Hochfrequenz-Empfangsspule

Supraleitende Hochfrequenz-Empfangsspulen (Abb. 17.19) wiesen nach einigen Monaten Lagerzeit Oberflächenverfärbungen auf, die mit einer Beeinträchtigung der Funktion dieser Bauteile verbunden waren. Die Spulen sind mit 1 µm Kupfer

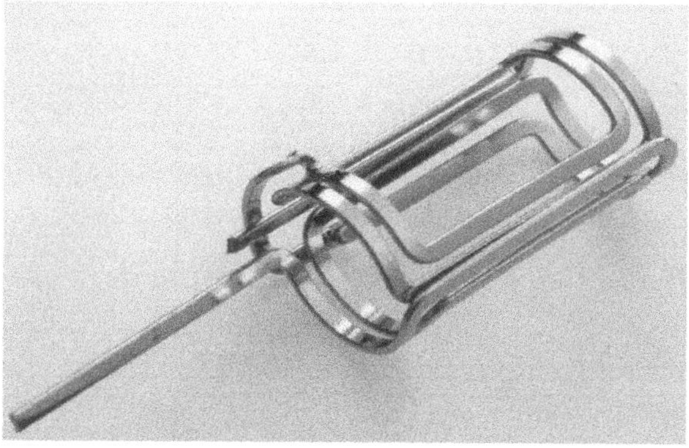

Abb. 17.19 Hochfrequenz-Empfangsspule mit Rhodiumbeschichtung.

und darüber mit 0,2 µm Rhodium galvanisch beschichtet, wobei das Rhodium als Oxidationsschutz dient.

Sowohl an gelagerten als auch an neuen Spulen wurden Auger-Tiefenprofilanalysen durchgeführt. Die Messfläche betrug jeweils 100 µm x 100 µm; die Abtragsrate wurde mit SiO_2/Si als Referenz zu 10 nm/min geeicht. In Abbildung 17.20 ist zunächst das AES-Tiefenprofil für die neue Spule wiedergegeben. Bemerkenswert ist hier der auffallend hohe Anteil an Schwefel in der äußeren Rhodium-Schicht (ca. 15 %). Abbildung 17.21 zeigt zum Vergleich die Tiefenprofilanalyse für eine gelagerte Spule: man erkennt, dass nun zusätzlich in der Rhodium-Schicht beträchtliche Mengen an Kupfer eingebaut sind, wobei das Cu ganz offensichtlich aus der darunterliegenden Schicht ins Rhodium diffundiert ist. Außerdem wurde an der Oberfläche ein Chlorgehalt von 4 % festgestellt. Mittels einer ergänzenden ESCA-Analyse wurde bei dieser Probe in einer Tiefe von 60 nm der chemische Zustand des Schwefels bestimmt. Dabei entsprach der „chemical shift" des s(2p)-Elektrons etwa jenem von Cu_2S- oder CuS-Verbindungen.

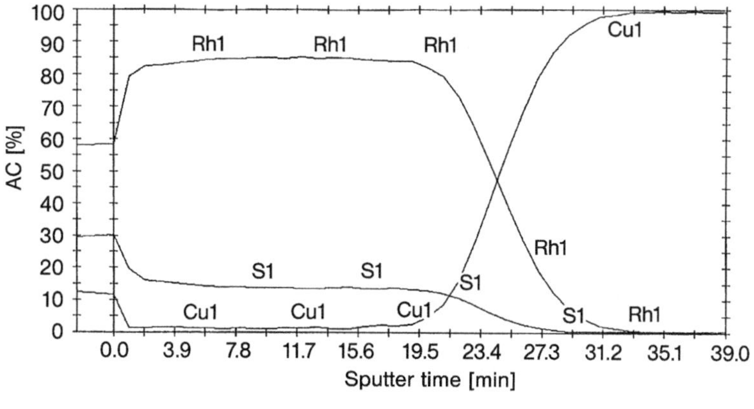

Abb. 17.20 AES-Tiefenprofil an neuer HF-Spule; ca.15 % Schwefel in der Rhodium-Schicht.

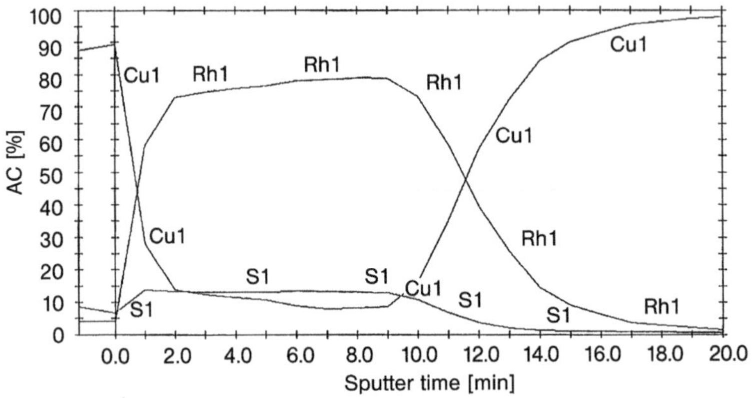

Abb. 17.21 AES-Tiefenprofil an gelagerter HF-Spule; Schwefel und Kupfer sind in der Rhodium-Schicht angereichert.

Der Ausfall der HF-Empfangsspule ist somit auf eine Kontamination durch Schwefel zurückzuführen. Dabei konnte eindeutig nachgewiesen werden, dass der Schwefel bereits in der neuen Spule in beträchtlicher Menge in der Rhodium-Schicht eingebaut war. Aufgrund der hohen Affinität von S zu Cu bilden sich in relativ kurzer Zeit Cu-S-Verbindungen, die insbesondere in feuchter und chlorhaltiger Atmosphäre angegriffen werden. Dies führt einerseits zur Zerstörung der Rhodium-Schutzschicht, andererseits wird dadurch das magnetische Verhalten der Schicht selbst empfindlich gestört.

17.5.4
Haftung von diamantartigen Kohlenstoffschichten auf Implantaten

Diamantartiger Kohlenstoff oder DLC (diamond-like carbon) ist ein Dünnschicht-Material, das sich im Einsatz unter tribologischen Bedingungen durch hohe Härte, einen kleinen Reibekoeffizient (geringerer Energieverbrauch) und sehr niedrigen Abrieb (längere Lebensdauer) auszeichnet. DLC-Schichten werden sowohl auf Computer-Harddisks, Rasierklingen, Sägeblättern und Prägewerkzeugen als auch bei Dieselkompressoren, Ventilsteuerungen, Einspritznadeln und anderen hoch belasteten Motorenkomponenten eingesetzt [7].

Bei bestehenden künstlichen Gelenk-Prothesen verringert der Abrieb die Lebensdauer und Abriebpartikel können auch unerwünschte Körperreaktionen wie Entzündungen, Knochenabbau und Allergien auslösen. Daher versuchten verschiedene Hersteller sehr abriebarme DLC-beschichtete Hüft-, Zehen- und Kniegelenke zu entwickeln. In den Labors hatten DLC-beschichtete Implantate die Simulator-Tests bestanden und sich als körperverträglich, extrem abriebfest und resistent gegen das relativ aggressive Körpermilieu erwiesen. Implantiert in den menschlichen Körper, traten jedoch schon nach einigen Jahren gravierende Probleme auf: Die DLC-Beschichtung hatte sich ohne erkennbaren Grund vom Grundmaterial gelöst [8]. In Abbildung 17.22 ist die Oberfläche eines DLC-beschichteten

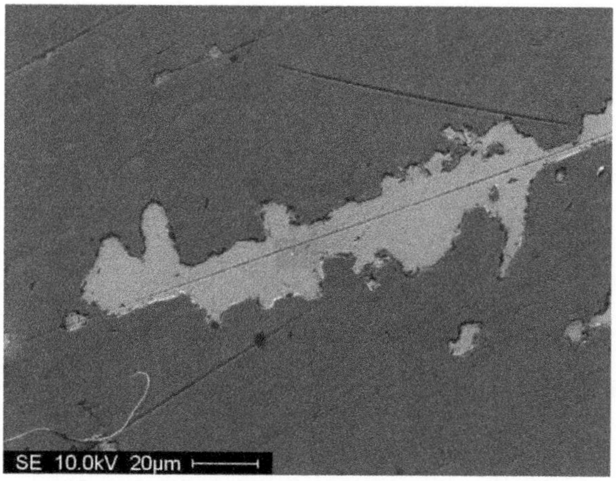

Abb. 17.22 Rasterelektronenbild eines DLC-beschichteten Zehengelenkes. Das Gelenk war während vier Jahren implantiert. Die Ablösung der DLC-Schicht ist in der Nähe von Kratzern lokalisiert.

Zehengelenkes zu sehen, welches nach vier Jahren wieder explantiert werden musste [8]. Es ist ersichtlich, dass die DLC-Schicht nicht abgerieben wurde sondern, dass sie sich im Körper, ausgehend von Kratzern, vom CoCrMo-Grundmaterial abgelöst hat.

Zur Ermittlung der Schadensursache muss zuerst einmal der Ort der Ablösung und vor allem der Schichtaufbau analysiert werden. Der Schichtaufbau, insbesondere die Zusammensetzung einer eventuell vorhandenen Haftvermittlungsschicht kann mit einer XPS-Tiefenprofilanalyse gemessen werden, wobei immer zwischen den XPS-Messungen mittels eines Argon-Ionenstrahls einige Nanometer Material von der Oberfläche entfernt werden. In Abbildung 17.23 ist das XPS-Tiefenprofil für die Elemente C, O, N, Si, Co, Cr und Mo dargestellt. Es ist klar zu erkennen, dass sich unter der DLC-Schicht eine Si-basierte Haftvermittlungsschicht befindet, welche hauptsächlich aus Si besteht und auch einen Anteil an Sauerstoff und wenig Stickstoff enthält.

Die Materialabtrag-Rate wird im Allgemeinen anhand einer Ta_2O_5-Eichschicht bestimmt und betrug 16,3 nm/min. Da diese Abtragrate jedoch materialabhängig ist, wurde die Dicke der DLC-Schicht auf ca. 100 nm und jene der Zwischenschicht auf ca. 75 nm anhand von Referenzmessungen geschätzt.

Si-basierte Haftvermittlungsschichten werden schon weit verbreitet eingesetzt und haben sich auch in vielen technischen Anwendungen bewährt. Es scheint jedoch, dass diese Haftvermittlerschichten bei Anwendungen im menschlichen Körper nach einigen Jahren ein Versagen des Implantates infolge Schichtablösung bewirken.

Zur weiteren Analyse der Ursache für die Schichtablösung wurde mit einem FIB- (Focus Ion Beam) Instrument ein Querschnitt durch die Schicht ins Substrat geschnitten. Dabei wurde eine Stelle am Rande einer bestehenden DLC-Schicht

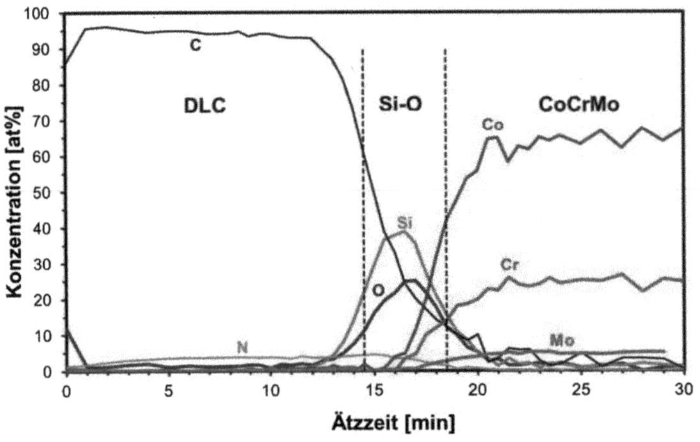

Abb. 17.23 XPS-Tiefenprofil durch die intakte DLC-Schicht in das Grundmaterial.

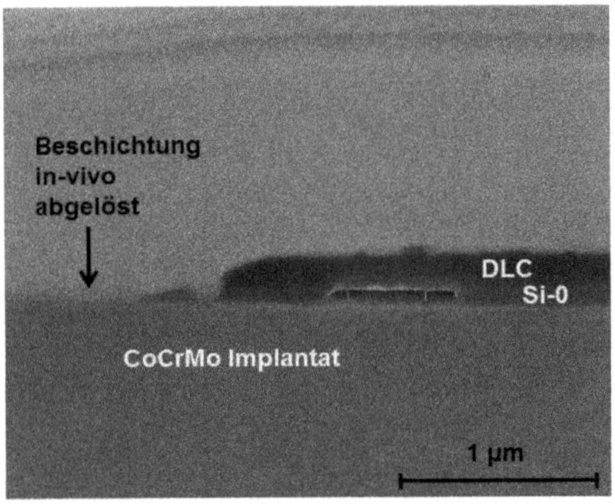

Abb. 17.24 REM-Aufnahme eines FIB-Schnittes am Rande einer verbleibenden DLC-Schicht. Eine Auflösung der Si-O-Haftvermittlungsschicht in einer Spalte ist sichtbar.

ausgewählt. In Abbildung 17.24 ist eine REM-Aufnahme eines solchen Schnittes zu sehen. Unter der DLC-Schicht kann dabei an einer Stelle eine komplette Auflösung der Si-O-Haftvermittlungsschicht beobachtet werden. Aber am Rand der Beschichtung, also dort, wo die Si-O-Zwischenschicht direkt der Körperflüssigkeit ausgesetzt ist, wird kein korrosiver Angriff beobachtet.

Dieses Schadensbild deutet auf eine Schädigung durch Spaltkorrosion hin, bei welcher nur in einem begrenzten Bereich – in einer Spalte – ein korrosiver Angriff stattfindet. Bei Spaltkorrosion wird die Flüssigkeit in einem abgeschlossenen Bereich zu einer Säure und ein tiefer pH-Wert wird erzeugt. Dies geschieht, wenn infolge eines Mangels an gelöstem Sauerstoff, die angrenzenden Oberflächen aus Wassermolekülen Hydroxide bilden und somit in der Erzeugung von H^+-Ionen resultierten. Genauere Angaben zu Spaltkorrosion findet man in [9]. Um zu verifizieren, ob Silizium durch Spaltkorrosion angegriffen werden kann, wurden Silizium-Plättchen für 30 Tage verschiedenen simulierten Körperflüssigkeiten ausgesetzt, sowohl als einzelne Plättchen als auch als zusammengeklemmte Proben, deren Oberflächen damit Spaltbedingungen ausgesetzt waren. Dabei hat sich ergeben, dass nur die Silizium-Plättchen einen sichtbaren Korrosionsangriff gezeigt haben, welche der Spaltbedingung ausgesetzt waren.

Das Eindringen von Körperflüssigkeit in kleinste Poren und Fehlstellen in der Beschichtung und die Ausbildung von Spaltbedingungen, welche zur langsamen Korrosion der Silizium-Zwischenschicht führt, dauert einige Jahre, ohne dass an der Beschichtung sichtbare Schäden auftreten.

Im Weiteren ist zu bedenken, dass die Ablösung der DLC-Schicht von Implantaten infolge Spaltkorrosion nicht durch eine höhere Belastung beschleunigt wird. Das heißt, wenn diese beschichteten Implantate in einem Gelenksimulator bis 10 Millionen Lastwechsel über ca. zwei Monate erfolgreich getestet werden, wird kein Schaden durch Spaltkorrosion auftreten. Nichtsdestotrotz werden sie in-vivo nach einigen Jahren Schichtablösung und damit ein Versagen der Gelenkprothese zeigen. Weitere Informationen zu dieser Untersuchung können in [10] und einer analogen Untersuchung über das Versagen bei DLC-beschichteten Hüftgelenken [11] gefunden werden.

17.5.5 Oberflächenanalyse einer Hüftgelenkprothese

Der Schaft einer Hüftgelenkprothese (Abb. 17.25) besteht in den meisten Fällen aus einer Titanlegierung (Ti-6Al-7Nb). Der Auftraggeber war daran interessiert, welche Zusammensetzung die allerobersten Atomlagen des Schaftes aufweisen. Dazu sollten im Auger-Gerät Elementverteilungsbilder aufgenommen werden. Im REM-Modus erkennt man zunächst die typische Mikrostruktur der Titanlegierung mit der dunklen α-Phase und der hellen β-Phase, siehe Abbildung 17.26. Die Elementverteilungsaufnahmen an der betreffenden Stelle sind in den nachfolgenden Abbildungen wiedergegeben, und zwar für Sauerstoff (Abb. 17.27), Titan (Abb. 17.28) und Niob (Abb. 17.29). Mit einer zusätzlichen ESCA-Messung wurde gezeigt, dass über der β-Phase eine dünne Schicht aus Nb_2O_5 vorliegt. Diese Verbindung ist demnach in direktem Kontakt mit den Körperzellen.

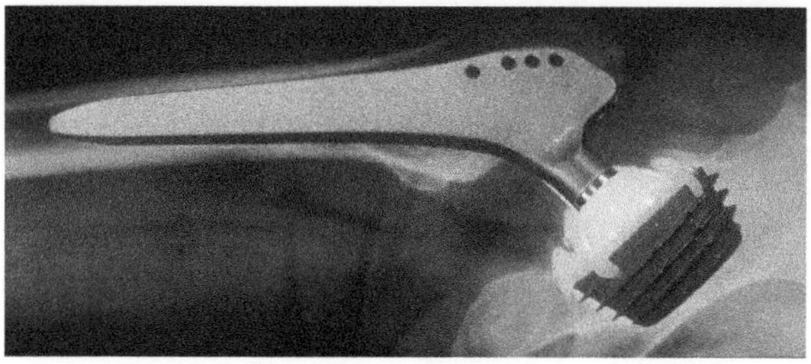

Abb. 17.25 Hüftgelenkprothese mit Schaft aus einer Ti-6Al-7Nb-Legierung.

Abb. 17.26 Mikrostruktur der Ti-6Al-7Nb-Legierung: α-Phase (dunkel) und β-Phase (hell); REM-Aufnahme.

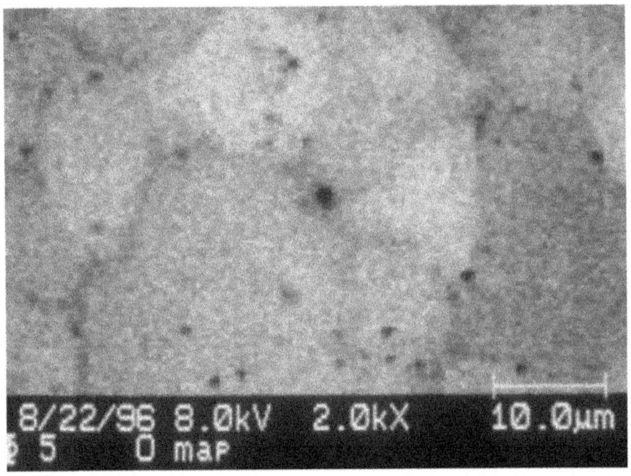

Abb. 17.27 O-map.

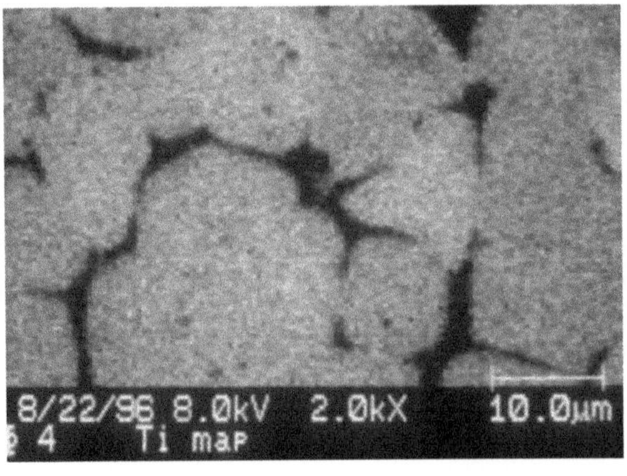

Abb. 17.28 Ti-map.

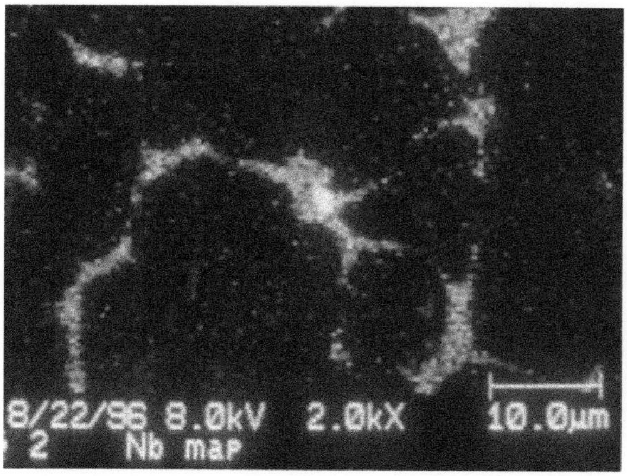

Abb. 17.29 Nb-map.

17.6 Zusammenfassung

Die beiden vorgestellten hochauflösenden oberflächenanalytischen Methoden *Auger-Elektronen-Spektroskopie* und *Röntgen-Fotoelektronen-Spektroskopie* werden heute bei Schadensuntersuchungen in steigendem Maße in Anspruch genommen. Wie die Anwendungsbeispiele gezeigt haben, handelt es sich dabei vielfach um Problemlösungen mit F+E-Charakter. Die Oberflächenanalyse umfasst denn auch einen weiten Anwendungsbereich, der in der modernen Werkstofftechnik und -forschung alle wichtigen Gebiete einschließt: Metallkunde, Keramik, Dünnschichttechnologie, Galvanik, Tribologie, Chemie (Katalyse), Medizinaltechnik, Halbleitertechnologie.

Die Bearbeitung der angesprochenen Problemlösungen erfordert in vielen Fällen eine gesamthafte Betrachtungsweise, wobei als Untersuchungsmethoden außer AES und ESCA auch

a) konventionelle Verfahren (REM/EDX oder Mikrosonde) sowie chemische Analysen (z. B. Röntgenfluoreszenzanalyse, Röntgeninterferenzanalyse oder Fourier-Transform-Infrarotspektrometer),
b) andere oberflächenanalytische Verfahren wie Sekundär-Ionen-Massenspektrometrie (SIMS) oder Sekundär-Neutral-Massenspektrometrie (SNMS)

in Betracht gezogen werden müssen.

Obwohl die hochauflösenden Untersuchungsmethoden relativ aufwendig und damit teuer sind, bewegen sich die Gesamtkosten einer derartigen Untersuchung meistens in einem Rahmen, der dem einer konventionellen Schadensuntersuchung entspricht (ca. 3000 Euro bis 6000 Euro, selten über 10 000 Euro). Dies ist auf die folgenden Faktoren zurückzuführen:

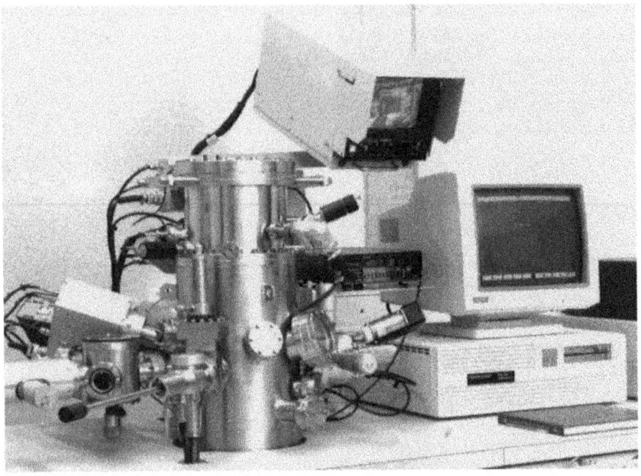

Abb. 17.30 Scanning Auger Microscope: links die UHV-Messkammer; rechts die zugehörige Workstation zur Anlagensteuerung, Datenerfassung und Datenauswertung.

a) In einem Institut mit einem vielfältigen Angebot an Analysentechniken ist gewährleistet, dass jeweils die am besten geeignete Methode zur Anwendung kommt. Damit sind die Voraussetzungen für einen effizienten und damit kostengünstigen Untersuchungsablauf geschaffen.
b) Moderne Auger- und ESCA-Geräte zeichnen sich durch einen hohen Automatisierungsgrad aus. So erfolgt die Anlagensteuerung, die Datenerfassung und Datenauswertung über leistungsfähige Computer. Mit Hilfe von Mehrfach-Probenwechslern lassen sich vorzugsweise während der Nacht ganze Probenserien vermessen. Abbildung 17.30 zeigt ein Auger-Gerät.
c) Heutige oberflächenanalytische Geräte weisen trotz ihrer ausgefeilten Technik eine große Zuverlässigkeit auf, wobei Stillstandzeiten aufgrund von Wartungsarbeiten kaum ins Gewicht fallen.
d) Oberflächenanalytische Untersuchungen im Beisein des Kunden können ebenfalls zur Kostenersparnis beitragen.

Literatur

1 Stemme, R. (1984) Technologie Aktuell: Reports-Analysen-Prognosen, VDI-Verlag, Düsseldorf.
2 Briggs, D., Seah, M.P. (1985) Practical Surface Analysis by Auger and X-ray Photoelectron Spectroscopy, Wiley & Sons.
3 Grasserbauer, M., Dudek, H.J., Ebel, M.F. (1985) Angewandte Oberflächenanalyse, Springer Verlag.
4 Hauert, R., Keller, B.A. (2006) Chemical Surface Analysis with Nanometer Depth Resolution; Sonderausgabe „Nanoanalysis". *CHIMIA*, Hrsg. R. Zenobi, **60**, 800–804.
5 Cook, O.H. et al. (1973) Investigation of Solid Cadmium Embrittlement in A-7 Aircraft Failed Shafts and Horn Fracture Surfaces; Technical Report AFML-TR-72-249, Air Force Materials Laboratory, Ohio.

6 Fager, D., Spurr, W. (1971) Solid Cadmium Cracking: Steel Alloys. *Corrosion*, **27**, 2, S. 72–76.

7 Hauert, R. (2004) An overview on the tribological behavior of diamond-like carbon in technical and medical applications. *Tribology International*, **37**, 991–1003.

8 Joyce, T.J. (2007) Examination of failed ex vivo metal-on-metal metatarsophalangeal prosthesis and comparison with theoretically determined lubrication regimes. *Wear*, **263**, 1050–1054.

9 Kennell, G.F., Evitts, R.W. (2009) Crevice corrosion cathodic reactions and crevice scaling laws. *Electrochimica Acta*, **54**, 4696–4703.

10 Hauert, R., Thorwarth, G., Mueller, U., Stiefel, M., Falub, C.V., Thorwarth, K., Joyce, T.J. (2012) Analysis of the in-vivo failure of the adhesive interlayer for a DLC coated articulating metatarsophalangeal joint. *Diamond and Related Materials*, **25**, 34–39.

11 Hauert, R., Falub, C.V., Thorwarth, G., Thorwarth, K., Affolter, C., Stiefel, M., Podleska, L.E., Taeger, G. (2012) Retrospective lifetime estimation of failed and explanted diamond-like carbon coated hip joint balls. *Acta Biomaterialia*, **8**, 3170–31.

18
Schwingungsrisse bei der dynamischen Prüfung von Seilbahnkomponenten

Roland Koller

18.1
Einleitung

In der Schweiz bilden Seilbahnunternehmungen mit ihrem Kerngeschäft der Personenbeförderung in zahlreichen touristisch ausgerichteten Bergregionen das wirtschaftliche Rückgrat. Rund 80 % des jährlichen Umsatzes von ca. 1 Milliarde CHF (Angabe aus dem Jahr 2010) werden dabei in den Wintermonaten erwirtschaftet [1].

Seilbahnanlagen benötigen eine Konzession des Bundesamtes für Verkehr bevor sie ihren Betrieb aufnehmen dürfen. Um das Sicherheitsrisiko tief zu halten, werden Anlagen auch nach der Inbetriebnahme systematisch innerhalb bestimmter, komponentenabhängiger Zeitabschnitte überprüft. Dieses Bestreben nach hoher Sicherheit äußert sich nachdrücklich in der breiten Inkraftsetzung der harmonisierten EU-Normen zur Auslegung und Prüfung von Seilbahnkomponenten. Selbst Länder aus Übersee haben diese Normen übernommen. In der Schweiz wurden sie 2005 in Kraft gesetzt.

Erhebungen des Verbandes der Schweizer Seilbahnbranche in den Jahren 1990 bis 1994 belegen die hohe Sicherheit der Anlagen. Danach ereigneten sich mit Seilbahnen – ebenso wie mit Bussen und Straßenbahnen – zwölf Todesfälle pro eine Milliarde Fahrgäste, während bezogen auf die gleiche Anzahl mit Eisenbahnen 127, mit Automobilen 135 und mit Flugzeugen 710 Personen tödlich verunglückten.

Schwere Unfälle sind relativ selten und haben in den vergangenen Jahren weiter abgenommen. Ereignet sich trotzdem ein Zwischenfall, ist mehrheitlich menschliches, äußerst selten technisches Versagen die Ursache.

18.2
Seilbahnsysteme

Bei Seilbahnsystemen [2] sind grundsätzlich drei Kategorien zu unterscheiden (Abb. 18.1):

Systematische Beurteilung technischer Schadensfälle, 6. Auflage 2014. Editiert durch G. Lange und M. Pohl

- *Standseilbahnen*
  (Beispiel Standseilbahn [3]: Sierre-Crans Montana, Kapazität 120 Personen, Länge 4,2 km, Fahrgeschwindigkeit: 8 m/s)
- *Seilschwebebahnen (Pendel- und Umlaufbahnen)*
  (Beispiel Pendelbahn [3]: Twin-Linear, Samnaun, Kapazität 180 Personen, Länge 2,3 km, Fahrgeschwindigkeit: 10 m/s)
  (Beispiel Umlaufbahn [3]: Flims-Plaun-Nagens, Kapazität 8 Personen, Länge 3,95 km, Fahrgeschwindigkeit: 6 m/s)
- *Schlepplifte*
  (Beispiel Skilift [3]: Hohstock, Naters, Kapazität 2 Personen, Länge 1,52 km, Fahrgeschwindigkeit ~2 m/s)

Besonderer Fokus wird auf die Umlaufbahnen gelegt werden, da diese speziellen Sicherheitsanforderungen unterliegen. Deren Komponenten stellen die Mehrheit der im Betriebsfestigkeitslabor der Eidgenössischen Materialprüfungs- und Forschungsanstalt (Empa) geprüften Bauteile.

Die Schweiz mit ihrer durch Jura und Alpen geprägten Topografie weist eine Vielzahl von Seilbahnsystemen auf. Im Jahr 2012 sind dies [2]:

- 58 Standseilbahnen
- 126 Pendelbahnen
- 120 Kabinenumlaufbahnen
- 350 Sesselbahnen
- 897 Schlepplifte

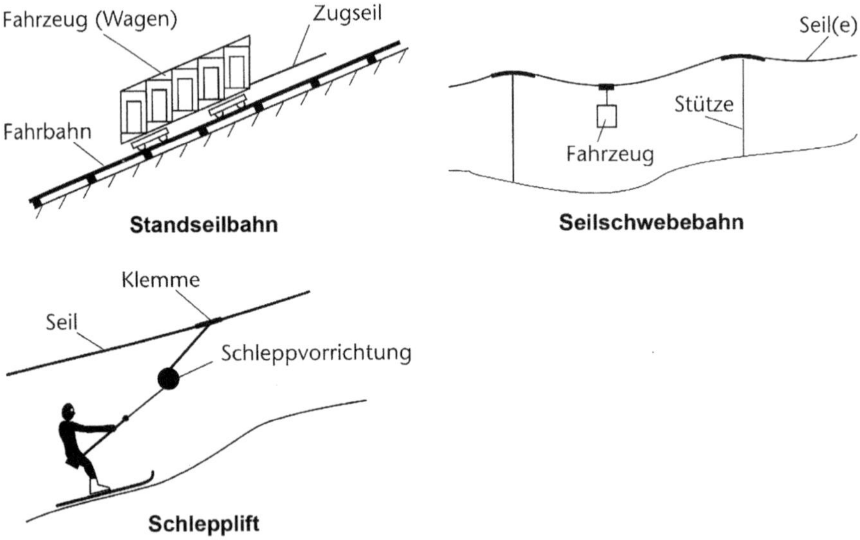

Abb. 18.1 Seilbahnsysteme.

Bei einer Gesamtlänge von ca. 1900 km überbrücken diese 1551 Anlagen eine Höhendifferenz von ca. 490 km. Die Transportkapazität beträgt ca. 1,5 Mio. Fahrgäste pro Stunde.

18.3 Fahrzeugkomponenten bei Umlaufseilbahnen

Für Seilbahnfahrzeuge bzw. deren Komponenten ist ein auf der Norm EN 13796-3 basierender, experimenteller Nachweis der Schwingfestigkeit erforderlich. Die davon betroffenen Fahrzeugkomponenten sind am Beispiel einer 6-Personen-Kabine in Abbildung 18.2 bezeichnet.

Fahrzeuge von Kabinen- oder Sesselbahnen werden mit einer fixen oder kuppelbaren Klemme an das Trag- bzw. Förderseil geklemmt. Bei Anlagen mit Fahrgeschwindigkeiten zwischen 3 und 6 m/s lassen sich die Fahrzeuge zum bequemeren Ein- und Aussteigen in den Stationen vom Seil entkoppeln und langsam durch die Stationen bewegen. Dagegen werden primär bei zweisitzigen Sesselbahnen mit Fahrgeschwindigkeiten von ca. 2 m/s die Fahrzeuge vor Saisonbeginn fix an das Trag- bzw. Förderseil geklemmt. Sie verbleiben während der gesamten Saison an dieser Position am Seil (auch in den Stationen).

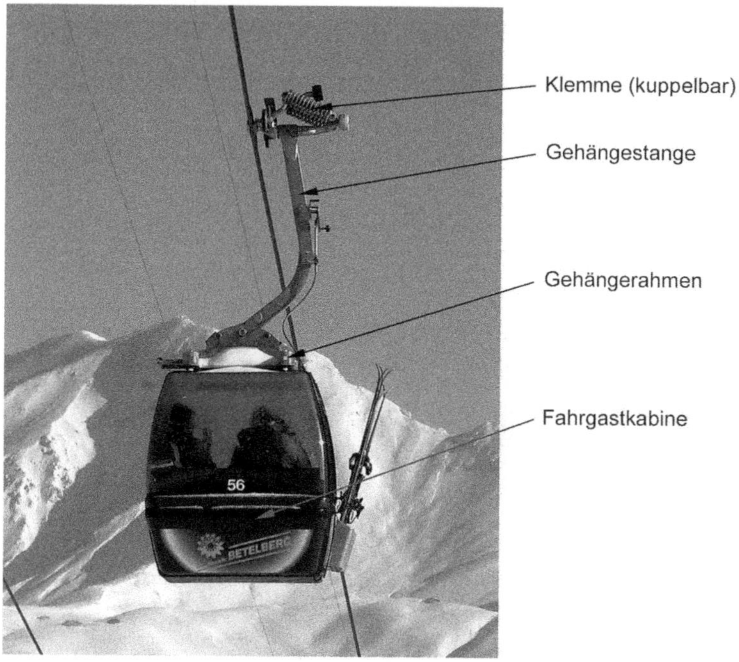

Abb. 18.2 Bezeichnung von Fahrzeugkomponenten [4].

Eine drehbar gelagerte Gehängestange verbindet die Klemme mit der Fahrgastkabine. Klemme und Gehängestange sind nicht redundante Bauteile und dürfen daher keinesfalls versagen. Das Kabinengewicht wird durch einen Gehängerahmen von vier Aufhängepunkten über ein Montagegelenk an die Gehängestange übertragen (Abb. 18.2). Häufig dämpfen zwischengeschaltete Gummi- oder Federelemente die Vertikalstöße beim Überfahren von Stützen. Weitere Dämpferelemente zwischen Gehängestange und Gehängerahmen sorgen für sanftere Stationseinfahrten schräg hängender Fahrzeuge, z. B. bei Windeinfluss oder asymmetrisch verteilten Fahrgästen.

18.4 Betriebsbelastungen

Ermüdungskritische Belastungen entstehen – insbesondere bei Umlaufbahnen – vor allem beim Ein- und beim Aussteigen von Fahrgästen sowie bei Einfahrten in Stationen. Einfahrbeanspruchungen werden verschärft bei schräg hängenden d. h. quer zur Fahrtrichtung ausgelenkten Fahrzeugen (Seitenwind oder asymmetrische Fahrgastverteilung).

Bei neuen Bahntypen werden Betriebsbelastungen durch Messung der Dehnungsbeanspruchungen während vollständigen Umläufen an der Fahrzeugstruktur, der Gehängestange oder der Klemme erfasst und mit den Prüfbelastungen der Norm verglichen. Diese Messungen erlauben zudem Feineinstellungen an der Bahngeometrie, wodurch sich Beanspruchungsspitzen reduzieren lassen. Abbil-

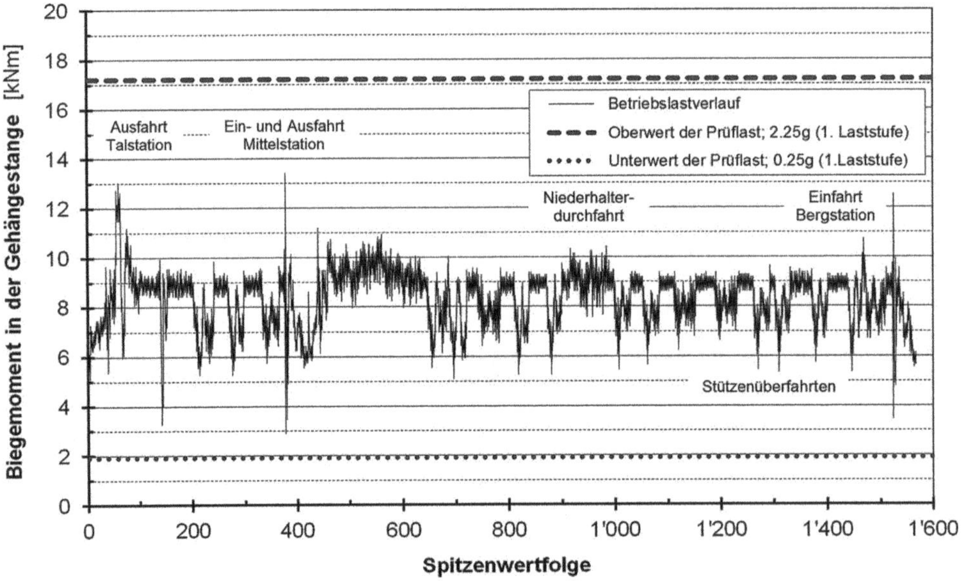

Abb. 18.3 Biegemomentverlauf während der Bergfahrt einer voll besetzten 12-Personen-Kabine.

dung 18.3 zeigt beispielhaft den Verlauf des Biegemomentes in der Gehängestange eines vollbesetzten 12-Personen-Fahrzeuges während einer Bergfahrt. Deutlich erkennbar sind Stationsein- und -ausfahrten sowie die weniger kritischen Stützenüber- und Niederhalterdurchfahrten.

Die in Abbildung 18.3 gleichzeitig eingezeichnete Schwingbreite des Abnahmeversuches demonstriert die beachtliche Sicherheit der Anlage.

18.5 Europäische Normen für Seilbahnfahrzeuge

Wie bereits erwähnt, unterliegen Seilbahnsysteme Sicherheitsanforderungen, welche in einer europäischen Norm seit 2005 verankert sind. Diese Norm gliedert sich in drei Teile:

- *EN 13796-1*
  Sicherheitsanforderungen für Seilbahnen für den Personenverkehr – Fahrzeuge – Teil 1: Befestigungen am Seil, Laufwerke, Fangbremsen, Kabinen, Sessel, Wagen, Instandhaltungsfahrzeuge, Schleppgehänge
- *EN 13796-2*
  Sicherheitsanforderungen für Seilbahnen und Schleppaufzüge für den Personenverkehr – Fahrzeuge – Teil 2: Klemmenabziehversuch
- *EN 13796-3*
  Sicherheitsanforderungen für Seilbahnen für den Personenverkehr – Fahrzeuge – Teil 3: Ermüdungsversuche

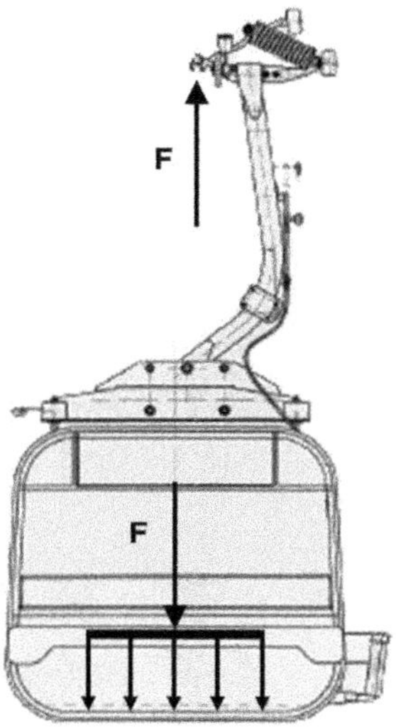

Abb. 18.4 Prinzip einer Abnahmeprüfung.

Entsprechend der Norm EN 13796-3 gelten für Abnahmeprüfungen (Abb. 18.4 und 18.5) die nachstehend aufgeführten Parameter.

Für Fahrzeuge von Umlaufbahnen mit *kuppelbaren Klemmen* gilt (Tab. 18.1):

Tabelle 18.1 Parameter für Abnahmeprüfungen.

	1. Laststufe	2. Laststufe	Bemerkung
Oberlast F_O	$2{,}5 \cdot g \cdot m_{total}$	$2{,}75 \cdot g \cdot m_{total}$	
Unterlast F_U	$0{,}5 \cdot g \cdot m_{total}$	$0{,}25 \cdot g \cdot m_{total}$	Normvorgabe: Fu > 0
Schwingbreite ΔF	$2{,}0 \cdot g \cdot m_{total}$	$2{,}5 \cdot g \cdot m_{total}$	Normvorgabe
Schwingspiele N	$4{,}5 \cdot 10^6$	$0{,}5 \cdot 10^6$	Normvorgabe

wobei:

Mittellast Fm: $Fm_1 = Fm_2$

Fahrzeugmasse: $m_{total} = m_{Klemme} + m_{Gehänge} + m_{Fahrzeug} + m_{Nutzlast} + m_{Zubehör}$

Erdbeschleunigung: $g = 9{,}81\ m/s^2$

Bei Fahrzeugen mit *fixen Klemmen* erfolgt die Prüfung nur mit der 1. Laststufe. Die Anzahl der Schwingspiele erhöht sich in diesem Falle von 4,5 auf 5 Millionen.

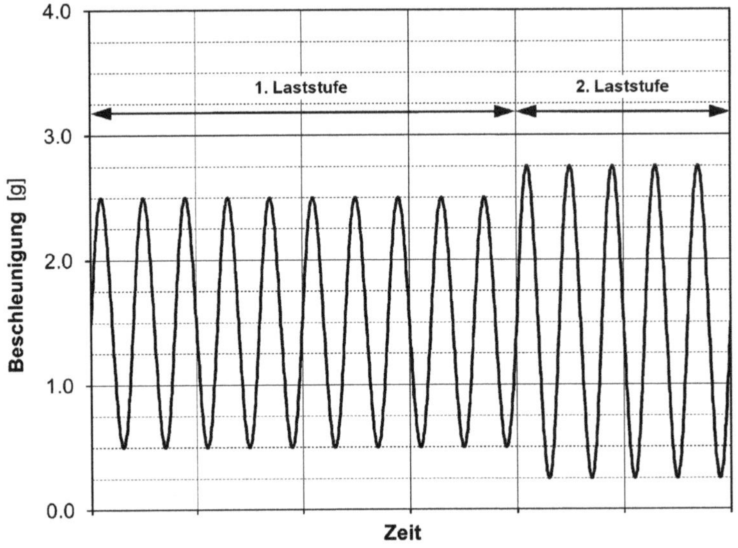

Abb. 18.5 Lastverlauf bei Abnahmeprüfungen an Fahrzeugen von Umlaufbahnen nach EN 13796-3.

18.6 Beispiele aus der Praxis

Wegen des hohen Zeit- und Kostenaufwandes ist gelegentlich erfolglos versucht worden, Schwingversuche durch statische Prüfungen mit entsprechend hohen Sicherheitsfaktoren zu ersetzen. Das Beispiel einer Seilstruppe (kurzes Seil mit Endschlaufen) bestätigt eindrücklich, dass statische und schwingende Prüfung zu völlig unterschiedlichem Versagensverhalten führen können und sich nicht ineinander umrechnen lassen. Seilstruppen werden zur Aufhängung von großen Pendelbahnkabinen eingesetzt. Die beiden Seilenden wurden mit einer Aluminium-Presshülse zu einer Schlaufe geformt. Die Einleitung der Prüfkräfte in die Seilstruppe erfolgte im Test über Lagerrollen.

Der statische Belastungsversuch ergab, dass das Litzenseil bei einer Zuglast von 315 kN im Bereich des Einlaufes der oberen Umlenkrolle teilweise versagte (Abb. 18.6). Im Schwingversuch dagegen stellte sich heraus, dass nicht das Litzenseil, sondern die Aluminium-Presshülse das schwächste Element des Bauteils war. Die Presshülse versagte bei einer Kraftschwingbreite von 53,4 kN (Kraftverhältnis $R_F = F_u/F_o = 0{,}166$) nach 1,64 Mio. Lastwechseln (Abb. 18.7).

Die Empa führt seit mehreren Jahrzehnten Abnahmeschwingversuche an Seilbahnkomponenten durch. In dieser langjährigen Tätigkeit zeigte sich immer wieder, dass Schäden unter schwingender Belastung auf fünf Ursachen zurückgeführt werden können:

- abrupte Steifigkeitsänderungen und/oder Spannungskonzentrationen (häufig),
- Schweißeigenspannungen (eher rückläufig),
- Montagespannungen (gelegentlich),
- Reibkorrosion (häufig),

Abb. 18.6 Seilversagen unter statischer Belastung.

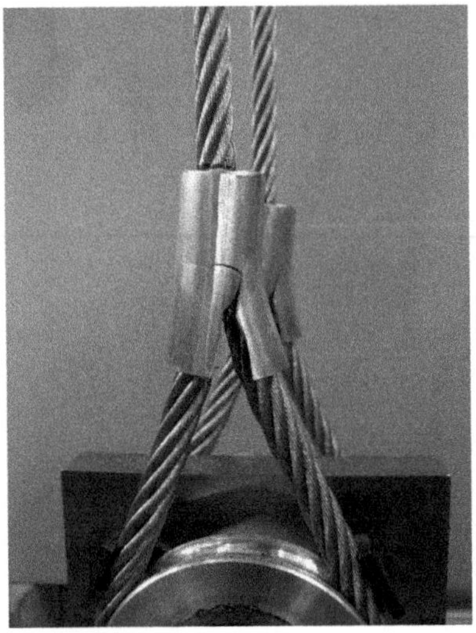

Abb. 18.7 Versagen der Presshülsen unter schwingender Belastung.

- Spannungs- und Schwingungsrisskorrosion (im Labor selten) und
- deren Kombinationen.

Basierend auf diesen Ursachen werden anschließend charakteristische Beispiele von Schwingversuchen an Seilbahnkomponenten und deren Versagensverhalten aufgezeigt.

18.6.1
Beispiele zu Spannungskonzentrationen

18.6.1.1 Kuppelbare Seilklemme

Vor der Jahrtausendwende wurden kuppelbare Klemmen als geschweißte Kastenkonstruktionen mit integriertem Kniehebelmechanismus gefertigt. Heutige Konstruktionen basieren immer noch auf dem Kniehebelprinzip, jedoch werden geschmiedete, mehrheitlich rotationssymmetrische Bauteile eingesetzt. Die Abnahmeprüfung von Klemmen sieht gemäß der Norm EN 13796-3 vor, dass neben der zweistufigen Belastung die Schwingspiele der ersten Stufe hälftig aufgeteilt wird in eine Belastung mit horizontaler bzw. mit +45° Klemmenausrichtung.

Bei der Abnahmeprüfung einer Klemme mit geschweißtem Klemmenkasten (Abb. 18.8) mussten zum Zeitpunkt der Prüfung 3 Mio. Lastwechsel bei horizontaler, 1 Mio. Lastwechsel bei +45° und 1 Mio. Lastwechsel bei –45° Klemmenausrichtung nachgewiesen werden.

Der Versuch bei horizontaler Klemmenausrichtung ergab eine ausreichende Festigkeit nach 3 Mio. Lastwechseln, d. h. keine visuellen Anrisse oder Verformungen. Bei +45° Klemmenausrichtung bildete sich dagegen nach 238 000 Lastwechseln ein Ermüdungsriss im Seitensteg im Bereich der Gehängebolzenlage-

Abb. 18.8 Abnahmeprüfung einer kuppelbaren Klemme älterer Bauart bei +45° Klemmenausrichtung.

rung aus (Abb. 18.9). Die Berechnung der Spannungsverteilung mit Hilfe finiter Elemente bestätigte den im Schwingversuch festgestellten Rissverlauf.

Der Radius im Seitenblech erwies sich bei horizontaler Klemmenausrichtung als ausreichend groß, so dass die Spannungskonzentration an dieser Stelle keinen Ermüdungsanriss auslöste. Unter +45° Klemmenausrichtung hingegen überlagerte sich dem Biegemoment an dieser Stelle zusätzlich ein Torsionsmoment. Die beiden überlagerten Spannungen mit den zugehörigen Spannungskonzentrationen reichten zusammen aus, den Ermüdungsriss am Radiusbeginn zu initiieren.

Abb. 18.9 Ermüdungsriss nach dem Schwingversuch.

18.6.1.2 Gehängestange

Eine im Schwingversuch geprüfte Gehängestange für ein 6-Personen-Sesselfahrzeug mit montierter kuppelbarer Klemme zeigte nach 924 000 Schwingspielen einen Ermüdungsriss ausgehend von einer Bohrung nahe des Gehängekopfes (Abb. 18.10).

Die Belastung der Gehängestange verursachte neben der reinen Zugspannung (die in der Regel nicht ermüdungskritisch ist) auch eine Biegebeanspruchung, welche auf der Bohrungsseite zusätzliche Zugspannungen zur Folge hatte. Bohrungen in der vorliegenden Art können zu Spannungsüberhöhungen am Bohrungsrand um maximal den Faktor 3,0 führen. Bei der Gehängestange in Abbildung 18.10 muss mit einer Spannungskonzentration zwischen 2,0 und 2,5 gerechnet werden.

18.6.1.3 6-Personen-Kabinenstruktur

Bei der Fertigung einer 6-Personen-Seilbahnkabine wurden Aluminiumprofile verwendet, welche durch Niet- und Schraubverbindungen gefügt waren. Da das Setzen der Niete speziell in der Kabinenecke infolge Platzmangels schwierig war, wurde in diesem Bereich ein Teil des Profilflansches weggefräst (Abb. 18.11). Dabei entstand eine Ecke mit extrem kleinem Rundungsradius. Das Fehlen des Profilflansches hatte beim Übergang zudem eine abrupte Änderung der Steifigkeit zur Folge.

Die Kombination aus sprunghafter Steifigkeitsänderung und fehlendem Rundungsradius resultierte in einer Spannungsüberhöhung mit Bildung eines Ermü-

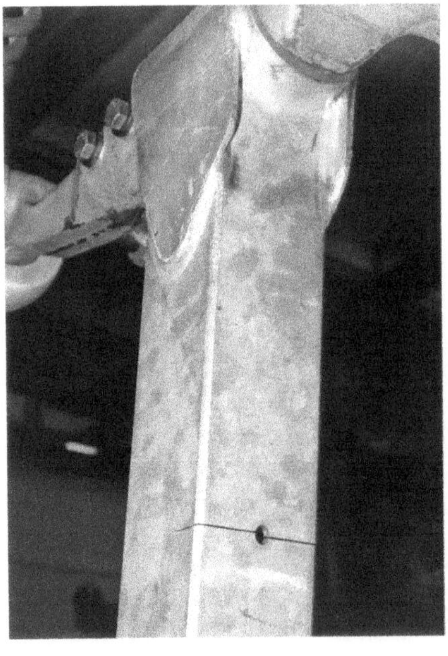

Abb. 18.10 Ermüdungsriss infolge Spannungskonzentration an einer Bohrung.

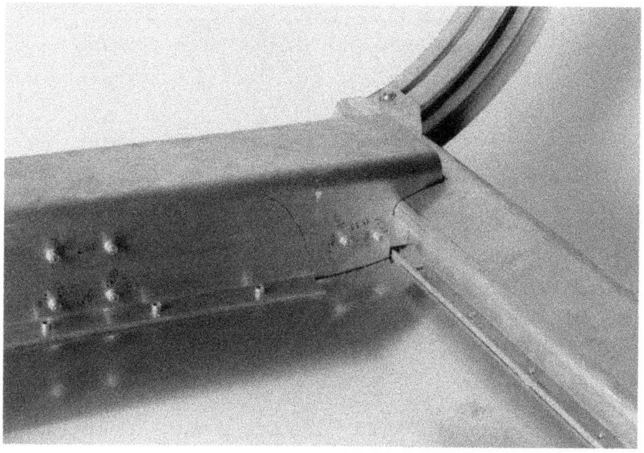

Abb. 18.11 Ermüdungsriss am Grund des weggefrästen Profilflansches in der Dach-Tragkonstruktion.

dungsanrisses in der Dach-Tragkonstruktion nach 2,34 Mio. Lastwechseln während des Abnahme-Schwingversuches.

18.6.1.4 3-Personen-Sesselfahrzeug

Abbildung 18.12 zeigt den Prüfaufbau für ein Fahrzeug einer 3-Personen-Sesselbahn. Die Belastung erfolgte mittels eines hydraulischen Prüfzylinders, der die Prüfkraft an der Stelle der Seilauflage in die fixe Klemme einleitete. Das Fahrzeug wurde zur Simulation von drei sitzenden Fahrgästen auf der Sitzbank entsprechend abgestützt.

Im Schwingversuch trat nach 303 000 Lastwechseln ein Ermüdungsriss im Sesselrahmenrohr an der Montagestelle der Gehängestange auf (Abb. 18.13).

Abb. 18.12 Prüfaufbau für ein 3-Personen-Sesselfahrzeug.

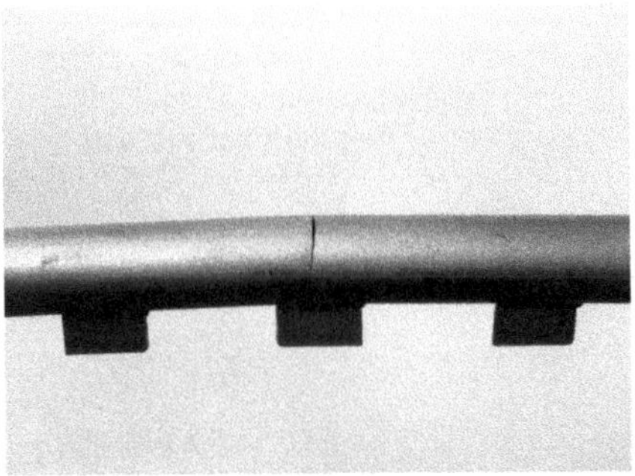

Abb. 18.13 Ermüdungsriss im Sesselrahmen im Montagebereich der Gehängestange.

Abb. 18.14 Rissausgang beim Körnerschlag.

Das im Rohr auftretende Biegemoment erreicht seinen maximalen Wert (3-Punkt-Biegung) gerade an der Montagestelle der Gehängestange. Der Anrissort erscheint daher durchaus plausibel. Dies alleine muss aber nicht zwangsläufig zu einem Ermüdungsanriss führen, zumal derartige Bauteile stets dauerfest ausgelegt werden. Bei genauerer Betrachtung der Anrissstelle wird klar, dass der Riss von einer Fehlstelle ausging. Bei der Herstellung des Sesselrahmens wurde ein Körnerschlag gesetzt, um die Rohrmitte zu markieren (Abb. 18.14).

Obwohl durch den Körnerschlag der Werkstoff um die Kerbe eine Kaltverformung mit Kaltverfestigung erfuhr und zudem Druckeigenspannungen ausbildet wurden, war die resultierende Spannungskonzentration durch die Kerbe offenbar die lebensdauerbestimmende Größe.

18.6.2 Beispiele zu Schweißeigenspannungen und Steifigkeitsänderungen

18.6.2.1 6-Personen-Kabinenfahrzeug

Im Maschinen- und Fahrzeugbau kommen verschiedene Fügetechniken zum Verbinden von Strukturbauteilen zur Anwendung. Gängige Verfahren bei Seilbahnfahrzeugen sind Schrauben, Nieten, Schweißen und bei neueren Konstruktionen auch Pressen in Verbindung mit Kleben.

Abb. 18.15 Prüfaufbau für eine 6-Personen-Kabine.

Abbildung 18.15 zeigt den Prüfaufbau für eine 6-Personen-Kabine, die aus einer geschweißten, tragenden Struktur mit eingenieteten Blechen besteht.

Die Belastung erfolgte wiederum mit Hilfe eines Hydraulikzylinders, der die Prüflast in den auf dem Dach montierten Gehängerahmen einleitete. Zur Simulation der im Fahrzeug verteilt stehenden Fahrgäste wurde eine Lastverteilvorrichtung aus Stahlprofilen verwendet. Die vier bogenförmigen Ecksäulen waren mit dem Dachrahmen verschweißt. Im Schwingversuch bildete sich nach bereits 88 000 Lastwechseln ein Anriss in der Schweißzone einer türseitigen Dachecke, der nach 2,44 Mio. Lastwechseln zum Bruch führte (Abb. 18.16).

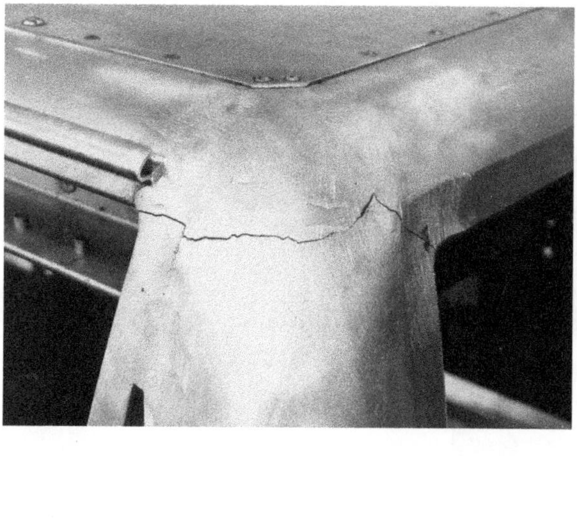

Abb. 18.16 Bruch in der Schweißzone einer Kabinenecke im Dachbereich.

Abb. 18.17 Prüfaufbau für eine 4-Personen-Kabine.

In Schweißnähten können nach der Abkühlung Zugeigenspannungen bis zur Höhe der Streckgrenze zurückbleiben. Bei Schwingbeanspruchung erhöhen sie lokal die Mittelspannung und verkürzen die Lebensdauer der Fahrzeugstruktur [5].

18.6.2.2 **4-Personen-Kabinenfahrzeug**

Abbildung 18.17 zeigt den Prüfaufbau für ein 4-Personen-Fahrzeug. Der Aufbau ist vergleichbar mit demjenigen des vorangegangenen Beispiels.

Die Lastübertragung von der Kabinenstruktur in die beiden Gehängestangen erfolgte mit einem geschweißten Stahlrahmen. Im Abnahmeschwingversuch brach der Gehängerahmen vor Erreichen der geforderten 5 Mio. Lastwechsel (Abb. 18.18; die zugehörigen Versuchsdaten sind leider nicht mehr verfügbar).

Abbildung 18.18 zeigt die konstruktiven Bestrebungen zur Verstärkung des Lasteinleitungsbereichs mittels auf- bzw. eingeschweißter Platten. Dabei ergaben sich Strukturbereiche mit sprunghaft ändernden Querschnitten, welche zu Span-

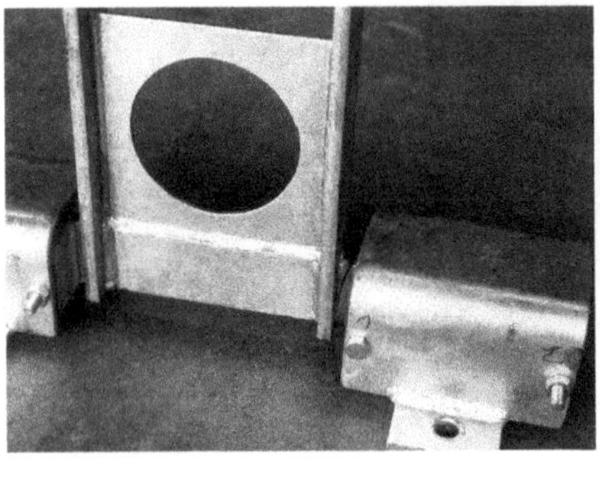

Abb. 18.18 Bruch des Gehängerahmens.

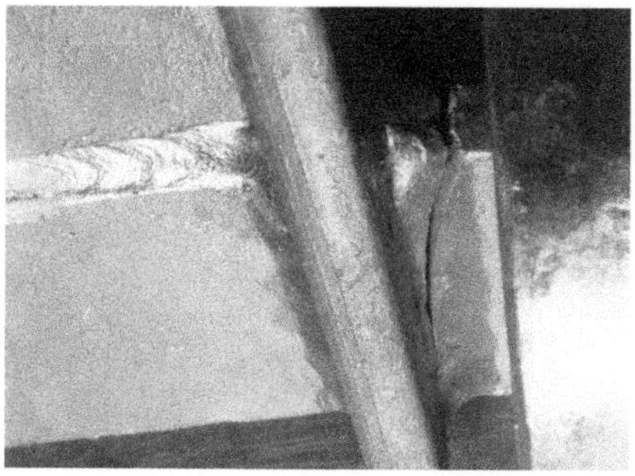

Abb. 18.19 Detail des Ermüdungsrisses.

nungskonzentrationen führten. Bei Schweißverbindungen bilden sich zudem „metallurgische Kerben", beispielsweise durch die Wärmeeinflusszone, welche sich im vorliegenden Beispiel den „geometrischen Kerben" überlagern. Die zusätzlich durch die Schweißnähte verursachten Zugeigenspannungen provozierten geradezu einen Ermüdungsriss (Abb. 18.19).

18.6.2.3 **Gehängerahmen eines Seilbahnfahrzeuges**

Abbildung 18.20 zeigt den Querträger eines Gehängerahmens mit gleicher Problematik. Die Bestrebung den Lasteinleitungsbereich in der Mitte des Querträgers durch zwei seitlich aufgeschweißte, kurze Platten zu verstärken, ist nachvollziehbar. Dadurch ergaben sich aber zwei wenig weiter außen liegende Steifigkeitssprünge. Dass diese nahe des im Querträger auftretenden größten Biegemomentes lagen, erwies sich im Hinblick auf die Ermüdungsfestigkeit als fatal. Der Ermüdungsriss bildete sich genau am Steifigkeitssprung, vermutlich auch unter Mitwirkung der an gleicher Stelle liegenden „metallurgischen Kerbe", noch vor Erreichen der geforderten 5 Mio. Lastwechsel (Abb. 18.21; die zugehörigen Versuchsdaten sind leider nicht mehr verfügbar).

Abb. 18.20 Bruch des Gehängerahmens.

Abb. 18.21 Detail des Ermüdungsrisses.

18.6.3
Versagensbeispiele infolge Reibkorrosion

18.6.3.1 Allgemeines

Fügeverbindungen durch Schrauben oder Nieten sind zwar einfach und kostengünstig, haben aber wie Schweißverbindungen ebenfalls Nachteile. Zu erwähnen sind einerseits die notwendigen Bohrungen, welche als Stellen mit Spannungskonzentrationen wirken, andererseits die sich berührenden Flächen zwischen gefügten Bauteilen. Stellen sich unter veränderlicher Belastung Relativbewegungen zwischen zwei mehr oder weniger gegeneinander verspannten Bauteilen ein, kann sogenannte Reiberkorrosion (Fretting Corrosion) auftreten. Wiederkehrende Relativverschiebungen führen infolge Reibung meist rasch zum Verschleiß der sich berührenden Oberflächen. Dabei kann der Verschleißprozess durch korrosive Einflüsse von z. B. Luftfeuchtigkeit, Salzwasser oder anderen die Oberflächen angreifenden Medien verstärkt werden.

Das Zusammenwirken von Reibverschleiß, Korrosion und oxidierten Partikeln zwischen schwingend beanspruchten Fügeteilen verursacht Oberflächenkerben, welche die Initiation von Ermüdungsrissen stark begünstigen. Man spricht in diesen Fällen von Reibermüdung (Fretting Fatigue). Beim Auftreten von Reibermüdung muss beachtet werden, dass die Dauerfestigkeit der betroffenen Bauteile um bis zu einen Faktor 10 reduziert werden kann!

Eine Methode, Reibermüdungserscheinungen wirkungsvoll zu bekämpfen, besteht eigentlich nur im konsequenten Trennen der sich berührenden Oberflächen (sofern dies möglich ist). Dies kann beispielsweise durch Verwendung von dünnen Folien (Teflon oder ähnliches), aber auch durch Klebeschichten erfolgen.

Vingsbo und Söderberg haben dieses Phänomen untersucht und ihre Ergebnisse in einer sogenannten „Fretting Map" zusammengefasst (Abb. 18.22).

Die Lebensdauerreduktion von zwei miteinander verbundenen Bauteilen bei auftretenden Relativverschiebungen wird gemäß ihren Auswertungen maximal bei Gleithüben im Bereich von 20 μm. Da die Relativverschiebungen meist durch die in den Bauteilen auftretenden, zeitlich veränderlichen Dehnungen verursacht werden, treten die erwähnten 20 μm Gleithub an sich ständig ändernden Stellen auf. Dies ist als Vorteil gegenüber Beanspruchungen mit konstanter Amplitude zu

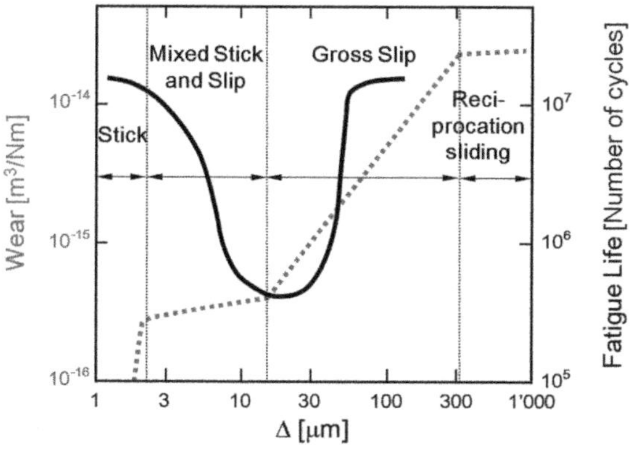

Abb. 18.22 Einfluss des Gleithubes auf Schwingfestigkeit und Verschleiß [6].

sehen, bei denen sich die kritische Stelle nicht verschiebt, so dass die Schädigung stets auf das gleiche Oberflächenelement einwirkt.

18.6.3.2 **4-Personen-Sesselfahrzeug**

Abbildung 18.23 zeigt den Prüfaufbau eines 4-Personen Sesselfahrzeuges.

Die Belastung erfolgte mit Hilfe eines Hydraulikzylinders, der die Prüflast am Montagepunkt der Gehängestange in den Sesselrahmen einleitete. Zur Simulation der im Fahrzeug verteilt sitzenden Fahrgäste wurde der Sessel über zwei Wippen an vier Punkten des Sitzträgers abgestützt. Im Schwingversuch trat nach 4,91 Mio.

Abb. 18.23 Prüfaufbau für ein 4-Personen-Sesselfahrzeug.

Abb. 18.24 Ermüdungsriss unter einer Befestigungslasche im Sitzträger.

Lastwechseln ein Anriss unter einer Sitz-Befestigungslasche im Zugbereich des biegebelasteten Sitzträgers auf (Abb. 18.24).

Nach der Demontage der Befestigungslasche (Abb. 18.25) wurde deutlich, dass der Riss mit hoher Wahrscheinlichkeit nicht infolge Spannungskonzentration am Bohrungsrand, sondern durch Oberflächenverschleiß zwischen Sitzträger und angeschraubter Befestigungslasche initiiert wurde. Die Oberflächenbeschädigungen im Sitzträger unterhalb der Bohrung sind an den schwarzen Verfärbungen (Reibkorrosionszonen) gut erkennbar.

Abb. 18.25 Rissausgang an der Reibstelle neben der Bohrung (schwarze Reibkorrosionszonen).

18.6.3.3 8-Personen-Seilbahnkabine

Ein weiteres Beispiel mit Reibkorrosionserscheinungen ergab sich beim Abnahmeversuch an einer 8-Personen-Kabine (Abb. 18.26). Der Prüfaufbau sowie die Belastungsart ist vergleichbar mit dem Aufbau in (Abb. 18.15).

Nach dem Schwingversuch über 5 Mio. Lastwechsel waren bei visueller Inspektion am langsam schwingend belasteten Fahrzeug keine Anzeichen einer Beschädigung oder plastischen Verformung erkennbar. Ein statischer Belastungsversuch sollte anschließend zusätzliche Informationen über die noch vorhandene Strukturrestfestigkeit liefern. Bei einer Last von nicht weniger als $F = 9{,}7 \cdot g \cdot m_{\text{total}}$ (siehe Lastdefinitionen in Kapitel 5) wurde der Versuch dann allerdings gestoppt, da visuell noch immer keine Veränderungen an der Struktur sichtbar waren. Es ist zu anzumerken, dass die statische Last bei Versuchsstopp dem 3,5-fachen Oberwert der 2. Laststufe beim Abnahmeschwingversuch entsprach und vermutlich noch weiter hätte erhöht werden können.

Das Fahrzeug wies ca. auf halber Höhe an drei Seiten Querverstrebungen auf, die das Geradebiegen der vier Ecksäulen unter Last teilweise behinderten und damit der Fahrzeugstruktur eine höhere Steifigkeit verliehen. Nach dem statischen Versuch wurden diese Querverstrebungen demontiert. Nun zeigte sich, dass unter den Montageflanschen der Querverstrebungen in den Profilen der Ecksäulen sich Ermüdungsanrisse ausgebildet hatten. Die Rissinitiation erfolgte genau an den Stellen, wo die Montageflansche der Querverstrebungen auf den Eckposten gerieben hatten. In Abbildung 18.27 sind die Reibstellen als graue Verfärbungen auf einem Säulenprofil sichtbar. Nach dem Aufschneiden des Säulen-Hohlprofils war auf der Innenseite erkennbar, dass der Ermüdungsriss in vier verschiedenen Richtungen gewachsen war, ehe der Hauptriss nach links unten weiterwuchs (Abb. 18.27). Inwieweit die Anrisse beim statischen Versuch noch gewachsen waren, konnte nicht beurteilt werden.

Abb. 18.26 Prüfaufbau für eine 8-Personen-Kabine.

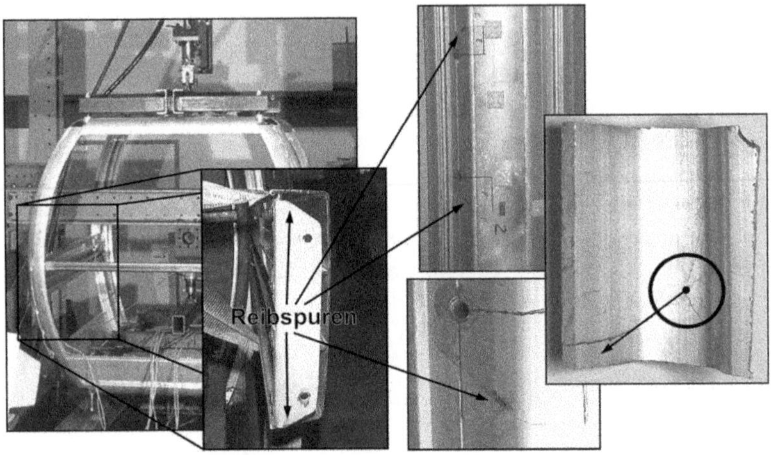

Abb. 18.27 Reibkorrosionsanrisse unter den Montageflanschen der Querverstrebungen.

An diesem Beispiel zeigt sich ein Phänomen, das bei anderen Schadenfällen mit Reibkorrosion ebenfalls beobachtet werden kann. Die auftretende Oberflächenschädigung ist derart intensiv, dass Reibkorrosionsrisse häufig um die sich in unmittelbarer Nähe befindlichen Bohrungen oder Kerbstellen herumlaufen (Ausnahme in Abb. 18.25).

Darüber hinaus offenbart der vorliegende Fall eine weitere Problematik: Der sich zwischen zwei Flächen abspielende Reibprozess ist von außen in der Regel nicht sichtbar. Um sicher zu gehen, dass nach einem Schwingversuch zwischen Fügeflächen keine Anrisse entstanden sind, müssen die betroffenen Bauteile zwingend demontiert und einzeln beurteilt werden.

Abb. 18.28 Sitzbankbefestigung an einer Aluminium-Ecksäule.

Abb. 18.29 Bildung von schwarzen Abriebprodukten infolge Reibkorrosion.

In einzelnen Fällen gibt es allerdings doch Hinweise auf sich abspielende Reibkorrosionsvorgänge. Der Oberflächenverschleiß geht einher mit der Bildung von Abriebprodukten. Bei Stahlverbindungen bildet sich ein rostrotes Pulver, bei Aluminium und Titanverbindungen besitzt dieses Abriebprodukt eine schwarze Färbung. Die Abbildungen 18.28 und 18.29 zeigen das aus der Fügefläche zwischen Sitzbankbefestigung und Aluminium-Ecksäule herausrieselnde, schwarze Abriebprodukt.

18.6.4
Versagensbeispiel infolge Montagespannungen

Im Februar 1997 ereignete sich auf einer Anlage mit fix geklemmten 2-Personen-Sesselfahrzeugen ein Schadenfall, bei dem am Montagepunkt der Gehängestange das Sesselrahmenrohr auf der einen Seite brach (Abb. 18.30), wobei glücklicherweise niemand zu Schaden kam.

Daran anschließend wurde die Abnahmeprüfung an einem von der Anlage stammenden Sesselfahrzeug mit dem Ergebnis wiederholt, dass nach 5 Mio. Schwingspielen visuell keine Anrisse oder Beschädigungen am Fahrzeug gefunden werden konnten. Es blieb vorerst unklar, weshalb es zum Bruch des Tragrohres hatte kommen können.

Im Dezember 1997 ereignete sich ein zweites, gleichartiges Ereignis, bei dem ein älteres Ehepaar auf seiner Bergfahrt gerade die Talstation verließ, als erneut am Montagepunkt der Gehängestange das Sesselrahmenrohr auf einer Seite brach (Abb. 18.30 und 18.32). Das Bedienpersonal wurde durch das laute Rufen des Ehepaares auf den Schaden aufmerksam, stoppte die Anlage und fuhr das Fahrzeug rückwärts in die Talstation zurück.

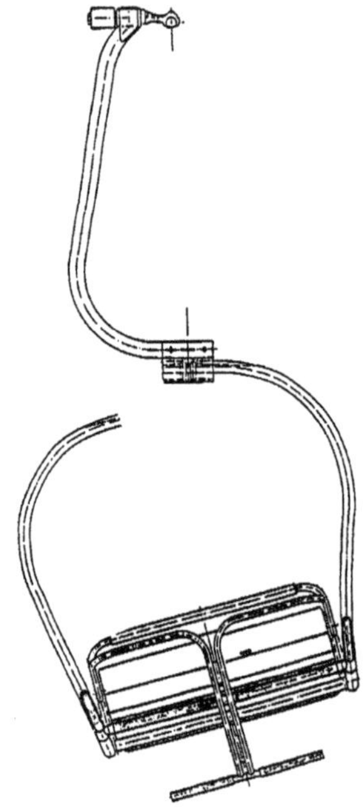

Abb. 18.30 Schadenfall an einem 2-Personen-Sesselfahrzeug.

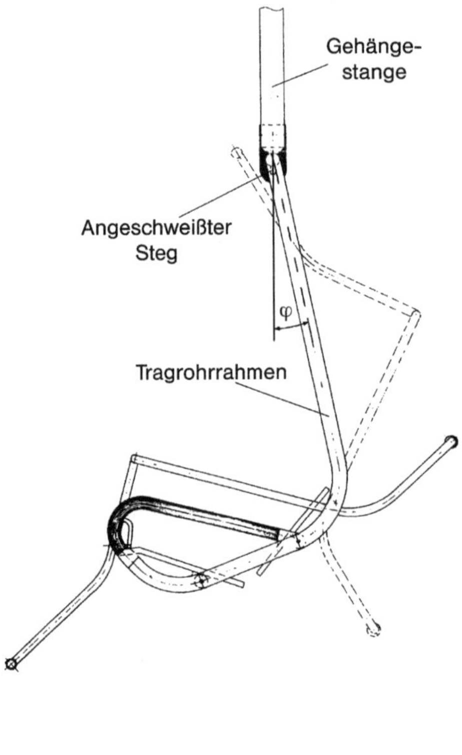

Abb. 18.31 Seitliche Ansicht des 2-Personen-Sesselfahrzeuges.

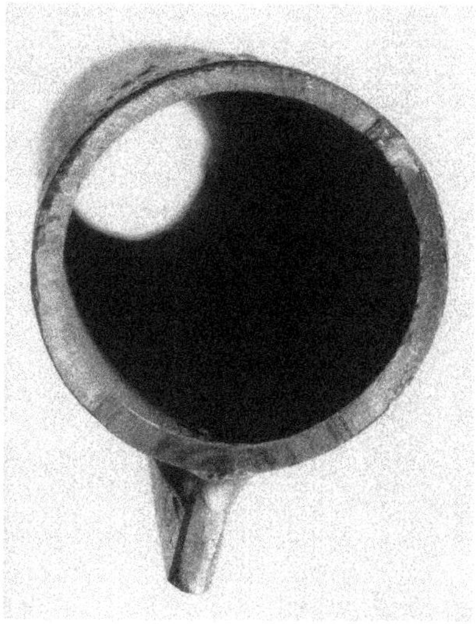

Abb. 18.32 Bruchfläche am Sesselrohr mit Rissbeginn beim angeschweißten Steg.

Bei diesem Ereignis konnte die Bruchfläche sichergestellt und analysiert werden. Es handelte sich unbestrittenerweise um einen Ermüdungsriss, dessen Anrissort sich erstaunlicherweise auf der Unterseite des Rohres beim angeschweißten Steg – also in der Druckzone des auf Biegung beanspruchten Rohres – befand (Abb. 18.32). Bruchflächen- und Gefügeanalysen ergaben keine weiteren Befunde.

Daraufhin wurde in Zusammenarbeit mit dem Bundesamt für Verkehr (BAV) eine detailliertere Untersuchung an der Anlage selbst durchgeführt.

Diese umfasste die

- Analyse des Winkels φ zwischen angeschweißtem Steg und Tragrohrrahmenebene (Variationen des Winkels φ hätten unter Umständen zusätzliche Torsionsschubspannungen im Tragrohr zur Folge gehabt, Abb. 18.31),
- Messung der Betriebsbeanspruchungen, vor allem der Betriebsdehnungen im Bereich der Bruchstelle,
- Überprüfung von Montagespannungen.

Die Untersuchungen an 20 Sesseln ergaben Winkel im Bereich von $20{,}20° \leq \varphi \leq 23{,}44°$. Diese geringe Streuung führte zur Folgerung, dass der Einfluss von allfälligen Torsionsschubspannungen als vernachlässigbar zu betrachten war.

Messungen der Betriebsbeanspruchungen mit leerem und voll besetztem Fahrzeug sowie mit einem Fahrgast auf der linken bzw. auf der rechten Sesselseite sitzend ergaben eine maximale, lokale Spannungsschwingbreite unmittelbar am angeschweißten Steg (Bruchstelle) von $\Delta\sigma$ = 328 MPa beim voll besetzten Fahrzeug. Die Mittelspannung betrug bei dieser Messung ca. –100 MPa. Die Mehrheit der während eines Umlaufes gemessenen Schwingspiele an der Bruchstelle fand vollständig im Druckbereich statt. Die erwähnte maximale Schwingbreite trat pro Umlauf des Fahrzeuges einmal auf, wobei pro Jahr mit ca. 500 Umläufen gerech-

Abb. 18.33 Durchtrenntes Sitzträgerprofil mit Schnittstellenüberlappung.

net wurde. In 20 Betriebsjahren würden folglich ca. 10 000 Schwingspiele mit maximaler Schwingbreite auftreten. Mit dieser geringen Schwingspielzahl ließ sich die Initiation eines Anrisses im Tragrohrrahmen ebenfalls nicht erklären.

An vier Sesseln wurde anschließend der Dehnungsverlauf im Bereich des angeschweißten Steges während der Demontage gemessen. Diese beinhaltete zuerst das Entfernen einer Sitzflächenversteifung und anschließend das Durchtrennen des Sitzträgerprofils. Dabei ergaben sich erhebliche Streuungen sowohl bei den Spannungsänderungen an den Messstellen wie auch bei den sich einstellenden Überlappungen der Trägerprofilschnittstellen (Abb. 18.33).

Finite-Elemente-Simulationen lieferten zu den gemessenen Schnittstellenüberlappungen maximale *Montagezugspannungen* am angeschweißten Steg von bis zu +247 MPa. Derart hohe Montagespannungen verschoben die sich normalerweise im Druckbereich befindenden Betriebsbeanspruchungen in den Zugbereich und erklärten damit das Auftreten eines Ermüdungsrisses auf der Rohrunterseite am angeschweißten Steg.

Die Tatsache, dass an der erwähnten 2-Personen-Sesselbahn vereinzelt Sesselrahmen brachen oder anrissen, andere wiederum keine Anzeichen eines Schadens zeigten, war auf die überaus große Streuung der Montagespannungen (Montageverformung des Sesselrahmens) zurückzuführen.

18.6.5
Versagensbeispiel infolge Spannungsrisskorrosion

Gemäß den Vorgaben der Seilbahn-Norm EN 13796-3 sind Gehängestangen von Umlaufbahnen beim Abnahmeschwingversuch je nach Bahntyp (fest oder kuppelbar) einer ein- bzw. zweistufigen Zugschwellbeanspruchung zu unterwerfen. Werden die Prüfschwingbreiten über die Vorgaben der Norm hinaus gesteigert, so versagen Gehängestangen in der Regel am Ort des maximal auftretenden Biegemomentes, d. h. im Bereich des Gehängebogens (Abb. 18.34).

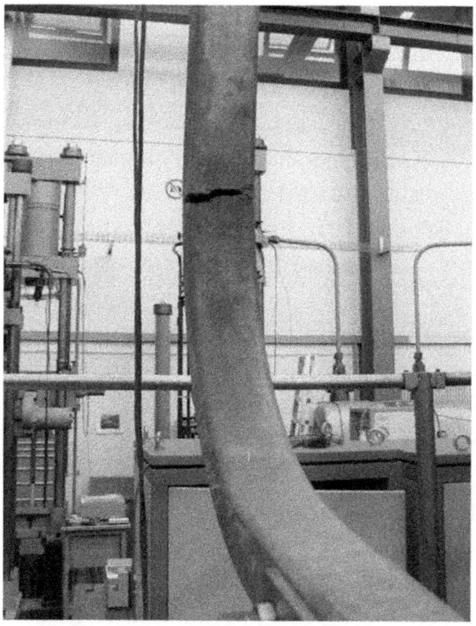

Abb. 18.34 Typischer Anriss im Gehängebogen.

Den zuvor erwähnten Schwingversuchen nach Norm EN 13796-3 mit konstanten Amplituden wurden im Rahmen eines Forschungs- und Entwicklungsprojektes mit einer Schweizer Seilbahnfirma Betriebslastversuche mit variablen Zugbeanspruchungsamplituden (Gassnerversuche) gegenüber gestellt. Das dabei verwendete Betriebslastspektrum setzte sich aus mehreren Messungen an einer Gehängestange zusammen, die auf 20 Betriebsjahre extrapoliert wurden. An der

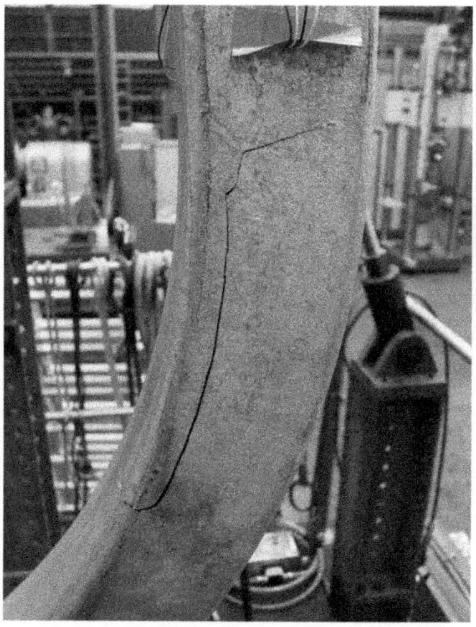

Abb. 18.35 Anriss im Gehängebogen mit Risswachstum entlang der Rohrnaht.

Gehängestange bildete sich ein Anriss an der erwarteten Stelle. Der Riss wuchs dann aber entlang einer Rohrschweißnaht, in Rohrlängsrichtung weiter (Abb. 18.35). Dieses Rissverhalten war atypisch und vorerst nicht erklärbar.

Üblicherweise liegt die Rohrnaht in der neutralen Faser des Rohres. Infolge eines Herstellungsfehlers kam die Naht bei der Gehängestange in Abbildung 18.35 jedoch nahe an den Rand zu liegen (Gehängestangen mit diesem Herstellungsfehler kommen nicht zum Einsatz). Diese Gegebenheit führt normalerweise zu frühzeitiger Rissinitiation, aber dennoch zum Risswachstum senkrecht zur Rohrachse.

Um eine Erklärung für das aufgetretene atypische Rissverhalten zu finden, wurde die Anrisszone mittels einer fraktografischen Analyse näher untersucht. Im Rasterelektronenmikroskop (REM) ließ sich der Mechanismus der Flüssigmetallversprödung [7], auch als Lötbruch bezeichnet, nachweisen.

In der Anrisszone waren mehrere Stufen resp. Bruchausgänge feststellbar. Außerdem war das Zink stellenweise unter das Schweißgut vorgedrungen. Bei höherer Vergrößerung zeigte sich, dass die Anrisszone interkristallin ausgebildet und mit Zink belegt war (Abb. 18.36).

Eine interkristalline und mit Zink belegte Anrisszone ist ein eindeutiges Anzeichen für Flüssigmetallversprödung. Sie entsteht, wenn der zu verzinkende Gegenstand Spannungen (meist Eigenspannungen) enthält, die einen bestimmten Wert überschreiten und während des Feuerverzinkens nicht abgebaut werden können. Dadurch kann eine Spannungsrisskorrosion durch die Zinkschmelze ausgelöst werden, bei der die Zinkschmelze in die Korngrenzen des Werkstoffes eindringt und diese aufreißt. Die Höhe der für diese Art der Spannungsrisskorrosion erforderlichen Spannungen hängt vom Werkstoff des Verzinkungsgutes ab.

Bei der Gehängestange in Abbildung 18.35 waren die Spannungen gegeben und zwar entlang der Schweißnaht, wodurch der Rissverlauf erklärbar wurde.

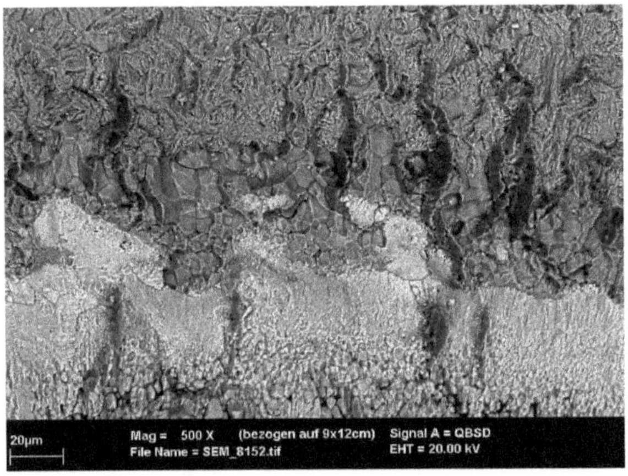

Abb. 18.36 Interkristalline Anrisszone mit zinkbelegten Korngrenzen.

Literatur

1 (2012) Informationen zur Seilbahnbranche, Homepage des Verbandes der Schweizer Seilbahnbranche SBS, http://www.seilbahnen.org/
2 (2012) Technik – Seilbahnsysteme, Homepage des Verbandes der Schweizer Seilbahnbranche SBS, http://www.seilbahnen.org.
3 (2012) Schweizer Seilbahninventar, http://www.seilbahninventar.ch.
4 (2012) Medien – Seilbahnanlagen, Homepage des Verbandes der Schweizer Seilbahnbranche SBS, http://www.seilbahnen.org.
5 (1989) Haibach,E. „Betriebsfestigkeit; Verfahren und Daten zur Bauteilberechnung“, VDI-Verlag GmbH, Düsseldorf.
6 Vingsbo, O., Söderberg, St. (1988) „On Fretting Maps“. *Wear*, Volume **126**, Issue 2, September 1988, S. 131–147.
7 (2010) VDI-Richtlinie 3822, Blatt 1.6:2010-11, „Schadensanalyse – Flüssigmetallinduzierte Rissbildung beim Stückverzinken“, Verein Deutscher Ingenieure e.V., Düsseldorf.

Stichwortverzeichnis

t